能量转换与传递原理

（下册）

主　编　张承虎　庄兆意
副主编　林己又　王海燕

中国建材工业出版社
北　京

目　录

上　册

下　册

第 11 章　导热与分子扩散理论基础

导热是指温度不同的物体各部分或温度不同的两物体之间直接接触而发生的热传递现象。从微观角度来看，热是一种联系到分子、原子、自由电子等的移动、转动和振动的能量。因此，物质的导热本质或机理就必然与组成物质的微观粒子的运动有密切的关系。在气体中，导热是气体分子不规则热运动时相互作用或碰撞的结果。固体是由自由电子和原子组成的，原子被约束在规则排列的晶格中；因此，热量的传输是由晶格的振动和自由电子的迁移两种作用共同实现的。在介电体中，导热主要是通过晶格的振动，即原子、分子在其平衡位置附近的振动来实现的。由于晶格振动的能量是量子化的，称晶格振动的量子为声子。这样，介电物质的导热可以看成是声子相互作用和碰撞的结果。而在金属中，导热主要是通过自由电子的相互作用和碰撞来实现的，声子的相互作用和碰撞只起微小的作用。至于液体中的导热机理，相对于气体和固体而言，则还不十分清楚。但研究结果表明，液体的导热机理类似于介电体，即主要依靠晶格的振动来实现[1]。应该指出，在液体和气体中，只有在消除热对流的条件下，才能实现纯导热过程，例如设置一个封闭的水平夹层，上为热板，下为冷板，中间充气体或液体，当上下两板温度差不大且夹层很薄时，可实现纯导热过程。

导热理论是从宏观角度进行热传递现象分析的，它并不研究物质的微观结构，而把物质看作是连续介质。当研究对象的几何尺寸比分子的直径和分子间的距离大得多时，这种看法无疑是正确的。在一般情况下，大多数的固体、液体及气体，可以认为是连续介质。但在某些情形下，如稀薄的气体，就不能认为是连续介质。此时，本章所介绍的导热理论不再适用。

在许多工程实践中，导热是经常遇到的现象，例如建筑物的暖气片、墙壁和锅炉炉墙中的热量传递，热网地下埋设管道或架空管道的热损失等。导热理论的任务就是要找出任何时刻物体中各处的温度。为此，本章将从温度分布的基本概念出发，讨论导热过程的基本规律以及描述物体内温度分布的导热微分方程。此外，对求解导热微分方程所需要的条件进行简要的说明。

11.1　傅里叶定律与导热系数

11.1.1　傅里叶定律

11.1.1.1　基本概念

1. 温度场

温度场是指某一时刻物体的温度在空间上的分布。一般地说，它是时间和空间的函数，对直角坐标系即

$$t=f(x,y,z,\tau) \tag{11-1-1}$$

式中　t——温度；

x、y、z——直角坐标系的空间坐标；

τ——时间。

式（11-1-1）表示物体的温度在 x、y、z 三个方向和时间上都发生变化的三维非稳态温度场，此时的导热过程叫做非稳态导热。如果温度场不随时间而变化，即$\frac{\partial t}{\partial \tau}=0$，则为稳态温度场，该导热过程叫做稳态导热，这时，$t=f(x,y,z)$。如果稳态温度场仅和两个或一个坐标有关，则称为二维或一维稳态温度场。一维稳态温度场可表示为

$$t=f(x) \tag{11-1-2}$$

它是温度场中最简单的一种情况，例如高、宽远大于其厚度的大墙壁内的导热就可以认为是一维导热。

2. 等温面与等温线

同一时刻，温度场中所有温度相同的点连接所构成的面叫作等温面。不同的等温面与同一平面相交，则在此平面上构成一簇曲线，称为等温线。在同一时刻任何给定地点的温度不可能具有一个以上的不同值，所以两个不同温度的等温面或等温线绝不会彼此相交。它们或者是物体中完全封闭的曲面（线），或者终止于物体的边界上。

在任何时刻，标绘出物体中的所有等温面（线），就给出了此时物体内的温度分布情形，亦即给出了物体的温度场。所以，习惯上物体的温度场用等温面图或等温线图来表示。图 11-1-1 是用等温线图表示温度场的示例。

3. 温度梯度

在等温面上，不存在温度差异，因此，沿等温面不可能有热量的传递。热量传递只发生在不同的等温面之间。自等温面上的某点出发，沿不同方向到达另一等温面时，将发现单位距离的温度变化，即温度的变化率，具有不同的数值。自等温面上某点到另一个等温面，以该点法线方向的温度变化率为最大。以该点法线方向为方向，数值也正好等于这个最大温度变化率的矢量称为温度梯度，用 grad$t$ 表示，正向（符号取正）是朝着温度增加的方向，如图 11-1-2 所示。

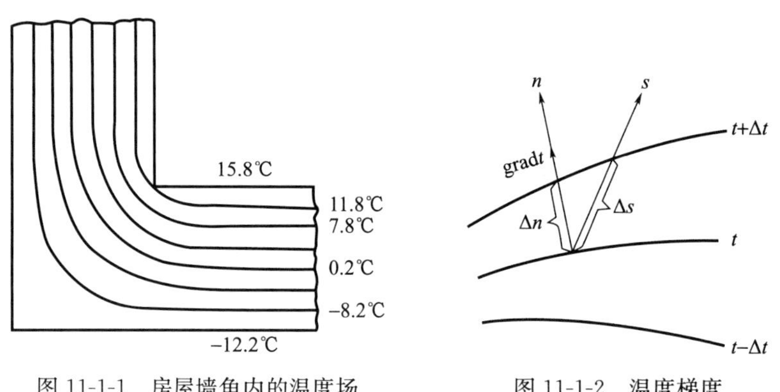

图 11-1-1　房屋墙角内的温度场　　图 11-1-2　温度梯度

$$\text{grad}t=\frac{\partial t}{\partial n}n \tag{11-1-3}$$

式中　$\frac{\partial t}{\partial n}$——沿法线方向温度的方向导数；

n——法线方向上的单位矢量。

在直角坐标系中，温度梯度可表示为

$$\text{grad}t=\frac{\partial t}{\partial x}i+\frac{\partial t}{\partial y}j+\frac{\partial t}{\partial z}k \tag{11-1-4}$$

式中　$\frac{\partial t}{\partial x}$、$\frac{\partial t}{\partial y}$、$\frac{\partial t}{\partial z}$——温度梯度在直角坐标系中三个坐标轴上的分量；

i、j 和 k——三个坐标轴方向的单位矢量。

在圆柱坐标系中，参见图 11-1-3，温度梯度可表示为

$$\text{grad}t=\frac{\partial t}{\partial r}e_r+\frac{1}{r}\frac{\partial t}{\partial \phi}e_\phi+\frac{\partial t}{\partial z}e_z \tag{11-1-5}$$

式中　$\frac{\partial t}{\partial r}$、$\frac{1}{r}\frac{\partial t}{\partial \phi}$、$\frac{\partial t}{\partial z}$——温度梯度在圆柱坐标系中三个坐标轴上的分量；

e_r、e_ϕ 和 e_z——三个坐标轴方向的单位矢量。

在圆球坐标系中，参见图 11-1-3，温度梯度可表示为

$$\mathrm{grad}t=\frac{\partial t}{\partial r}e_r+\frac{1}{r\sin\theta}\frac{\partial t}{\partial \phi}e_\phi+\frac{1}{r}\frac{\partial t}{\partial \theta}e_\theta \tag{11-1-6}$$

式中 $\frac{\partial t}{\partial r}$、$\frac{1}{r\sin\theta}\frac{\partial t}{\partial \phi}$、$\frac{1}{r}\frac{\partial t}{\partial \theta}$——温度梯度在圆球坐标系中三个坐标轴上的分量；

e_r、e_ϕ 和 e_θ——三个坐标轴方向的单位矢量。

温度梯度的负值，$-\mathrm{grad}t$ 为温度降度，它是与温度梯度数值相等而方向相反的矢量。

4. 热流矢量

单位时间单位面积上所传递的热量称为热流密度。在不同方向上，热流密度的大小是不同的。与定义温度梯度相类似，等温面上某点，以通过该点最大热流密度的方向为方向，数值上也正好等于沿该方向热流密度的矢量称为热流密度矢量，简称热流矢量。其他方向的热流密度都是热流矢量在该方向的分量。热流矢量 q 在直角坐标系三个坐标轴上的分量为 q_x、q_y、q_z，而且

$$q=q_xi+q_yj+q_zk \tag{11-1-7}$$

热流矢量 q 在圆柱坐标系三个坐标轴上的分量为 q_r、q_ϕ、q_z

$$q=q_re_r+q_\phi e_\phi+q_ze_z \tag{11-1-8}$$

热流矢量 q 在圆球坐标系三个坐标轴上的分量为 q_r、q_ϕ、q_θ

$$q=q_re_r+q_\phi e_\phi+q_\theta e_\theta \tag{11-1-9}$$

11.1.1.2　傅里叶定律

傅里叶（Fourier J.）在实验研究导热过程的基础上，把热流矢量和温度梯度联系起来，得到

$$q=-\lambda\mathrm{grad}t(\mathrm{W/m^2}) \tag{11-1-10}$$

上式就是傅里叶通过观察实验现象于 1822 年提出的导热基本定律的数学表达式，亦称傅里叶定律。式中的比例系数 λ 称为热导率。

式（11-1-10）说明，热流矢量和温度梯度位于等温面的同一法线上，但指向温度降低的方向，参见图 11-1-4，式中的负号表示热流矢量的方向与温度梯度的方向相反，永远指向温度降低的方向。

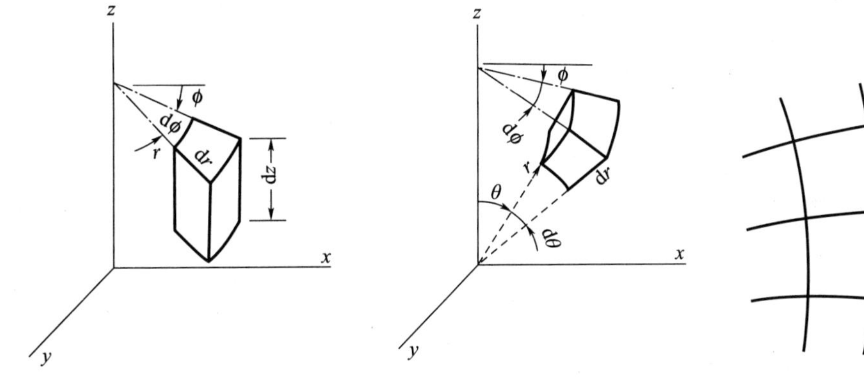

图 11-1-3　圆柱和圆球坐标系

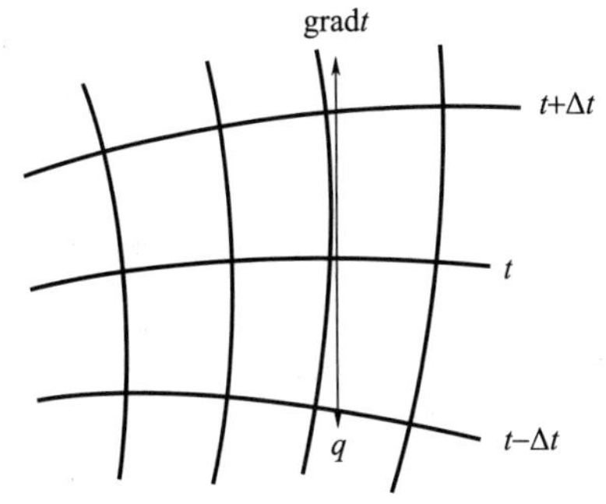

图 11-1-4　热流矢量和温度梯度

按照傅里叶定律和式（11-1-4）、式（11-1-7），可以看到，在直角坐标系中，热流密度矢量沿 x、y 和 z 轴的分量应为

$$\left.\begin{aligned}q_x&=-\lambda\frac{\partial t}{\partial x}\\q_y&=-\lambda\frac{\partial t}{\partial y}\\q_z&=-\lambda\frac{\partial t}{\partial z}\end{aligned}\right\} \tag{11-1-11}$$

同理，在圆柱坐标系中，热流密度矢量沿 r、ϕ 和 z 轴的分量应为

$$
\left.\begin{aligned}
q_r &= -\lambda \frac{\partial t}{\partial r} \\
q_\phi &= -\lambda \frac{1}{r}\frac{\partial t}{\partial \phi} \\
q_z &= -\lambda \frac{\partial t}{\partial z}
\end{aligned}\right\} \tag{11-1-12}
$$

在圆球坐标系中，热流密度矢量沿 r、ϕ 和 θ 轴的分量应为

$$
\left.\begin{aligned}
q_r &= -\lambda \frac{\partial t}{\partial r} \\
q_\phi &= -\lambda \frac{1}{r\sin\theta}\frac{\partial t}{\partial \phi} \\
q_\theta &= -\lambda \frac{1}{r}\frac{\partial t}{\partial \theta}
\end{aligned}\right\} \tag{11-1-13}
$$

值得指出的是，式（11-1-10）～（11-1-13）中都隐含着一个条件，就是热导率在各个不同方向上是相同的。这种热导率与方向无关的材料称为各向同性材料。

傅里叶定律确定了热流矢量和温度梯度的关系。因此要确定热流矢量的大小和方向，就必须知道温度梯度，亦即要知道物体内的温度场。

11.1.2 热导率

热导率是物质的一个重要热物性参数，可以认为，式（11-1-10）就是热导率的定义式，即

$$
\lambda = \frac{q}{-\text{grad}t} \tag{11-1-14}
$$

可见，热导率的数值就是物体中单位温度降度单位时间通过单位面积的导热量，单位是W/(m·K)。热导率的数值表征物质导热能力的大小。

工程计算采用的各种物质热导率的数值一般都由实验测定。一些常用物质的热导率数值列于表 11-1-1和附录 11-1～附录 11-6 中。更详细的资料可以查阅有关文献[2-3]。一般而言，金属比非金属具有更高的热导率；物质的固相比它们的液相导热性能高；物质液相的热导率又比其气相高；不论金属或非金属，它的晶体比它的无定形态具有较好的导热性能；与纯物质相比，晶体中的化学杂质将使其导热性能降低；纯金属比它们相应的合金具有高得多的热导率。各类物质热导率的数值表示于图 11-1-5 中。

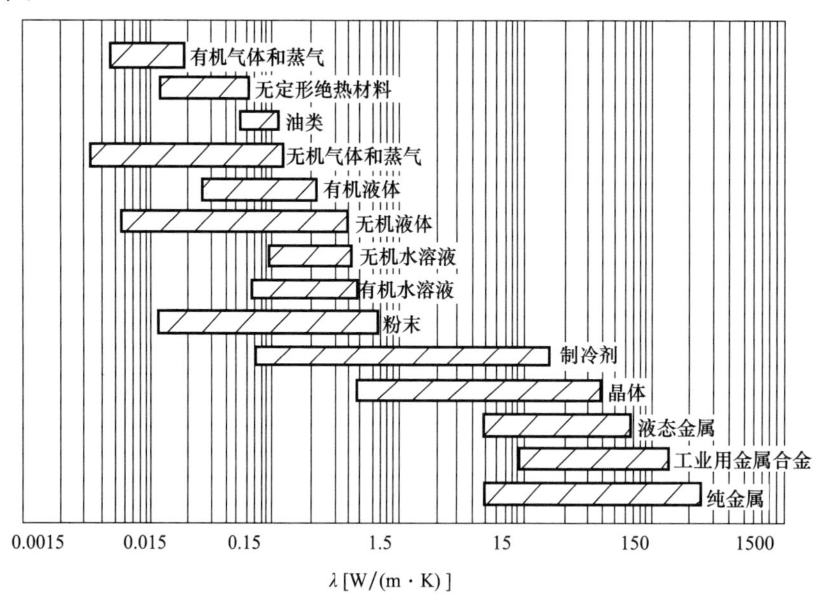

图 11-1-5 各类物质热导率的范围

物质的热导率不但因物质的种类而异，而且还和物质的温度、压力等因素有关。导热既然是在温度不同的物体各部分之间进行的，所以温度的影响尤为重要。许多工程材料，在一定温度范围内，热导率可以认为是温度的线性函数，即

$$\lambda=\lambda_0(1+bt) \tag{11-1-15}$$

式中 λ_0——某个参考温度时的热导率；

b——由实验确定的常数。

表 11-1-1　273K 时部分物质的热导率

材料	W/(m·K)	材料	W/(m·K)	材料	W/(m·K)
纯金属固体		合金材料		非金属材料	
银	428	黄铜（70Cu-30Zn）	109	方镁石 MgO	41.6
铜	401	铜合金（70Cu-30Ni	22.2	石英（平行于轴）	19.1
铝	236	杜拉铝（96Al-4Cu）	160	刚玉石，Al_2O_3	10.4
镁	157	铝合金（92Al-8Mg）	102	大理石	2.78
锌	122	碳钢（$w_c\approx1.0\%$）	43.0	冰，H_2O	2.22
铁	83.5	碳钢（$w_c\approx1.5\%$）	36.8	熔凝石英	1.91
镍	94	铬钢（$w_{Cr}\approx5\%$）	36.3	黏土	1.3
铂	71.5	铬钢（$w_{Cr}\approx17\%$）	22	瓷砖	1.1
锡	68.2	镍钢（$w_{Ni}\approx1\%$）	45.2	泥土	0.83
铅	35.5	镍钢（$w_{Ni}\approx35\%$）	13.4	云母	0.58
锆	23.2	铬镍钢	14.7	硼硅酸耐热玻璃	0.22～0.76
钛	22.4	钨钢（$w_w\approx35\%$）	18.4	石膏板	0.16
气体		保温材料及气凝胶材料		液体	
氦	0.1462	陶瓷保温板	0.080	水银	8.21
氢	0.1726	软泡沫塑料	0.043～0.056	水	0.561
空气	0.0240	聚氯乙烯泡沫	0.043	乙醇	0.1713
氨	0.0229	PU 泡沫塑料	0.025	环戊烷	0.1364
氩	0.0165	SiO_2气凝胶	0.02～0.013	戊烷	0.128
二氧化碳	0.0147	低密度碳气凝胶	0.05	R123	0.0240
异丁烷	0.0143	PTW 改性 SiO_2气凝胶	0.028～0.035	R245fa	0.0959
R142b	0.0096	TiO_2改性 SiO_2气凝胶	0.014	R365mfc	0.0852
R22	0.0092	水镁石纤维改性 SiO_2气凝胶	0.01～0.03	汽油	0.145
R134a	0.0114	氧化铝气凝胶	0.098	润滑油	0.148
R32	0.0109	聚苯乙烯类改性 SiO_2气凝胶	0.041	纳米水溶液	0.8～2.6
R1234yf	0.0116	碳遮光石英气凝胶	0.015	纳米冷冻油	0.18～0.34

不同物质热导率的差异是由于物质构造上的差别以及导热的机理不同所致。为了更全面地了解各种因素的影响，下面分别介绍气体、液体和固体的热导率。

11.1.2.1　气体的热导率

气体的热导率的数值约在 0.006～0.6W/(m·K) 范围内。气体的导热是由于分子的热运动和相互碰撞时所发生的能量传递。根据气体分子运动理论，在常温常压下，气体的热导率可以表示为

$$\lambda=\frac{1}{3}\overline{u}l\rho c_v \tag{11-1-16}$$

式中 $\bar{u}$——气体分子运动的平均速度；

l——气体分子在两次碰撞间的平均自由行程；

ρ——气体的密度；

c_v——气体的定容比热容。

当气体的压力升高时，气体的密度 ρ 增大，自由行程 l 则减小，而乘积 ρl 保持常数。因而，除非压力很低（$<2.67\times10^{-3}$MPa）或压力很高（$>2.0\times10^{3}$MPa），可以认为气体的热导率不随压力发生变化。

图 11-1-6 给出了几种气体的热导率随温度变化的实测数据。由图可知，气体的热导率随温度升高而增大，这是因为气体分子运动的平均速度和定容比热容均随温度的升高而增大所致。气体中的氢和氦的热导率远高于其他气体，约大 4～9 倍。参见图 11-1-7，这一点可以从它们的分子质量很小，因而有较高的平均速度得到解释。在常温下，空气的热导率约为 0.024W/(m·K)，房屋双层玻璃窗中的空气夹层，就是利用空气的低导热性能起到减小散热的作用。氩的热导率数值低于空气，所以采用两层 4mm Low-e 玻璃，内设两层 9mm 氩气层，两氩气层中间用 5mm 浮法玻璃隔开，这种双 Low-e 膜双中空玻璃已在超低能耗示范楼中使用[4]。

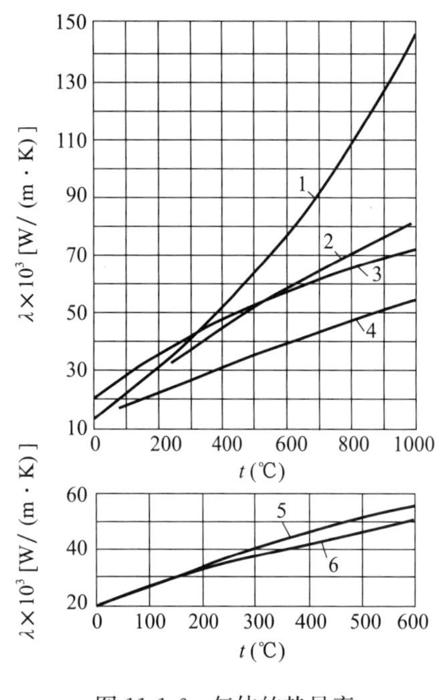

图 11-1-6 气体的热导率

1—水蒸气；2—二氧化碳；3—空气；

4—氩；5—氧；6—氮

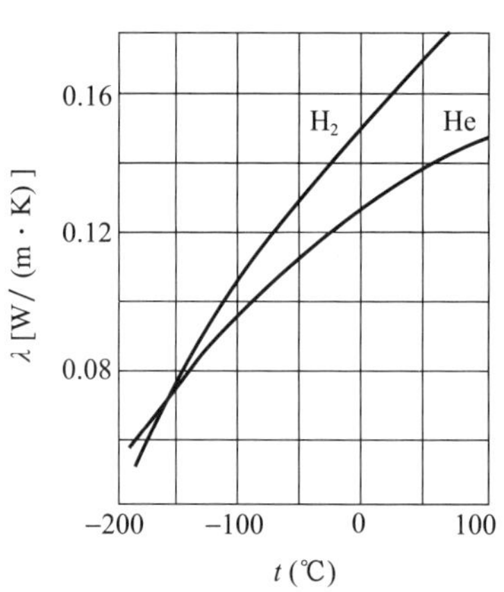

图 11-1-7 氢和氦的热导率

混合气体的热导率不能像比热容那样简单地用部分求和的方法来确定，科学家们曾提出了若干计算方案，但归根结底，必须用实验方法确定。

11.1.2.2 液体的热导率

液体的热导率的数值约在 0.07～8W/(m·K) 范围内，但大部分的数值都在 0.7 以下。液体的导热主要是依靠晶格的振动来实现。应用这一概念来解释不同液体的实验数据，其中大多数都得到了很好的证实，据此得到的液体热导率的经验公式为[2]

$$\lambda=A\frac{c_p\rho^{\frac{4}{3}}}{M^{\frac{1}{3}}} \tag{11-1-17}$$

式中 c_p——液体的定压比热容；

ρ——液体的密度；

M——液体的分子量；

A——系数，与晶体振动在液体中的传播速度成正比，它与液体的性质无关，但与温度有关。

一般情况下可认为 $Ac_p\approx$常数。对于非缔合液体或弱缔合液体，它们的分子量是不变的，由式（11-1-17）可以看出，当温度升高时，由于液体密度的减小，热导率是下降的。对于强缔合液体，例如水和甘油等，它们的分子量是变化的，而且随温度而变化。因此，在不同的温度时，它们的热导率随温度变化的规律是不一样的。图 11-1-8 给出了一些液体热导率随温度的变化。可见，影响液体导热特性的因素很复杂，暂时还没有公认的理论可以解释。目前，主要是通过实验测试得到液体热导率。

11.1.2.3　金属的热导率

各种金属的热导率一般在 12～428W/(m・K) 范围内变化。大多数纯金属的热导率随着温度的升高而减小，参见图 11-1-9。这是因为金属的导热是依靠自由电子的迁移和晶格的振动来实现，而且主要依靠前者。当温度升高时，晶格振动的加强干扰了自由电子的运动，使热导率下降。金属导热与导电的机理是一致的，所以金属的热导率与导电率互成比例。银的热导率就像它的导电能力一样是很高的，然后依次为铜、金、铝等。金属中掺入任何杂质，将破坏晶格的完整性而干扰自由电子的运动，使热导率减小。例如，在常温下纯铜的热导率为 401W/(m・K)，而黄铜（70%Cu，30%Zn）的热导率降低为 109W/(m・K)。另外，金属加工过程也会造成晶格的缺陷，所以化学成分相同的金属，热导率也会因加工情况而有所不同。大部分合金的热导率是随着温度的升高而增大的。

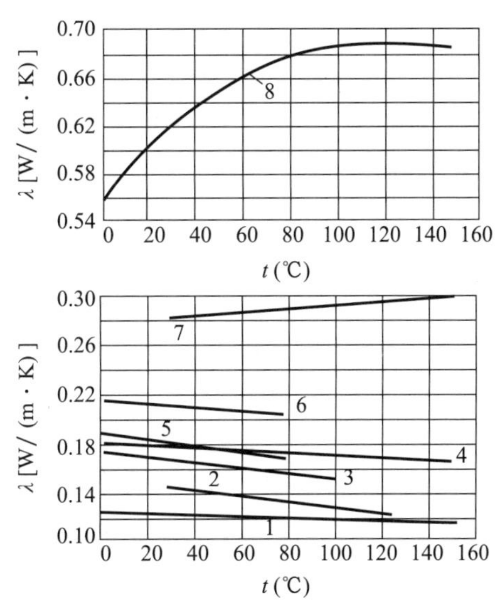

图 11-1-8　液体的导热系数

1—凡士林油；2—苯；3—丙酮；4—蓖麻油

5—乙醇；6—甲醇；7—甘油；8—水

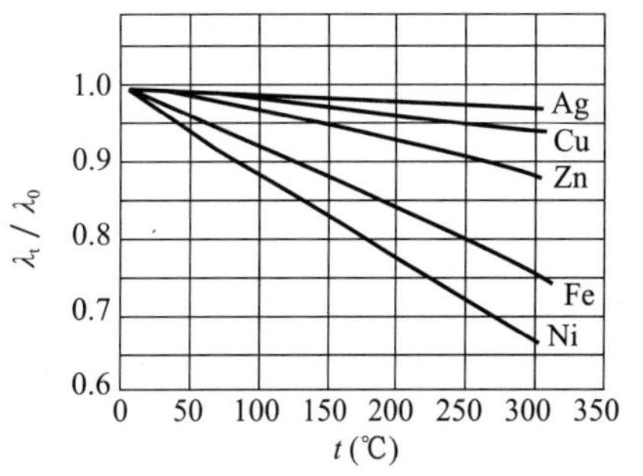

图 11-1-9　金属的导热系数

11.1.2.4　非金属材料（介电体）的热导率

建筑材料和保温材料、保冷材料的热导率大约在 0.025～3.0W/(m・K) 范围内。它们的热导率都随温度的升高而增大。我国国家标准[5]规定，保温材料的主要性能包括：在平均温度为 25℃时热导率不大于 0.080W/(m・K)，密度不大于 300kg/m³。保冷材料的主要性能包括：泡沫塑料及其制品 25℃时的热导率不大于 0.44W/(m・K)，密度不大于 60kg/m³，吸水率不大于 4%；泡沫橡塑制品 0℃时的热导率不大于 0.036W/(m・K)，密度不大于 95kg/m³，真空吸水率不大于 10%。岩棉板、玻璃棉板、聚苯板、聚苯乙烯挤塑板、酚醛板、聚氨酯板是主要的建筑墙体保温材料。国产保温材料热导率的资料可参阅文献［6-7］。这些材料大多是多孔材料或纤维性材料。严格地讲，这些材料不应视为连续介质。但如果孔隙的大小和物体的总几何尺寸比起来很小的话，仍然可以有条件地认为它们是连续介质，用表观热导率或当做连续介质时的折算热导率来考虑。

在多孔材料中，填充孔隙的气体，例如空气，具有低的热导率，所以良好的保温材料都是孔隙多、单位体积质量（习惯上简称“容重”）轻的材料。根据这一特点，可以人为地增加材料的孔隙以提高保温能力，例如经加热发泡而成的聚苯乙烯泡沫塑料、加气混凝土和离心玻璃棉等。但是，容重轻到一定程度后，小的孔隙连成沟道或者孔隙较大时，会引起孔隙内的空气对流作用加强，孔隙壁间的辐射亦有所加强，反而会使表观热导率升高。气凝胶是一种不断发展的新型保温材料，它是一种低密度纳米多孔非晶态材料，具有气孔封闭、连续无规则网络结构。由于气凝胶纳米尺度的颗粒及孔隙分布，使其具有很低的热导率，如 SiO_2气凝胶，室温下密度为 100kg/m^3，热导率为 0.02W/(m·K)，甚至低于空气的热导率 0.024W/(m·K)。这是因为气凝胶固体是由非常小的彼此相连的三维网络结构构成，通过固相的热量传递需经过复杂的曲折通路，因此热量输运效果低于纯固体骨架；而且由于内部孔隙非常小，气体分子平均自由程大于气凝胶的孔隙尺寸，气相传热也受到很大的限制。所以，气凝胶由于其低热导率、低密度使其广泛应用于航空航天、汽车及建筑领域。

在建筑热工设计中，合理选择建筑物外墙结构和材料是节能的重要措施之一。公共建筑节能设计标准中，按各城市的建筑气候分区，限定了各分区建筑物外墙的热阻，它对选择外墙结构和材料有着指导作用[8]。采用非金属材料窗框是建筑节能的有效措施之一，PVC（聚氯乙烯）塑料窗框被广泛采用，它的热导率为 0.13～0.29W/(m·K)。

多孔材料的热导率受湿度的影响很大。由于水分的渗入，替代了相当一部分空气，而且更主要的是水分将从高温区向低温区迁移而传递热量。因此，湿材料的热导率比干材料和水都要大。例如，干燥实心砖的热导率为 0.39～0.42W/(m·K)，水的热导率为 0.56W/(m·K)，而湿砖的热导率可高达 1.0～1.4W/(m·K)。所以对建筑物的围护结构，特别是冷、热设备的保温层，都应采取防潮措施。

11.1.2.5　纳米流体的热导率

随着新兴设备功率需求不断增加和高精尖产品集成度逐步升级，很多领域都出现了高热流密度散热问题。例如，航天器热控制、高温超导和高功率激光器的冷却以及大功率电子元器件散热等。由于传统的纯液体传热介质（如水、油、醇等）已很难满足一些特殊条件下的传热要求，因此探索稳定的、流动性好的、高热导率的传热介质成为研究热点之一。通过在液体中添加高热导率的固体粒子以提升其导热性能是广为关注的技术。由于悬浮液中的毫米或微米级的固体粒子容易团聚而发生沉淀，影响流动并引起管道磨损、堵塞等不良结果。但是，如能减小固体粒子至纳米尺度，则不仅能提高原有液体热导率，又有很好的分散特性，可避免团聚和流动问题。因此，纳米流体技术应运而生，它是以一定的方式和比例在液体中添加纳米级金属、金属氧化物或碳纳米管等形成悬浮液。由于纳米粒子的比表面积远大于毫米或微米级粒子的比表面积，相同粒子体积含量下，纳米流体的有效热导率大于毫米或微米级的两相混合液的热导率。更为重要的是由于纳米粒子自身强烈的布朗运动不仅有利于保持稳定悬浮而不沉淀，而且自身微运动及所引起的液体微扰动也强化了能量传递。例如：对于铜—去离子水纳米流体，当铜纳米颗粒的体积份额由 1%增大到 5%，其液体的热导率从 1.08W/(m·K) 增大到了 1.45W/(m·K)；对于铝—润滑油纳米流体，当粒子的体积份额由 1%增大到 5%，其热导率从 1.043W/(m·K) 增大到 1.27W/(m·K)。所以，纳米流体在能量传递调控方面有一定的应用前景。

前已述及，分析材料的导热性能时，还应区分各向同性材料和各向异性材料。例如木材，沿不同方向的热导率不同，木材沿纤维方向热导率的数值可比垂直纤维方向的数值高 1 倍，这种材料称为各向异性材料。用纤维、树脂等增强、黏合的复合材料也是各向异性材料。本书在以后的分析讨论中，只限于各向同性材料。

本书附录 11-5、附录 11-6 列出了一些建筑、保温材料的热导率和密度的数值，供查阅参考。

11.2　斐克定律与扩散系数

11.2.1　菲克定律

在一个二元系统中，在浓度场不随时间而变化的稳态扩散条件下，当无整体流动时，组成二元混合物中组分 A 和组分 B 将发生互扩散，其中组分 A 向组分 B 的扩散通量（质量通量 j 或摩尔通量 J）与组分 A 的浓度梯度成正比，这就是扩散基本定律——斐克[9]定律（AdolfFick，德国科学家，1855 年，他认为盐分在溶液中的扩散现象可以与热传导比拟），其表达式为

$$\left.\begin{aligned} j_{\mathrm{A}} &= -D_{\mathrm{AB}}\frac{\mathrm{d}\rho_{\mathrm{A}}}{\mathrm{d}z} \\ j_{\mathrm{B}} &= -D_{\mathrm{BA}}\frac{\mathrm{d}\rho_{\mathrm{B}}}{\mathrm{d}z} \end{aligned}\right\} \tag{11-2-1}$$

式中　j_{A}、j_{B}——组分 A、B 的质量扩散通量，$\mathrm{kg/(m^2 \cdot s)}$；

$\frac{\mathrm{d}\rho_{\mathrm{A}}}{\mathrm{d}z}$、$\frac{\mathrm{d}\rho_{\mathrm{B}}}{\mathrm{d}z}$——组分 A、B 在扩散方向的质量浓度梯度，$(\mathrm{kg/m^3})$ /m；

D_{AB}——组分 A 在组分 B 中的扩散系数，$\mathrm{m^2/s}$；

D_{BA}——组分 B 在组分 A 中的扩散系数，$\mathrm{m^2/s}$。

上两式表示在总质量浓度 ρ 不变的情况下，由组分 A、B 的质量浓度梯度 $\frac{\mathrm{d}\rho_{\mathrm{A}}}{\mathrm{d}z}$、$\frac{\mathrm{d}\rho_{\mathrm{B}}}{\mathrm{d}z}$ 所引起的分子扩散通量，负号表明扩散方向与浓度梯度方向相反，即分子扩散朝着浓度降低的方向进行。

以物质的量为基准的斐克定律，则可表达成以下形式

$$\left.\begin{aligned} J_{\mathrm{A}} &= -D_{\mathrm{AB}}\frac{\mathrm{d}C_{\mathrm{A}}}{\mathrm{d}z} \\ J_{\mathrm{B}} &= -D_{\mathrm{BA}}\frac{\mathrm{d}C_{\mathrm{B}}}{\mathrm{d}z} \end{aligned}\right\} \tag{11-2-2}$$

式中　J_{A}、J_{B}——组分 A，B 的摩尔扩散通量，$\mathrm{kmol/(m^2 \cdot s)}$；

$\frac{\mathrm{d}C_{\mathrm{A}}}{\mathrm{d}z}$、$\frac{\mathrm{d}C_{\mathrm{B}}}{\mathrm{d}z}$——组分 A，B 在扩散方向的摩尔浓度梯度，$(\mathrm{kmol/m^3})$ /m。

对于两组分扩散系统，由于 $j_{\mathrm{A}}=j_{\mathrm{B}}$ 及 $J_{\mathrm{A}}=J_{\mathrm{B}}$

故得

$$D_{\mathrm{AB}} = -D_{\mathrm{BA}} \tag{11-2-3}$$

上式表明，在两组分扩散系统中，组分 A 在组分 B 中的扩散系数等于组分 B 在组分 A 中的扩散系数，故后面对两组分系统，其扩散系数均简写为 D。

应予指出，斐克定律只适用于由于分子无规则热运动引起的扩散过程，其传递的速度即为扩散速度 $u_{\mathrm{A}}-u$（或 $u_{\mathrm{A}}-u_{\mathrm{m}}$）。实际上，在分子扩散的同时经常伴有流体的主流运动，如用液体吸收气体混合物中溶质组分的过程。设由 A、B 组成的二元气体混合物，其中 A 为溶质，可溶解于液体中，而 B 不能在液体中溶解。这样，组分 A 可以通过气液相界面进入液相，而组分 B 不能进入液相。由于 A 分子不断通过相界面进入液相，在相界面的气相一侧会留下“空穴”，根据流体连续性原则，混合气体就会自动地向界面递补，这样就发生了 A、B 两种分子并行向相界面递补的运动，这种递补运动就形成了混合物的主体流动。很显然，通过气液相界面组分 A 的通量应等于由于分子扩散所形成的组分 A 的通量与由于主体流动所形成的组分 A 的通量的和。此时，由于组分 B 不能通过相界面，当组分 B 随主体流动运动到相界面后，又以分子扩散形式返回气相主体中，该过程如

图 11-2-1 所示。

若在扩散的同时伴有混合物的主体流动，则物质实际传递的通量除分子扩散通量外，还应考虑由于主体流动而形成的通量。

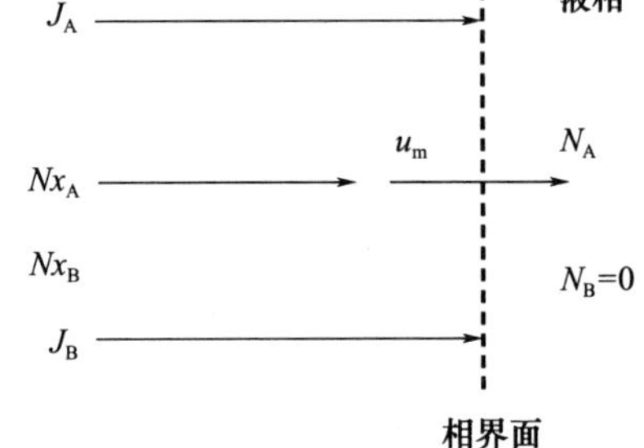

图 11-2-1 吸收过程各通量的关系

由通量定义及斐克定律可知

$$j_A=\rho_A(u_A-u)=-D\frac{d\rho_A}{dz} \tag{11-2-4}$$

$$\rho_A u_A=-D\frac{d\rho_A}{dz}+\rho_A u \tag{11-2-5}$$

因此，得

$$m_A=-D\frac{d\rho_A}{dz}+a_A(m_A+m_B) \tag{11-2-6}$$

同理

$$N_A=-D\frac{dC_A}{dz}+x_A(N_A+N_B) \tag{11-2-7}$$

上两式为斐克定律的普遍表达形式，由此可得出以下结论：组分的实际传质通量＝分子扩散通量＋主体流动通量。

11.2.2 扩散系数及其测量

到目前为止，我们一直把扩散系数当作一比例常数，即斐克定律中的未知参数。如果把扩散系数作为一个可变参数，可用斐克定律对多种情况求得质量通量和浓度分布。

现在要计算通量和浓度分布的具体值，为此需要知道特定情况下的扩散系数。扩散系数的获得主要依靠于实验测量，因为没有通用的理论可以进行准确的计算。但实验测量常是较困难的，测量结果也不一定准确。

如前所述，扩散过程可发生在气体中，也可以发生在液体和固体中，在不同介质中扩散系数值有很大的不同。气体中的扩散系数约为 $0.1\times10^{-4}\,m^2/s$，此值也可由理论估算出液体中的扩散系数约在 $0.1\times10^{-8}\,m^2/s$ 的范围，这时理论估算不再那么可靠。固体中的扩散系数更低，约为 $0.1\times10^{-13}\,m^2/s$，并强烈地受温度的影响。聚合物及玻璃中的扩散系数介于固体和液体之间，比如说 $0.1\times10^{-11}\,m^2/s$，且可强烈地随溶质浓度而变化。

物质的分子扩散系数表示它的扩散能力，是物质的物理性质之一。根据斐克定律，扩散系数是沿扩散方向，在单位时间每单位浓度降的条件下，垂直通过单位面积所扩散某物质的质量或摩尔数，即

$$D=\frac{j_A}{-\frac{d\rho_A}{dy}}=\frac{J_A}{-\frac{dC_A}{dy}} \tag{11-2-8}$$

可以看出，质量扩散系数 D 和动量扩散系数 ν 及热量扩散系数 a 具有相同的单位（m^2/s）或（cm^2/s），扩散系数的大小主要取决于扩散物质和扩散介质的种类及其温度和压力。质量扩散系数一般要由实验测定。某些气体与气体之间和气体在液体中扩散系数的典型值如表 11-2-1 所示。

表 11-2-1 气—气质量扩散系数和气体在液体中的质量扩散系数 D [10] （m^2/s）

气体在空气中的 D（25℃，$p=1atm$）			
氨—空气	2.81×10^{-5}	苯蒸气—空气	0.84×10^{-5}
水蒸气—空气	2.55×10^{-5}	甲苯蒸气—空气	0.88×10^{-5}
CO_2—空气	1.64×10^{-5}	乙醚蒸气—空气	0.93×10^{-5}
O_2—空气	2.05×10^{-5}	甲醇蒸气—空气	1.59×10^{-5}

续表

H_2—空气	4.11×10^{-5}	乙醇蒸气—空气	1.19×10^{-5}
液相，20℃，稀溶液			
氨—水	1.75×10^{-9}	氯化氢—水	2.58×10^{-9}
CO_2—水	1.78×10^{-9}	氯化钠—水	2.58×10^{-9}
O_2—水	1.81×10^{-9}	乙烯醇—水	0.97×10^{-9}
H_2—水	5.19×10^{-9}	CO_2—乙烯醇	3.42×10^{-9}

其中，液相质扩散，如气体吸收、溶剂萃取以及蒸馏操作等的 D 比气相质扩散的 D 低一个数量级以上，这是由于液体中分子间的作用力强烈地束缚了分子活动的自由程，分子移动的自由度缩小的缘故。

二元混合气体作为理想气体用分子动力理论可以得出 $D\propto p^{-1}T^{3/2}$ 的关系。不同物质之间的分子扩散系数是通过实验来测定的。表 11-2-2 列举了在压力 $p_0=1.1013\times10^5$ Pa、温度 $T_0=273$K 时各种气体在空气中的扩散系数 D_0，在其他 p、T 状态下的扩散系数可用下式换算

$$D=D_0\frac{p_0}{p}\left(\frac{T}{T_0}\right)^{\frac{3}{2}} \tag{11-2-9}$$

表 11-2-2　气体在空气中的分子扩散系数 D　　(m^2/s)

气体	$D_0\times10^4$	气体	$D_0\times10^4$
H_2	0.511	SO_2	0.103
N_2	0.132	NH_3	0.20
O_2	0.178	H_2O	0.22
CO_2	0.138	HCl	0.13

两种气体 A 与 B 之间的分子扩散系数可用吉利兰（Gilliland）[11]提出的半经验公式估算

$$D=\frac{435.7T^{3/2}}{p\left(V_A^{1/3}+V_B^{1/3}\right)^2}\sqrt{\frac{1}{\mu_A}+\frac{1}{\mu_B}} \tag{11-2-10}$$

式中　T——热力学温度，K；

p——总压力，Pa；

μ_A、μ_B——气体 A、B 的分子量；

V_A、V_B——气体 A、B 在正常沸点时液态物质的量容积，cm^3/mol。

几种常见气体的液态物质的量容积可查表 11-2-3。

表 11-2-3　在正常沸点下液态物质的量容积　　(cm^3/mol)

气体	摩尔容积	气体	摩尔容积
H_2	14.3	CO_2	34
O_2	25.6	SO_2	44.8
N_2	31.1	NH_3	25.8
空气	29.9	H_2O	18.9

按式（11-2-9），扩散系数 D 与气体的浓度无直接关系，它随气体温度的升高及总压力的下降而加大。这可以用气体的分子运动论来解释。随着气体温度的升高，气体分子的平均运动动能增大，故扩散加快，而随着气体压力的升高，分子间的平均自由行程减小，故扩散就减弱。当然，按状态方程，浓度与压力、温度是相互关联的，所以质量扩散系数与浓度是有关的，就像导热系数与温度有关一样。式（11-2-10）中 D 的单位是 cm^2/s，它和动量扩散系数 $\nu=\mu/\rho$ 以及热扩散系数 $a=$

$\frac{\lambda}{c_p\rho}$的单位相同，在计算质量扩散通量或摩尔扩散通量时，D 的单位要换算为 m^2/s。

分子扩散传质不只是在气相和液相内进行，同样可在固相内存在，如渗碳炼钢、材料的提纯等。在固相中的质扩散系数比在液相中还降低大约一个数量级，这可用分子力场对过程的影响越大使分子移动的自由度越小作为合理的定性解释。

二元混合液体的扩散系数以及气一固、液一固之间的扩散系数，比气体之间的扩散系数要复杂得多，只有用实验来确定[12]，可参考相关资料。

【例 11-1】 有一直径为 30mm 的直管，底部盛有 20℃的水，水面距管口为 200mm。当流过管口的空气温度为 20℃，相对湿度 $\varphi=30\%$，总压力 $p=1.013\times10^5$ Pa 时，试计算（1）水蒸气往空气中的扩散系数 D；（2）水的质量扩散通量（即蒸发速率）；（3）通过此管每小时的蒸发水量 G。

【解】（1）查表 11-2-2 可得 $D_0=0.22\times10^{-4}m^2/s$，换算到 20℃时的 D 值为

$$D=D_0\frac{p_0}{p}\left(\frac{T}{T_0}\right)^{\frac{3}{2}}=0.22\times10^{-4}\times\left(\frac{293}{273}\right)^{\frac{3}{2}}=0.245\times10^{-4}m^2/s$$

如用式（11-2-10）计算 D 值，可查表 11-2-3，得

水蒸气的分子容积　　$V_A=18.9cm^3/mol$

水蒸气的分子量　　$\mu_A=18$

空气的分子容积　　$V_B=29.9cm^3/mol$

空气的分子量　　$\mu_B=28.9$

则

$$D=\frac{435.7\times(293)^{1.5}}{1.013\times10^5\times(18.9^{1/3}+29.9^{1/3})^2}\sqrt{\frac{1}{18}+\frac{1}{28.9}}\times10^{-4}$$

$$=0.195\times10^{-4}m^2/s$$

可以看到，用式（11-2-10）计算的 D 值与表 11-2-2 查得的数据经修正得到的 D 值相差 20%左右，在没有实验数据的情况下，用式（11-2-10）做估算是可以信赖的。

（2）水表面的蒸汽分压力相当于水温 20℃时的饱和压力，查水蒸气表可得 $p_{A,1}=2337Pa$，管口的水蒸气分压力 $p_{A,2}=0.3\times2337=701Pa$；相应的空气分压力为

$$p_{B,1}=101300-2337=98963Pa$$

$$p_{B,2}=101300-701=100599Pa$$

平均分压力

$$p_{B,m}=\frac{100599-98963}{\ln(100599/98963)}=99778.8Pa$$

应用式（11-5-17）计算质量扩散通量

$$m'_A=\frac{D}{R_A T}\frac{p_{A,1}-p_{A,2}}{p_{B,m}}\frac{p}{h}=\frac{0.245\times(2337-701)}{\frac{8314}{18}\times293\times0.2}\times\frac{101300}{99778.8}\times10^{-4}$$

$$=1.5\times10^{-6}kg/(m^2\cdot s)=5.41\times10^{-3}kg/(m^2\cdot h)$$

（3）$G=m'_A\cdot\frac{1}{4}\pi d^2=5.41\times10^{-3}\times\frac{\pi}{4}\times0.03^2=0.003822kg/h=3.82g/h$

11.3　三传类比

流体宏观运动既可导致动量传递，同时也会把热量和质量从流体的一个部分传递到另一部分，所以温度分布、浓度分布和速度分布是相互联系的。这三种传递过程不仅在物理上有联系，而且还可以导出它们之间量与量的关系，因而使我们有可能用一种传递过程的结果去类推其他与其类似的传递过程的解。本节中首先介绍三种传递过程的典型的微分方程，然后将传热学中的动量传递和热量传递类比的方法应用到具有传质的过程中。

11.3.1　三种传递各自的速率描述及其之间的类比关系

当物系中存在速度、温度和浓度的梯度时，则分别发生动量、热量和质量的传递现象。动量、热量和质量的传递，既可以是由分子的微观运动引起的分子扩散，也可以是由旋涡混合造成的流体微团的宏观运动引起的湍流传递。

1. 分子传递（传输）性质

流体的黏性、热传导性和质量扩散性通称为流体的分子传递性质。因为从微观上来考察，这些性质分别是非均匀流场中分子不规则运动时同一个过程所引起的动量、热量和质量传递的结果。当流场中速度分布不均匀时，分子传递的结果产生切应力；而温度分布不均匀时，分子传递的结果产生热传导；在多组分的混合流体中，如果某种组分的浓度分布不均匀，分子传递的结果便引起该组分的质量扩散。

由前面介绍的知识可知，表示上述三种分子传递性质的数学关系分别由牛顿黏性定律、傅里叶定律和斐克定律描述为：

$$\tau=-\mu\frac{\mathrm{d}u}{\mathrm{d}y} \tag{11-3-1}$$

$$q=-\lambda\frac{\mathrm{d}t}{\mathrm{d}y} \tag{11-3-2}$$

$$m_{\mathrm{A}}=-D_{\mathrm{AB}}\rho\frac{\mathrm{d}C_{\mathrm{A}}^{*}}{\mathrm{d}y} \tag{11-3-3}$$

对于均质不可压缩流体，式（11-3-1）可改写为

$$\tau=-\nu\frac{\mathrm{d}(\rho u)}{\mathrm{d}y} \tag{11-3-4}$$

式中　ν——流体的运动黏性系数，又称动量扩散系数，$\mathrm{m^2/s}$；

$\frac{\mathrm{d}(\rho u)}{\mathrm{d}y}$——动量浓度的变化率，表示单位体积内流体的动量在 y 方向的变化率，$\mathrm{kg/(m^3\cdot s)}$；

τ——切应力；

μ——流体的动力黏性系数。

对于恒定热容量的流体，式（11-3-2）可改写为

$$q=-\frac{\lambda}{\rho c_p}\frac{\mathrm{d}(\rho c_p t)}{\mathrm{d}y}=-a\frac{\mathrm{d}(\rho c_p t)}{\mathrm{d}y} \tag{11-3-5}$$

式中　a——热扩散系数，又称导温系数，$\mathrm{m^2/s}$；

$\frac{\mathrm{d}(\rho c_p t)}{\mathrm{d}y}$——焓浓度变化率，或称能量浓度变化率，表示单位体积内流体所具有的焓在方向的变化率，$\mathrm{J/(m^3\cdot m)}$；

q——热量通量密度，或能量通量密度。

对于混合物浓度密度为常数的情况，式（11-3-3）可改写为

$$m_{\mathrm{A}}=-D_{\mathrm{AB}}\frac{\mathrm{d}\rho_{\mathrm{A}}}{\mathrm{d}y} \tag{11-3-6}$$

式中　$\frac{\mathrm{d}\rho_{\mathrm{A}}}{\mathrm{d}y}$——组分 A 的质量浓度在 y 方向的变化率，$\mathrm{kg/(m^3\cdot m)}$。

式（11-3-4）～（11-3-6）中的负号分别表示动量传递、能量传递和质量传递是向速度、温度、浓度降低的方向进行的，它们表示的三种分子传递性质的数学关系式是类似的，分别说明了动量通量密度正比于动量浓度的变化率，能量通量密度正比于能量浓度的变化率，组分 A 的质量通量密度正比于组分 A 的质量浓度的变化率。

这些表达式说明动量交换、能量交换、质量交换的规律可以类比。动量交换传递的量是运动流体单位容积所具有的动量 ρu；能量交换传递的量是物质每单位容积所具有的焓 $c_p\rho t$；质量交换传递

的量是扩散物质每单位容积所具有的质量也就是浓度 C_A。显然，这些量的传递速率都分别与各量的梯度成正比。系数 D、a、ν 均具有扩散的性质，它们的单位均为 m^2/s，D 为分子扩散或质扩散系数，a 为热扩散系数，ν 为动量扩散系数或称运动黏度。

不过需要注意的是，在多维场中，动量是一个矢量，因而表示其传递量的动量通量密度是一个张量，而热量和质量都是标量，因而表示其传递量的热量通量密度和质量通量密度都是矢量。就这一点来说，前者和后两者是不同的。

2. 湍流传递的性质

在湍流流动中，除分子传递现象外，宏观流体微团的不规则混掺运动也引起动量、热量和质量的传递，其结果从表象上看起来．相当于在流体中产生了附加的“湍流切应力”“湍流热传导”和“湍流质量扩散”。由于流体微团的质量比分子的质量大得多，所以湍流传递的强度自然要比分子传递的强度大得多。

尽管湍流混掺运动与分子运动之间有重要差别，然而早期半经验湍流理论的创立者还是仿照分子传递性质的定律来建立确定了湍流传递性质的公式。在这种理论中定义了湍流动力黏性系数 μ_t、湍流导热系数 λ_t 和湍流质量扩散系数 D_{ABt}，并认为对于只有一个速度分量的一维流动而言，湍流切应力 τ_t、湍流热量通量密度 q_t 和湍流扩散引起的组分 A 的质量通量密度 m_{At} 分别与平均速度 $\overline{u}$、平均温度 $\overline{T}$ 和组分 A 的平均密度 $\overline{\rho}_A$ 的变化率成正比，亦即

$$\tau_t=-\mu_t\frac{d\overline{u}}{dy} \tag{11-3-7}$$

$$q_t=-\lambda_t\frac{d\overline{T}}{dy} \tag{11-3-8}$$

$$m_{At}=-D_{ABt}\frac{d\overline{\rho}_A}{dy} \tag{11-3-9}$$

因为在流体中同时存在湍流传递性质和分子传递性质，所以总的切应力 τ_s、总的热量通量密度 q_s 和组分 A 的总的质量通量密度 m_s 分别为

$$\tau_s=\tau+\tau_t=-(\mu+\mu_t)\frac{d\overline{u}}{dy}=-\mu_{eff}\frac{d\overline{u}}{dy} \tag{11-3-10}$$

$$q_s=-(\lambda+\lambda_t)\frac{d\overline{T}}{dy}=\lambda_{eff}\frac{d\overline{T}}{dy} \tag{11-3-11}$$

$$m_s=-(D_{AB}+D_{ABt})\frac{d\overline{\rho}_A}{dy}=-D_{ABeff}\frac{d\overline{\rho}_A}{dy} \tag{11-3-12}$$

这里 μ_{eff}、λ_{eff} 和 D_{ABeff} 分别称为有效动力黏度系数、有效导热系数和组分 A 在双组分混合物中的有效质量扩散系数。

在充分发展的湍流中，湍流传递系数往往比分子传递系数大得多，因而有 $\mu_{eff}\approx\lambda_t$，$D_{ABeff}\approx D_{ABT}$。故可以用式（11-3-7）、式（11-3-8）和式（11-3-9）分别代替式（11-3-10）、式（11-3-11）和式（11-3-12）。这样，湍流动量传递、湍流热量传递和湍流质量传递的三个数学关系式（11-3-7）、式（11-3-8）和式（11-3-9）也是类似的。

应当指出的是，有了类似于式（11-3-7）、式（11-3-8）和式（11-3-9）这样的从表象出发建立起来的公式，并没有根本解决湍流计算的问题。因为确定湍流传递系数 μ_t、λ_t、D_{ABt}，比起确定分子传递系数 μ、λ、D_{AB} 困难得多。首先，分子传递系数只取决于流体的热力学状态，而不受流体宏观运动的影响，因此分子传递系数 μ、λ、D_{AB} 均是与温度、压力有关的流体的固有属性，是物性。然而湍流传递系数主要取决于流体的平均运动，故不是物性。其次，分子传递性质可以由逐点局部平衡的定律来确定；然而对于湍流传递性质来说，应该考虑其松弛效应，即历史和周围流场对某时刻、某空间点湍流传递性质的影响。除此之外，在一般情况下，分子传递系数 μ、λ、D_{AB} 是各向同性的；但是在大多数情况下，湍流传递系数 μ_t、λ_t、D_{ABt} 是各向异性的。

正是由于湍流传递性质的上述特点，使得湍流流动的理论分析至今仍是远未彻底解决的问题，

主要还是依靠实验来解决。

11.3.2　三传方程

在有质交换时，对二元混合物的二维稳态层流流动，当不计流体的体积力和压强梯度，忽略耗散热、化学反应热以及由于分子扩散而引起的能量传递时，对流传热传质交换微分方程组应包括

连续性方程

$$\frac{\partial u_x}{\partial x}+\frac{\partial u_y}{\partial y}=0 \tag{11-3-13}$$

动量方程

$$u_x\frac{\partial u_x}{\partial x}+u_y\frac{\partial u_y}{\partial y}=\nu\frac{\partial^2 u_x}{\partial y^2} \tag{11-3-14}$$

能量方程

$$u_x\frac{\partial t}{\partial x}+u_y\frac{\partial t}{\partial y}=a\frac{\partial^2 t}{\partial y^2} \tag{11-3-15}$$

扩散方程

$$u_x\frac{\partial C_A}{\partial x}+u_y\frac{\partial C_A}{\partial y}=D\frac{\partial^2 C_A}{\partial y^2} \tag{11-3-16}$$

边界条件为：

关于动量方程

$$y=0,\frac{u_x}{u_\infty}=0\text{或}\frac{u_x-u_w}{u_\infty-u_w}=0;y=\infty,\frac{u_x}{u_\infty}=1\text{或}\frac{u_x-u_w}{u_\infty-u_w}=1$$

关于能量方程

$$y=0,\frac{t-t_w}{t_\infty-t_w}=0;y=\infty,\frac{t-t_w}{t_\infty-t_w}=1$$

关于扩散方程

$$y=0,\frac{C_A-C_{Aw}}{C_{A\infty}-C_{Aw}}=0;y=\infty,\frac{C_A-C_{Aw}}{C_{A\infty}-C_{Aw}}=1$$

可以看到，这三个方程及相对应的边界条件在形式上是完全类似的，它们统称为边界层传递方程。采用传热学中所叙述的方法，结合边界条件进行分析求解，可获得质交换的准则关系式。值得注意的是，当三个方程的扩散系数相等，$\nu=a=D$ 或 $\frac{\nu}{a}=\frac{\nu}{D}=\frac{a}{D}=1$ 时，且边界条件的数学表达式又完全相同，则它们的解也应当是一致的，即边界层中的无因次速度、温度分布和浓度分布曲线完全重合，因而其相应的无量纲准则数相等。这一点是类比原理的基础。

当 $\nu=D$ 或 $\frac{\nu}{D}=1$ 时，速度分布和浓度分布曲线相重合，或速度边界层和浓度边界层厚度相等。

当 $a=D$ 或 $\frac{a}{D}=1$ 时，温度分布和浓度分布曲线相重合，或温度边界层和浓度边界层厚度相等。

显然，这三个性质类似的物性系数中，任意两个系数的比值均为无量纲量。即普朗特准则 $Pr=\frac{\nu}{a}$ 表示速度分布和温度分布的相互关系，体现流动和传热之间的相互联系；施密特准则 $Sc=\frac{\nu}{D}$ 表示速度分布和浓度分布的相互关系，体现流体的传质特性；路易斯准则 $Le=\frac{a}{D}=\frac{Sc}{Pr}$ 表示温度分布和浓度分布的相互关系，体现传热和传质之间的联系。

对流传热和对流传质是相似的。传热、传质微分方程由同样形式的对流和扩散项组成，其边界条件形式也一样。此外，正如对流传递方程中的动量和能量方程，每个方程依赖于 Re_L 和速度场，参数 Pr 和 Sc 也有类似的作用，这个相似性的主要含义是决定热边界层性质的无量纲关系式必定和

决定浓度边界层的相同。因而，边界层的温度和浓度分布必定有同样的函数形式。表 11-3-1 为类比关系表。

表 11-3-1 传热、传质类比关系表

流体流动	传热	传质
$u^*=f_1\left(x^*,\ y^*,\ Re_L,\ \frac{dp^*}{dx^*}\right)$	$T^*=f_3\left(x^*,\ y^*,\ Re_L,\ Pr,\ \frac{dp^*}{dx^*}\right)$	$C_A=f_6\left(x^*,\ y^*,\ Re_L,\ Sc,\ \frac{dp^*}{dx^*}\right)$
$C_f=\frac{2}{Re_L}\frac{\partial u^*}{\partial y^*}\Big\|_{y^*=0}$	$Nu=\frac{hL}{k_f}=\frac{\partial T^*}{\partial y^*}\Big\|_{y^*=0}$	$Sh=\frac{h_m L}{D_{AB}}=\frac{\partial C_A^*}{\partial y^*}\Big\|_{y^*=0}$
$C_f=\frac{2}{Re_L}f_2(x^*,\ Re_L)$	$Nu=f_4(x^*,\ Re_L,\ Pr)$	$Sh=f_7(x^*,\ Re_L,\ Sc)$
	$\overline{Nu}=\frac{\overline{h}L}{R_f}=f_5(Re_L,\ Pr)$	$\overline{Sc}=\frac{\overline{h}_m L}{D_{AB}}=f_8(Re_L,\ Sc)$

与求解传热相类似，可以用 Sh 与 Sc、Re 等准则的关联式，来表达对流质交换系数与诸影响因素的关系。对流体沿平面流动或管内流动时质交换的准则关联式为

$$Sh=f(Re,Sc) \tag{11-3-17}$$

或

$$\frac{h_m l}{D}=f\left(\frac{ul}{\nu},\frac{\nu}{D}\right) \tag{11-3-18}$$

至于函数的具体形式，仍需由质交换实验来确定。

由于传热过程与传质过程的类似性，在实际应用上对流质交换的准则关联式常套用相应的对流换热的准则关联式。严格说来，从前述方程中，由于只是在忽略某些次要因素后，表达质交换、热交换和动量交换的微分方程式才相类似，所以这种套用是近似的。

例如，在给定 Re 准则条件下，当流体的 $a=D$ 即流体的 $Pr=Sc$ 或 $Le=1$ 时（通常空气中的热湿交换就属此），基于热交换和质交换过程对应的定型准则数值相等，因此

$$Nu=Sh \tag{11-3-19}$$

即

$$\frac{hl}{\lambda}=\frac{h_m l}{D} \tag{11-3-20}$$

或

$$h_m=h\frac{D}{\lambda}=h\frac{a}{\lambda}=\frac{h}{c_p\rho} \tag{11-3-21}$$

这个关系就是后面章节要讲到的路易斯关系式，即热质交换类比律。式中流体的 c_p 和 ρ 可作为已知值，因此，当 $Le=1$ 时，质交换系数可直接从换热系数的类比关系求得。对气体混合物，通常可近似地认为 $Le\approx1$。例如水表面向空气中蒸发，在 20℃时，热扩散系数 $a=21.4\times10^{-6}\text{m/s}^2$，动量扩散系数 $\nu=15.11\times10^{-6}\text{m/s}^2$，经过温度修正后的质扩散系数 $D=24.5\times10^{-6}\text{m/s}^2$，$Le=\frac{a}{D}=0.873\approx1$。说明当空气掠过水面在边界层中的温度分布和浓度分布曲线近乎相似。

11.3.3 动量交换与热交换的类比在质交换中的应用

1. 雷诺类比

1874 年，雷诺首先提出了动量和热量传递现象之间存在类似性。雷诺假设动量传递和热量传递的机理是相同的，那么当 Pr 数等于 1 时，在动量传递和热量传递之间就存在类似性。根据动量传输与热量传输的类似性，雷诺通过理论分析建立对流传热和摩擦阻力之间的联系，称雷诺类比（以

平板对流传热为例），即 $St=\frac{Sh}{ReSc}=\frac{C_f}{2}$或 $Nu=\frac{C_f}{2}RePr$，当 $Pr=1$ 时，$Nu=\frac{C_f}{2}Re$。式中 C_f 为摩阻系数。

以上关系也可推广到质量传输，建立动量传输与质量传输之间的雷诺类比，即

$$\left.\begin{aligned}St_m=\frac{Sh}{ReSc}=\frac{C_f}{2}\\ \text{或}\quad Sh=\frac{C_f}{2}ReSc\end{aligned}\right\}\tag{11-3-22}$$

同样，当 $Sc=1$，即 $\nu=D$ 时，式（11-3-22）为

$$Sh=\frac{C_f}{2}Re\tag{11-3-23}$$

这样，可以由动量传输中的摩阻系数 C_f 来求出质量传输中的传质系数 h_m。这为传质研究和计算提供了新的途径。

雷诺类比建立在一个简化了的模型基础上，由于把问题作了过分的简化，它的应用受到了很大的限制。同时，式（11-3-22）和式（11-3-23）中只有摩擦阻力而不包括形体阻力，故只有用于不存在边界层分离时才正确。

2. 柯尔本类比

雷诺类比忽略了层流底层的存在，这与实际情况大不相符。后来普朗特针对此点进行改进，推导出普朗特类比

$$\frac{h_m}{u_\infty}=\frac{C_f/2}{1+5\sqrt{C_f/2}\,(Sc-1)}\tag{11-3-24}$$

冯・卡门认为紊流核心与层流底层之间还存在一个过渡层，于是又推导出卡门类比

$$\frac{h_m}{u_\infty}=\frac{C_f/2}{1+5\sqrt{C_f/2}\,\{(Sc-1)+\ln[(1+5Sc)/6]\}}\tag{11-3-25}$$

契尔顿和柯尔本根据许多层流和紊流传质的实验结果，分别在 1933 年和 1934 年发表了如下的类似的表达式

$$\frac{h_m}{u_\infty}=\frac{C_f}{2}Sc^{-\frac{2}{3}}\tag{11-3-26}$$

这个类比在阐述动量、热量和质量传递之间的类似关系中，最为简明实用。它与上述雷诺的简单类比不同之处，在于引入了一个包括了流体重要物性的 Sc 数。当 $Sc=1$ 时，契尔顿一柯尔本与雷诺类比所得结果完全一致。这个类比适用于 $0.6\leqslant Sc\leqslant 2500$ 的气体和液体。

工程中为便于直接算出换热系数和传质系数，往往把几个相关的特征数集合在一起，用一个符号表示，称为计算因子。其中传热因子用 J_H 表示，传质因子用 J_D 表示。

$$J_H=\frac{h}{\rho c_p u_\infty}Pr^{-\frac{2}{3}}\tag{11-3-27}$$

$$J_D=\frac{h_m}{u_\infty}Sc^{-\frac{2}{3}}\tag{11-3-28}$$

对流传热和流体摩阻之间的关系可表示为

$$StPr^{-\frac{2}{3}}=J_H=\frac{C_f}{2}\tag{11-3-29}$$

对流传质和流体摩阻之间的关系可表示为

$$St_mSc^{-\frac{2}{3}}=J_D=\frac{C_f}{2}\tag{11-3-30}$$

上式表达了动量传输和质量传输过程的类比关系。实验证明 J_H、J_D 和摩阻系数 C_f 有下列关系，即

$$J_H = J_D = \frac{1}{2}C_f \tag{11-3-31}$$

式（11-3-31）把三种传输过程联系在一个表达式中，它对平板流动是准确的，对其他没有形状阻力存在的流动也是适用的。

由于表面对流传热和对流传质存在 $J_H = J_D$ 的类似关系，这样就可以将对流传热中有关的计算式用于对流传质，只要将对流传热计算式中的有关物理参数及准则数用对流传质中相对应的代换即可，如：

$$t \leftrightarrow C \quad a \leftrightarrow D \quad \lambda \leftrightarrow C$$

$$Pr \leftrightarrow Sc \quad Nu \leftrightarrow Sh \quad St \leftrightarrow St_m$$

平板层流换热

$$\left.\begin{aligned} Nu_x &= 0.332 Pr^{\frac{1}{3}} Re_x^{\frac{1}{2}} \\ \overline{Nu_L} &= 0.664 Pr^{\frac{1}{3}} Re_L^{\frac{1}{2}} \end{aligned}\right\} \tag{11-3-32}$$

平板层流传质

$$\left.\begin{aligned} Sh_x &= 0.332 Sc^{\frac{1}{3}} Re_x^{\frac{1}{2}} \\ \overline{Sh_L} &= 0.664 Sc^{\frac{1}{3}} Re_L^{\frac{1}{2}} \end{aligned}\right\} \tag{11-3-33}$$

平板紊流传热

$$\left.\begin{aligned} Nu_x &= 0.0296 Pr^{\frac{1}{3}} Re_x^{\frac{4}{5}} \\ \overline{Nu_L} &= 0.037 Pr^{\frac{1}{3}} Re_L^{\frac{4}{5}} \end{aligned}\right\} \tag{11-3-34}$$

平板紊流传质

$$\left.\begin{aligned} Sh_x &= 0.0296 Sc^{\frac{1}{3}} Re_x^{\frac{4}{5}} \\ Sh_L &= 0.037 Sc^{\frac{1}{3}} \mathrm{Re}_L^{\frac{4}{5}} \end{aligned}\right\} \tag{11-3-35}$$

光滑紊流传热

$$Nu = 0.0395 Pr^{\frac{1}{3}} Re^{\frac{3}{4}} \tag{11-3-36}$$

光滑紊流传质

$$Sh = 0.0395 Sc^{\frac{1}{3}} Re^{\frac{3}{4}} \tag{11-3-37}$$

3. 热、质传输同时存在的类比关系

当流体流过一物体表面，并与表面之间既有质量又有热量交换时，同样可用类比关系由传热系数 h 计算传质系数 h_m。

已知 Pr 和 Sc 准则数，它们分别表示物性对对流传热和对流传质的影响。Pr 准则数值的大小表示动量边界层和热量边界层厚度的相对关系。同样 Sc 准则数表示速度边界层和浓度边界层的相对关系。而反映热边界层与浓度边界层厚度关系的准则数则为路易斯准则数。

由式（11-3-31）联系式（11-3-27）和式（11-3-28）可以得出

$$St Pr^{-\frac{2}{3}} = St_m Sc^{-\frac{2}{3}} \tag{11-3-38}$$

$$St = St_m \left(\frac{Sc}{Pr}\right)^{\frac{2}{3}} = St_m Le^{\frac{2}{3}} \tag{11-3-39}$$

即

$$\frac{h}{\rho c_p u} = \frac{h_m}{u} Le^{\frac{2}{3}} \tag{11-3-40}$$

得到

$$h_m = \frac{h}{\rho c_p} Le^{-\frac{2}{3}} \tag{11-3-41}$$

上式把对流传热和对流传质联系在一个表达式中，这样可以由一种传输现象的已知数据，来确定另一种传输现象的未知系数。对气体或液体，式（11-3-41）成立的条件是 $0.6<Sc<2500$，$0.6<Pr<100$。

【例 11-2】 常压下的干空气从湿球温度计球部吹过。它所指示的温度是少量液体蒸发到大量饱和蒸汽一空气混合物的稳定平均温度，温度计的读数是 16℃，如图所示。在此温度下的物性参数为水的饱和蒸汽压 $p_w=0.01817\text{bar}$，空气的密度 $\rho=1.215\text{kg/m}^3$，空气的比热容 $c_p=1.0045\text{kJ/(kg}\cdot℃)$，水蒸气的汽化潜热 $r=2463.1\text{kJ/kg}$，$Sc=0.60$，$Pr=0.70$。试计算干空气的温度。

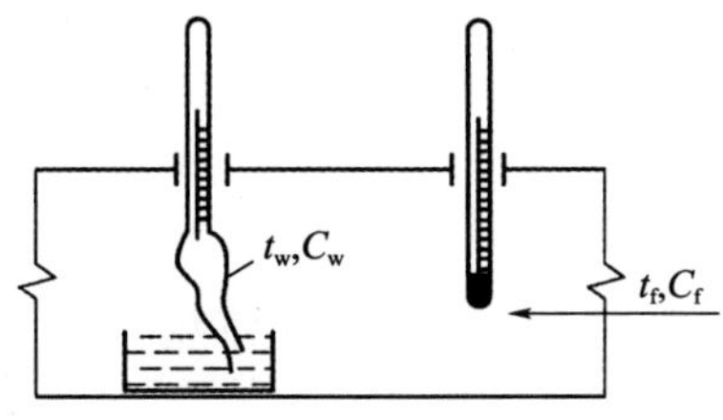

例 11-2 图

【解】 求出单位时间单位面积上蒸发的水量

$$m_{水}=h_m(C_w-C_f)M_{水}^* \tag{1}$$

由于水从湿球上蒸发带入空气的热量等于空气通过对流传热传给湿球的热量，即

$$hA(t_f-t_w)=rm_{水}A$$

则干空气的温度为

$$t_f=\frac{rm_{水}}{h}+t_w \tag{2}$$

根据柯尔本的 J 因子，可找出 $\frac{h_m}{h}$ 的关系式，即

$$J_H=J_M$$

$$\frac{h}{\rho u_x c_p}(Pr)^{\frac{2}{3}}=\frac{h_m}{u_x}(Sc)^{\frac{2}{3}}$$

$$\therefore \quad \frac{h_m}{h}=\frac{1}{\rho c_p}\left(\frac{Pr}{Sc}\right)^{\frac{2}{3}} \tag{3}$$

将式（1）和式（3）代入式（2），整理得

$$t_f=\frac{r}{\rho c_p}\left(\frac{Pr}{Sc}\right)^{\frac{2}{3}}(C_w-C_f)M_{水}^*+t_w$$

因 $Pr/Sc=0.7/0.6$，$(Pr/Sc)^{\frac{2}{3}}=(0.7/0.6)^{\frac{2}{3}}=1.11$；

$R=8.314\text{J/(kmol}\cdot\text{K)}$

$$\therefore \quad C_w=\frac{p_w}{RT}=\frac{0.01817\times10^5}{8.314\times289}=7.562\times10^{-1}\text{kmol/m}^3$$

根据题意，$C_f=0$，并已知水的分子量为 18kg/kmol，则

$$t_f=\frac{2463.1}{1.215\times1.0045}\times1.1\times0.018\times7.562\times10^{-1}+16=31.38+16=46.49℃$$

11.4　导热微分方程与单值性条件

11.4.1　导热微分方程式

傅里叶定律确定了热流密度矢量和温度梯度之间的关系。但是要确定热流密度矢量的大小，首先要知道物体内的温度场，即 $t=f(x,\ y,\ z,\ \tau)$。

为此，在傅里叶定律的基础上，借助热力学第一定律，即能量守恒与转化定律，建立起温度场

的通用微分方程，亦即导热微分方程式。

假定所研究的物体是各向同性的连续介质，其热导率 λ、比热容 c 和密度 ρ 均为已知，并假定物体内具有内热源，例如化学反应时放出反应热、电阻通电发热等，这时内热源为正值；又例如，化学反应时吸收热量、熔化过程中吸收物理潜热等，这时内热源为负值。用单位体积单位时间内所发出的热量 q_v（W/m^3）表示内热源的强度。基于上述各项假定，再从进行导热过程的物体中分割出一个微元体 $dV=dxdydz$，微元体的三个边分别平行于 x、y 和 z 轴，参见图 11-4-1。根据热力学第一定律，对微元体进行热平衡分析，那么在 $d\tau$ 时间内导入与导出微元体的净热量，加上内热源的发热量，应等于微元体热力学能的增加，即

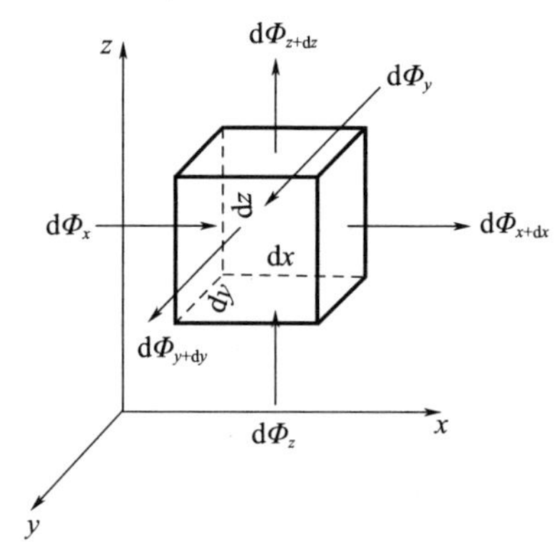

图 11-4-1　微元体的导热

导入与导出微元体的净热量Ⅰ＋微元体内热源的发热量Ⅱ＝微元体中热力学能的增量Ⅲ　　(11-4-1)

下面分别计算式（11-4-1）中的Ⅰ、Ⅱ和Ⅲ三项。

导入与导出微元体的净热量可以由 x、y 和 z 三个方向导入与导出微元体的净热量相加得到。在 $d\tau$ 时间内，沿 x 轴方向，经 x 表面导入的热量为 $d\Phi_x=q_x dydzd\tau$，经 $x+dx$ 表面导出的热量为 $d\Phi_{x+dx}=q_{x+dx}dydzd\tau$，而 $q_{x+dx}=q_x+\dfrac{\partial q_x}{\partial x}dx$。

于是，在 $d\tau$ 时间内，沿 x 轴方向导入与导出微元体的净热量为

$$d\Phi_x-d\Phi_{x+dx}=-\frac{\partial q_x}{\partial x}dxdydzd\tau \tag{11-4-2}$$

同理，在此时间内，沿 y 轴方向和沿 z 轴方向，导入与导出微元体的净热量分别为

$$d\Phi_y-d\Phi_{y+dy}=-\frac{\partial q_y}{\partial y}dxdydzd\tau \tag{11-4-3}$$

$$d\Phi_z-d\Phi_{z+dz}=-\frac{\partial q_z}{\partial z}dxdydzd\tau \tag{11-4-4}$$

将 x、y 和 z 三个方向导入和导出微元体的净热量相加得到

$$\text{Ⅰ}=-\left(\frac{\partial q_x}{\partial x}+\frac{\partial q_y}{\partial y}+\frac{\partial q_z}{\partial z}\right)dxdydzd\tau \tag{11-4-5}$$

将式（11-1-11）代入式（11-4-5），可以得到

$$\text{Ⅰ}=\left[\frac{\partial}{\partial x}\left(\lambda\frac{\partial t}{\partial x}\right)+\frac{\partial}{\partial y}\left(\lambda\frac{\partial t}{\partial y}\right)+\frac{\partial}{\partial z}\left(\lambda\frac{\partial t}{\partial z}\right)\right]dxdydzd\tau \tag{11-4-6}$$

在 $d\tau$ 时间内，微元体中内热源的发热量为

$$\text{Ⅱ}=q_v dxdydzd\tau \tag{11-4-7}$$

在 $d\tau$ 时间内，微元体中热力学能的增量为

$$\text{Ⅲ}=\rho c\frac{\partial t}{\partial \tau}dxdydzd\tau \tag{11-4-8}$$

对于固体和不可压缩流体，定压比热容 c_p 等于定容比热容 c_v，即 $c_p=c_v=c$。将式（11-4-6）、式（11-4-7）和式（11-4-8）代入式（11-4-1），消去等号两侧的 $dxdydzd\tau$，可得

$$\rho c\frac{\partial t}{\partial \tau}=\frac{\partial}{\partial x}\left(\lambda\frac{\partial t}{\partial x}\right)+\frac{\partial}{\partial y}\left(\lambda\frac{\partial t}{\partial y}\right)+\frac{\partial}{\partial z}\left(\lambda\frac{\partial t}{\partial z}\right)+q_v \tag{11-4-9}$$

式（11-4-9）称为导热微分方程式，实质上它是导热过程的能量守恒方程。上式借助于能量守恒定律和傅里叶定律把物体中各点的温度联系起来，它表达了物体的温度随空间和时间变化的关系。

当热导率 λ 为常数时，式（11-4-9）可以简化为

$$\frac{\partial t}{\partial \tau}=\frac{\lambda}{\rho c}\left(\frac{\partial^2 t}{\partial x^2}+\frac{\partial^2 t}{\partial y^2}+\frac{\partial^2 t}{\partial z^2}\right)+\frac{q_v}{\rho c} \tag{11-4-10}$$

或写成

$$\frac{\partial t}{\partial \tau}=a\,\nabla^2 t+\frac{q_v}{\rho c} \tag{11-4-11}$$

式中 ∇^2 是拉普拉斯运算符；$a=\frac{\lambda}{\rho c}$ 称为热扩散率，单位是 m^2/s。热扩散率 a 表征物体被加热或冷却时，物体内各部分温度趋向均匀一致的能力，也可以理解为度量物体导热能力与其单位体积热容的相对大小。例如，握住同温度的木棒与铝棒，感觉冷热不同。这是因为木材的热扩散率 $a=1.5\times 10^{-7}m^2/s$，而铝的热扩散率 $a=9.45\times 10^{-5}m^2/s$，木材的热扩散率约为铝的 1/600。另外，在同样的加热条件下，物体的热扩散率越大，物体内部各处的温度差别越小。可见，热扩散率对非稳态导热过程具有很重要的意义。

当热物性参数为常数且无热源时，式（11-4-11）可写为

$$\frac{\partial t}{\partial \tau}=a\,\nabla^2 t \tag{11-4-12}$$

对于稳态温度场，$\frac{\partial t}{\partial \tau}=0$，式（11-4-11）可以简化为

$$\nabla^2 t+\frac{q_v}{\lambda}=0 \tag{11-4-13}$$

对于无内热源的稳态温度场，式（11-4-13）可以进一步简化为

$$\nabla^2 t=\frac{\partial^2 t}{\partial x^2}+\frac{\partial^2 t}{\partial y^2}+\frac{\partial^2 t}{\partial z^2}=0 \tag{11-4-14}$$

在这种情况下，微元体的热平衡式（11-4-1）中的Ⅱ和Ⅲ两项均为零，所以导入和导出微元体的净热量亦为零，即导入微元体的热量等于导出微元体的热量。

当所分析的对象为轴对称物体（圆柱、圆筒或圆球）时，采用圆柱坐标系（r、ϕ、z）或圆球坐标系（r、ϕ、θ）更为方便。这时，通过坐标变换，参见图 11-1-3，可以将式（11-4-9）转换为圆柱坐标系或圆球坐标系的公式，详细推导可以参看文献［13］。对于圆柱坐标系，式（11-4-9）可改写为

$$\rho c\frac{\partial t}{\partial \tau}=\frac{1}{r}\frac{\partial}{\partial r}\left(\lambda r\frac{\partial t}{\partial r}\right)+\frac{1}{r^2}\frac{\partial}{\partial \phi}\left(\lambda\frac{\partial t}{\partial \phi}\right)+\frac{\partial}{\partial z}\left(\lambda\frac{\partial t}{\partial z}\right)+q_v \tag{11-4-15}$$

对于圆球坐标系，式（11-4-9）可改写为

$$\rho c\frac{\partial t}{\partial \tau}=\frac{1}{r^2}\frac{\partial}{\partial r}\left(\lambda r^2\frac{\partial t}{\partial r}\right)+\frac{1}{r^2\sin^2\theta}\frac{\partial}{\partial \phi}\left(\lambda\frac{\partial t}{\partial \phi}\right)+\frac{1}{r^2\sin\theta}\frac{\partial}{\partial \theta}\left(\lambda\sin\theta\frac{\partial t}{\partial \theta}\right)+q_v \tag{11-4-16}$$

11.4.2 导热过程的单值性条件

导热微分方程式是根据热力学第一定律和傅里叶定律所建立起来的描写物体的温度随空间和时间变化的关系式，没有涉及某一特定导热过程的具体特点，因此它是所有导热过程的通用表达式。欲从众多不同的导热过程中区分出所研究的某一特定的导热过程，还需对该过程作进一步的具体说明，这些界定某一特定导热过程的说明条件总称为单值性条件。因此，一个具体给定的导热过程，其完整的数学描述应包括导热微分方程式和它的单值性条件两部分。

单值性条件一般地说有以下四项。

11.4.2.1 几何条件

说明参与导热过程的物体的几何形状和大小。例如，形状是平壁或圆筒壁以及它们的厚度、直径等几何尺寸。

11.4.2.2 物理条件

说明参与导热过程的物体的物理特征。例如，参与导热过程物体的热物性参数 λ、ρ 和 c 等的数值，它们是否随温度发生变化，是否有内热源 q_v 及其大小和分布情形。

11.4.2.3 时间条件

说明在时间上导热过程的特点。稳态导热过程没有单值性的时间条件，因为物体内温度分布不随时间发生变化。对于非稳态导热过程，应该说明导热过程开始时刻物体内的温度分布，故时间条件又称为初始条件，它可以表示为

$$t|_{\tau=0}=f(x,y,z) \tag{11-4-17}$$

11.4.2.4 边界条件

人们所研究的物体总是和周围环境有某种程度的相互联系。它往往是物体内导热过程发生的原因。因此，凡说明物体边界上过程进行的特点，反映过程与周围环境相互作用的条件称为边界条件。常见的边界条件的表达方式可以分为四类。

1. 第一类边界条件（或称为 Dirichlet 条件）

是已知任何时刻物体边界面上的温度值，即

$$t|_s=t_w \tag{11-4-18}$$

式中下标 s 表示边界面，t_w 是温度在边界面 s 的给定值。对于稳态导热过程，t_w 不随时间发生变化，即 t_w=常数；对于非稳态导热过程，若边界面上温度随时间而变化，应给出 $t_w=f(\tau)$的函数关系。例如，图 11-4-2 所示的一维无限大平壁，平壁两侧表面各维持恒定的温度 t_{w1} 和 t_{w2}，它的第一类边界条件可以表示为

$$\left.\begin{array}{l} t|_{x=0}=t_{w1} \\ t|_{x=b}=t_{w2} \end{array}\right\} \tag{11-4-19}$$

对于二维或三维稳态温度场，它的边界面超过两个，这时应逐个按边界面给定它们的温度值。

2. 第二类边界条件（或称为 Neumann 条件）

是已知任何时刻物体边界面上的热流密度值。因为傅里叶定律给出了热流密度矢量与温度梯度之间的关系，所以第二类边界条件等于已知任何时刻物体边界面 s 法向的温度梯度的值。值得注意，已知边界面法向上温度梯度的值，并不是已知物体的温度分布，因为物体内各处的温度梯度和边界面上的温度值都还是未知的。第二类边界条件可以表示为

$$q|_s=q_w \tag{11-4-20}$$

或

$$-\left.\frac{\partial t}{\partial n}\right|_s=\frac{q_w}{\lambda} \tag{11-4-21}$$

式中 q_w 是给定的通过边界面 s 的热流密度，对于稳态导热过程，q_w=常数；对于非稳态导热过程，若边界面上热流密度是随时间变化的，还要给出 $q_w=f(\tau)$的函数关系。如图 11-4-3 所示的肋片肋基处的边界条件，就是 $x=0$ 界面处热流密度值恒定为 q_w，这时第二类边界条件可以表示为

$$-\left.\frac{\partial t}{\partial x}\right|_{x=0}=\frac{q_w}{\lambda} \tag{11-4-22}$$

若某一个边界面 s 是绝热的，根据傅里叶定律，该边界面上温度梯度数值为零，即

$$\left.\frac{\partial t}{\partial n}\right|_s=0 \tag{11-4-23}$$

例如，对于后续将要讨论的肋片，由于肋片的高度相对较大，它的端部温度与周围流体的温度就很接近，可以近似地认为端部是绝热的，参见图 11-4-3，这时肋片端部的边界条件应写为

$$\left.\frac{\partial t}{\partial x}\right|_{x=l}=0$$

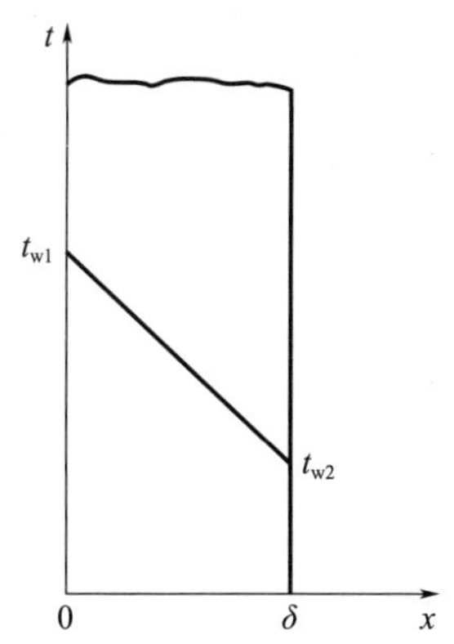

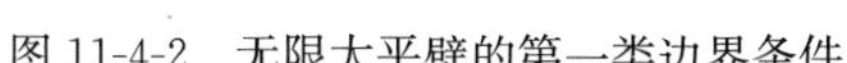
图 11-4-2　无限大平壁的第一类边界条件

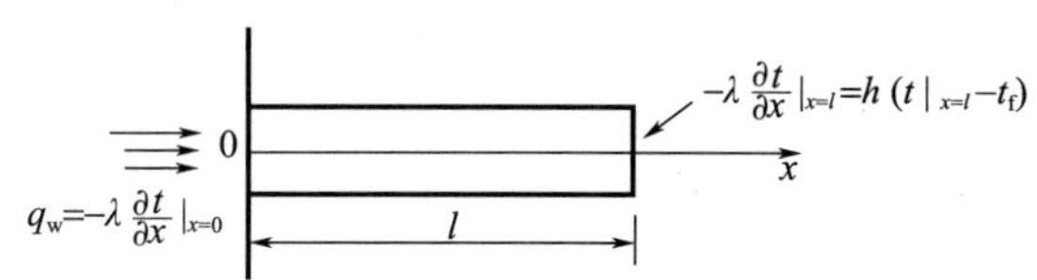

图 11-4-3　肋片的第二、三类边界条件

3. 第三类边界条件

是已知边界面周围流体温度 t_f 和边界面与流体之间的表面传热系数 h。根据牛顿冷却公式，物体边界面 s 与流体间的对流传热量可以写为

$$q=h(t|_s-t_f) \tag{11-4-24}$$

于是，第三类边界条件可以表示为

$$-\lambda\left.\frac{\partial t}{\partial n}\right|_s=h(t|_s-t_f) \tag{11-4-25}$$

如图 11-4-3 所示，若肋片端部与周围空气的对流传热不允许忽略，那么肋片端部的第三类边界条件可以表示为

$$-\lambda\left.\frac{\partial t}{\partial x}\right|_{x=l}=h(t|_{x=l}-t_f) \tag{11-4-26}$$

对于稳态导热过程，h 和 t_f 不随时间而变化；对于非稳态导热过程，h 和 t_f 可以是时间的函数，这时还要给出它们和时间的具体函数关系。应该提醒读者注意，式（11-4-25）中已知的条件是 h 和 t_f，而$\left.\frac{\partial t}{\partial n}\right|_s$ 和 $t|_s$都是未知的，这正是第三类边界条件与第一类、第二类边界条件的区别所在。

墙体与外界传热过程中，除了墙体与空气的对流传热，还有墙体与周围环境的辐射传热，这就不是单纯的第三类边界条件，而是对流传热和辐射传热并存的复合边界条件，它可表示为

$$-\lambda\left.\frac{\partial t}{\partial n}\right|_s=h(t|_s-t_f)+\varepsilon\sigma[(t|_s+273)^4-(t|_{sur}+273)^4] \tag{11-4-27}$$

式中　ε ——墙体外表面与周围物体的系统发射率；

$t|_{sur}$——墙体周围外环境的温度①。

4. 第四类边界条件（或称接触面边界条件）

是已知两物体表面紧密接触时的情形。例如：物体 1 和物体 2 紧密直接接触，在接触面 s 处，两物体的温度相等，通过接触面的热流密度也相等这种情况利用相变材料的贮能、蓄热供暖和蓄冰空调技术中都会遇到，边界条件可以表示为

$$t_1|_s=t_2|_s,\quad \lambda_1\left.\frac{\partial t_1}{\partial n}\right|_s=\lambda_2\left.\frac{\partial t_2}{\partial n}\right|_s \tag{11-4-28}$$

在确定某一个边界面的边界条件时，应根据物理现象本身在边界面的特点给定，不能对同一界面同时给出两种边界条件。有关边界条件的详细论述，可参阅文献［14-16］。

【例 11-3】一厚度为 δ 的无限大平壁，其热导率 λ 为常数，平壁内具有均匀的内热源 q_v（W/m^3）。平壁 $x=0$ 的一侧是绝热的，$x=\delta$ 一侧与温度为 t_f 的流体直接接触进行对流传热，表面传热系数 h

① 环境温度的意义在第 12 章第 8 节将述及。

是已知的。假设经过若干时间后，平壁内温度不再变化。试写出此时的稳态导热过程的完整数学描述。

【解】 本例为具有均匀内热源的无限大平壁一维稳态导热问题，根据式（11-4-13），该导热微分方程式为

$$\frac{d^2t}{dx^2}+\frac{q_v}{\lambda}=0 \tag{1}$$

对于稳态导热问题，没有初始条件。边界条件在 $x=0$ 的一侧，给定的是第二类边界条件，根据式（11-4-23），可写为

$$\left.\frac{dt}{dx}\right|_{x=0}=0 \tag{2}$$

在 $x=\delta$ 的一侧，给定的是第三类边界条件，根据式（11-4-25）可以写为

$$-\lambda\left.\frac{dt}{dx}\right|_{x=\delta}=h(t|_{x=\delta}-t_f) \tag{3}$$

以上三式完整地表示了上述给定的导热问题。

【讨论】（1）之所以强调假设经过若干时间，平壁内温度不再变化，是因为本例没有给出初始条件，假如初始时刻平壁内温度分布与最终的稳态温度分布不同，则即使内热源所产生的热量与平壁一侧的对流传热量相等，平壁内的温度分布也将随时间变化。只有经过若干时间后，平壁内温度不再随时间变化，此时进入稳态导热过程。

（2）若不存在内热源，但其他条件相同，由于平壁一侧对流传热的结果，平壁温度将持续上升或下降（取决于平壁的温度是低于还是高于流体的温度），平壁中的导热过程是非稳态的，该过程一直进行到平壁的温度等于流体的温度为止。

【例 11-4】 一半径为 R、长度为 l 的导线，其热导率 λ 为常数。导线的电阻率为 ρ（$\Omega\cdot m^2/m$）。导线通过电流 I（A）而均匀发热。已知空气的温度为 t_f，导线与空气之间的表面传热系数为 h，试写出这一稳态过程的完整数学描述。

【解】 导线的长度 l 比直径 $2R$ 大很多，导线与空气之间的对流传热可以认为是轴对称的，采用圆柱坐标系，则这一问题的导热微分方程为一维稳态的。根据式（11-4-15），略去有关的项，即得

$$\frac{1}{r}\frac{d}{dr}\left(r\frac{dt}{dr}\right)+\frac{q_v}{\lambda}=0 \tag{1}$$

按题意，内热源的强度

$$q_v=\frac{I^2\rho\dfrac{l}{\pi R^2}}{\pi R^2 l}=\frac{I^2\rho}{(\pi R^2)^2} \tag{2}$$

对于稳态导热问题，没有初始条件。在导线外侧给定的是第三类边界条件，根据式（11-4-25）可以写为

$$-\lambda\left.\frac{dt}{dr}\right|_{r=R}=h(t|_{r=R}-t_f) \tag{3}$$

因为本例中的导热过程满足一元二次导热微分方程，需要两个相互独立的单值性条件才能够构成完整的数学描述。那么，另一个边界条件可以根据题目所示的物理现象决定，即根据本例中的导热过程为轴对称，导线中心轴线上温度梯度为零（即在导热中心轴线上绝热），于是可以写出

$$\left.\frac{dt}{dr}\right|_{r=0}=0 \tag{4}$$

式（1）～（4）完整地描述了上述给定的导热问题。

【讨论】 导线通电后，经过一段时间，导线发热与它向周围空气的散热达到平衡，导热过程进入稳态。另外，根据题目所示的物理现象可知，在导线中心线上温度具有最大值，求解这一题目，即可算出该导线的最大许用电流。

11.5　扩散传质过程

11.5.1　气体中的扩散过程

在气体扩散过程中，分子扩散有两种形式，即双向扩散（反方向扩散）和单向扩散（一组分通过另一停滞组分的扩散）。

1. 等分子方反向扩散

设由 A、B 两组分组成的二元混合物中，组分 A、B 进行反方向扩散，若二者扩散的通量相等，则成为等分子反方向扩散。等分子反方向扩散的情况多在二组分的摩尔潜热相等的蒸馏操作中遇到，此时在气相中，通过与扩散方向垂直的平面，若有 1mol 的难挥发组分向液体界面方向扩散，同时必有 1mol 的易挥发组分由界面向气相主体方向扩散。

对于等分子反方向扩散，$N_A=-N_B$，因此得

$$N_A=J_A=D\frac{dC_A}{dz} \tag{11-5-1}$$

在系统中取 z_1 和 z_2 两个平面，设组分 A、B 在平面 z_1 处的浓度为 C_{A1} 和 C_{B1}，z_2 处的浓度为 C_{A2} 和 C_{B2}，且 $C_{A1}>C_{A2}$，$C_{B1}<C_{B2}$，系统的总浓度 C 恒定，如图 11-5-1 所示。

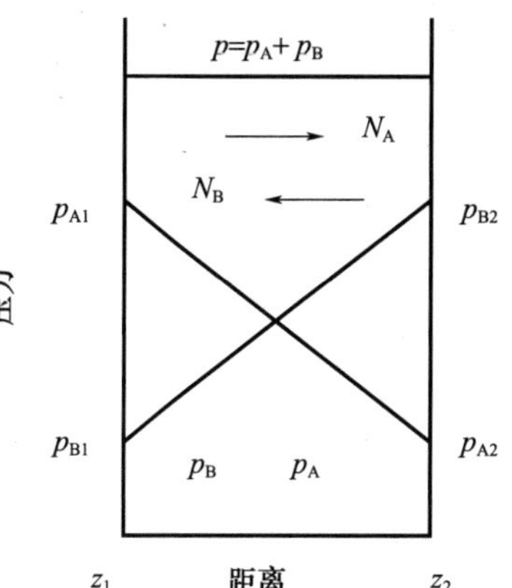

图 11-5-1　等分子反方向扩散

式（11-5-1）经分离变量并积分

$$N_A\int_{z_1}^{z_2}dz=-D\int_{C_{A1}}^{C_{A2}}dC_A \tag{11-5-2}$$

得

$$N_A=\frac{D}{\Delta z}(C_{A1}-C_{A2}) \tag{11-5-3}$$

$$\Delta z=z_1-z_2 \tag{11-5-4}$$

当扩散系统处于低压时，气相可按理想气体混合物处理，于是，

$$C=\frac{p}{RT} \tag{11-5-5}$$

$$C_A=\frac{p_A}{RT} \tag{11-5-6}$$

式中　R——通用气体常数。

将上述关系式代入式（11-5-3）得

$$N_A=J_A=\frac{D}{RT\Delta z}(p_{A1}-p_{A2}) \tag{11-5-7}$$

式（11-5-3）、式（11-5-7）即为 A、B 两组分作等分子反方向稳态扩散时的扩散通量表达式，依此式可计算出组分 A 的扩散通量。

2. 组分 A 通过停滞组分 B 的扩散（单向扩散）

设 A、B 两组分组成的混合物中，组分 A 为扩散组分，组分 B 为不扩散组分（称为停滞组分），组分 A 通过停滞组分 B 进行扩散。例如水面上的饱和蒸汽向空气中的扩散以及化工吸收过程中水吸收空气中的氨。用水吸收空气中氨的过程，气相中氨（组分 A）通过不扩散的空气（组分 B）扩散至气液相界面，然后溶于水中，而空气在水中可认为是不溶解的，故它并不能通过气液相界面，而是“停止”不动的。

由式（11-2-7），组分 B 为不扩散组分，$N_B=0$，由此得

$$N_A=-D\frac{dC_A}{dz}+x_AN_A=-D\frac{dC_A}{dz}+\frac{C_A}{C}N_A \tag{11-5-8}$$

整理得

$$N_A = -\frac{DC}{C-C_A}\frac{dC_A}{dz} \tag{11-5-9}$$

在系统中取 z_1 和 z_2 两个平面，设组分 A、B 在平面 z_1 处的浓度为 C_{A1} 和 C_{B1}，z_2 处的浓度为 C_{A2} 和 C_{B2}，且 $C_{A1}>C_{A2}$，$C_{B1}<C_{B2}$，系统的总浓度 C 恒定，如图 11-5-2 所示。

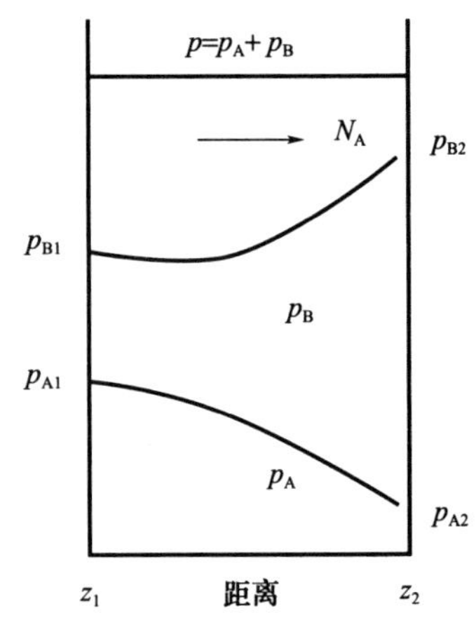

图 11-5-2　组分 A 通过停滞组分 B 的扩散

式（11-5-9）经分离变量并积分

$$N_A\int_{z_1}^{z_2}dz = -D\int_{C_{A1}}^{C_{A2}}\frac{dC_A}{C-C_A}dC_A \tag{11-5-10}$$

得

$$N_A = \frac{DC}{\Delta z}\ln\frac{C-C_{A2}}{C-C_{A1}} \tag{11-5-11}$$

$$N_A = \frac{Dp}{RT\Delta z}\ln\frac{p-p_{A2}}{p-p_{A1}} \tag{11-5-12}$$

式（11-5-11）、式（11-5-12）即为组分 A 通过停滞组分 B 的稳态扩散时的扩散通量表达式，依此可计算出组分 A 的扩散通量。

式（11-5-12）可变形如下：

由于扩散过程中总压力 p 不变，故得

$$\left.\begin{aligned} p_{B2} &= p-p_{A2} \\ p_{B1} &= p-p_{A1} \end{aligned}\right\} \tag{11-5-13}$$

因此

$$p_{B2}-p_{B1} = p_{A1}-p_{A2} \tag{11-5-14}$$

于是

$$N_A = \frac{Dp}{RT\Delta z}\frac{p_{A1}-p_{A2}}{p_{B2}-p_{B1}}\ln\frac{p_{B2}}{p_{B1}} \tag{11-5-15}$$

令

$$p_{BM} = \frac{p_{B2}-p_{B1}}{\ln\dfrac{p_{B2}}{p_{B1}}} \tag{11-5-16}$$

式中　p_{BM}——组分的对数平均分压。

据此，得

$$N_A = \frac{Dp}{RT\Delta z p_{BM}}(p_{A1}-p_{A2}) \tag{11-5-17}$$

比较式（11-5-17）与式（11-5-7）可得

$$N_A = J_A\frac{p}{p_{BM}} \tag{11-5-18}$$

p/p_{BM} 反映了主体流动对传质速率的影响，定义为"漂流因数"。因 $p>p_{BM}$，所以漂流因数 $p/p_{BM}>1$，这表明由于主体流动而使物质 A 的传递速率较之单纯的分子扩散要大一些。当混合气体中组分 A 的浓度很低时，$p=p_{BM}$，因而 $p/p_{BM}=1$，式（11-5-17）即可简化为式（11-5-7）。

研究表明，组分 A 通过停滞组分 B 扩散时，浓度分布为对数型，在扩散距离的任一点处，p_A 与 p_B 之和为系统总压力 p。组分 A 通过停滞组分 B 扩散的浓度分布如图 11-5-2 所示。

【例 11-5】 如图所示，直径为 10mm 的萘球在空气中进行稳态扩散。空气的压力为 101.3kPa，温度为 318K，萘球表面温度也维持在 318K。在此条件下，萘在空气中的扩散系数为 6.92×10^{-6} m^2/s，萘的饱和蒸气压为 0.074kPa。试计算萘球表面的扩散通量 N_A。

【解】 该扩散为组分通过停滞组分的扩散过程。

由

$$N_A = -D\frac{dC_A}{dr} + x_A(N_A + N_B)$$

$$N_B = 0$$

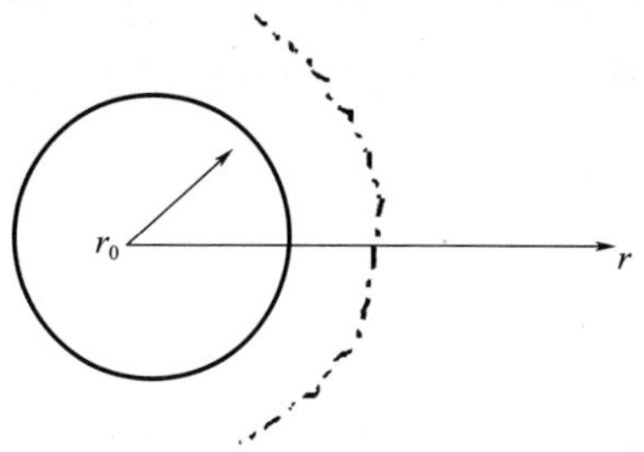

得

$$N_A = -D\frac{dC_A}{dr} + x_A N_A$$

例 11-5 图

因为

$$C_A = \frac{p_A}{RT}, x_A = \frac{p_A}{p}$$

所以

$$N_A = -\frac{D}{RT}\frac{dp_A}{dr} + \frac{p_A}{p}N_A$$

整理得

$$N_A = -\frac{D}{RT(p - p_A)}\frac{dp_A}{dr}$$

依题意，该扩散过程虽为稳态扩散，但扩散面积是变化的，故扩散通量为变量，此时扩散速率（kmol/s）为常量。其扩散速率为

$$C_A = N_A A_r = 常数$$

扩散面积

$$A_r = 4\pi r^2$$

从而

$$N_A = -\frac{D}{RT(p - p_A)}\frac{dp_A}{dr}$$

分离变量，并积分

$$\frac{G_A RT}{4\pi Dp}\int_{r_0}^{\infty}\frac{dr}{r^2} = -\int_{p_{AS}}^{0}\frac{dp_A}{p - p_A}$$

得

$$G_A = -\frac{4\pi Dpr_0}{RT}\ln\frac{p - p_{AS}}{p}$$

$$N_{A|r=r_0} = \frac{G_A}{4\pi r_0^2} = -\frac{Dp}{RTr_0}\ln\frac{p - p_{AS}}{p}$$

$$= -\frac{6.92\times10^{-6}\times101.3}{8.314\times318\times0.005}\times\ln\frac{101.3 - 0.074}{101.3}$$

$$= 3.88\times10^{-8}\text{kmol/(m}^2\cdot\text{s)}$$

11.5.2　液体中的扩散过程

液体中的分子扩散速率远远低于气体中的分子扩散速率，其原因是液体分子之间的距离较近，扩散物质 A 的分子运动容易与邻近液体 B 的分子相碰撞，使本身的扩散速率减慢。

1. 液体中的扩散通量方程

组分 A 在液体中的扩散通量仍可用斐克定律来描述，当含有主体流动时，扩散通量方程可表示为

$$N_A = -D\frac{dC_A}{dz} + \frac{C_A}{C}(N_A + N_B) \tag{11-5-19}$$

在稳态扩散时，气体扩散系数 D 及总浓度 C 均为常数，求解很方便；而液体中的扩散则不然，组分 A 的扩散系数随浓度而变，且总浓度在整个液相中也并非到处保持一致。因此，上式求解非常

困难，由于目前液体中的扩散理论还不够成熟，仍需用斐克定律求解，但在使用过程中需作如下处理：上式中的扩散系数应以平均扩散系数、总浓度应以平均总浓度代替。因此有

$$N_A = -D\frac{dC_A}{dz} + \frac{C_A}{C_{av}}(N_A + N_B) \quad (11\text{-}5\text{-}20)$$

其中，

$$C_{av} = \left(\frac{\rho}{M^*}\right)_{av} = \frac{1}{2}\left(\frac{\rho_1}{M_1^*} + \frac{\rho_2}{M_2^*}\right) \quad (11\text{-}5\text{-}21)$$

$$D = \frac{1}{2}(D_1 + D_2) \quad (11\text{-}5\text{-}22)$$

式中 C_{av}——混合物的总平均物质的量浓度，kmol/m^3；

D——组分 A 在溶剂 B 中的平均扩散系数，m^2/s；

ρ_1、ρ_2——溶液在点 1 及点 2 处的平均密度，kg/m^3；

M_1^*、M_2^*——溶液在点 1 及点 2 处的平均物质的量质量，kg/kmol；

D_1、D_2——在点 1 及点 2 处，组分 A 在溶剂 B 中的扩散系数，m^2/s；

ρ——溶液的总密度，kg/m^3；

M^*——溶液的总平均物质的量质量，kg/kmol。

式（11-5-20）为液体中组分 A 在组分 B 中进行稳态扩散时扩散通量方程的一般形式。与气体扩散情况一样，液体扩散也有常见的两种情况，即组分 A 与组分 B 的等分子反方向扩散及组分 A 通过停滞组分 B 的扩散，下面分别予以讨论。

2. 等分子反方向扩散

液体中的等分子反方向扩散发生在物质的量潜热相等的二元混合物蒸馏时的液相中，此时，易挥发组分 A 向气液相界面方向扩散，而难挥发组分 B 则向液相主体的方向扩散。与气体中的等分子反方向扩散求解过程类似，可解出液体中进行等分子反方向扩散时的扩散通量方程及浓度分布方程如下：

扩散通量方程

$$N_A = J_A = \frac{D}{\Delta z}(C_{A1} - C_{A2}) \quad (11\text{-}5\text{-}23)$$

浓度分布方程

$$\frac{C_A - C_{A1}}{C_{A1} - C_{A2}} = \frac{z - z_1}{z_1 - z_2} \quad (11\text{-}5\text{-}24)$$

3. 组分 A 通过停滞组分 B 的扩散

溶质 A 在停滞溶剂 B 中的扩散是液体扩散中最重要的方式，在化工过程中经常会遇到。例如，用苯甲酸的水溶液与苯接触时，苯甲酸（A）会通过水（B）向相界面扩散，越过相界而进入苯相中去，在相界面处，水不扩散，故 $N_A = 0$。与气体中的组分 A 通过停滞组分 B 的扩散求解过程类似，可解出液体中组分 A 通过停滞组分 B 的扩散通量方程及浓度分布方程如下：

扩散通量方程

$$N_A = \frac{D}{\Delta z C_{BM}} C_{av}(C_{A1} - C_{A2}) \quad (11\text{-}5\text{-}25)$$

式中 C_{BM}——停滞组分 B 的对数平均浓度，由下式定义

$$C_{BM} = \frac{C_{B2} - C_{B1}}{\ln\dfrac{C_{B2}}{C_{B1}}} \quad (11\text{-}5\text{-}26)$$

当液体为稀溶液时，$C_{av}/C_{BM} = 1$，于是式（11-5-25）可化简为

$$N_A = \frac{D}{\Delta z}(C_{A1} - C_{A2}) \quad (11\text{-}5\text{-}27)$$

浓度分布方程

$$\frac{C_{av}-C_A}{C_{av}-C_{A1}}=\left(\frac{C_{av}-C_{A2}}{C_{av}-C_{A1}}\right)^{\frac{z-z_1}{z_2-z_1}} \tag{11-5-28}$$

或

$$\frac{1-x_A}{1-x_{A1}}=\left(\frac{1-x_{A2}}{1-x_{A1}}\right)^{\frac{z-z_1}{z_2-z_1}} \tag{11-5-29}$$

11.5.3　固体中的扩散过程

固体中的扩散．包括气体、液体和固体在固体内部的分子扩散。固体中的扩散在暖通空调工程中经常遇到，例如固体物料的干燥、固体吸附、固体除湿等过程，均属固体中的扩散。

一般来说，固体中的扩散分为两种类型，一种是与固体内部结构基本无关的扩散；另一种是与固体内部结构基本有关的多孔介质中的扩散。下面分别介绍这两种扩散。

11.5.3.1　与固体内部结构无关的稳态扩散

当流体或扩散溶质溶解于固体中，并形成均匀的溶液，此种扩散即为与固体内部结构无关的扩散，这类扩散过程的机理比较复杂，并且因物系而异，但其扩散方式与物质在流体内的扩散方式类似，仍遵循斐克定律，可采用其通用表达式

$$N_A=-D\frac{dC_A}{dz}+\frac{C_A}{C}(N_A+N_B) \tag{11-5-30}$$

由于固体扩散中，组分 A 的浓度一般都很低，C_A/C 很小可忽略，则上式变为

$$N_A=J_A=-D\frac{dC_A}{dz} \tag{11-5-31}$$

溶质 A 在距离为（z_1-z_2）的两个固体平面之间进行稳态扩散时，积分上式可得

$$N_A=\frac{D}{z_1-z_2}(C_{A1}-C_{A2}) \tag{11-5-32}$$

式（11-5-32）只适用于扩散面积相等的平行平面间的稳态扩散，若扩散面积不等时，如组分 A 通过柱形面或球形面的扩散，沿半径方向上的表面积是不相等的，在此情况下，可采用平均截面积作为传质面积。通过固体界面的分子传质速率 G_A 可写成：

$$G_A=N_AA_{av}=\frac{DA_{av}}{\Delta z}(C_{A1}-C_{A2}) \tag{11-5-33}$$

式中　A_{av}——平均扩散面积，m^2。

当扩散沿着图 11-5-3 所示的圆筒的径向进行时，其平均扩散面积为

$$A_{av}=\frac{2\pi L(r_2-r_1)}{\ln\frac{r_2}{r_1}} \tag{11-5-34}$$

式中　r_1、r_2——圆筒的内、外半径，m。

L——圆筒的长度，m。

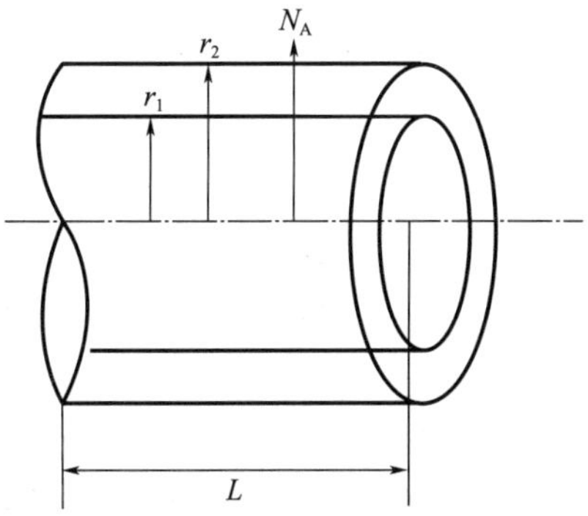

N_A r_2 r_1 L

图 11-5-3　沿圆筒径向的扩散

当扩散沿着图 11-5-4 所示的球面的径向进行时，其平均扩散面积为

$$A_{av}=4\pi r_1r_2 \tag{11-5-35}$$

式中　r_1、r_2——圆筒的内、外半径，m。

应予指出，当气体在固体中扩散时，溶质的浓度常用溶解度 S 表示。其定义为，单位体积固体、单位溶质分压所能溶解的溶质 A 的体积，单位为 m^3（溶质 A）（STP）/［kPa・m^3（固体）］，（STP）表示标准状态，即 273K 及 101.3kPa。溶解度 S 与浓度 C_A 的关系为

$$C_A=\frac{S}{22.4}P_A \tag{11-5-36}$$

11.5.3.2　与固体内部结构有关的多孔固体中的稳态扩散

前面讨论与固体内部结构无关的扩散时，将固体按均匀物质处理，没有涉及实际固体内部的结构，现在讨论多孔固体中的扩散问题。在多孔固体中充满了空隙和孔道，当扩散物质在孔道内进行扩散时，其扩散通量除与扩散物质本身的性质有关外，还与孔道的尺寸密切相关。因此，按扩散物质分子运动的平均自由程 λ 与孔道直径 d 的关系，常将多孔固体中的扩散分为斐克型扩散、克努森扩散及过渡区扩散等几种类型，下面分别予以讨论。

1. 斐克型扩散

如图 11-5-5 所示，当固体内部孔道的直径 d 远大于流体分子运动自由程 λ 时，一般 $\lambda > 100$，则扩散时扩散分子之间的碰撞机会远大于分子与壁面之间的碰撞，扩散仍遵循斐克定律，故称多孔固体中的扩散为斐克型扩散。

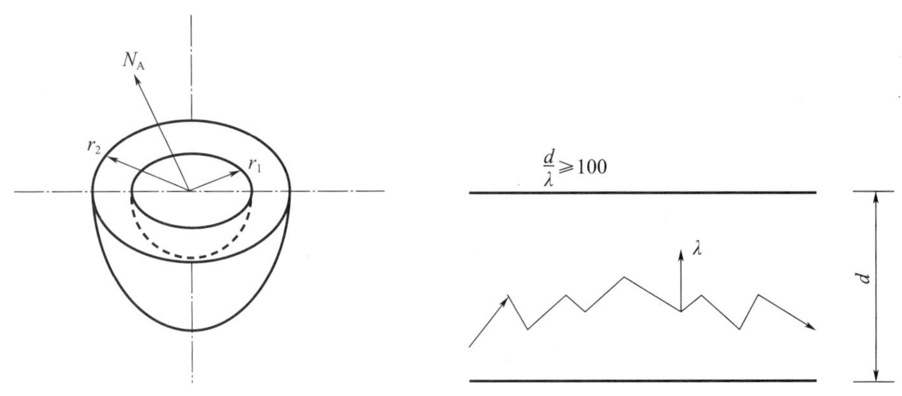

图 11-5-4　沿球面径向的扩散　　图 11-5-5　多孔固体中的斐克型扩散

分子运动的平均自由程 λ 表示分子运动时与另一分子碰撞以前所走过的平均距离，根据分子运动学说，平均自由程可用下式计算

$$\lambda = \frac{3.2\mu}{p}\left(\frac{RT}{2\pi M_A^*}\right)^{\frac{1}{2}} \tag{11-5-37}$$

式中　λ——分子平均自由程，m；

μ——黏度，Pa·s；

p——压力，Pa；

T——热力学温度，K；

M_A^*——物质的量质量，kg/kmol；

R——气体常数，8.314×10^3 J/(kmol·K)。

由式（11-5-37）可知，压力越大（密度越大），λ 值越小。高压下的气体和常压下的液体，由于其密度较大，因而 λ 很小，故密度大的气体和液体在多孔固体中的扩散时，一般发生斐克型扩散。

多孔固体中斐克型扩散的扩散通量方程可用下式表达：

$$N_A = \frac{D_p}{z_1 - z_2}(C_{A1} - C_{A2}) \tag{11-5-38}$$

与一般固体中的扩散不同之处是二者扩散系数表达方式不同。D_p 称为“有效扩散系数”，它与一般双组分中组分 A 的扩散系数 D 不等，若仍使用 D 描写多孔固体内部的分子扩散，需要对 D 进行校正。图 11-5-6 为典型的多孔固体示意图。假设在固体空隙中充满食盐水溶液，在边界 1 处水中食盐的浓度为 C_{A1}，边界 2 处食盐水的浓度为 C_{A2}，且 $C_{A1} > C_{A2}$，因而食盐分子将由边界 1 通过水向边界 2 处扩散。与一般固体中扩散不同的是，在扩散过程中，食盐分子必须通过曲折路线，该路径大于 $z_1 - z_2$。假设曲折路径为 $z_1 - z_2$ 的 τ 倍，τ 称为曲折因数，式（11-5-38）中的 $z_1 - z_2$ 应以

$\tau(z_1-z_2)$来代替；另外，组分在多孔固体内部扩散时，扩散的面积为孔道的截面积而非固体介质的总截面积，设固体的空隙率为ε，则需采用空隙率ε校正扩散面积的影响。于是可得D与D_p的关系如下

$$D_p=\frac{\varepsilon D}{\tau} \tag{11-5-39}$$

式中　ε——多孔固体的空隙率或自由截面积，m^3/m^3；

τ——曲折因数；

D_p——有效扩散系数，m^2/s。

将式（11-5-39）代入式（11-5-38）得

$$N_A=\frac{D\varepsilon}{\tau(z_2-z_1)}(C_{A1}-C_{A2}) \tag{11-5-40}$$

上式即为多孔固体中进行斐克型扩散的扩散通量方程。

曲折因数τ的值，不仅与曲折路径长度有关，并且与固体内部毛细孔道的结构有关，其值一般由实验确定。对于惰性固体，τ值大约在1.5~5的范围内；对于某些多孔介质层床，如玻璃球床、沙床、盐床等，在不同的c下，曲折因数τ的近似值可分别取为：$\varepsilon=0.2$，$\tau=2.0$；$\varepsilon=0.4$，$\tau=1.75$；$\varepsilon=0.6$，$\tau=1.65$。

2. 克努森（Kundsen）扩散

如图11-5-7所示，当固体内部的孔道直径d小于气体分子运动的平均自由程λ时，一般$\frac{d}{\lambda}\leqslant 0.1$，则气体分子与孔道壁面之间的碰撞机会将多于分子与分子之间的碰撞，在此种情况下，扩散物质A通过孔道的扩散阻力将主要取决于分子与壁面的碰撞阻力，而分子之间的碰撞阻力可忽略不计。此种扩散现象称为克努森扩散。很明显，克努森扩散不遵循斐克定律。

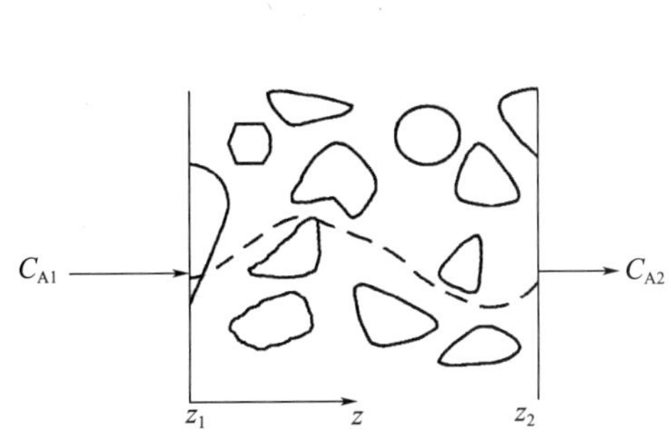

图 11-5-6　多孔固体示意图

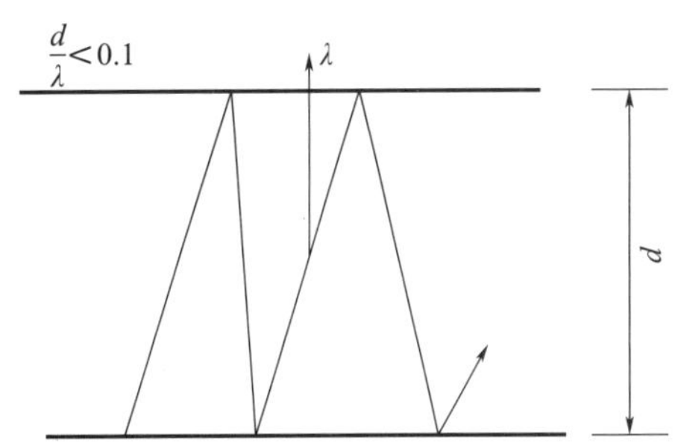

图 11-5-7　多孔固体中克努森扩散

根据气体分子运动学说，克努森扩散的通量可采用下式描述

$$N_A=-\frac{2}{3}\bar{r}\,\bar{u}_A\frac{dC_A}{dz} \tag{11-5-41}$$

式中　$\bar{r}$——孔道的平均半径，m；

$\bar{u}_A$——组分A的分子平均速度，m/s。

依分子运动学说，分子平均速度为

$$\bar{u}_A=\left(\frac{8RT}{\pi M_A^*}\right)^{\frac{1}{2}} \tag{11-5-42}$$

将式（11-5-42）代入式（11-5-41）可得

$$N_A=-97.0\bar{r}\left(\frac{T}{M_A^*}\right)^{\frac{1}{2}}\frac{dC_A}{dz} \tag{11-5-43}$$

上式称为克努森扩散通量方程。

令

$$D_{KA}=97.0\bar{r}\left(\frac{T}{M_A^*}\right)^{\frac{1}{2}} \tag{11-5-44}$$

D_{KA}称为克努森扩散系数，于是式（11-5-43）可写成与斐克定律相同的形式

$$N_A=-D_{KA}\frac{dC_A}{dz} \tag{11-5-45}$$

在 $z=z_1$，$C_A=C_{A1}$及 $z=z_2$，$C_A=C_{A2}$范围内积分，得

$$N_A=\frac{D_{KA}}{z_2-z_1}(C_{A1}-C_{A2}) \tag{11-5-46}$$

或

$$N_A=\frac{D_{KA}}{RT(z_2-z_1)}(p_{A1}-p_{A2}) \tag{11-5-47}$$

由式（11-5-36）可知，气体在低压下，λ 值较大。故处于低压下的气体在多孔固体中扩散时，一般发生克努森扩散。气体在多孔固体内是否为克努森扩散，可采用克努森数 Kn 判断，Kn 的定义为

$$Kn=\frac{\lambda}{2\bar{r}} \tag{11-5-48}$$

当 $Kn>10$ 时，扩散主要为克努森扩散，此时用式（11-5-46）计算通量，误差在 10%以内。

3. 过渡区扩散

如图 11-5-8 所示，当固体内部孔道直径 d 与流体分子运动的平均自由程λ 相差不大时，则气体分子间的碰撞和分子与孔道壁面之间的碰撞同时存在，此时既有斐克型扩散，也有克努森扩散，两种扩散影响同样重要，此种扩散称为过渡区扩散。

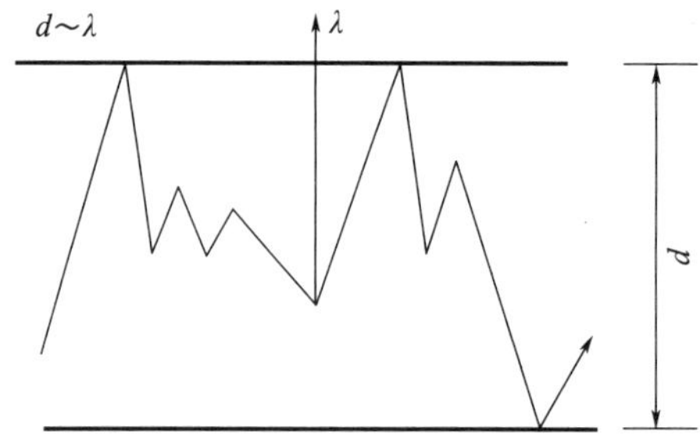

图 11-5-8 多孔固体中的过渡区扩散

过渡区扩散的通量方程可根据推动力叠加的原理进行推导，详细的推导过程可参考有关书籍。推导可得

$$N_A=-D_{NA}\frac{dC_A}{dz} \tag{11-5-49}$$

或

$$N_A=-D_{NA}\frac{p}{RT}\frac{dx_A}{dz} \tag{11-5-50}$$

其中

$$D_{NA}=\frac{1}{\frac{1-\alpha x_A}{D}}+\frac{1}{D_{KA}} \tag{11-5-51}$$

$$\alpha=\frac{N_A+N_B}{N_A} \tag{11-5-52}$$

式（11-5-49）即为过渡区通量方程，D_{NA}称为过渡区扩散系数。

在 $z=z_1$，$x_A=x_{A1}$及 $z=z_2$，$x_A=x_{A2}$范围内积分，得

$$\frac{N_A RT}{p}\int_{z_1}^{z_2} dz = -\int_{x_{A1}}^{x_{A2}} \frac{dx_A}{\frac{1-\alpha x_A}{D}+\frac{1}{D_{KA}}}$$

得

$$N_A = \frac{Dp}{\alpha RT(z_2-z_1)}\ln\frac{1-\alpha x_{A2}+\frac{D}{D_{KA}}}{1-\alpha x_{A1}+\frac{D}{D_{KA}}} \tag{11-5-53}$$

式（11-5-53）即为求过渡区扩散通量的方程，当 $0.01\leqslant Kn\leqslant 10$ 时，为过渡区扩散，此时可用式（11-5-53）计算组分 A 的扩散通量。

【例 11-6】 在总压力为 101.3kPa、温度为 298K 的条件下，由 N_2（A）和 He（B）组成的气体混合物通过长为 0.02m、平均直径为 5×10^{-6}m 的毛细管进行扩散。已知其一端的物质的量分数为 $x_{A1}=0.8$，另一端的物质的量分数为 $x_{A2}=0.2$，该系统的通量比 $N_A/N_B=-\sqrt{M_B^*/M_A^*}$。在扩散条件下，$N_2$的平均扩散系数 $D=6.98\times10^{-5}\,m^2/s$，黏度为 1.8×10^{-5}Pa·s。试计算 N_2 的扩散通量 N_A。

【解】 先判断扩散类型。

由 $Kn=\frac{\lambda}{2\bar{r}}$

$$\bar{r}=\frac{5\times10^{-6}}{2}=2.5\times10^{-6}\,m$$

$$\lambda=\frac{3.2\mu}{p}\left(\frac{RT}{2\pi M_A^*}\right)^{1/2}=\frac{3.2\times1.8\times10^{-5}}{10.13\times10^3}\left(\frac{8.314\times10^3\times298}{2\pi\times28}\right)^{1/2}=6.75\times10^{-7}\,m$$

$Kn=\frac{6.75\times10^{-7}}{2\times2.5\times10^{-6}}=0.135$，$0.01\leqslant Kn\leqslant 10$，为过渡区扩散。

$$D_{KA}=97.0\bar{r}\left(\frac{T}{M_A^*}\right)^{1/2}=97.0\times2.5\times10^{-6}\left(\frac{298}{28}\right)^{1/2}=7.91\times10^{-4}\,m^2/s$$

$$\alpha=\frac{N_A+N_B}{N_A}=1+\frac{N_B}{N_A}=1-\sqrt{\frac{M_A^*}{M_B^*}}=1-\sqrt{\frac{28}{4}}=-1.646$$

$$\begin{aligned}N_A &=\frac{Dp}{\alpha RT(z_2-z_1)}\ln\frac{1-\alpha x_{A2}+\frac{D}{D_{KA}}}{1-\alpha x_{A1}+\frac{D}{D_{KA}}}\\ &=\frac{6.98\times10^{-5}\times10.13\times10^3}{-1.646\times8314\times298\times0.02}\ln\frac{1+1.646\times0.2+\frac{6.98\times10^{-5}}{7.91\times10^{-4}}}{1+1.646\times0.8+\frac{6.98\times10^{-5}}{7.91\times10^{-4}}}\\ &=4.58\times10^{-5}\,kmol/(m^2\cdot s)。\end{aligned}$$

参考文献

[1] E R G 埃克尔特，R M 德雷克．传热与传质［M］．航青，译．北京：科学出版社，1983.

[2] VARGAFTIK N B. Tables on the Thermophysical Properties of Liquids and Gases［M］. 2nd ed. New York：John Wiley&Sons Inc，1975.

[3] TOULOUKIAN Y S，POWELL R W，HO C Y，et al. Thermophysical Properties of Matter［M］. Vol. 1，2，3，New York：IFI/Plenum Press，1970.

[4] 江亿，薛志峰．超低能耗建筑技术及应用［M］．北京：中国建筑工业出版社，2005.

[5] 建筑材料工业技术监督研究中心，中国疾病预防控制中心环境与健康相关产品安全所，北京中关村国际环保产业促进中心．设备及管道绝热技术通则：GB/T 4272—2008［S］．北京：中国标准出版社，2008.

[6] 周辉，钱美丽，冯金秋，等．建筑材料热物性性能与数据手册［M］．北京：中国建筑工业出版社，2010.
[7] 美国标准与技术研究院 NIST. 绝热材料和建筑材料的热传递性质［EB/OL］. http：//srolata. nist. gov/insalation/.
[8] 中国建筑科学研究院．公共建筑节能设计标准：GB 50189—2015［S］．北京：中国建筑工业出版社，2015.
[9] CUSSLER E L. Diffusion Mass Transfer in Fluid System［M］．2nd ed. New York：John-Wiley，2022.
[10] PERRY J H，CHILTM C H. Chemical Engineering Handbook［M］．5th ed. McGraw-Hill，1973.
[11] GILLILAND E R. IEC，26：681-685，1934.
[12] WELTY J R，WICKS C E，WILSON R E. Fundamentals of Momentum［M］//Heat and Mass Transfer. 2nd ed. John-Wiley Sons，Inc.，1976.
[13] 宣益民，李强．纳米流体能量传递理论与应用［M］．北京：科学出版社，2010.
[14] SCHNEIDER P J. Conduction Heat Transfer［M］．Addison-Wesley Publishing Co，Reading Mass，1955.
[15] 胡汉平．热传导理论［M］．合肥：中国科学技术大学，2010.
[16] OZISK M N. Heat Condnction［M］．New York：John Wiley and Sons Inc. 1990.

第 12 章　稳态导热与非稳态导热

在稳态导热过程中，物体的温度不随时间发生变化，即$\frac{\partial t}{\partial \tau}=0$。这时，若物体的热物性为常数，导热微分方程式具有下列形式

$$\nabla^2 t+\frac{q_v}{\lambda}=0 \tag{12-0-1}$$

在没有内热源的情况下，上式简化为

$$\nabla^2 t=0 \tag{12-0-2}$$

工程上的许多导热现象，可以简化为温度仅沿一个方向变化，而且与时间无关的一维稳态导热过程。例如，通过房屋墙壁和长热力管道管壁的导热等。本章将针对各种不同的边界条件，分析通过平壁和圆筒壁的一维稳态导热。此外，还将讨论工程实践中常采用的肋壁导热过程。对于二维稳态导热过程，本章只作简要的叙述。

在自然界和工程上很多导热过程中温度场是随时间而变化的，例如室外空气温度和太阳辐射的周期性变化引起房屋围护结构（墙壁、屋顶等）温度场随时间的变化，供暖设备间歇供暖引起墙内温度随时间的变化。根据导热过程中物体温度随时间变化的特点，非稳态导热过程可以分为周期性导热过程和瞬态导热过程两大类。在周期性非稳态导热过程中，物体的温度按照一定的周期发生变化。例如，以 24h 为周期，或以 8760h（即一年）为周期。温度的周期性变化使物体传递的热流密度也表现出周期性变化的特点。在瞬态导热过程中，一类是温度变化没有规律，一类是物体的温度随时间不断地升高（加热过程）或降低（冷却过程），在经历相当长时间之后，物体的温度逐渐趋近于周围介质的温度，最终达到热平衡。本章将分别对周期性导热过程和温度不断升高或降低的非稳态导热过程进行分析和阐述。

12.1　通过平壁的导热

12.1.1　第一类边界条件

设一厚度为δ的单层平壁，如图 12-1-1（a）所示，无内热源，材料的热导率λ为常数。平壁两侧表面分别维持均匀稳定的温度t_{w1}和t_{w2}。若平壁的高度与宽度远大于其厚度，则可视为无限大平壁。这时，可以认为沿高度与宽度两个方向的温度变化率很小，而只沿厚度方向发生变化，即一维稳态导热。通过实际计算和实验测量证实，当高度和宽度是厚度的 10 倍以上时，可近似地作为一维导热问题处理。

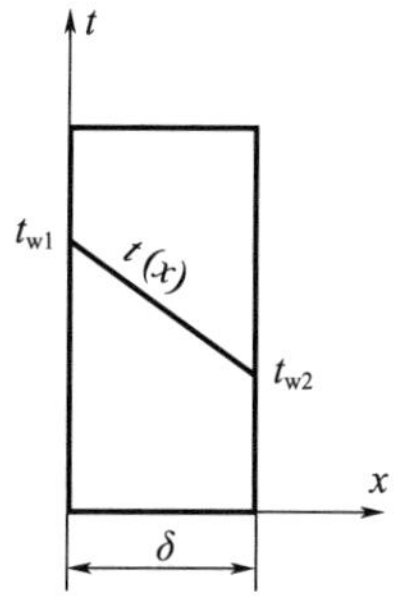

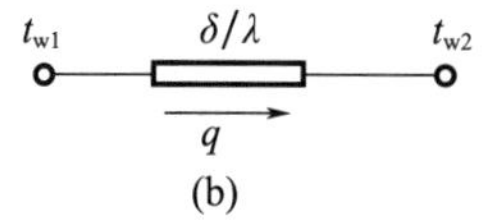

图 12-1-1　单层平壁的导热

对上述问题，式（12-0-2）可写为

$$\frac{d^2 t}{dx^2}=0 \tag{12-1-1}$$

两个边界面都给出第一类边界条件，即已知

$$t|_{x=0}=t_{w1} \tag{12-1-2}$$

$$t|_{x=\delta}=t_{w2} \tag{12-1-3}$$

式（12-1-1）～（12-1-3）给出了这一导热问题完整的数学描述。求解这一组方程式，就可以得到单层平壁中沿厚度方向的温度分布 $t=f(x)$ 的具体函数形式。

式（12-1-1）较为简单，可以直接积分求解，其解为

$$t=c_1x+c_2 \tag{12-1-4}$$

式中 c_1 和 c_2 是待定的积分常数，它们可以由所给出的边界条件确定。将边界条件式（12-1-2）和式（12-1-3）分别代入式（12-1-4），可以得到

$$c_2=t_{w1} \tag{12-1-5}$$

$$c_1=-\frac{t_{w1}-t_{w2}}{\delta} \tag{12-1-6}$$

将 c_1 和 c_2 代入式（12-1-4），经整理后，可以得到单层平壁中的温度分布为

$$t=t_{w1}-\frac{t_{w1}-t_{w2}}{\delta}x \tag{12-1-7}$$

已知温度分布之后，可以由傅里叶定律式（11-1-11）求得通过单层平壁的导热热流密度。这时，式（11-1-11）中$\frac{\partial t}{\partial x}=\frac{\mathrm{d}t}{\mathrm{d}x}$，可对式（12-1-4）或式（12-1-7）求导数得到

$$\frac{\mathrm{d}t}{\mathrm{d}x}=c_1=-\frac{t_{w1}-t_{w2}}{\delta} \tag{12-1-8}$$

而

$$q=-\lambda\frac{\mathrm{d}t}{\mathrm{d}x}=\lambda\frac{t_{w1}-t_{w2}}{\delta}(\mathrm{W/m^2}) \tag{12-1-9}$$

利用绪论中所述的热阻概念，式（12-1-9）可以改写成类似于电学中欧姆定律的形式

$$q=\frac{t_{w1}-t_{w2}}{\frac{\delta}{\lambda}}(\mathrm{W/m^2}) \tag{12-1-10}$$

式中 $\frac{\delta}{\lambda}$——单位面积平壁的导热热阻。

图 12-1-1（b）示出了单层平壁导热过程的模拟电路图。

应当指出，为了说明求解导热问题的一般方法，才采用如上所述的直接积分法求解微分方程式。事实上，对于一维稳态导热问题，因为热流密度是常数，可由傅里叶定律分离变量并按相应边界条件积分：

$$q\int_0^{\delta}\mathrm{d}x=-\lambda\int_{t_{w1}}^{t_{w2}}\mathrm{d}t \tag{12-1-11}$$

整理上式可得

$$q=\lambda\frac{t_{w1}-t_{w2}}{\delta}(\mathrm{W/m^2}) \tag{12-1-12}$$

上式与式（12-1-9）完全一样。尽管这种推导方法更为简单，但它不是普遍适用的方法，仅适用于一维稳态导热。

若在无限大平壁两侧温度 t_{w1} 和 t_{w2} 范围内，热导率随温度发生变化，即式（11-1-15），$\lambda=\lambda_0(1+bt)$。平壁厚度仍为 δ，平壁两侧表面处边界条件亦与上述的相同。这时，平壁内的温度分布和通过平壁的导热量，应求解下列导热微分方程式得到

$$\frac{\mathrm{d}}{\mathrm{d}x}\left(\lambda\frac{\mathrm{d}t}{\mathrm{d}x}\right)=0 \tag{12-1-13}$$

将式（11-1-15）代入上式并积分，得

$$\lambda_0(1+bt)\frac{\mathrm{d}t}{\mathrm{d}x}=c_1 \tag{12-1-14}$$

再对上式进行积分，可得

$$\lambda_0\left(t+\frac{1}{2}bt^2\right)=c_1x+c_2 \tag{12-1-15}$$

利用给定的边界条件，将式（12-1-2）和式（12-1-3）分别代入上式（12-1-15），可以求得

$$c_2=\lambda_0\left(t_{w1}+\frac{1}{2}bt_{w1}^2\right)$$

$$c_1=-\frac{t_{w1}-t_{w2}}{\delta}\lambda_0\left[1+\frac{1}{2}b(t_{w1}+t_{w2})\right]$$

将 c_1 和 c_2 代入式（12-1-15）并消去等号两侧的 λ_0，得到温度分布

$$\left(t+\frac{1}{2}bt^2\right)=\left(t_{w1}+\frac{1}{2}bt_{w1}^2\right)-\frac{t_{w1}-t_{w2}}{\delta}x\left[1+\frac{1}{2}b(t_{w1}+t_{w2})\right] \tag{12-1-16}$$

若 $b\neq0$，则上式亦可以改写

$$\left(t+\frac{1}{b}\right)^2=\left(t_{w1}+\frac{1}{b}\right)^2-\left[\frac{2}{b}+(t_{w1}+t_{w2})\right]\frac{t_{w1}-t_{w2}}{\delta}x \tag{12-1-17}$$

不难看出，当热导率随温度变化时，平壁内的温度分布是二次曲线方程，如图 12-1-2 所示；当热导率为常数时，即 $b=0$，$\lambda=\lambda_0$，式（12-1-16）可以简化为与式（12-1-7）完全一样的结果。

通过平壁的导热热流密度为

$$q=-\lambda\frac{\mathrm{d}t}{\mathrm{d}x}$$

参看式（12-1-14），得

$$\begin{aligned}q&=-c_1\\&=\frac{t_{w1}-t_{w2}}{\delta}\lambda_0\left[1+\frac{1}{2}b(t_{w1}+t_{w2})\right](\mathrm{W/m^2})\end{aligned} \tag{12-1-18}$$

对比上式与式（12-1-9）可以看到，若以平壁的平均温度 $t=\frac{1}{2}(t_{w1}+t_{w2})$按式（11-1-15）计算热导率，平壁导热的热流密度仍可以利用热导率为常数时的式（12-1-9）计算。

由图 12-1-2 可见，热导率随温度升高而增大或减小时，平壁内的温度分布曲线分别呈上凸或下凹变化趋势；由于是一维稳态导热，故沿厚度方向平壁的每一处热流密度相同，即 $q=-\lambda\frac{\mathrm{d}t}{\mathrm{d}x}$为常数。

在工程计算中，常常遇到多层平壁，即由几层不同材料组成的平壁。例如，房屋的墙壁以红砖为主体砌成，内有白灰层，外抹水泥砂浆；锅炉炉墙内为耐热材料层，中为保温材料层，外为钢板。这些都是多层平壁的实例。

图 12-1-3（a）表示一个由三层不同材料组成的无限大平壁。各层的厚度分别为 δ_1、δ_2 和 δ_3，热导率分别为 λ_1、λ_2 和 λ_3，且均为常数。已知多层平壁的两侧表面分别维持均匀稳定的温度 t_{w1} 和 t_{w4}，要求确定三层平壁中的温度分布和通过平壁的导热量。

若各层之间紧密地结合，则彼此接触的两表面具有相同的温度。设两个接触面的温度分别为 t_{w2} 和 t_{w3}，参见图 12-1-3（a）。在稳态情况下，通过各层的热流密度是相等的，对于三层平壁的每一层可以分别写出

$$\left.\begin{aligned}q&=\frac{t_{w1}-t_{w2}}{\delta_1/\lambda_1}=\frac{1}{R_{\lambda,1}}(t_{w1}-t_{w2})\\q&=\frac{t_{w2}-t_{w3}}{\delta_2/\lambda_2}=\frac{1}{R_{\lambda,2}}(t_{w2}-t_{w3})\\q&=\frac{t_{w3}-t_{w4}}{\delta_3/\lambda_3}=\frac{1}{R_{\lambda,3}}(t_{w3}-t_{w4})\end{aligned}\right\} \tag{12-1-19}$$

式中　$R_{\lambda,i}=\frac{\delta_i}{\lambda_i}$——第 i 层平壁单位面积导热热阻。

由式（12-1-19）可得

$$\left.\begin{aligned}t_{w1}-t_{w2}&=qR_{\lambda,1}\\t_{w2}-t_{w3}&=qR_{\lambda,2}\\t_{w3}-t_{w4}&=qR_{\lambda,3}\end{aligned}\right\} \tag{12-1-20}$$

将上式中各式相加并整理，得

$$q=\frac{t_{w1}-t_{w4}}{R_{\lambda,1}+R_{\lambda,2}+R_{\lambda,3}}=\frac{t_{w1}-t_{w4}}{\sum_{i=1}^{3}R_{\lambda,i}} \tag{12-1-21}$$

式中 $\sum_{i=1}^{3}R_{\lambda,i}$ ——三层平壁单位面积的总热阻，$\sum_{i=1}^{3}R_{\lambda,i}=R_{\lambda,1}+R_{\lambda,2}+R_{\lambda,3}$ 。

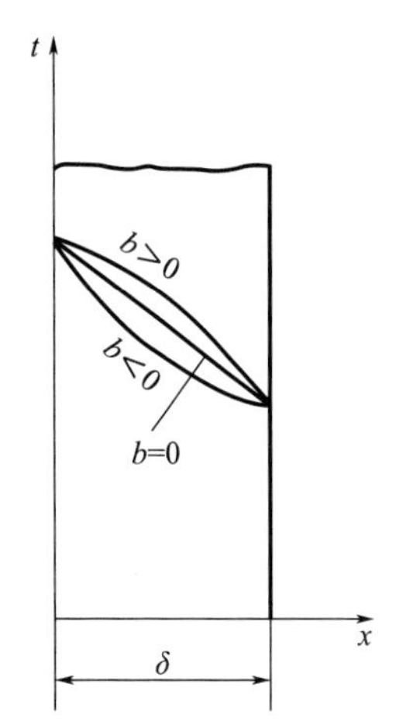

图 12-1-2　热导率随温度变化时平壁内的温度分布

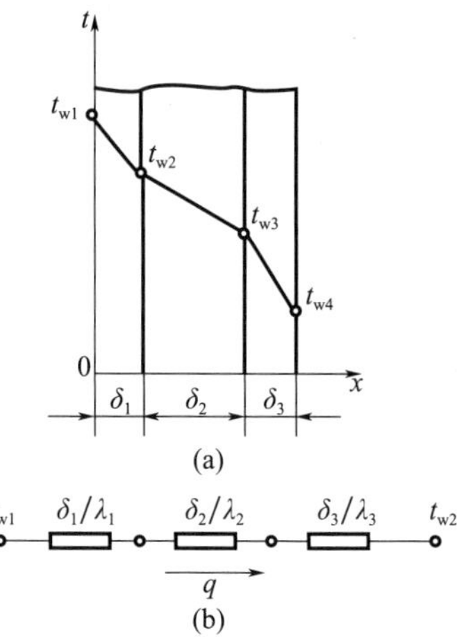

图 12-1-3　多层平壁的导热

式（12-1-21）与串联电路的情形相类似。多层平壁的模拟电路图示于图 12-1-3（b），它表明多层平壁单位面积的总热阻等于各层热阻之和。于是，对于 n 层平壁导热，可以直接写出

$$q=\frac{t_{w1}-t_{w,n+1}}{\sum_{i=1}^{n}R_{\lambda,i}} \tag{12-1-22}$$

式中　$t_{w1}-t_{w,n+1}$——n 层平壁的总温差；

$\sum_{i=1}^{n}R_{\lambda,i}$ ——平壁单位面积的总热阻。

因为在每一层中温度分布均呈直线规律，所以在整个多层平壁中，温度分布将是一折线。层与层之间接触面的温度，可以通过式（12-1-22）求得，对于 n 层平壁，第 i 层与第 $i+1$ 层之间接触面的温度 t_{i+1} 为

$$t_{w,i+1}=t_{w1}-q(R_{\lambda,1}+R_{\lambda,2}+\cdots+R_{\lambda,i}) \tag{12-1-23}$$

【例 12-1】 有一锅炉炉墙由三层组成，内层是厚 $\delta_1=230$mm 的耐火砖层，热导率 $\lambda_1=1.10$W/(m·K)；外层是厚 $\delta_3=240$mm 的红砖层，$\lambda_3=0.58$W/(m·K)；两层中间填以 $\delta_2=50$mm 的水泥珍珠岩制品保温层，$\lambda_2=0.072$W/(m·K)。已知炉墙内、外两表面温度 $t_{w1}=500$℃和 $t_{w4}=50$℃，试求通过炉墙的导热热流密度及红砖层的最高温度。

【解】 本例题为第一类边界条件下的多层平壁导热问题，求解：

1. 热流密度。先计算各层单位面积的导热热阻（m^2·K/W）：

$$R_{\lambda,1}=\frac{\delta_1}{\lambda_1}=\frac{0.23}{1.10}=0.209$$

$$R_{\lambda,2}=\frac{\delta_2}{\lambda_2}=\frac{0.05}{0.072}=0.694$$

$$R_{\lambda,3}=\frac{\delta_3}{\lambda_3}=\frac{0.24}{0.58}=0.414$$

根据式（12-1-22）

$$q=\frac{t_{w1}-t_{w4}}{\sum_{i=1}^{3}R_{\lambda,i}}=\frac{500-50}{0.209+0.694+0.414}=342\text{W/m}^2$$

2. 求红砖层的最高温度。红砖层的最高温度是红砖层与水泥珍珠岩制品之间的接触面温度 t_{w3}。根据式（12-1-23），得

$$t_{w3}=t_{w1}-q(R_{\lambda,1}+R_{\lambda,2})=500-342\times(0.209+0.694)=191℃$$

【讨论】根据多层平壁导热的模拟电路可知，多层平壁的总温度差是按各层热阻占总热阻的比例大小分配到每一层的，所以，红砖层中的温度差 Δt 为

$$\Delta t_3=(t_{w1}-t_{w4})\frac{R_{\lambda,3}}{\sum R}=450\times(0.414/1.32)=141℃$$

$$t_{w3}=141+50=191℃$$

与前述计算结果完全一致。

12.1.2　第三类边界条件

设一厚度为 δ 的单层平壁，无内热源，平壁的热导率 λ 为常数。壁两侧边界面均给出第三类边界条件，参见图 12-1-4（a），即已知 $x=0$ 处界面侧流体的温度 t_{f1}，对流传热的表面传热系数 h_1；$x=\delta$ 处界面侧流体温度 t_{f2}，对流传热的表面传热系数 h_2。这种两侧为第三类边界条件的导热过程，实际上就是热流体通过平壁传热给冷流体的传热过程。但平壁的导热过程仍用式（12-1-1）描述。目的是在第三类边界条件下求平壁内的温度分布及热流量。按式（11-4-25），壁两侧的第三类边界条件表达式为

$$-\lambda\left.\frac{dt}{dx}\right|_{x=0}=h_1(t_{f1}-t|_{x=0})\tag{12-1-24}$$

$$-\lambda\left.\frac{dt}{dx}\right|_{x=\delta}=h_2(t|_{x=\delta}-t_{f2})\tag{12-1-25}$$

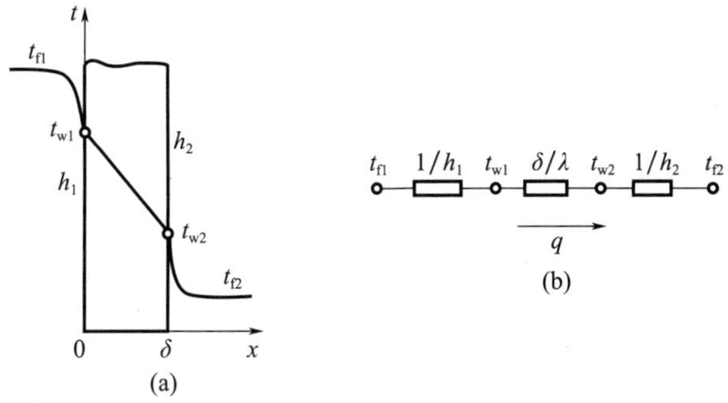

图 12-1-4　单层平壁的传热

前已述及，对于常物性的稳态平壁导热问题，求解得到平壁内的$\frac{dt}{dx}$为常数，参看式（12-1-8），即

$$\frac{dt}{dx}=-\frac{t_{w1}-t_{w2}}{\delta}\tag{12-1-26}$$

很明显，式（12-1-24）中的$t|_{x=0}$就是 t_{w1}，而式（12-1-25）中的$t|_{x=\delta}$就是 t_{w2}，于是应用傅里叶定律表达式 $q=-\lambda\frac{dt}{dx}$，改写式（12-1-24）、式（12-1-25）和式（12-1-26），并按传热过程的顺序排列，得到

$$\left.\begin{aligned}q|_{x=0}&=h_1(t_{f1}-t_{w1})\\q&=\frac{\lambda}{\delta}(t_{w1}-t_{w2})\\q|_{x=\delta}&=h_2(t_{w2}-t_{f2})\end{aligned}\right\}\tag{12-1-27}$$

在稳态传热过程中$q|_{x=0}=q=q|_{x=\delta}$。因此，联解式（12-1-27），消去未知的t_{w1}和t_{w2}，可得热流体通过平壁传热给冷流体的热流密度为

$$q=\frac{t_{f1}-t_{f2}}{\frac{1}{h_1}+\frac{\delta}{\lambda}+\frac{1}{h_2}}$$

或写作

$$q=k(t_{f1}-t_{f2}) \tag{12-1-28}$$

式中k就是传热系数，应用热阻的概念，可知传热过程的热阻等于热流体、冷流体与壁面之间对流传热的热阻与平壁导热热阻之和，它与串联电路电阻的计算方法相类似，图 12-1-4（b）给出了热流体通过平壁传热给冷流体传热过程的模拟电路图。

热流密度已经求得，即式（12-1-28），利用改写的边界条件式（12-1-27），即可很容易求得t_{w1}和t_{w2}，于是平壁中的温度分布也就可求得。

若平壁是由几层不同材料组成的多层平壁，因为多层平壁的总热阻等于各层热阻之和，于是热流体经多层平壁传热给冷流体的传热过程的热流密度可直接写为

$$q=\frac{t_{f1}-t_{f2}}{\frac{1}{h_1}+\sum_{i=1}^{n}\frac{\delta_i}{\lambda_i}+\frac{1}{h_2}} \tag{12-1-29}$$

若平壁表面的面积为A，那么热流量Φ可写为

$$\Phi=\frac{t_{f1}-t_{f2}}{\frac{1}{h_1A}+\sum_{i=1}^{n}\frac{\delta_i}{\lambda_iA}+\frac{1}{h_2A}} \tag{12-1-30}$$

【例 12-2】目前国内早年修建的居民住房外墙墙体多为黏土砖砌成，保温性能差，尤其是北方供暖季节能耗高，为此采用的节能改造措施是在黏土砖墙外再敷设一层阻燃型挤塑式聚苯乙烯泡沫塑料，这样，在传热计算时该建筑外墙可视为四层平壁结构，即：1. 墙内侧水泥砂浆层（包括装饰层），热导率$\lambda_1=0.93\text{W/(m·K)}$，厚度$\delta_1=20\text{mm}$；2. 黏土砖墙，热导率$\lambda_2=0.58\text{W/(m·K)}$，厚度$\delta_2=240\text{mm}$；3. 挤塑式聚苯乙烯泡沫塑料板，$\lambda_3=0.04\text{W/(m·K)}$，厚度$\delta_3=50\text{mm}$；4. 墙外侧抗裂砂浆层（包括装饰层），热导率$\lambda_4=0.91\text{W/(m·K)}$，厚度$\delta_4=20\text{mm}$。已知：室内温度$t_{f1}=20℃$；室外环境温度为$t_{f2}=-5℃$，室内侧表面传热系数$h_1=12\text{W/(m}^2\text{·K)}$；墙外侧表面传热系数$h_2=18\text{W/(m}^2\text{·K)}$。求通过该建筑外墙单位面积的热损失以及内壁表面温度，并进行讨论。

【解】计算传热系数：

$$k=\frac{1}{\frac{1}{h_1}+\sum_{i=1}^{n}\frac{\delta_i}{\lambda_i}+\frac{1}{h_2}}=\frac{1}{\frac{1}{12}+\frac{0.02}{0.93}+\frac{0.24}{0.58}+\frac{0.05}{0.04}+\frac{0.02}{0.91}+\frac{1}{18}}=0.542\text{W/(m}^2\text{·K)}$$

外墙热损失：$q=k(t_{f1}-t_{f2})=0.542\times[20-(-5)]=13.6\text{W/m}^2$

墙体内壁表面温度：$t_{w1}=t_{f1}-q\frac{1}{h_1}=20-13.6\times\frac{1}{12}=18.6℃$

【讨论】当没有保温层时，传热系数$k'=1.68\text{W/(m}^2\text{·K)}$，墙体单位面积的热损失$q'=42\text{W/m}^2$，墙体内表面温度为$t'_{w1}=16.5℃$。这样，有无保温层两种情况的比较，节能效果是：$(q'-q)/q'=67\%$，即敷设保温层的墙体可节能 2/3；内壁温度提高了 2.1℃，这样来看不仅房间的内壁表面温度提高了，增加了房间的舒适性，而且节能效果也相当可观。

另外，从计算数据看，室内外 1、4 两层墙体的热阻分别是：$0.02\div0.93=0.0215\text{m}^2\text{·K/W}$和$0.02\div0.91=0.0219\text{m}^2\text{·K/W}$，而保温层与砖墙两者的热阻分别是：$0.05\div0.04=1.25\text{m}^2\text{·K/W}$和$0.24\div0.58=0.413\text{m}^2\text{·K/W}$，因此在墙体传热计算中主要热阻是保温层与砖墙层。但是，如果再比较一下砖墙与泡沫塑料的热导率，又可得出一个有趣的结论：$\lambda_2/\lambda_3=14.5$，即泡沫塑料的隔热保温能力是砖墙的 14.5 倍，区区 50mm 厚的保温层节能效果相当于厚度$14.5\times50=725\text{mm}$的砖

墙。因此敷设保温层是既节能又提高舒适度、同时还减少墙体占用土地面积的最有效最经济的措施。

12.1.3　通过复合平壁的导热

前一节讨论的无限大平壁，或多层无限大平壁的每一层，都是由同一种材料组成的。工程上还会遇到另一种类型的平壁，它们无论沿宽度或厚度方向都是由不同材料组合而成，如图 12-1-5 所示的空斗墙、空斗填充墙、空心板和夹心板等，这种结构的平壁称为复合平壁。

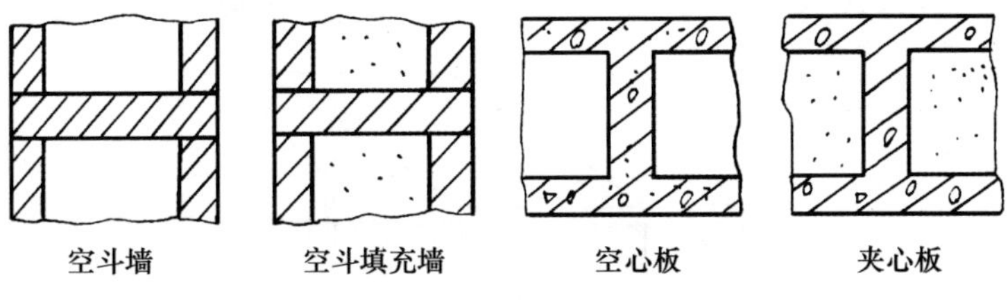

图 12-1-5　复合平壁示例

对于无限大平壁，热流密度是一维的。而在复合平壁中，由于不同材料的热导率不相等，严格地说，复合平壁的温度场是二维的甚至是三维的。但是，当组成复合平壁的各种不同材料的热导率相差不是很大时，仍可近似地当作一维导热问题处理，使问题的求解大为简化。这时，通过复合平壁的导热量仍可按下式计算

$$\Phi=\frac{\Delta t}{\sum R_\lambda} \tag{12-1-31}$$

式中　Δt——复合平壁两侧表面的总温度差；

$\sum R_\lambda$——复合平壁的总导热热阻。

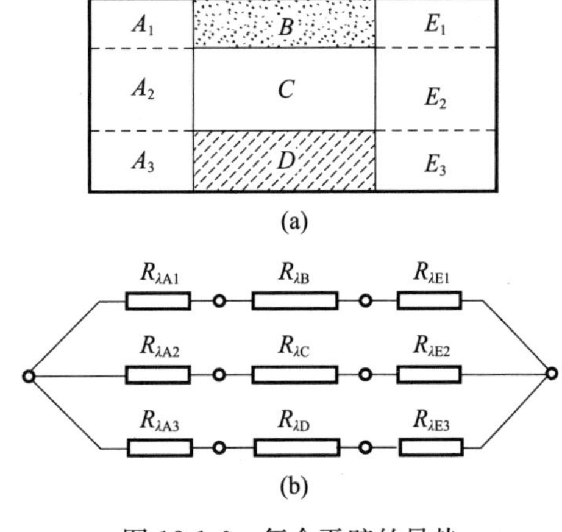

图 12-1-6　复合平壁的导热

式（12-1-31）的形式是简单了，但问题就归结为如何确定复合平壁的总导热热阻。在具体的工程实践中，可以根据复合平壁的组合情况，采用不同的方法来计算 $\sum R_\lambda$ 。例如，对于图 12-1-6（a）所示的复合平壁，当其中 B、C 和 D 三部分的热导率相差不多时，可以设想把 A 和 E 两层也分别划分为与 B、C 和 D 相应的三部分，形成三个并列的多层平壁，即 A_1BE_1、A_2CE_2 和 A_3DE_3。应用并、串联电路电阻的计算方法，参见图 12-1-6（b）所示的复合平壁导热的模拟电路图。三个并列的多层平壁的导热热阻，按串联电阻计算，分别为 $R_{\lambda A1}+R_{\lambda B}+R_{\lambda E1}$，$R_{\lambda A2}+R_{\lambda C}+R_{\lambda E2}$，$R_{\lambda A3}+R_{\lambda D}+R_{\lambda E3}$。复合平壁的总导热热阻，按并联电阻计算，应为

$$\sum R_\lambda=\frac{1}{\dfrac{1}{R_{\lambda A1}+R_{\lambda B}+R_{\lambda E1}}+\dfrac{1}{R_{\lambda A2}+R_{\lambda C}+R_{\lambda E2}}+\dfrac{1}{R_{\lambda A3}+R_{\lambda D}+R_{\lambda E3}}}$$

其中热阻的角码表示该热阻是复合平壁内指定单元的热阻，如 $R_{\lambda A1}$ 即单元 A_1 的热阻，要考虑该单元的厚度和面积用热阻公式计算，具体计算请参阅本节例题。对于其他各种不同组合情况的复合平壁导热，原则上可以参考上述示例进行计算。

如果复合平壁的各种材料的热导率相差较大，应按二维或三维温度场计算，作为近似的简便方法，可按上述并、串联电阻方法计算总热阻后再加以修正，修正系数的确定可参看例 12-3。应当指出，关于复合平壁的导热计算，工程上还有其他方法，读者可参考文献［1］。

【例 12-3】 一炉渣混凝土空心砌块，结构尺寸如下图所示。炉渣混凝土的热导率 $\lambda_1=0.79\text{W}/(\text{m}\cdot\text{K})$，空心部分的当量热导率 $\lambda_2=0.29\text{W}/(\text{m}\cdot\text{K})$。试计算砌块的导热热阻。

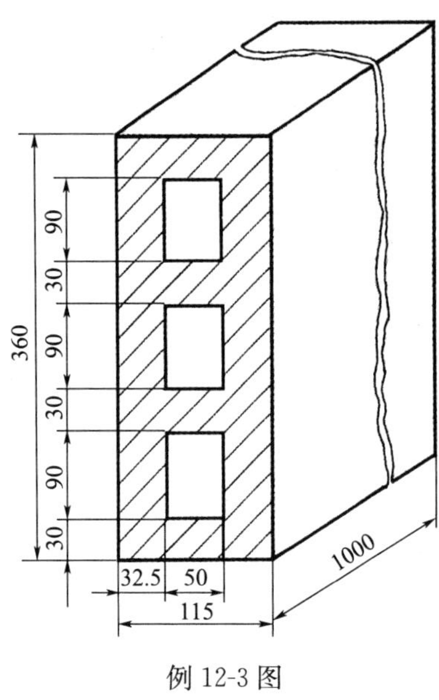

例 12-3 图

【解】 该砌块高度方向可划分为并联的七层，其中四个相同的炉渣混凝土层的热阻为

$$R'_\lambda=\frac{\delta}{\lambda_1 A_1}=\frac{0.115}{0.79\times0.03\times1}=4.85\text{K/W}$$

三个混凝土—空气层的热阻

$$R''_\lambda=2\frac{\delta_1}{\lambda_1 A_2}+\frac{\delta_2}{\lambda_2 A_2}=\frac{2\times0.0325}{0.79\times0.09\times1}+\frac{0.05}{0.29\times0.09\times1}=2.83\text{K/W}$$

砌块的总导热热阻为

$$\sum R_\lambda=\frac{1}{4\dfrac{1}{R'_\lambda}+3\dfrac{1}{R''_\lambda}}=\frac{1}{\dfrac{4}{4.85}+\dfrac{3}{2.83}}=0.53\text{K/W}$$

【讨论】 鉴于本例题中复合平壁各部分材料热导率相差较大，上述计算的总热阻与实际情况有一定偏差，文献［2］建议将上述计算结果乘以由实验确定的修正系数，以考虑二维热流密度的影响，修正系数列于表 1。

表 1　二维热流影响的修正系数

$\frac{\lambda_2}{\lambda_1}$	φ	$\frac{\lambda_2}{\lambda_1}$	φ
0.09～0.19	0.86	0.4～0.69	0.96
0.2～0.39	0.93	0.7～0.99	0.98

本例题中，$\lambda_2/\lambda_1=0.37$，根据表 1 取 $\varphi=0.93$，修正后复合平壁的总热阻为

$$\sum R_\lambda=0.93\times0.53=0.493\text{K/W}$$

12.2 通过圆筒壁的导热

12.2.1 第一类边界条件

图 12-2-1（a）表示一内半径为 r_1、外半径为 r_2、长度为 l 的圆筒壁，无内热源，圆筒壁材料的热导率 λ 为常数。圆筒壁内、外两表面分别维持均匀稳定的温度 t_{w1} 和 t_{w2}。要求确定通过该圆筒壁的导热量及壁内的温度分布。

在工程上遇到的圆筒壁，例如热力管道，通常其长度远大于壁厚，沿轴向的温度变化可以忽略不计。内、外壁面温度是均匀的，温度场是轴对称的。所以采用圆柱坐标系更为方便，而壁内温度仅沿坐标 r 方向发生变化，即一维稳态温度场。于是，描述上述问题的导热微分方程式（11-4-15）可简化为下列形式

$$\frac{d}{dr}\left(r\frac{dt}{dr}\right)=0 \tag{12-2-1}$$

圆筒壁内、外表面都给出第一类边界条件，即已知

$$r=r_1, t=t_{w1} \tag{12-2-2}$$

$$r=r_2, t=t_{w2} \tag{12-2-3}$$

式（12-2-1）～（12-2-3）给出了这一导热问题的完整描述。求解这一组方程式，就可以得到圆筒壁中沿半径方向的温度分布 $t=f(r)$ 的具体函数形式。

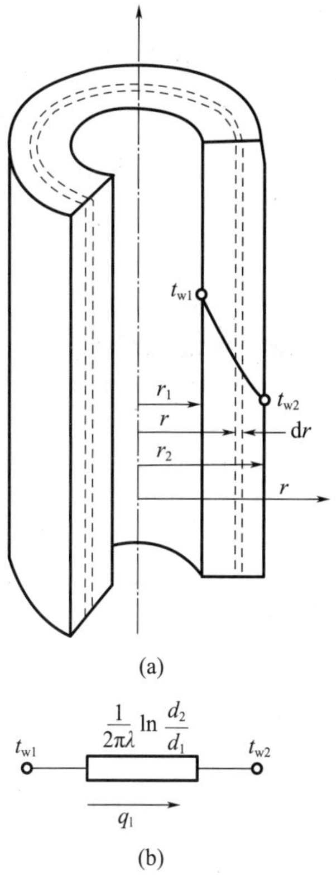

图 12-2-1　单层圆筒壁的导热

式（12-2-1）可以通过直接积分方法求解。积分一次，得到

$$r\frac{dt}{dr}=C_1 \tag{12-2-4}$$

再积分一次，得到式（12-2-1）的通解为

$$t=C_1\ln r+C_2 \tag{12-2-5}$$

从上式不难看出，圆筒壁中温度分布是对数曲线。式中 C_1 和 C_2 是待定的积分常数，可由边界条件确定。将式（12-2-2）和式（12-2-3）代入式（12-2-5），可以得到

$$t_{w1}=C_1\ln r_1+C_2 \tag{12-2-6}$$

$$t_{w2}=C_1\ln r_2+C_2 \tag{12-2-7}$$

联立求解式（12-2-6）和式（12-2-7），得到

$$C_1=-\frac{t_{w1}-t_{w2}}{\ln\frac{r_2}{r_1}} \tag{12-2-8}$$

$$C_2=t_{w1}+\frac{t_{w1}-t_{w2}}{\ln\frac{r_2}{r_1}}\ln r_1 \tag{12-2-9}$$

将 C_1 和 C_2 的值代入式（12-2-5），经过整理，可以得到圆筒壁中的温度分布

$$t=t_{w1}-(t_{w1}-t_{w2})\frac{\ln\frac{r}{r_1}}{\ln\frac{r_2}{r_1}} \tag{12-2-10}$$

或采用直径写作

$$t=t_{w1}-(t_{w1}-t_{w2})\frac{\ln\frac{d}{d_1}}{\ln\frac{d_2}{d_1}} \tag{12-2-11}$$

已知温度分布后，可以根据傅里叶定律，求得通过圆筒壁的导热热流量。值得注意，与通过无限大平壁导热过程不同，对于圆筒壁，$\frac{dt}{dr}$并不等于常数，而是半径 r 的函数，参见式（12-2-4）。所以，不同半径 r 处的热流密度并不是常数。但在稳态情况下，通过长度为 l 的圆筒壁的导热热流量是恒定的，根据傅里叶定律，它可以表示为

$$\Phi=-\lambda\frac{dt}{dr}2\pi rl(\mathrm{W}) \tag{12-2-12}$$

从式（12-2-4）和式（12-2-8）可知

$$\frac{dt}{dr}=-\frac{t_{w1}-t_{w2}}{\ln\frac{r_2}{r_1}}\frac{1}{r} \tag{12-2-13}$$

将上式代入式（12-2-12），得

$$\Phi=2\pi\lambda l\frac{t_{w1}-t_{w2}}{\ln\frac{r_2}{r_1}} \tag{12-2-14}$$

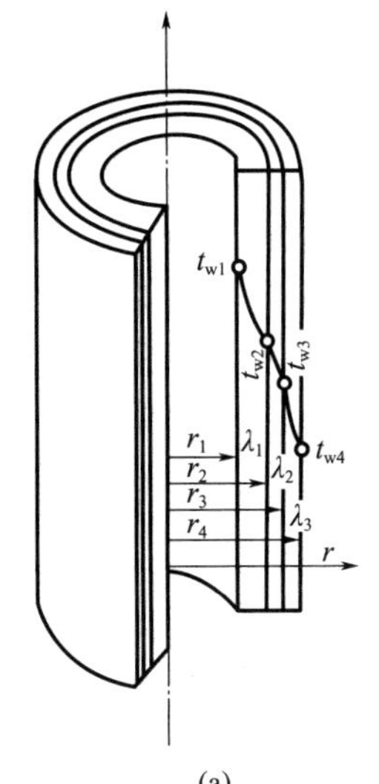

(a)

t_{w1} $R_{\lambda l1}$ t_{w2} $R_{\lambda l2}$ t_{w3} $R_{\lambda l3}$ t_{w4}

q_l

(b)

图 12-2-2　多层圆筒壁的导热

或写作

$$\Phi=2\pi\lambda l\frac{t_{w1}-t_{w2}}{\ln\frac{d_2}{d_1}} \tag{12-2-15}$$

将式（12-2-15）改写为欧姆定律的形式，可得

$$\Phi=\frac{t_{w1}-t_{w2}}{\frac{1}{2\pi\lambda l}\ln\frac{d_2}{d_1}} \tag{12-2-16}$$

式中　$\frac{1}{2\pi\lambda l}\ln\frac{d_2}{d_1}$——长度为 l 的圆筒壁的导热热阻，K/W。

为了工程上计算方便起见，按单位管长来计算热流量，记为 q_l

$$q_l=\frac{\Phi}{l}=\frac{t_{w1}-t_{w2}}{\frac{1}{2\pi\lambda}\ln\frac{d_2}{d_1}} \tag{12-2-17}$$

上述式中分母就是单位长度圆筒壁的导热热阻，记为 $R_{\lambda l}$，单位是 m·K/W，图 12-2-1（b）给出了单位长度圆筒壁导热过程的模拟电路图。

与多层平壁一样，对于由不同材料构成的多层圆筒壁，其导热热流量亦可按总温差和总热阻来计算。以图 12-2-2 所示的三层圆筒壁为例，已知各层相应的半径分别为 r_1、r_2、r_3 和 r_4，各层材料的热导率 λ_1、λ_2 和 λ_3 均为常数，圆筒壁内、外表面的温度分别为 t_{w1} 和 t_{w4}。在稳态情况下，通过单位长度圆筒壁的热流量 q_l 是相同的。仿照式（12-2-17）可以写出三层圆筒壁的导热热流量式为

$$\begin{aligned}q_l&=\frac{t_{w1}-t_{w4}}{R_{\lambda l1}+R_{\lambda l2}+R_{\lambda l3}}\\&=\frac{t_{w1}-t_{w4}}{\frac{1}{2\pi\lambda_1}\ln\frac{d_2}{d_1}+\frac{1}{2\pi\lambda_2}\ln\frac{d_3}{d_2}+\frac{1}{2\pi\lambda_3}\ln\frac{d_4}{d_3}}\end{aligned} \tag{12-2-18}$$

同理，对于 n 层圆筒壁

$$q_l=\frac{t_{w1}-t_{w,n+1}}{\sum\limits_{i=1}^{n}R_{\lambda l,i}}=\frac{t_{w1}-t_{w,n+1}}{\sum\frac{1}{2\pi\lambda_i}\ln\frac{d_{i+1}}{d_1}} \tag{12-2-19}$$

多层圆筒壁各层之间接触面的温度 t_{w2}、t_{w3}、…、t_{wn}，亦可用类似于多层平壁的方法计算。

12.2.2　第三类边界条件

设一内、外半径分别为 r_1 和 r_2 的单层圆筒壁，无内热源，圆筒壁的热导率 λ 为常数。圆筒壁内、外表面均给出第三类边界条件，即已知 $r=r_1$ 一侧流体的温度为 t_{f1}，对流传热的表面传热系数为 h_1；$r=r_2$ 一侧流体的温度为 t_{f2}，表面传热系数为 h_2，参见图 12-2-3（a）。按式（11-4-25），圆筒壁两侧的第三类边界条件为

$$-\lambda \left.\frac{\mathrm{d}t}{\mathrm{d}r}\right|_{r=r_1}=h_1(t_{f1}-t|_{r=r_1}) \tag{12-2-20}$$

$$-\lambda \left.\frac{\mathrm{d}t}{\mathrm{d}r}\right|_{r=r_2}=h_2(t|_{r=r_2}-t_{f2}) \tag{12-2-21}$$

这种两侧界面均为第三类边界条件的导热过程，实际上就是热流体通过圆筒壁传热给冷流体的传热过程，但导热微分方程仍为式（12-2-1）。前已述及，对于常物性的稳态圆筒壁导热问题，求解得到圆筒壁内的温度变化率为

$$\frac{\mathrm{d}t}{\mathrm{d}r}=-\frac{t_{w1}-t_{w2}}{\ln\dfrac{r_2}{r_1}}\frac{1}{r} \tag{12-2-22}$$

很明显，式（12-2-20）中的$t|_{r=r_1}$就是 t_{w1}，而式（12-2-21）中的$t|_{r=r_2}$就是 t_{w2}，应用傅里叶定律表达式，改写上述式（12-2-20）、式（12-2-21）和式（12-2-22）并按传热过程的顺序排列它们，则得

$$\left.\begin{aligned} q_1|_{r=r_1}&=h_1 2\pi r_1(t_{f1}-t_{w1})\\ q_1&=\frac{t_{w1}-t_{w2}}{\dfrac{1}{2\pi\lambda}\ln\dfrac{r_2}{r_1}}\\ q_1|_{r=r_2}&=h_2 2\pi r_2(t_{w2}-t_{f2})\end{aligned}\right\} \tag{12-2-23}$$

在稳态传热过程中，$q_1|_{r=r_1}=q_1|_{r=r_2}=q_1$。因此，联解式（12-2-23），消去未知的 t_{w1} 和 t_{w2}，就可以得到热流体通过单位管长圆筒壁传给冷流体的热流量

$$q_1=\frac{t_{f1}-t_{f2}}{\dfrac{1}{h_1 2\pi r_1}+\dfrac{1}{2\pi\lambda}\ln\dfrac{d_2}{d_1}+\dfrac{1}{h_2 2\pi r_2}} \tag{12-2-24}$$

或

$$q_1=\frac{t_{f1}-t_{f2}}{\dfrac{1}{h_1 \pi d_1}+\dfrac{1}{2\pi\lambda}\ln\dfrac{d_2}{d_1}+\dfrac{1}{h_2 \pi d_2}} \tag{12-2-25}$$

类似于通过平壁的传热过程一样，单位管长的热流量亦可以用传热系数 k_1 来表示，

$$q_1=k_1(t_{f1}-t_{f2}) \tag{12-2-26}$$

式中　k_1——热、冷流体之间温度相差 1℃时，单位时间内通过单位长度圆筒壁的传热量，W/(m·K)。

对比式（12-2-25）与式（12-2-26），得到通过单位长度圆筒壁传热过程的热阻为

$$R_1=\frac{1}{k_1}=\frac{1}{h_1\pi d_1}+\frac{1}{2\pi\lambda}\ln\frac{d_2}{d_1}+\frac{1}{h_2\pi d_2} \tag{12-2-27}$$

由此可见，通过圆筒壁传热过程的热阻等于热流体、冷流体与壁面之间对流传热的热阻与圆筒壁导热热阻之和，它与串联电路电阻的计算方法相类似，图 12-2-3（b）给出了热流体通过圆筒壁传热给冷流体传热过程的模拟电路图。

热流量已经求得，利用式（12-2-23）很容易求得 t_{w1} 和 t_{w2}，于是圆筒壁中的温度分布也就可以求得。

若圆筒壁是由 n 层不同材料组成的多层圆筒壁，因为多层圆筒壁的总热阻等于各层热阻之和，于是热流体经多层圆筒壁传热给冷流体传热过程的热流量可以直接写成为

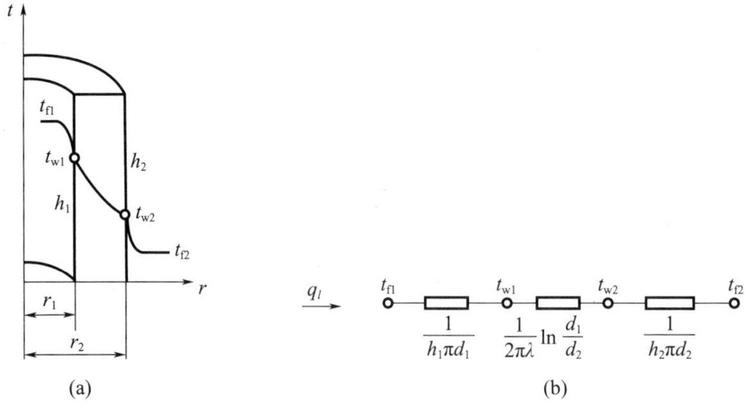

图 12-2-3　单层圆筒壁的传热

$$q_l=\frac{t_{f1}-t_{f2}}{\frac{1}{h_1\pi d_1}+\sum_{i=1}^{n}\frac{1}{2\pi\lambda_i}\ln\frac{d_{i+1}}{d_i}+\frac{1}{h_2\pi d_{n+1}}} \tag{12-2-28}$$

【例 12-4】 外径为 200mm 的蒸汽管道，管壁厚 8mm，热导率 $\lambda_0=20.0\text{W/(m}\cdot\text{K)}$。管外包硬质聚氨酯泡沫塑料保温层，热导率 $\lambda_1=0.022\text{W/(m}\cdot\text{K)}$，厚 40mm。外壳为高密度聚乙烯管，热导率 $\lambda_2=0.3\text{W/(m}\cdot\text{K)}$，厚 5mm。给定第三类边界条件：管内蒸汽温度 $t_{f1}=300℃$，管内蒸汽与管壁面之间对流传热的表面传热系数 $h_1=120\text{W/(m}^2\cdot\text{K)}$；周围空气温度 $t_{f2}=25℃$，管外壳与空气之间的表面传热系数 $h_2=10\text{W/(m}^2\cdot\text{K)}$。求单位管长的传热系数 k_l、散热量 q_l 和外壳表面温度 t_{w3}。

【解】 根据给出的几何尺寸得到

管内径 $d_0=0.2-2\times0.008=0.184\text{m}$

管外径 $d_1=0.2\text{m}$

保温层外径 $d_2=0.2+2\times0.04=0.28\text{m}$

管外壳直径 $d_3=0.28+2\times0.005=0.29\text{m}$

$$k_l=\frac{\pi}{\frac{1}{h_1d_0}+\frac{1}{2\lambda_0}\ln\frac{d_1}{d_0}+\frac{1}{2\lambda_1}\ln\frac{d_2}{d_1}+\frac{1}{2\lambda_2}\ln\frac{d_3}{d_2}+\frac{1}{h_2d_3}}$$

$$=\frac{\pi}{\frac{1}{120\times0.184}+\frac{1}{2\times20}\ln\frac{0.2}{0.184}+\frac{1}{2\times0.022}\ln\frac{0.28}{0.2}+\frac{1}{2\times0.3}\ln\frac{0.29}{0.28}+\frac{1}{10\times0.29}}$$

$$=0.388\text{W/(m}\cdot\text{K)}$$

$$q_l=k_l(t_{f1}-t_{f2})=0.388\times(300-25)=107\text{W/m}$$

$$t_{w3}=t_{f2}+q_l\frac{1}{h_2\pi d_3}=25+107\times\frac{1}{10\times3.14\times0.29}=36.7℃$$

【讨论】 从安全及节能考虑，保温层外壳温度不应超过 50℃，否则应重新设计保温层厚度；与保温层热阻相比，本例中钢管及外壳热阻都很小，可在估算中省略；通过本例，还可进一步思考，对于圆管，如果管外包裹了两层以上热导率大小不同的保温材料，在这种情况下，保温材料设置的里外顺序是否会影响总热阻？热导率小的材料应设置在内侧还是外侧？

12.2.3　临界热绝缘直径

为了减少管道的散热损失，采用在管道外侧覆盖隔热保温层或称热绝缘层的办法。但是，覆盖保温层是不是在任何情况下都能减少热损失？怎样正确地选择保温材料？这些问题的解决需要进一步分析覆盖保温层后管道总热阻的变化。根据式（12-2-28）热流体通过管道壁和保温层传热给冷流

体传热过程的单位长度热阻为

$$R_l=\frac{1}{h_1\pi d_1}+\frac{1}{2\pi\lambda_1}\ln\frac{d_2}{d_1}+\frac{1}{2\pi\lambda_{ins}}\ln\frac{d_x}{d_2}+\frac{1}{h_2\pi d_x} \tag{12-2-29}$$

式中　d_1 和 d_2——管道的内径和外径；

λ_1——管道材料的热导率；

d_x——保温层的外径；

λ_{ins}——保温层材料的热导率。

对于热、冷流体之间的传热过程，给定的应是第三类边界条件，h_1 和 h_2 分别是热流体和冷流体与壁面之间的表面传热系数①。当针对某一管道进行分析时，管道的内、外直径和材料都是给定的，所以 R_l 表达式（12-2-29）中前两项热阻的数值已定。在选定了保温层材料之后，R_l 表达式中后两项热阻的数值随保温层外径 d_x 而变化。当加厚保温层时，d_x 增大，保温层热阻 $\frac{1}{2\pi\lambda_{ins}}\ln\frac{d_x}{d_2}$ 随之增大，而保温层外侧的对流传热热阻 $\frac{1}{h_2\pi d_x}$ 随之减小，图 12-2-4（a）示出了总热阻 R_l 和构成 R_l 各项热阻随保温层外径 d_x 的变化。不难看到，总热阻 R_l 随着 d_x 的增大，先是逐渐减小，然后是逐渐增大，具有一极小值。对应于这一变化，通过管道壁和保温层传热过程的传热量 q_l 随着 d_x 的增大，先是逐渐增大，然后是逐渐减小，具有一极大值，参见图 12-2-4（b）。对应于总热阻 R_l 为极小值时的保温层外径称为临界热绝缘直径 d_c，即

$$\frac{dR_l}{dd_x}=\frac{1}{\pi d_x}\left(\frac{1}{2\lambda_{ins}}-\frac{1}{h_2 d_x}\right) \tag{12-2-30}$$

令 $\frac{dR_l}{dd_x}=0$，得

$$d_x=d_c=\frac{2\lambda_{ins}}{h_2} \tag{12-2-31}$$

因此在管道外侧覆盖保温层时，必须注意，如果管道外径 d_2 小于临界热绝缘直径 d_c，如图 12-2-4（b）所示，保温层外径 d_x 在 d_2 和 d_3 范围内，管道的传热量 q_l 反而比没有保温层时更大，直到保温层直径大于 d_3 时，才开始起到保温层减少热损失的作用。由此可见，只有当管道外径 d_2 大于临界热绝缘直径 d_c 时，覆盖保温层才肯定有效地起到减少热损失的作用。从式（12-2-31）可以看出，临界热绝缘直径与保温层材料的热导率 λ_{ins} 有关，故可以选用不同的保温层材料以改变 d_c 的数值。在供热通风工程中，一般说来需要覆盖保温层的管道直径大多数是大于 d_c 的，只有在管道直径较小，而保温材料的热导率较大时，才要注意临界热绝缘直径的问题。

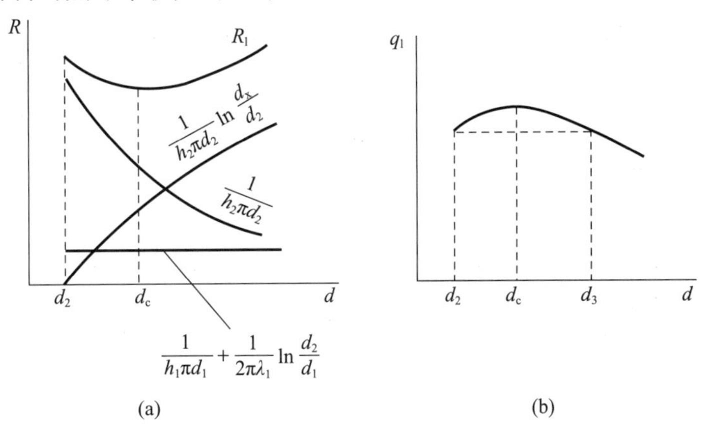

图 12-2-4　临界热绝缘直径

① 在有辐射传热的情况下，该表面传热系数也包括了热辐射的因素。本书第 16 章将对此进行分析。

【例 12-5】设管道外径 $d=15\text{mm}$，如果用软质泡沫塑料作为保温层是否合适？已知其热导率 $\lambda=0.034\text{W/(m·K)}$，保温层外表面与空气之间的表面传热系数 $h=10\text{W/(m}^2\text{·K)}$。

【解】计算临界热绝缘直径

$$d_c=\frac{2\lambda_{ins}}{h}=\frac{2\times0.034}{10}=0.0068\text{m}$$

因为管道外径大于临界热绝缘直径 $d_c=6.8\text{mm}$，所以在上述条件下，采用该软质泡沫塑料作为保温层是合适的。

【讨论】请读者思考：(1) 如因某种原因环境条件改变，致使该管道保温层外侧的表面传热系数 h 减少到仅为 $2\text{W/(m}^2\text{·K)}$，则采用上述软质泡沫塑料作保温材料是否有效？在这种情况下，管道外径至少要大于多少毫米时，采用上述软质泡沫塑料保温才有效？(2) 临界热绝缘直径原理是否可用于电线、电缆的绝缘层厚度设计上，使绝缘层既能有效绝缘，又具有良好的散热性能？

【例 12-6】铝电线外径为 $d=5\text{mm}$，外包热导率 $\lambda=0.15\text{W/(m·K)}$ 的聚氯乙烯作为绝缘层。绝缘层表面与环境间的复合表面传热系数 $h=10\text{W/(m}^2\text{·K)}$。试问电线绝缘层厚度在什么范围是有利的？

【解】计算临界热绝缘直径

$$d_c=\frac{2\lambda_{ins}}{h}=\frac{2\times0.15}{10}=0.03\text{m}$$

$$\delta<\frac{d_c-d}{2}=0.0125\text{m}$$

当绝缘层厚度小于 12.5mm 时，增加绝缘层厚度非但不会削弱传热，反而会增加散热。对于电线来说，处于这种情况下是有利的，因为可以增加电流的通过能力。实际产品的绝缘层厚度通常约为 1mm，处于对散热有利的范围之内。

12.3 通过肋壁的导热

在一些换热设备中，传热表面常常做成带肋的形式。如制冷装置的冷凝器、散热器、空气加热（或冷却）器等。这是因为采用肋壁后，加大了散热的表面积，可降低对流传热的热阻，起到增强传热的作用。对于一个传热过程，如果固体壁两侧与流体之间的表面传热系数相差比较悬殊，很明显，在表面传热系数较小的那一侧，对流传热热阻就比较大。因此，常常在表面传热系数较小的一侧，采用肋壁的形式，用增大表面积的办法来弥补表面传热系数较低的缺陷，以降低对流传热的热阻。任何改变传热途径中起支配作用的那部分热阻都会对总的传热效果带来明显的影响。如果固体壁两侧与流体之间的表面传热系数都很小，也可以在两侧都采用肋壁以增强传热的效果。肋壁有直肋和环肋两类，如图 12-3-1 所示。直肋和环肋又都可分为等截面的和变截面的。肋片可以直接铸造、轧制或切削制作，也可以缠绕金属薄片加工制成。

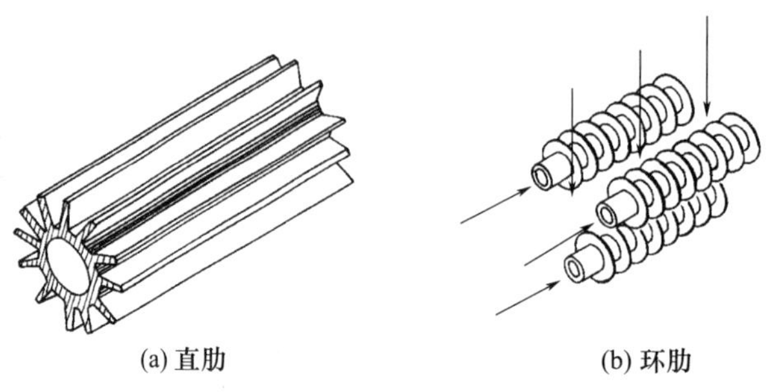

图 12-3-1　肋壁示例

本节分析肋片的主要任务是确定沿肋片高度方向的温度分布和肋片的散热量。至于整个肋壁上肋片的数量、肋片间距以及肋片表面的位置与流体运动方向间的关系等问题将在讲述对流传热原理后再进行分析。

本节主要通过分析等截面直肋向外散热，来说明肋片导热的分析方法。对于其他形式肋片的导热只作简单的介绍，更深入的分析可参阅文献［4-5］。

12.3.1　等截面直肋的导热

从平直基面上伸出而本身又具有不变截面的肋称为等截面直肋，其中典型的一种是图 12-3-2（a）所示的矩形直肋。设肋片的高度为 l，宽为 L，厚为 δ；肋片的横截面积为 A_L（$A_L=L\delta$）；肋片的周边长度为 $U[U=2(L+\delta)]$。已知肋片金属材料的热导率 λ 为常数。若不考虑肋片宽度 L 方向的温度变化，肋片的温度分布是二维稳态温度场。分析肋片的热量传递过程可知：在 x 方向上，即沿肋片高度方向，热量以导热方式从肋基导入，随后热量除了以导热方式继续沿 x 方向传递外，同时在 y 方向上，即肋片厚度方向，通过对流传热从肋片表面导出向周围介质散热。由于肋片金属材料热导率的数值比较大，肋片的高度 l 比肋片的厚度 δ 大很多，所以近似地认为肋片内沿厚度方向的温度变化很小，而仅沿肋片的高度方向发生明显的变化。换句话说，近似地认为肋片内的温度分布是沿 x 方向的一维稳态温度场。这样的近似是比较符合实际情形的。但是，在 y 方向以对流传热从肋片表面向周围介质的散热，本来应按 y 方向的第三类边界条件描述它，若把肋片内的温度分布近似地认为是 x 方向的一维稳态温度场，自然地 y 方向的边界条件在数学上就不存在。为了反映这部分对流传热的散热量，从能量守恒角度，可以把它视为肋片沿 x 方向导热过程的负内热源。于是，肋片内的导热过程可作为有负内热源的一维稳态导热问题处理，用导热微分方程式（11-4-13）来描述。此时，单位时间单位体积肋片的对流散热量就是内热源强度。值得注意，肋片的温度沿 x 方向是变化的，所以肋片表面的对流传热量沿 x 方向也是变化的，相应地内热源强度沿 x 方向也应是变化的。参见图 12-3-2（b），若在距肋基 x 处取一长度为 $\mathrm{d}x$ 的微元段，该段的对流传热量宏 q 为

$$q=h(t-t_f)U\mathrm{d}x \tag{12-3-1}$$

式中　t——微元段肋片的温度；

t_f——周围介质的温度；

h——肋片与周围介质之间的表面传热系数。

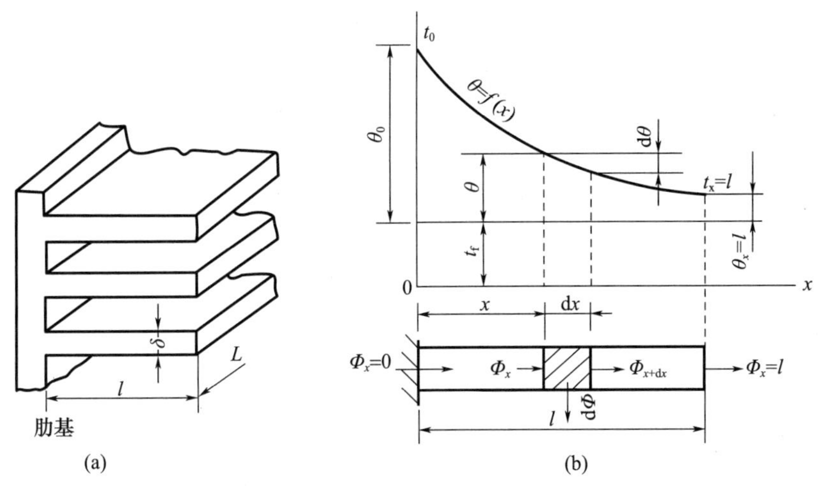

图 12-3-2　等截面直肋的导热

所以微元段内热源强度应为

$$q_v=-\frac{h(t-t_f)U\mathrm{d}x}{A_L\mathrm{d}x} \tag{12-3-2}$$

式中负号表示负的内热源。

将式（12-3-2）代入式（11-4-13），得到表示等截面直肋的导热微分方程式，即

$$\frac{d^2t}{dx^2}-\frac{hU}{\lambda A_L}(t-t_f)=0 \tag{12-3-3}$$

或写作

$$\frac{d^2t}{dx^2}=m^2(t-t_f) \tag{12-3-4}$$

式中 $m=\sqrt{\frac{hU}{\lambda A_L}}$，1/m。

在 $x=0$ 处的边界条件是给定的肋基温度 t_0，即

$$x=0,t=t_0 \tag{12-3-5}$$

在 $x=l$ 处，边界条件要复杂些，先分析一种近似的边界条件，即假定肋端处是绝热的，于是

$$x=l,\left.\frac{dt}{dx}\right|_{x=l}=0 \tag{12-3-6}$$

这样，式（12-3-4）～（12-3-6）给出了整个问题的完整数学描述。

为了使式（12-3-4）齐次化，以介质温度 t_f 为基准的过余温度 $\theta=t-t_f$ 来表示肋片的温度。例如，肋基的过余温度 $\theta_0=t_0-t_f$；肋端处 $\theta_1=t_1-t_f$。这样，式（12-3-4）可以改写为

$$\frac{d^2\theta}{dx^2}=m^2\theta \tag{12-3-7}$$

上式是一个二阶线性常微分方程，它的通解为

$$\theta=c_1\exp(mx)+c_2\exp(-mx) \tag{12-3-8}$$

式中常数 c_1 和 c_2 可以根据边界条件确定，即将

$$x=0,\theta=\theta_0$$

$$x=l,\left.\frac{d\theta}{dx}\right|_{x=l}=0$$

代入式（12-3-8），得到

$$\left.\begin{aligned}&c_1+c_2=\theta_0\\&c_1\exp(ml)-c_2\exp(-ml)=0\end{aligned}\right\} \tag{12-3-9}$$

联立求解上述两式，得

$$\left.\begin{aligned}&c_1=\theta_0\frac{\exp(-ml)}{\exp(ml)+\exp(-ml)}\\&c_2=\theta_0\frac{\exp(ml)}{\exp(ml)+\exp(-ml)}\end{aligned}\right\} \tag{12-3-10}$$

将 c_1 和 c_2 的值代入式（12-3-8），得到等截面直肋内温度分布的表达式

$$\theta=\theta_0\frac{\exp[m(l-x)]+\exp[-m(l-x)]}{\exp(ml)+\exp(-ml)} \tag{12-3-11}$$

或写作

$$\theta=\theta_0\frac{\mathrm{ch}[m(l-x)]}{\mathrm{ch}(ml)} \tag{12-3-12}$$

由上式可知，肋片内的温度分布沿高度呈双曲线余弦函数关系逐渐降低，如图 12-3-2（b）所示的 $\theta=f(x)$ 曲线。上式中 $\mathrm{ch}[m(l-x)]=\frac{1}{2}\{\exp[m(l-x)]+\exp[-m(l-x)]\}$ 是双曲线余弦函数，它的数值可从附录 12-1 中查得。

以 $x=l$ 代入式（12-3-12），可以得到肋端的过余温度

$$\theta_1=\theta_0\frac{1}{\mathrm{ch}(ml)} \tag{12-3-13}$$

在稳态情况下，由肋片表面散至周围介质的热量应等于通过肋基导入肋片的热量。因此，肋片表面的散热量为

$$\Phi=-\lambda A_{\mathrm{L}}\left.\frac{\mathrm{d}\theta}{\mathrm{d}x}\right|_{x=0} \tag{12-3-14}$$

将式（12-3-12）对 x 求导数，再赋值 $x=0$，得

$$\left.\frac{\mathrm{d}\theta}{\mathrm{d}x}\right|_{x=0}=-m\theta_0\,\mathrm{th}(ml) \tag{12-3-15}$$

式中 $\mathrm{th}\ (ml)\ =\dfrac{\exp\ (ml)\ -\exp\ (-ml)}{\exp\ (ml)\ +\exp\ (-ml)}$是双曲线正切函数，它的数值可从附录 12-1 中查得。于是

$$\Phi=-\lambda A_{\mathrm{L}}\left.\frac{\mathrm{d}\theta}{\mathrm{d}x}\right|_{x=0}=\sqrt{hU\lambda A_L}\,\theta_0\,\mathrm{th}(ml) \tag{12-3-16}$$

应该指出，式（12-3-12）和式（12-3-16）是在忽略肋端散热情况下导出的结果，对于一般工程计算，特别是薄而高的肋片，可以获得足够准确的结果。对于必须考虑肋端散热的情形，其分析解的结果可查阅文献［6］；但在工程计算中对于计算肋片散热量，可以采用一种简便而较为准确的方法，即在式（12-3-16）中以假想的肋高 $l+\dfrac{\delta}{2}$代替实际的肋高 l，这相当于把肋的端面面积展开到侧面，而把端面认为是绝热的[7]。

还须指出，上述分析是近似地认为肋片温度场是一维的。对于大多数实际应用的肋片，当 $Bi=h\delta/\lambda\leqslant0.05$ 时（Bi，毕渥准则），这种近似分析引起的误差不超过 1%。但是，当肋片变得较短而且厚时，则必须考虑沿肋片厚度方向的温度变化，即肋片内的温度场是二维的，参见图 12-3-3。在这种情形下，上述计算公式已不适用。此外，在分析中假定表面传热系数在整个表面上是不变的，如果该系数在整个表面上出现严重的不均匀，应用上述计算公式也会带来较大的误差。遇到这些情形，问题的求解可以采用数值方法进行计算[8]。

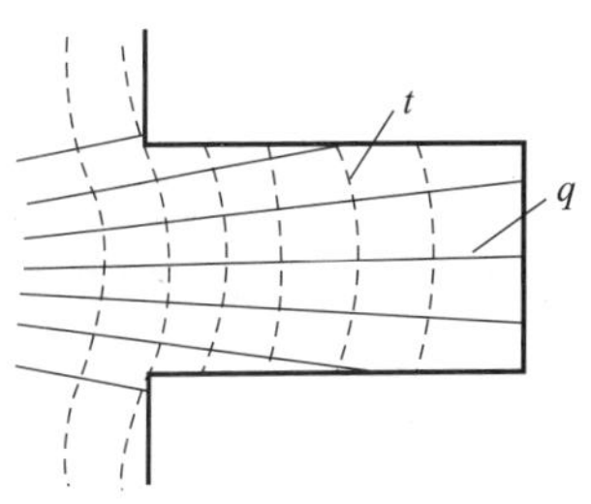

图 12-3-3　二维肋片的温度场

最后还应指出，上述肋片表面的散热量中没有考虑辐射传热的影响，在有些场合，这一点是应当注意的，文献［9］中提供了这方面的资料。另外，肋片吸收热量的计算方法与肋片散热的相同。

【例 12-7】一铁制的矩形直肋，厚度 $\delta=5\mathrm{mm}$，高度 $l=50\mathrm{mm}$，宽度 $L=1\mathrm{m}$。已知肋片材料的热导率 $\lambda=58\mathrm{W/(m\cdot K)}$，肋片表面与周围介质之间的表面传热系数 $h=12\mathrm{W/(m^2\cdot K)}$，肋基的温度为 105℃，周围介质的温度为 25℃。求肋片的散热量和肋端的温度。

【解】1. 求肋片的散热量

肋基的过余温度 $\theta_0=t_0-t_f=105-25=80$℃

根据 m 的定义

$$m=\sqrt{\frac{hU}{\lambda A_{\mathrm{L}}}}$$

对于矩形直肋，$A_{\mathrm{L}}=L\delta$；因为 $L\gg\delta$，所以 $U\approx2L$，得

$$m=\sqrt{\frac{h2L}{\lambda L\delta}}=\sqrt{\frac{2h}{\lambda\delta}}$$

于是

$$m=\sqrt{\frac{2\times12}{58\times0.005}}=9.10\mathrm{m}^{-1}$$

假想的肋高为 $l+\dfrac{\delta}{2}$，得

$$m\left(l+\frac{\delta}{2}\right)=9.10\times(0.05+0.0025)=0.478$$

从附录 12-1 查得或经指数运算

$$\text{th}\left[m\left(l+\frac{\delta}{2}\right)\right]=\text{th}(0.478)=0.4446$$

根据式（12-3-16），

$$\Phi=\lambda A_L m\theta_0\,\text{th}\left[m\left(l+\frac{\delta}{2}\right)\right]=58\times0.005\times1\times9.10\times80\times0.4446=93.86\text{W}$$

2. 求肋端的温度

$$ml=9.10\times0.05=0.455$$

从附录 12-1 查得或经指数运算

$$\text{ch}(ml)=\text{ch}(0.455)=1.105$$

根据式（12-3-13）

$$\theta_l=\theta_0\frac{1}{\text{ch}(ml)}=\frac{80}{1.105}=72.4℃$$

$$t_l=\theta_l+t_f=97.4℃$$

【讨论】检验 $Bi=h\delta/\lambda=0.001<0.05$，因此，本例计算的散热量误差不超过 1%。

12.3.2 肋片效率

肋片表面温度既然是沿肋高逐渐降低的。那么，肋片表面的平均温度必然低于肋基的温度。假如整个肋片表面温度都处于肋基温度 t_0 的理想情况下，则肋片散热量为最大，肋片的实际散热量 Φ 与假定整个肋片表面都处在肋基温度 t_0 时的理想散热量 Φ_0 的比值，用符号 η_f 表示，即

$$\eta_f=\frac{\Phi}{\Phi_0}=\frac{\Phi}{hUl(t_0-t_f)} \tag{12-3-17}$$

影响肋片效率 η_f 的因素包括肋片材料的热导率、肋片表面与周围介质之间的表面传热系数、肋片的几何形状和尺寸。

等截面直肋肋片表面的肋片效率为

$$\eta_f=\frac{\Phi}{\Phi_0}=\frac{\lambda A_L m\theta_0\,\text{th}(ml)}{hUl\theta_0}=\frac{\text{th}(ml)}{ml} \tag{12-3-18}$$

等截面直肋肋片表面的平均过余温度 θ_m 可以按下式计算

$$\theta_m=\frac{1}{l}\int_0^l\theta_0\frac{\text{ch}[m(l-x)]}{\text{ch}(ml)}\text{d}x=\frac{\theta_0}{ml}\text{th}(ml)=\theta_0\eta_f \tag{12-3-19}$$

图 12-3-4 给出了函数 $\frac{1}{\text{ch}(ml)}$ 和 th(ml)的值。图中 th(ml)的曲线表明，th(ml)的数值随 ml 的增加而趋于一定值。由式（12-3-16）可知，当 m 的数值一定时，随着肋片高度 l 的增加，起先肋片的散热量迅速地增大，但增量越来越小，最后趋于一渐近值。这反映了肋片高度增加到一定程度后，如果再继续增加肋片高度，散热量增加很少，却会导致肋片效率的降低，参看式（12-3-18）。图 12-3-4 中的 $\frac{1}{\text{ch}(ml)}$ 曲线也同样说明了这一问题，因为 $\frac{1}{\text{ch}(ml)}$ 的值随 ml 增加而减小，从式（12-3-13）可以看出，ml 数值大的肋片，其肋端的过余温度较低，这表明肋片表面的平均温度较低，肋片平均过余温度越低肋片的效率也比较低。相反地，当 ml 数值较小时，该肋片具有较高的肋片效率。所以在肋片高度 l 一定的条件下，具有较小的 m 值是有利的。因为 $m=\sqrt{\frac{hU}{\lambda A_L}}$，所以 m 与 $\sqrt{\lambda A_L}$ 成反比，因此肋片应尽可能

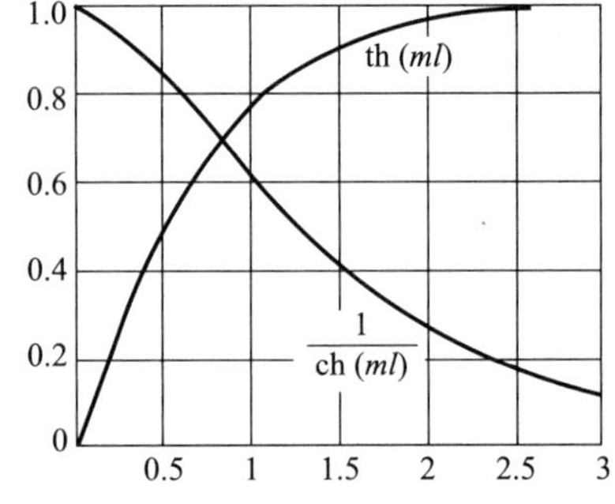

图 12-3-4 双曲线函数的数值

选用热导率较大的材料。另外，当 λ 和 h 都给定的条件下，m 的数值随 $\frac{U}{A_L}$ 的降低而减小，而 $\frac{U}{A_L}$ 取决于肋片的形状和尺寸，所以在某些场合下，必须采用变截面的肋片，其原因之一就是为了提高肋片效率，同时也可以减轻肋片的质量。一般认为，$\eta_f>80\%$ 的肋片是经济实用的。

其他形式的肋片都有各自相应的肋片效率计算公式，但比较复杂。为了应用方便，可将 η_f 与 ml 的关系绘制成曲线。图 12-3-5 和图 12-3-6 分别给出了矩形直肋和等厚度环肋的这种曲线图，图中横坐标 ml 已经按下列等式变换为

$$ml=\sqrt{\frac{hU}{\lambda A_L}}l=\sqrt{\frac{2h}{\lambda\delta}}l=\sqrt{\frac{2h}{\lambda f}}l^{\frac{3}{2}} \tag{12-3-20}$$

上式中 f 是肋片的纵剖面积，$f=\delta\times l$，又由于 $L\gg\delta$，故 $U=2(L+\delta)\approx 2L$。对于其他形式的肋片，它们的效率曲线以及其他评价肋片性能的方法，读者可以参考文献［4-5］。

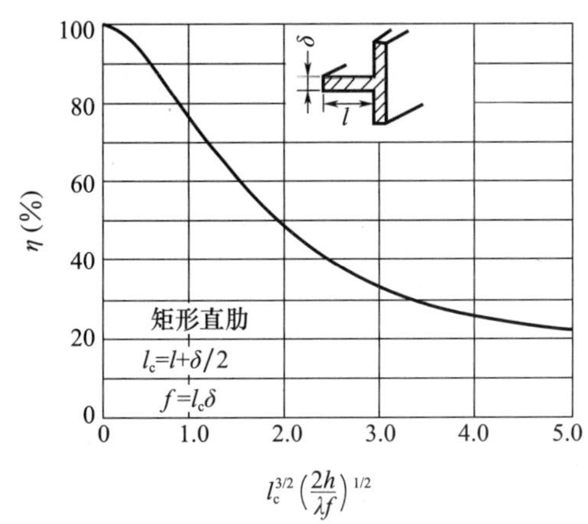

图 12-3-5　等截面直肋的肋片效率

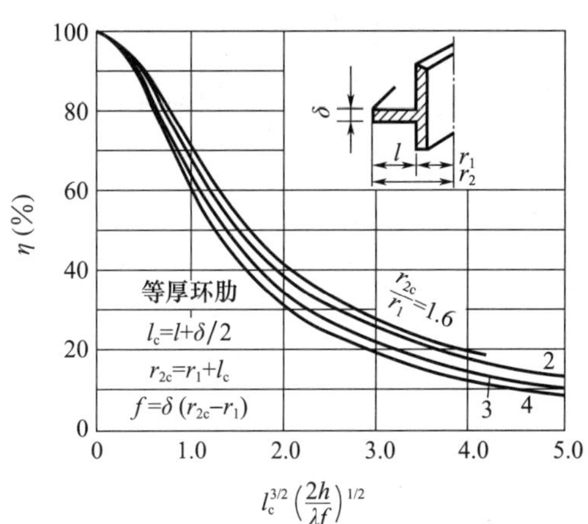

图 12-3-6　等厚度环肋的肋片效率

【例 12-8】 如图 12-3-6 所示的环形肋壁，肋片高度 $l=19.1$mm、厚度 $\delta=1.6$mm，肋片是铝制并镶在直径为 25.4mm 的管子上，铝的热导率 $\lambda=214$W/(m·K)。已知管表面温度 $t_0=171.1$℃，周围流体温度 $t_f=21.1$℃，肋片表面与周围流体之间的表面传热系数 $h=141.5$W/(m²·K)，试计算每片肋片的散热量和肋片表面的平均温度。

【解】 根据肋片效率的定义可知

$$\Phi=\eta_f\Phi_0$$

利用图 12-3-6 所给出的等厚度环肋的效率曲线图确定 η_f，为此先计算

$$l_c=l+\frac{\delta}{2}=19.1+\frac{1.6}{2}=19.9\text{mm}$$

$$r_{2c}=r_1+l_c=12.7+19.9=32.6\text{mm}$$

$$\frac{r_{2c}}{r_1}=\frac{32.6}{12.7}=2.57$$

$$f=\delta(r_{2c}-r_1)=1.6\times(32.6-12.7)\times10^{-6}=3.18\times10^{-5}\text{m}^2$$

$$l_c^{\frac{3}{2}}\left(\frac{2h}{\lambda f}\right)^{\frac{1}{2}}=(0.0199)^{\frac{3}{2}}\left(\frac{2\times141.5}{214\times3.18\times10^{-5}}\right)^{\frac{1}{2}}=0.573$$

由图 12-3-6 查得 $\eta_f=0.9$。

为计算肋片散热量，还需先计算肋的散热表面积 A

$$A=2\pi({r_{2c}}^2-{r_1}^2)=2\pi[(32.6)^2-(12.7)^2]\times10^{-6}=5.66\times10^{-3}\text{m}^2$$

$$\Phi_0=hA(t_0-t_f)=141.5\times5.66\times10^{-3}\times(171.1-21.1)=120\text{W}$$

故肋的实际散热量 $\Phi=\eta_f\Phi_0=0.9\times120=108$W

肋片表面的平均过余温度为 $\theta_m=\eta_f\theta_0=0.9\times(171.1-21.1)=135℃$

肋片表面的平均温度为 $t_m=\theta_m+t_0=135+21.1=156.1℃$

【讨论】 请读者考虑：若将肋高降为 17.2mm（即降 10%），它的肋效率和实际散热量的变化率也会是 10%吗？如果不是环肋而是直肋，肋高变化的影响是否相同？为什么？

12.3.3 通过肋壁的传热

在肋壁导热的分析中曾指出，增大壁面一侧的表面积，有可能降低传热总热阻，从而使传热强化，所以在换热设备中，常使用肋壁强化传热。肋的形状有多种，如片状、条形、针形、柱形、齿形等，其传热过程的分析方法都相同。

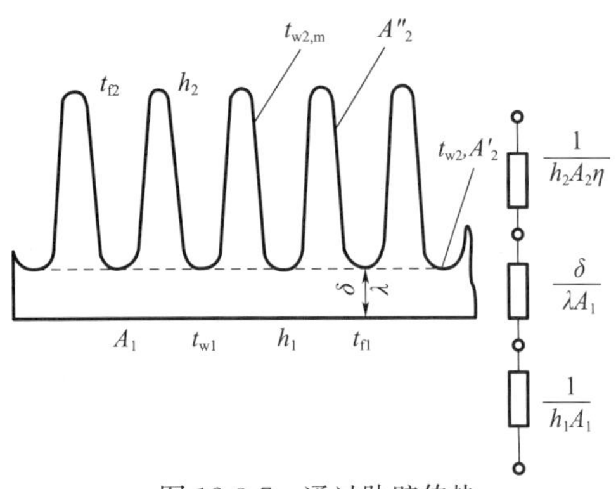

图 12-3-7 通过肋壁传热

图 12-3-7 所示一段肋壁，分析中设肋和壁为同一种材料，壁厚 δ，热导率 λ；无肋侧光壁面积 A_1，流体温度 t_{f1}，光壁面温度 t_{w1}，表面传热系数 h_1；肋壁侧面积 A_2（肋片面积 A''_2 与肋间面积 A'_2 之和），流体温度 t_{f2}，表面传热系数 h_2，肋基壁面温度 t_{w2}，肋片 A''_2 的平均壁温 $t_{w2,m}$。设 $t_{f1}>t_{f2}$，则在稳态传热情况下，通过肋壁的传热量可写成下式

无肋侧传热

$$\Phi=h_1A_1(t_{f1}-t_{w1}) \tag{12-3-21}$$

壁的导热

$$\Phi=\frac{\lambda}{\delta}A_1(t_{w1}-t_{w2}) \tag{12-3-22}$$

肋侧传热（肋与肋间之和）

$$\Phi=h_2A'_2(t_{w2}-t_{f2})+h_2A''_2(t_{w2,m}-t_{f2}) \tag{12-3-23}$$

肋片效率等于实际与理想传热量之比，即

$$\eta_f=\frac{h_2A''_2(t_{w2,m}-t_{f2})}{h_2A''_2(t_{w2}-t_{f2})}=\frac{t_{w2,m}-t_{f2}}{t_{w2}-t_{f2}} \tag{12-3-24}$$

用式（12-3-24）改写式（12-3-23），写为

$$\Phi=h_2(A'_2+A''_2\eta_f)(t_{w2}-t_{f2})=h_2A_2\eta(t_{w2}-t_{f2}) \tag{12-3-25}$$

式中，肋壁总效率 $\eta=\frac{A'_2+A''_2\eta_f}{A_2}$。

整理式（12-3-21）、式（12-3-22）、式（12-3-25），写成以两侧流体温差表示的肋壁传热公式，得

$$\Phi=\frac{t_{f1}-t_{f2}}{\frac{1}{h_1A_1}+\frac{\delta}{\lambda A_1}+\frac{1}{h_2A_2\eta}}=\frac{t_{f1}-t_{f2}}{\frac{1}{h_1}+\frac{\delta}{\lambda}+\frac{A_1}{h_2A_2\eta}}A_1\ (\mathrm{W}) \tag{12-3-26}$$

按传热过程热阻绘制的模拟电路亦示于图 12-3-7 上。把式（12-3-26）写成

$$\Phi=k_1A_1(t_{f1}-t_{f2})\ (\mathrm{W}) \tag{12-3-27}$$

式中 k_1——以此光壁面面积为基准的传热系数。

$$k_1=\frac{1}{\frac{1}{h_1}+\frac{\delta}{\lambda}+\frac{1}{h_2\beta\eta}}\quad [\mathrm{W/(m^2\cdot K)}] \tag{12-3-28}$$

式中 β——肋化系数，$\beta=\frac{A_2}{A_1}$。

β 往往远大于 1，而且可以使 $\beta\eta$ 远大于 1，使一侧对流传热热阻从 $1/h_2$ 降低到 $1/(h_2\beta\eta)$，从而

增大传热系数 k_1。

若将式（12-3-26）分子分母同乘以肋壁面积 A_2，并经整理得出以 A_2 为基准的传热系数，用 k_2 表示，即

$$\Phi=\frac{t_{f1}-t_{f2}}{\frac{A_2}{h_1A_1}+\frac{\delta A_2}{\lambda A_1}+\frac{1}{h_2\eta}}A_2=\frac{t_{f1}-t_{f2}}{\frac{1}{h_1}\beta+\frac{\delta}{\lambda}\beta+\frac{1}{h_2\eta}}A_2=k_2A_2(t_{f1}-t_{f2})\ (\mathrm{W}) \tag{12-3-29}$$

式中

$$k_2=\frac{1}{\frac{1}{h_1}\beta+\frac{\delta}{\lambda}\beta+\frac{1}{h_2\eta}}\quad [\mathrm{W/(m^2\cdot K)}] \tag{12-3-30}$$

式（12-3-27）、式（12-3-29）都是描述同一肋壁的传热公式，其不同点只是计算传热的面积基准不同，显然 $A_2>A_1$，$k_1>k_2$，但 $k_1A_1=k_2A_2$，因此在使用传热公式时应特别注意所选择的基准面积。此外，如果壁面的任何一侧有污垢，则导热项中应加上污垢热阻 R_f，这样，导热项的热阻应是

对 k_1　　$\frac{\delta}{\lambda}+R_f$

对 k_2　　$\left(\frac{\delta}{\lambda}+R_f\right)\beta$

由式（12-3-28）可见，加肋后肋壁传热热阻为$\frac{1}{h_2\beta\eta}$，一般相比于无肋时的光壁传热热阻 $1/h_2$ 小，降低的程度与肋片的高度、间距、厚度、形状、肋的材料以及制造工艺等因素有关。其中，减小肋的间距，肋的数量增多，肋壁的表面积相应增大，能使 β 值增大，有利于减少热阻；此外，适当减小肋间距还可增强肋间流体的扰动，使表面传热系数 h_2 提高。但减小肋间距是有限的，一般肋间距不应小于热边界层厚度的两倍，以免肋间流体的温度升高（或降低），减小传热温差。故为了避免肋面上的边界层发展过厚而影响传热效果，顺流动方向肋片不应过长，为此，有些肋壁采用不连续的断续肋，如柱形、齿形等，以破坏边界层的发展，强化肋壁传热。同时有利于缩小肋间距，提高 β 值；至于肋高的影响，必须同时考虑它与 β 和 η 两项因素的关系。肋壁导热讨论中已指出，增加肋高将引起肋片效率 η_f 下降，但却能使肋表面积增加，β 增大。工程中，加肋的目的是强化传热，计算表明，当壁两侧的表面传热系数相差 3～5 倍，如氟利昂制冷的冷凝器，可采用低肋化系数的螺纹管；当两侧表面传热系数相差 10 倍以上，如蒸汽—空气加热器，则可选用高肋化系数的肋片管。显然，肋片都必须加装在表面传热系数较低的一侧，以减小加肋侧的热阻。总之，要合理设计肋片参数，使$\frac{1}{h_2\beta\eta}$与另一侧热阻 $1/h_1$ 达到最佳匹配，从而使传热系数达到最佳值，以充分发挥肋的强化传热效果。当换热器两侧的表面传热系数都很低，如气体换热器，双侧均为气体则可把两侧壁表面都肋化，本章第 4 节所述板翅式换热器就是一例。同时，还应注意，由于加肋强化了传热，与无肋的情况相比，壁面温度 t_{w2} 将因此相应降低，即加肋的另一个效果是壁得到适当的冷却，因此在某些情况下，加肋的主要作用是为冷却金属壁，而不仅仅是为强化传热，例如内燃发动机的气缸壁。因此，在其他条件不变的情况下，应针对具体传热情况，综合考虑上述这些因素，合理设计。

12.4　污垢热阻与接触热阻

12.4.1　污垢热阻

污垢热阻表示换热设备传热面上因沉积物而导致传热效率下降程度的数值。通常的换热器在运行时，由于流体的杂质、生锈或是流体与壁面材料之间的其他反应，换热表面常常会被污染。表面

上沉积的膜或是垢层会大大增加流体之间的传热阻力。这种影响可以引进一个附加热阻来处理，这个热阻就称为污垢热阻。有代表性流体的污垢热阻见附录16-1，其数值取决于运行温度、流体的速度以及换热器工作时间的长短等。

污垢热阻即换热面上沉积物所产生的传热阻力，单位为 $m^2 \cdot K/W$。又称污垢系数，污垢系数的参考值见附录16-3。污垢热阻的逐步形成，必将导致换热器传热系数的相应减小，促使换热器的传热性能日益恶化。

12.4.2 接触热阻

当导热过程在两个直接接触的固体之间进行时，例如，镶配式或缠绕式的肋片等，由于固体表面不是理想平整的，所以两固体直接接触的界面容易出现点接触，或者只是部分的而不是完全的和平整的面接触，参见图12-4-1，这就会给导热过程带来额外的热阻，这种热阻称为接触热阻。特别是当界面上那些互不接触的界面空隙中充满热导率远小于固体的气体时，接触热阻的影响更为突出。在接触界面上出现温差（$t_{2A}-t_{2B}$），这是存在接触热阻的表现，因为两个固体理想接触时，界面上不存在温差，即在界面上两个固体具有相同的温度。按照热阻的定义，界面接触热阻 R_c 可以表示为

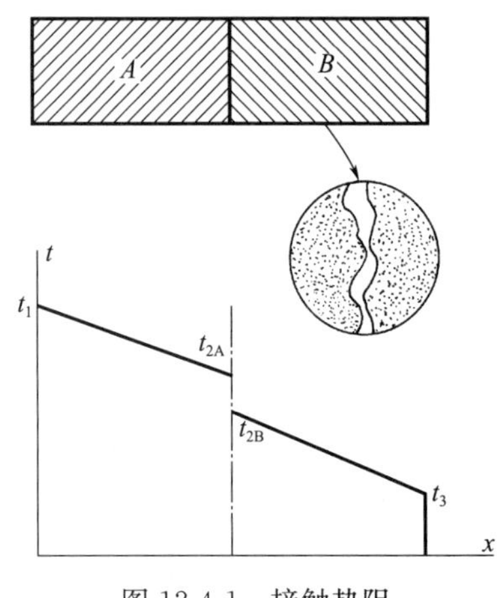

图12-4-1 接触热阻

$$R_c=\frac{t_{2A}-t_{2B}}{\Phi}=\frac{\Delta t_c}{\Phi} \tag{12-4-1}$$

式中 Δt_c——界面上的温差；

Φ——热流量，它等于热流密度与界面表面积 F 的乘积。

从上式可以看出，热流密度不变的条件下，接触热阻 R_c 较大，必然在界面上产生较大的温差。反之，当温差不变时，热流密度则会随接触热阻的增加而下降。值得注意的是，即使接触热阻不是很大，若热流密度很大，界面上的温差仍是不容忽视的。

由于固体表面存在粗糙度，使两固体表面的接触不是完全的和平整的面接触，因而粗糙度是产生并影响接触热阻的主要因素。此外，接触热阻还与接触面上的挤压压力，两固体表面的材料硬度匹配情形，即材料的硬度等因素有关。很明显，接触热阻随表面粗糙度的加大而升高。对于粗糙度一定的表面，增加接触面上的挤压压力可使弹塑性材料固体间的接触面积增大，接触热阻减小。在同样的挤压压力下，两表面的接触情形又因材料的硬度而异。在接触表面之间衬以热导率大而硬度低的银箔或铜箔，对降低接触热阻有明显的效果。

前已述及，除了接触点间或部分接触面间的热量传递是通过固体的导热，在接触界面间的空隙中，热量传递则是通过空隙中介质的导热，因此接触热阻还因空隙中介质的性质而有所不同。例如，在接触面上涂上很薄一层特殊的热涂油（亦称导热姆（Dowtherm），它是一种二苯和二苯氧化物的混合物），使其填充空隙，以代替空气，有可能减小接触热阻约75%。当空隙两侧温差加大时，空隙中介质是气体，辐射传热对接触热阻的影响将会增加。

以上是结合实验研究对接触热阻所作的定性分析。由于接触热阻的情况复杂，至今未得出完全可靠的计算公式，目前最可信的数据是基于实验得到的，表12-4-1给出一些接触热阻的数值，在缺乏有关资料时，可作参考。更详细的资料评述可参看文献[10]。

表12-4-1 几种接触表面的接触热阻

接触表面状况	表面粗糙度（μm）	温度（℃）	压力（MPa）	接触热阻（$m^2 \cdot K/W$）
304不锈钢，磨光，空气	1.14	20	4～7	5.28×10^{-4}

续表

接触表面状况	表面粗糙度（μm）	温度（℃）	压力（MPa）	接触热阻（$m^2 \cdot K/W$）
416 不锈钢，磨光，空气	2.54	90～200	0.3～2.5	2.64×10^{-4}
416 不锈钢，磨光，中间夹 0.025mm 厚黄铜片	2.54	30～200	0.7	3.52×10^{-4}
铝，磨光，空气	2.54	150	1.2～2.5	0.88×10^{-4}
铝，磨光，空气	0.25	150	1.2～2.5	0.18×10^{-4}
铝，磨光，中间夹 0.025mm 厚黄铜片	2.54	150	1.2～20	1.23×10^{-4}
铜，磨光，空气	1.27	20	1.2～20	0.07×10^{-4}
铜，磨光，真空	0.25	30	0.7～7	0.88×10^{-4}

【例 12-9】 某一薄的硅片控制器下面镶嵌着一块厚度为 10mm 的铝基板（见下图），铝基板的热导率为 240W/(m·K)，基板底部暴露面由温度为 30℃ 的液体冷却，对流传热表面传热系数为 240W/(m^2·K)。如果控制器工作时向外散发的热流密度为 10^4 W/m^2，试计算分析控制器与铝基板接触的表面温度是否低于最高允许值 80℃。假设硅片控制器上表面和周围均绝热，考虑以下三种情况：

（1）不考虑接触热阻的情况；

（2）考虑接触热阻，控制器与基板直接连接，此时接触热阻为 10×10^{-4} m^2·K/W；

（3）考虑控制器与基板之间填充导热硅脂，此时接触热阻为 1.0×10^{-4} m^2·K/W。

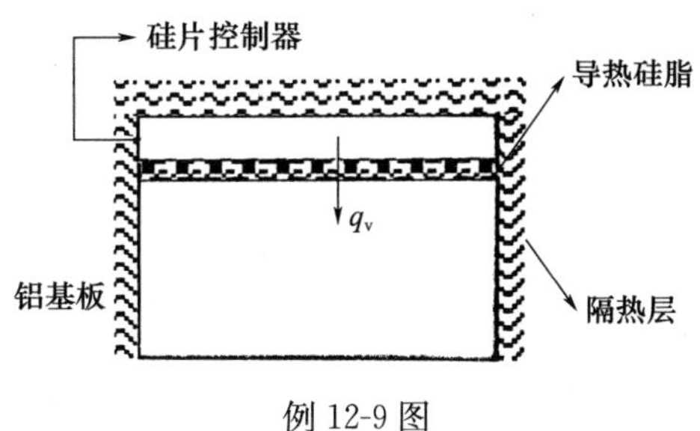

例 12-9 图

【解】 此题为常物性一维稳态导热的计算，忽略控制器硅片的热阻，假设为等温硅片。

因为
$$q_v=\frac{t_c-t_\infty}{R_c+(\delta/\lambda)+1/h}$$

所以
$$t_c=t_\infty+q_v\left(R_c+\frac{\delta}{\lambda}+\frac{1}{h}\right)=30+10^4\times\left(R_c+\frac{0.01}{240}+\frac{1}{240}\right)$$

（1）不考虑接触热阻的情况，$t_c=72.1$℃，满足设计要求；

（2）考虑接触热阻时，$t_c=82.1$℃，不满足设计要求；

（3）当填充导热硅脂后，$t_c=73.1$℃，也满足设计要求，因此对于芯片散热，为减小接触热阻，填充导热硅脂是非常重要的。

12.5　非稳态特点与集总参数法

12.5.1　非稳态特点

物体的温度随时间变化的导热过程称为非稳态导热。不同类型的非稳态导热有不同的特点。而非稳态导热过程往往是和非稳态传热过程相联系的，本书以供暖房屋外墙为例，通过分析墙内温度场的变化，来介绍非稳态导热过程的类型和特点。首先分析瞬态导热过程。假定，墙体由一维均质材料构成，供暖设备开始供热前，墙内温度场是稳态的，温度分布参见图 12-5-1（a），室内空气温

度为 t'_{f1}，墙内表面温度为 t'_{w1}，墙外表面温度为 t'_{w2}，室外空气温度为 t_{f2}。当供暖设备开始供热，室内空气温度很快上升到 t''_{f1} 并保持稳定。由于室内空气温度的升高，它和墙内表面之间的对流传热热流密度增大，墙壁温度也就跟着升高。参见图 12-5-1（b），开始时 t_{w1} 升高的幅度较大，依次地 t_a、t_b、t_c 和 t_{w2} 升高的幅度减小，而在短时间内 t_{w2} 几乎不发生变化。随着时间的推移，各层温度将逐渐升高不同幅度。t_{f2} 是室外空气温度，假定在此过程中保持不变。关于热流密度的变化，一开始由于墙内表面温度不断地升高，室内空气与墙内表面温差不断减小，它们之间的对流传热密度 q_1 不断减小；而由于墙外表面温度随时间不断升高，墙外表面与室外空气之间的对流传热密度 q_2 逐渐地增大，参见图 12-5-1（c）。与此同时，通过墙内各层的热流密度 q_a、q_b 和 q_c，也将随时间发生变化，并且彼此各不相等。在经历相当长一段时间之后，墙内温度分布趋于稳定，建立起新的稳态温度分布，即图 12-5-1（a）中的 $t''_{f1}-t''_{w1}-t''_{w2}-t_{f2}$。室内尚未开始供暖之前，墙内和室内外空气温度是稳态的，所以 q_1 等于 q_2，而且等于通过墙的热流密度 q'；直到建立新的稳态温度分布后，q_1 和 q_2 又重新相等，等于新的稳态情况下通过单位面积墙体的传热量 q''。在两个稳态之间的变化过程中，热流密度 q_1 和 q_2 是不相等的，它们的差值随时间积分，即图 12-5-1（c）中阴影面积，为墙体本身温度的升高提供的热量。所以，瞬态导热过程必定是伴随着物体的加热或冷却。

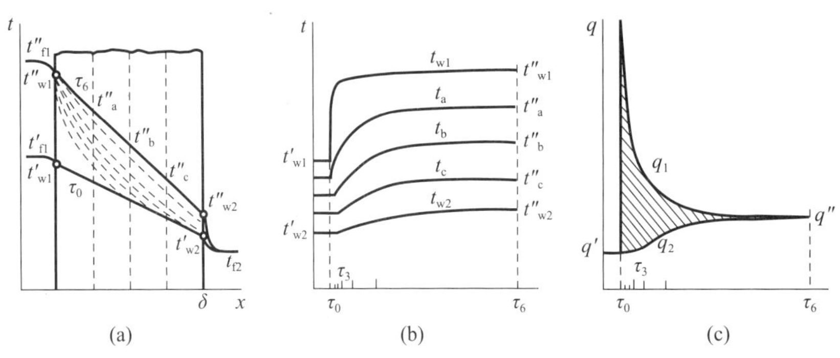

图 12-5-1 瞬态导热的基本概念

综上所述，物体的加热或冷却过程中温度分布的变化可以划分为三个阶段。第一阶段是过程开始的一段时间，特点是温度变化从边界面（如上述例中墙内表面温度 t'_{w1}）逐渐地深入到物体内部，此时物体内各处温度随时间的变化率是不一样的，温度分布受初始温度分布的影响很大，这一阶段称为非正规状况阶段。随着时间的推移，进入第二阶段，初始温度分布的影响逐渐消失，物体内各处温度随时间的变化率具有一定的规律，称为正规状况阶段[12]。第三阶段就是建立新的稳态阶段，在理论上需要经过无限长的时间才能达到，事实上经过一段长时间后，物体各处的温度就可近似地认为已达到新的稳态。需要注意的是，上述非稳态导热过程是初始时刻一侧的边界条件发生了阶跃变化，之后边界条件不再变化，直至达到新的稳态分布。而实际非稳态导热过程要复杂得多。

周期性的非稳态导热也是供热和空调工程中常遇到的一种情况。例如，夏季室外空气温度 t_f 以一天 24h 为周期周而复始地变化，相应地室外墙面温度$t|_{x=0}$亦以 24h 为周期变化，但是它比室外空气温度变化滞后一个相位，参见图 12-5-2（a）。这时尽管空调房间室内温度维持稳定，墙内各处的温度受室外温度周期性变化的影响，也会以同样的周期变化，参见图 12-5-2（b），图中两条虚线分别表示墙内各处温度变化的最高值与最低值，图中的斜线表示墙内各处温度周期性波动的平均值。如果将某一时刻 τ_x 的墙内各处温度连起来，就得到 τ_x 时刻墙内的实时温度分布。上述分析表明，在周期性非稳态导热问题中，一方面物体内各处的温度按一定的振幅随时间周期性波动；另一方面，同一时刻物体内的温度分布也是振荡变化的，如图 12-5-2（b）所示 τ_x 时刻墙内的温度分布。这是周期性非稳态导热现象的特点。

在建筑环境与能源应用工程专业的热工计算中，这两类非稳态导热问题都会涉及，而热工计算的目的，归根到底就是要找出温度分布与热流密度随时间和空间的变化规律。

12.5.2　集总参数法

毕渥准则 $Bi=\frac{h\delta}{\lambda}$ 表示物体内部导热热阻 $\frac{\delta}{\lambda}$ 与物体表面对流传热热阻 $\frac{1}{h}$ 的比值，所以它和第三类边界条件有密切的联系。前已述及，无限大平壁在冷却时，它的两侧边界 $x=\pm\delta$ 处，第三类边界条件可写为

$$-\lambda\left.\frac{\partial\theta}{\partial x}\right|_{x=\pm\delta}=h\,\theta|_{x=\pm\delta} \tag{12-5-1}$$

改写上式为

$$-\left.\frac{\partial\theta}{\partial x}\right|_{x=\pm\delta}=\theta|_{x=\pm\delta}/(\lambda/h)=\theta|_{x=\pm\delta}/(\delta/Bi) \tag{12-5-2}$$

参见图 12-5-3，上式表示物体被冷却时，任何时刻壁表面温度分布的切线都通过坐标为 $\left(\pm\left(\delta+\frac{\lambda}{h}\right),\ t_f\right)$ 的 0′点，这个点称为第三类边界条件的定向点，定向点 0′与无限大平壁边界面的距离等于 $\frac{\lambda}{h}$，即 $\frac{\delta}{Bi}$。

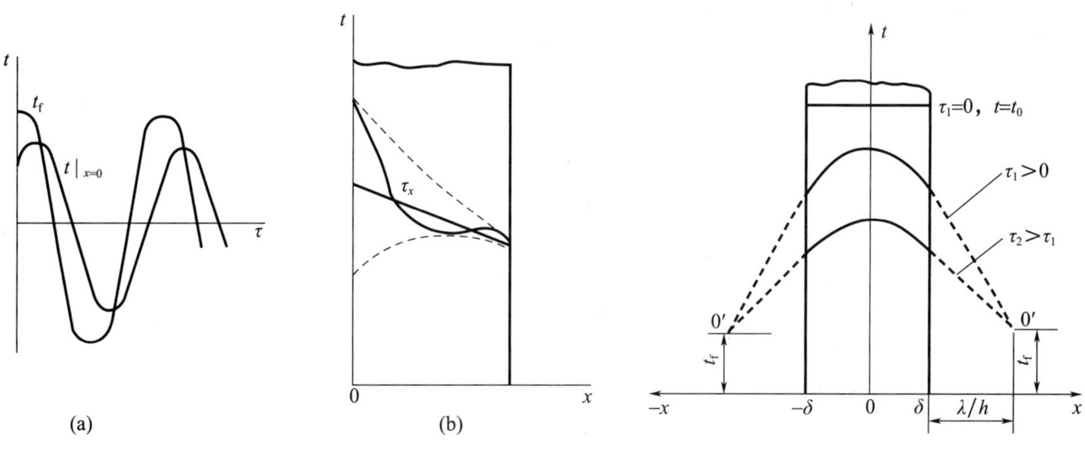

图 12-5-2　周期性导热的基本概念及特点　　图 12-5-3　第三类边界条件及定向点

根据 Bi 的大小，无限大平壁中温度场的变化会出现以下三种情形：

(1) 当 $Bi\to\infty$ 时意味着表面传热系数趋于无限大，亦即对流传热的热阻趋于零，这时平壁的表面温度几乎从冷却过程一开始立即降低到流体的温度 t_f，即 $\theta|_{x=\pm\delta}=0$。平壁内各点温度随时间逐渐降低并趋于 t_f，温度分布如图 12-5-4 (a) 所示，因为 $\frac{\delta}{Bi}=0$，定向点 0′就在平壁表面上。在这种情形下，给定第三类边界条件实际上等于给定第一类边界条件。

(2) 当 $Bi\to 0$ 时意味着物体的导热热阻趋于零，任一时刻物体内的温度分布接近均匀一致，并随时间推移整体下移，逐渐趋近于 t_f，如图 12-5-4 (c) 所示。因为 $\frac{\delta}{Bi}=\infty$，所以定向点 0′在离平壁表面无穷远处。

(3) 当 $0<Bi<\infty$ 时，平壁内温度分布介于上述两种极端情况之间，如图 12-5-4 (b) 所示。

$Bi\to 0$ 是一种极限情形，工程上把 $Bi<0.1$ 看作接近这种极限情形的判据。参见图 12-6-4，当 $Bi<0.1$ 时，即 $\frac{1}{Bi}>10$ 时，平壁中心温度与表面温度的差别 $\leqslant 5\%$，温度接近于均匀一致。因此，当 $Bi<0.1$ 时，可以近似地认为物体的温度是均匀的，这时所要求解的温度仅是时间 τ 的函数，而与空间坐标无关，好像该物体原来连续分布的质量与热容量汇总到一点上，这种忽略物体内部导热热阻，认为物体温度均匀一致的分析方法称为集总参数法。

图 12-5-5 给出一任意形状的物体，由于它的热导率很大，或者它的尺寸很小，或者它的表面与周围流体间的表面传热系数很小，因此物体的 Bi 准则小于 0.1，可以采用集总参数法。这时，根据物体冷却过程的热平衡关系可写出

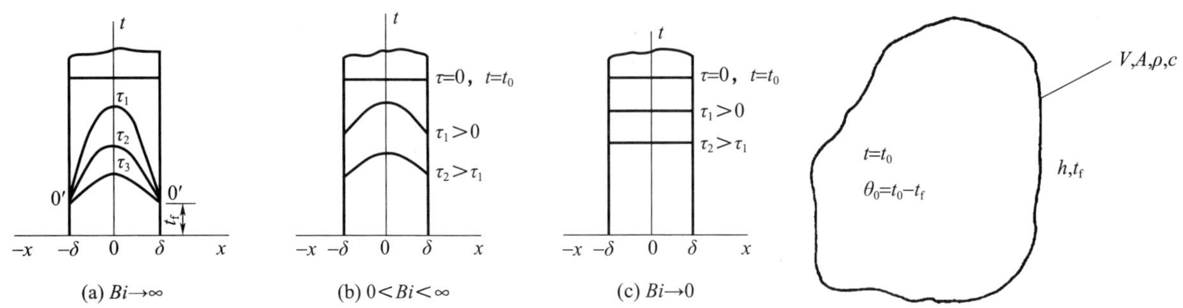

图 12-5-4　Bi 准则对无限大平壁温度分布的影响

图 12-5-5　集总参数法分析

$$-\rho cV\frac{\mathrm{d}\theta}{\mathrm{d}\tau}=hA\theta \tag{12-5-3}$$

已知物体初始过余温度为 θ_0，分离变量并对上式积分可得

$$\ln\frac{\theta}{\theta_0}=\frac{hA}{\rho cV}\tau \tag{12-5-4}$$

或

$$\theta=\theta_0\exp\left(-\frac{hA}{\rho cV}\tau\right) \tag{12-5-5}$$

上式右边项的指数可改写为

$$\frac{hA}{\rho cV}\tau=\frac{h(V/A)}{\lambda}\frac{\lambda}{\rho c}\frac{\tau}{(V/A)^2} \tag{12-5-6}$$

式中 V/A 具有长度的量纲，用符号 L 表示，称为定型长度。这样

$$\frac{hA}{\rho cV}\tau=\frac{hL}{\lambda}\frac{a\tau}{L^2}=BiFo \tag{12-5-7}$$

于是式（12-5-5）可写为

$$\theta=\theta_0\exp(-BiFo) \tag{12-5-8}$$

式（12-5-8）与第三类边界条件下无限大平壁冷却时的分析解式（12-6-33）在 $Bi\to0$ 时所得的表达式完全一样。这一结论的数学证明从略，读者可参考文献［12］。

对于平板、圆柱和球，定型长度选取时需满足$\dfrac{h(V/A)}{\lambda}<0.1M$。对于无限大平板 $M=1$；对于无限长圆柱 $M=1/2$；对于球 $M=1/3$。对应 $Bi=(hL/\lambda)<0.1$，厚度为 2δ 的大平板其定型长度 L 为 δ；半径为 R 的圆柱和球，其定型长度 L 为 R。

式（12-5-5）或式（12-5-8）表明，采用集总参数法分析时，物体中的过余温度随时间按指数曲线变化，开始时变化较快，随后逐渐减缓。式（12-5-5）中的 $\rho cV/(hA)$ 具有时间的量纲，称为时间常数。这一参数对于测温元件，例如热电偶，是非常重要的。时间常数的数值越小表示测温元件越能迅速地反映流体的温度变化。

12.6 无限大平壁的瞬态导热

本节将较详细地分析推导无限大平壁在对流传热边界条件下，即第三类边界条件下，加热和冷却时的分析解，并介绍工程上应用的诺谟图。这一问题分析解的推导分析，可为学习其他边界条件下的分析解打下一定基础。

12.6.1　加热或冷却过程的分析解法

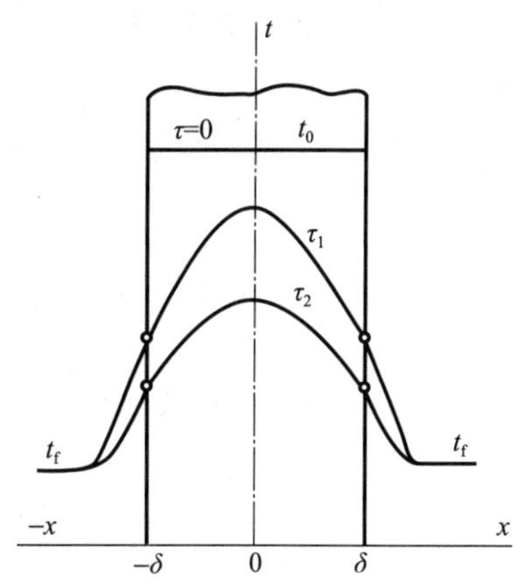

图 12-6-1　第三类边界条件下的瞬态导热

设有一厚度为 2δ 的无限大平壁，参见图 12-6-1，平壁材料的热导率 λ 和热扩散率 a 均为已知常数，初始温度为 t_0。瞬间将它放置在温度为 t_f（$t_f<t_0$）的低温液体介质中，使平壁处于冷却状态。设此过程中平壁两侧表面与介质之间的表面传热系数为恒定值 h。分析这一现象可知，对于无限大平壁，它两侧的冷却情形相同，故平壁的温度分布应是对称的。分析中把坐标轴 x 的原点放在平壁中心，坐标轴垂直于平壁表面。

如图 12-6-1 所示，这是一维瞬态导热问题，其导热微分方程式为

$$\frac{\partial t}{\partial \tau}=a\frac{\partial^2 t}{\partial x^2}\quad(\tau>0,0<x<\delta)\tag{12-6-1}$$

初始条件为

$$\tau=0,t=t_0\quad(0\leqslant x\leqslant\delta)\tag{12-6-2}$$

边界条件为

$$\left.\frac{\partial t}{\partial x}\right|_{x=0}=0(\text{对称性})\quad(\tau>0)\tag{12-6-3}$$

$$-\lambda\left.\frac{\partial t}{\partial x}\right|_{x=\delta}=h(t|_{x=\delta}-t_f)\quad(\tau>0)\tag{12-6-4}$$

引入新的变量 $\theta(x,\tau)=t(x,\tau)-t_f$，称为过余温度，这样式（12-6-1）～（12-6-4）可改写为

$$\frac{\partial \theta}{\partial \tau}=a\frac{\partial^2 \theta}{\partial x^2}\quad(\tau>0,0<x<\delta)\tag{12-6-5}$$

$$\tau=0,\theta=\theta_0\quad(0\leqslant x\leqslant\delta)\tag{12-6-6}$$

$$\left.\frac{\partial \theta}{\partial x}\right|_{x=0}=0\quad(\tau>0)\tag{12-6-7}$$

$$-\lambda\left.\frac{\partial \theta}{\partial x}\right|_{x=\delta}=h\,\theta|_{x=\delta}\quad(\tau>0)\tag{12-6-8}$$

应用分离变量法求解这一问题，假定

$$\theta(x,\tau)=X(x)\phi(\tau)\tag{12-6-9}$$

将式（12-6-9）代入式（12-6-5），经过整理得到

$$\frac{1}{a\phi}\frac{d\phi}{d\tau}=\frac{1}{X}\frac{d^2X}{dx^2}\tag{12-6-10}$$

式（12-6-10）等号左侧仅是 τ 的函数，而等号右侧仅是 x 的函数，要使式（12-6-10）在 x 和 τ 的定义域内，对于 x 和 τ 为任何值时均成立，只有等号两边都等于同一个常数 μ，即

$$\frac{1}{a\phi}\frac{d\phi}{d\tau}=\mu\tag{12-6-11}$$

和

$$\frac{1}{X}\frac{d^2X}{dx^2}=\mu\tag{12-6-12}$$

对式（12-6-11）进行积分，得

$$\phi=c_1\exp(a\mu\tau)\tag{12-6-13}$$

上式中 c_1 是积分常数。分析式（12-6-13）可知，常数 μ 若为正值，φ 将随着 τ 的增大而呈指数急剧增大，当 τ 值很大时，φ 趋于无限大，$\theta(x,\tau)$亦将趋于无限大，实际上这是不可能的；常数 μ 若为零，φ 将等于常数，这意味着 $\theta(x,\tau)$将不随时间发生变化，这也是不符合实际的。因此常数

μ 只能为负值，表为 $\mu=-\varepsilon^2$。于是，式（12-6-13）和式（12-6-12）可以改写为

$$\phi=c_1\exp(-a\varepsilon^2\tau) \tag{12-6-14}$$

和

$$\frac{1}{X}\frac{\mathrm{d}^2X}{\mathrm{d}x^2}=-\varepsilon^2 \tag{12-6-15}$$

常微分方程式（12-6-15）的通解为

$$X=c_2\cos(\varepsilon x)+c_3\sin(\varepsilon x) \tag{12-6-16}$$

将式（12-6-14）和式（12-6-16）代入式（12-6-9），得

$$\theta(x,\tau)=[A\cos(\varepsilon x)+B\sin(\varepsilon x)]\exp(-a\varepsilon^2\tau) \tag{12-6-17}$$

式中 $A=c_1c_2$，$B=c_1c_3$。常数 A、B 和 ε 可由初始条件和边界条件，即式（12-6-6）、（12-6-7）、（12-6-8）确定。

应用边界条件式（12-6-7），即温度场的对称性条件

$$\left.\frac{\partial\theta}{\partial x}\right|_{x=0}=(-A\varepsilon\sin 0+B\varepsilon\cos 0)\exp(-a\varepsilon^2\tau)=0 \tag{12-6-18}$$

上式成立，系数 B 必须等于零。式（12-6-17）可写为

$$\theta(x,\tau)=A\cos(\varepsilon x)\exp(-a\varepsilon^2\tau) \tag{12-6-19}$$

应用边界条件式（12-6-8），即将式（12-6-19）代入式（12-6-8），得

$$-\lambda[-A\varepsilon\sin(\varepsilon\delta)]\exp(-a\varepsilon^2\tau)=hA\cos(\varepsilon\delta)\exp(-a\varepsilon^2\tau) \tag{12-6-20}$$

消去上式等号两边相同的项，得

$$\lambda\varepsilon=h\cot(\varepsilon\delta) \tag{12-6-21}$$

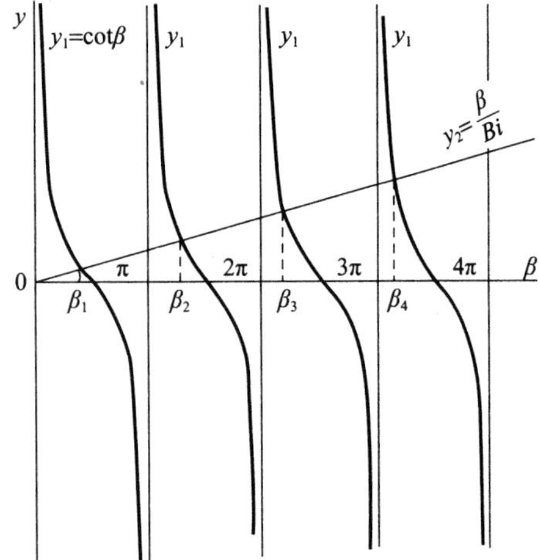

图 12-6-2　特征方程的根

将式（12-6-21）两边乘以 δ 移项整理后得

$$\frac{\varepsilon\delta}{\frac{h\delta}{\lambda}}=\cot(\varepsilon\delta) \tag{12-6-22}$$

上式中 $\frac{h\delta}{\lambda}$ 是个无量纲参数，称为毕渥准则，用符号 Bi 表示。同时为了书写简便，令 $\varepsilon\delta=\beta$，于是式（12-6-22）可以改写为

$$\frac{\beta}{Bi}=\cot\beta \tag{12-6-23}$$

式（12-6-23）称为特征方程。从图 12-6-2 可以看出，β 的解就是以 π 为周期的函数 $y_1=\cot\beta$ 和直线函数 $y_2=\frac{\beta}{Bi}$ 交点所对应的 β 数值。常数 β 的无穷多个值，即 β_1、β_2、…、β_n 称为特征值。对应于特征值的式（12-6-16）称为特征函数。很明显，特征值的数值与 Bi 有关，并依次增大，表 12-6-1 给出了不同 Bi 准则时，式（12-6-23）的前六个根。

表 12-6-1　特征方程式（12-6-23）的根

Bi	β_1	β_2	β_3	β_4	β_5	β_6
0	0	3.1416	6.2832	9.4248	12.5664	15.7080
0.001	0.0316	3.1419	6.2833	9.4249	12.5665	15.7080
0.002	0.0447	3.1422	6.2835	9.4250	12.5665	15.7081
0.004	0.0632	3.1429	6.2838	9.4552	12.5667	15.7082
0.006	0.0774	3.1435	6.2841	9.4254	12.5668	15.7083

续表

Bi	β_1	β_2	β_3	β_4	β_5	β_6
0.008	0.0893	3.1441	6.2845	9.4256	12.5670	15.7085
0.01	0.0998	3.1448	6.2848	9.4258	12.5672	15.7086
0.02	0.1410	3.1479	6.2864	9.4269	12.5680	15.7092
0.04	0.1987	3.1543	6.2895	9.4290	12.5696	15.7105
0.06	0.2425	3.1606	6.2927	9.4311	12.5711	15.7118
0.08	0.2791	3.1668	6.2959	9.4333	12.5727	15.7131
0.1	0.3111	3.1731	6.2991	9.4354	12.5743	15.7143
0.2	0.4328	3.2039	6.3148	9.4459	12.5823	15.7207
0.3	0.5218	3.2341	6.3305	9.4565	12.5902	15.7270
0.4	0.5932	3.2636	6.3461	9.4670	12.5981	15.7334
0.5	0.6533	3.2923	6.3616	9.4775	12.6060	15.7397
0.6	0.7051	3.3204	6.3770	9.4879	12.6139	15.7460
0.7	0.7506	3.3477	6.3923	9.4983	12.6218	15.7524
0.8	0.7910	3.3744	6.4074	9.5087	12.6296	15.7587
0.9	0.8274	3.4003	6.4224	9.5190	12.6375	15.7650
1.0	0.8603	3.4256	6.4373	9.5293	12.6453	15.7713
1.5	0.9882	3.5422	6.5075	9.5801	12.6841	15.8026
2.0	1.0769	3.6436	6.5783	9.6296	12.7223	15.8336
3.0	1.1925	3.8088	6.7040	9.7240	12.7966	15.8945
4.0	1.2646	3.9352	6.8140	9.8119	12.8678	15.9536
5.0	1.3138	4.0336	6.9096	9.8928	12.9352	16.0107
6.0	1.3496	4.1116	6.9924	9.9667	12.9988	16.0654
7.0	1.3766	4.1746	7.0640	10.0339	13.0584	16.1177
8.0	1.3978	4.2264	7.1263	10.0949	13.1141	16.1675
9.0	1.4149	4.2694	7.1806	10.1502	13.1660	16.2147
10.0	1.4289	4.3058	7.2281	10.2003	13.2142	16.2594
15.0	1.4729	4.4255	7.3959	10.3898	13.4078	16.4474
20.0	1.4961	4.4915	7.4954	10.5117	13.5420	16.5864
30.0	1.5202	4.5615	7.6057	10.6543	13.7085	16.7691
40.0	1.5325	4.5979	7.6647	10.7334	13.8048	16.8794
50.0	1.5400	4.6202	7.7012	10.7832	13.8666	16.9519
60.0	1.5451	4.6353	7.7259	10.8172	13.9094	17.0026
80.0	1.5514	4.6543	7.7573	10.8606	13.9644	17.0686
100.0	1.5552	4.6658	7.7764	10.8871	13.9981	17.1093
∞	1.5708	4.7124	7.8540	10.9956	14.1327	17.2788

参见图 12-6-2，当 $Bi\to\infty$ 时，直线 $y_2=\dfrac{\beta}{Bi}$ 与横坐标相重合，特征值为

$$\beta_1=\frac{1}{2}\pi,\beta_2=\frac{3}{2}\pi,\beta_3=\frac{5}{2}\pi,\cdots,\beta_n=\frac{2n-1}{2}\pi \tag{12-6-24}$$

当 $Bi\to0$ 时，直线 $y_2=\dfrac{\beta}{Bi}$ 与纵坐标相重合，特征值为

$$\beta_1=0,\beta_2=\pi,\beta_3=2\pi,\cdots,\beta_n=(n-1)\pi \tag{12-6-25}$$

这样，在给定 Bi 准则条件下，对应于每一个特征值，式（12-6-19）给出一个温度分布的特解，即

$$\left.\begin{aligned}&\theta_1(x,\tau)=A_1\cos(\varepsilon_1 x)\exp(-a\varepsilon_1^2\tau)\\&\theta_2(x,\tau)=A_2\cos(\varepsilon_2 x)\exp(-a\varepsilon_2^2\tau)\\&\cdots\\&\theta_n(x,\tau)=A_n\cos(\varepsilon_n x)\exp(-a\varepsilon_n^2\tau)\end{aligned}\right\} \tag{12-6-26}$$

上述式中常数 A_1、A_2、…、A_n 无论为何值，所得到的特解式（12-6-26）都将满足导热微分方程式（12-6-5）和两个边界条件式（12-6-7）和式（12-6-8），但是式（12-6-26）并不满足初始条件。

因为式（12-6-5）和它的边界条件都是线性的，即式（12-6-5）、式（12-6-7）和式（12-6-8）中温度和温度的各阶导数项的系数不再取决于温度，所以式（12-6-26）中各个特解的线性叠加就得到 θ（x，τ）的解[13]，于是

$$\theta(x,\tau)=\sum_{n=1}^{\infty}A_n\cos(\varepsilon_n x)\exp(-a\varepsilon_n^2\tau) \tag{12-6-27}$$

式中 ε_n 可以很容易地根据 β_n 确定，而系数 A_n 尚未确定，它可以应用初始条件式（12-6-6）求得。当 $\tau=0$ 时，$\theta=\theta_0$，式（12-6-27）简化为

$$\theta_0=\sum_{n=1}^{\infty}A_n\cos\left(\beta_n\frac{x}{\delta}\right) \tag{12-6-28}$$

将上式等号两边同乘以 $\cos\left(\beta_m\frac{x}{\delta}\right)$，并在 $0\leqslant x\leqslant\delta$ 范围内进行积分，得

$$\theta_0\int_0^\delta\cos\left(\beta_m\frac{x}{\delta}\right)\mathrm{d}x=\int_0^\delta\sum_{n=1}^{\infty}A_n\cos\left(\beta_n\frac{x}{\delta}\right)\cos\left(\beta_m\frac{x}{\delta}\right)\mathrm{d}x \tag{12-6-29}$$

考虑到特征函数的正交性[14]，即

$$\int_0^\delta\cos\left(\beta_n\frac{x}{\delta}\right)\cos\left(\beta_m\frac{x}{\delta}\right)\mathrm{d}x=0\quad(m\neq n)$$

这样，式（12-6-29）可以简化为

$$\theta_0\int_0^\delta\cos\left(\beta_n\frac{x}{\delta}\right)\mathrm{d}x=A_n\int_0^\delta\cos^2\left(\beta_n\frac{x}{\delta}\right)\mathrm{d}x \tag{12-6-30}$$

于是

$$A_n=\frac{\theta_0\int_0^\delta\cos\left(\beta_n\frac{x}{\delta}\right)\mathrm{d}x}{\int_0^\delta\cos^2\left(\beta_n\frac{x}{\delta}\right)\mathrm{d}x}=\theta_0\frac{2\sin\beta_n}{\beta_n+\sin\beta_n\cos\beta_n} \tag{12-6-31}$$

将式（12-6-31）代入式（12-6-27），得到第三类边界条件下无限大平壁冷却时壁内的温度分布

$$\theta(x,\tau)=\theta_0\sum_{n=1}^{\infty}\frac{2\sin\beta_n}{\beta_n+\sin\beta_n\cos\beta_n}\cos\left(\beta_n\frac{x}{\delta}\right)\exp\left(-\beta_n^2\frac{a\tau}{\delta^2}\right) \tag{12-6-32}$$

或

$$\frac{\theta(x,\tau)}{\theta_0}=\sum_{n=1}^{\infty}\frac{2\sin\beta_n}{\beta_n+\sin\beta_n\cos\beta_n}\cos\left(\beta_n\frac{x}{\delta}\right)\exp\left(-\beta_n^2\frac{a\tau}{\delta^2}\right) \tag{12-6-33}$$

式中$\frac{a\tau}{\delta^2}$是一个无量纲参数，用符号 Fo 表示，称为傅里叶准则，它是非稳态导热过程的无量纲时间。

应该指出，式（12-6-33）是在第三类边界条件下无限大平壁冷却时得到的解，可以证明，保持过余温度 $\theta=t-t_f$ 的定义不变，这些公式对于加热过程仍是正确的。

对于第一类和第二类边界条件下无限大平壁加热或冷却过程的分析解，可参考文献［5，14-15］。

12.6.2　正规状况阶段——*Fo* 准则对温度分布的影响

分析式（12-6-33），因为 β_1、β_2、…、β_n 是递增的数列，所以级数中后面的项与其前面的项相比所起的作用就小，特别是 *Fo* 数比较大的情形，级数收敛很快。研究表明，当 $Fo \geqslant 0.2$ 时①，用式（12-6-33）级数的第一项来描述无量纲温度 $\frac{\theta(x,\tau)}{\theta_0}$ 已足够精确，即

$$\frac{\theta(x,\tau)}{\theta_0}=\frac{2\sin\beta_1}{\beta_1+\sin\beta_1\cos\beta_1}\cos\left(\beta_1\frac{x}{\delta}\right)\exp(-\beta_1^2 Fo) \tag{12-6-34}$$

对于 $Fo \geqslant 0.2$ 的无限大平壁非稳态导热过程，除了可以按式（12-6-34）计算得到无量纲温度外，还可以应用分析解的计算线图[16]。图 12-6-3 给出了无限大平壁的无量纲中心温度 $\frac{\theta_m}{\theta_0}$ 随 *Fo* 和 *Bi* 变化；图 12-6-4 给出了任一位置无量纲温度 $\frac{\theta(x,\tau)}{\theta_m}$ 随 *Bi* 和 $\frac{x}{\delta}$ 的变化，应用这两张图就可以求得无限大平壁中任意位置处的温度。对于 $Fo<0.2$ 时，上述导热过程的温度分布则应按式（12-6-33）计算。

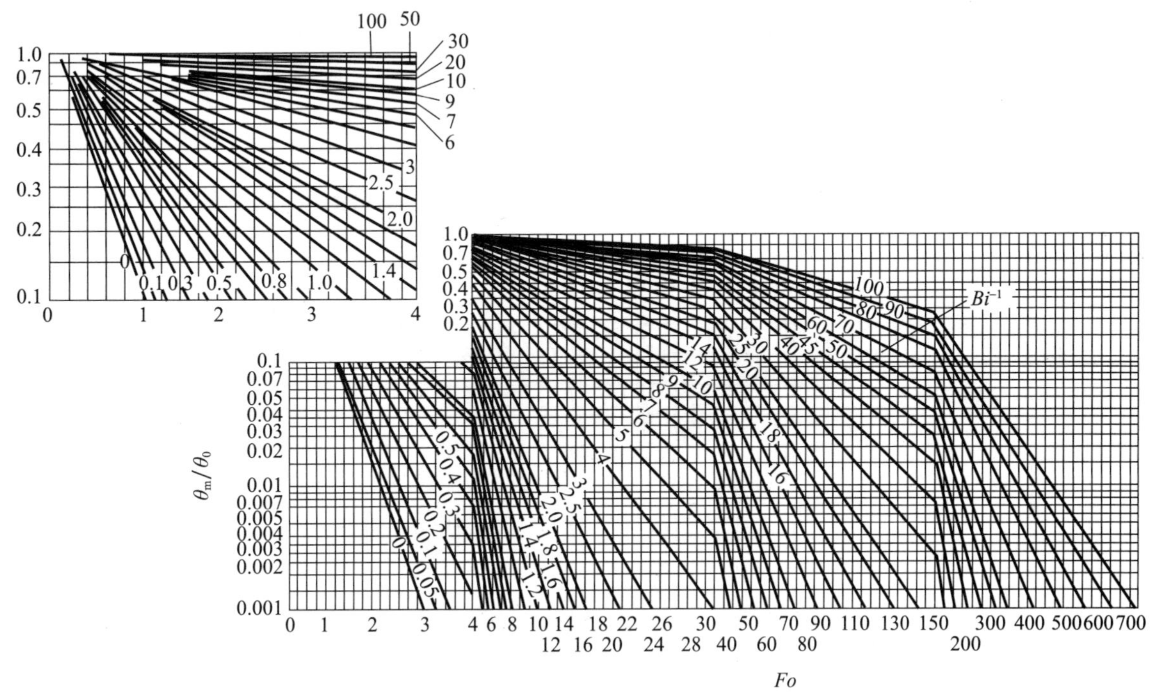

图 12-6-3　无限大平壁无量纲中心温度 $\frac{\theta_m}{\theta_0}=f(Bi, Fo)$

已知无限大平壁的温度分布后，就可以求得经过 τ 小时每平方米平壁在冷却过程中放出的热量（或加热过程中接收的热量），它可以用下式计算

$$\begin{aligned}\Phi_\tau &= \rho c\int_{-\delta}^{+\delta}[\theta_0-\theta(x,\tau)]\mathrm{d}x\\ &=2\rho c\delta\theta_0\left[1-\sum_{n=1}^{\infty}\frac{2\sin^2\beta_n}{\beta_n^2+\beta_n\sin\beta_n\cos\beta_n}\exp(-\beta_n^2 Fo)\right]\\ &=\Phi_0\left[1-\sum_{n=1}^{\infty}\frac{2\sin^2\beta_n}{\beta_n^2+\beta_n\sin\beta_n\cos\beta_n}\exp(-\beta_n^2 Fo)\right]\end{aligned} \tag{12-6-35}$$

① 有的文献报道 $Fo \geqslant 0.3$，有的文献给出 $Fo \geqslant 0.55$。这些都是针对一定的准确度给出的参考值，可以想到，$Fo \geqslant 0.55$ 时，它的准确度更高。

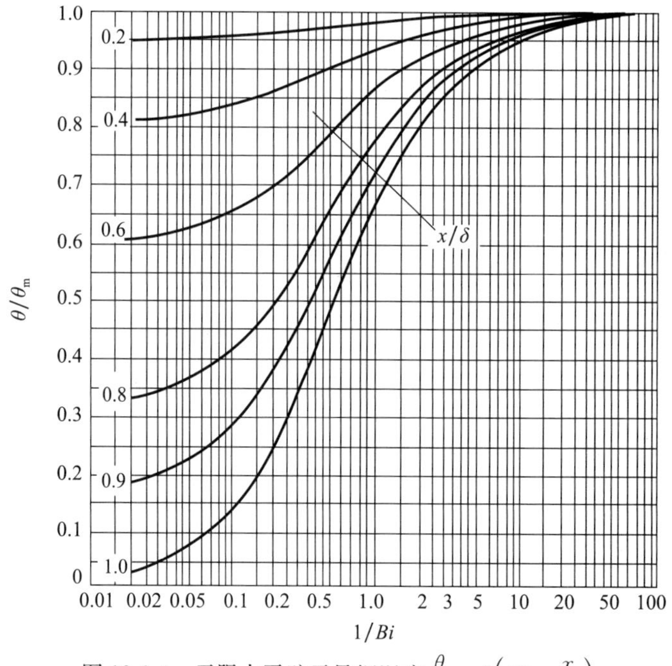

图 12-6-4 无限大平壁无量纲温度$\frac{\theta}{\theta_m}=f\left(Bi,\ \frac{x}{\delta}\right)$

式中 $\Phi_0=2\rho c\delta\theta_0$，是每平方米平壁从初始温度 t_0 冷却到周围介质温度 t_f 时所放出的热量。

从式（12-6-35）不难看出，$\frac{\Phi_\tau}{\Phi_0}$是 Fo 和 Bi 的函数，这一关系已绘制成计算线图并给出于图 12-6-5 中[17]。

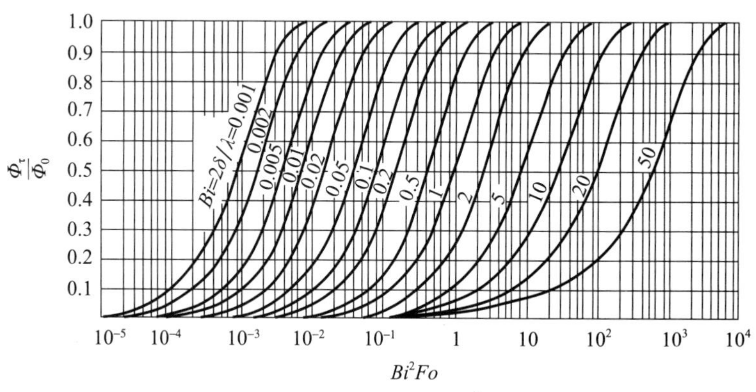

图 12-6-5 无限大平壁无量纲热流$\frac{\Phi_\tau}{\Phi_0}=f(Bi,\ Fo)$

【例 12-10】一无限大平壁厚度为 0.5m，已知平壁的热物性参数 $\lambda=0.815\text{W/(m·K)}$，$c=0.839\text{kJ/(kg·K)}$，$\rho=1500\text{kg/m}^3$，壁内温度初始时均匀一致为 18℃，给定第三类边界条件：壁两侧流体温度为 8℃，流体与壁面之间的表面传热系数 $h=8.15\text{W/(m}^2\text{·K)}$，试求 6h 后平壁中心及表面的温度。

【解】根据平壁的热物性参数求平壁的热扩散率

$$a=\frac{\lambda}{\rho c}=\frac{0.815}{1500\times0.839\times1000}=0.65\times10^{-6}\text{m}^2/\text{s}$$

确定 Fo 和 Bi 准则

$$Fo=\frac{a\tau}{\delta^2}=\frac{0.65\times10^{-6}\times6\times3600}{(0.25)^2}=0.22$$

$$Bi=\frac{h\delta}{\lambda}=\frac{8.15\times0.25}{0.815}=2.5$$

因为 $Fo>0.2$，可以用式（12-6-34）计算。从表 12-6-1 中查到：$Bi=2.5$ 时，$\beta_1=1.1347$。于是

$$\sin\beta_1=\sin\left(1.1347\times\frac{180^\circ}{\pi}\right)=0.9064$$

$$\cos\beta_1=\cos\left(1.1347\times\frac{180^\circ}{\pi}\right)=0.4224$$

应用式（12-6-34），对于平壁中心，即 $x=0$ 处，无量纲温度为

$$\begin{aligned}\frac{\theta_m}{\theta_0}&=\frac{2\sin\beta_1}{\beta_1+\sin\beta_1\cos\beta_1}\exp(-\beta_1^2 Fo)\\&=\frac{2\times0.9064}{1.1347+0.9064\times0.4224}\exp(-0.283)\\&=0.90\end{aligned}$$

而

$$\theta_m=0.90\theta_0=0.90\times(18-8)=9.0℃$$

$$t_m=\theta_m+t_f=9.0+8=17.0℃$$

对于平壁表面，即 $x=\delta$ 处，无量纲温度为

$$\begin{aligned}\frac{\theta_w}{\theta_0}&=\frac{2\sin\beta_1}{\beta_1+\sin\beta_1\cos\beta_1}\cos(\beta_1)\exp(-\beta_1^2 Fo)\\&=\frac{2\times0.9064}{1.1347+0.9064\times0.4224}\times0.4224\times\exp(-0.283)\\&=0.38\end{aligned}$$

而

$$\theta_w=0.38\times(18-8)=3.8℃$$

$$t_w=\theta_w+t_f=3.8+8=11.8℃$$

利用查计算线图方法，从图 12-6-3 可查得 $\frac{\theta_m}{\theta_0}=0.88$，相应地计算得到 $t_m=16.8℃$；根据 Bi 准则和 $\frac{x}{\delta}=1$，从图 12-6-4 查得 $\frac{\theta_w}{\theta_m}=0.41$，于是

$$\frac{\theta_w}{\theta_0}=\frac{\theta_w}{\theta_m}\frac{\theta_m}{\theta_0}=0.41\times0.88=0.361$$

相应地计算得到 $t_w=11.6℃$。

【讨论】对比两种方法，所得到的结果基本吻合，彼此相差不超过 2%。但是，对 Fo 和 Bi 准则都较小的情形，计算线图的准确性下降。请读者采用 Matlab 编程计算上述例题，与上述结果进行对比。

【例 12-11】已知条件同例 12-10，试求 24h 及三昼夜后，平壁中心及表面的温度；并求 24h 中每平方米平壁表面放出的热量。

【解】用查计算线图的方法，分别求得 12h、24h、72h（三昼夜）的温度，连同例 12-10 的结果，列表如下：

表 1　例 12-11-1

τ (h)	Fo	$\frac{\theta_m}{\theta_0}$	$\frac{\theta_w}{\theta_m}$	t_m (℃)	t_w (℃)
6	0.22	0.88	0.41	16.8	11.6
12	0.45	0.66	0.41	14.6	10.7
24	0.90	0.38	0.41	11.8	9.6
72	2.69	0.04	0.41	8.4	8.2

从以上计算可以看到，6h 以后，无限大平壁的壁面与中心过余温度之比不变；在 72h 以后，无限大平壁的壁面温度接近于流体温度，相差仅 2.5%。壁面温度与壁中心温度亦相差很小，这时接近稳态。

24h 中每平方米平壁放出的热量，可根据

$$Bi=2.5$$

$$Bi^2Fo=(2.5)^2\times 0.90=5.63$$

从图 12-6-5 查得

$$\frac{\Phi_\tau}{\Phi_0}=0.65$$

于是

$$\begin{aligned}\Phi_\tau &=0.65\Phi_0=0.65\times 2\rho c\delta\theta_0\\ &=0.65\times 2\times 1500\times 0.839\times 0.25\times 10\\ &=4090.1\text{kJ/m}^2\end{aligned}$$

采用 Matlab 编程计算的方法，分别求得 12h、24h、72h（三昼夜）的温度，结果与上表近似，如下：

表 2　例 12-11-2

τ（h）	Fo	$\frac{\theta_m}{\theta_0}$	$\frac{\theta_w}{\theta_m}$	t_m（℃）	t_w（℃）
12	0.45	0.73	0.41	15.3	11.0
24	0.90	0.41	0.41	12.1	9.7
72	2.69	0.04	0.41	8.4	8.2

【讨论】从上述两例可以看到，该无限大平壁的冷却过程，经过 6h 进入正规状况阶段，经过 72h 基本上达到新的稳态阶段。另外，通过编程计算，不仅可以分析不同时刻的温度变化，还可以分析不同壁厚、不同位置处的温度变化，给出更为详细的非稳态温度场。

前已述及，当 $Fo\geqslant 0.2$ 时，无量纲温度可以用式（12-6-34）表示，将式（12-6-34）两边取对数，得

$$\ln\theta=-\beta_1^2\frac{a\tau}{\delta^2}+\ln\left[\theta_0\frac{2\sin\beta_1}{\beta_1+\sin\beta_1\cos\beta_1}\cos\left(\beta_1\frac{x}{\delta}\right)\right] \tag{12-6-36}$$

上式右边第二项取决于物体形状、边界条件和在物体中的位置，若用 K 表示这一项，则 $K=f\left(Bi,\ \frac{x}{\delta}\right)$；对于给定的第三类边界条件和物体中给定的某个地点，K 是一常数。这样，式（12-6-36）可以简写为

$$\ln\theta=-m\tau+K\left(Bi,\frac{x}{\delta}\right) \tag{12-6-37}$$

式中 $m=\beta_1^2\frac{a}{\delta^2}$

可以证明，在 $Fo\geqslant 0.2$ 时，不仅无限大平壁的温度具有式（12-6-37）这样的变化规律，其他形状的物体温度也具有类似的变化规律，它们之间的区别只表现在 K 这一项中。式（12-6-37）表明，当 $Fo\geqslant 0.2$ 时，物体在给定的条件下冷却或加热，物体中任何给定地点过余温度的对数值将随时间按线性规律变化，参见图 12-6-6，图中 τ^* 是对应于 $Fo=0.2$ 的时间，即 $\tau^*=0.2\frac{\delta^2}{a}$。在 $\tau>\tau^*$ 时，物体过余温度的

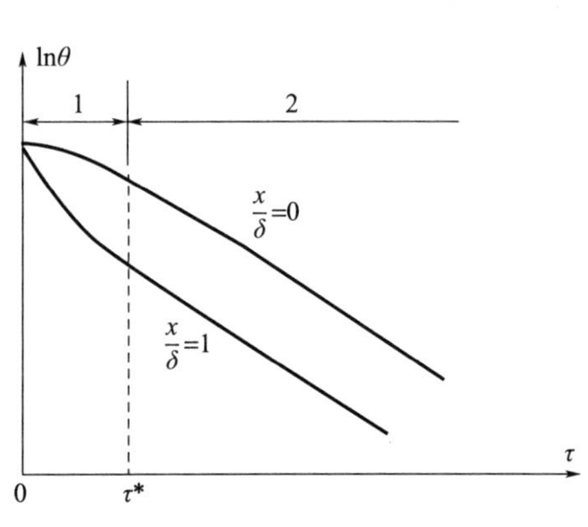

图 12-6-6　正规状况阶段

对数值随时间按线性规律变化的这个阶段，称为瞬态温度变化的正规状况阶段。

将式（12-6-37）两边对时间求导数，得

$$\frac{1}{\theta}\frac{\partial\theta}{\partial\tau}=-\beta_1^2\frac{a}{\delta^2}=-m$$

从上式知道，m 是过余温度对时间的相对变化率，故 m 称为冷却率（或加热率）。在进入正规状况以后，即 $Fo\geqslant 0.2$，冷却率 m 不取决于时间，也不取决于空间位置，它仅取决于物体的热物性参数、形状和尺寸以及物体表面的边界条件。

掌握这一规律不仅可以使瞬态导热过程的计算简化，还可以利用正规状况阶段中物体温度变化的规律，测定物体材料的热物性参数[12,15]。

12.7　半无限大物体的非稳态导热

所谓半无限大物体，是指以无限大的 y-z 平面为界面，在正 x 方向伸延至无穷远的物体，例如大地可看作半无限大物体。对于半无限大均质物体，已知该物体的初始温度为 t_0，在过程开始时，表面温度突然升至 t_w，并维持不变。由前述条件可知，温度仅沿 x 方向变化。令 $\theta=t-t_0$，描述这一非稳态导热过程温度变化的微分方程和单值性条件可表示如下：

$$\frac{\partial\theta}{\partial\tau}=a\frac{\partial^2\theta}{\partial x^2} \tag{12-7-1}$$

$$\tau=0,\theta=0 \tag{12-7-2}$$

$$x=0,\theta=t_w-t_0=\theta_w \tag{12-7-3}$$

$$x\to\infty,\theta=0 \tag{12-7-4}$$

经数学分析求解，可得上述半无限大物体内温度场的表达式如下[18]

$$\theta=(t_w-t_0)\left[1-\frac{2}{\sqrt{\pi}}\int_0^u\exp(-u^2)\mathrm{d}u\right]=\theta_w\mathrm{erfc}(u) \tag{12-7-5}$$

式中，$u=\dfrac{x}{2\sqrt{a\tau}}$；$\dfrac{2}{\sqrt{\pi}}\displaystyle\int_0^u\exp(-u^2)\mathrm{d}u=\mathrm{erf}(u)$，是高斯误差函数；$1-\dfrac{2}{\sqrt{\pi}}\displaystyle\int_0^u\exp(-u^2)\mathrm{d}u=1-\mathrm{erf}(u)=\mathrm{erfc}(u)$，是高斯误差补函数。

【例 12-12】 一道用砖砌成的火墙，已知砖的密度 $\rho=1925\mathrm{kg/m^3}$，定压比热容 $c_p=0.835\mathrm{kJ/(kg\cdot K)}$，热导率 $\lambda=0.72\mathrm{W/(m\cdot K)}$。突然以 110℃的温度加于墙的一侧。如果在 5h 内火墙另一侧的温度几乎不发生变化，试问此墙的厚度至少为多少？若改用耐火砖砌火墙，耐火砖的密度 $\rho=2640\mathrm{kg/m^3}$，定压比热容 $c_p=0.96\mathrm{kJ/(kg\cdot K)}$，热导率 $\lambda=1.0\mathrm{W/(m\cdot K)}$，这时此墙的厚度至少为多少？

【解】 改写式（12-7-5）为下列形式

$$1-\frac{t-t_0}{t_w-t_0}=\mathrm{erf}\left(\frac{x}{2\sqrt{a\tau}}\right)$$

若上式中，$\tau=5\mathrm{h}$ 时，$t=t_0$，这时 x 对应的值就是墙的厚度。查误差函数数值表可知，当 $x/(2\sqrt{a\tau})=2.0$ 时，误差函数几乎等于 1.0（它的真实值为 0.995）。由此墙的厚度为 $\delta=4\sqrt{a\tau}$。

已知，砖的热扩散率 $a=\dfrac{\lambda}{\rho c_p}=\dfrac{0.72}{1925\times835}=0.45\times10^{-6}\mathrm{m^2/s}$。因此，

$$\delta=4\sqrt{a\tau}=4\sqrt{0.45\times10^{-6}\times5\times3600}=0.36\mathrm{m}=360\mathrm{mm}$$

若改用耐火砖砌火墙，耐火砖的热扩散率

$a=\dfrac{\lambda}{\rho c_p}=\dfrac{1.0}{2640\times960}=0.39\times10^{-6}\mathrm{m^2/s}$，这时墙的厚度为

$$\delta=4\sqrt{a\tau}=4\sqrt{0.39\times10^{-6}\times5\times3600}=0.335\mathrm{m}=335\mathrm{mm}$$

【讨论】 对比分析上述计算结果，可以看到，墙体材料的热扩散率数值越大，所需的墙体厚度

越大。由此可进一步理解热扩散率的物理意义。

地下建筑物刚建成时，由于室温和周围壁面温度过低，不能投入使用，必须对建筑物进行预热，使室温升高到规定数值。在预热期中，加热器是全负荷运行的，亦即加热量为一常量，而壁温则随加热过程不断升高。在人工气候室的调节初始阶段也有同样情形，如果要求人工气候室在一定时间内达到某一定温度，这时室内加热或冷却设备全负荷工作，加热量或冷却量是一个常数，而壁温是变化的。这属于第二类边界条件，即常热流密度作用下的非稳态导热过程。半无限大均质物体，在常热流密度作用下，非稳态导热过程的微分方程和单值性条件可表示如下：

$$\frac{\partial \theta}{\partial \tau}=a\,\frac{\partial^2 \theta}{\partial x^2} \tag{12-7-6}$$

$$\tau=0,\theta=0 \tag{12-7-7}$$

$$x=0,q_w=-\lambda\left.\frac{\partial \theta}{\partial x}\right|_{x=0}=常数 \tag{12-7-8}$$

$$x\to\infty,\theta=0 \tag{12-7-9}$$

式中 $\theta=t(x,\tau)-t_0$，t_0 是半无限大物体的初始温度。将式（12-7-6）改写为下列形式

$$\frac{\partial}{\partial \tau}\left(\lambda\,\frac{\partial \theta}{\partial x}\right)=a\,\frac{\partial^2}{\partial x^2}\left(\lambda\,\frac{\partial \theta}{\partial x}\right) \tag{12-7-10}$$

不难看出，上式可改写为

$$\frac{\partial q}{\partial \tau}=a\,\frac{\partial^2 q}{\partial x^2} \tag{12-7-11}$$

相应地，改写式（12-7-7）～（12-7-9）如下：

$$\tau=0,q=0 \tag{12-7-12}$$

$$x=0,q=q_w \tag{12-7-13}$$

$$x\to\infty,q=0 \tag{12-7-14}$$

对比式（12-7-1）～（12-7-4）和式（12-7-11）～（12-7-14），它们在形式是一样的，只是把变量 θ 改为变量 q。因此，求解式（12-7-11）～（12-7-14）的结果一定和式（12-7-5）的结果在形式是一样的，只要把式（12-7-5）中的 θ 改写为 q，即

$$q=q_w\,\mathrm{erfc}\left(\frac{x}{2\sqrt{a\tau}}\right) \tag{12-7-15}$$

根据傅里叶定律，上式可进一步改写为

$$-\lambda\,\frac{\partial \theta}{\partial x}=q_w\,\mathrm{erfc}\left(\frac{x}{2\sqrt{a\tau}}\right) \tag{12-7-16}$$

分离变量并对上式积分，并注意到 $x\to\infty$ 时，$\theta=0$，即

$$-\int_{\theta}^{0}\mathrm{d}\theta=\frac{2q_w}{\lambda}\sqrt{a\tau}\int_{x}^{\infty}\mathrm{erfc}\left(\frac{x}{2\sqrt{a\tau}}\right)\mathrm{d}\left(\frac{x}{2\sqrt{a\tau}}\right) \tag{12-7-17}$$

上式积分的结果，可得到常热流密度条件下半无限大物体内温度分布的表达式

$$\theta(x,\tau)=\frac{2q_w}{\lambda}\sqrt{a\tau}\,\mathrm{ierfc}\left(\frac{x}{2\sqrt{a\tau}}\right) \tag{12-7-18}$$

式中 ierfc（u）为高斯误差补函数的一次积分，它的数值表于附录 12-2 中给出。式（12-7-18）表示的半无限大物体内的温度分布示于图 12-7-1。从图示可以看到，在表面热流密度 q_w 作用下，半无限大物体的表面温度在加热过程中随时间的增加而增大；半无限大物体中的温度变化在某一厚度范围内比较明显，例如，在 τ_1 时刻 $x=\delta(\tau_1)$ 处，物体的过余温度已渐近于零，在 τ_2 时刻 $x=\delta(\tau_2)$ 处，物体的过

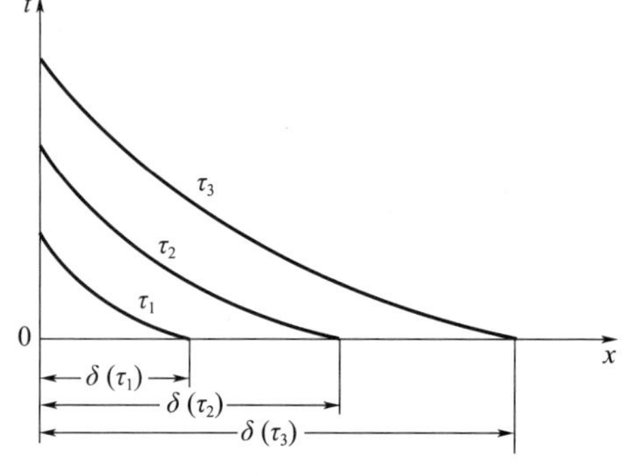

图 12-7-1　常热流密度边界条件下半无限大物体内的温度分布

余温度亦渐近于零。$\delta(\tau)$称为渗透厚度，它是随时间而变化的，它反映在所考虑的时间范围内，界面上热作用的影响所波及的厚度。在实际工程中，对于一个有限厚度的物体，在所考虑的时间范围内。若渗透厚度小于本身的厚度，这时可以认为该物体是个半无限大物体。在常热流密度边界条件下，假定物体中的温度分布是三次曲线，则半无限大物体中的渗透厚度，可用近似的分析解法得到[19]

$$\delta(\tau)=\sqrt{12a\tau}=3.46\sqrt{a\tau} \tag{12-7-19}$$

当 $x=0$ 时，$\mathrm{ierfc}(0)=\frac{1}{\sqrt{\pi}}=0.5642$，从式（12-7-18）可得第二类边界条件下半无限大物体表面温度为

$$\theta_\mathrm{w}(\tau)=\frac{2q_\mathrm{w}}{\lambda}\sqrt{\frac{a\tau}{\pi}} \tag{12-7-20}$$

上式也可改写为

$$q_\mathrm{w}=\lambda\frac{t_\mathrm{w}-t_0}{2\sqrt{\frac{a\tau}{\pi}}}=\lambda\frac{t_\mathrm{w}-t_0}{1.13\sqrt{a\tau}} \tag{12-7-21}$$

在实际工程中，例如地下建筑物四周壁面可看作半无限大物体，在预热期中，壁面温度随着加热时间的延长而上升，根据预热要求的壁面温度和规定的加热时间，预热期的加热负荷可以按式（12-7-21)计算。

基于式（12-7-18)，薇拉津斯卡娅 A. B.[20] 给出了测定建筑材料热扩散率的恒定作用热源法。假设物性均匀，且不随温度变化。采用一厚度 δ 大于渗透厚度的被测试材，已知 $\tau=0$ 时的初始温度为 t_0，试材表面在恒定的平面热源 q_w 作用下，经过 τ 时刻，同时测定与平面热源接触的试材表面温度$t|_{x=0}$和离开平面热源表面距离为 δ 处的试材温度$t|_{x=\delta}$。按式（12-7-18）可写出下列表达式

$$t|_{x=0}-t_0=\frac{2q_\mathrm{w}}{\lambda}\sqrt{a\tau}\,\mathrm{ierfc}(0) \tag{12-7-22}$$

$$t|_{x=\delta}-t_0=\frac{2q_\mathrm{w}}{\lambda}\sqrt{a\tau}\,\mathrm{ierfc}\left(\frac{\delta}{2\sqrt{a\tau}}\right) \tag{12-7-23}$$

已知 ierfc（0）＝0.5642，式（12-7-22）/式（12-7-23）得下式

$$\mathrm{ierfc}\left(\frac{\delta}{2\sqrt{a\tau}}\right)=0.5642\frac{t|_{x=\delta}-t_0}{t|_{x=0}-t_0}=K \tag{12-7-24}$$

从式（12-7-24）不难看出，等式右边均是已知数，根据高斯误差补函数一次积分的数值表，可以得到对应于 K 值的$\frac{\delta}{2\sqrt{a\tau}}$，其中 δ 和 τ 都是已知的，因此材料的热扩散率 a 即可测知。该方法的优点是，在实验中只需已知初始温度、τ 时刻 $x=0$ 和 $x=\delta$ 处的温度，不需要测定热流密度，即可按式（12-7-24）计算得到热扩散率。在已知热扩散率之后，再测定热流密度和任意时刻 τ，$x=0$ 和 $x=\delta$ 处的温度，然后再应用式（12-7-18)，即可计算得到热导率。此外，若测定平面热源的热流密度和两组离开热源不同距离不同时刻的温度，两次应用式（12-7-18)，联立求解这两个方程式，也可以同时解得热导率 λ 和热扩散率 a。

【例 12-13】应用恒定作用的热源法测定建筑材料的热扩散率。采用 5～10μm 厚的康铜箔作为平面热源，已知初始温度 $t_0=18$℃，通电加热 360s 后，测量得到 $x=0$ 处的温度$t|_{x=0}=31.1$℃，$x=20$mm 处的温度$t|_{x=\delta}=20.64$℃，试计算该材料的热扩散率。

【解】将已知数据代入式（12-7-24)，可以计算得到

$$\mathrm{ierfc}\left(\frac{\delta}{2\sqrt{a\tau}}\right)=0.5642\times\frac{20.64-18}{31.1-18}=0.1137$$

查高斯误差补函数一次积分的数值表，得到

$$\frac{\delta}{2\sqrt{a\tau}}=0.72$$

已知 $\delta=20\text{mm}$，$\tau=360\text{s}$，于是

$$a=\left[\left(\frac{\delta}{1.44}\right)\frac{1}{\sqrt{\tau}}\right]^2=5.4\times10^{-7}\text{m}^2/\text{s}$$

【讨论】从上述分析和示例可以看到：

(1) 根据与被测参数有关的数学解析表达式，例如式（12-7-24），在满足式（12-7-24）适用条件的相关设备上，测定一些有关的参数作为已知数，然后再用该式计算，即可得到所要求的该参数。事实上，所有测定热物性参数的方法，都是按照这一思路确定的。

(2) 应用一维稳态导热问题的解，可以用平板法、圆球法等测非金属材料热导率；应用一维非稳态导热问题的解，可以测绝热材料热扩散率的方法有正规状况法和本例题所示的方法等，应用稳态过渡到非稳态导热问题的解，则可同时测定热导率和热扩散率[21-22]。

(3) 一般情形，根据已知导热微分方程式和单值性条件，求解温度分布，这一类问题称为导热的正问题。本例题是已知温度分布，按照部分单值性条件的规定，测定部分单值性条件中的参数，求单值性条件中的未知参数，这一类问题称为导热的反问题。在导热的反问题中，通过给出物体表面热流以及对物体内部的温度分布，反过来推导物体的初始状态、流动状态、边界条件、内部热源和传热系数等。导热的反问题在工程实践中有很大的应用价值，在实际工程中，材料的热传导特性以及边界条件、内部热源位置等往往是未知的，以物体表面热流、部分内部点的温度测量值等温度信息为基础，借助一些反演分析方法是解决这类问题的有效方法。

在第三类边界条件下，半无限大物体温度分布的解可参阅文献［23］。

12.8 周期性非稳态导热

12.8.1 周期性非稳态导热现象

工程中会经常遇到周期性非稳态导热现象，例如建筑物外部围护结构处于室外气温周期变化及太阳辐射周期变化的影响下，以致围护结构内的导热过程也呈现周期性非稳态变化。气温日变化周期是 24h，一般室外气温在下午 14：00—15：00 最高，清晨 04：00—05：00 最低；太阳辐射则在白天 12h 内变化较大。围护结构外表面上出现太阳辐射最大值的时间还与它的朝向有关，如东外墙一般上午 8：00 左右具有最大的太阳辐射热流密度，水平屋顶中午 12：00 时为最大，而西外墙则在下午 16：00 左右为最大。工程上把室外空气与太阳辐射两者对围护结构的共同作用，用一个假想的温度 t_e 来衡量，这个 t_e 称为综合温度①。图 12-8-1 是某地工厂屋顶在夏季太阳辐射和室外气温综合作用下，内外表面温度变化的实测资料，该屋顶采用泡沫塑料为保温材料。图中纵坐标为温度，横坐标为时间，三条曲线分别表示室外综合温度 t_e、屋顶外表面温度 t_{w1} 和屋顶内表面温度 t_{w2} 的变化。从实测资料中可以看到，在室外综合温度 t_e 的周期波动下，屋顶表面及内部都产生周期波动，如把波动的平均值求出，则波动最大值与平均值之差称为波动振幅，用 A 表示，即 $A=t_{max}-t_m$。

从图 12-8-1 可看到，综合温度的振幅为 27.1℃，屋顶外表面温度振幅为 17.9℃，内表面温度振幅为 4.9℃，振幅是逐层减小的，这种现象称为温度波的衰减。从图中还可看到，综合温度最大值出现在中午 12：00 左右，而壁内不同层面上温度最大值出现的时间都会延后，屋顶外表面为 12：30 左右，

① 由空气对流传热和太阳辐射二者对围护结构的总换热量 $\Phi=h(t_f-t_w)A+\alpha I_s A=\left[\left(t_f+\frac{\alpha I_s}{h}-t_w\right)\right]=hA(t_e-t_w)$，综合温度 $t_e=t_f+\frac{\alpha I_s}{h}$，其中 α 是围护结构对太阳辐射的吸收率；I_s 是太阳对围护结构表面的辐射热流密度，W/m²。

内表面则在 16：30 前后，这种最大值出现时间逐层推迟的现象称为温度波延迟。因此，温度波的衰减和延迟现象是周期性非稳态导热的两个最显著特征。在日常生活中也能体验到这种现象。

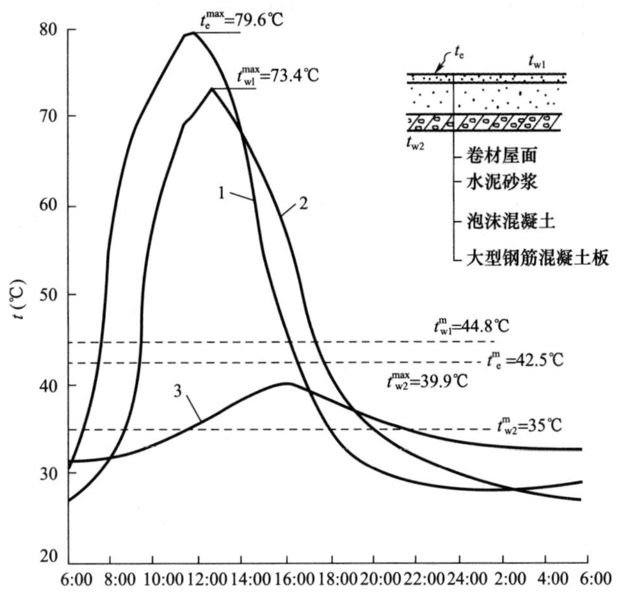

材料名称	厚度（mm）	热导率［W/(m·K)］	比热容［J/(kg·K)］	传热系数［W/(m²·K)］
防水卷材	4	0.23	1620	
水泥砂浆	20	0.93	1050	
挤塑聚苯板	35	0.042	1380	0.55
水泥炉渣	20	0.023	920	
钢筋混凝土	120	1.74	920	

图 12-8-1　屋顶结构温度变化实例图

1—综合温度；2—屋顶外表面温度；3—屋顶内表面温度

任何连续的周期性波动曲线都可以用多项余弦函数叠加组成，即用傅里叶级数表示。实测资料表明，综合温度的周期性波动规律可视为一简单的简谐波曲线。如把实测的综合温度波曲线和简谐波曲线相比较，参见图 12-8-2，就可以看出它们是很接近的，所以工程中用简谐波来进行分析计算，以下的分析都是以简谐波为基础进行的。

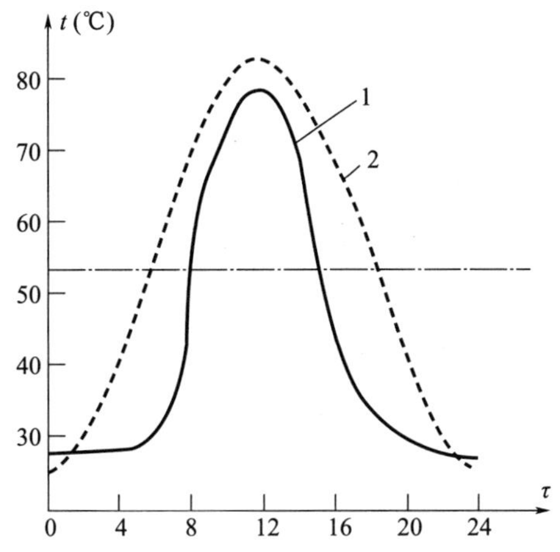

图 12-8-2　实测综合温度波与简谐波的比较

12.8.2 半无限大物体周期性变化边界条件下的温度波

对于均质的半无限大物体周期性变化边界条件下的温度场，仍可用前述的导热微分方程描写，即

$$\frac{\partial t}{\partial \tau}=a\frac{\partial^2 t}{\partial x^2} \tag{12-8-1}$$

周期性变化边界条件的特点表现在两个方面：首先由于边界条件是周期性变化的，使得物体中各处的温度也处于周而复始的周期性变化中，故已不存在所谓初始条件；其次，如上面所述的那样，边界条件可以认为是一个简谐波。这样，半无限大物体表面温度的变化可写成余弦函数形式

$$\theta(0,\tau)=\theta_w=A_w\cos\frac{2\pi}{T}\tau \tag{12-8-2}$$

式中 θ_w——半无限大物体表面，即 $x=0$ 处任何时刻的过余温度，它是以周期变化的平均温度 t_m 为基准的，$\theta=t-t_m$；

A_w——物体表面温度波的振幅；

T——温度波的周期。

用过余温度 $\theta=t-t_m$ 代替 t，改写导热微分方程式（12-8-1），得

$$\frac{\partial \theta}{\partial \tau}=a\frac{\partial^2 \theta}{\partial x^2} \tag{12-8-3}$$

式（12-8-3）和式（12-8-2）完整地描写了上述周期性边界条件下的非稳态导热过程。应用分离变量法[19]求解，可以得到半无限大物体在周期性变化边界条件下温度分布的表达式

$$\theta(x,\tau)=A_w\exp\left(-x\sqrt{\frac{\pi}{aT}}\right)\cos\left(\frac{2\pi}{T}\tau-x\sqrt{\frac{\pi}{aT}}\right) \tag{12-8-4}$$

式（12-8-4）表达了周期性变化边界条件下的温度分布，它具有图 12-8-1 所示实测资料中所看到的几个特点：

1. 温度波的衰减。半无限大物体内任意平面 x 处，它的温度随时间的变化与表面 $x=0$ 处的温度变化规律类似，都是周期相同的余弦函数，但是从式（12-8-4）可知，任意平面 x 处温度简谐波的振幅已不再是 A_w，而是

$$A_x=A_w\exp\left(-x\sqrt{\frac{\pi}{aT}}\right) \tag{12-8-5}$$

从上式不难看出，随着 x 的增大，振幅随之衰减，参见图 12-8-3，这反映了物体材料对温度波的阻尼作用。振幅衰减的程度用衰减度来表示

$$\delta=\frac{A_w}{A_x}=\exp\left(x\sqrt{\frac{\pi}{aT}}\right) \tag{12-8-6}$$

图 12-8-4 给出了某城市地面不同深度 x 处年温度的波动曲线。从图中也可看到，深度越深，振幅衰减越甚，因此可以设想当深度足够大时，温度波动振幅就衰减到可以忽略不计的程度，这种深度下的地温就可认为终年保持不变，称为等温层。举例说明之，若某地地面年最高温度为 30.5℃，年最低温度为－3.5℃，亦即地面年平均温度 t_m＝13.5℃，地面年温度振幅 A_w＝17℃，土壤的热扩散率 $a=0.617\times10^{-6}\text{m}^2/\text{s}$，年波动的周期 $T=365\times24=8760\text{h}$，按式（12-8-5）可以计算不同深度 x 处温度波的振幅以及该深度处的最高温度和最低温度，计算结果列于表 12-8-1。

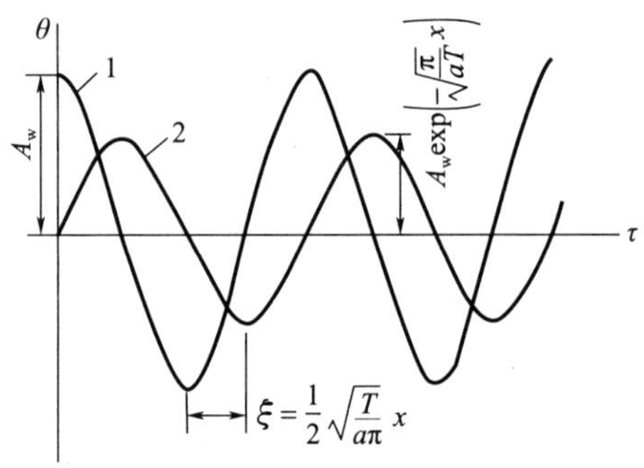

图 12-8-3 半无限大物体任意位置的温度波

1—表面温度波；2—x 处温度波

表 12-8-1　计算结果

深度 x（m）	0	0.5	1.0	1.5	2.0	3.0	5.0	10	15
振幅 A_x（℃）	17	13.9	11.4	9.3	7.6	5.09	2.28	0.31	0.04
最高温度 t_{max}（℃）	30.5	27.4	24.9	22.8	21.1	18.59	15.8	13.8	13.54
最低温度 t_{min}（℃）	−3.5	−0.4	2.1	4.2	5.9	8.4	11.2	13.2	13.46

注：按公式计算 0.5m 深处最低温度为−0.4℃，但由于此时土壤结冻，有变化，故−0.4℃仅为参考值。

从以上结果可以看出，在深度为 10m 处，温度波的振幅已经很小，为 0.3℃；而在深度为 15m 处，温度波的振幅仅为 0.04℃，把该层以下认为是终年保持温度为 13.5℃的等温层已足够精确了。此外，从表中所列数据还可看到，该地区距地面约 0.7m 以下，土壤的最低温度在 0℃以上，不会冻结。工程上常把建在等温层内的建筑物称为深埋地下建筑，建在等温层以上的建筑称为浅埋地下建筑，两者的热工计算是完全不同的。

综上分析和计算，影响温度波衰减的主要因素是物体的热扩散率 a、波动周期 T 和深度 x。在热扩散率大的物体内，周期性温度波传播时的衰减度小，即温度波衰减缓慢，温度波影响也越深；当波动的频率越高，即周期越短，振幅衰减越快，所以日变化温度波比年变化温度波衰减要快得多，一般日变化温度波在深度为 1.5m 左右处就小到实际可以忽略的程度。

2. 温度波的延迟。从式（12-8-4）还可以看到，任何深度 x 处温度达到最大值的时间比表面温度达到最大值的时间落后一个相位角 ϕ，参见图 12-8-3，延迟时间用 ξ 表示，则

$$\xi = \text{相位角}/\text{角速度} = \frac{x\sqrt{\frac{\pi}{aT}}}{\frac{2\pi}{T}} = \frac{1}{2}x\sqrt{\frac{T}{a\pi}} \tag{12-8-7}$$

由式（12-8-7）可见，热扩散率 a 对温度波的衰减与延迟的影响程度相同，但与周期 T 的关系则相反，周期长的温度波，延迟时间 ξ 也大。

根据式（12-8-6）与式（12-8-7），可定量分析周期性温度波在半无限大物体中的传播情况。现仍以某市为例，计算年温度波在地下深 3.2m 处达到最高温度的时间，按式（12-8-7）

$$\xi = \frac{1}{2}x\sqrt{\frac{T}{a\pi}} = \frac{1}{2}\times 3.2\times\sqrt{\frac{8760\times 3600}{0.617\times 10^{-6}\times 3.1416}} = 6.4536\times 10^{6}\text{s} = 1792.68\text{h}$$

若已知地表温度在夏季 7 月份到达最高温度，那么地下深 3.2m 处要延迟近 75 天（1800h）后才达到该层的年最高温度，这一计算结果和图 12-8-4 实测的结果是很接近的，故工程上用简谐波计算是切实可行的。

至于在如图 12-8-1 所描述的有限厚度建筑物墙壁内温度波的传播状况，可采用上述两式进行定性分析。材料热扩散率见附录 11-5，例如，各种泡沫塑料的热扩散率一般为（2～3）$\times 10^{-7}\text{m}^2/\text{s}$，红砖为（4～5）$\times 10^{-7}\text{m}^2/\text{s}$，钢筋混凝土为（6～7）$\times 10^{-7}\text{m}^2/\text{s}$，当建筑物墙体采用这些材料时，红砖及钢筋混凝土能使周期性温度波有较大的衰减和延迟，而泡沫塑料则较小。通过上述分析，应注意到热导率与热扩散率的区别。尽管泡沫塑料的热导率很小，但由于其密度亦很小，故温度波衰减没有钢筋混凝土大。

3. 向半无限大物体传播的温度波特性。从上述 1、2 内容分析得知，半无限大物体表面和不同深度 x 处的温度随时间 τ 按一定周期的简谐波变化。若把同一时刻半无限大物体中不同地点的温度标绘在 θ-x 坐标中，它也是一个周期性变化的温度波。这个波的振幅是衰减的，图 12-8-5 的点划线给出了振幅衰减的情形。此外，图 12-8-5 还给出了两个不同时刻半无限大物体中的温度波。由图可以看出，随着时间的推移温度波向物体的深度方向传播的情形。τ_2 时刻虚线所示的温度波与 τ_1 时刻实线所示的温度波相比，前者向深度 x 方向移动了一段距离。半无限大物体中温度波的波长 x_0 就是同一时刻温度分布曲线上相角相同的两相邻平面之间的距离。相角相同的两相邻平面之间的相

角差为 2π，参见图 12-8-5，从式（12-8-4）可知

$$x_0\sqrt{\frac{\pi}{aT}}=2\pi$$

所以

$$x_0=2\sqrt{\pi aT} \tag{12-8-8}$$

以波长为 x_0 和振幅不断衰减的温度波向半无限大物体深度方向的传播就是温度波的传播特性。

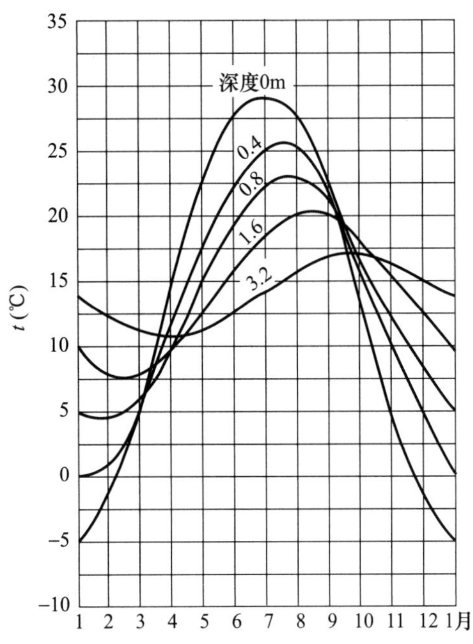

图 12-8-4　某市不同深度地层实测温度曲线

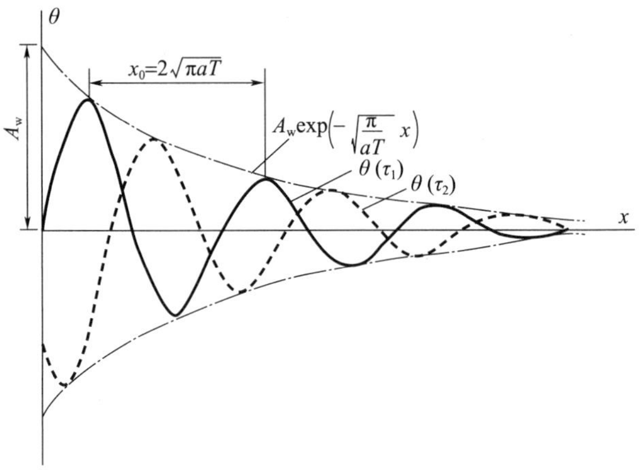

图 12-8-5　半无限大物体内的温度波

以上分析是在给定物体表面温度的第一类边界条件下得到的结果。如果给定的是第三类边界条件，即给出半无限大物体与周围介质之间的对流传热系数 h 和周围介质温度周期性变化的规律，即

$$\theta_f=A_f\cos\frac{2\pi}{T}\tau \tag{12-8-9}$$

式中　A_f——介质温度波动的振幅。

此时半无限大物体内的温度分布可按下式计算

$$\theta(x,\tau)=\phi A_f\exp\left(-x\sqrt{\frac{\pi}{aT}}\right)\cos\left(\frac{2\pi}{T}\tau-x\sqrt{\frac{\pi}{aT}}-\Psi\right) \tag{12-8-10}$$

式中　ϕ——物体表面温度波振幅与介质温度波振幅的比值，即 $\phi=\frac{A_w}{A_f}$；

Ψ——物体表面温度波落后于介质温度波的相角。

ϕ 和 Ψ 分别等于

$$\phi=\frac{1}{\sqrt{1+2\frac{\lambda}{h}\sqrt{\frac{\pi}{aT}}+2\left(\frac{\lambda}{h}\right)^2\frac{\pi}{aT}}} \tag{12-8-11}$$

$$\Psi=\text{arctg}\left(\frac{1}{1+\frac{h}{\lambda}\sqrt{\frac{aT}{\pi}}}\right) \tag{12-8-12}$$

ϕ 和 Ψ 都是变量$\frac{h^2aT}{\lambda^2}$的单值函数，其数值列于表 12-8-2。

表 12-8-2　ϕ、Ψ 数值列表

$\frac{h^2aT}{\lambda^2}$	ϕ	Ψ	$\frac{h^2aT}{\lambda^2}$	ϕ	Ψ
0	0	45°00′	1	0.304	32°40′
0.001	0.012	44°30′	2	0.388	29°05′
0.002	0.017	44°20′	5	0.510	23°50′
0.005	0.028	43°55′	10	0.603	19°50′
0.01	0.039	43°30′	20	0.689	15°50′
0.02	0.054	42°50′	50	0.784	11°50′
0.05	0.084	41°40′	100	0.843	8°35′
0.1	0.116	40°20′	200	0.883	6°20′
0.2	0.159	38°40′	500	0.925	4°20′
0.5	0.232	35°35′	1000	0.945	3°00′

12.8.3　周期性变化的热流波

周期性变化边界条件下，半无限大物体表面的热流密度也必然是周期性地从表面导入或导出。根据傅里叶定律，热流密度

$$q_{w,\tau}=-\lambda\left.\frac{\partial\theta}{\partial x}\right|_{w,\tau}(\mathrm{W/m^2}) \tag{12-8-13}$$

对式（12-8-4）求导，并令 $x=0$，则得

$$\left.\frac{\partial\theta}{\partial x}\right|_{w,\tau}=-A_w\sqrt{\frac{\pi}{aT}}\left(\cos\frac{2\pi}{T}\tau-\sin\frac{2\pi}{T}\tau\right) \tag{12-8-14}$$

将式（12-8-14）代入式（12-8-13），得

$$q_{w,\tau}=\lambda A_w\sqrt{\frac{\pi}{aT}}\frac{1}{\cos\frac{\pi}{4}}\left(\cos\frac{2\pi}{T}\tau\cos\frac{\pi}{4}-\sin\frac{2\pi}{T}\tau\sin\frac{\pi}{4}\right) \tag{12-8-15}$$

即

$$q_{w,\tau}=\lambda A_w\sqrt{\frac{2\pi}{aT}}\cos\left(\frac{2\pi}{T}\tau+\frac{\pi}{4}\right) \tag{12-8-16}$$

从上式很清楚地看到，物体表面的热流密度 $q_{w,\tau}$ 也是按简谐波规律变化，而表面热流密度波比其温度波提前一个相位$\frac{\pi}{4}$，相当于提前$\frac{1}{8}$周期，参见图 12-8-6。表面热流密度的振幅 A_q 可以写为

$$A_q=\lambda A_w\sqrt{\frac{2\pi}{aT}}=A_w\sqrt{\frac{2\pi\rho c\lambda}{T}}$$

令 $s=\frac{A_q}{A_w}$，可得

$$s=\sqrt{\frac{2\pi\rho c\lambda}{T}} \tag{12-8-17}$$

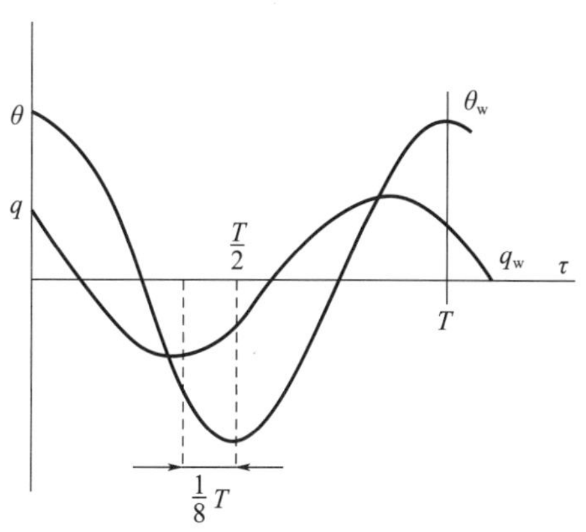

图 12-8-6　半无限大物体表面的热流密度波

s 称为材料的蓄热系数，它表示当物体表面温度波振幅为 1℃时，导入物体的最大热流密度。s 的数值与材料的热物性以及波动的周期有关。在一般手册中，给出各种不同材料的蓄热系数 s 时，其右下角的角码表示周期，如 s_{24} 就是周期为 24h 材料的蓄热系数。如果有两种不同材料的地面，一种是松木的（$s_{24}=2\sim3$），另一种是混凝土的（$s_{24}=12\sim15$），如两者的表面温度相同，都低于人们的体

温，当赤脚在地面上行走时，感到松木比混凝土暖和些，这是因为松木的蓄热系数小，从皮肤吸取的热量少，所以使人感到松木表面比混凝土表面暖和些。在冬天当皮肤接触蓄热系数更小的硬质泡沫塑料（s_{24}＝0.4～0.5）时，甚至会有热乎乎的感觉。

参考文献

[1] HOLMAN J P. Heat Transfer [M]. McGraw-Hill Book Co.，1997.

[2] 中国建筑科学研究院研究报告．混凝土空心砌块保温性能的研究 [R].

[3] 张洪济．热传导 [M]. 北京：高等教育出版社，1992.

[4] KERN D Q，KRAUS A D. Extended Surface Heat Transfer [M]. McGraw-Hill Book Co.，1972.

[5] SCHNEIDER P J. Conduction Heat Transfer [M]. Addison-Wesley，Publishing Co Reading Mass，1955.

[6]（苏）伊萨琴（Исаченко，В. П.）. 传热学 [M]. 北京：高等教育出版社，1987.

[7] HARPER W B，BROWN D R. Mathematical Equation for Heat Conduction in the Fins of Air Cooling Engines [M]. NACA Rep. 158，1922.

[8] ADAMS J A，ROGERS D F. Computer-Aided Heat Transfer Analysis [M]. McGraw-Hill Book Co.，1973.

[9] SIEGEL R，HOWELL J R. Thermal Radiation Heat Transfer [M]. McGraw-Hill Book Co.，1972.

[10] HARTNETT J P，ROHSENOW M W. Handbook of Heat Transfer [M]. McGraw-Hill Book Co.，1973.

[11] Кондратъев Г М. Регулярный Тепловой Режим [M]. Изд. ТТЛ，1954.

[12] ИсаченкоВ П，Осипова В А. Теплопередача [M]. Изд. энергия，1965.

[13] 南京工学院数学教研组．数学物理方程与特殊函数 [M]. 北京：人民教育出版社，1978.

[14] SCHNEIDER. Temperature Response Charts [M]. John Wiley & Sons，1963.

[15] 雷柯夫 A B. 热传导理论 [M]. 裘烈钧，丁履德，译．北京：高等教育出版社，1956.

[16] HEISLER M P. Temperature Charts for Conduction and Constant Temperature Heating [G]. //Trans ASME，1947，69：227.

[17] GROBER H，ERK S，GRIGULL U. Grundgesetze der Warmubertragung [M]. 3rd ed. Berlin：Springer Verlag，1955.

[18] 威尔蒂 J R. 工程传热学 [M]. 任泽霈，罗棣庵，译．北京：人民教育出版社，1982.

[19] 埃克特 E R G，德雷克 R M. 传热与传质分析 [M]. 航青，译．北京：科学出版社，1983.

[20] 雷柯夫 A B. 建筑热物理理论基础 [M]. 任兴季，张志清，译．北京：科学出版社，1965.

[21] 奥西波娃 B A. 传热学实验研究 [J]. 蒋章焰，等，译．北京：高等教育出版社，1982.

[22] 任泽霈．测定导温系数 α 的新方法 [J]. 自然杂志，1981（5）：394-395.

[23] INCROPERA F P，DEWITT D P. Introduction to Heat Transfer [M]. 3rd ed. New York：John Wiley & Sons，1996.

第 13 章　对流传热与对流传质分析

流体在与其温度不同的固体壁面流动时所发生的热量传递过程，称为对流传热，它已不是基本传热方式，介绍它的基本计算式——牛顿冷却公式

$$q=h(t_w-t_f)\quad (W/m^2) \tag{13-0-1}$$

或 A（m^2）上的热流量

$$\Phi=hA(t_w-t_f)\quad (W) \tag{13-0-2}$$

上式的形式十分简单，其中表面传热系数 h 最为关键，它包含了影响对流传热的所有复杂因素。在前几章第三类边界条件下的导热问题分析中，h 是给定的，而本章的任务则是探讨如何确定它的数值。确定 h 有四个基本方法：分析法、实验法、类比法和数值法。本章将重点阐述分析法和实验法的基本内容，其次是类比法。数值法是近年迅速发展的方法，已成一门独立课程（数值传热学，Numerical Heat Transfer），但本章所述对流传热的基本概念及其数学描述，仍然是数值传热学的基础。

本章在阐明对流传热过程机理和边界层理论的基础上，给出对流传热过程的数学描述——微分方程组，结合数量级分析方法简化微分方程组，利用类比法给出外掠平板对流传热过程的分析解。

本章的另一重要内容是相似理论。它是目前指导传热学实验研究的基本理论之一，是经由实验探求对流传热规律主要而又实用的方法。最后，本章简要介绍了数值传热学的基本知识。

13.1　对流传热传质概述

13.1.1　对流传热概述

在自然界、人类生活和生产活动中存在大量的对流传热现象。如热水供暖散热器，内部是流动的热水，外部是自然对流的空气；房屋的墙壁内外表面则可视为大平板的对流传热。图 13-1-1 是常见的一些换热设备示意图，其中（a）为管壳式换热器，利用它可以进行加热、冷却、冷凝或沸腾传热过程；（b）为锅炉的对流管束，热烟气流过管束使管内水升温或沸腾；（c）为冰箱中常见的冷凝器，制冷工质在其中冷凝放热；（d）为连续翅（肋）片管束；（e）为翅（肋）片管束；（f）为供暖散热器。

上述各对流传热过程和换热设备的结构、形状、用途、温度高低及传热性能各异，流体流过其壁表面的流动状况及表面传热系数差别亦很大，但归纳起来这些影响因素一般有：流体流动的起因、流动状态、流体物性、流体物相变化、壁面形状与几何参数等等。可见对流传热是一个内涵复杂的物理现象，表面传热系数只是从数值的大小上反映这个现象在不同条件下的对流传热综合强度。

本节将主要分析影响对流传热的一般因素，一些其他特殊的影响因素，在随后的章节中讨论。

1. 流动的起因和流动状态

驱使流体以某一流速在壁面上流动的原因不外有两种。一种是重力场中流体因各部分温度不同而引起的密度差异所产生的流动，称为自然对流，如空气在供暖散热器表面自下而上的自然对流。另一种是外力，如泵、风机、液面高差等作用产生的流动，称为受迫对流，如翅片管内和管外的流体流动。一般地说，受迫对流流速较自然对流高，流体与壁面的对流传热强度大，因而它的表面传热系数也高。例如空气自然对流时的表面传热系数约为 $5\sim15W/(m^2\cdot K)$，而在受迫对流情况下，可达 $20\sim100W/(m^2\cdot K)$ 或更大。

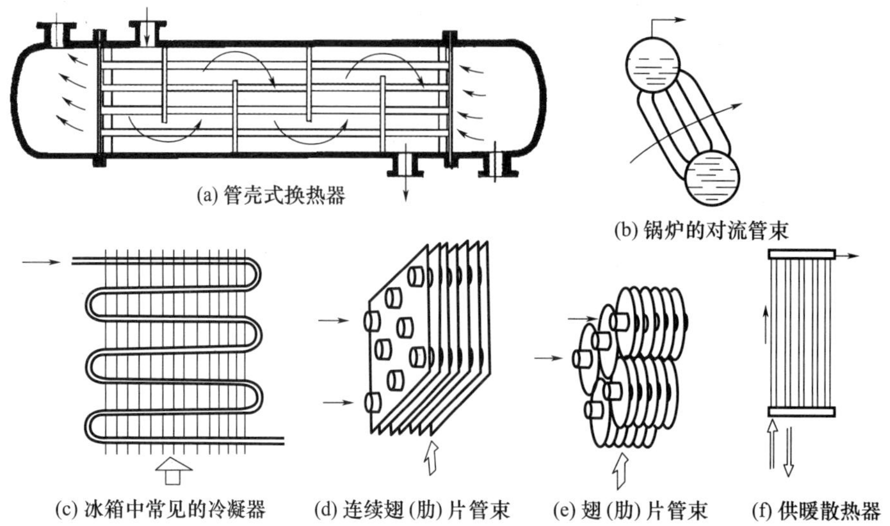

图 13-1-1　几种常见的换热设备示意图

但不论流动的起因如何，流体在壁面上流动又有层流和紊流两种流态。由流体力学知识可知，紊流相对层流来说，在流动方向和垂直于流动方向上的动量传递、质量传递和能量传递都要强很多，因此，一般情况下紊流对流传热综合强度高，换热设备多采用紊流对流传热。故在分析计算对流传热问题时必须区分它的流动状态。

2. 流体的热物理性质

流体的热物性（如比热容、热导率、密度、黏度等）因种类、温度、压力而变化。热导率大，流体内和流体与壁面之间的导热热阻小，对流传热就强，如液体的热导率比气体的高，一般液体的对流传热表面传热系数 h 比气体的高。比热容与密度大的流体，单位体积的流体能携带更多的热焓，从而以对流作用传递热量的能力也强，例如常温下水的比热容与密度之积 $\rho c \approx 4160\mathrm{kJ/(m^3 \cdot K)}$，空气则为 $1.19\mathrm{kJ/(m^3 \cdot K)}$，两者相差悬殊，造成它们的对流传热强度的巨大差异，水的 h 可以达到 $10^4\mathrm{W/(m^2 \cdot K)}$，空气则只为它的 1/100。黏度大，阻碍流体在壁面的流动，不利于对流传热。温度是影响黏度的重要因素，一般液体的黏度将随温度增加而降低，气体则恰恰相反。

在对流传热过程中，由于流场内各处温度不同，物性亦异。为了整理数据和计算公式，一般都要选择某一特征温度以确定相关物性参数，即在该特征温度下把物性作为常量处理，这个特征温度称为定性温度。在各类对流传热问题中，主要依据对流传热过程中起主导作用的温度来选择定性温度。对于同一类对流传热问题，不同学者推荐的计算式定性温度也可能不一样，但都会明确标注。因此在使用计算公式时，要注意该公式所标注的定性温度选择方法。一般说来，主要用以下几种温度作为定性温度：流体温度（主流温度、管道进出口平均温度、容积平均温度等）、壁表面温度、流体温度与壁面温度的算术平均值等。

3. 流体的相变

在一定条件下，流体在对流传热过程中会发生相变，这时的对流传热称为相变传热，如换热设备中的冷凝、沸腾，以及升华、凝华、融化、凝固等，有气、液、固等不同的相参与传热。流体相变时不仅物性发生了很大的变化，而且流动和传热都具有一些新的规律。本节仅分析介绍单相流体的对流传热机理，对相变传热的分析具有一定的指导意义。

4. 传热表面几何因素

传热表面几何因素涉及壁面形状、长度、粗糙度及与流体的相对位置，它直接影响流体在壁面上的流态、速度分布、温度分布。在研究对流传热问题时，应注意针对壁面的几何因素作具体分析。关于流体与壁面的相对位置，在对流传热问题中可划分为外部流动与内部流动两大类，外部对流传热问题包括外掠平板、外掠圆管及管束，内部对流传热问题则涉及管内或槽内流动。

为描述传热表面几何因素的影响，一般在分析计算中采用对对流传热过程有重要影响的几何长度作为特征长度，又称定型长度，本书的一般性论述中采用符号 l 代表定型长度。在计算具体的对流传热问题时，要区别不同情况选用定型长度。例如流体外掠平板对流传热选用板长 l 为定型长度；管内对流传热选用管内径 d_{in} 为定型长度；外掠圆管对流传热选用管外径 d_{out} 为定型长度；流体沿竖壁或竖圆管表面自然对流传热时，选用竖壁或管的高度 H 为定型长度；而沿横圆管外表面自然对流传热时，则要选用横圆管外径 d_{out} 为定型长度（在具体关联式中下标多省略）等。

综合上述几方面的影响，不难得出结论，对流传热表面传热系数将是众多因素的函数，即

$$h=f(u,t_w,t_f,\lambda,c_p,\rho,\alpha,\mu,l) \tag{13-1-1}$$

由于影响对流传热的因素很多，对流传热的分析与计算将分类进行，本书所涉及的典型对流传热类型如表 13-1-1 所示。

研究对流传热的目的之一是通过各种方法寻求式（13-1-1）的具体函数式。由于对流传热涉及的类别多，因此计算对流传热的公式也有很多，但只要理解了上述分类的机理，就不难根据实际条件进行正确的判断、区别和使用。

在求解的方法上，理论解析、数值计算都需要首先建立对流传热过程的数学描述，同时这也是应用相似原理进行实验研究对流传热过程的基础。

表 13-1-1　典型对流传热类型

<table>
<tr><td rowspan="15">对流传热</td><td rowspan="10">无相变传热</td><td rowspan="5">受迫对流传热</td><td rowspan="2">内部流动</td><td>圆管内受迫流动</td></tr>
<tr><td>非圆形管内受迫流动</td></tr>
<tr><td rowspan="3">外部流动</td><td>外掠平板</td></tr>
<tr><td>外掠单管</td></tr>
<tr><td>外掠管束（光管；翅片管）</td></tr>
<tr><td rowspan="4">自然对流传热</td><td rowspan="3">无限空间</td><td>竖壁；竖管</td></tr>
<tr><td>横管</td></tr>
<tr><td>水平壁（上表面与下表面）</td></tr>
<tr><td>有限空间</td><td>夹层空间</td></tr>
<tr><td>混合对流传热</td><td>—</td><td>受迫对流传热与自然对流传热并存</td></tr>
<tr><td rowspan="5">相变传热</td><td rowspan="3" colspan="2">凝结传热</td><td>垂直壁凝结传热</td></tr>
<tr><td>水平单圆管及管束外凝结传热</td></tr>
<tr><td>管内凝结传热</td></tr>
<tr><td rowspan="2" colspan="2">沸腾传热</td><td>大空间沸腾传热</td></tr>
<tr><td>管内沸腾传热（横管、竖管）</td></tr>
</table>

13.1.2　对流传质系数

对流传质问题可以用求解对流换热的方法得到类似的结果。对于二元混合流体系统如果组分摩尔浓度为 $C_{A\infty}$ 的流体流过一固体表面，而在该表面处的组分浓度保持在 $C_{As}\neq C_{A\infty}$ 时，如图 13-1-2 所示，将发生因对流引起的该组分的传质。典型的情况是组分 A 的蒸汽，它分别由液体表面的蒸发或固体表面的升华而传入气流。要计算这种传质速率，如同传热的情况一样，可以建立类似于对流换热系数的概念，即建立质量流密度和传递系数及浓度差之间的关系。

固体壁面与流体之间的对流传质速率可定义为

$$N_A=h_m(C_{As}-C_{A\infty}) \tag{13-1-2}$$

式中　N_A——对流传质速率，kmol /(m^2 · s)；

　　　C_{As}——壁面浓度，kmol/m^3；

$C_{A\infty}$——流体的主体浓度或平均浓度，kmol/m^3；

h_m——对流传质密度，m/s。

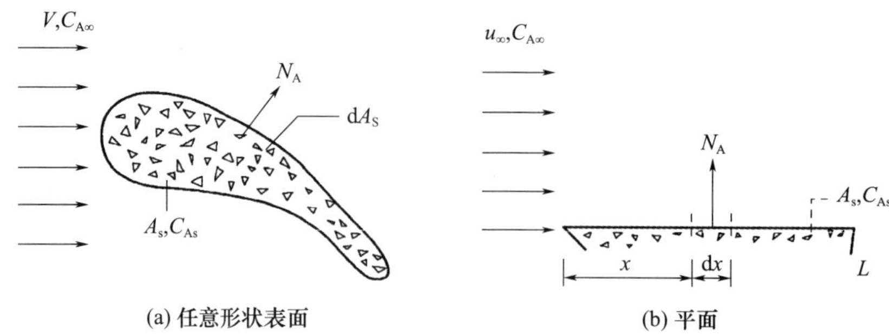

图 13-1-2　局部和总体对流传质系数

式（13-1-2）即为对流传质系数的定义式。由此可见，计算对流传质速率 N_A 的关键在于确定对流传质系数 h_m，但 h_m 的确定是一项复杂的问题，它与流体的性质、壁面的几何形状和粗糙度、流体的速度等因素有关。

13.2　对流传热与传质微分方程组

13.2.1　对流传热微分方程组

本节将根据对流传热过程机理，应用热力学和流体力学基本知识导出对流传热微分方程组，为分析求解以及随后的实验研究提供理论基础。为了抓住问题的实质，不陷入过多的数学分析，本节限于分析不可压缩牛顿型流体①的二维对流传热，物性均为常量。要推导的方程组包括：描述对流传热过程的微分方程式；描述流体流动速度场的连续流动微分方程式和动量守恒微分方程式；描述流体温度场的能量守恒微分方程式等。总之，这些微分方程式反映了前一节讲述的诸多影响因素。通过推导，重点理解各微分方程式中每一项的物理意义。

13.2.1.1　对流传热过程微分方程式

黏性流体在壁面上流动，由于黏性的作用，流体速度将在近壁处逐渐降低，在贴壁处被滞止，处于无滑移状态（与壁的法向距离 $y=0$ 处无相对于壁的流动），热量将只能以导热方式通过这一极薄的贴壁流体层。图 13-2-1 为贴近壁面处流体的速度场与温度场示意图。设壁 x 处壁温为 $t_{w,x}$，远离壁的地方流体温度为 $t_{f,x}$，局部热流密度为 q_x，因热量只能以导热方式通过贴壁流体层，故按傅里叶导热定律，q_x 可表达为：

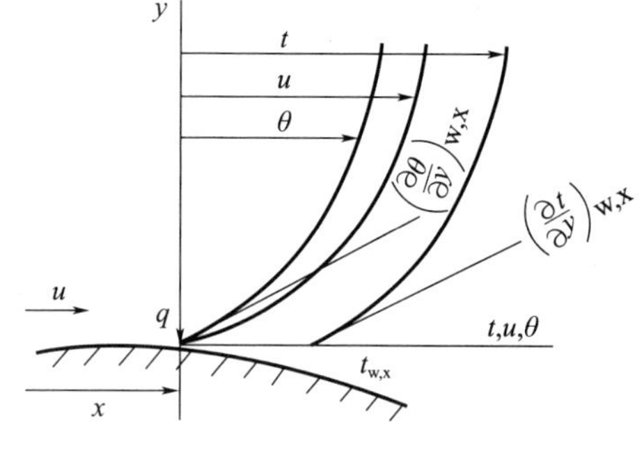

图 13-2-1　对流传热过程

$$q_x=-\lambda\left(\frac{\partial t}{\partial y}\right)_{w,x}(\mathrm{W/m^2})\qquad(13\text{-}2\text{-}1)$$

式中 $\left(\frac{\partial t}{\partial y}\right)_{w,x}$——$x$ 点贴壁处流体的温度梯度，K/m，由近壁面处流体温度场确定；

λ——流体的热导率，W/(m·K)。

另一方面，q_x 为壁面 x 处的对流传热量，它亦可用牛顿冷却公式表达，设局部表面传热系数为 h_x，则

① 服从 $\tau=\frac{\partial u}{\partial y}$定律的流体称牛顿型流体。但一些高分子溶液如油漆、泥浆等则不遵守该定律，称非牛顿型流体。

$$q_x = h_x\ (t_w - t_f)_x = h_x \Delta t_x \tag{13-2-2}$$

式中 $\Delta t_x = (t_w - t_f)_x$ 为 x 点处壁面与流体的温度差。因式（13-2-1）、（13-2-2）表达同一局部热流密度，故

$$h_x = -\frac{\lambda}{\Delta t_x}\left(\frac{\partial t}{\partial y}\right)_{w,x} \tag{13-2-3a}$$

为方便问题的分析，引入过余温度 θ，即流场中任一处的流体温度与壁面温度的差值，$\theta = t - t_w$，改写上式为

$$h_x = -\frac{\lambda}{\Delta \theta_x}\left(\frac{\partial \theta}{\partial y}\right)_{w,x} \tag{13-2-3b}$$

式中 $\Delta\theta_x = (\theta_w - \theta_f)_x$，其中 $\theta_w = 0$，$\theta_f = t_f - t_w$。式（13-2-3）对流体被加热或冷却都是适用的。

式（13-2-3）描述了对流传热表面传热系数与流体温度场的关系，称为对流传热过程微分方程式。从式（13-2-3）可以看出，如果已知 x 处壁面温度和流体温度场后，温度梯度 $\left(\frac{\partial \theta}{\partial y}\right)_{w,x}$ 也就确定了，从而可算出表面传热系数 h_x。因此，根据不同的传热边界条件确定流体的温度场、温度梯度 $\left(\frac{\partial \theta}{\partial y}\right)_{w,x}$，即为分析求解和数值求解的目的。对流传热问题的边界条件主要有两类：第一类边界条件，即壁温为已知，例如壁温维持不变的常壁温边界条件或壁温按某已知规律变化的变壁温边界条件①，已知壁温，待求的是壁面法向流体的温度梯度 $\left(\frac{\partial \theta}{\partial y}\right)_{w}$；第二类为热流边界条件，即已知壁面热流密度 q，例如常热流或变热流边界条件，此时，式（13-2-3）中的温度梯度为已知（从式（13-2-1）计算出），则待求的是壁温。但不论何种边界条件，都必须求解流体内温度分布，即温度场。

在对流传热过程中温度场与流体的速度场是相关联的，为求温度场，必须先求解流体的速度场。速度场的数学描述是连续性方程和动量守恒微分方程（或称运动微分方程式），温度场的数学描述是能量守恒微分方程。这样，对流传热过程微分方程式、连续性方程式、动量守恒微分方程式以及能量守恒微分方程式总称对流传热微分方程组。分析求解和数值求解表面传热系数的基本途径将是：从动量方程和连续性方程解得速度场，再由能量方程解温度场，最后由对流传热过程微分方程式求得表面传热系数。由于流体的热物性（流体密度、热导率、黏度等）是温度的函数，而动量守恒微分方程式包含了与温度有关的物性变量，故温度场与速度场相互耦合，求解过程非常复杂，在这种情况下必须联立求解动量微分方程式和能量微分方程式。本书将只述及物性为常量的非耦合对流传热问题，变物性的对流传热问题多采用数值传热学方法求解。

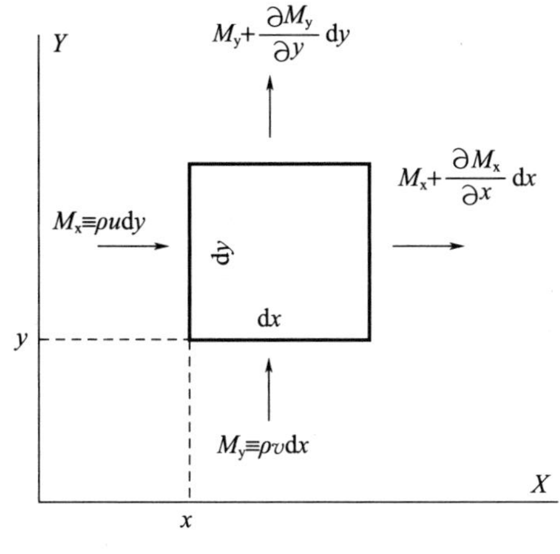

图 13-2-2　连续性方程的推导

13.2.1.2　连续性方程

以二维对流传热问题为例叙述以下各微分方程的建立过程。由此不难获得三维对流传热问题的微分方程。

依据质量守恒定律，可建立流体的连续性方程。从流场（x，y）处取出边长分别为 dx、dy 的微元体（z 方向为单位长度），如图 13-2-2 所示，设 M 为质量流量，kg/s；u、v 分别为 x 与 y 方向速度分量，则流进与流出微元体各方向的质量流量分量表达式为

x 方向：$M_x = \rho u \mathrm{d}y$，$M_{x+dx} = M_x + \frac{\partial M_x}{\partial x}\mathrm{d}x$

y 方向：$M_y = \rho v \mathrm{d}x$，$M_{y+dy} = M_y + \frac{\partial M_y}{\partial y}\mathrm{d}y$

① 蒸汽冷凝或液体沸腾情况下的壁面，可近似认为具有常壁温边界条件；而以薄不锈钢片作为导体，通电加热，或以红外辐射加热方法可以获得常热流边界条件。

由质量守恒定律，在稳态流动情况下，流入微元体的流体质量应等于流出的质量，可导得二维常物性不可压缩流体稳态流动连续性方程

$$\frac{\partial u}{\partial x}+\frac{\partial v}{\partial y}=0 \tag{13-2-4}$$

13.2.1.3　*动量守恒方程*

由牛顿第二运动定律，作用在微元体上各外力的总和等于它的惯性力，即：作用力=质量×加速度。一般情况下，作用力包括：体积力（重力、电磁力等），表面力（由黏性引起的切向应力及法向应力、压力等），由此得到动量微分方程，又称纳维—斯托克斯（Navier-Stokes）方程，简称N·S方程[①]。

为理解方程的意义，简述动量方程的推导过程（参见图13-2-3）。

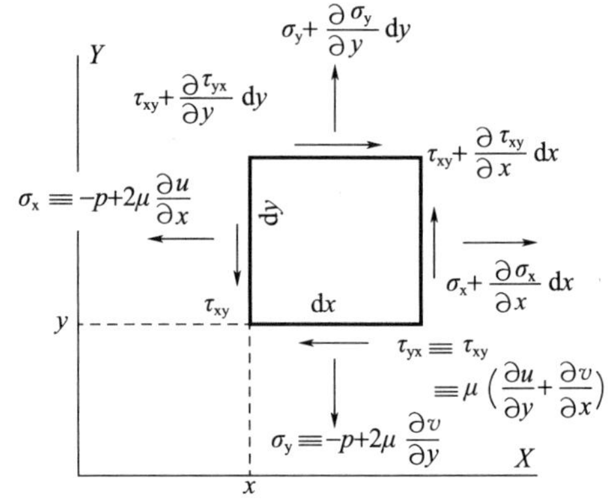

图13-2-3　动量微分方程的推导

1. 微元体的质量×加速度

$$\rho \mathrm{d}x\mathrm{d}y\frac{DU}{\mathrm{d}\tau}$$

式中τ为时间。对二维流动，加速度$\frac{DU}{\mathrm{d}\tau}$在$x$和$y$方向分别为：$\frac{Du}{\mathrm{d}\tau}=\frac{\partial u}{\partial \tau}+u\frac{\partial u}{\partial x}+v\frac{\partial u}{\partial y}$，$\frac{Dv}{\mathrm{d}\tau}=\frac{\partial v}{\partial \tau}+u\frac{\partial v}{\partial x}+v\frac{\partial v}{\partial y}$。

2. 微元体所受的外力

体积力：$X\mathrm{d}x\mathrm{d}y$，$Y\mathrm{d}x\mathrm{d}y$。

式中X，Y为单位容积流体在x、y方向分别受到的体积力分量。

表面力：如图13-2-3所示，其中σ_x和σ_y为微元体表面法向应力，τ_{xy}和τ_{yx}为切向应力，则x、y方向受到的表面力分别为：$\left(\frac{\partial\sigma_x}{\partial x}+\frac{\partial\tau_{yx}}{\partial y}\right)\mathrm{d}x\mathrm{d}y$，$\left(\frac{\partial\sigma_y}{\partial y}+\frac{\partial\tau_{xy}}{\partial x}\right)\mathrm{d}x\mathrm{d}y$。

从而得到动量守恒方程式

x方向
$$\rho\left(\frac{\partial u}{\partial \tau}+u\frac{\partial u}{\partial x}+v\frac{\partial u}{\partial y}\right)=X+\frac{\partial\sigma_x}{\partial x}+\frac{\partial\tau_{yx}}{\partial y}$$

y方向
$$\rho\left(\frac{\partial v}{\partial \tau}+u\frac{\partial v}{\partial x}+v\frac{\partial v}{\partial y}\right)=Y+\frac{\partial\sigma_y}{\partial y}+\frac{\partial\tau_{xy}}{\partial x}$$

将标示在图13-2-3中的σ及τ_{xy}之值代入上式，即可得到动量守恒微分方程，它们的详细推导可参阅文献［1］。

$$\rho\left(\frac{\partial u}{\partial \tau}+u\frac{\partial u}{\partial x}+v\frac{\partial u}{\partial y}\right)=X-\frac{\partial p}{\partial x}+\mu\left(\frac{\partial^2 u}{\partial x^2}+\frac{\partial^2 u}{\partial y^2}\right) \tag{13-2-5a}$$

$$\underbrace{\rho\left(\frac{\partial v}{\partial \tau}+u\frac{\partial v}{\partial x}+v\frac{\partial v}{\partial y}\right)}_{(1)}=\underset{(2)}{Y}-\underset{(3)}{\frac{\partial p}{\partial y}}+\underbrace{\mu\left(\frac{\partial^2 v}{\partial x^2}+\frac{\partial^2 v}{\partial y^2}\right)}_{(4)} \tag{13-2-5b}$$

它适用于不可压缩流体的层流运动，如果速度值、压力值均用瞬时值代入，则式（13-2-5）亦可用于紊流计算。式（13-2-5）共四项，其中（1）为惯性力项，即质量与加速度之积；（2）为体积力；（3）为压强梯度；（4）为黏滞力。

对稳态流动，$\frac{\partial u}{\partial \tau}=\frac{\partial v}{\partial \tau}=0$。

当只有重力场作用时，第（2）项分别为ρg_x、ρg_y。一般来说，对于受迫流动可忽略重力场的

① 1827年由M. Navier提出，1845年G. G. Stokes加以充实完善。此方程已在流体力学中讲授。

作用。对于自然对流则浮升力是流动产生的原因，式（13-2-5）中的（2）和（3）应改为浮升力项，在分析自然对流时再作推导。

13.2.1.4　能量守恒方程

基于能量守恒与转换定律，建立能量守恒微分方程式。在对流传热情况下流体传递的能量一般有：导热量、热对流传递的能量、表面切向应力对微元体做功产生的热（称耗散热）、内热源产生的热等四项。在本章的推导中流体的热物性均认为常量；导热量按傅里叶导热定律计算；热对流传递的能量按焓值（$c_p t$，kJ/kg）计算，参见式（13-0-1）；因一般工程问题流速低（当$\frac{\mu}{\lambda}\frac{u_\infty^2}{t} \ll 1$时），可不考虑耗散热和流体的动能能量；同时认为无化学反应等内热源产生的热。

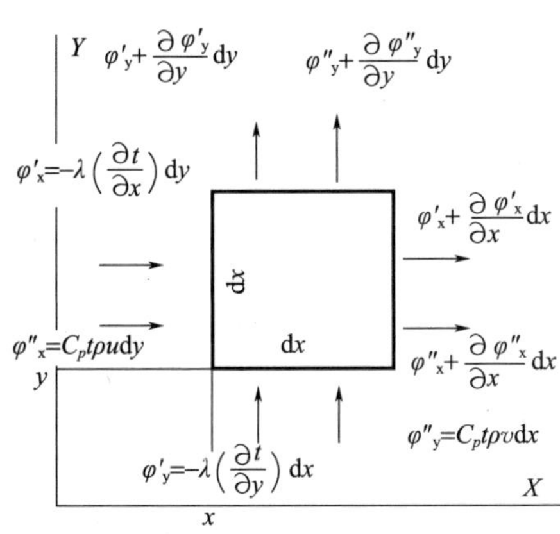

图 13-2-4　能量微分方程的推导

如图 13-2-4 所示的微元体，设 Φ' 为导热量，Φ'' 为热对流传递的能量，则

x 方向导入的净热量 $=\Phi'_x-\left(\Phi'_x+\frac{\partial \Phi'_x}{\partial x}dx\right)=\lambda\frac{\partial^2 t}{\partial x^2}dxdy$，同理，$y$ 方向导入的净热量$=\lambda\frac{\partial^2 t}{\partial y^2}dxdy$。

x 方向热对流传递的净能量$=\Phi''_x-\left(\Phi''_x+\frac{\partial \Phi''_x}{\partial x}dx\right)=-\rho c_p\frac{\partial(tu)}{\partial x}dxdy$，同理，$y$ 方向热对流传递的净能量$=-\rho c_p\frac{\partial(tv)}{\partial y}dxdy$。

由能量守恒定律，上述各项能量总和应等于单位时间微元体能量的增量，其焓值为 $\rho c_p\frac{\partial t}{\partial \tau}dxdy$，从而得到

$$\lambda\frac{\partial^2 t}{\partial x^2}+\lambda\frac{\partial^2 t}{\partial y^2}-\rho c_p\frac{\partial(tu)}{\partial x}-\rho c_p\frac{\partial(tv)}{\partial y}=\rho c_p\frac{\partial t}{\partial \tau} \tag{13-2-6}$$

应用连续性方程，将上式化简整理为

$$\rho c_p\left(\frac{\partial t}{\partial \tau}+u\frac{\partial t}{\partial x}+v\frac{\partial t}{\partial y}\right)=\lambda\left(\frac{\partial^2 t}{\partial x^2}+\frac{\partial^2 t}{\partial y^2}\right) \tag{13-2-7a}$$

引用热扩散率 $a=\lambda/(\rho c_p)$，写成简练形式

$$\frac{Dt}{d\tau}=a\nabla^2 t \tag{13-2-7b}$$

综上，式（13-2-3）、式（13-2-4）、式（13-2-5）、式（13-2-7）构成了二维常物性对流传热微分方程组，共五个微分方程式，包含表面传热系数 h、速度分量 u 及 v、温度 t、压力 p 等五个未知量。求解这些方程，主要途径有两个：分析求解、数值计算解。尽管推导中已忽略了一些因素，使方程得到简化，但仍然难于从数学上得出它的分析解，主要困难是动量微分方程式（13-2-5）的高度非线性。这个问题直到 1904 年德国科学家普朗特（L. Prandtl）提出了著名的边界层概念，简化的分析解才成为可能。本章随后将介绍边界层概念，并用数量级分析方法对上述微分方程组做合理的简化，得出边界层对流传热微分方程组，再介绍分析解的结果。关于数值计算解，随着计算机的发展，数值解法得到广泛应用，上述方程或更复杂的一些对流传热方程，加上相应的单值性条件，已可用数值方法求解，有兴趣的读者可参阅文献［2-3］，本章将简要介绍对流传热微分方程组的离散方法和代数方程组。除分析求解和数值计算解外，目前探索对流传热规律的一个主要途径是通过模型或实物进行实验研究，本章将阐述实验解的基本原理。

13.2.1.5　无限空间自然对流微分方程

图 13-2-5（a）是冷流体沿热壁自然对流运动的状况。当流体受浮力作用沿壁上升时，边界层

开始为层流，如果壁有足够高度，达到某一位置后，流态将转变为紊流。自层流到紊流的转变点取决于壁面与流体间的温度差和流体的性质，由 Gr 与 Pr 之积来判断，一般认为对于常壁温条件，当 $Gr\cdot Pr\geqslant 10^9$ 时，流态为紊流；竖壁自然对流由层流到紊流的转变，有一个较大的范围，$Gr\cdot Pr$ 可能的数值是从 $10^7\sim10^{10}$。边界层的速度分布如图 13-2-5（b）所示，在 $y=0$ 和 $y\geqslant\delta$ 处，u 均为 0（δ 为流动边界层厚度），其间有一最大流速，根据理论解可知层流边界层内最大的自然对流流速大约在 $y=\frac{1}{3}\delta$ 处。对于热边界层，厚度则为 δ_t，δ_t 不一定等于 δ，取决于 Pr。$y=0$，$t=t_w$；δ_t 以外，$t=t_f$。

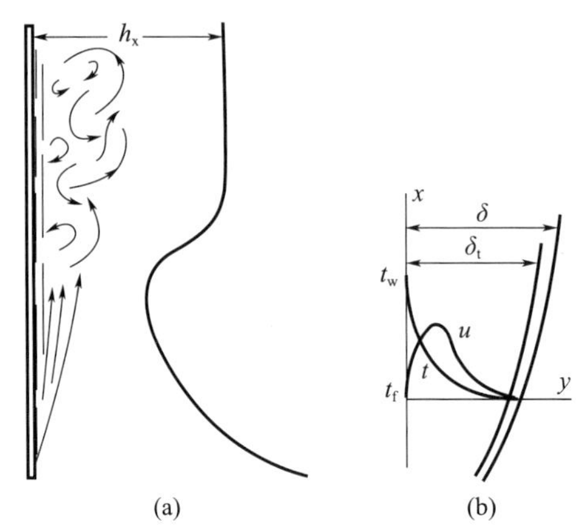

图 13-2-5　自然对流传热边界层及局部表面传热系数的变化

任何对流传热过程的规律都与流态有关，自然对流传热亦然。当边界层流态为层流时，局部表面传热系数将随着厚度的增加逐渐降低，而当边界层由层流向紊流转变后，局部表面传热系数 h_x 将趋于增大。理论和实验的研究都证明，在常壁温或常热流边界条件下当达到旺盛紊流时，h_x 将保持不变，即与壁的高度无关，如图 13-2-5（a）所示。

求解自然对流传热边界层微分方程组，可获得层流时的理论解。为此，对动量微分方程式（13-2-5a）作适当的推导①，把浮升力用温度差表达出来，即可得到描述自然对流的动量微分方程式。取如图 13-2-5（b）所示的一段竖壁二维层流边界层，设 $t_w>t_f$，流体物性除升力项中的密度外均为常量②，密度与温度保持线性关系，并取 x 坐标为流动方向。

将式（13-2-5a）用于稳态自然对流传热过程，并按边界层理论简化后，得

$$\rho\left(u\frac{\partial u}{\partial x}+v\frac{\partial u}{\partial y}\right)=-\rho g-\frac{\partial p}{\partial x}+\mu\frac{\partial^2 u}{\partial y^2}\tag{13-2-8}$$

当 $t_w>t_f$ 时，重力与竖壁（x 轴）平行但方向相反，故式（13-2-5a）中的 X 应为 $-\rho g$。注意到 $y=\delta$，$u\to0$，$v\to0$，$t\to t_f$ 以及相应的 $\rho\to\rho_f$，将这些条件代入式（13-2-8），且考虑到 y 方向 $\frac{\partial p}{\partial y}=0$，则边界层的压强梯度应是

$$\frac{dp}{dx}=-\rho_f g\tag{13-2-9}$$

把式（13-2-8）中的重力与式（13-2-9）合并，则

$$-\rho g-\frac{dp}{dx}=(\rho_f-\rho)g\tag{13-2-10}$$

将 ρ 与 t 的关系视为线性，则体积膨胀系数 α 的定义式可写成

$$\alpha=-\frac{1}{\rho}\frac{\rho_f-\rho}{t_f-t}\tag{13-2-11}$$

---

① 根据数量级分析，y 方向的动量方程可以略去。

② 即其他项中的密度仍作为常量处理，称为 Boussinesq 假定。

即

$$-\alpha\rho(t_f - t) = \rho_f - \rho \tag{13-2-12}$$

将式（13-2-10）和式（13-2-12）的关系代入式（13-2-8），得自然对流层流边界层动量微分方程式

$$\rho\left(u\frac{\partial u}{\partial x} + v\frac{\partial u}{\partial y}\right) = \rho g\alpha(t - t_f) + \mu\frac{\partial^2 u}{\partial y^2} \tag{13-2-13}$$

引用无因次温度 $\Theta = \dfrac{t - t_f}{t_w - t_f}$，并采用与式（13-3-12）相同的无因次量①，将上式无因次化，得

$$U\frac{\partial U}{\partial X} + V\frac{\partial U}{\partial Y} = \frac{g\alpha\Delta tl}{u_0^2}\Theta + \frac{1}{Re_0}\frac{\partial^2 U}{\partial Y^2} \tag{13-2-14}$$

式中 $\dfrac{g\alpha\Delta tl}{u_0^2}$ 可写为 $\dfrac{Gr}{Re_0^2}$，其值反映了浮升力的相对大小。

由于式（13-2-14）中包含了温度变量，故自然对流动量方程需与能量方程式（13-2-37）联立求解。理论解与实验所得的准则关联式很接近，解析方法可参考文献［3，7，10］。

13.2.1.6　努塞尔的层流膜状凝结方程

层流膜状凝结理论解是 1916 年努塞尔（Nusselt）最先导得的，努氏根据连续液膜层流运动及导热机理，建立了液膜运动微分方程式和能量方程式，然后求解液膜内的速度场和温度场，从而得出表面传热系数的理论解。此理论解是层流膜状凝结传热计算的基础。

在建立并求解液膜运动微分方程及能量微分方程中，努氏对液膜的速度场和温度场，如图 13-2-6（a）所示，作了若干合理的设定，把它简化为图 13-2-6（b）的情况，这些设定是：

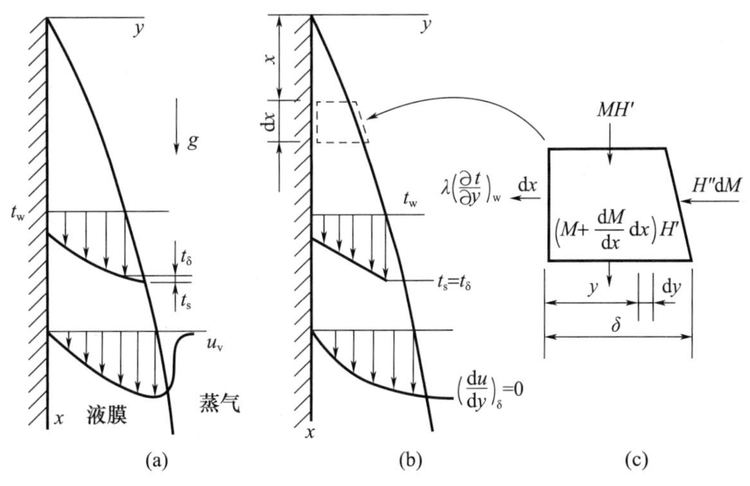

图 13-2-6　膜状凝结传热膜内温度及速度场

（1）纯蒸气在壁上凝结成层流液膜，且物性为常量；

（2）液膜表面温度 $t_\delta = t_s$（饱和温度），即蒸气—液膜交界面无温度梯度，这样，在交界面上仅发生凝结传热而无对流传热；

（3）蒸气是静止的，且认为蒸气对液膜表面无黏滞应力作用，故液膜表面 $\left(\dfrac{\partial u}{\partial y}\right)_{y=\delta} = 0$；

（4）液膜很薄且流动速度缓慢，可忽略液膜的惯性力和对流作用；

（5）凝结热以导热方式通过液膜，因为液膜薄，膜内温度视为线性分布；

（6）忽略液膜的过冷度，即凝结液的焓为饱和液体的焓 H'，实际凝结液的温度将低于饱和温度 t_s，故蒸气不但释放出潜热，还有显热，但两者中潜热远大于显热，以致可以忽略显热。

① 因自然对流的 u_∞ 已无意义，故在无因次化速度中采用边界层内任一点的速度作为参考值。设为 u_0，由 u_0 计算的雷诺数为 Re_0。

根据上述设定，把动量微分方程式（13-2-5）应用于液膜中的微元体，考虑到重力方向与坐标 x 方向一致，在稳态情况下，方程为

$$\rho\left(u\frac{\partial u}{\partial x}+v\frac{\partial u}{\partial y}\right)=\rho g-\frac{\mathrm{d}p}{\mathrm{d}x}+\mu\left(\frac{\partial^2 u}{\partial y^2}\right) \tag{13-2-15}$$

式中 ρ 为液膜密度，$\mathrm{kg/m^3}$；$\frac{\mathrm{d}p}{\mathrm{d}x}$为液膜在 x 方向的压强梯度，此压强梯度可按 $y=\delta$ 处液膜表面蒸气压强梯度计算。将式（13-2-15）应用于蒸气，并设蒸气密度为 ρ_v，考虑到前述（3）和（4）的假定，则由式（13-2-15）得

$$\frac{\mathrm{d}p}{\mathrm{d}x}=\rho_v g \tag{13-2-16}$$

再把它代入式（13-2-15），由上述假定（4），忽略惯性力后，即得到液膜运动微分方程式

$$\mu\frac{\mathrm{d}^2 u}{\mathrm{d}y^2}+(\rho-\rho_v)g=0 \tag{13-2-17}$$

因为在一般压力条件下，$\rho\gg\rho_v$，上式变为

$$\mu\frac{\mathrm{d}^2 u}{\mathrm{d}y^2}+\rho g=0 \tag{13-2-18}$$

上式表明，作用在微元体上的力就只有黏滞应力和重力，两力达到平衡。式（13-2-18）的边界条件是 $y=0$，$u=0$；$y=\delta$，$\frac{\mathrm{d}u}{\mathrm{d}y}=0$。

故积分式（13-2-18）可得膜层内速度分布为

$$u=\frac{\rho g}{\mu}\left(\delta y-\frac{1}{2}y^2\right) \tag{13-2-19}$$

用同样方法，当对流项为零时，由能量微分方程式（13-3-8），得到液膜能量微分方程式

$$\frac{\mathrm{d}^2 t}{\mathrm{d}y^2}=0 \tag{13-2-20}$$

式（13-2-18）与式（13-2-20）即为层流膜状凝结传热微分方程组。由式（13-2-20）的边界条件：$y=0$，$t=t_w$；$y=\delta$，$t=t_s$。

积分得到凝结液膜内温度分布为

$$t=t_w+(t_s-t_w)\frac{y}{\delta} \tag{13-2-21}$$

由速度分布式（13-2-19），在 $y=0\sim\delta$ 范围内积分，得到 x 处断面 1m 宽壁面的凝结液质流量为

$$M=\int_0^\delta \rho u\,\mathrm{d}y=\frac{\rho^2 g\delta^3}{3\mu}\quad(\mathrm{kg/s}) \tag{13-2-22}$$

则质流量 M 在 $\mathrm{d}x$ 距离内的增量为（参见图 13-2-6（c））

$$\frac{\mathrm{d}M}{\mathrm{d}x}\mathrm{d}x=\frac{\mathrm{d}M}{\mathrm{d}\delta}\frac{\mathrm{d}\delta}{\mathrm{d}x}\mathrm{d}x=\frac{\mathrm{d}M}{\mathrm{d}\delta}\mathrm{d}\delta \tag{13-2-23}$$

将式（13-2-22）代入得

$$\mathrm{d}M=\frac{\rho^2 g\delta^2}{\mu}\mathrm{d}\delta \tag{13-2-24}$$

如图 13-2-6（c）所示，液膜微元段热平衡关系式为

$$H''\mathrm{d}M+MH'=\lambda\left(\frac{\mathrm{d}t}{\mathrm{d}y}\right)_w\mathrm{d}x+H'\left(M+\frac{\mathrm{d}M}{\mathrm{d}x}\mathrm{d}x\right) \tag{13-2-25}$$

式中 H'——饱和液体的比焓；

H''——饱和蒸气的比焓。

由式（13-2-21）、式（13-2-24）以及潜热 $r=H''-H'$，上式改写为

$$r\frac{\rho^2 g\delta^2}{\mu}\mathrm{d}\delta=\lambda\left(\frac{t_s-t_w}{\delta}\right)\mathrm{d}x \tag{13-2-26}$$

分离变量 δ 与 x

$$\delta^3 \mathrm{d}\delta = \frac{\lambda\mu(t_s - t_w)\mathrm{d}x}{\rho^2 g r} \tag{13-2-27}$$

由 $x=0$ 处 $\delta=0$ 积分式（13-2-27），得 x 处的液膜厚度

$$\delta = \left[\frac{4\mu\lambda x(t_s - t_w)}{\rho^2 g r}\right]^{1/4} \tag{13-2-28}$$

由于膜层厚度 δ 随 x 的增加与液膜表面凝结传热量有关，而 $\mathrm{d}x$ 微元段内的凝结传热量等于该段膜层的导热量，故

$$h_x(t_s - t_w)\mathrm{d}x = \lambda \frac{t_s - t_w}{\delta}\mathrm{d}x \tag{13-2-29}$$

$$\delta = \frac{\lambda}{h_x} \tag{13-2-30}$$

将上式代入式（13-2-28），消去 δ，得局部表面传热系数

$$h_x = \left[\frac{\rho^2 g \lambda^3 r}{4\mu x(t_s - t_w)}\right]^{1/4} \tag{13-2-31a}$$

设壁的长度为 l①，则液膜的平均表面传热系数为

$$h = \frac{1}{l}\int_0^l h_x \mathrm{d}x = \frac{4}{3}h_{x=l} = 0.943\left[\frac{\rho^2 g \lambda^3 r}{\mu l(t_s - t_w)}\right]^{1/4} \ [\mathrm{W/m^2 \cdot K}] \tag{13-2-31b}$$

式（13-2-31a）、式（13-2-31b）分别为垂直壁层流膜状凝结局部及平均表面传热系数的努塞尔理论计算式。对于与水平面夹角为 θ 的倾斜壁，只需将式（13-2-31）中的 g 改为 $g\sin\theta$ 即可。

对于水平圆管外壁的平均凝结表面传热系数，可在倾斜壁表面传热系数理论解的基础上导出，定型尺寸为管外径 d（m），为

$$h = 0.725\left[\frac{\rho^2 g \lambda^3 r}{\mu d(t_s - t_w)}\right]^{1/4} [\mathrm{W/m^2 \cdot K}] \tag{13-2-32}$$

式（13-2-31）、式（13-2-32）中各项物性数据按膜层平均温度 $t_m = \frac{t_s + t_w}{2}$ 确定，潜热 r 按蒸气饱和温度 t_s 确定。这两式相比较，除系数不同外，主要是定型尺寸，对垂直壁为长度 l，对水平管则为外径 d，因此，只要不是很短的管子，横放时管外的凝结表面传热系数将高于竖放，例如，在相同条件下，当长径比 $l/d=50$ 时，水平管的平均表面传热系数是垂直管的 2 倍多（按层流分析），故冷凝器设计中，通常多采用水平布置。

13.2.2　对流传质的数学描述

在多组分系统中，当进行多维、非稳态、伴有化学反应的传质时，必须采用传质微分方程才能全面描述此情况下的传质过程。多组分传质微分方程的推导原则与单组分连续性方程的推导相同，即进行微分质量衡算，故多组分系统的传质微分方程，亦称为多组分系统的连续性方程。

13.2.2.1　传质微分方程的推导

下面以双组分系统为例，对传质微分方程进行推导。

1. 质量守恒定律表达式

根据欧拉（Euler）观点，在流体中取一边长为 $\mathrm{d}x$、$\mathrm{d}y$、$\mathrm{d}z$ 的流体微元，该流体微元的体积为 $\mathrm{d}x\mathrm{d}y\mathrm{d}z$，如图 13-2-7所示。以该流体微元为物系，周围流体作为环境，进行微分质量衡算。衡算所依据的定律是质量守恒定律。根

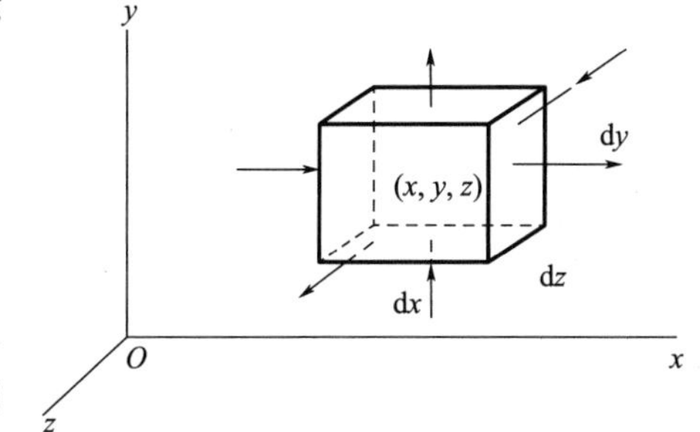

图 13-2-7　微分质量衡算

① 本章因为同时有比焓 H 出现，为免混乱，将竖壁的高度称为长度。

据质量守恒定律，可得出以下衡算式

输入流体微元的质量速率＋反应生成的质量速率＝输出流体微元的质量速率＋流体微元内累积的质量速率

或　　（输出－输入）＋累积－生成＝0

上述关系即为质量守恒表达式，若把表达式中各项质量速率分析清楚，即可得出传质微分方程。

2. 各项质量速率分析

（1）输出与输入微元的质量流量差

设在点（x，y，z）处，流体速度为u（质量平均速度），它在直角坐标系中的分量为u_x、u_y、u_z，则在三个坐标方向上，组分A因流动所形成的质量通量为$\rho_A u_x$、$\rho_A u_y$、$\rho_A u_z$。令组分A在三个坐标方向上的扩散质量通量为j_{Ax}、j_{Ay}、j_{Az}。由此可得组分A沿x方向输入流体微元的总质量流量为$(\rho_A u_x + j_{Ax})\mathrm{d}y\mathrm{d}z$。

而由x方向输出流体微分的微元质量

$$(\rho_A u_x + j_{Ax})\mathrm{d}y\mathrm{d}z + \frac{\partial[(\rho_A u_x + j_{Ax})\mathrm{d}y\mathrm{d}z]}{\partial \tau}\mathrm{d}x = \left[(\rho_A u_x + j_{Ax}) + \frac{\partial[(\rho_A u_x + j_{Ax})]}{\partial x}\mathrm{d}x\right]\mathrm{d}y\mathrm{d}z \tag{13-2-33}$$

于是可得，组分A沿x方向输出与输入流体微元的质量流量差为

$$(输出-输入)_x = \left[(\rho_A u_x + j_{Ax}) + \frac{\partial[(\rho_A u_x + j_{Ax})]}{\partial x}\mathrm{d}x\right]\mathrm{d}y\mathrm{d}z - (\rho_A u_x + j_{Ax})\mathrm{d}y\mathrm{d}z$$
$$= \left[\frac{\partial[(\rho_A u_x + j_{Ax})]}{\partial x} + \frac{\partial j_{Ax}}{\partial x}\right]\mathrm{d}x\mathrm{d}y\mathrm{d}z \tag{13-2-34}$$

同理，组分A沿y方向输出与输入流体微元的质量流量差为

$$(输出-输入)_y = \left[\frac{\partial[(\rho_A u_y + j_{Ay})]}{\partial y} + \frac{\partial j_{Ay}}{\partial y}\right]\mathrm{d}x\mathrm{d}y\mathrm{d}z \tag{13-2-35}$$

及组分A沿z方向输出与输入流体微元的质量流量差为

$$(输出-输入)_z = \left[\frac{\partial[(\rho_A u_z + j_{Az})]}{\partial z} + \frac{\partial j_{Az}}{\partial z}\right]\mathrm{d}x\mathrm{d}y\mathrm{d}z \tag{13-2-36}$$

在三个方向上输出与输入流体微元的总质量流量差为

$$输出-输入 = \left[\frac{\partial(\rho_A u_x)}{\partial x} + \frac{\partial(\rho_A u_y)}{\partial y} + \frac{\partial(\rho_A u_z)}{\partial z} + \frac{\partial j_{Ax}}{\partial x} + \frac{\partial j_{Ay}}{\partial y} + \frac{\partial j_{Az}}{\partial z}\right]\mathrm{d}x\mathrm{d}y\mathrm{d}z \tag{13-2-37}$$

（2）流体微元内累积的质量流量

设组分A的质量浓度为ρ_A且$\rho_A = f(x, y, z, \tau)$，则流体微元中任一瞬时组分$A$的质量为

$$m_A = \rho_A \mathrm{d}x\mathrm{d}y\mathrm{d}z \tag{13-2-38}$$

质量累计速率为

$$\frac{\partial M}{\partial \tau} = \frac{\partial \rho_A}{\partial \tau}\mathrm{d}x\mathrm{d}y\mathrm{d}z \tag{13-2-39}$$

（3）反应生成的质量流量

设系统内有化学反应发生，单位体积流体中组分A的生成质量速率为$\dot{r}_A$，当A为生成物时，$\dot{r}_A$为正，当A为反应物时，$\dot{r}_A$为负。由此可得，流体微元内由于化学反应生成的组分A的质量速率为

$$反应生成的质量流量 = \dot{r}_A \mathrm{d}x\mathrm{d}y\mathrm{d}z \tag{13-2-40}$$

13.2.2.2 传质微分方程

将式（13-2-37）、（13-2-39）、（13-2-40）代入质量守恒定律表达式中，得

$$\frac{\partial(\rho_A u_x)}{\partial x} + \frac{\partial(\rho_A u_y)}{\partial y} + \frac{\partial(\rho_A u_z)}{\partial z} + \frac{\partial j_{Ax}}{\partial x} + \frac{\partial j_{Ay}}{\partial y} + \frac{\partial j_{Az}}{\partial z} + \frac{\partial \rho_A}{\partial \tau} - \dot{r}_A = 0 \tag{13-2-41}$$

展开可得

$$\rho_A\left(\frac{\partial u_x}{\partial x}+\frac{\partial u_y}{\partial y}+\frac{\partial u_z}{\partial z}\right)+u_x\frac{\partial\rho_A}{\partial x}+u_y\frac{\partial\rho_A}{\partial y}+u_z\frac{\partial\rho_A}{\partial z}+\frac{\partial\rho_A}{\partial\tau}+\frac{\partial j_{Ax}}{\partial x}+\frac{\partial j_{Ay}}{\partial y}+\frac{\partial j_{Az}}{\partial z}-\dot{r}_A=0 \tag{13-2-42}$$

由随体导数的定义式

$$\frac{D\rho_A}{D\tau}=\frac{\partial\rho_A}{\partial\tau}+u_x\frac{\partial\rho_A}{\partial x}+u_y\frac{\partial\rho_A}{\partial y}+u_z\frac{\partial\rho_A}{\partial z} \tag{13-2-43}$$

因此，可得

$$\rho_A\left(\frac{\partial u_x}{\partial x}+\frac{\partial u_y}{\partial y}+\frac{\partial u_z}{\partial z}\right)+\frac{D\rho_A}{D\tau}+\frac{\partial j_{Ax}}{\partial x}+\frac{\partial j_{Ay}}{\partial y}+\frac{\partial j_{Az}}{\partial z}-\dot{r}_A=0 \tag{13-2-44}$$

式中的扩散质量通量可由斐克定律给出，即

$$\left.\begin{aligned}j_{Ax}&=-D\frac{\partial\rho_A}{\partial x}\\ j_{Ay}&=-D\frac{\partial\rho_A}{\partial y}\\ j_{Az}&=-D\frac{\partial\rho_A}{\partial z}\end{aligned}\right\} \tag{13-2-45}$$

将其代入式（13-2-44）中，可得

$$\rho_A\left(\frac{\partial u_x}{\partial x}+\frac{\partial u_y}{\partial y}+\frac{\partial u_z}{\partial z}\right)+\frac{D\rho_A}{D\tau}=D\left(\frac{\partial^2\rho_A}{\partial x^2}+\frac{\partial^2\rho_A}{\partial y^2}+\frac{\partial^2\rho_A}{\partial z^2}\right)+\dot{r}_A \tag{13-2-46}$$

写成向量形式

$$\rho_A(\nabla\cdot u)+\frac{D\rho_A}{D\tau}=D(\nabla^2\rho_A)+\dot{r}_A \tag{13-2-47}$$

式（13-2-47）即为通用的传质微分方程。该式是以质量为基准推导的，若以摩尔为基准推导，同样可得

$$C_A\left(\frac{\partial u_{mx}}{\partial x}+\frac{\partial u_{my}}{\partial y}+\frac{\partial u_{mz}}{\partial z}\right)+\frac{DC_A}{D\tau}=D\left(\frac{\partial^2 C_A}{\partial x^2}+\frac{\partial^2 C_A}{\partial y^2}+\frac{\partial^2 C_A}{\partial z^2}\right)+\dot{R}_A \tag{13-2-48}$$

写成向量形式

$$C_A(\nabla\cdot u_m)+\frac{DC_A}{D\tau}=D(\nabla^2 C_A)+\dot{R}_A \tag{13-2-49}$$

式中　u_{mx}、u_{my}、u_{mz}——摩尔平均速度 u_m 在 x、y、z 三个方向上的分量，m/s；

$\dot{R}_A$——单位体积流体中组分的摩尔生成速率，kmol/(m³·K)。

13.2.2.3　传质微分方程的特定形式

在实际传质过程中，可根据具体情况将传质微分方程简化。

1. 不可压缩流体的传质微分方程

对于不可压缩流体，混合物总质量浓度 ρ 恒定，由连续性方程$\nabla u=0$，式（13-2-46）即简化为

$$\frac{D\rho_A}{D\tau}=D\left(\frac{\partial^2\rho_A}{\partial x^2}+\frac{\partial^2\rho_A}{\partial y^2}+\frac{\partial^2\rho_A}{\partial z^2}\right)+\dot{r}_A \tag{13-2-50}$$

写成向量形式

$$\frac{D\rho_A}{D\tau}=D\nabla^2\rho_A+\dot{r}_A \tag{13-2-51}$$

同样，若混合物总浓度 C 恒定，则式（13-2-48）即可简化为

$$\frac{DC_A}{D\tau}=D\left(\frac{\partial^2 C_A}{\partial x^2}+\frac{\partial^2 C_A}{\partial y^2}+\frac{\partial^2 C_A}{\partial z^2}\right)+\dot{R}_A \tag{13-2-52}$$

写成向量形式

$$\frac{DC_A}{D\tau}=D\nabla^2 C_A+\dot{R}_A \tag{13-2-53}$$

式（13-2-50）、式（13-2-52）即为双组分系统不可压缩流体的传质微分方程，或称对流传质方程。该式适用于总浓度为常数，由分子扩散并伴有化学反应的非稳态三维对流传质过程。

2. 分子传质微分方程

对于固体或停滞流体的分子扩散过程，由于 U（或 u_m）为零，则可进一步简化为

$$\frac{\partial \rho_A}{\partial \tau}=D\left(\frac{\partial^2 \rho_A}{\partial x^2}+\frac{\partial^2 \rho_A}{\partial y^2}+\frac{\partial^2 \rho_A}{\partial z^2}\right)+\dot{r}_A \tag{13-2-54}$$

$$\frac{\partial C_A}{\partial \tau}=D\left(\frac{\partial^2 C_A}{\partial x^2}+\frac{\partial^2 C_A}{\partial y^2}+\frac{\partial^2 C_A}{\partial z^2}\right)+\dot{R}_A \tag{13-2-55}$$

若系统内部不发生化学反应，$\dot{r}_A=0$ 及 $\dot{R}_A=0$，则有

$$\frac{\partial \rho_A}{\partial \tau}=D\left(\frac{\partial^2 \rho_A}{\partial x^2}+\frac{\partial^2 \rho_A}{\partial y^2}+\frac{\partial^2 \rho_A}{\partial z^2}\right) \tag{13-2-56}$$

$$\frac{\partial C_A}{\partial \tau}=D\left(\frac{\partial^2 C_A}{\partial x^2}+\frac{\partial^2 C_A}{\partial y^2}+\frac{\partial^2 C_A}{\partial z^2}\right) \tag{13-2-57}$$

式（13-2-56）及式（13-2-57）为无化学反应时的分子传质方程，它们适用于总质量浓度 ρ（或总浓度 C）不变时，在固体或停滞流体中进行分子传质的场合。

3. 柱坐标系与球坐标系的传质微分方程

在某些实际场合，应用柱坐标系或球坐标系来表达传质微分方程要比直角坐标系简便。例如在研究圆管内的传质时，应用柱坐标系传质微分方程较为简便；而研究沿球面的传质时，则用球坐标系传质微分方程较为简便。

柱坐标系和球坐标系传质微分方程的推导，原则上与直角坐标系类似，其详细的推导过程可参考有关书籍。下面以对流传质方程式为例，写出与之对应的柱坐标系与球坐标系的方程。

（1）柱坐标系的对流传质方程

$$\frac{\partial \rho_A}{\partial \tau}+u_r\frac{\partial \rho_A}{\partial r}+\frac{u_\theta}{r}\frac{\partial \rho_A}{\partial \theta}+u_z\frac{\partial \rho_A}{\partial z}=D\left[\frac{1}{r}\frac{\partial}{\partial r}\left(r\frac{\partial \rho_A}{\partial r}\right)+\frac{1}{r^2}\frac{\partial^2 \rho_A}{\partial \theta^2}+\frac{\partial^2 \rho_A}{\partial z^2}\right]+\dot{r}_A \tag{13-2-58}$$

式中 τ——时间；

r——径向坐标；

z——轴向坐标；

θ——方位角；

u_r、u_θ、u_z——流体的质量平均速度 U 在柱坐标系（r，θ，z）三个方向上的分量。

（2）球坐标系的对流传质方程

$$\frac{\partial \rho_A}{\partial \tau}+u_r\frac{\partial \rho_A}{\partial r}+\frac{u_\theta}{r}\frac{\partial \rho_A}{\partial \theta}+\frac{u_\varphi}{r\sin\theta}\frac{\partial \rho_A}{\partial \varphi}=D\left[\frac{1}{r^2}\frac{\partial}{\partial r}\left(r^2\frac{\partial \rho_A}{\partial r}\right)+\frac{1}{r^2\sin\theta}\frac{\partial}{\partial \theta}\left(\sin\theta\frac{\partial \rho_A}{\partial \theta}\right)+\frac{1}{r^2\sin^2\theta}\frac{\partial^2 \rho_A}{\partial \varphi^2}\right]+\dot{r}_A \tag{13-2-59}$$

式中 τ——时间；

r——矢径；

θ——余纬度；

φ——方位角；

u_r、u_θ 和 u_φ——流体的质量平均速度 U 在球坐标系（r，θ，φ）三个方向上的分量。

【例 13-1】 有一含有可裂变物质的圆柱形核燃料长棒，其内部中子生成的速率正比于中子的浓度，试写出描述该情况的传质微分方程。

【解】 由柱坐标的传质微分方程：

$$\frac{\partial C_A}{\partial \tau}+u_{mr}\frac{\partial C_A}{\partial r}+\frac{u_{m\theta}}{r}\frac{\partial C_A}{\partial \theta}+u_{mz}\frac{\partial C_A}{\partial z}=D\left[\frac{1}{r}\frac{\partial}{\partial r}\left(r\frac{\partial C_A}{\partial r}\right)+\frac{1}{r^2}\frac{\partial^2 C_A}{\partial \theta^2}+\frac{\partial^2 C_A}{\partial z^2}\right]+\dot{R}_A$$

固体中传质

$$u_{mr}=u_{m\theta}=u_{mz}=0$$

圆棒细长$\frac{\partial C_A}{\partial z} \ll \frac{\partial C_A}{\partial r}$，即$\frac{\partial^2 C_A}{\partial z^2} \approx 0$

圆柱体轴对称$\frac{\partial C_A}{\partial \theta}=0$，因此$\frac{\partial^2 C_A}{\partial \theta^2}=0$

摩尔生成速率 $\dot{R}_A = kC_A$（k 为比例常数）

所以方程简化为

$$\frac{\partial C_A}{\partial \tau} = D\left[\frac{1}{r}\frac{\partial}{\partial r}\left(r\frac{\partial C_A}{\partial r}\right)\right] + kC_A$$

13.2.2.4　对流传质方程的边界层近似

对流换热微分方程以及对流传质微分方程对物理过程提供了完整的说明，这些物理过程可以影响速度、热量和浓度边界层中的条件。然而，需要考虑所有有关项的情况是很少的，通常根据具体情况可以大大简化方程的形式，例如对暖通空调专业的许多有关的物理现象方程可化简为二维稳态情形。通常的情况，二维边界层可描写为：稳态（和时间无关），流体物性是常数（λ、μ、D_{AB}等），不可压缩（ρ是常数），体积力忽略不计（$X=Y=0$），无化学反应（$\dot{r}_A=0$）及没有能量产生（$\dot{q}=0$）。

通过采用所谓的边界近似可以作进一步的简化。因为边界层厚度一般是很小的，所以可利用下面的不等式

$$\left.\begin{aligned} & u_x \gg u_y \\ & \frac{\partial u_x}{\partial y} \gg \frac{\partial u_x}{\partial x}, \frac{\partial u_y}{\partial y}, \frac{\partial u_y}{\partial x} \end{aligned}\right\} \text{速度边界层}$$

$$\left.\frac{\partial T}{\partial y} \gg \frac{\partial T}{\partial x}\right\} \text{温度边界层}$$

$$\left.\frac{\partial C_A}{\partial y} \gg \frac{\partial C_A}{\partial x}\right\} \text{浓度边界层}$$

即在沿表面方向上的速度分量要比垂直于表面方向的大得多，垂直于表面的梯度要比沿表面的大得多。

组分传递对速度边界层的影响需要给予特别的注意。我们知道，与壁面无质量交换时，表面上的流体速度为零，包括 $u_x=0$ 和 $u_y=0$。但是，如果同时存在向壁面或离开壁面的传质，显然，在壁面处的 u_y 不能再为零。尽管如此，对本书中讨论的传质问题，假定 $u_y=0$ 将是合理的，它相当于假定传质对速度边界层的影响可以忽略。对于从气—液或气—固交界面分别有蒸发或升华的问题，它也是合理的。但是，对涉及大的表面传质率的传质冷却的问题它是不合理的。这些问题的处理可参考文献［8］。另外，在有传质的情况下，边界层流体是组分 A 和 B 的二元混合物，它的物性应该是这种混合物的物性。但是，在所有讨论的问题中，$C_A \ll C_B$，假定边界层的物性（例如 λ、μ、c_p 等）就是组分 B 有关的物性是合理的。

利用上述的简化和近似，总的连续性方程及 x 方向动量方程可简化为

$$\frac{\partial u_x}{\partial x} + \frac{\partial u_y}{\partial y} = 0 \tag{13-2-60}$$

$$u_x \frac{\partial u_x}{\partial x} + u_y \frac{\partial u_x}{\partial y} = -\frac{1}{\rho}\frac{\partial p}{\partial x} + v\frac{\partial^2 u_x}{\partial y^2} \tag{13-2-61}$$

另外，根据利用速度边界层近似的量级分析，可以表明 y 动量方程可简化为

$$\frac{\partial p}{\partial y} = 0 \tag{13-2-62}$$

这就是说，在垂直于表面的方向上压力是不变的。所以，边界层内的压力只随 x 变化，且等于边界层外的自由流中的压力。因此，和表面的几何形状有关的压力 p（x）的形式可以从单独讨论自由流中的流动条件求得。就方程（13-2-61）而论，$(\partial p/\partial x)=(\mathrm{d}p/\mathrm{d}x)$，而且压力梯度可以当作已知量来处理。

通过上述方法，能量方程可简化为

$$u_x\frac{\partial T}{\partial x}+u_y\frac{\partial T}{\partial y}=a\frac{\partial^2 T}{\partial y^2} \tag{13-2-63}$$

且组分 A 的对流传质方程变成

$$u_x\frac{\partial C_A}{\partial x}+u_y\frac{\partial C_A}{\partial y}=D_{AB}\frac{\partial^2 C_A}{\partial y^2} \tag{13-2-64}$$

尽管作了很大的简化，但最终得到的守恒方程（13-2-60）～（13-2-64）还是很难求解的。然而，很明显的是从这样的解中可以确定不同边界层中的条件，对于速度边界层，方程（13-2-60）和（13-2-61）的解提供了作为（x，y）函数的速度分布 $u_x(x, y)$ 和 $u_y(x, y)$。从 $u_x(x, y)$ 可以算出速度梯度$(\partial u_x/\partial y)_{y=0}$，因而就可得到壁面的切应力。用已知的 $u_x(x, y)$ 和 $u_y(x, y)$ 就可求解方程（13-2-63）和（13-2-64），以得到作为（x，y）函数的温度和浓度分布 $T(x, y)$ 和 $C_A(x, y)$，从这些分布就可求得对流换热系数和传质系数[9]。

边界层分析的主要目的是通过求解上述守恒方程来确定速度、温度和浓度分布。这些解是很复杂的，涉及的数学知识一般超出了本书的范围。但是建立那些方程的目的不是为了得到解，其主要动机是培养对在边界层中发生的不同物理过程的鉴别能力。当然，这些过程会影响壁面摩擦，以及穿过边界层的能量和组分的传递。更为重要的是，我们可以利用这些方程来提出一些关键的边界层相似参数，及由对流引起的动量、热量和质量传递之间的重要类比关系。

13.3 边界层理论及应用

前已述及，黏性流体流过物体表面时，贴壁面处将形成极薄的流动边界层，理论分析和实验观察都证实，在这流动边界层里具有很大的速度梯度；当壁面和流体间有温差时，则在贴壁面处亦会出现极薄的温度边界层（或称热边界层），它同样具有很大的温度梯度。因此，边界层的状况对流动和传热具有决定性的作用，这就是边界层理论产生的物理基础。把边界层概念应用于传热学，促进了20世纪传热学的发展。为此，本节将阐述边界层理论及如何应用数量级分析方法建立边界层对流传热微分方程组，进而简述其分析求解的结果。

13.3.1 速度边界层

当具有黏性且能润湿壁的流体流过壁面时，黏滞力将制动流体的运动，形成边界层。若用仪器来测量壁面法线方向（定为 y 方向）不同的离壁距离上各点 x 方向的速度 u，将得到如图13-3-1所示的速度分布曲线，它表明：从 $y=0$ 处开始 $u=0$，随着离壁距离的增加，u 将迅速增大，经过一极薄的流体层，u 就接近达到主流速度 u_∞。这以后，随着离壁距离的增加，速度 u 将缓慢增加至主流速度，如图13-3-1的曲线所示，理论上要到 $y=\infty$处，才能 $u=u_\infty$，因此，$u=u_\infty$ 界面的离壁距离难以明确界定，也无实际意义，故在分析计算中把接近达到主流速度，即$\frac{u}{u_\infty}=0.99$处的离壁距离定义为“边界层厚度”，或称“有限边界层厚度”。例如20℃的空气以 u_∞ 为10m/s的速度外掠平板，在板前缘100mm和200mm处的边界层厚度分别约为1.8mm和2.5mm。可见，边界层厚度远小于平板长度，且厚度很薄。在这样薄的一层流体内，速度 u 由0变化到 $0.99u_\infty$，边界层内的平均速度梯度是极大的，例如在200mm处，边界层的平均速度梯度为 4000s^{-1}，而在紧贴壁面的地方，速度梯度还将远大于此平均值。图13-3-1定性地表达了这一特点。根据牛顿黏性定律，流体的黏滞应力与垂直于运动方向的速度梯度成正比，即

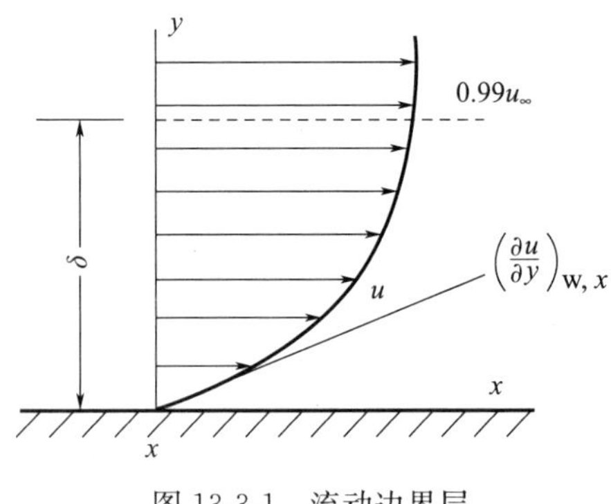

图13-3-1 流动边界层

$$\tau=\mu\frac{\partial u}{\partial y} \tag{13-3-1}$$

式中　τ——黏滞应力，N/m^2；

　　μ——动力黏度，$N\cdot s/m^2$。

对于工业中常见的流体，如空气、燃气、水等，虽然它们的黏度较低，但因速度梯度大，边界层内仍将显现较大的黏滞应力。

边界层以外，流速 u 在 y 方向几乎不再变化，即 $\partial u/\partial y\approx 0$，称为主流区。于是流场可以划分为两个区：边界层区和主流区。边界层区是流体黏性起作用的区域，流体的运动规律可用黏性流体运动微分方程式描述；而对主流区，因速度梯度极小，则可视为无黏性的理想流体，欧拉方程是适用的。这是边界层概念的基本思想。

流体外掠平板是边界层在壁面上形成和发展过程最典型的一种流动，其过程如图 13-3-2。设流体以速度 u_∞ 流进平板前缘，此时的边界层厚度为 0，流进平板后，壁面黏滞应力的影响将逐渐向流体内部传递，边界层也逐渐加厚。从平板前缘开始，在某一距离 x_c 以前，边界层内流体的流动状态将一直保持层流。在层流状态下，流体质点运动轨迹（迹线）接近于相互平行，呈一层一层、有秩序的滑动，称层流边界层，图 13-3-2 中绘出了外掠平板层流边界层速度分布示意图，它呈多项式曲线型。随着层流边界层增厚，边界层速度梯度将变小，这种变化首先是边界层内速度分布曲线靠近主流区的边缘部分开始趋于平缓，导致壁面黏滞力对边界层边缘部分影响的减弱，而惯性力的影响相对增强，进而促使层流边界层从它的边缘开始逐渐变得不稳定起来，自距前缘 x_c 起层流向紊流过渡。一旦紊流区开始形成，由于紊流在流动方向以及垂直于流动方向上传递动量的能力比层流强，紊流流态将同时向外和向壁面扩展，使边界层明显增厚。即它一方面将壁面黏滞力传递到离壁更远一些的地方，将边界层区向外扩展；另一方面，紊流又同时向壁面扩展，紊流区逐步扩大。这可以从图 13-3-2 过渡区边界层厚度曲线走势看出。再向下游，边界层流态最终过渡为旺盛紊流，使紊流区成为边界层的主体，在紊流区流体质点沿主流运动方向的周围做紊乱的不规则脉动（参见第四节），故称紊流边界层，紊流边界层速度分布呈幂函数型。自平板前缘到层流边界层开始向紊流边界层过渡的距离 x_c 称临界长度，由临界雷诺数 $Re_c=u_\infty x_c/v$ 确定。对于外掠平板，Re_c 处于$3\times 10^5\sim 3\times 10^6$，对粗糙壁且又有扰动源时，转变可能在 Re 低于 3×10^5时发生，但若小心消除扰动源，则可使层流保持到 Re_c 的高限。一般情况下可取临界雷诺数为 5×10^5。在相同的物性条件下，u_∞ 越高，则 x_c 越短。

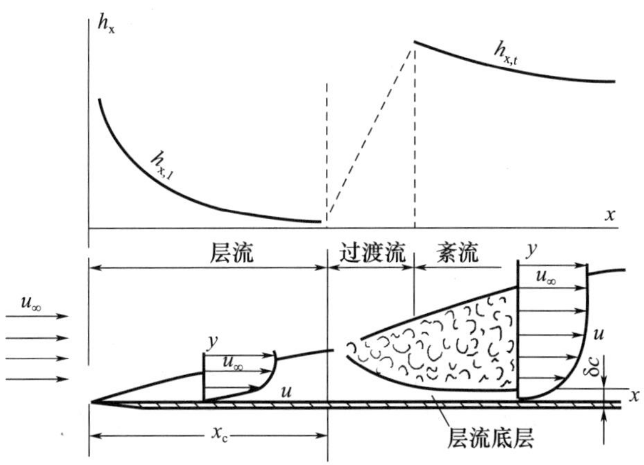

图 13-3-2　外掠平板流动边界层及局部表面传热系数变化的一般规律

必须着重指出，即使是紊流边界层，在紧贴壁面处，黏滞力仍然会占绝对优势，致使贴附于壁的一极薄层仍然会保持层流特征，它具有很大的速度梯度，该极薄层称紊流边界层的层流底层（亦称黏性底层）。实测与理论分析也证明，层流底层与紊流边界层核心区也不是截然划分的，其间还存在一缓冲区（或称过渡区）。

综合上述分析，可概括出流动边界层的几个重要特性：

（1）边界层极薄，其厚度 δ 与壁的定型长度 l 相比极小；

（2）在边界层内存在较大的速度梯度；

（3）边界层流态分层流与紊流，紊流边界层紧贴壁面处是层流底层；

（4）流场可划分为主流区（由理想流体运动微分方程——欧拉方程描述）和边界层区（用黏性流体运动微分方程描述），只有在边界层内才显示流体黏性的影响。

以上四点就是边界层理论的基本概念，对分析流体流动和传热十分重要。

若流体受迫横向外掠圆管，如图 13-3-3 所示，流体接触管面后，从两侧绕过。一般情况下，在圆管的前半部，流体在管表面的流动具有前述的边界层特征，而后半部将发生边界层脱离圆管壁的现象（称绕流脱体或称分离），出现涡流区，边界层流动被破坏。根据来流速度计算的 Re 数可以确定发生绕流脱体的部位及此时边界层内的流动是否已由层流转变为紊流。

流体沿竖壁自然对流时的边界层状况如图 13-3-4 所示。从壁端开始，流动状态先为层流，如果条件具备，边界层内的流动状态将逐渐转变为紊流，由层流转变为紊流所需的高度取决于壁温与流体温度之差、流体物性。

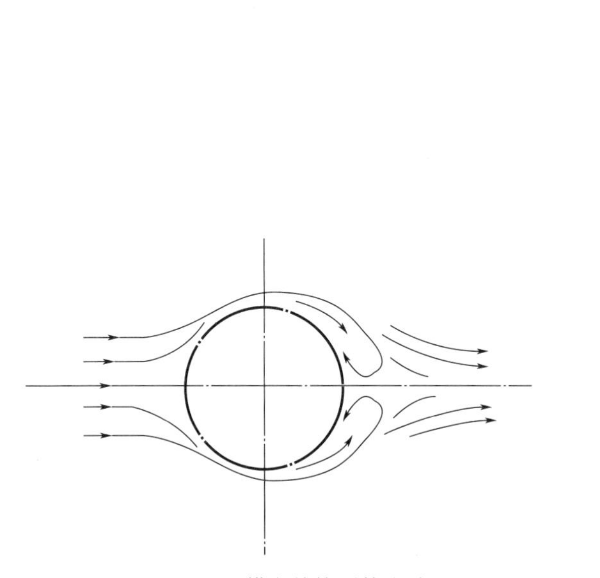

图 13-3-3　横向外掠圆管流动

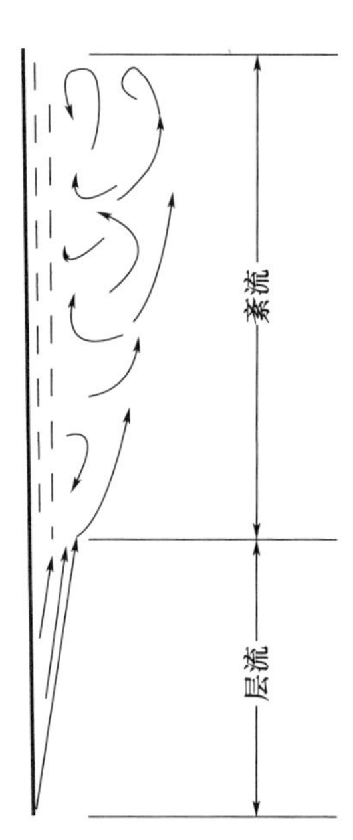

图 13-3-4　自然对流边界层

边界层概念亦可以用来分析其他情况下的流动和传热，例如，流体在管内受迫流动状况，如图 13-3-5。流体进入管口后，在管内壁开始形成环形边界层，并随流向逐渐增厚。与外掠平板不同，在稳态下，沿管长各断面流量是不变的，故管芯流速将随边界层的增厚而增加。经过一段距离 l，管壁上的环形边界层将在管中心汇合，厚度等于管半径，长度 l 称为“管内流动入口段”。入口段以后则为管内流动的充分发展段。这时的流态可用平均流速 u_m 计算的 $Re_m = u_m d/v$ 来判断，当 $Re_m < 2300$ 时为层流，速度分布呈抛物线形；当 $Re_m > 10^4$ 时为旺盛紊流，表明边界层在管的入口段已发展为紊流；当 $2300 < Re_m < 10^4$ 为过渡流。$Re_c = 2300$ 称为管流临界雷诺数。

以上概述，可粗略认识不同情况下流动边界层的形成和发展，它们有共同规律，也各有特点。但要特别指出的是，不是所有上述情况都是边界层类型对流传热问题，只有那些具备前述四个特征的流动和传热，才能称为边界层型流动和传热问题，由边界层微分方程组分析求解。本章将着重分析外掠平板对流传热，介绍其分析解的结果，以此揭示对流传热机理及其分析方法。

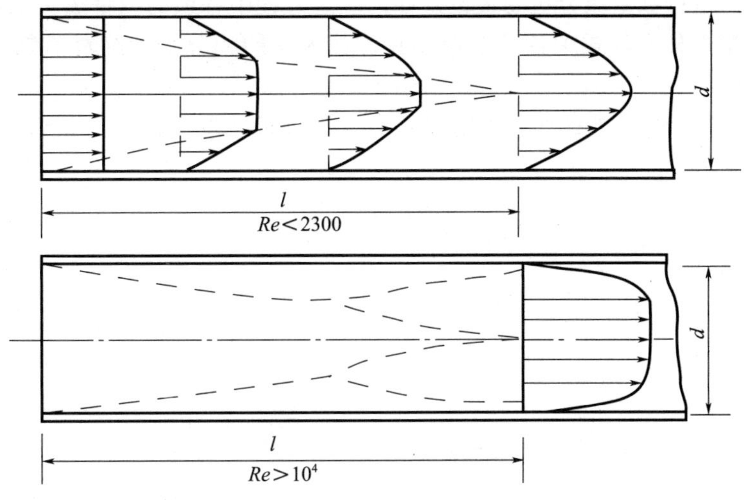

图 13-3-5　管内流动入口段边界层的形成与发展

13.3.2　温度边界层

当流体和壁面之间有温度差时，将产生热边界层，或称温度边界层。以外掠平板为例，图 13-3-6 以过余温度 θ（壁温 t_w 与流体温度 t 之差）标示壁面法向流体温度变化示意曲线。$y=0$ 处，$\theta_w=0$；$y=\delta_t$ 处，达到 $\theta=0.99\theta_f$，δ_t 为热边界层厚度。这样，在热边界层以外可视为温度梯度为零的等温流动区。显然，δ_t 不一定等于 δ，两者之比与流体物性有关。

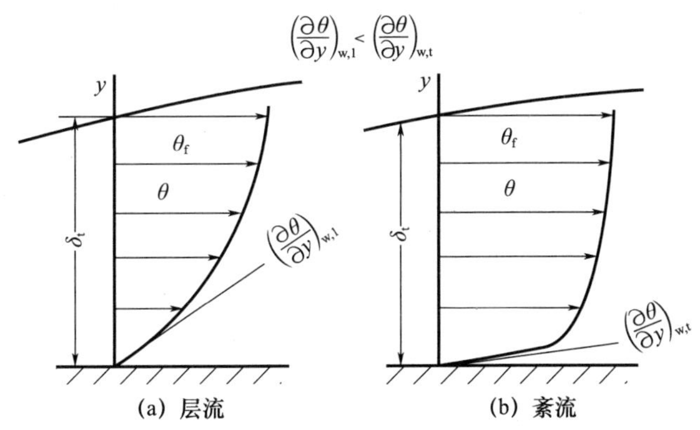

图 13-3-6　热边界层

流动边界层和热边界层的状况决定了边界层内的温度分布和热量传递过程。

对于层流边界层，温度呈多项式曲线型分布，对于紊流边界层则呈幂函数型分布（除液态金属外），紊流边界层贴壁处的层流底层内温度梯度很大。另外，在图 13-3-6 上标绘了局部表面传热系数 h_x 沿平板的变化情况，从平板前缘开始，随着层流边界层增厚，h_x 较快地降低。当流态从层流向紊流转变后，因垂直于流动方向上的动量、能量传递作用增大，h_x 将明显上升，随后，由于紊流边界层厚度增加，h_x 再呈缓慢下降之势。将局部表面传热系数沿全板长积分，可得全板平均表面传热系数 h，积分过程中需注意流态变化。

13.3.3　数量级分析方法

前节导出的对流传热微分方程式尚不能直接分析求解，但根据边界层的特点，运用数量级分析的方法简化对流传热微分方程组，得出边界层对流传热微分方程组，就可以分析求解。

所谓数量级分析，就是将方程中各基本量和各项数量级的相对大小进行比较，从方程中把数量级较大的基本量和项保留下来，舍去那些数量级小的基本量和项。数量级分析的方法在工程实践中有广泛实用的意义。进行数量级分析的关键是如何确定方程中各项的数量级，确定每项的大小，以便进行取舍。本书按微分方程式中各基本量在其计算区间的积分平均绝对值判定它的数量级相对大小。

以受迫二维[①]稳态层流且忽略重力作用时的情况为分析对象，式（13-2-4）、式（13-2-5）及式（13-2-7）可写为下列形式：

$$\frac{\partial u}{\partial x}+\frac{\partial v}{\partial y}=0 \tag{13-3-2}$$

$$\frac{1}{1}\quad\frac{\delta}{\delta}$$

$$\rho\left(u\frac{\partial u}{\partial x}+v\frac{\partial u}{\partial y}\right)=-\frac{\partial p}{\partial x}+\mu\left(\frac{\partial^2 u}{\partial x^2}+\frac{\partial^2 u}{\partial y^2}\right) \tag{13-3-3a}$$

$$1\left[1\frac{1}{1}\quad\delta\frac{1}{\delta}\right]\qquad 1\quad\delta^2\left[\frac{1}{1}\qquad\frac{1}{\delta^2}\right]$$

$$\rho\left(u\frac{\partial v}{\partial x}+v\frac{\partial v}{\partial y}\right)=-\frac{\partial p}{\partial y}+\mu\left(\frac{\partial^2 v}{\partial x^2}+\frac{\partial^2 v}{\partial y^2}\right) \tag{13-3-3b}$$

$$1\quad\left[1\frac{\delta}{1}\quad\delta\frac{\delta}{\delta}\right]\qquad\delta\quad\delta^2\left[\frac{\delta}{1}\quad\frac{\delta}{\delta^2}\right]$$

$$\rho c_p\left(u\frac{\partial t}{\partial x}+v\frac{\partial t}{\partial y}\right)=\lambda\left(\frac{\partial^2 t}{\partial x^2}+\frac{\partial^2 t}{\partial y^2}\right) \tag{13-3-4}$$

$$1\left[1\frac{1}{1}\quad\delta\frac{1}{\delta_t}\right]\quad\delta_t^2\left[\frac{1}{1}\quad\frac{1}{\delta_t^2}\right]$$

在对上述四个方程式进行数量级分析时，可先确定五个基本量的数量级，用符号“～”表示“相当于”，规定用 O（1）和 O（δ）分别表示数量级为 1 和 δ，量 1 远大于量 δ，即 $1\gg\delta$，通过数量级分析把那些 δ 量级的量从方程中除去。当用数量级关系来衡量主流和边界层的一些基本量时，可得：

主流速度与温度 u_∞、$t_\infty\sim O$（1）；

壁面定型长度 $l\sim O$（1）；

边界层厚度 $\delta\sim O$（δ）；$\delta_t\sim O$（δ）。

用上述五个基本量的数量级来衡量方程式中各项，可见：x 与 l 相当，即 $x\sim O$（1）；y 为边界层内各点离壁的法向距离，$0\leqslant y\leqslant\delta$，故 $y\sim O$（δ）；u 沿边界层厚度由 0 到 u_∞，故 $u\sim O$（1）；则 u 对 x 导数的数量级[②]亦应为 $\frac{\partial u}{\partial x}\sim O$（1）；同理，$\frac{\partial t}{\partial x}\sim O$（1）。

$$-\frac{\partial v}{\partial y}=\frac{\partial u}{\partial x}$$

等式两边的数量级应相同，故可得

$$\frac{\partial u}{\partial y}\sim\frac{u_\infty}{l}\sim O(1)$$

则速度 v 的数量级可确定为：

$$v\sim\int_0^\delta\frac{u_\infty}{l}\mathrm{d}y=\frac{u_\infty}{l}\delta\sim O(\delta)$$

可见 v 是一个小量。

从边界层特性知，黏滞力与惯性力的数量级相当，故式（13-3-3）中若 ρ 的数量级定为 $O(1)$，

① 式中 y 方向的速度分量 v 是由于边界层随流向逐渐增厚，一部分流体被排挤出边界层区形成的。

② 在从 0 到 l 距离内，u 变化的最大可能范围是 u_∞ 到 0，故 $\frac{\partial u}{\partial x}$ 的数量级是：$\frac{1}{l}\int_0^l\frac{\partial u}{\partial x}\mathrm{d}x\sim\frac{1}{l}O(1)\sim$ 绝对值 $\frac{u_\infty}{l}\sim O$（1）。

则 μ 为 $O(\delta^2)$①。

在分析各项数量级时，为便于比较，在每项的下方分别标出它们的数量级。

(1) 惯性力项：比较式（13-3-3a）、式（13-3-3b）中的惯性力项，可略去式（13-3-3a）的惯性力项。

(2) 黏滞力项：比较式（13-3-3a）、式（13-3-3b）中的黏滞力项，只需保留式（13-3-3a）中的 $\mu\left(\frac{\partial^2 u}{\partial y^2}\right)$ 这一项。

(3) 压强梯度项：由于式（13-3-3b）中黏滞力和惯性力项均为小项，它的压强梯度亦必 $\frac{\partial p}{\partial y}\sim O(\delta)$。而式（13-3-3a）中 $\frac{\partial p}{\partial x}$ 的数量级将等于或小于 $O(1)$。这表明边界层内压强梯度仅沿 x 方向变化，而壁面法向的压强梯度将极小，以致边界层内任一 x 截面的压强与 y 无关而等于主流的压强。故可将 $\frac{\partial p}{\partial x}$ 改写为 $\frac{\mathrm{d}p}{\mathrm{d}x}$，它的值由伯努利方程求得，即

$$\frac{\mathrm{d}p}{\mathrm{d}x}=\rho u_{\infty}\frac{\mathrm{d}u_{\infty}}{\mathrm{d}x} \tag{13-3-5}$$

上式可视为边界层的又一特性，对分析求解具有重要意义。

采用同样方法可以在式（13-3-4）的下方列出各项的数量级。由热边界层的特性，导热项与对流项的数量级相当，故式（13-3-4）中若 ρc_p 的数量级定为 $O(1)$，则 λ 的量级为 $O(\delta_t^2)$。

对比式（13-3-4）中各项数量级，可以明显看出热边界层的一个特点 $\frac{\partial^2 t}{\partial y^2}\gg\frac{\partial^2 t}{\partial x^2}$ 即 x 方向的导热作用可以忽略，从而使能量方程得到简化。

通过上述数量级分析，得到无内热源二维稳态层流边界层对流传热微分方程组

$$\frac{\partial u}{\partial x}+\frac{\partial v}{\partial y}=0 \tag{13-3-6}$$

$$u\frac{\partial u}{\partial x}+v\frac{\partial u}{\partial y}=-\frac{1}{\rho}\frac{\mathrm{d}p}{\mathrm{d}x}+\nu\frac{\partial^2 u}{\partial y^2} \tag{13-3-7}$$

$$u\frac{\partial t}{\partial x}+v\frac{\partial t}{\partial y}=a\frac{\partial^2 t}{\partial y^2} \tag{13-3-8}$$

上式中 $\frac{\mathrm{d}p}{\mathrm{d}x}$ 由式（13-3-5）计算，故上述方程只有三个未知量：u，v，t。对于外掠平板层流，当 u_{∞}＝常数时，式（13-3-7）还可进一步简化为：

$$u\frac{\partial u}{\partial x}+v\frac{\partial u}{\partial y}=\nu\frac{\partial^2 u}{\partial y^2} \tag{13-3-9}$$

式（13-3-7）由普朗特于 1904 年最先导得，故称普朗特边界层微分方程式。如是，利用边界层概念，把原应在整个流场内求解 N-S 方程和能量方程的问题，简化为求解边界层微分方程（对于边界层区）和伯努利方程（对于主流区）。值得注意的是，在 u_{∞}＝常数时得到的式（13-3-9）同式（13-3-8）的形式完全一致，表明在这种情况下的动量传递和热量传递规律类似。特别是对于 $\nu=a$ 的流体，速度场和温度场（用过余温度或无量纲温度表达）就完全相同，并且流动与热边界层厚度相等。

为了分析与计算的方便，可用无量纲置换方程式中各量，将方程式改写成无量纲形式，即

$$X=\frac{x}{l};Y=\frac{y}{l};P=\frac{p}{\rho u_{\infty}^2} \tag{13-3-10}$$

$$U=\frac{u}{u_{\infty}};V=\frac{v}{u_{\infty}};\Theta=\frac{t-t_w}{t_f-t_w} \tag{13-3-11}$$

---

① 例如常温下，空气 $\rho=1.205\mathrm{kg/m^3}$，$\mu=18.2\times10^{-6}\mathrm{N\cdot s/m^2}$；水的 $\rho=1000\mathrm{kg/m^3}$，$\mu=10\times10^{-4}\mathrm{N\cdot s/m^2}$，符合上述判断。

式中　l——定型长度，对平板即为长度。

无量纲化各量数值均在 0～1 之间，将式（13-3-6）乘以$\frac{l}{u_\infty}$，式（13-3-7）两边乘以$\frac{l}{u_\infty^2}$，式（13-3-8）乘以$\frac{l}{u_\infty}\frac{1}{t_f-t_w}$，则得

$$\left.\begin{aligned}&\frac{\partial U}{\partial X}+\frac{\partial V}{\partial Y}=0\\&U\frac{\partial U}{\partial X}+V\frac{\partial U}{\partial Y}=-\frac{\mathrm{d}P}{\partial X}+\frac{1}{Re}\frac{\partial^2 U}{\partial Y^2}\\&U\frac{\partial \Theta}{\partial X}+V\frac{\partial \Theta}{\partial Y}=\frac{1}{RePr}\frac{\partial^2 \Theta}{\partial Y^2}\end{aligned}\right\}\tag{13-3-12}$$

由式（13-3-12）看出，当 Re 的数量级为$O\left(\frac{1}{\delta^2}\right)$时，惯性力与黏滞力数量级可相当。式中 $Pr=\nu/a$，无量纲数，称普朗特数。上述无量纲化方程的优点是扩大了方程式的概括能力和计算结果的适用性。

13.3.4　外掠平板层流传热边界层微分方程式分析解简述[①]

从上述数量级分析得到的常物性流体外掠平板层流边界层传热微分方程组为

$$\left.\begin{aligned}&\frac{\partial u}{\partial x}+\frac{\partial v}{\partial y}=0\\&u\frac{\partial u}{\partial x}+v\frac{\partial u}{\partial y}=v\frac{\partial^2 u}{\partial y^2}\\&u\frac{\partial t}{\partial x}+v\frac{\partial t}{\partial y}=a\frac{\partial^2 t}{\partial y^2}\\&h_x\Delta t_x=-\lambda\left(\frac{\partial t}{\partial y}\right)_{w,x}\end{aligned}\right\}\tag{13-3-13}$$

求解的基本途径是引用三个无量纲变量，把上述方程式（13-3-9）、式（13-3-8）转换为常微分方程，分别求解出边界层速度场、温度场，进而获得局部表面传热系数解，详见附录 13-1。因为它的结论对于深入掌握对流传热机理具有指导意义，故综述结论如下：

（1）从动量方程式和连续性方程式解得速度场，如图 13-3-7 所示（同时标绘出 v 的分布），进而获得边界层厚度 δ 及局部摩擦系数 $C_{f,x}$，分别为

$$\frac{\delta}{x}=5.0Re_x^{-1/2}\tag{13-3-14}$$

$$\frac{C_{f,x}}{2}=0.332Re_x^{-1/2}\tag{13-3-15}$$

式中雷诺准则 $Re_x=\frac{u_\infty x}{v}$；图中纵坐标 $y\sqrt{\frac{u_\infty}{vx}}$为无量纲离壁距离。$y$ 方向的速度分布用无量纲量$\frac{v}{u_\infty}\sqrt{Re}$表达。

（2）从能量微分方程式（13-3-8）解得不同 Pr 下的温度场，如图 13-3-8 所示，进而由式（13-3-13）求得外掠常壁温平板局部表面传热系数，即

$$h_x=0.332\frac{\lambda}{x}Re_x^{1/2}Pr^{1/3}\tag{13-3-16a}$$

写成无量纲准则关联式：

$$Nu_x=0.332Re_x^{1/2}Pr^{1/3}\tag{13-3-16b}$$

① 由于内容已超出本书范围，本节只简述其结论，详细求解过程列于附录 13-1，以供教学参考。

对长度为 l（m）的常壁温平板，积分得平均表面传热系数

$$h=\int_0^l h_x \mathrm{d}x/l=2h_l \tag{13-3-17}$$

故得

$$h=0.664\frac{\lambda}{l}Re^{1/2}Pr^{1/3} \tag{13-3-18a}$$

或

$$Nu=0.664Re^{1/2}Pr^{1/3} \tag{13-3-18b}$$

式中　Nu——努塞尔数，又称努塞尔准则，$Nu=\frac{hl}{\lambda}$或$Nu_x=\frac{h_x x}{\lambda}$，此无量纲数的大小反映了对流传热过程的强度；

Pr——普朗特数，又称普朗特准则，$Pr=\frac{\nu}{a}=\frac{\mu c_p}{\lambda}$，为无量纲数，反映流体物性对对流传热过程的影响。

（3）分析解式（13-3-16）表明，对于不同物性的流体，Nu 与 $Pr^{1/3}$有关。

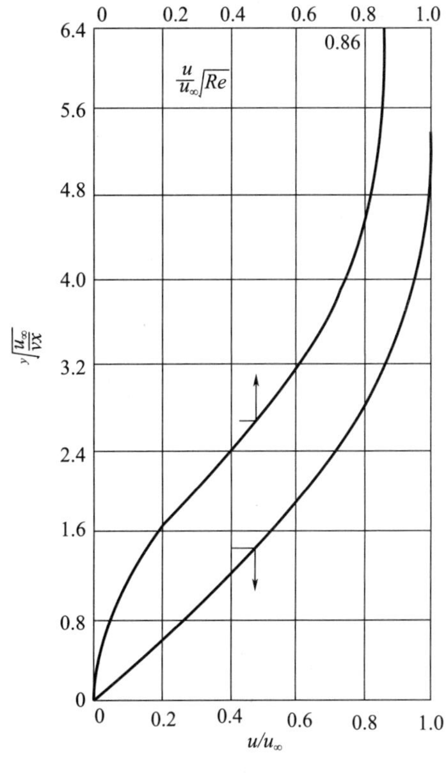

图 13-3-7　外掠平板层流边界层速度场

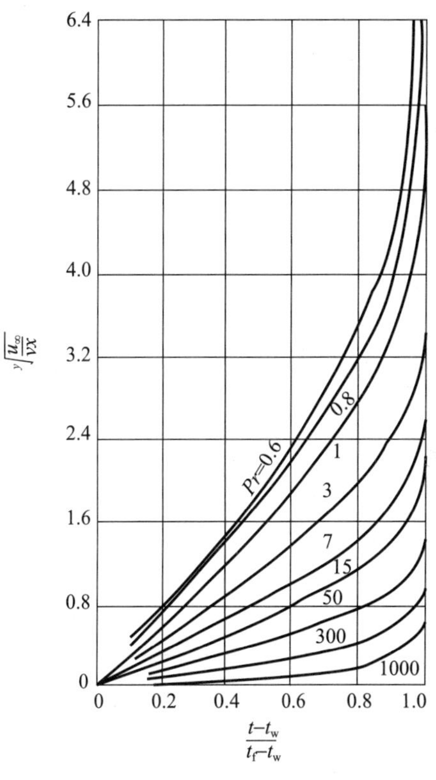

图 13-3-8　外掠常壁温平板层流传热边界层温度场

（4）对于 $Pr=1$ 的流体，由图 13-3-7 和图 13-3-8 可见，边界层无量纲速度和无量纲温度分布曲线完全一致，且 $\delta=\delta_t$。对于 $Pr\neq1$ 的流体，分析解证实，比值$\frac{\delta_t}{\delta}=Pr^{-1/3}$（图 13-3-8 反映了这一规律）。

（5）式（13-3-16）是由不同准则组成的关联式，这表明微分方程式具有准则关联式形式的解。它把微分方程所反映的众多因素间的规律用少数几个准则来概括，即把有多个变量的式子变换为 $Nu=f(Re\cdot Pr)$（在受迫对流传热情况下），变量大为减少。这对于对流传热问题的分析、实验研究及数据的整理，有普遍指导意义。另外，分析解假定流体物性为常量，在实际计算外掠平板对流

传热过程时，物性参数可按边界层平均温度 $t_m=(t_f+t_w)/2$ 确定，即定性温度为 t_m。

【例 13-2】 20℃的水以 1.32m/s 的速度外掠长 250mm 的平板，壁温 $t_w=60$℃。

（1）试求 $x=250$mm 处下列各项局部值：δ、δ_t、$C_{f,x}$、v_{max}、h_x、$\left(\frac{\partial t}{\partial y}\right)_{w,x}$ 及全板平均 C_f，h，传热量 Φ（W，板宽为 1m）；

（2）计算沿板长方向 δ、δ_t、h、h_x 的变化，并绘制曲线图显示其变化趋势。

【解】 以边界层平均温度确定物性参数，$t_m=(t_f+t_w)/2=(20+60)/2=40$℃，查附录 11-1 水的物性为：

$$\lambda=0.635\text{W}/(\text{m}\cdot\text{K})；\nu=0.659\times10^{-6}\text{m}^2/\text{s}；Pr=4.31$$

（1）$Re_x=\frac{u_\infty x}{\nu}=\frac{1.32\times0.25}{0.659\times10^{-6}}=5.01\times10^5$

表明于板长 250mm 处刚刚进入紊流，在此之前可以看作层流状态。

$$\delta=5.0Re_x^{-1/2}x=5.0\times\frac{0.25}{\sqrt{5.01\times10^5}}=1.77\times10^{-3}\text{m}$$

$$\delta_t\approx\delta Pr^{-1/3}=1.77\times10^{-3}\times4.31^{-1/3}=1.09\times10^{-3}\text{m}$$

$$C_{f,x}=0.664Re_x^{-1/2}=0.664\times(5.01\times10^5)^{-1/2}=9.38\times10^{-4}$$

$$C_f=\int_0^x C_{f,x}\text{d}x/x=2C_{f,x}=2\times9.38\times10^{-4}=1.88\times10^{-3}$$

$$v_{max}=\frac{0.86\times u_\infty}{\sqrt{Re_x}}=\frac{0.86\times1.32}{\sqrt{5.01\times10^5}}=1.60\times10^{-3}\text{m/s}$$

$$h_x=0.332\frac{\lambda}{x}Re_x^{1/2}Pr^{1/3}$$

$$=0.332\times\frac{0.635}{0.25}(5.01\times10^5)^{1/2}\times4.31^{1/3}=971\text{W}/(\text{m}^2\cdot\text{K})$$

$$h=2h_x=1942\text{W}/(\text{m}^2\cdot\text{K})$$

$$\left(\frac{\partial t}{\partial y}\right)_{w,x}=-h_x\cdot\Delta t/\lambda$$

$$=-971\times(60-20)/0.635=-6.11\times10^4\text{K/m}$$

全板传热量 $\Phi=h(t_w-t_f)A=1942\times(60-20)\times0.25\times1=19420$W

（2）表 1 仅列出五个局部点的计算结果，详细数据如例图 13-2 所示。

表 1　例 13-2 表

	x（mm）	u_∞（m/s）	Re_x	δ（mm）	δ_t（mm）	h_x［W/(m²·K)］	h［W/(m²·K)］
1	0	1.32	0	0	0	—	—
2	50	1.32	1.00×10^5	0.79	0.49	2172	4343
3	100	1.32	2.00×10^5	1.12	0.69	1535	3071
4	150	1.32	3.00×10^5	1.37	0.84	1254	2507
5	200	1.12	4.01×10^5	1.58	0.97	1086	2172
6	250	1.32	5.01×10^5	1.77	1.09	971	1942

【讨论】 结合本例数据，可进一步思考的问题是：关于对流传热问题的计算步骤，一般首先要由定性温度确定流体的热物性参数，再计算出 Re 数，据此才能确定流态，选定该条件下的计算式；关于边界层，题中的数据具体地反映了边界层厚度的数量级，即边界层厚度与平板的长度尺寸相比是一个很小量级的数值，而且，不论流体的种类及性质如何，只要 Re_x 相同，则边界层厚度随 x 的

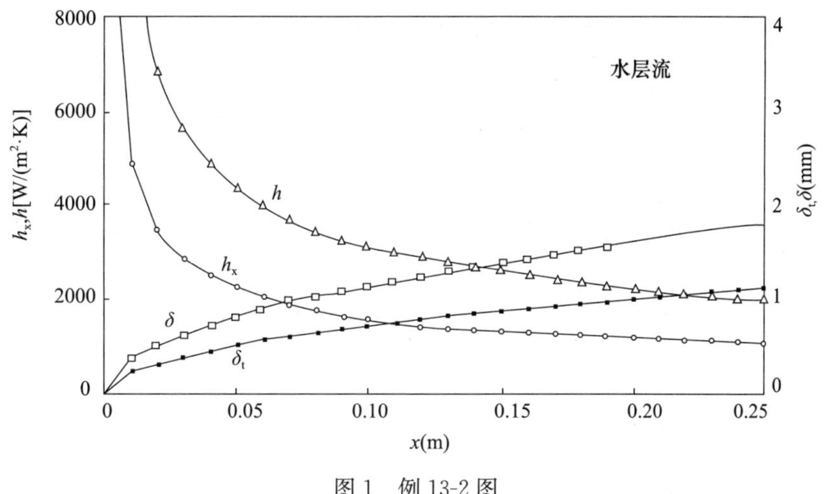

图 1　例 13-2 图

变化将完全一致；至于热边界层的厚度则还要受 Pr 数的影响。可以理解，如果流体黏度比较大，则它的 Pr 数也大，热边界层就更薄。从平板前端开始，局部表面传热系数随 x 增加而急剧降低，因此在其他参数不变的情况下，平板越短，平均表面传热系数就越高，在很多情况下可以利用这一特点来强化传热。

13.3.5　浓度边界层概念及其对传质问题求解的意义

13.3.5.1　浓度边界层的概念

当流体流过固体壁面进行质量传递时，由于溶质组分 A 在流体主体中与壁面的浓度不同，故壁面附近的流体将建立组分 A 的浓度梯度，离壁面一定距离的流体中，组分 A 的浓度是均匀的。因此，可以认为质量传递的全部阻力集中于固体表面上一层具有浓度梯度的流体层中，该流体层即称为浓度边界层（亦称为扩散边界层或传质边界层）。由此可知，流体流过壁面进行传质时，在无温差情况下，在壁面上会形成两种边界层，即速度边界层与浓度边界层。

正如速度边界层和热边界层决定壁面摩擦和对流换热一样，浓度边界层决定了对流传质如果在表面处流体中的组分 A 的浓度 C_{As} 和自由流中的 $C_{A\infty}$ 不同（图 13-3-9），就将产生浓度边界层。浓度边界层厚度为 δ_c，其定义通常规定为 $(C_A-C_{As})/(C_{A\infty}-C_{As})=0.99$ 时与壁面的垂直距离，它是存在较大浓度梯度的流体区域。在表面和自由流的流体之间的对流传质是由这个边界层中的条件决定的。

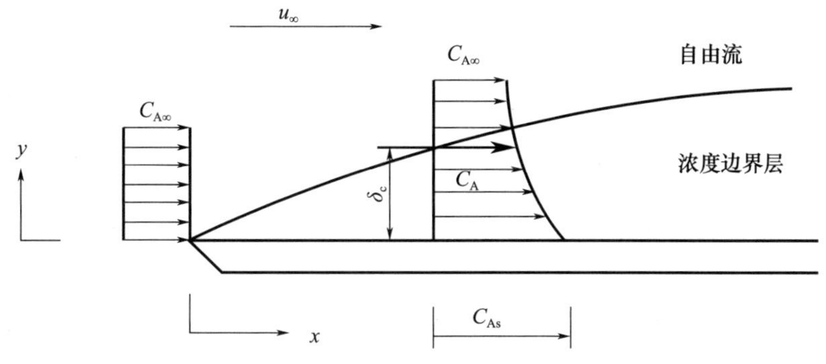

图 13-3-9　浓度边界层示意图

图 13-3-9 的浓度边界层中，在 $y>0$ 的任意点上，组分的传递是由整个流体运动和分子扩散两个因素决定的。当流体与固体壁面之间进行对流传质时，在紧贴壁面处，由于流体具有黏性，必然有一层流体黏附在壁面上，其速度为零，当组分 A 进行传递时，首先以分子扩散的方式通过该静止流层，然后再向流体主体对流扩散。在稳态情况下，组分 A 通过静止流层的传质速率应等于对流传质速率，因此，有

$$N_A = -D_{AB}\frac{\partial C_A}{\partial y}\bigg|_{y=0} = h_m(C_{As} - C_{A\infty}) \tag{13-3-19}$$

合并整理可得

$$h_m = \frac{-D_{AB}\dfrac{\partial C_A}{\partial y}\bigg|_{y=0}}{C_{As} - C_{A\infty}} \tag{13-3-20}$$

因此，浓度边界层的流动状况对表面的浓度梯度$\dfrac{\partial C_A}{\partial y}\bigg|_{y=0}$有很强的影响，进而将影响对流传质系数。

上述结果也可以质量浓度为基准来表示，结果为

$$h_m = \frac{-D_{AB}\dfrac{\partial \rho_A}{\partial y}\bigg|_{y=0}}{\rho_{As} - \rho_{A\infty}} \tag{13-3-21}$$

采用式（13-3-20）求解对流传质系数时，关键在于壁面浓度梯度$\dfrac{\partial C_A}{\partial y}\bigg|_{y=0}$的计算，而要求得浓度梯度，就必须求得浓度分布，因而必须先求解传质微分方程。在传质微分方程中，因包括速度分布，这又要求解运动方程和连续性方程。

由此可知，用式（13-3-20）求解对流传质系数的步骤如下：

1）求解运动方程和连续性方程，得出速度分布；

2）求解传质微分方程，得出浓度分布；

3）由浓度分布，得出浓度梯度；

4）由壁面处的浓度梯度，求得对流传质系数。

应予指出，上述求解步骤只是一个原则。实际上，由于各方程（组）的非线性特点及边界条件的复杂性，利用该方法仅能求解一些较为简单的问题，如层流传质问题，而对实际工程中常见的湍流传质问题，尚不能用此方法进行求解。

【例 13-3】在水表面上方，测得了水蒸气的分压 p_A（atm）和离开表面的距离 y 之间的关系，测量结果图示如下，试求这个位置上的对流传质系数。

【解】已知：在水层表面特定位置上水蒸气的分压 p_A 和距离 y 的函数关系。求：规定位置上的对流传质系数。

假定：(1) 水蒸气可以作为近似的理想气体；(2) 等温条件。

物性参数：水蒸气—空气（298K）：$D_{AB}=0.26\times10^{-4}\text{m}^2/\text{s}$

示意图为例 13-3 图。

分析：由式（13-3-21），局部对流传质系数为

$$h_{m,x} = \frac{-D_{AB}\dfrac{\partial \rho_A}{\partial y}\bigg|_{y=0}}{\rho_{As} - \rho_{A\infty}}$$

或把蒸汽近似地当作理想气体，即

$$p_A = \rho_A R_A T$$

由于温度 T 为常数（等温条件），故

$$h_{m,x} = \frac{-D_{AB}\dfrac{\partial \rho_A}{\partial y}\bigg|_{y=0}}{p_{As} - p_{A\infty}}$$

据测量的蒸汽压力分布，图（c）中 $y=0$ 的切线即为水面处的压力梯度，经几何作图可知，切线在 $y=2.2\text{mm}$ 处与横坐标相交。则压力梯度可计算如下：

$$\frac{\partial \rho_A}{\partial y}\bigg|_{y=0} = \frac{(0-0.1)\text{atm}}{(0.0022-0)\text{m}} = -45.5\text{atm/m}$$

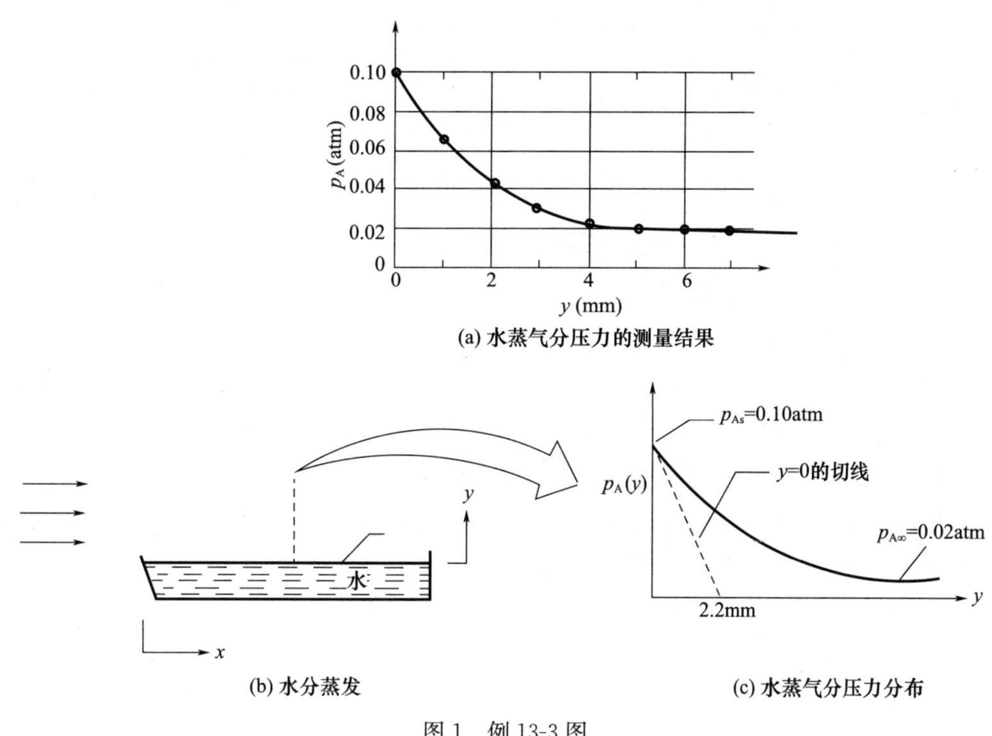

图 1　例 13-3 图

因此

$$h_{m,x}=\frac{-0.26\times10^{-4}\mathrm{m^2/s}\times(-45.5\mathrm{atm/m})}{(0.1-0.02)\mathrm{atm}}=0.0148\mathrm{m/s}$$

说明：要注意的是，由于液体—蒸汽交界面上存在热力学平衡，故可从附录 11-1、11-2 查得该交界面上的温度。据 $p_{As}=0.1\mathrm{atm}=0.101\mathrm{bar}$，可得 $T_s=319\mathrm{K}$；另外还要注意的是蒸发冷却效应可能引起 T_s 值低于 T_∞。

13.3.5.2　边界层的重要意义

可以说，速度边界层的范围是 $\delta(x)$，并且是以存在速率梯度和较大切应力为特征的；热边界层的范围是 $\delta_t(x)$，它是以存在温度梯度和传热为特征；而浓度边界层的范围是 $\delta_c(x)$，是以存在浓度梯度及组分传递为特征。对于我们来说，特别关心的是三种边界层的主要表现形式：表面摩擦、对流换热以及对流传质。于是，重要的边界层参数分别是摩擦系数 C_f、对流换热系数 h 以及对流传质系数 h_m。

对于流过任意表面的流动，总是存在速度边界层，因而存在表面摩擦。但只有当表面与自由流的温度不相同时，才存在热边界层，从而存在对流换热。类似地，只有当表面的组分浓度和它的自由流浓度不同时，才存在浓度边界层，从而存在对流传质最一般的情形是可能发生两种边界层都存在的情况。这样的情况下，三种边界层很少以相同的速率增大，而在一给定的 x 位置上，δ、δ_t 和 δ_c 的值也不一定相同，如图 13-3-10 所示其中三种边界层厚度的相对大小与三种传递的扩散系数的相对大小有直接的关系，扩散系数较大者，其边界层厚度越大。

由于边界层的引入，可以大大简化讨论问题的难度。我们可以将整个的求解区域划分为主流区和边界层区。在主流区内，为等温、等浓度的势流，各种参数视为常数；在边界层内部具有较大的速度梯度、温度梯度和浓度梯度，其速度场、温度场和浓度场需要专门来讨论求解。而在边界层内的连续性方程、动量方程和能量方程可以根据边界层的特性给予简化。与速度边界层和温度边界层的特性相类似，浓度边界层也具有尺寸极小（几米长的平板上的浓度边界层仅为几毫米）、法线方向浓度梯度大的特点，边界层理论引入的重要意义在于把描述主流区和边界层区的控制方程简化至较易求解的形式。当流体与它所流过的固体表面之间，因浓度差而发生质量传递时，在固体表面附

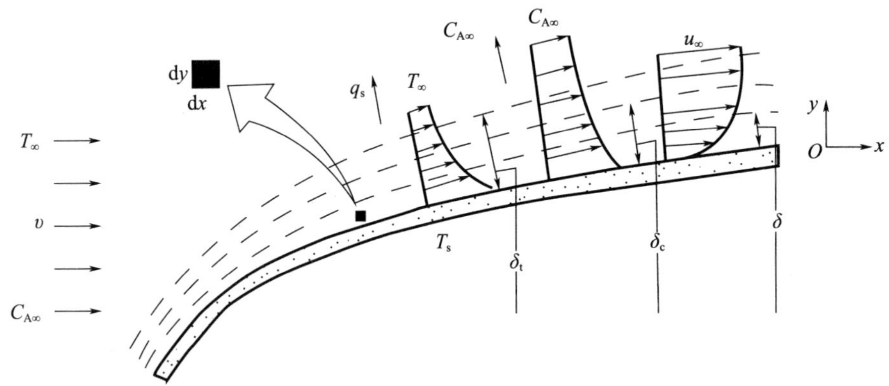

图 13-3-10　任意表面的速度、热和浓度边界层的发展

近形成具有浓度梯度的薄层，这是对流传质过程阻力所在的区域。传质边界层之外，浓度梯度可以忽略，可视为浓度均匀，不存在传质阻力。浓度边界层是流动边界层概念在流体组成非均匀情况下的推广，运用浓度边界层的特性，可简化对流扩散方程，确立浓度分布，求得对流传质系数，以方便对流传质的计算。浓度边界层概念是研究对流传质的理论基础。

13.4　相际间的对流传质模型

质量传递过程涉及的领域很广，如空调工程中空气的处理过程，化学工程中常见的有蒸馏、吸收、萃取和干燥等，质量传递过程还与反应过程、离子交换、反渗透技术和生物工程等过程密切相关。前面所讨论的传质过程只局限于一均匀相内，并假设相内传递过程是连续的。然而，在工程实际中存在着多相流体的传热与传质问题。例如，气体的吸收、液—液萃取、易挥发组分的蒸馏等过程属于多相流体的传热或传质，其共同特点是物质穿越界面而传递。传质机理是说明传质过程的基础，有了正确的传质理论，便可以据此对具体的传质过程及设备进行分析，优化选择合理的操作条件，对设备的强化、新型高效设备的开发作出指导。传质理论一般首先是对传质过程提出一个说明传质机理的数学物理模型，研究该模型的解，讨论影响传质过程的各种因素，以实验验证该传质理论的正确程度，进而可以用实验的结果，修正数学物理模型，最后得到比较切合实际工程问题的传质模型。前已述及，计算对流传质速率的关键是确定对流传质系数，而对流传质系数的确定往往是非常复杂的。为使问题简化，可在对对流传质过程分析的基础上作一些合理的假定，然后根据这些假定建立描述传质过程的数学模型。迄今为止，研究者作了大量的研究工作讨论传质理论，提出了不少传质模型。本节将概括介绍主要模型薄膜理论、溶质渗透理论和表面更新模型的基本理论，并简要介绍固液相变问题。

13.4.1　薄膜理论

薄膜理论又简称为膜理论，最初由能斯特（Nernst）于 1904 年提出，惠特曼（White-man）在此基础上于 1923 年提出了双膜理论。其基本的论点是：当流体靠近物体（如固体或液体）表面流过时，存在着一层附壁的薄膜，在薄膜的流体侧与具有浓度均匀的主流连续接触，并假定膜内流体与主流不相混合和扰动。在此条件下，整个传质过程相当于此薄膜上的扩散作用，而且认为在薄膜上垂直于壁面方向上呈线性的浓度分布，膜内的扩散传质过程具有稳态的特性。如图 13-4-1 所示。

根据膜理论，按斐克定律所确定的稳态扩散传质通量为

$$N_A=-D\frac{dC_A}{dx}=D\frac{C_{Aw}-C_{Af}}{\delta}\tag{13-4-1}$$

或

$$N_A=h_m(C_{Aw}-C_{Af})\tag{13-4-2}$$

由上两式比较可知上式中的传质系数 h_m 为

$$h_m = \frac{D}{\delta} \tag{13-4-3}$$

13.4.2　渗透理论

实验表明，对流传质系数 h_m 在大多数情况下，并不像薄膜理论所确定的那样，与扩散系数 D 呈线性关系。因为在靠近表面的流体薄层中，并不是单纯的分子扩散过程，而扩散的浓度也不是线性分布。同时，就流过的流体来说，也并非单纯的稳态传质过程。

基于上述分析，1935 年希格比（Higbie）随之就提出了另一种说明对流传质过程的设想，即传质系数的渗透理论。渗透理论的图解如图 13-4-2 所示。

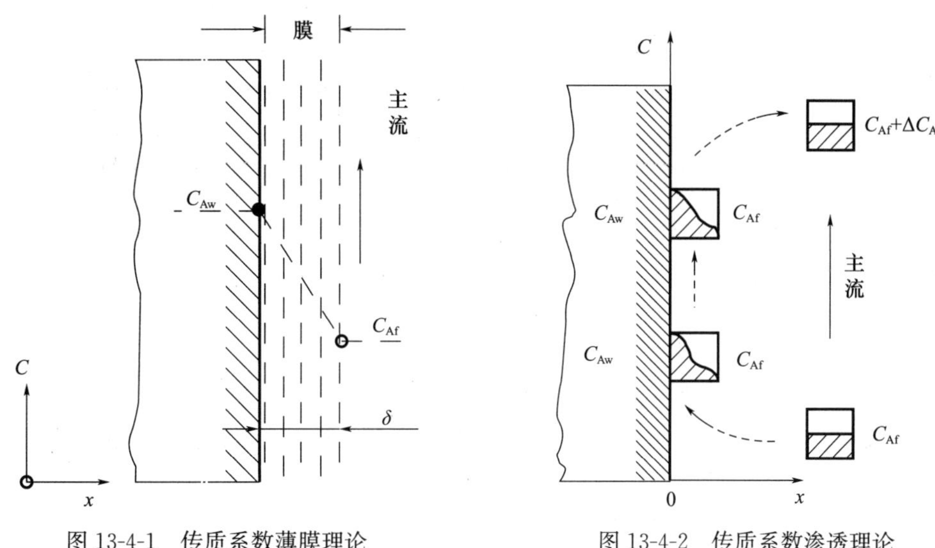

图 13-4-1　传质系数薄膜理论　　图 13-4-2　传质系数渗透理论

渗透理论认为，当流体流过表面时，有流体质点不断地穿过流体的附壁薄层向表面迁移并与之接触，流体质点在与表面接触之际则进行质量的转移过程，此后流体质点又回到主流核心中去。在 $C_{Aw}>C_{Af}$ 的条件下，流体质点经历上述过程又回到主流时，组分浓度由 C_{Af} 增加到 $C_{Af}+\Delta C_A$，如图 13-4-2所示。流体质点在很短的接触时间内，接受表面传递的组分过程表现为不稳态特征。从统计的观点，则可将由无数质点群与表面之间的质量转移，视为流体靠壁薄层对表面的不稳态扩散传质过程。

下面依据渗透理论的观点，对近壁流体的不稳态扩散传质过程进行分析，以确定此条件下的传质系数。为简化分析，上述不稳态传质过程被视为一维问题。

对一维不稳态扩散过程，其控制方程为

$$\frac{\partial C}{\partial \tau} = D\frac{\partial^2 C}{\partial x^2} \tag{13-4-4}$$

过程的初始和边界条件如下：

$$当\ \tau=0, 0\leqslant x\leqslant\infty, C=C_{Af} \tag{13-4-5}$$

$$当\ \tau>0, x=0, C=C_{Aw} \tag{13-4-6}$$

$$当\ \tau>0, x\to\infty, C=C_{Af} \tag{13-4-7}$$

在式（13-4-5）～（13-4-7）的条件下，对式（13-4-4）利用积分变换的方法求解，其结果为

$$\frac{C_{Aw}-C(x,\tau)}{C_{Aw}-C_{Af}} = \mathrm{erf}\left(\frac{x}{2\sqrt{D\tau}}\right) \tag{13-4-8}$$

式中，erf 为高斯误差函数，$\mathrm{erf}(x) = \frac{2}{\sqrt{\pi}}\int_0^x e^{-u^2}du$ 。

通过界面上（$x=0$ 处）的质扩散通量，按斐克定律：

$$N_A|_{x=0}=-D\left(\frac{\partial C}{\partial x}\right)_{x=0} \tag{13-4-9}$$

对式（13-4-8）求导，确定出界面上的浓度梯度为

$$\left(\frac{\partial C}{\partial x}\right)_{x=0}=\frac{1}{\sqrt{\pi D\tau}}(C_{Af}-C_{Aw}) \tag{13-4-10}$$

故
$$N_A|_{x=0}=\sqrt{\frac{D}{\pi\tau}}(C_{Aw}-C_{Af}) \tag{13-4-11}$$

当传质的时间为 τ 时，则平均扩散通量为

$$\overline{m}_A=\frac{1}{\tau}\int_0^\tau N_A d\tau \tag{13-4-12}$$

将式（13-4-11）代入，则有

$$\begin{aligned}\overline{m}_A&=\frac{1}{\tau}\int_0^\tau\sqrt{\frac{D}{\pi\tau}}(C_{Aw}-C_{Af})d\tau\\&=2\sqrt{\frac{D}{\pi\tau}}(C_{Aw}-C_{Af})\end{aligned} \tag{13-4-13}$$

渗透理论认为，所有质点在界面上在有效的暴露时间 t_c 后立即被后续的新鲜质点所置换，将式（13-4-13）与传质系数定义式作比较，则知此时的传质系数为

$$h_m=2\sqrt{\frac{D}{\pi t_c}} \tag{13-4-14}$$

由膜理论确定的对流传质系数与扩散系数呈线性关系，即 $h_m\propto D$；而按渗透理论则为二次方根关系，即 $h_m\propto D^{1/2}$。实验结果表明，对于大多数的对流传质过程，传质系数与扩散系数的关系如下式

$$h_m\propto D^n,(n=0.5\sim1.0) \tag{13-4-15}$$

这就是说，一般情况都在膜理论和渗透理论所确定的范围之内。

13.4.3 表面更新理论

溶质渗透理论的有效暴露时间 t_c 不易确定，在十多年里这个理论没有得到很好的应用。1951年丹克维尔茨（Danckwerts）对希格比的溶质渗透理论进行了研究和修正。提出了表面更新模型，也称为渗透—表面更新模型。该模型以一个表面更新率 s 代替渗透模型中的 t_c，则传质系数为

$$h_m=\sqrt{D_{AB}s} \tag{13-4-16}$$

式中，s 为表面更新率，与流体动力条件及系统的几何形状有关，是由实验确定的常数，当紊流强烈时，表面更新率必然增大。由此可见，传质系数 h_m 与表面更新率 s 的平方根成正比。

渗透—表面更新模型自从提出后，获得了较快的发展。该模型从最初应用于吸收液相内的传质过程，后来又应用于伴有化学反应的吸收过程，现已应用于液—固和液—液界面的传质过程。

13.4.4 一维固液相变问题

相变材料储能在建筑节能和暖通空调领域有重要应用。在实行峰谷电价的地区，冰蓄冷空调可利用夜间廉价电运行，不仅可缓解电网负荷峰谷差，而且可节约运行费用，在世界不少发达国家和我国的许多地区已经被广泛采用。同样蓄热采暖也正受到重视。此外，在建筑围护结构中采用相变材料，可以减少外界温度波动造成的室内温度波动，减少空调、供暖能耗，提高室内环境热舒适度，其应用也正受到关注。在相变储能应用中了解固液相变的特点和相变传热规律及其相变传热的分析方法，对有关系统的性能设计和运行优化有指导意义。本节对此作一简要介绍。

13.4.4.1 固液相变简介

物质的存在通常分为三态：固态、液态和气态。物质从一种状态变到另一种状态称为相变。相变形式有以下几种：（1）固—液相变；（2）液—气相变；（3）固—气相变；（4）固—固相变。相变

过程一般是等温或近似等温过程，相变过程中伴有能量的吸收和释放，这部分能量称为相变潜热。相变潜热一般比较大，以水为例，水的比热容为 $c_p=4.18$kJ/(kg·K)，其冰融化成水的融解热为 334.4kJ/kg（1atm，0℃），水变为水蒸气的汽化热为 2253kJ/(kg·K)。相变过程是一伴有较大能量吸收或释放的等温或近似等温的过程，这个特点是其能够广泛应用的原因和基础。

相变贮能在建筑节能和暖通空调领域中有一些重要应用，它是缓解能量供求双方在时间、强度和地点上不匹配的有效方式，是合理利用能源以及减少环境污染的有效途径，是热能系统（广义）优化运行的重要手段。由于固—固相变或固—液相变形式在上述四种相变形式中相变材料体积变化较小，易与运行系统匹配、易控制，因此应用中容易被采用。

13.4.4.2　一维凝固和融解问题

一些相变潜热贮能系统（latent heat thermal energy storage，简称 LHTES）中的传热问题在周边热损和液相自然对流可忽略的情况下可作简化处理，即可视为一维相变传热问题。人类对相变传热问题的研究最初就是从一维问题着手的（1891 年 Stefan 研究了北极冰层厚度，以后关于相变传热的移动边界问题就被称为 Stefan 问题）。下面简要介绍从实际中抽象出来的几种常见的一维相变传热问题。

1. 一维半无限大物体的相变传热问题

一半无限大相变材料 PCM（phase change material）液体初始处于均匀温度 T_i，时间 $t>0$ 时，边界 $x=0$ 处被突然冷却并一直保持一低于 PCM 熔点 T_m 的温度 T_w。假定凝固过程中固相与液相的物性与温度无关，两相密度相同，相界面位置为 $s(t)$。可以根据能量守恒原理求出两相区内温度分布和 $s(t)$ 的变化规律，如图 13-4-3 所示。

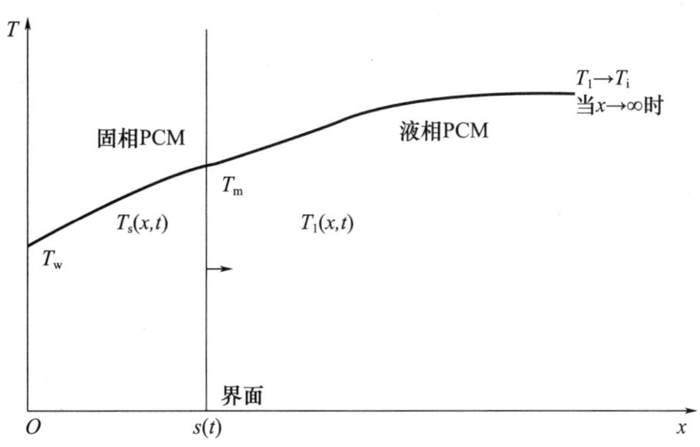

图 13-4-3　半无限大平板凝固过程示意图

2. 考虑在轴对称无限大区域内由一线热汇所引起的凝固过程

如图 13-4-4 所示，一条强度为 Q 的线热汇置于均匀温度 T_i($T_i>T_w$)的液体之中，于 $t=0$ 开始作用液体出现凝固，固—液界面向 r 正方向移动，为简化起见，忽略相变前后的密度差，可求温度分布和相变边界移动规律。

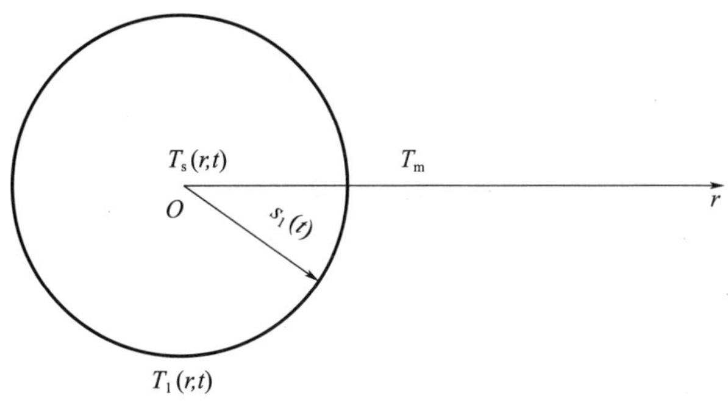

图 13-4-4　轴对称情况下相变发生在一个温度区间示意图

3. 有限大平板的凝固问题

如图 13-4-5 所示，温度为 T_i 的液体被限制在一定宽度的空间内（$0 \leqslant x \leqslant b$），$T_i > T_w$。当时间 $t>0$ 时，$x=0$ 边界施加并维持一恒定温度 T_w，$T_w < T_m$，$x=b$ 的边界维持绝热。凝固过程从 $x=0$ 的面开始，固—液界面向 x 的正方向移动。依据能量守恒原理可求温度分布和相变边界移动规律。

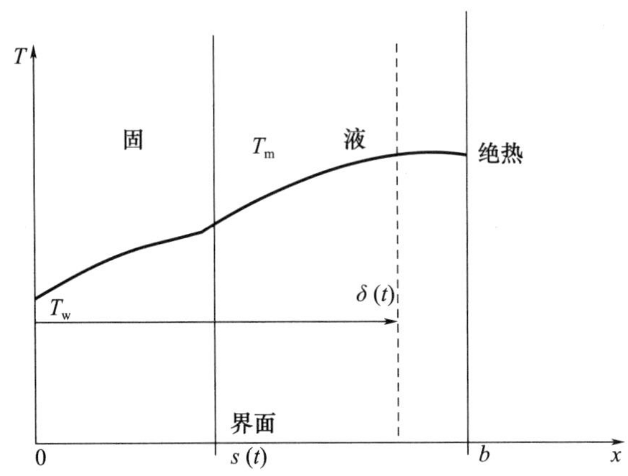

图 13-4-5　有限大平板凝固过程示意图

4. 圆柱体内的凝固问题

半径为 R 的无穷长圆管内充满凝固点温度为 T_m 的液体，当 $t>0$ 时，圆管被突然置于温度 $T_a < T_m$ 的环境中，因对流冷却而凝固，表面换热系数 h 为常数。如图 13-4-6 所示。依据能量守恒原理可求相变材料内逐时温度分布和圆管的逐时传热速率。

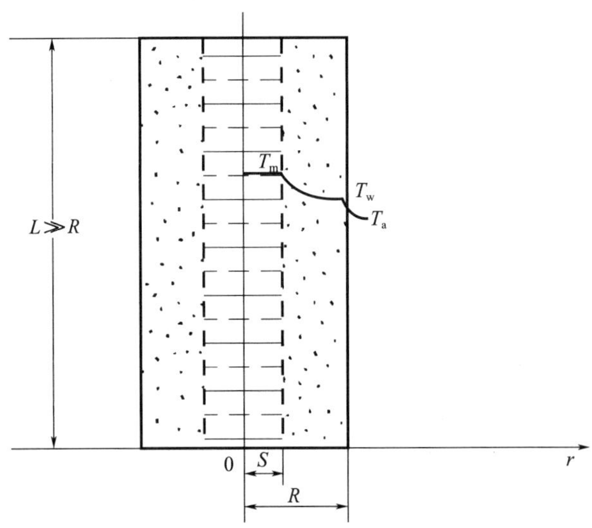

图 13-4-6　圆管凝固过程示意图

5. 圆球内的凝固问题

半径为 R 的圆球内充满凝固点温度为 T_m 的液体，当 $t>0$ 时，圆球被突然置于温度 $T_a < T_m$ 的环境中，因对流冷却而凝固，表面换热系数为常数。依据能量守恒原理可求球内逐时温度分布和圆球的逐时传热速率。

这些问题的求解一般可采用分析求解和数值方法。精确分析以纽曼方法为主，近似分析方法很多，主要有积分法、准稳态法、热阻法、摄动法和逐次逼近法等。当分析解法遇到困难或者根本无法求解时，可考虑采用数值解法，如有限单元法和有限差分法等，适合于解决更实际的问题，这里不做详细叙述。

13.5　热质同时进行的热质传递

13.5.1　同时进行传热与传质的过程

一般来说，质量传递过程总是伴随着热量传递过程，即使在等温过程中也照样有着热量的传递。这是因为在传质过程中，随着组分质量传递的同时，也将它本身所具有的焓值带走，因而也产生了热量的传递。

在等温过程中，由于组分的质量传递，单位时间、单位面积上所传递的热量为

$$q=\sum_{i=1}^{n}N_iM_i^*c_{p,i}(t-t_0) \tag{13-5-1}$$

式中　N_i——组分 i 的传质速率；

M_i^*——组分 i 的分子量（摩尔质量）；

$c_{p,i}$——组分 i 的定压比热容；

t——组分 i 的温度；

t_0——焓值计算参考温度。

如果传递系统中还有温差存在，则传递的热量为

$$q=-\lambda\frac{\mathrm{d}t}{\mathrm{d}y}+\sum_{i=1}^{n}N_iM_i^*c_{p,i}(t-t_0) \tag{13-5-2}$$

如果传热是由对流引起的，式（13-5-2）右侧的第一项就改为对流换热系数与温差 Δt 的乘积。

目前对同时进行热质交换过程的理论计算，尤其是当传质速率较大时，一般都采用能斯特（Nernst）的薄膜理论。

根据薄膜理论，如图 13-5-1 所示，当空气流过一湿壁时，壁面上空气的流速等于零，假定在接近壁面处有一层滞流流体薄膜，其厚度为 δ_0。因为是滞流流体薄层，所以此层内的传质过程必定是以分子扩散的形式透过这一薄层，且全部对流传质的阻力都存在这一薄层内。

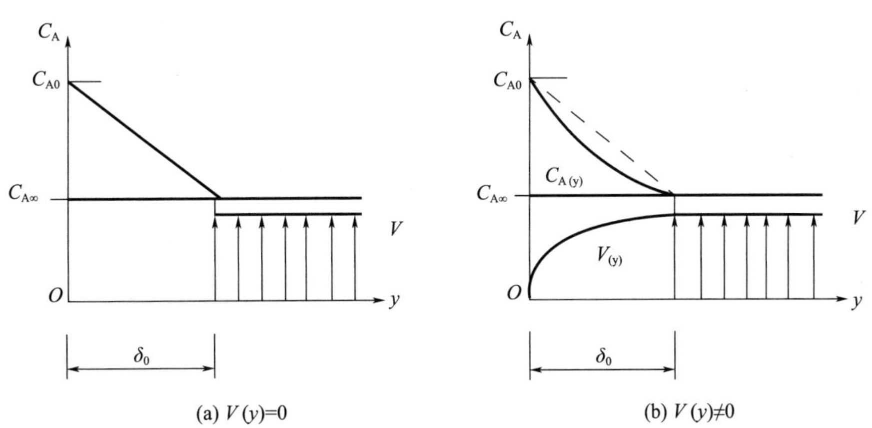

图 13-5-1　滞留层内浓度分布示意图

对于通过静止气层扩散过程的传质系数就可定义为：

$$h_m=\frac{D_{AB}}{\delta_0} \tag{13-5-3}$$

同样，在热量传递中也有薄膜传热系数 h：

$$h=\frac{\lambda}{\delta_0} \tag{13-5-4}$$

虽然该理论并不能计算出 δ_0 的值，但它在计算热质交换同时进行过程较大传质速率的影响以

及具有化学反应的传质过程都十分有用，它提供了一幅简明的壁面附近传质过程的物理图像。它的最大不足之处在于运用该理论得出的 h_m 与 D_{AB}的一次方成正比。实际上，在紧贴壁面处，湍动渐渐消失，分子扩散起主要作用，因此，$h_m \propto D_{AB}^{1.0}$，而在湍流核心区，湍流扩散起主导作用，即 $h_m \propto D_{AB}^{0.5}$，所以 $h_m \propto D_{AB}^{0.5\sim1.0}$之间才符合实际情况。另外 δ 的数值也一定取决于流体流动的状态，即流体的雷诺数。

13.5.2 同一表面上传质过程对传热过程的影响[11]

如图 13-5-2 所示，设有一股温度为 t_2的流体流经温度为 t_1的壁面。在质量传递过程中，组分 A、B 从壁面向流体主流方向进行传递，传递速率分别为 N_A、N_B。可以认为在靠近壁面处有一层滞流薄层，假定其厚度为 δ_0，现求壁面与流体之间的热交换量。

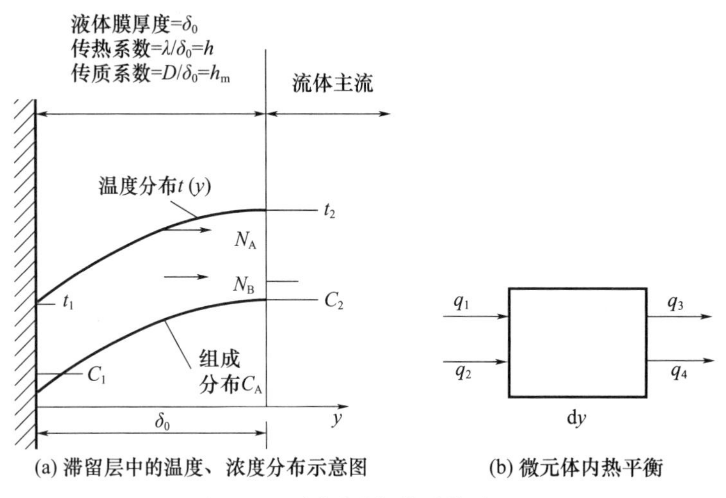

图 13-5-2 同时进行热质传递过程

在 δ_0 层内取一厚度为 $\mathrm{d}y$ 的微元体，在 x、z 方向上为单位长度。那么进入微元体的热流由两部分组成。

(1) 由温度梯度产生的导热热流为：$q_1=-\lambda\dfrac{\mathrm{d}t}{\mathrm{d}y}$。

(2) 由于分子扩散，进入微元体的传递组分 A、B 本身具有的焓为：

$$q_2=(N_A M_A^* c_{p,A}+N_B M_B^* c_{p,B})(t-t_0)$$

其中：M_A^*、M_B^* 分别为组分 A，B 的分子量；t_0为焓值计算温度。

在趋于稳定状态时，进入微元体的热流量应该等于流出微元体的热流量（参阅图 13-5-2)，因此，流体滞留薄膜层内的温度分别必须满足下列关系式：

$$\lambda\frac{\mathrm{d}^2 t}{\mathrm{d}y^2}-(N_A M_A^* c_{p,A}+N_B M_B^* c_{p,B})\frac{\mathrm{d}t}{\mathrm{d}y}=0 \tag{13-5-5}$$

两边除以薄膜传热系数 h，得

$$\frac{\lambda}{h}\frac{\mathrm{d}^2 t}{\mathrm{d}y^2}-\frac{N_A M_A^* c_{p,A}+N_B M_B^* c_{p,B}}{h}\frac{\mathrm{d}t}{\mathrm{d}y}=0 \tag{13-5-6}$$

由于薄膜的传热系数与薄膜厚度之间有关系 $h=\dfrac{\lambda}{\delta_0}$，定义 $C_0=\dfrac{N_A M_A^* c_{p,A}+N_B M_B^* c_{p,B}}{h}$为传质阿克曼修正系数（Ackerman Correction)。它表示传质速率的大小与方向对传热的影响，随着传质的方向不同，C_0 值有正有负。当传质的方向是从壁面到流体主流方向时，C_0 为正值；反之，C_0 为负值。

代入上式，得

$$\delta_0\frac{\mathrm{d}^2 t}{\mathrm{d}y^2}-C_0\frac{\mathrm{d}t}{\mathrm{d}y}=0 \tag{13-5-7}$$

边界条件为：

$$y=0, t=t_1\text{（壁温）}$$
$$y=\delta_0, t=t_2\text{（流体主流温度）}$$

解上述二阶齐次常微分方程，令 $t=e^{my}$，得方程的解为 $t=C_1+C_2e^{\frac{C_0}{\delta_0}y}$。

代入边界条件，最后得到流体在薄膜层内的温度分别为

$$t(y)=t_1+(t_2-t_1)\frac{\exp\left(\frac{C_0y}{\delta_0}\right)-1}{\exp(C_0)-1} \tag{13-5-8}$$

壁面上的导热热流为

$$\begin{aligned} q_c &= -\lambda\frac{dt}{dy}\bigg|_{y=0} \\ &= -\lambda\frac{C_0/\delta_0}{\exp(C_0)-1}(t_2-t_1) \\ &= -\frac{\lambda}{\delta_0}\frac{C_0(t_2-t_1)}{\exp(C_0)-1} \\ &= h(t_1-t_2)\frac{C_0}{\exp(C_0)-1} \end{aligned} \tag{13-5-9}$$

由式（13-5-8）和（13-5-9）可知，由于传质速率的大小和方向影响了壁面上的温度梯度，从而影响了壁面的传热量。

在无传质时，$C_0=0$，由式（13-5-8）可知温度 t 为线性分布，而且

$$\begin{aligned} q_c &= \lim_{C_0\to 0}\left[h(t_1-t_2)\frac{C_0}{\exp(C_0)-1}\right] \\ &= h(t_1-t_2) \\ &= q_{c,0} \end{aligned} \tag{13-5-10}$$

其中 $q_{c,0}$ 为无传质时滞流层的导热热流通量。

一般情形下，

$$Nu=\frac{q_c}{q_{c,0}}=\frac{C_0}{\exp(C_0)-1} \tag{13-5-11}$$

应该注意到 $q_{c,0}$ 并不是壁面上的总热流，总热流量应为：

$$\begin{aligned} q_t &= q_c+(N_AM_A^*c_{p,A}+N_BM_B^*c_{p,B})(t_1-t_2) \\ &= h(t_1-t_2)\frac{C_0}{\exp(C_0)-1}+C_0h(t_1-t_2) \\ &= h(t_1-t_2)\frac{C_0}{1-\exp(-C_0)} \end{aligned} \tag{13-5-12}$$

$$\frac{q_t}{q_{c,0}}=\frac{C_0}{1-\exp(-C_0)} \tag{13-5-13}$$

$q_c/q_{c,0}$、$q_t/q_{c,0}$ 与 C_0 的关系如图 13-5-3 所示。

由式（13-5-9）和（13-5-12）可知，

$$q_t(-C_0)=q_c(C_0) \tag{13-5-14}$$

上式表明，传质的存在对壁面导热量和总传热量的影响方向是相反的。在 $C_0>0$ 时，随着 C_0 的增大，壁面导热量是逐渐减小的，而膜总传热量是逐渐增大的；在 $C_0<0$ 时，随着 C_0 的逐渐减小，壁面导热量是逐渐增大的，而膜总传热量是逐渐减小的。

由图 13-5-3 可知，当 C_0 为正值时，壁面上的导热量明显减少，当 C_0 值接近 4 时，壁面上的导热量几乎等于零。由于：

$$\frac{q_c}{q_{c,0}}=\frac{-\lambda\frac{dt}{dy}\Big|_{y=0}}{h(t_1-t_2)}=\frac{-\delta_0}{t_1-t_2}t'(0) \tag{13-5-15}$$

式中 δ_0 是受流体的流动状态决定的，即取决于雷诺数；(t_1-t_2)是常数。

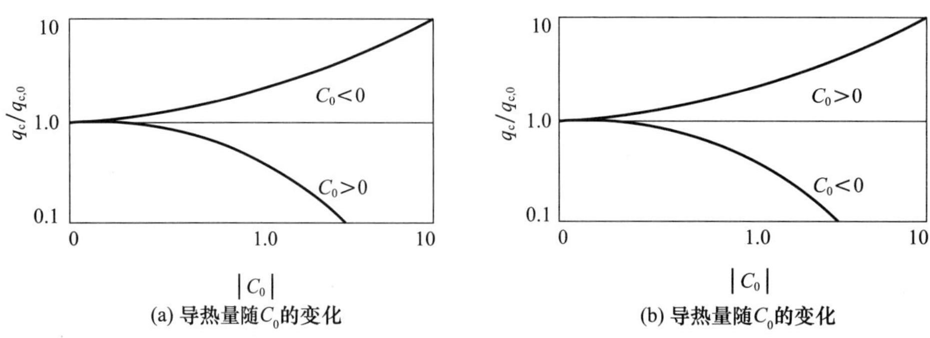

图 13-5-3　传质对传热的影响关系

因此可知，因传质的存在，传质速率的大小与方向影响了壁面上的温度梯度，即 $t'(0)$ 的值，从而影响了壁面上的导热量。

在工程中，利用这个原理来防护与高温流体接触的壁面，研究发展了一些特殊的冷却方法。这类壁面如火箭发动机的尾喷管，受高温气体作用的燃气涡轮叶片。图 13-5-4 表示这些冷却方法的原理图，(a) 图表示一般普通的对流冷却，热流在壁的一边而冷却剂在壁的另一边。(b) 图表示薄膜冷却过程，冷却剂通过一系列与薄面相切的小孔喷入，这样就形成一个把壁面与热流体隔开的冷却层。(c) 图表示发汗冷却过程，冷却剂是通过小孔喷入的，如热流体是气体，冷却剂为液体时，采用 (d) 图所示的蒸发薄膜冷却过程，效果就更加显著。所有这些冷却过程都受一个不断地从表面离去的质量流的影响。因此，这一类冷却过程有时又称为传质冷却[12]。

在导弹、人造卫星及空间飞船等飞行器进入大气层时，由于表面与大气中的空气高速摩擦，表面产生很高的温度。为了冷却表面，在飞行器的表面上涂一层材料，当温度升高时涂层材料就升华、融化或分解，这些化学过程吸收热量，而反应所产生的气体的质量流从表面离去，从而有效地冷却壁面，这种冷却方法称为烧蚀冷却。

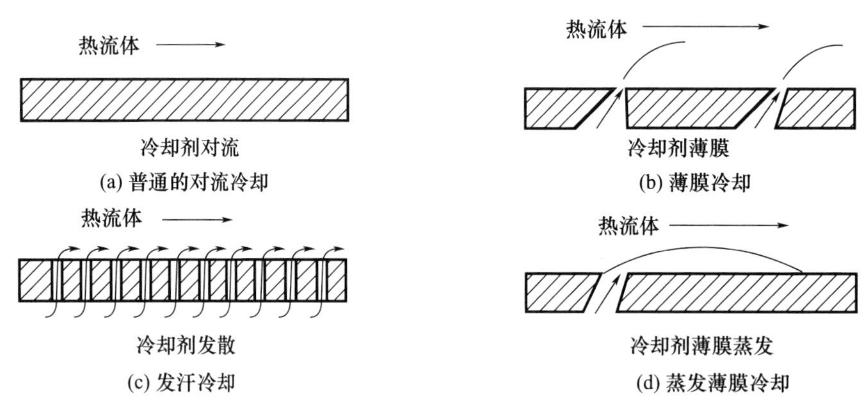

图 13-5-4　普通冷却过程及三种传质冷却过程示意图

当传质方向从流体主流到壁面时，C_0 的值为负，此时壁面上的导热量就大大增加，冷凝器就是这种情况。在空调领域，冷凝器和蒸发器都是常用设备，下面来分析冷凝器表面和蒸发器表面的热质交换过程。

假定在传递过程中，只有组分 A 凝结，则冷凝器表面的总传热量为

$$\begin{aligned}Q_K &= (q_t - N_A M_A^* r_A)A \\ &= hA(t_s - t_\infty)\frac{C_0}{1-\exp(-C_0)} + h_m(C_{sl} - C_\infty)M_A^* r_A A\end{aligned} \qquad (13\text{-}5\text{-}16)$$

式中　r_A——组分 A 的潜热。

式 (13-5-16) 中，同时含有传质系数 h_m 与膜传热系数 h，在前面章节中，已经讨论过热质交

换之间的类比关系，显然，Q_K 可用其中任一系数来表示，根据契尔顿—柯尔本类似律，得

$$h_m=\frac{hLe^{-\frac{2}{3}}}{\rho c_p} \tag{13-5-17}$$

将式（13-5-17）代入式（13-5-16）中，得

$$\begin{aligned}Q_K&=hA(t_s-t_\infty)\frac{C_0}{1-\exp(-C_0)}+\frac{hA}{\rho c_p}Le^{-\frac{2}{3}}M_A^*r_A(C_s-C_\infty)\\&=hA\left[(t_s-t_\infty)\frac{C_0}{1-\exp(-C_0)}+\frac{1}{\rho c_p}Le^{-\frac{2}{3}}M_A^*r_A(C_s-C_\infty)\right]\end{aligned} \tag{13-5-18}$$

Q_K 表示进入冷凝器的总热量，应该等于冷凝器内侧的冷却流体带走的热量，则

$$\begin{aligned}Q_K&=h''(t_s-t_w)A\\&=hA\left[(t_s-t_\infty)\frac{C_0}{1-\exp(-C_0)}+\frac{Le^{-\frac{2}{3}}}{\rho c_p}M_A^*r_A(C_s-C_\infty)\right]\end{aligned} \tag{13-5-19}$$

式中　h''——为冷却流体侧的换热系数；

t_w——冷却流体的主流平均温度。

对于冷凝表面，$t_s<t_\infty$，$C_s<C_\infty$，故 $Q_K<0$，表示热量是从主流传向壁面；对蒸发表面，$t_s>t_\infty$，$C_s>C_\infty$，故 $Q_K>0$，表明热量是从壁面流向主流。对于这两种情形，由于传质的存在，均使得传热量大大提高。

13.5.3　路易斯关系式

空调计算中，常用到路易斯关系式，这能使问题大为简化。这个关系式是路易斯在 1927 年对空气绝热冷却加湿过程中根据实验的结果得出的，后来由于热质交换过程的类比关系的提出，才由理论推导得出。

在相同的雷诺数条件下，根据契尔顿—柯尔本热质交换的类似律，

$$\frac{h_m}{h}=\frac{Le^{-\frac{2}{3}}}{\rho c_p} \tag{13-5-20}$$

考虑到空调计算中，用含湿量来计算传质速率较为方便，因此

$$m_A=h_m(C_{As}-C_{A\infty})M_A^*=h_m(\rho_{As}-\rho_{A\infty}) \tag{13-5-21}$$

因为在空调温度范围内，干空气的质量密度变化不大，故 $\rho_{Ts}\approx\rho_{T\infty}$。

因此

$$m_A=h_m\rho_{AM}(d_{As}-d_{A\infty})=h_{md}(d_{As}-d_{A\infty}) \tag{13-5-22}$$

式中　ρ_{AM}——空气的平均质量密度，kg/m^3；

d_A——湿空气的含湿量，kg/kg 干空气；

h_{md}——传质系数，亦称蒸发系数，表示以湿空气的含湿量差为驱动力的对流传质系数。

$$h_{md}=h_m\rho_{AM} \tag{13-5-23}$$

在空气温度范围内，$\rho_{AM}\approx\rho_A$，则

$$\frac{h_{md}}{h}=\frac{Le^{-\frac{2}{3}}}{\rho c_p} \tag{13-5-24}$$

对于水—空气系统，$Le=1$。所以

$$\frac{h}{h_{md}}=c_p \tag{13-5-25}$$

上式就是所谓的路易斯关系式。由此可见，根据这个关系式，可以得到一个很重要的结论，即在空气一水系统的热质交换过程中，当空气温度及含湿量在适用范围内变化很小时，换热系数与传质系数之间需要保持一定的量值关系，条件的变化可使这两个系数中的某一个系数增大或减小，从而导致另一系数也相应地发生同样的变化。不过在运用路易斯关系式时，要注意该关系式的适用范围。

路易斯关系式成立的条件：（1）$0.6<Pr<60$，$0.6<Sc<3000$；（2）$Le=a/D_{AB}\approx 1$。

条件表明，热扩散和质量扩散要满足一定的条件。而对于扩散不占主导地位的湍流热质交换过程，路易斯关系式是否适用呢？

如图 13-5-5 所示，V 表示单位时间内平面 1 与 2 之间由于流体的湍动引起的每单位面积上流体交换的体积，t_1 与 t_2、d_1 与 d_2 分别为这两平面上流体的温度和含湿量。那么，因湍流交换而从平面 1 流到平面 2 的每单位面积的热流量为

$$q_t=\rho c_p V(t_1-t_2) \tag{13-5-26}$$

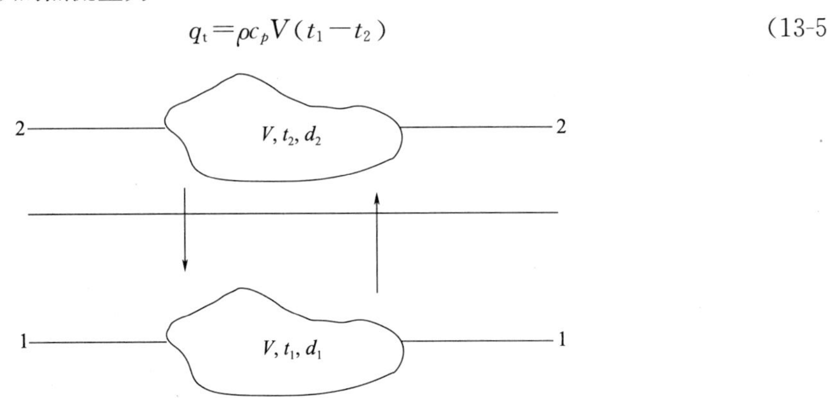

图 13-5-5　湍流热质交换示意图

如果用湍流换热系数 h 来表示这一热流量，则可写成为

$$h(t_1-t_2)=\rho c_p V(t_1-t_2) \tag{13-5-27}$$

同样，由于湍流交换而引起的每单位面积上的质量交换量为

$$m_t=\rho V(d_1-d_2)=h_{md}(d_1-d_2) \tag{13-5-28}$$

用式（13-5-27）除以式（13-5-28），得到$\dfrac{h}{h_{md}}=c_p$。

可见在湍流时不论 a/D_{AB} 是否等于 1，路易斯关系式总是成立的。这说明了在湍流传递过程中，流体之间的湍流混合在传递过程中起主要作用。对于层流或湍流紧靠固体表面的层流底层来说，路易斯关系式仅适用于 $a/D_{AB}=1$ 的情况，这是因为在这些区域内，分子扩散在传递过程中起主要作用。表 13-5-1 给出了空气在干燥状态和温饱和状态的热质扩散系数的比值。

表 13-5-1　干空气饱和湿空气

温度（℃）	饱和度	$a\times10^2$（m^2/h）	$D\times10^2$（m^2/h）	a/D
10	0	7.15	8.37	0.855
	1	7.14	8.37	0.854
15.6	0	7.42	8.70	0.854
	1	7.40	8.70	0.852
20.1	0	7.69	9.02	0.853
	1	7.07	9.02	0.850
26.7	0	7.95	9.36	0.852
	1	7.93	9.36	0.848
32.2	0	8.24	9.07	0.851
	1	8.20	9.07	0.846
37.3	0	8.53	10.04	0.850
	1	8.46	10.04	0.843
43.3	0	8.82	10.39	0.848
	1	8.71	10.39	0.838

续表

温度（℃）	饱和度	$a\times10^2$（m^2/h）	$D\times10^2$（m^2/h）	a/D
48.9	0	9.11	10.75	0.848
	1	8.94	10.75	0.832
54.4	0	9.40	11.11	0.846
	1	9.15	11.11	0.823
60.0	0	9.70	11.47	0.845
	1	9.60	11.47	0.812

13.5.4　湿球温度的理论基础

流体在界面上同时进行热质交换理论的最简单应用就是计算湿球温度计在稳定状态下的温度。湿球温度计如图 13-5-6 所示，其中干球温度计是一般的温度计，湿球温度计头部被尾端浸入水中的吸液蕊包裹。当空气流过时，大量的不饱和空气流过湿布时，湿布表面的水分就要蒸发，并扩散到空气中去；同时空气的热量也传递到湿布表面，达到稳定状态后，水银温度计所指示的温度即为空气的湿球温度。

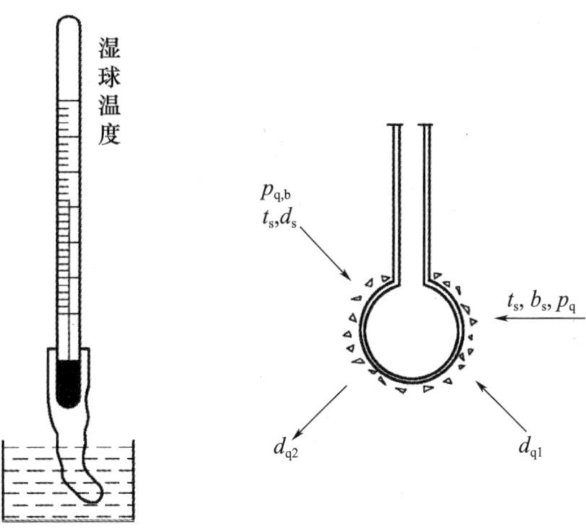

图 13-5-6　湿球温度计

早在 1892 年人们就利用湿球温度来测量湿度，当时许多人都在理论上对此现象研究过，但是他们得出的数据往往不一致，因而常引起争论。下面将从理论上推导说明含湿量与湿球温度之间简单但实际应用中又极为重要的关系。

假定与湿布接触之空气的温度为常数 t，含湿量为 d，焓值为 i；稳定后湿球温度计的读数为 t_{wb}，其对应的含湿量为 d_{wb}，焓值为 i_{wb}。当空气与湿布表面之间的热量交换达到稳定状态时，空气对湿布表面传递的热量为

$$q_H=h(t-t_{wb})\frac{C_0}{1-\exp(-C_0)} \tag{13-5-29}$$

湿布表面蒸发扩散的水分量为

$$m_A=h_{md}(d_{wb}-d) \tag{13-5-30}$$

根据热平衡，得

$$h(t-t_{wb})\frac{C_0}{1-\exp(-C_0)}=rh_{md}(d_{wb}-d) \tag{13-5-31}$$

式中　r——水的汽化潜热。

由式（13-5-31）得

$$\frac{h(t-t_{\mathrm{wb}})}{h_{\mathrm{md}}}\frac{C_0}{1-\exp(-C_0)}=r(d_{\mathrm{wb}}-d) \tag{13-5-32}$$

根据路易斯关系式：$\frac{h}{h_{\mathrm{md}}}=c_p$，则由上式变为

$$c_p(t-t_{\mathrm{wb}})\frac{C_0}{1-\exp(-C_0)}=r(d_{\mathrm{wb}}-d) \tag{13-5-33}$$

采用级数把上式左边展开，由于湿球表面水分蒸发的量较小，即传质速率对传热过程影响不大，所以级数只取前两项，则式（13-5-33）就简化为

$$c_p(t-t_{\mathrm{wb}})=r(d_{\mathrm{wb}}-d) \tag{13-5-34}$$

考虑到干、湿球温度相差不大，因此在此温度范围内，湿空气的定压比热容与汽化潜热都变化不大，则式（13-5-34）可近似写成为：

$$c_{p,\mathrm{t}}t+d_{\mathrm{t}}r=c_{p,\mathrm{wb}}t_{\mathrm{wb}}+d_{\mathrm{wb}}r_{\mathrm{wb}} \tag{13-5-35}$$

根据湿空气焓的定义，可得

$$i=i_{\mathrm{wb}} \tag{13-5-36}$$

从式（13-5-36）可以看出，紧靠近湿布表面的饱和空气的焓就等于远离湿布来流的空气的焓。即在湿布表面进行热、质交换过程中，焓值不变。这个著名的结果首先是凯利亚在1911年提出的，这就是焓-湿图的基础。它说明了对于水-空气系统，当未饱和的空气流过一定量的水表面时，尽管空气的温度下降了，但湿度增大了，其单位质量所具有的焓值不变。在焓-湿图中，不难看出湿空气的焓是湿球温度的单一函数，因此进行测试时，如何测准湿球温度是极为关键的。由上述分析可知，气流的速度对热质交换过程有影响，因而对湿球温度值也有一定的影响，实验表明，当气流速度在5～40m/s范围内，流速对湿球温度值影响很小。应当指出的是，湿球温度受传递过程中各种因素的影响，它不完全取决于湿空气的状态，所以不是湿空气的状态参数。

绝热饱和温度和湿球温度是两种物理概念不同的温度。所谓绝热饱和温度是指有限量的空气和水接触，接触面积较大，接触时间足够充分，空气和水总会达到平衡。在绝热的情况下，水向空气中蒸发，水分蒸发所需的热量全部由湿空气供给，故湿空气的温度将降低。另一方面，由于水分的蒸发，湿空气的含湿量将增大。当湿空气达到饱和状态时，其温度不再降低，此时的温度称为绝热饱和温度，常用符号 t_{s} 表示。绝热饱和温度 t_{s} 完全取决于进口湿空气及水的状态与总量，不受其他任何因素的影响，所以 t_{s} 是湿空气的一个状态参数。测得湿空气的干球温度 t 与绝热饱和温度 t_{s}，根据能量平衡方程式，可以计算出进口湿空气的含湿量 d。绝热饱和过程的能量平衡方程式为

$$I+I'=I'' \tag{13-5-37}$$

式中　I——进口湿空气的焓；

I'——出口饱和空气的焓。

$$I=M_{\mathrm{a}}(i_{\mathrm{a}}+di_{\mathrm{v}}) \tag{13-5-38}$$

$$I''=M_{\mathrm{a}}(i''_{\mathrm{a}}+d''i''_{\mathrm{v}}) \tag{13-5-39}$$

式中　i''_{a}、d''及i''_{v}——处于出口饱和状态时，其中空气的焓、含湿量及水蒸气的焓。

I'是补充水的焓

$$I'=M_{\mathrm{a}}(d''-d)i' \tag{13-5-40}$$

式中　i'——单位质量补充水的焓；

M_{a}——干空气质量。

将上列三式代入能量平衡方程式，同时除以 M_{a}，得

$$i_{\mathrm{a}}+di_{\mathrm{v}}+(d''-d)i'=i''_{\mathrm{a}}+d''i''_{\mathrm{v}} \tag{13-5-41}$$

将上式整理，得到进口湿空气的含湿量 d 为

$$d=\frac{(i''_{\mathrm{a}}-i_{\mathrm{a}})+d''(i''_{\mathrm{v}}-i')}{i_{\mathrm{v}}-i'} \tag{13-5-42}$$

按各项的意义，上式还可写成

$$d=\frac{c_{p,a}(t_s-t)+d''r_s}{i_v-i'} \tag{13-5-43}$$

式中　r_s——水在温度为 t_s 时的汽化潜热；

d''——出口饱和空气的含湿量；

i'——温度为 t_s 的水的焓，湿空气中水蒸气的焓可根据 t 计算得出。

这样，只要测出 t 与 t_s，按上式就可求得进口湿空气的含湿量。

实验数据表明，当湿空气的干球温度不是很高，且含湿量变化较小时，其湿球温度 t_{wb} 与绝热饱和湿球温度 t_s 数值很接近。例如当湿空气的干球温度为 50℃，含湿量为 0.0159（或 $\varphi=20\%$），此时 $\Delta t=t_s-t_{wb}=0.4$℃，如果干球温度减小，差值也相应减小，由此可见，在水—空气系统中，这两种极限温度之间的差值是不大的，特别是在空调温度范围内完全有理由把这两个温度的值视作相等。绝热饱和温度 t_s 所体现的条件一般是不常见的，实践中之所以要重视这个温度，是因为在水—空气系统中，借近似式 $t_{wb}\approx t_s$，就可利用焓湿图上的 t_s 来代替 t_{wb}。对于甲苯、乙醇等一些有机化合物，其湿球温度与水相反，总是要比绝热饱和温度高。

参考文献

[1] SCHLICHTING H. Boundary Layer Theory [M]. New York McGraw-Hill，1979.

[2] 帕坦卡 S V. 传热和流体流动的数值方法 [M]. 郭宽良，译 . 合肥：安徽科学技术出版社，1984.

[3] 陶文铨 . 数值传热学 [M]. 西安：西安交通大学出版社，1988.

[4] 杨世铭，陶文铨 . 传热学 [M]. 3 版 . 北京：高等教育出版社，1998.

[5] WHITAKER S. Fundamental Principle of Heat Transfer [M]. Pergamon Press，1977.

[6] 王补宣 . 工程传热传质学 [M]. 北京：科学出版社，1982.

[7] 埃克尔特 E R G，德雷克 R M. 传热与传质 [M]. 航青，译 . 北京：科学出版社，1983.

[8] KNUDSEN J D，KATE D L. Fluid Dynamics and Heat Transfer [M]. New York：McGraw-Hill，1980.

[9] INCROPERA F P，DEWITT D P. Fundamentals of Heat and Mass Transfer [M]. 4th ed. New York：John-Wiley，1996.

[10] ZHANG Y P，XU Y. Characteristics and formulae of VOCs emissions from building materials [J]. Inter. J. of Heat and Mass Transfer，2003，46 (25)：4877-4883.

[11] 修伍德 T K，皮克福特 R L，威尔基 C R. 传质学 [M]. 时均，李盘生，等，译 . 北京：化学工业出版社，1988.

[12] 罗森诺 W M. 传热学应用手册（上册）[M]. 北京：科学出版社，1992.

第 14 章　对流传热与对流传质计算

单相流体对流传热是各类换热器、传热物体和器件中最常见的传热问题，如第 13 章图 13-1-1 及对流传热过程分类表所示，单相流体对流传热包括：受迫对流、自然对流、混合对流。由于它的复杂性，大多还不能用理论方法而要靠实验获得对流传热关联式，以供实际工程应用。关于外掠平板传热问题已在前一章介绍过了，本章的重点是介绍管内受迫对流传热、横向外掠单管或管束对流传热、大空间及有限空间自然对流传热等，分析其特征并推荐准则关联式。

14.1　对流传质过程一般计算方法

扩散传质研究的是物质间的无规则分子运动产生的质量传递，对流传质则是研究流体流过物体表面时发生的传质行为。在暖通空调工程中，流体多处于运动状态，对流传质所涉及的内容即为运动着的流体之间或流体与界面之间的物质传递问题。例如，空气流过水面，水气两相之间的传质这一经常发生的物理现象即属此类。这种过程既包括由流体运动所产生的对流作用，同时也包括流体分子间的扩散作用。这种分子扩散和对流扩散的总作用称为对流传质[1]。

对流传质是在流体流动条件下的质量传输过程，其中包含着由对流扩散和分子扩散两因素决定的传质过程。与对流传热相类似，在对流传质过程中，虽然分子扩散起重要的组成作用，但流体的流动却是其存在的基础。因此，对流传质过程与流体的运动特性密切相关，如流体流动的起因、流体的流动性质以及流动的空间条件等。

对流传质过程不仅与动量和热量传输过程相类似，而且还存在着密切的依存关系。由于对流传质现象与对流传热现象存在类似，故本章所讨论的许多问题均可采用与传热过程类比的方法处理。

14.1.1　紊流传质的机理

研究对流传质问题首先需要弄清对流传质的机理。在实际工程中，以湍流传质最为常见，下面以流体强制湍流流过固体壁面时的传质过程为例，探讨对流传质的机理，对于有固定相界面的相际间的传质，其传质机理与之相似。

当流体湍流流过壁面时，速度边界层最终发展成为湍流边界层。湍流边界层由三部分组成：靠近壁面处为层流内层，离壁面稍远处为缓冲层，最外层为湍流主体。在湍流边界层中，物质在垂直于壁面的方向上与流体主体之间发生传质时，通过上述三层流体的传质机理差别较大。

在层流内层中，流体沿壁面平行流动，在与流体流动方向相垂直的方向，只有分子无规则的微观运动，故壁面与流体之间的质量传递是通过分子扩散进行的，此情况下的传质速率可用斐克定律描述。

在缓冲层中，流体一方面沿壁面方向作层流流动，另一方面又出现一些流体的旋涡运动，故该层内的质量传递既有分子扩散存在，也有紊流扩散存在。在接近层流内层的边缘处主要发生分子扩散，而接近湍流主体的边缘处则主要发生紊流扩散。

在湍流主体中，有大量旋涡存在，这些大大小小的旋涡运动十分激烈。因此，在该处主要发生紊流传质，而分子扩散的影响可以忽略不计。

在湍流边界层中，层流内层一般都很薄，大部分区域为湍流主体。由于湍流主体中的旋涡发生强烈混合，故其中的浓度梯度必然很小。而在层流内层中，由于无旋涡存在，而仅依靠分子扩散进行传质，故其中的浓度梯度很大。在管内界面上典型的浓度分布曲线表示于图 14-1-1 中。在层流内层中曲线很陡，其形状接近直线，而在湍流主体中曲线则较为平坦。组分 A 的浓度由界面处的 C_{As} 连续降至湍流主体中的主体浓度 C_{Af}，如图 14-1-1 中的实线所示。在实际应用上，由于 C_{Af} 变化不易计算，故常采用主体平均浓度或混合杯浓度（mixing cup concentration）$C_{A\infty}$ 代替 C_{Af}。当流体以主体流速 u_b 流过管截面与壁面进行传质时，组分 A 的主体平均浓度 $C_{A\infty}$ 的定义为

$$C_{A\infty} = \frac{1}{u_b A}\iint u_z C_A \mathrm{d}A \tag{14-1-1}$$

式中　A——截面积；

u_z、C_A——截面上任一点处的流速和组分 A 的浓度。

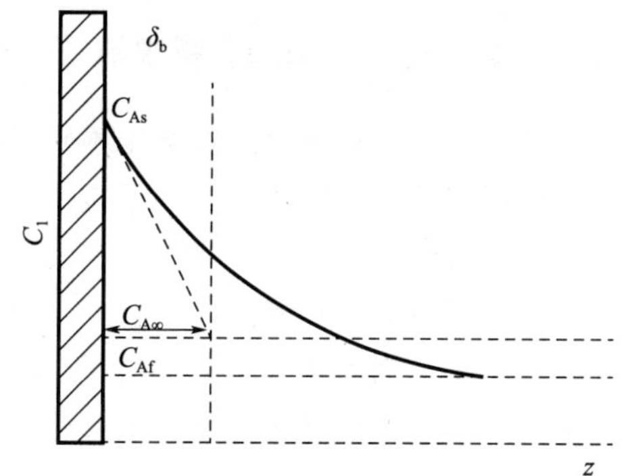

图 14-1-1　湍流边界层的浓度分布

14.1.2　对流传质过程的相关准则数

对流传质与动量传输密切相关。多数情况是流体在强制流动下的对流传质过程，其质传递强度必然与雷诺准则数（Re）有关。

对流传质与对流传热相类似，表征对流传质过程的相似准则数，与对流传热有相类似的组成形式。根据对流传热的相关准则数，改换组成准则数的各相应物理量及几何参数，则可导出对流传质的相关准则数。

14.1.2.1　施密特准则数（Sc）对应于对流传热中的普朗特准则数（Pr）

Pr 准则数为联系动量传输与热量传输的一种相似准则，由流体的运动黏度（即动量传输系数）ν 与物体的导温系数（即热量传输系数）a 之比构成，即 $Pr=\frac{\nu}{a}$。

与 Pr 准则数相对应的 Sc 准则数则相应为联系动量传输与质量传输的相似准则，其值由流体的运动黏度（ν）与物体的扩散系数（D_i）之比构成，即

$$Sc=\frac{\nu}{D_i} \tag{14-1-2}$$

14.1.2.2　舍伍德（Sherwood）准则数（Sh）对应于对流传热中的努塞尔（Nusselt）准则数（Nu）

Nu 准则数由对流换热系数（h）、物体的导热系数（λ）和定型尺寸系数（l）组成，即 $Nu=\frac{hl}{\lambda}$，它是以边界导热热阻与对流换热热阻之比来标志过程的相似特征。

与 Nu 准则数相对应的 Sh 准则数则相应为，以流体的边界扩散阻力与对流传质阻力之比来标志过程的相似特征，其值由对流传质系数（h_m）、物体的互扩散系数（D_i）和定型尺寸（l）组成，即

$$Sh=\frac{h_m l}{D_i} \tag{14-1-3}$$

14.1.2.3　传质的斯坦登（Stanton）准则数（St_m）对应于对流传热中的斯坦登准则数 St

St 准则数是对流换热的 Nu 数、Pr 数以及 Re 数三者的综合准则，即 $St=\frac{Nu}{Re\cdot Pr}$，将各准则数的定义代入，就可得到 $St=\frac{h}{\rho c_p u}$。

与 St 准则数相对应的 St_m 数为

$$St_m=\frac{Sh}{Re\cdot Sc}=\frac{h_m}{u} \tag{14-1-4}$$

St_m 是对流传质的无量纲度量参数。

14.1.3 对流传质问题的分析求解

14.1.3.1 平板壁面上层流传质的精确解

与平板壁面对流传热类似，平板壁面对流传质也是所有几何形状壁面对流传质中最简单的情形。本节将参照平板壁面对流传热的研究方法，对平板壁面对流传质问题进行讨论，主要探讨平板壁面上层流传质的精确解。

有一平板，当流体的均匀浓度 C_{Ao} 及壁面浓度 C_{As} 都保持恒定时，设为等分子反方向扩散，并由于传质系数随流动距离 x 而变，故可得到壁面局部对流传质系数 h_{mx}

$$h_{mx}=-D_{AB}\frac{\mathrm{d}\left(\dfrac{C_{As}-C_{A}}{C_{As}-C_{A\infty}}\right)C_{A}}{\mathrm{d}y}\Bigg|_{y=0} \tag{14-1-5}$$

从式（14-1-5）可以看出，采用该式求解传质系数时，关键在于求出壁面浓度梯度，浓度梯度则需要浓度分布确定，而浓度分布又需要运用纳维—斯托克斯方程和连续性方程求解速度分布。

由此可知，欲求平板壁面上对流传质的传质系数，需同时求解连续性方程、动量方程和对流传质方程。由于质量传递与热量传递的类似性，在整个求解过程中可以同时引用能量方程的求解过程进行对比。

1. 边界层对流传质方程

平板壁面层流传热边界层能量方程为

$$u_x\frac{\partial t}{\partial x}+u_y\frac{\partial t}{\partial y}=a\frac{\partial^2 t}{\partial y^2} \tag{14-1-6}$$

类似地，在平板边界层内进行二维流动传质时的边界层对流传质方程则可由对流传质微分方程简化得到，即

$$u_x\frac{\partial C_A}{\partial x}+u_y\frac{\partial C_A}{\partial y}=a\frac{\partial^2 C_A}{\partial y^2} \tag{14-1-7}$$

在平板边界层内进行二维动量传递时，不可压缩流体的连续性方程及 x 方向的动量方程分别为

$$\frac{\partial u_x}{\partial x}+\frac{\partial u_y}{\partial y}=0 \tag{14-1-8}$$

$$u_x\frac{\partial u_x}{\partial x}+u_y\frac{\partial u_x}{\partial y}=\nu\frac{\partial^2 u_x}{\partial y^2} \tag{14-1-9}$$

式（14-1-8）、式（14-1-9）和式（14-1-7）三式可以描述不可压缩流体在平板边界层内进行二维流动传质时的普遍规律。求解以上各式，即可得出对流传质系数。

2. 边界层对流传质方程的精确解

引入流函数 $\psi=\psi(x, y)$ 和无量纲位置变量 η

$$\eta(x,y)=y\sqrt{\frac{V_\infty}{vx}} \tag{14-1-10}$$

$$f(\eta)=y\sqrt{\frac{\psi}{V_\infty vx}} \tag{14-1-11}$$

通过无因次化，将边界层能量方程变成无因次方程，即

$$\frac{\partial^2 T^*}{\partial \eta^2}+\frac{Pr}{2}f\frac{\mathrm{d}T^*}{\mathrm{d}\eta}=0 \tag{14-1-12}$$

其中

$$T^*=\frac{t_s-t}{t_s-t_0} \tag{14-1-13}$$

$$Pr=\frac{\nu}{a}=\frac{c_p\mu}{\lambda} \tag{14-1-14}$$

式（14-1-12）的边界条件为

$$\eta=0, T^*=0$$
$$\eta\to\infty, T^*=1$$

类似地，可参照以上方法，求解边界层传质微分方程，将其化为类似于式（14-1-12）的无因次的形式，即

$$\frac{\partial^2 C_A^*}{\partial\eta^2}+\frac{Sc}{2}f\frac{dC_A^*}{d\eta}=0 \tag{14-1-15}$$

式中

$$C_A^*=\frac{C_{As}-C_A}{C_{As}-C_{A0}} \tag{14-1-16}$$

$$Sc=\frac{v}{D_{AB}}=\frac{\mu}{\rho D_{AB}} \tag{14-1-17}$$

比较可知，式（14-1-12）和式（14-1-15）的形式类似，但二者的边界条件有所不同。平板壁面层流传热时，壁面处的速度 $u_{xs}=0$，$u_{ys}=0$；而平板壁面层流传质时，虽然 $u_{xs}=0$，但在某些情况下，$u_{ys}\neq0$。例如，当流体流过可溶性壁面时，若溶质 A 在流动中的溶解度较大，则溶质 A 溶解过程中带动壁面处的流体沿 y 方向运动，形成了沿 y 方向上的速度 u_{ys}；又如，当暴露在流体中的壁面温度很高，而需将该表面的温度冷却到一个适当的数值时，将需要一个相当大的冷却量。在此情况下，可采用使该表面喷出物质的方法来达到表面冷却的目的。为此可将表面制成多孔平板的形状，令某种冷却流体以速度 u_{ys}成强制通过微孔喷注到表面上的边界层中，此即“发汗冷却”技术，该技术常用于火箭燃烧室、喷射器等装置中。通常称 u_{ys}为壁面喷出速度。但通常溶质 A 在流体中的溶解度较小，可视 $u_{ys}\approx0$，此时式（14-1-12）和式（14-1-15）的求解结果可进行类比。在此情况下，式（14-1-15）的边界条件为

$$\eta=0, C_A^*=0$$
$$\eta\to\infty, C_A^*=1$$

无因次边界层对流扩散方程（14-1-15）的解，可根据边界条件及方程的类似性，与热量传递对比得出，即式（14-1-12）和式（14-1-15）应该具有相同形式的特解。于是可以应用平板壁面层流传热的精确解（波尔豪森解）来表达上述式（14-1-15）的特解。下面写出传热的波尔豪森解与传质的类比解。

热量传递

$$\left.\begin{aligned}&\frac{\delta}{\delta_t}=Pr^{\frac{1}{3}}\\&\frac{dT^*}{d\eta}\Big|_{y=0}=0.332Pr^{\frac{1}{3}}\\&\frac{dT^*}{dy}\Big|_{y=0}=0.332\frac{1}{x}Re_x^{\frac{1}{2}}Pr^{\frac{1}{3}}\end{aligned}\right\} \tag{14-1-18}$$

质量传递

$$\left.\begin{aligned}&\frac{\delta_c}{\delta_t}=Sc^{\frac{1}{3}}\\&\frac{dC_A^*}{d\eta}\Big|_{y=0}=0.332Sc^{\frac{1}{3}}\\&\frac{dC_A^*}{dy}\Big|_{y=0}=0.332\frac{1}{x}Re_x^{\frac{1}{2}}Sc^{\frac{1}{3}}\end{aligned}\right\} \tag{14-1-19}$$

将上述的传质界面浓度梯度$\left.\frac{dC_A^*}{dy}\right|_{y=0}$的表达式代入式（14-1-5）中，即得

$$h_{mx}=0.332\frac{D_{AB}}{x}Re_x^{\frac{1}{2}}Sc^{\frac{1}{3}} \tag{14-1-20}$$

或

$$Sh_x=\frac{h_{mx}}{D_{AB}}=0.332Re_x^{\frac{1}{2}}Sc^{\frac{1}{3}} \tag{14-1-21}$$

显然，上两式与对流传热的公式相类似。

式（14-1-20）中的 h_{mx} 为局部传质系数，其值随 x 而变，在实际上使用平均传质系数。长度为 L 的整个板面的平均传质系数 h_m 可由下式计算

$$h_m=\frac{1}{L}\int_0^L h_{mx} \tag{14-1-22}$$

将式（14-1-20）代入式（14-1-22）中并积分，得

$$h_m=0.664\frac{D_{AB}}{L}Re_L^{\frac{1}{2}}Sc^{\frac{1}{3}} \tag{14-1-23}$$

或

$$Sh_m=\frac{h_mL}{D_{AB}}=0.664Re_L^{\frac{1}{2}}Sc^{\frac{1}{3}} \tag{14-1-24}$$

式（14-1-23）和式（14-1-24）适用于求 $Sc>0.6$、平板壁面上传质速率很低、层流边界层部分的对流传质系数。

【例 14-1】 有一块厚度为 10mm、长度为 200mm 的萘板。在萘板的一个面上有 0℃的常压空气吹过，流速为 10m/s。求经过 10h 以后，萘板厚度减薄的百分数。

在 0℃下，空气—萘系统的扩散系数为 $5.14\times10^{-6}\text{m}^2/\text{s}$，萘的蒸气压力为 0.0059mmHg，固体萘的密度为 1152kg/m^3，临界雷诺数 $Re_{xc}=3\times10^5$。由于萘在空气中的扩散速率很低，可认为 $u_{ys}=0$。

【解】 查常压下和 0℃下空气的物性值为

$$\rho=1.293\text{kg/m}^3,\mu=1.72\times10^{-5}\text{N}\cdot\text{s/m}^2$$

$$Sc=\frac{\mu}{\rho D_{AB}}=\frac{1.72\times10^{-5}}{1.293\times5.14\times10^{-6}}=2.59$$

计算雷诺数

$$Re_L=\frac{L\rho u_0}{\mu}=\frac{0.2\times1.293\times10}{1.72\times10^{-5}}=1.503\times10^5<Re_{xc}$$

由式（14-1-24）层流公式计算平均传质系数

$$h_m=0.664\frac{D_{AB}}{L}Re_L^{1/2}Sc^{\frac{1}{3}}=0.664\times\frac{5.14\times10^{-6}}{0.2}\times150300^{\frac{1}{2}}\times2.63^{\frac{1}{3}}=0.0091\text{m/s}$$

可采用下式计算传质通量

$$N_A=h_m(C_{As}-C_{A0})$$

式中，C_{A0} 为边界层外萘的浓度，由于该处流动的为纯空气，故 $C_{A0}=0$；C_{As} 为萘板表面处气相中萘的饱和浓度，可通过萘的蒸气压 p_{As} 计算

$$y_{As}=\frac{C_{As}}{C}=\frac{p_{As}}{p}$$

上式中的 C 为萘板表面处气相中萘和空气的总浓度：$C=C_{As}+C_{Bs}$，由于 C_{As} 很小，故可近似地认为 $C=C_{Bs}$，于是

$$\frac{p_{As}}{p}=\frac{C_{As}}{C}=\frac{\rho_{As}M_B^*}{M_A^*\rho}$$

$$\rho_{As}=\frac{p_{As}M_A^*}{pM_B^*}\rho=\frac{0.0059}{760}\times\frac{128}{29}\times1.293=4.43\times10^{-5}\text{kg/m}^3$$

$$C_{As}=\frac{\rho_{As}}{M_A^*}=\frac{4.43\times10^{-5}}{128}=3.46\times10^{-7}\text{kmol/m}^3$$

故 $$N_A=0.0091\times(3.46\times10^{-7}-0)=3.15\times10^{-9}\text{kmol/(m}^2\cdot\text{s)}$$

设萘板表面积为 A，且由于扩散所减薄的厚度为 b，则有

$$Ab\rho_s = N_A M_A^* A\theta$$

故得

$$b = \frac{N_A M_A^* \theta}{\rho_s} = \frac{(3.15\times10^{-9})\times128\times10\times3600}{1152} = 1.26\times10^{-5}\mathrm{m}$$

萘板由于向空气中传质而厚度减薄的百分数为

$$\frac{1.26\times10^{-5}}{10}\times100\% = 0.126\%$$

14.1.3.2　管内稳态层流对流传质

在本专业实际工程中，流体多在管内流动，若流体与管壁之间存在浓度差就会发生传质。管内对流传质与管内对流传热类似，本节将参照管内对流传热的研究方法，对管内对流传质问题进行讨论，主要探讨管内层流对流传质的分析求解。

管内流动的流体与管壁之间的传质问题在工程技术领域是经常遇到的。若流体的流速较慢、黏性较大或管道直径较小时，流动呈层流状态，这种情况下的传质即为管内层流传质。

流体与管壁之间进行对流传质时，可能有以下两种情况：

1）流体一进入管中便立即进行传质，在管进口段距离内，速度分布和浓度分布都在发展，如图 14-1-2（a）所示。

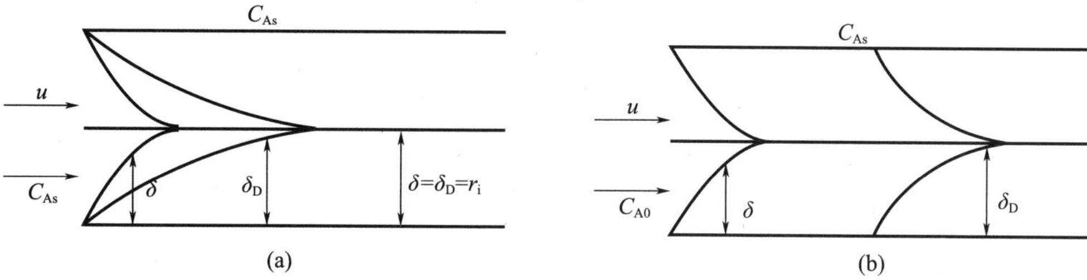

图 14-1-2　圆管内的稳态传质

2）流体进管后，先不进行传质，待速度分布充分发展后，才进行传质，如图 14-1-2（b）所示。

对于第一种情况，进口段的动量传递和质量传递规律都比较复杂，问题的求解较为困难。后一种情况则较为简单，研究也比较充分。下面主要讨论后一种情况的求解。

对于管内层流传质，可用柱坐标系的对流传质方程来描述。设流体在管内沿轴向作一排稳态层流流动，且组分 A 沿径向进行轴对称的稳态传质，忽略组分 A 的轴向扩散，在所研究的范畴内速度边界层和浓度边界层均达到充分发展。由柱坐标系的对流传质方程可得：

$$\frac{\partial C_A}{\partial \tau} + u_r\frac{\partial C_A}{\partial r} + \frac{u_\theta}{r}\frac{\partial C_A}{\partial \theta} + u_z\frac{\partial C_A}{\partial z} = D_{AB}\left[\frac{1}{r}\frac{\partial}{\partial r}\left(r\frac{\partial C_A}{\partial r}\right) + \frac{1}{r^2}\frac{\partial^2 C_A}{\partial \theta^2} + \frac{\partial^2 C_A}{\partial z^2}\right] \tag{14-1-25}$$

简化可得

$$u_z\frac{\partial C_A}{\partial z} = D_{AB}\left[\frac{1}{r}\frac{\partial}{\partial r}\left(r\frac{\partial C_A}{\partial r}\right)\right] \tag{14-1-26}$$

由于速度分布已充分发展，则 u_z 和 r 的关系可由流体力学原理导出，即

$$u_z = 2u_b\left[1-\left(\frac{r}{r_i}\right)^2\right] \tag{14-1-27}$$

将式（14-1-26）代入式（14-1-27）中，即可得表述速度分布已充分发展后的层流传质方程如下

$$\frac{\partial C_A}{\partial z} = \frac{D_{AB}}{2u_b[1-(r/r_i)^2]}\left[\frac{1}{r}\frac{\partial}{\partial r}\left(r\frac{\partial C_A}{\partial r}\right)\right] \tag{14-1-28}$$

式（14-1-28）的边界条件可分为以下两类：

1）组分 A 在管壁处的浓度 C_{As} 维持恒定，如管壁覆盖着某种可溶性物质时。

2）组分 A 在管壁处的传质通量 N_{As} 维持恒定。如多孔性管壁，组分 A 以恒定传质速率通过整个管壁进入流体中。

求解式（14-1-28）所获得的结果与管内层流传热情况相同，当速度分布与浓度分布均已充分发展且传质速率较低时，舍伍德数如下：

1）组分 A 在管壁处的浓度 C_{As} 维持恒定时，与管内恒壁面层流传热类似，为

$$Sh=\frac{hd}{D_{AB}}=3.66 \tag{14-1-29}$$

2）组分 A 在管壁处的传质通量 N_{As} 维持恒定时，与管内恒壁面热通量层流传热的结果类似，为

$$Sh=\frac{hd}{D_{AB}}=4.36 \tag{14-1-30}$$

由此可见，在速度分布和浓度分布均充分发展的条件下，管内层流传质时，对流传质系数或舍伍德数为常数。

应予指出，上述结果均是在速度边界层和浓度边界层都已充分发展的情况下求出的，实际上，流体进口段的局部舍伍德数 Sh 并非常数，工程计算中，为了计入进口段对传质的影响，采用以下公式进行修正

$$Sh=Sh_{\infty}+\frac{k_1\left(\frac{d}{x}ReSc\right)}{1+k_2\left(\frac{d}{x}ReSc\right)^n} \tag{14-1-31}$$

式中 Sh——不同条件下的平均或局部舍伍德数；

Sh_{∞}——浓度边界层已充分发展后的舍伍德数；

Sc——流体的施密特数；

d——管道内径；

x——传质段长度；

k_1、k_2、n——常数，其值由表 14-1-1 查出。

表 14-1-1 式（14-1-31）中的各有关参数值

管壁条件	速度分布	Sc	Sh	k_1	k_2	n
C_{As}为常数	抛物线	任意	平均，3.66	0.0668	0.04	2/3
C_{As}为常数	正在发展	0.7	平均，3.66	0.104	0.016	0.8
N_{As}为常数	抛物线	任意	局部，4.36	0.023	0.0012	1.0
N_{As}为常数	正在发展	0.7	局部，4.36	0.036	0.0011	1.0

使用式（14-1-31）计算舍伍德数 Sh 时，需先判断速度边界层和浓度边界层是否已充分发展，故需估算流动进口段长度 L 和传质进口段长度 L_1，其估算公式为

$$\frac{L_e}{d}=0.05Re \tag{14-1-32}$$

$$\frac{L_D}{d}=0.05ReSc \tag{14-1-33}$$

在进行管内层流传质的计算过程中，所用公式中各物理量的定性温度和定性浓度采用流体的主体温度和主体浓度（进出口值的算术平均值），即

$$t_b=\frac{t_1+t_2}{2},C_{Ab}=\frac{C_{A1}+C_{A2}}{2} \tag{14-1-34}$$

式中，下标 1、2 表示进、出口状态。

【例 14-2】 常压下 45℃的空气以 1m/s 的速度预先通过直径为 25mm、长度为 2m 的金属管道，

然后进入与该管道连接的具有相同直径的萘管，于是萘由管壁向空气中传质，如萘管长度为 0.6m，试求出口气体中萘的浓度以及针对全萘管的传质速率。45℃及 1atm 下萘在空气中的扩散系数为 $6.87\times10^{-6}\text{m}^3/\text{s}$，萘的饱和浓度为 $2.80\times10^{-5}\text{kmol/m}^3$。

【解】 1atm 及 45℃下空气的物性值如下

$$\rho=1.111\text{kg/m}^3, \mu=1.89\times10^{-5}\text{N}\cdot\text{s/m}^2$$

由于萘的浓度很低，故计算萘 Sc 值时可采用空气物性值

$$Sc=\frac{\mu}{\rho D_{\text{AB}}}=\frac{1.89\times10^{-5}}{1.111\times(6.87\times10^{-6})}=2.48$$

计算雷诺数

$$Re=\frac{du_{\text{b}}\rho}{\mu}=\frac{0.025\times1\times1.111}{1.89\times10^{-5}}=1469$$

故管内空气的流型为层流，流动进口段长度由式（14-1-32）计算，为

$$L_{\text{c}}=0.05Red=0.05\times1469\times0.025=1.84\text{m}$$

空气进入萘管前，已经流过 2m 长的金属管，故可认为流动已充分发展，并认为管表面处萘的蒸气压维持恒定，并等于其饱和蒸气压，利用式（14-1-31）及表 14-1-1 得

$$Sh_{\text{m}}=3.66+\frac{0.0668\times\left(\frac{0.025}{0.6}\times1469\times2.48\right)}{1+0.04\left(\frac{0.025}{0.6}\times1469\times2.48\right)^{2/3}}=8.40$$

故得

$$h_{\text{m}}^0=\frac{Sh_{\text{m}}D_{\text{AB}}}{d}=\frac{8.40\times(6.87\times10^{-6})}{0.025}=2.31\times10^{-3}\text{m/s}$$

萘向空气中的扩散组分 A 通过停滞组分 B 的扩散（$N_{\text{B}}=0$），但由于萘的浓度很低，故可写成

$$h_{\text{m}}=h_{\text{m}}^0=2.31\times10^{-3}\text{m/s}$$

萘的出口浓度 C，可参照本例附图通过下述步骤求出。如图所示，在 $\text{d}x$ 萘管长度的范围内的传质速率可写成

$$\text{d}G_{\text{A}}=\pi d(\text{d}x)h_{\text{m}}(C_{\text{As}}-C_{\text{A}})$$

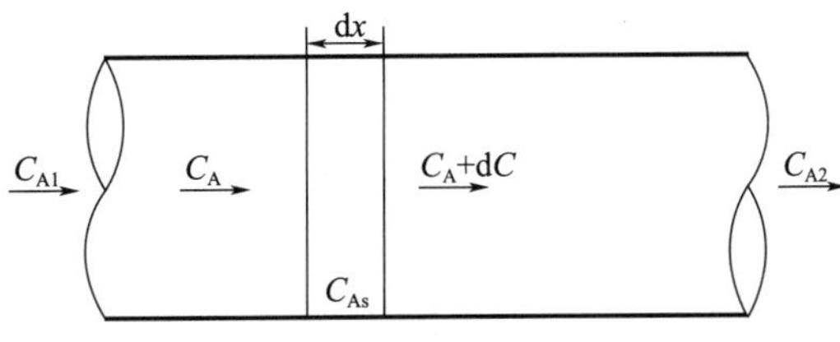

图 1　例 14-2 图

由组分 A 的质量守恒，得

$$\text{d}G_{\text{A}}=\frac{\pi}{4}d^2u_{\text{b}}\text{d}C_{\text{A}}$$

令上述两式相等，得

$$pd(\text{d}x)h_{\text{m}}(C_{\text{As}}-C_{\text{A}})=\frac{p}{4}d^2u_{\text{b}}\text{d}C_{\text{A}}$$

分离变量积分

$$\frac{4h_{\text{m}}}{du_{\text{b}}}\int_0^L\text{d}x=\int_{C_{\text{A1}}}^{C_{\text{A2}}}\frac{\text{d}C_{\text{A}}}{C_{\text{As}}-C_{\text{A}}}$$

得

$$\frac{4h_{\text{m}}}{du_{\text{b}}}L=\ln(C_{\text{As}}-C_{\text{A1}})-\ln(C_{\text{As}}-C_{\text{A2}})$$

即

$$\ln(C_{\text{As}}-C_{\text{A2}})=\ln(C_{\text{As}}-C_{\text{A1}})-\frac{4h_{\text{m}}}{du_{\text{b}}}L$$

代入给定值，写成

$$\ln(2.80\times10^{-5}-C_{A2})=\ln(2.80\times10^{-5}-0)-\frac{4\times2.31\times10^{-3}\times0.6}{0.025\times1}=-10.705$$

因此求得出口气体中萘的浓度为

$$C_{A2}=0.557\times10^{-5}\,\text{kmol/m}^3$$

全萘管的传质速率，可根据对全管长度作物料核算而得

$$\begin{aligned}G_A&=\frac{\pi}{4}d^2u_b(C_{A2}-C_{A1})=\frac{\pi}{4}\times(0.025)^2\times1\times(0.557\times10^{-5}-0)\\&=2.73\times10^{-9}\,\text{kmol/s}\end{aligned}$$

14.1.3.3　对流强化换热和传质机理诠释

如同传热强化是传热研究的重要内容，并且有许多应用一样，如何强化传质也是建筑环境工程中热质传递的重要内容，并在空气净化器性能改善和膜除湿效果强化等方面有重要应用。我们可以通过传热强化的类比阐述传质强化的机理。

对一二维对流问题，从能量方程出发简单分析如下：

$$\rho c_p\left(u\frac{\partial T}{\partial x}+v\frac{\partial T}{\partial y}\right)=k\frac{\partial^2 T}{\partial y^2}\tag{14-1-35}$$

设温度边界层的厚度为 δ_t，则沿边界层积分得

$$\int_0^{\delta_1}\rho c_p\left(u\frac{\partial T}{\partial x}+v\frac{\partial T}{\partial y}\right)\mathrm{d}y=\int_0^{\delta_1}k\frac{\partial^2 T}{\partial y^2}\mathrm{d}y\tag{14-1-36}$$

当 ρ 和 c_p 均为常数时，则

$$\int_0^{\delta_1}\rho c_p(\vec{v}\cdot\nabla T)\mathrm{d}y=k\left.\frac{\partial T}{\partial y}\right|_{y=\delta_1}-k\left.\frac{\partial T}{\partial y}\right|_{y=0}=h(T_s-T_\infty)\tag{14-1-37}$$

由此可得

$$h=\frac{-k\left.\dfrac{\partial T}{\partial y}\right|_{y=0}}{T_s-T_\infty}=\frac{\rho c_p\displaystyle\int_0^{\delta_1}(\vec{v}\cdot\nabla T)\mathrm{d}y}{T_s-T_\infty}\tag{14-1-38}$$

由此可知，增大对流传热系数 h 的方法如下：

(1) 增大 ρc_p，由此可解释为什么介质为水时对流换热系数比介质为空气时的约大 10^3 倍；还可解释应用含有相变材料的功能热流体，可增大对流换热系数。

(2) 增大$\vec{v}$和∇T。

(3) 多维效应可以强化传热。这可以解释为什么小尺寸元件的对流换热系数较大。

(4) 减小速度 v 和温度梯度∇T 的夹角，使之趋于 0，此时，对流传热系数趋于最大值。

定义以下无量纲参数，

$$y^*=\frac{y}{\sigma_t},v^*=\frac{v}{u_\infty},\nabla T^*=\frac{\nabla T}{\dfrac{T_s-T}{\delta_t}}\tag{14-1-39}$$

可得：

$$Nu_x=Re_xPr\int_0^1(v^*\cdot\nabla T^*)\mathrm{d}y^*\tag{14-1-40}$$

可见，当 v 和∇T 夹角为 0 时，

$$Nu_x(\max)=Re_xPr\tag{14-1-41}$$

一般情况下，Nu_x 达不到与 Re_x 呈线性关系的水平，而只能达到与 Re_x^n（$0<n<1$）呈线性关系的水平。

考虑到对流传质与对流传热的相似性，在很多情况下，对流传质强化也可参考上述分析。对二维对流传质问题，利用和上面类似的推导可得：

$$h_m = \frac{-D_{AB}\left.\dfrac{\partial C_A}{\partial y}\right|_{y=0}}{C_{As}-C_{A\infty}} = \frac{\int_0^{\delta_m}(v\cdot\nabla C)\mathrm{d}y}{C_{As}-C_{A\infty}} \tag{14-1-42}$$

14.2　管内受迫对流换热

14.2.1　一般分析

通过外掠平板对流传热的分析，影响单相流体受迫对流传热的一般因素已在第 13 章叙及，参见式（13-0-1），但当流体在管内受迫对流传热时，从管子进口到出口，由于流体的流动被限制在一特定的空间内，使得管内流动及传热与外掠平板的流动及传热不同。本节介绍管内受迫对流的传热规律。

14.2.1.1　进口段与充分发展段

边界层分析中曾指出，流体从进入管口开始，须经历一段距离，管断面流速分布和流动状态才能达到定型，这一段距离通称进口段。之后，流态定型，流动达到充分发展，称为流动充分发展段。流动充分发展段的流态由 $Re=u_m d/v$ 判断。

$Re<2300$	层流
$2300<Re<10^4$	过渡状态
$Re>10^4$	旺盛紊流

Re 中的 u_m 为管断面平均速度（m/s）；定型长度为管内径 d（m）。

流动充分发展段的特征：流体的径向（r）速度分量 v 为零，且轴向（x）速度 u 不再随 x 改变，即

$$\frac{\partial u}{\partial x}=0;v=0$$

在有热交换的情况下，流体从进口到出口，管断面的流体平均温度 t_f 将不断变化，即 $\partial t/\partial x$ 永远不会等于 0；壁温 t_w 则视边界条件可能发生变化。但实验发现，常物性流体在常热流和常壁温边界条件下[2-3]，流体从进口开始也要经历热进口段后才进入“热充分发展段”，热充分发展段的特征是：由 t_w（x）及 t_f（x）与管内任意点的温度 t（x，r）组成的无量纲温度$\left(\dfrac{t_w-t}{t_w-t_f}\right)$随管长保持不变，即

$$\frac{\partial}{\partial x}\left(\frac{t_w-t}{t_w-t_f}\right)=0 \tag{14-2-1}$$

由此特征可得出如下的结论：考虑到式（14-2-1）以及 t_w（x）及 t_f（x）均与 r 无关，则无量纲温度就仅是 r 的函数，若将无量纲温度对 r 求导，并当 $r=R$（管壁）时，得到常数

$$\frac{\partial}{\partial x}\left(\frac{t_w-t}{t_w-t_f}\right)_{r=R}=\frac{-\left(\dfrac{\partial t}{\partial r}\right)_{r=R}}{t_w-t_f}=\text{常数} \tag{14-2-2}$$

再应用傅里叶导热定律得局部热流密度 $q_x=-\lambda\left(\dfrac{\partial t}{\partial r}\right)_{r=R}$及牛顿冷却公式 $q_x=h_x(t_w-t_f)$，则由上式可得

$$\frac{-\left(\dfrac{\partial t}{\partial r}\right)_{r=R}}{t_w-t_f}=\frac{h_x}{\lambda}=\text{常数} \tag{14-2-3}$$

式（14-2-3）说明，常物性流体在热充分发展段的局部表面传热系数 h_x 保持不变。

流动进口段与热进口段的长度不一定相等，这取决于 Pr。当 $Pr>1$ 时，流动进口段比热进口段短；当 $Pr<1$ 时，情形正相反。图 14-2-1 定性地表达了管内局部表面传热系数 h_x 随 x 的变化规

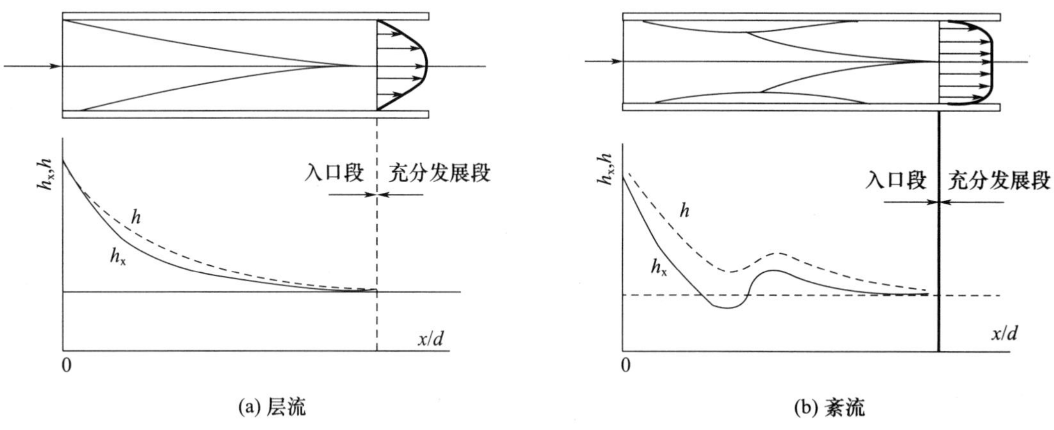

(a) 层流 (b) 紊流

图 14-2-1 管内局部表面传热系数 h_x 及平均 h 的变化

律，它以 $Pr=1$ 为例标绘，即当流动达到充分发展时，传热也进入热充分发展段。在进口处，边界层最薄，h_x 具有最高值，随后降低。在层流情况下，h_x 趋于不变值的距离较长，流体层流热进口段长度：

$$\left(\frac{l}{d}\right)_l \approx 0.05RePr \tag{14-2-4}$$

式（14-2-4）表明，层流热进口段 l 随 $RePr$ 增加而变长。

在紊流情况下，当边界层转变为紊流后，h_x 将有一些回升后又下降，并迅速趋于不变值。紊流时的热进口段较层流短得多，其长度取决于 Re 数，约为管径的 10～45 倍[3-4]。鉴于进口段 h_x 的变化，在选择准则方程式计算管内平均表面传热系数时应注意该方程式适用的管长条件。

14.2.1.2 管内流体平均速度及平均温度

1. 管内流体平均速度

如图 14-2-2 所示，取径向微圆环断面积 $\mathrm{d}f$，则

$$u_m = \int_0^f u\mathrm{d}f/f = \frac{2}{\pi R^2}\int_0^R \pi ru\,\mathrm{d}r = \frac{V}{f} \tag{14-2-5}$$

式中 u——断面局部流速，m/s；

f——管断面面积，m^2；

V——体积流量，m^3/s。

2. 管内流体平均温度及传热温差

管内流体平均温度有两种，即管断面流体平均温度和全管长流体平均温度，它们是管内传热计算或实验研究中为确定流体物性及传热温度差的重要数据。首先按焓值计算断面平均温度，如图 14-2-2所示，单位时间通过 $\mathrm{d}f$ 微元断面面积的质量为 $\rho u\mathrm{d}f$，它的焓为 $\rho c_p tu\mathrm{d}f$，沿断面面积积分得断面流体的总焓为 $\int \rho c_p tu\mathrm{d}f$。对常物性流体，则断面平均温度为

$$t_f = \frac{\int \rho c_p tu\mathrm{d}f}{\int \rho c_p u\mathrm{d}f} = \frac{2}{R^2 u_m}\int_0^R tur\,\mathrm{d}r \tag{14-2-6}$$

按上式来计算断面平均温度，必须知道 $u(r)$ 和 $t(r)$ 两者的分布。断面平均温度 t_f 还可通过实验测出，例如，设法让该断面上的流体充分混合，则测出的混合温度即该断面的平均温度。随着热交换的进行，断面平均温度随管长而变，其规律可由热平衡关系导出，即流体沿管长焓值的变化等于它与管壁的传热量。如图 14-2-3 所示，设在 $\mathrm{d}x$ 长的管段内，流体获得热量 $\mathrm{d}\Phi$，温度变化了 $\frac{\mathrm{d}t_f}{\mathrm{d}x}\mathrm{d}x$，则该管段的热平衡式是

$$d\Phi=h_x(t_w-t_f)_x 2\pi R dx=\rho c_p u_m \pi R^2 dt_f \tag{14-2-7}$$

又
$$d\Phi=q_x 2\pi R dx \tag{14-2-8}$$

式中　q_x——局部热流密度，W/m^2。

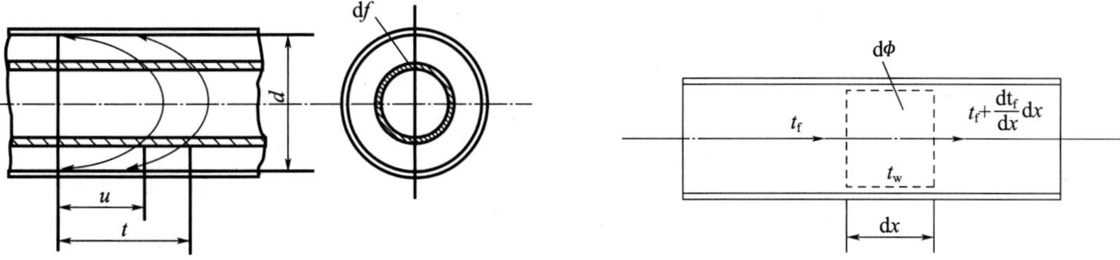

图 14-2-2　管断面平均流速及平均温度的计算　　图 14-2-3　管内传热热平衡

由式（14-2-7）及式（14-2-8）得

$$\frac{dt_f}{dx}=\frac{2q_x}{\rho c_p u_m R} \tag{14-2-9}$$

又
$$\frac{dt_f}{dx}=\frac{2h_x(t_w-t_f)_x}{\rho c_p u_m R} \tag{14-2-10}$$

如是，利用式（14-2-9）或式（14-2-10）沿管长积分，即可求得全管长流体的平均温度。但因 t_f、t_w 及 q_x 均可能是随 x 变化的，故应根据不同的边界条件进行积分。以下分析常热流与常壁温两种边界条件下全管长流体的平均温度。

常热流边界条件（q_x＝常数）：设物性为常量，则由式（6），dt_f/dx＝常数，它表明从入口开始，流体断面平均温度呈线性变化，所以，在常热流条件下，可取管的进出口断面平均温度的算术平均值作为全管长流体的平均温度，即

$$t_f=(t'_f+t''_f)/2 \tag{14-2-11}$$

此外，对于热充分发展段，q_x 及 h_x 均为常量，则由牛顿冷却公式可导得

$$\frac{dt_w}{dx}=\frac{dt_f}{dx} \tag{14-2-12}$$

这说明在常热流条件下，充分发展段的管壁温度也是呈线性变化的，且变化的速率与流体断面平均温度的变化速率一致，如图 14-2-4（a）所示。故在充分发展段，t_f 与 t_w 之差沿管长保持不变。但因进口段的壁温不呈线性变化，故一种近似但简便的处理办法是取进出口两端温差 $\Delta t'$ 与 $\Delta t''$ 的算术平均值为全管长流体与管壁间的平均温差，即

$$\Delta t=(\Delta t'+\Delta t'')/2 \tag{14-2-13}$$

式中　$\Delta t'$——进口端流体与管壁温差，$\Delta t'=t'_w-t'_f$；

　　　$\Delta t''$——出口端流体与管壁温差，$\Delta t''=t''_w-t''_f$。

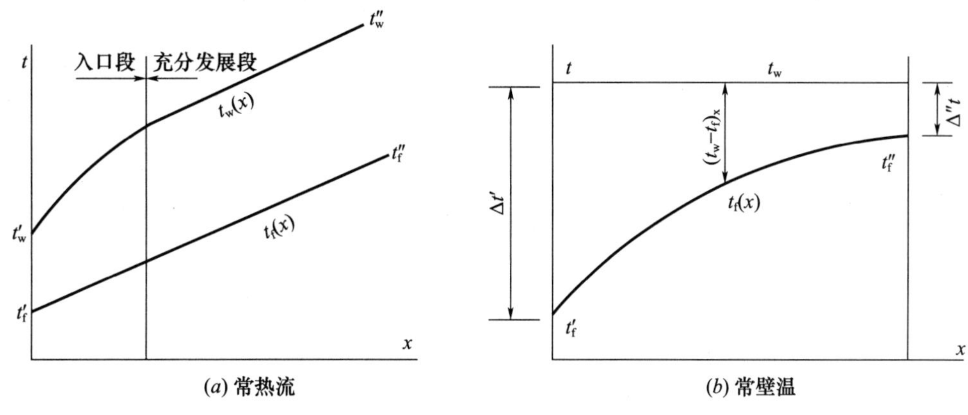

图 14-2-4　管内传热时流体温度变化

常壁温边界条件（t_w=常数）：情况较复杂些，将式（14-2-10）变换为

$$-\frac{d(t_w-t_f)_x}{(t_w-t_f)_x}=\frac{2h_x dx}{\rho c_p u_m R} \tag{14-2-14}$$

将上式沿管长由 0 到 x 积分，其中积分项 $\int_0^x h_x dx$ 等于全管长的平均表面传热系数 h 与长度 x 之积（$h \cdot x$），再经整理得

$$\frac{\Delta t''}{\Delta t'}=\exp\left(-\frac{2h}{\rho c_p u_m R}x\right) \tag{14-2-15}$$

式（14-2-15）表明，常壁温条件下，流体与壁面间的温度差将沿管长按对数曲线规律变化，如图 14-2-4（b）所示，由式（14-2-15）作进一步推导（详见第 16 章），可得全管长流体与壁面间的平均温度差 Δt_m：

$$\Delta t_m=\frac{(t_w-t'_f)-(t_w-t''_f)}{\ln\frac{t_w-t'_f}{t_w-t''_f}}=\frac{\Delta t'-\Delta t''}{\ln\frac{\Delta t'}{\Delta t''}} \tag{14-2-16}$$

式中　Δt_m——对数平均温差。

若温度差 $\Delta t'$ 与 $\Delta t''$ 之比小于 2，则可用算术平均式（14-2-13）代替对数平均式（14-2-16），误差将小于 4%。

因 t_w 不变，又已知 Δt_m，故全管长流体的平均温度是

$$t_f=t_w\pm\Delta t_m \tag{14-2-17}$$

式中，当 $t_f<t_w$ 用“－”号；$t_f>t_w$ 用“＋”号。

综上所述，在计算管内对流传热时应注意按边界条件确定流体与管壁间的温度差及其平均温度。

14.2.1.3　物性场不均匀

在传热条件下，由于管中心和靠近管壁的流体温度不同，因而管中心和管壁处的流体物性也会存在差异，特别是黏度的不同将导致有温差时的速度场与等温流动时有差别。如图 14-2-5 所示，设速度曲线 1 为等温流情况，若管内为液体，由于它的黏度是随温升而降低的，故液体被冷却时壁面附近的黏度较管心处高，黏性力增大，速度将低于等温流的情况，这时的速度分布将变成曲线 2 的情形。如果液体被加热，则速度场将变为曲线 3。显然曲线 3 在壁面上的速度梯度大于曲线 2。在流体平均温度相同的条件下，这种现象将造成加热液体时的表面传热系数高于冷却液体时的表面传热系数。这就是不均匀物性场（由冷却或加热引起）的影响。对于气体，其黏度随温度增加而增大，其影响恰与液体相反。上述分析，同样适用于管外对流传热。

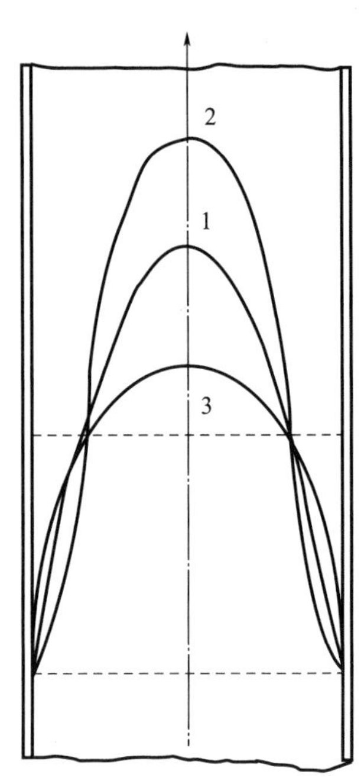

图 14-2-5　黏度变化对速度场的影响
1—等温流；
2—冷却液体或加热气体；
3—加热液体或冷却气体

还要提及，由于管内各处温度不同，流体密度也不同，必然会产生自然对流，它也会改变速度的分布状况，从而影响对流传热过程，特别是大直径、低流速或大温差的管内对流传热，这种影响是不容忽略的，通常把自然对流的影响不可忽略时的受迫对流称为混合对流（combined convection）传热。

14.2.1.4　管子的几何特征

管长、管径、弯曲管、非圆形管、粗糙管等都是管内对流传热的重要影响因素。管子的几何特征将影响管内流体流型的演变，例如，管长较短时边界层尚未充分发展即流出管子，管子弯曲时将出现二次环流。

14.2.2　管内受迫对流传热

14.2.2.1　紊流传热

受迫紊流传热准则关联式 $Nu=f(Re, Pr)$ 用下列幂函数表达

$$Nu=CRe^{n}Pr^{m} \tag{14-2-18}$$

式中，常数 C、n、m 均由实验研究结果确定。对于光滑管内紊流传热，使用最广泛的关联式是迪图斯—贝尔特（Dittus-Boelter）公式①：

加热流体
$$Nu_f=0.023Re_f^{0.8}Pr_f^{0.4}\ (t_w>t_f) \tag{14-2-19a}$$

冷却流体
$$Nu_f=0.023Re_f^{0.8}Pr_f^{0.3}\ (t_w<t_f) \tag{14-2-19b}$$

式（14-2-19）适用于流体与壁面具有中等以下温度差（具体数值与计算准确度有关系，例如②，对空气不超过 50℃，对于水不超过 20～30℃；对于（$1/\mu$）（$d\mu/dt$）大的油类不超过 10℃）。适用参数范围（l/d）$\geqslant$10；$Re_f>10^4$；$Pr_f=0.7\sim160$；定性温度取全管长流体平均温度；定型长度为管内径 d。

对于液体，当与管壁间的温差比较大，导致黏度有明显的变化时，西得和塔特（Sieder-Tate）③推荐的关联式采用（μ_f/μ_w）$^{0.14}$作为不均匀物性影响的修正项，关联式为

$$Nu_f=0.027Re_f^{0.8}\ Pr_f^{1/3}\ (\mu_f/\mu_w)^{0.14} \tag{14-2-20}$$

式中　μ_f 和 μ_w——流体温度 t_f 和壁温 t_w 下的流体动力黏度，N·s/m^2。

当加热液体时，$t_f<t_w$，则（μ_f/μ_w）$^{0.14}>1$；反之，当冷却液体时，（μ_f/μ_w）$^{0.14}<1$。此式修正了物性场不均匀性的影响，在计算时，若壁温未知，则须采用试算法进行，即先假定 t_w，最后进行校核，详见例题。

关于物性变化的修正，本节只通过上式作扼要的介绍。但实际情况是较为复杂的，因为对于液体或气体、大温差或小温差、不同的流态等等，其影响的程度不尽相同。大量的研究表明，对于液体，温度变化主要会引起黏度发生变化，其他物性相比之下变化较小，可以忽略，故液体采用 μ 或 Pr 修正是合适的。而对于气体，除黏度外，其他物性亦会有明显变化，而且这些物性参数随热力学温度的变化都具有一定的函数关系，所以，对气体适于采用 T 修正。苏联科学家米海耶夫建议[3]，液体或气体，都用(Pr_f/Pr_w)$^{0.25}$作为修正项。当然，不同的修正方法，关联式右边的常数项可能不同。

上述准则关联式要求适用于紊流传热，而格尼林斯基在整理多位著名传热科学家建议的关联式和实验数据（近 800 个数据点）基础上，提供的关联式可适用于过渡流与紊流传热，其关联式与 90%的实验数据偏差在±20%以内，是目前常用的管内对流传热准则关联式：

对于气体，$0.6<Pr_f<1.5$，$0.5<\dfrac{T_f}{T_w}<1.5$，$2300<Re_f<10^6$

$$Nu_f=0.0214(Re_f^{0.8}-100)\ Pr_f^{0.4}\left[1+\left(\frac{d}{l}\right)^{2/3}\right]\left(\frac{T_f}{T_w}\right)^{0.45} \tag{14-2-21a}$$

对于液体，$1.5<Pr_f<500$，$0.05<\dfrac{Pr_f}{Pr_w}<20$，$2300<Re_f<10^6$

$$Nu_f=0.012(Re_f^{0.87}-280)\ Pr_f^{0.4}\left[1+\left(\frac{d}{l}\right)^{2/3}\right]\left(\frac{Pr_f}{Pr_w}\right)^{0.11} \tag{14-2-21b}$$

式中　Pr_f——管子进出口断面温度下的 Pr 平均值；

$\left(\dfrac{d}{l}\right)^{2/3}$——修正管子长度的影响。

式（14-2-19）与式（14-2-21）数据整理形式不同，前者在双对数坐标图上显示为直线关系。后者因为关联的数据域很广，其关联线在数据域的高端或低端与直线偏离，括号内的常数项就是对偏离度的修正，表明在关联式适用的数据域内 lgNu 与 lgRe 已不是正比关系。以后，在其他对流传热关联式中，还将遇到类似的形式。

① F. W. Dittus，L. M. K Boelter，Univ. Calif.（Berkeley）Pub. Eng. Vol. 2. p443，1930.

② 只作为量级的参考，各文献数字有出入。Trans. ASME，1957，79：789.

③ Sieder E N，Tate G E. Ind. Eng. Chem，1936，28：1429.

对于非圆形管，例如椭圆管、矩形流道等，定型长度采用当量直径 d_e。

$$d_e=\frac{4A}{U} \tag{14-2-22}$$

式中 A——流道断面面积，m^2；

U——流体润湿的流道周长，m。

对于螺旋形管，如螺旋板式或螺旋管式换热设备，流体通道呈螺旋形。在弯曲的通道中流动产生的离心力，将在流场中形成二次环流，如图 14-2-6 所示，二次环流的路径是沿管径流向外侧，再沿管壁流向内侧，此二次环流与主流垂直，增加了对边界层的扰动，有利于传热，而且管的弯曲半径越小，二次环流的影响越大。故由上述关联式计算的结果尚需乘以管道弯曲影响的修正系数 ε_R，它大于 1。

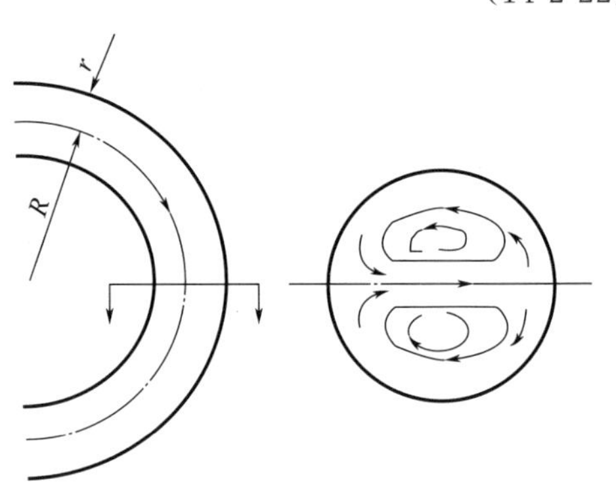

图 14-2-6 弯曲管二次环流

气体
$$\varepsilon_R=1+1.77\frac{d}{R} \tag{14-2-23a}$$

液体
$$\varepsilon_R=1+10.3\left(\frac{d}{R}\right)^3 \tag{14-2-23b}$$

式中 R——螺旋管曲率半径，m；

d——管直径，m。

至此，若将式（14-2-19a）展开，显示出各因素对管内紊流传热表面传热系数影响的大小，从中可以得到如何更有效地强化传热的启示。

$$h=f(u^{0.8},\lambda^{0.6},c_p^{0.4},\rho^{0.8},\mu^{-0.4},d^{-0.2}) \tag{14-2-24}$$

式中，流速和密度均以 0.8 次幂影响表面传热系数，是各项中影响最大者。它反映了水的表面传热系数远高于空气的现象。以流速而论，在其他条件相同时，流速由 1m/s 提高到 1.5m/s，表面传热系数即可增加 40%左右。至于管径 d，在不改变流速及温度的条件下，采用小直径的管子能够提高表面传热系数，如把圆管改成椭圆管就是一项有效的措施，因周长不变时，椭圆管的断面积和当量直径都变小，传热将改善，而且管外部的流动亦会得到改善。

【例 14-3】一台管壳式蒸汽热水器，水在管内流速 $u_m=0.85$m/s，全管水的平均温度 $t_f=90$℃，管壁温度 $t_w=115$℃，管长 1.5m，管内径 $d=17$mm，试计算它的表面传热系数。

【解】本题 $l/d>10$，温度差为 25℃，符合式（14-2-19a）的适用条件。解题的思路是先用定性温度确定物性，进而可确定计算式中的准则数。

物性由附录 11-2 查取，水在 t_f 下的物性数据：

$t_f=90$℃；$\nu_f=0.326\times10^{-6}\text{m}^2/\text{s}$；$\lambda_f=0.680\text{W}/(\text{m}\cdot\text{K})$；$\mu_f=3.15\times10^{-4}\text{N}\cdot\text{s}/\text{m}^2$；$Pr_f=1.95$

则
$$Re_f=\frac{du_m}{\nu_f}=\frac{0.017\times0.85}{0.326\times10^{-6}}=4.43\times10^4$$

为紊流，由式（14-2-19a）

$$\begin{aligned}Nu_f&=0.023Re_f^{0.8}Pr_f^{0.4}\\&=0.023\times(4.43\times10^4)^{0.8}\times(1.95)^{0.4}=157\end{aligned}$$

$$h=Nu_f\frac{\lambda_f}{d}=157\times\frac{0.680}{0.017}=6280\text{W}/(\text{m}^2\cdot\text{K})$$

【讨论】此题由判断流态，进而选择准则关联式、计算 h 值，是应用对流传热准则关联式计算表面传热系数的最基本方法。读者还可用式（14-2-20）、式（14-2-21）计算 h，并作比较。本例计算简短，而实际工程问题就要复杂得多，见下例。

【例 14-4】某厂有一空气加热器，已知管内径 $d=0.051$m，每根管内空气质量流量 $M=0.0417$kg/s，管长 $l=2.6$m，空气进口温度 $t'_f=30$℃，壁温保持 $t_w=250$℃，试计算该加热器管内表面传热系数。

【解】 本题为管内受迫对流常壁温传热问题。按上题的思路解题，应该首先确定定性温度，据此查取物性参数，进而计算 Re 以判断流态。但本题中事先没有给定出口温度 t''_f，故定性温度也是未知数，空气物性参数亦不能确定，因此解题首先遇到的困难是出口温度 t''_f。但仔细分析，本例所给定的条件充分，t''_f 应有唯一解。对于这种情况的问题，一般可采用试算法求解，即先假定一个出口温度 t''_f，待求解后再进行校核，其计算流程是：

$$t''_f(\text{假定})\to\Delta t_m,\ t_f\left\{\begin{array}{l}\text{物性}\to Re\to Nu\to h_1(\text{准则关联式计算})\\ c_p\to\Phi\to h_2=\dfrac{\Phi}{A(t_w-t_f)}(\text{传热量计算})\end{array}\right\}\text{否则重新假定}\ t''_f$$

假定 t''_f 是为了启动计算。本题的边界条件为常壁温，采用对数平均计算 Δt_m，再按式（14-2-17）确定流体的定性温度，因 $t_w>t_f$，故

$$t_f=t_w-\Delta t_m \tag{1}$$

由定性温度，确定物性参数；再依次计算 Re；判断流态；选用准则关联式；进而按准则方程式计算出该出口温度 t''_f 下的表面传热系数，先记为 h_1。

另一方面，从热平衡关系看，当出口温度 t''_f 一经设定，则空气由 t'_f 加热到 t''_f 的传热量也就设定了，即

$$\Phi=Mc_p(t''_f-t'_f) \tag{2}$$

这样，不经准则关联式，而是通过上述传热量就可由牛顿冷却公式直接计算出表面传热系数来，把由传热量计算出来的表面传热系数记为 h_2，即

$$h_2=\frac{\Phi}{A(t_w-t_f)}=\frac{Mc_p(t''_f-t'_f)}{A\Delta t_m} \tag{3}$$

显然，如果最初假定的 t''_f 是准确的，则由准则关联式计算的 h_1 应等于由传热量计算的 h_2，因此可以利用 $h_1\approx h_2$ 这一条件来校核假定的 t''_f 是否是本题的解。如果 h_1 与 h_2 相差比较大，说明假定值偏离准确值，则需重新假定 t''_f，重复上述计算，直到校核条件得到满足。当然，要求两者严格相等，也无必要，只要两者之偏差不超过工程上的允许范围即可。上述计算方法，是传热学中常用的试算法。建议在理解上述试算方法的基础上，编程计算，既可以理清计算思路，又可以加快计算速度，同时练习了计算机编程。在物性查询计算方面，建议使用专业物性查询软件。

采用试算法解题，必须是有唯一解的题。分析本例题的未知量有 4 个：h，t_f，t''_f，Φ，而上述式（1）、（2）、（3），加上准则关联式也是 4 个计算式，问题有唯一解。采用试算法解题比用解联立方程的方法简单、容易，且物理意义明确。这就是本题求解的思路和目的。因此读者遇到这类问题的时候，不妨先利用传热学的知识，定性判断一下，在给定的条件下，流体的出口温度是否是唯一的。

本题的 t-A 关系如图 14-2-4（b）所示，为启动计算，设 $t''_f=150$℃，则：

$\Delta t'=t_w-t'_f=250-30=220$℃；$\Delta t''=t_w-t''_f=250-150=100$℃。

按对数平均计算温度差

$$\Delta t_m=\frac{\Delta t'-\Delta t''}{\ln\dfrac{\Delta t'}{\Delta t''}}=\frac{220-100}{\ln\dfrac{220}{100}}=152℃$$

$$t_f=t_w-\Delta t_m=250-152=98℃$$

查附录 14-1 空气物性表

$$\nu_f=22.92\times10^{-6}\,\text{m}^2/\text{s};\rho=0.951\,\text{kg/m}^3;$$
$$\lambda_f=0.0319\,\text{W/(m·K)};\ c_p=1.009\,\text{kJ/(kg·K)};$$
$$\mu_f=21.8\times10^{-6}\,\text{N·s/m}^2;\ \mu_w=27.4\times10^{-6}\,\text{N·s/m}^2;$$
$$Pr_f=0.688$$

平均流速

$$u_m=\frac{M}{\frac{\pi}{4}d^2\rho}=\frac{0.0417}{\frac{\pi}{4}\times 0.051^2\times 0.951}=21.5\text{m/s}$$

$$Re_f=\frac{u_m d}{\nu_f}=\frac{21.5\times 0.051}{22.92\times 10^{-6}}=47840$$

采用紊流传热关联式（14-2-20）

$$Nu_f=0.027Re_f^{0.8}Pr_f^{1/3}\ (\mu_f/\mu_w)^{0.14}$$
$$=0.027\times 47840^{0.8}\times 0.688^{1/3}(21.8/27.4)^{0.14}=128$$

$$h_1=Nu_f\frac{\lambda_f}{d}=128\times\frac{0.0319}{0051}=80.1\text{W/(m}^2\cdot\text{K)}$$

校核：$\Phi=Mc_p(t''_f-t'_f)=0.0417\times 1009\times\ (150-30)\ =5049\text{W}$

由热量直接计算的表面传热系数是：

$$h_2=\frac{\Phi}{A\Delta t_m}=\frac{5049}{\pi\times 0.051\times 2.6\times(250-98)}=79.7\text{W/(m}^2\cdot\text{K)}$$

对比计算，$h_1\approx h_2$，相差0.54%，原假定的t''_f合理（试算过程省略），在工程计算时，可取两者的平均值为计算结果。又因本题的$\frac{\Delta t'}{\Delta t''}\approx 2$，如果采用算术平均计算$\Delta t_m$，将有4%左右的误差。

【讨论】 通过本例，可以全面理解管内对流传热计算所涉及的一些重要概念、计算式和方法。但有几个问题需要思考：（1）为启动计算，应如何选择t''_f的第一次假定值？（2）本例试算时，如果第一次假定的$t''_f<150℃$或者$t''_f>150℃$，由此计算出来的t_f、Φ、h等数值将如何变化？就此进行一些定性的分析，从而理解t''_f变化对计算结果的影响规律；（3）本题的校核方法如果不用表面传热系数而用t''_f或Φ作为校核的参数，考虑应如何变更计算程序；（4）若将本例所用准则关联式改为式（14-2-19），结果如何？（5）将本例空气表面传热系数与例14-3的水相比，相差达到2个数量级；（6）以本题为例，给定了管径、管长、流量、进口温度及壁温，其出口温度能否是不定值？

本例还可在假定出口温度t''_f后由式（14-2-20）直接计算出流量M，用流量M作为核算参数，方法参看例14-5。

【例14-5】 某换设备管子长$l=2$m，内径$d=0.014$m，生产过程中壁温保持$t_w=78.6℃$，进口水温$t'_f=22.1℃$，问管内水的平均流速u_m为多少m/s时，其出口水温t''_f达50℃？并确定此时的表面传热系数。

【解】 本题温差约40℃，如果流态达到了紊流，则可以选用准则关联式（14-2-20）。其中各项温度均已知，可计算出传热温度差Δt_m和定性温度t_f，流体物性即可随之确定。这样准则关联式（14-2-20）中只有流速（流量）为唯一未知数，利用例14-4的式（2）、式（3）可将涉及流量的准则Nu数与Re数展开为下式：

$$Nu_f=\frac{hd}{\lambda_f}=\frac{Mc_p(t''_f-t'_f)}{\pi dl\Delta t_m}\times\frac{d}{\lambda_f}$$

$$Re_f=\frac{u_m d}{\nu_f}=\frac{M}{\pi d^2\rho/4}\times\frac{d}{\nu_f}$$

把上两式代入式（14-2-20），并展开写为流量M的函数，得到

$$M=\left[0.027\times\left(\frac{1}{\frac{\pi}{4}d\rho\nu_f}\right)^{0.8}\times Pr_f^{1/3}\times\left(\frac{\mu_f}{\mu_w}\right)^{0.14}\times\frac{\pi l\Delta t_m\lambda_f}{c_p(t''_f-t'_f)}\right]^5\ \text{(kg/s)}$$

则流量M可以直接解出。计算如下：

参见图14-2-4（b），由式（14-2-16）计算流体与壁面间的平均温差

$$\Delta t_m=\frac{\Delta t'-\Delta t''}{\ln(\Delta t'/\Delta t'')}=\frac{(78.6-22.1)-(78.6-50)}{\ln[(78.6-22.1)/(78.6-50)]}=41.0℃$$

定性温度

$$t_f=t_w-\Delta t_m=78.6-41.0=37.6℃$$

查水的物性表

$$\rho=993\text{kg/m}^3;c_p=4174\text{J/(kg}\cdot\text{K)};$$

$$\lambda=0.631\text{W/(m}\cdot\text{K)};\ \nu_f=0.696\times10^{-6}\text{m}^2/\text{s};\ \mu_f=688.9\times10^{-6}\text{N}\cdot\text{s/m}^2;$$

$$Pr_f=4.59;$$

$$t_w=78.6℃;\ \mu_w=362.2\times10^{-6}\text{N}\cdot\text{s/m}^2$$

代入 M 展开式（具体计算式从略），得

$$M=0.453\text{kg/s}$$

从而得管内平均流速

$$u_m=\frac{M}{\pi/4\times d^2\times\rho}=\frac{0.453}{\pi/4\times0.014^2\times993}=2.96\text{m/s}$$

表面传热系数

$$h=\frac{Mc_p(t''_f-t'_f)}{\pi dl\Delta t_m}=\frac{0.453\times4174\times(50-22.1)}{\pi\times0.014\times2\times41}=14635\text{W/(m}^2\cdot\text{K)}$$

校核 Re 数

$$Re_f=\frac{u_m d}{\nu_f}=\frac{2.96\times0.014}{0.696\times10^{-6}}=5.95\times10^4$$

该管内流动为紊流，满足原假定条件。

【讨论】在已知各项温度参数时，定性温度已经确定，这样可以用准则关联式的展开式直接计算待求的流量或流速。例 14-4 中，如果在假定流体的出口温度后，把流量作为核算参数，则亦能用本例的方法求解。只要由假定的出口温度计算出来的流量与原题给定的流量数据误差在允许的范围内，则假定的出口温度就是待求的温度。直接计算法免去了一些中间计算，减少差错。

【例 14-6】某厂在改进换热器设计时，把圆管改制成椭圆形断面管（设改制后周长不变）。已知椭圆管内的长半轴 $a=0.02$m，短半轴 $b=0.012$m，试计算在同样流量及物性条件下，椭圆管与圆管相比，其管断面积、当量直径、流速、Re、Nu、h 及压降等的变化比。

【解】

（1）椭圆管内壁周长 U 按下列近似式计算

$$U=\pi[1.5(a+b)-\sqrt{ab}]$$

$$=\pi[1.5\times(0.02+0.012)-\sqrt{0.02\times0.012}]=0.102\text{m}$$

（2）椭圆管断面积 A

$$A=\pi ab=\pi\times0.02\times0.012=7.54\times10^{-4}\text{m}^2$$

（3）椭圆管当量直径 d_e

$$d_e=\frac{4A}{U}=\frac{4\times7.54\times10^{-4}}{0.102}=0.0295\text{m}$$

（4）与椭圆管内壁相同周长的圆管内径 d_0 及断面积 A_0（圆管参数用“0”注角）：

$$d_0=\frac{U}{\pi}=\frac{0.102}{\pi}=0.0325\text{m}$$

$$A_0=\frac{\pi}{4}d_0^2=\frac{\pi}{4}\times0.0325^2=8.30\times10^{-4}\text{m}^2$$

（5）椭圆管与圆管各项参数比较

直径比：$\dfrac{d_e}{d_0}=\dfrac{0.0295}{0.0325}=0.908$（椭圆管缩小近 10%）

断面比：$\dfrac{A}{A_0}=\dfrac{7.54}{8.30}=0.908$

流速比：$\dfrac{u_m}{u_{m0}}=\dfrac{A_0}{A}=\dfrac{8.30}{7.54}=1.101$，提高 10%

Re 比：$\dfrac{Re}{Re_0}=\dfrac{u_m d_e}{u_{m0} d_0}=1.01\times0.908=1$，不变

Nu 比：$\dfrac{Nu}{Nu_0}=\dfrac{Re^{0.8}}{Re_0^{0.8}}=1$，不变

h 比：$\dfrac{h}{h_0}=\dfrac{Nu}{Nu_0}\dfrac{d_0}{d_e}=1.05\times\dfrac{1}{0.908}=1.101$

故表面传热系数比提高了 10%，效果较显著。但

压降 Δp 比：$\dfrac{\Delta p}{\Delta p_0}=\dfrac{f\dfrac{l}{d_e}\dfrac{1}{2}\rho u_m^2}{f\dfrac{l}{d_0}\dfrac{1}{2}\rho u_{m0}^2}=\dfrac{d_0}{d_e}\dfrac{u_m^2}{u_{m0}^2}=\dfrac{1}{0.908}\times1.101^2=1.335$

压降增大了 33.5%。

【讨论】假设流体热物性不变，椭圆管与圆管相比，在周长相同情况下，椭圆管的管断面缩小，流速提高，但由于当量直径减小，Re 不变，Nu 也不变；但是 Nu 对应的定型长度减小了，故管内受迫对流传热表面传热系数增加，但阻力升高的幅度比 h 还大。

14.2.2.2 层流传热

管内层流充分发展对流传热的理论分析成果相对较多。西得和塔特提出的常壁温层流传热关联式为

$$Nu_f=1.86Re_f^{1/3}Pr_f^{1/3}\left(\frac{d}{l}\right)^{1/3}\left(\frac{\mu_f}{\mu_w}\right)^{0.14} \tag{14-2-25a}$$

或写成

$$Nu_f=1.86\left(Pe_f\frac{d}{l}\right)^{1/3}\left(\frac{\mu_f}{\mu_w}\right)^{0.14} \tag{14-2-25b}$$

式中　Pe——贝克利准则，$Pe=RePr$。

式中引用了几何参数准则$\dfrac{d}{l}$，以考虑进口段的影响，上式的适用范围是：$0.48<Pr<16700$；$0.0044<\left(\dfrac{\mu_f}{\mu_w}\right)<9.75$。定性温度取全管长流体的平均温度，定型长度为管内径 d。值得注意的是：如果管子较长，以致

$$\left[\left(Re\,Pr\,\frac{d}{l}\right)^{1/3}\left(\frac{\mu_f}{\mu_w}\right)^{0.14}\right]\leqslant2$$

则 Nu_f 可作为常数处理，采用式（14-2-26）计算表面传热系数。以例 14-4 的空气管内传热为例，它的$\left(\dfrac{\mu_f}{\mu_w}\right)^{0.14}\approx1$，$Pr_f\approx0.7$，$\dfrac{d}{l}\approx0.02$，为满足上述条件，它的 Re 数为 620，因此在一般情况下，当 Re 数为 1000 以下时，可考虑把 Nu_f 作为常数处理；对于水，由于 Pr 数比空气大，满足上述条件的 Re 数还要低些。

从管内层流传热微分方程组分析解得到的常物性流体在热充分发展段的 Nu 是

$$Nu_f=4.36\quad(q=\text{常数}) \tag{14-2-26a}$$

$$Nu_f=3.66\quad(t_w=\text{常数}) \tag{14-2-26b}$$

对比式（14-2-26a）及式（14-2-26b），管内常热流层流传热比常壁温约高 20%。

还要指出，式（14-2-25）没有考虑自然对流的影响，而在流速低、管径粗或温差大的情况下，很难维持纯粹的受迫层流，自然对流的影响不容忽略。另外，需要注意的是：式（14-2-26）仅对圆形管道内的层流热充分发展段适用，其他形状管道内的层流充分发展段的 Nu 可通过文献［15］查阅。

14.2.2.3 过渡流传热

在层流和旺盛紊流之间存在过渡流。由于流场中刚开始出现紊流涡旋，部分涡旋在黏滞力作用下可能消失，故过渡流的表面传热系数随 Re 的变化较为复杂多变。本节推荐的准则关联式（14-2-21）

适用范围包括了过渡流传热。

14.2.2.4　粗糙管壁的传热

以上各准则关联式均只适用于光滑管。在传热计算中还可能遇到粗糙管，例如铸造管、冷拔管、普通轧制钢板卷制的螺旋板换热器或带齿的强化传热管等，它们的流道壁具有不同的粗糙度。在这种情况下，还须考虑粗糙度的影响。本节将介绍根据动量传递和热量传递类比原理计算表面传热系数的方法。

因管内流动摩擦系数（以 f 表示）的定义式与外掠平板流动不同，类比律式 $StPr^{2/3}=C_f/2$ 需稍作改变。管内流动摩擦系数与压降的关系是

$$\Delta p=f\frac{l}{d}\frac{\rho u_m^2}{2} \tag{14-2-27}$$

式中　Δp——管子进出口端压强降，N/m^2；

l——管长，m；

u_m——管断面平均流速，m/s；

d——管子直径，m。

压强降 Δp 用来克服流体与管壁之间的黏滞应力 τ_w，故 Δp 和 τ_w 的关系由力的平衡可知

$$\tau_w \pi d l=\Delta p\frac{\pi}{4}d^2$$

化简为

$$\tau_w=\frac{\Delta p}{4}\frac{d}{l} \tag{14-2-28}$$

将式（14-2-27）代入式（14-2-28）得

$$\tau_w=\frac{f}{8}\rho u_m^2 \tag{14-2-29}$$

在分析外掠平板动量传递与热量传递的类比关系时，曾推导出雷诺类比式 $\frac{h}{\rho c_p u_\infty}=\frac{\tau_w}{\rho u_\infty^2}=C_f/2$，如将式中外掠平板速度 u_∞ 改为管内平均流速 u_m，则得

$$\frac{h}{\rho c_p u_m}=\frac{\tau_w}{\rho u_m^2} \tag{14-2-30}$$

将式（14-2-29）代入式（14-2-30），整理后得管内对流传热类比律表达式为

$$St=\frac{f}{8} \tag{14-2-31}$$

考虑物性的影响，用 $Pr^{2/3}$ 修正，即

$$StPr^{2/3}=\frac{f}{8} \tag{14-2-32}$$

式中的 St 和 Pr 均采用流体平均温度 t_f 作为定性温度。

摩擦系数 f 决定于壁表面的粗糙度和 Re_m，而管壁的粗糙度用粗糙点的平均高度 k_s 与管直径 d 之比表达（亦可用半径 R）。本书附录 14-2 列出若干常用粗糙管的 k_s 值，可作计算参考。已知粗糙度后，由下式计算紊流摩擦系数①。

$$f=\left[2\lg\left(\frac{R}{k_s}\right)+1.74\right]^{-2} \tag{14-2-33}$$

对于已有的实际设备，亦可经由实验测定 Δp 和 u_m 后按式（14-2-27）计算 f，这样与实际情况将更符合。

粗糙度增加，摩擦系数变大，表面传热系数也随之增大。这种现象可从近壁处流动情况得到解

① 引自文献［8］第 621 页．在 $Re=10^3\sim2\times10^5$ 范围内还可采用布拉西乌斯公式 $f=0.3164Re^{-1/4}$。

释。如图 14-2-7 中的 2、3，旺盛紊流时，层流底层厚度比粗糙点平均高度 k_s 小，流体越过凸出点将在凹处引起涡流，使凹处流动强度增加，再加上粗糙点扩大了传热表面积，故传热得到增强。而对层流，如图中 1 的情况，层流层厚度大于 k_s，凹处流动很弱，对流作用减弱，虽然粗糙点也扩大了换热面，但两种影响是相反的，综合的效果显现层流对流传热与粗糙度无关，摩擦系数仅是 Re 的函数，由下式确定。

$$f=\frac{64}{Re} \tag{14-2-34}$$

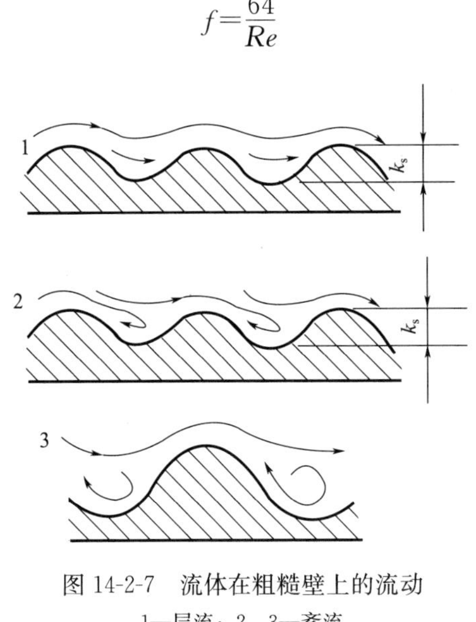

图 14-2-7　流体在粗糙壁上的流动

1—层流；2、3—紊流

粗糙管能强化传热，缩小设备面积，节约设备投资，并带来其他效益，但阻力的增加使泵或风机的功率消耗加大，运行费用增加。因此，只有在强化传热是主要目的的场合下，才宜采用提高粗糙度来强化传热。

【例 14-7】 水以 1.5m/s 的速度流过 $d=25$mm、$l=5$m、$\Delta p=5.6$kPa 的管子，管壁 $t_w=90$℃，进出口水温分别为 25℃和 50℃，试从类比律计算表面传热系数，并与按光滑管计算的结果比较。

【解】 本题为常壁温边界条件，由于进出口端流体与壁之间的温度差 $\Delta t'$ 与 $\Delta t''$ 之比小于 2，故流体与壁的平均温度差可按式（14-2-13）计算。

$$\Delta t=\frac{\Delta t'+\Delta t''}{2}=\frac{(90-25)+(90-50)}{2}=52.5℃$$

$$t_f=t_w-\Delta t=90-52.5=37.5℃$$

按 t_f 查附录 11-1 水的热物性数据

$$\rho=993.1\text{kg/m}^3；c_p=4174\text{J/(kg·K)}；\lambda=0.63\text{W/(m·K)}；$$

$\nu=0.695\times10^{-6}\text{m}^2/\text{s}$；$Pr=4.59$；$\mu_f=690.4\times10^{-6}\text{N·s/m}^2$；$\mu_w=314.9\times10^{-6}\text{N·s/m}^2$

按压降由式（14-2-27）计算摩擦系数

$$f=\frac{\Delta p}{\frac{l}{d}\frac{\rho u_m^2}{2}}=\frac{5.6\times10^3}{\frac{5}{0.025}\times\frac{993.1\times1.5^2}{2}}=0.0251$$

按式（14-2-32）计算 St 及 h

$$St=\frac{f}{8}Pr^{-2/3}=\frac{0.0251}{8}\times4.59^{-2/3}=1.136\times10^{-3}$$

$$h=St\rho c_p u_m=1.136\times10^{-3}\times993.1\times4174\times1.5=7063\text{W/(m}^2\text{·K)}$$

按光管计算，采用式（14-2-20）则

$$Re=\frac{du_m}{\nu}=\frac{0.025\times1.5}{0.695\times10^{-6}}=5.4\times10^4$$

$$Nu=0.027Re^{0.8}Pr^{1/3}(\mu_f/\mu_m)^{0.14}=0.027\times(5.4\times10^4)^{0.8}\times4.59^{1/3}\times(690.4/314.9)^{0.14}=233.86$$

$$h=Nu\frac{\lambda}{d}=233.86\times\frac{0.63}{0.025}=5893\mathrm{W/(m^2\cdot K)}$$

【讨论】 采用粗糙管后，表面传热系数提高了 19.9%，有较好的强化作用，因此人工粗糙管已成为强化对流传热的一个手段，当然阻力增大，会给经济效益带来负面影响，必须全面考虑得失。

14.3　外掠管束受迫对流换热

本节先分析外掠单圆管对流传热时的流动特征和准则关联式，在此基础上再讨论管束的情况。

14.3.1　外掠单管

流体绕流圆管壁时，边界层内流体的压强、流速以及流向都将沿弯曲面发生很大的变化，从而影响传热。其流动边界层的特征如图 13-3-3、图 14-3-1 所示。

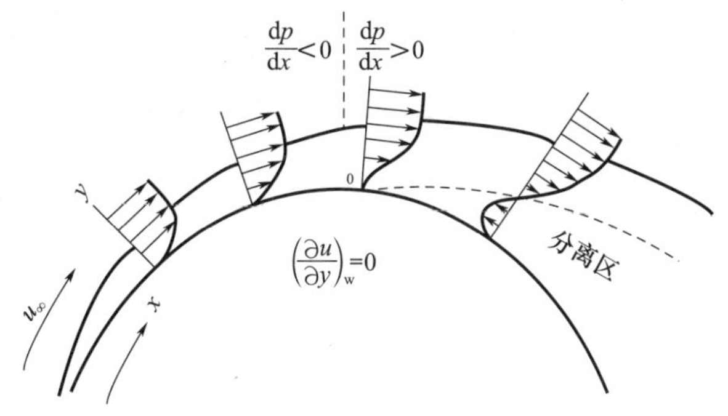

图 14-3-1　外掠圆管流动边界层

流体外掠圆管壁时，近壁面处的流速方向和大小不断变化。根据伯努利方程可知，在同一流线上动压强与静压强之和保持不变；那么，大约在管壁前半部分之前，流速不断增大，流体静压强不断递降，坐标 x 沿圆管壁展开（称为流线坐标），有$\frac{dp}{dx}<0$；而后流速变慢，静压强又趋回升，即$\frac{dp}{dx}>0$。根据边界层理论，在同一个 x 位置处，边界层内外具有相同的静压力。那么，在$\frac{dp}{dx}>0$的区域内，壁面边界层内的流体，其速度较边界层外低，相应的动能也较小，流体在壁面上的速度梯度将在壁面的某一位置趋近于 0，即$\left(\frac{\partial u}{\partial y}\right)_w=0$，如图 14-3-1 中的 0 点所示，这时壁面流体停止向前流动，并随即因$\frac{dp}{dx}>0$ 而向相反的方向流动，该点称为绕流脱体的起点（或称分离点），自此边界层中出现逆向流动，形成涡旋、涡束，从而使正常边界层流动被破坏。脱体点的位置取决于 Re，由于紊流边界层中流体的动能大于层流，故紊流的脱体点位置后于层流。对于圆管，一般当 $Re\leqslant1.5\times10^5$，边界层中流体保持层流，脱体点发生在 80°～85°处；当 $Re>1.5\times10^5$，边界层中流体在脱体前已转变为紊流，脱体点可推移到 $\varphi\approx140°$。当然，若 Re 太小，例如 $Re<10$，流体在壁表面形成一层蠕动的膜，就不会出现脱体现象。

壁面边界层流动状况，决定了对流传热的特征。图 14-3-2 为常热流条件下圆管壁面局部传热 Nu_φ 的分布，曲线都表明，从管正面停滞点 $\varphi=0°$开始，由于层流边界层厚度的增加，局部表面传热系数下降。图中 Re 最低的两个工况，它们在脱体点前一直保持层流，在脱体点附近出现 Nu_φ 的最低值。随后因脱体区涡旋的紊乱运动，Nu_φ 趋回升。图中 Re 较高的其他工况在壁面边界层发生脱体时已是紊流，Nu_φ 曲线出现了两次低谷，第一次相当于层流到紊流的转变区，另一次则发生在紊流边界层与壁脱离的地方，即 $\varphi=140°$附近，图 14-3-2 的数据[①]也表明此处的局部表面传热系数最低，传热最差，当热流密度很大时，这些局部点容易过热而烧毁。因此，分析局部表面传热系数的变化规律，对高温换热设备的设计、优化和运行均有指导意义。而且局部低表面传热系数也是引起整体平均值降低的直接原因。对于工程计算，一般只要求平均值，本节后面介绍的关联式都属于管面平均表面传热系数的计算式。

① Trans，ASME，1949，71：375.

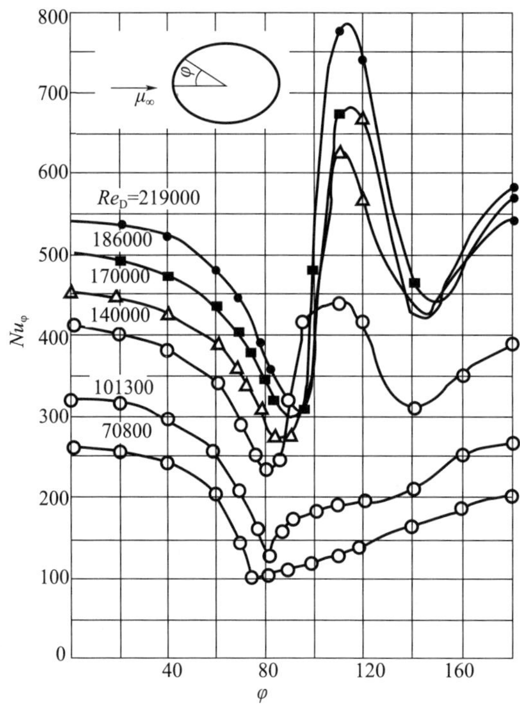

图 14-3-2　外掠圆管局部表面传热系数的变化图

流体外掠单圆管传热实验研究结果见图 14-3-3，由于实验的 Re_f 范围广，在双对数图上，数据点呈曲线分布，为方便使用，将图中曲线按 Re 分 4 段用下式表达

$$\frac{Nu_f}{Pr_f^{0.37}\left(\frac{Pr_f}{Pr_w}\right)^{0.25}}=CRe_f^n \tag{14-3-1}$$

C 及 n 值列在表 14-3-1 中。定性温度为主流温度，定型长度为管外径，速度取管外流速最大值。

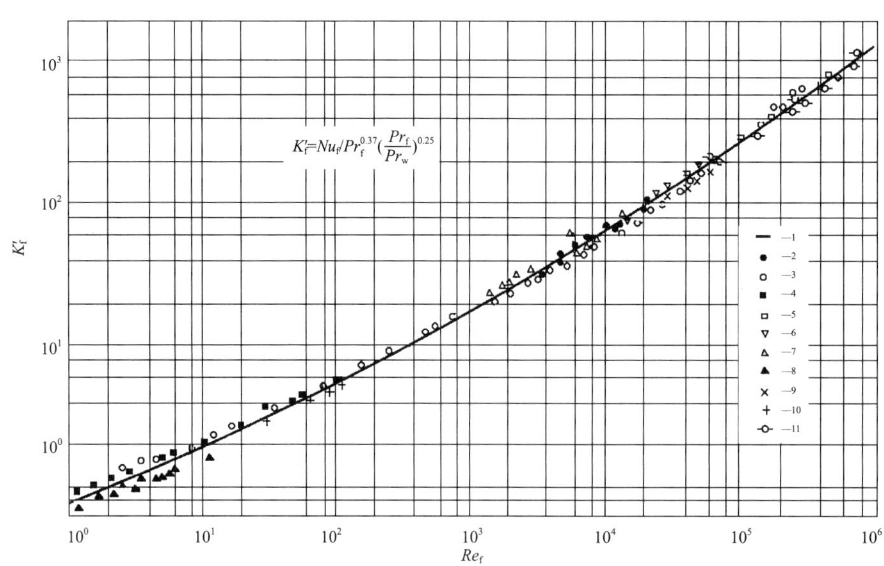

图 14-3-3　外掠单圆管平均 Nu

$$K'_f=\frac{Nu_f}{Pr_f^{0.37}\left(\frac{Pr_f}{Pr_w}\right)^{0.25}} \tag{14-3-2}$$

当 $Pr_f>10$ 时，Pr_f 的幂次应改为 0.36，上述关联式的适用范围是 $0.7<Pr_f<500$，$1<Re_f<10^6$；对于空气近似取 $Pr_f=0.7$，故 $Pr_f^{0.37}=0.88$。

表 14-3-1　式（14-3-1）的 C 及 n 值

Re	C	n
1～40	0.75	0.4
$40\sim1\times10^3$	0.51	0.5
$1\times10^3\sim2\times10^5$	0.26	0.6
$2\times10^5\sim1\times10^6$	0.076	0.7

14.3.2　外掠管束

多数管式换热设备，管外流体一般多设计成从垂直管轴方向冲刷管束。本节主要讨论垂直冲刷管束时的情况。换热设备的管束排列方式很多，但以图 14-3-4 所示的顺排与叉排两种最为普遍。叉排时，流体在管间交替收缩和扩张的弯曲通道中流动，而顺排时则流道相对比较平直，并且当流速高或管间距 S_2 较小时，易在管的尾部形成滞流区。因此，一般来说叉排时流体扰动较好，传热效果相对较好，当然流动阻力也要相对大一些。

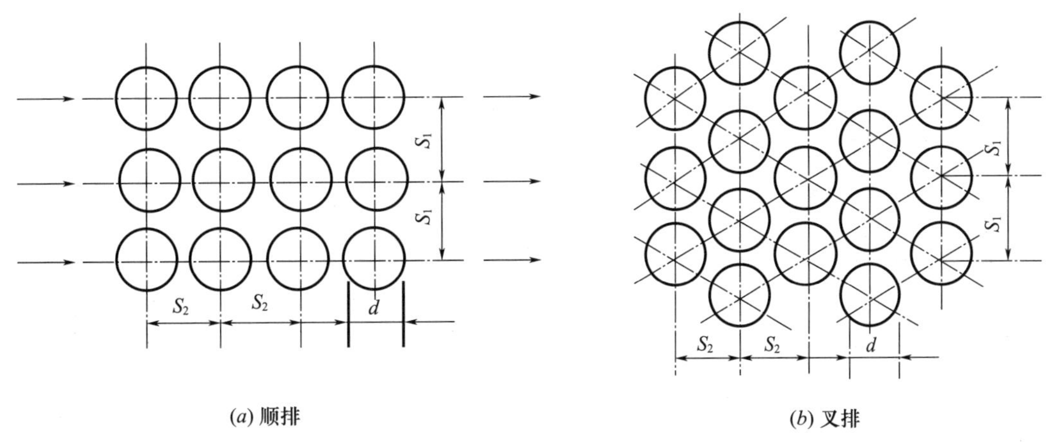

图 14-3-4　顺排与叉排管束

外掠管束传热的另一重要特点是，除第一排管子保持了外掠单管的特征外，从第二排起流动将被前几排管子引起的涡旋所干扰，流动状况比较复杂。在低 Re 下（$Re<10^3$，以管外径为定型长度，以管间最大流速计算），前排管子的尾部出现的涡旋不强，受黏滞力的作用，这种涡旋会很快消失，对下一排管子的边界层影响很小，故管表面边界层层流占优势，可视为层流工况。随着 Re 增加，管子间的紊流旋涡加强，当 $Re=5\times10^2\sim2\times10^5$，大约管的前半周表面为处于紊流旋涡影响下的层流边界层，后半周则是涡旋流，流动状态可视为混合工况。只有 $Re>2\times10^5$ 后，管子表面紊流边界层才占优势。除排列方式外，尚需考虑管子排数，管子直径以及管间距离（与流向垂直的横向距离 S_1 和与流向平行的纵向距离 S_2）等因素。作为一般的估计，后几排管子的表面传热系数可达到第 1 排的 1.3～1.7 倍。在本节推荐的管束传热关联式中采用 $\left(\frac{Pr_f}{Pr_w}\right)^{0.25}$ 反映不均匀物性场的影响。故管束传热的关联式为

$$Nu=f\left[Re,\ Pr,\left(\frac{Pr_f}{Pr_w}\right)^{0.25},\frac{S_1}{d},\frac{S_2}{d},\varepsilon_z\right] \tag{14-3-3}$$

写成幂函数形式

$$Nu=CRe^nP^m\left(\frac{Pr_f}{Pr_w}\right)^{0.25}\left(\frac{S_1}{S_2}\right)^p\varepsilon_z \tag{14-3-4}$$

式中 $\frac{S_1}{S_2}$——相对管间距；

ε_z——排数影响的校正系数。

式（14-3-4）的具体形式列于表14-3-2中，各式定性温度用流体在管束中的平均温度，定型长度为管外径；Re 中的速度用流通截面最窄处的流速（即管束中的最大流速）。因前排引起的扰动加强了后排的传热，故各排的对流传热将逐排增大，直到20排左右，表14-3-2所列的关联式是排数大于20时的平均表面传热系数。若排数低于20，采用表14-3-3的排数修正系数修正，它适用于 $Re>10^3$ 的情况。

表14-3-2　管束平均表面传热系数准则关联式[9]

排列方式	适用范围 $0.7<Pr_f<500$		准则关联式 Nu_f	对空气或烟气的简化式 $Pr=0.7$ 时 Nu_f 的准则关联式
顺排	$Re_f=10^3\sim2\times10^5$		$0.027Re_f^{0.63}Pr_f^{0.36}\left(\frac{Pr_f}{Pr_w}\right)^{0.25}$	$0.24Re_f^{0.63}$
	$Re_f=2\times10^5\sim2\times10^6$		$0.021Re_f^{0.84}Pr_f^{0.36}\left(\frac{Pr_f}{Pr_w}\right)^{0.25}$	$0.018Re_f^{0.84}$
叉排	$Re_f=10^3\sim2\times10^5$	$\frac{S_1}{S_2}\leqslant2$	$0.35Re_f^{0.6}P_f^{0.36}\left(\frac{Pr_f}{Pr_w}\right)^{0.25}\left(\frac{S_1}{S_2}\right)^{0.2}$	$0.31Re_f^{0.6}\left(\frac{S_1}{S_2}\right)^{0.2}$
		$\frac{S_1}{S_2}>2$	$0.40Re_f^{0.6}Pr_f^{0.36}\left(\frac{Pr_f}{Pr_w}\right)^{0.25}$	$0.35Re_f^{0.6}$
	$Re_f=2\times10^5\sim2\times10^6$		$0.022Re_f^{0.84}Pr_f^{0.36}\left(\frac{Pr_f}{Pr_w}\right)^{0.25}$	$0.019Re_f^{0.84}$

表14-3-3　排数修正系数表

排数	1	2	3	4	5	6	8	12	16	20
顺排	0.69	0.80	0.86	0.90	0.93	0.95	0.96	0.98	0.99	1.0
叉排	0.62	0.76	0.84	0.88	0.92	0.95	0.96	0.98	0.99	1.0

正确选择管子排列方式及参数是换热设备设计中的重要问题。仅从流体输送耗能观点考虑，传热量与流速呈0.6～0.8次幂关系，而泵功率则与流速的3次幂成比例，把换热器的传热量与克服流体阻力所耗能量之比作为它的经济性指标，则叉排和顺排相比，在 $Re=5\times10^2\sim5\times10^4$ 范围内，顺排有利，尽管在此范围内，顺排表面传热系数不高。在更高 Re 下，各种管束的经济性则和它们的管间距有很大关系。

对于管壳式换热器（见图13-1-1）管外侧流体，由于壳程挡板的作用，流体有时与管束平行流动，有时又近似垂直于管轴流动，同时还有漏流和旁通（管子与挡板间的缝隙，外壳与管束间的间隙等），故表面传热系数常达不到上述公式的计算值。对于流向与管轴夹角小于90°时的表面传热系数修正系数 ε_φ，可参阅文献［10］。

对于供热通风工程，空气加热器和冷却器等都大量采用带肋片的管束（见图13-1-1），品种规格多，流动及传热与管束结构参数密切有关，情况较复杂，一般根据实际结构进行实验研究，将数据制作成线图，供工程设计查用。读者可参阅本书第14章内容及文献［14］。

【例14-8】 试求空气流过管束加热器的表面传热系数。已知管束为5排，每排20根管，长为1.5m，外径 $d=25$mm，叉排 $S_1=50$mm，$S_2=37.5$mm，管壁温度 $t_w=110$℃，空气进口温度 $t'_f=15$℃，空气流量 $V_0=5000\text{Nm}^3/\text{h}$。

【解】 首先计算加热器的几何数据。

相邻两管间最窄流通截面积 f

$$f=l(S_1-d)=15\times(0.05-0.025)=0.0375\text{m}^2$$

每排 20 根管，叉排时总流通截面积$\sum f$

$$\sum f=20\times0.0375=0.75\text{m}^2$$

管束传热面积 A

$$A=\pi dln=\pi\times0.025\times1.5\times5\times20=11.8\text{m}^2$$

空气质量流量（标准状态下密度 $\rho=1.293\text{kg/m}^3$）

$$M=\frac{V_0\rho}{3600}=\frac{5000\times1.293}{3600}=1.796\text{kg/s}$$

由于空气出口温度为未知数，为了确定物性数据，必须预设出口温度 t''_f，进行试算。为了减少试算次数，本题首先估计 t''_f 的可能范围，进行两次试算，然后采用两线交点法，得出待求的出口温度 t''_f，再计算出加热器的表面传热系数。

第一次预设空气出口温度为 25℃，因加热器的进出口温度差 $\Delta t'$ 与 $\Delta t''$之比小于 2，由算术平均计算定性温度，则

$$t_\text{f}=\frac{t'_\text{f}+t''_\text{f}}{2}=\frac{15+25}{2}=20℃$$

物性数据

$$\lambda=0.0259\text{W/(m}\cdot\text{K)};\ \nu=15.06\times10^{-6}\text{m}^2\text{/s};\ c_p=1.005\times10^3\text{J/(kg}\cdot\text{K)}$$

空气体积流量

$$V=V_0\frac{T_\text{f}}{T_0}=5000\times\frac{273+20}{273}=5370\text{m}^3\text{/h}$$

最窄截面处流速

$$u=\frac{V}{\sum f}=\frac{5370}{0.75\times3600}=1.99\text{m/s}$$

$$Re_\text{f}=\frac{ud}{\nu}=\frac{1.99\times0.25}{15.06\times10^{-6}}=3303$$

排数修正系数由表 14-3-3　　$\varepsilon_z=0.92$

又　　$\dfrac{S_1}{S_2}=\dfrac{50}{37.5}=1.33<2$

由表 14-3-2 选用准则关联式

$$Nu_\text{f}=0.31Re_\text{f}^{0.6}\left(\frac{S_1}{S_2}\right)^{0.2}\varepsilon_z$$

$$=0.31\times(3303)^{0.6}\times1.33^{0.2}\times0.92=39.02$$

表面传热系数 $h=Nu_\text{f}\dfrac{\lambda}{d}=39.02\times\dfrac{0.0259}{0.025}=40.4\text{W/(m}^2\cdot\text{K)}$

校核计算传热量 Φ_1

$$\Phi_1=hA(t_\text{w}-t_\text{f})=40.4\times11.8\times(110-20)=4.29\times10^4\text{W}$$

校核计算空气获得热量 Φ_2

$$\Phi_2=Mc_p(t''_\text{f}-t'_\text{f})=1.796\times1.005\times10^3\times(25-15)=1.80\times10^4\text{W}$$

第二次试算，预设空气出口温度为 45℃，计算结果如下表所示。

表 1　例 14-8 表

预设 t''_f	第一次 25℃	第二次 45℃
校核计算传热量：$\Phi_1=hA(t_\text{w}-t_\text{f})$（W）	$40.4\times11.8\times(110-20)=4.29\times10^4$	3.87×10^4
校核计算空气获得热量：$\Phi_2=Mc_p(t''_\text{f}-t'_\text{f})$（W）	$796\times1.005\times10^3\times(25-15)=1.80\times10^4$	5.42×10^4

在较窄的温度范围内，可认为空气物性为常量，则 Φ_1 和 Φ_2 随温度的变化为直线关系 $\Phi=a+$

bt''_f，如下图所示。联立解 Φ_1 和 Φ_2 两直线式，得

$$t''_f = 37.3℃$$

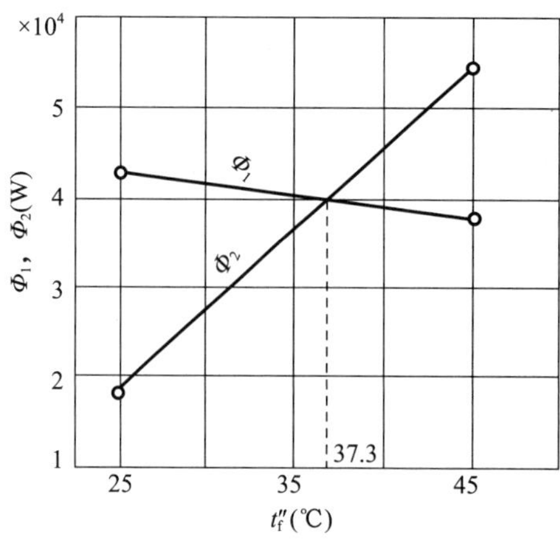

图1 例14-8图

据此，计算出加热器的表面传热系数

$$h = 40.7\text{W}/(\text{m}^2 \cdot \text{K})$$

校核计算传热量：$\Phi_1 = 4.02 \times 10^4$ W

校核计算空气获得热量：$\Phi_2 = 4.03 \times 10^4$ W

两者一致，结束计算。

【讨论】 本例利用两次试算，得出了较为准确的结果。从计算过程中可发现，由于在较窄的温度范围内气体的热物性参数随温度变化并不剧烈，因而改变定性温度对表面传热系数的影响不大。在工程计算中，如果定性温度的可能变化范围不大，表面传热系数也可不必试算，所得结果仍能满足工程计算所需的准确度。另外，若采用计算机编程计算的话，则可以更好地理解对流传热问题的计算过程中流体热物性对传热系数的影响，以及更好地理解对流传热公式计算获得的传热量与由热平衡关系计算得到的传热量之间的关系。

14.4 自然对流换热

自然对流传热因流体所处空间的情况不同可分为若干种类型。若流体处于大空间内，自然对流不受边界干扰的情况，如在没有风的车间里热力管道表面散热、冬天玻璃窗户内表面的传热、建筑外墙的室内壁面散热等，称为无限空间自然对流传热。若流体被封闭在狭小空间内，如双层玻璃窗中的空气层、建筑围护结构中的封闭空气间层、平板式太阳能集热器的空气间层等，自然对流运动受到狭小空间的限制，称有限空间自然对流传热，其他类型尚有夹层上下端不封闭或侧面不封闭的有限空间等情况。本节仅论及典型的无限及有限空间自然对流传热两类。

14.4.1 无限空间自然对流传热

本节主要介绍实验关联式。在选择关联式时，请注意它的使用范围及边界条件。

自然对流传热准则关联式 $Nu = f\,(GrPr)$ 通常采用下列幂函数形式：

$$Nu = C\,(GrPr)^n = CRa^n \tag{14-4-1}$$

式中 Ra——瑞利准则，$Ra = GrPr$；

Gr——格拉晓夫准则，$Gr = \dfrac{g\alpha\Delta t l^3}{\nu^2}$；

α——体积膨胀系数，1/K；

ν——运动黏度，m^2/s；

l——定型长度，m；

Δt——t_w 与 t_f 之差，℃；

t_f——远离壁流体温度，℃；

C、n——由实验确定的常数。

表 14-4-1 列出了各种情况下自然对流传热准则关联式的 C 及 n 值，各式的定性温度均为边界层平均温度 $t_m=\frac{t_w+t_f}{2}$。请注意表中第 2 项为 q=常数条件下竖平壁局部表面传热系数关联式。在常热流边界条件下 q 为已知量，而 t_w 为未知，则 Gr 中的 Δt 为未知量，为方便起见，在准则关联式中采用 Gr^*（称修正 Gr）代替 Gr，即 Gr^* 为

$$Gr^*=NuGr=\frac{g\alpha q l^4}{\lambda\nu^2} \tag{14-4-2}$$

如是，常热流条件下局部表面传热系数准则关联式为

$$Nu_x=C\ (Gr_x^*Pr)^n \tag{14-4-3}$$

在用上式计算时，因 $t_{w,x}$为未知，$t_{m,x}$不能确定，故仍然要事先假定壁面 x 处的温度 $t_{w,x}$，然后通过试算以确定表面传热系数。当然，亦可以用计算机编程计算。

表 14-4-1　式（14-4-1）或式（14-4-3）中的 C、n 值

壁面形状、位置及边界条件	流动情况示意图	C、n 流态	C	n	定型长度	适用范围
t_w=常数竖平壁竖直圆筒，平均 Nu，式（14-4-1）[12]		层流 紊流	0.59 0.1	1/4 1/3	高度 H	$GrPr$ $10^4\sim10^9$ $10^9\sim10^{13}$
q=常数竖平壁或竖直圆筒，局部 Nu_x，式（14-4-3）①		层流 紊流	0.6 0.17	1/5 1/4	局部点的高度 x	Gr_x^*Pr $10^5\sim10^{11}$ $2\times10^{13}\sim10^{16}$
t_w=常数或 q_w=常数水平圆筒平均 Nu，式（14-4-1）②		层流 紊流	1.02 0.85 0.48 0.125	0.148 0.188 0.250 1/3	外径 d	$GrPr$ $10^{-2}\sim10^2$ $10^2\sim10^4$ $10^4\sim10^7$ $10^7\sim10^{12}$
t_w=常数热面朝上或冷面朝下的水平壁，平均 Nu，式（14-4-1）③		层流 紊流	0.54 0.15	1/4 1/3	矩形取两个边长的平均值；非规则形取面积与周长之比；圆盘取 0.9d	$GrPr$ $2\times10^4\sim8\times10^6$ $8\times10^6\sim10^{11}$
t_w=常数热面朝下或冷面朝上的水平壁，平均 Nu，式（14-4-1）		层流	0.58	1/5	矩形取两个边长的平均值；非规则形取面积与周长之比；圆盘取 0.9d	$GrPr$ $10^5\sim10^{11}$

还应特别注意，对于自然对流紊流，式（14-4-1）中 $n=1/3$，或式（14-4-3）中 $n=1/4$，这样，展开关联式后，两边的定型长度可以消去，它表明自然对流紊流的表面传热系数与定型长度无关，该现象称自模化现象。利用这一特征，紊流传热实验研究就可以采用较小长度的物体进行，只要求实验现象的 $GrPr$ 值处于紊流范围。

表 14-4-1 中将竖直圆筒外表面的自然对流传热计算视为与竖平壁一样，这是有条件的简化。竖直圆筒（管）传热在表面形成的是环形边界层，曲率将影响边界层的形成与发展，对传热有强化作

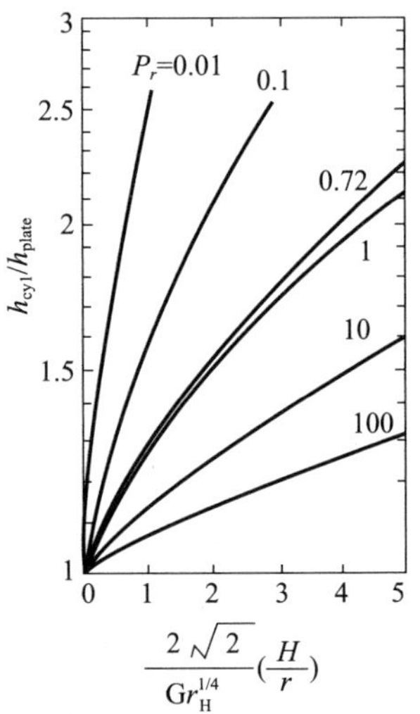

图 14-4-1 竖直圆筒自然对流传热平均表面传热系数校正系数

用[16]，因为与平壁相比，环形边界层有利于边界层的扩展，因此圆筒壁上的边界层相对较薄。研究表明，只有当竖直圆筒直径与高度之比满足式（14-4-4）的要求，才能忽略曲率的影响，按竖平壁处理。

$$\frac{d}{H} \geqslant \frac{35}{Gr_H^{1/4}} \tag{14-4-4}$$

当 d/H 不能满足式（14-4-4）时，在按竖壁自然对流传热计算后，再乘以图 14-4-1 的校正系数[16-17]，即为竖直圆筒自然对流传热表面传热系数。

关于自然对流传热的计算，丘吉尔（Churchill）和朱（Chu）在整理大量文献数据的基础上推荐了竖壁①和水平圆筒②自然对流传热准则关联式，近年来这些关联式得到传热学术界的关注，虽然结构复杂些，但概括的范围广泛，它们同时适用于 t_w = 常数和 q = 常数两种边界条件，定性温度 $t_m=(t_w+t_f)/2$。其中竖壁关联式还可用于偏离垂直线倾角 $\theta<60°$的倾斜壁，但当 $Ra<10^9$时，Ra 中的 g 需乘以 $\cos\theta$；当 $Ra>10^9$时，则不需任何修正。这些关联式是

竖壁

$$Nu_H=\left\{0.825+\frac{0.387Ra_H^{1/6}}{\left[1+(0.492/Pr)^{9/16}\right]^{8/27}}\right\}^2 \tag{14-4-5}$$

适用范围为所有 Ra_H 数。

水平圆筒

$$Nu_d=\left\{0.60+\frac{0.387Ra_d^{1/6}}{\left[1+(0.559/Pr)^{9/16}\right]^{8/27}}\right\}^2 \tag{14-4-6}$$

适用范围为$10^{-6}\leqslant Ra_d\leqslant 10^{12}$。

把式（14-4-5）用于求常热流边界条件下的壁面平均表面传热系数（或平均 Nu）时③，可取壁面长度一半处的壁面温度 t_w 与流体温度 t_f 之差作为计算温差。

式（14-4-5）、式（14-4-6）中的物性参数按边界层平均温度 $t_m=(t_f+t_w)/2$ 确定。

14.4.2 有限空间中的自然对流传热

如果一个封闭的有限空间的两侧壁存在温度差，则靠近热壁的流体将因浮力而向上运动，而靠近冷壁的流体则因被冷却而向下运动，这样，封闭空间传热是靠热壁和冷壁间的自然对流过程循环进行的。它与无限空间中的自然对流传热是明显不同的两类问题。在封闭的有限空间中流体自然对流除与流体性质、两壁温差有关外，还将受空间位置、形状、长度比例等的影响，情况较复杂。本节将只叙及常见的扁平矩形封闭夹层。按它的几何位置可分为竖壁、水平及倾斜三种，如图 14-4-2 所示。

对于竖直壁封闭夹层的自然对流传热问题可分为三种情况：

（1）夹层厚度 δ 与高度 H 之比$\frac{\delta}{H}$较大（大于 0.3），冷热两壁的自然对流边界层不会互相干扰，如图 14-4-2（a）所示，这时可按无限空间自然对流传热规律分别计算冷壁与热壁的自然对流传热。

（2）在夹层内冷热两股流动边界层能相互结合，出现行程较短的环流，整个夹层内可能有若干个这样的环流，如图 14-4-2（b）所示；在封闭夹层内的流动特征取决于以厚度 δ 为定型长度的 Gr_δ

① Int. J. Heat Mass Transfer，1975，18：1323-1329.

② Int. J. Heat Mass Transfer，1975，18：1049-1053.

③ 文献［Trans. ASME，1956（2）］通过常热流竖壁层流自然对流理论解证实，可用壁 1/2 高度处的温度差计算表面传热系数，即 $h=q/(t_w-t_f)_{x=\frac{H}{2}}$，作为全壁的平均表面传热系数，它近似等于以全壁积分平均温度差定义的平均表面传热系数（相差小于 5%）。这实质上是把常热流条件视作常壁温，这时的常壁温温度等于常热流壁一半高度处的温度。

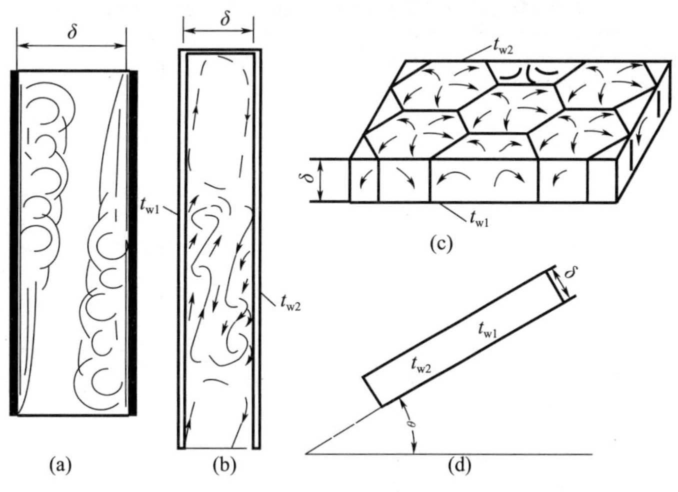

图 14-4-2　有限空间自然对流传热

$=\frac{g\alpha\Delta t\delta^3}{\nu^2}$或 $Gr_\delta Pr$ 。按 Gr_δ 数的大小，夹层内的流态将具有紊流或层流的特征。温差与夹层厚度是影响 Gr_δ 数的大小，从而影响流态的两个主要因素。

(3) 竖直壁夹层 $Gr_\delta Pr=\frac{g\alpha\Delta t\delta^3}{\nu^2}Pr\leqslant 2000$ 时，可认为夹层内没有流动发生，夹层两壁间的热量以导热方式传递，即 $Nu_\delta=1$。

对于水平封闭夹层可分为两种情况：

(1) 热面在上，冷热面之间无流动发生，如无外界扰动，则应按导热问题分析；

(2) 热面在下，$Gr_\delta Pr\leqslant 1700$ 时，可按纯导热过程计算。$Gr_\delta Pr\geqslant 1700$ 后，夹层流动将出现图 14-4-2 (c) 的情形，形成有秩序的蜂窝状分布的环流。当 $Gr_\delta Pr\geqslant 5000$ 后，蜂窝状流动消失，出现紊乱流动。

至于倾斜夹层，它与水平夹层相类似，当 $Gr_\delta Pr\cos\theta$ 超过 1700 时，将发生蜂窝状流动。

可见，热流通过有限空间是冷热两壁自然对流传热的综合结果，因此通常把两侧的传热用一个当量表面传热系数 h_e 来表达，则通过夹层的热流密度 q 为

$$q=h_e(t_{w1}-t_{w2}) \tag{14-4-7}$$

式中　t_{w1}、t_{w2}——热壁和冷壁的温度,℃；

h_e——当量表面传热系数，W/(m^2·K)。

若将式 (14-4-7) 改写为

$$q=h_e\frac{\delta}{\lambda}\frac{\lambda}{\delta}(t_{w1}-t_{w2})$$

$$=Nu_\delta\frac{\lambda}{\delta}(t_{w1}-t_{w2}) \tag{14-4-8}$$

式中　Nu_δ——夹层传热努塞尔数。

封闭夹层空间传热准则关联式用下列形式表示，计算式已列于表 14-4-2。

$$Nu_\delta=C(Gr_\delta Pr)^m\left(\frac{\delta}{H}\right)^n \tag{14-4-9}$$

式中，Nu_δ 及 Gr_δ 的定型长度均为夹层厚度 δ，m；Δt 为热壁与冷壁的温差,℃；定性温度为 $t_m=\frac{1}{2}(t_{w1}+t_{w2})$,℃；$H$ 为竖直夹层高度，m。

① 竖壁夹层传热关联式的应用将受 $Gr_\delta Pr$ 和 H/δ 的双重限制，因此夹层内的传热由导热模式转变为层流模式的具体区段，或者说上述关联式不能使用的区段，要根据夹层的具体条件来确定，本书把这一区段称为“过渡段”，它的传热规律有待学者研究解决。

表 14-4-2　有限空间自然对流传热准则关联式

夹层位置	Nu_δ 准则关联式	适用范围
竖直夹层（气体）[15]	$=1$（导热）	$Gr_\delta Pr \leqslant 2000$
	$=0.197(Gr_\delta Pr)^{1/4}\left(\dfrac{\delta}{H}\right)^{1/9}$（层流）	$2000<Gr_\delta Pr<2\times10^5$ $11\leqslant H/\delta\leqslant 42$①
	$=0.073(Gr_\delta Pr)^{1/3}\left(\dfrac{\delta}{H}\right)^{1/9}$（紊流）	$2\times10^5<Gr_\delta Pr<1.1\times10^7$ $11\leqslant H/\delta\leqslant 42$
水平夹层（热面在下）①（气体）	$=0.059(Gr_\delta Pr)^{0.4}$	$1700<Gr_\delta Pr<7000$
	$=0.212(Gr_\delta Pr)^{1/4}$	$7000<Gr_\delta Pr<3.2\times10^5$
	$=0.061(Gr_\delta Pr)^{1/3}$	$Gr_\delta Pr>3.2\times10^5$
倾斜夹层（热面在下与水平夹角为 θ）①②（气体）	$=1+1.446\left[1-\dfrac{1708}{Gr_\delta Pr\cos\theta}\right]$	$1708<Gr_\delta Pr\cos\theta<5900$
	$=0.229(Gr_\delta Pr\cos\theta)^{0.252}$	$5900<Gr_\delta Pr\cos\theta<9.23\times10^4$
	$=0.157(Gr_\delta Pr\cos\theta)^{0.285}$	$9.23\times10^4<Gr_\delta Pr\cos\theta<1.0\times10^6$

在有些文献中，把封闭夹层的传热强弱用当量热导率 λ_e 表达，则夹层的传热按平壁导热公式计算，即

$$q=\frac{\lambda_e}{\delta}(t_{w1}-t_{w2}) \tag{14-4-10}$$

上式亦可改写为

$$q=\frac{\lambda_e}{\lambda}\frac{\lambda}{\delta}(t_{w1}-t_{w2}) \tag{14-4-11}$$

式（14-4-8）和式（14-4-11）是描写的同一热量，故 Nu_δ 和 λ_e 的关系是

$$Nu_\delta=\frac{\lambda_e}{\lambda} \tag{14-4-12}$$

【例 14-9】 试求竖直管束（采用外径 $d=50$mm 的管材）散热器自然对流表面传热系数，已知管长 $H=1500$mm，表面温度 $t_w=42$℃，室温 $t_f=18$℃。

【解】 定性温度 $t_m=\dfrac{t_w+t_f}{2}=(42+18)/2=30$℃，由附录 14-1 查空气物性数据：

$$\nu=16.0\times10^{-6}\text{m}^2/\text{s};$$
$$\lambda=0.0267\text{W}/(\text{m}\cdot\text{K});$$
$$Pr=0.701;$$
$$\alpha=1/T_m=1/(273+30)=3.3\times10^{-3}\text{K}^{-1}$$
$$Gr_H=\frac{g\alpha\Delta tH^3}{\nu^2}=\frac{9.81\times3.3\times10^{-3}\times(42-18)\times1.5^3}{(16.0\times10^{-6})^2}=1.02\times10^{10}$$
$$Gr_H\,Pr=1.02\times10^{10}\times0.701=7.15\times10^9$$

此例为无限大空间竖直圆筒外表面自然对流紊流传热，应先核算其 d/H 值，按式（14-4-4），

① Trans. ASME (c)，1976，98 (2)：182.

② 若 $\left(1-\dfrac{1708}{Gr_\delta Pr\cos\theta}\right)$ 的计算值为负时，其值按 0 处理。

其中：

$$\frac{d}{H}=\frac{50}{1500}=0.033$$

$$\frac{35}{Gr_{\mathrm{H}}^{1/4}}=\frac{35}{(1.02\times10^{10})^{1/4}}=0.110$$

因$\frac{d}{H}<\frac{35}{Gr_{\mathrm{H}}^{1/4}}$不能忽略圆筒曲率的影响，须按竖平壁计算后再查图 14-4-1 校正。

按竖壁准则式（14-4-1）计算，并取表 14-4-1 中 t_{w}=常数垂直平壁的 C 及 n 值，即

$$Nu=0.1\times(Gr_{\mathrm{H}}Pr)^{1/3}=0.1\times(7.15\times10^{9})^{1/3}=193$$

$$\therefore\qquad h_{平壁}=Nu\frac{\lambda}{H}=193\times\frac{0.0267}{1.5}=3.44\mathrm{W/(m^2\cdot K)}$$

计算图 14-4-1 横坐标值：$\frac{2\sqrt{2}}{Gr_{\mathrm{H}}^{1/4}}\left(\frac{H}{r}\right)=\frac{2\sqrt{2}}{(1.02\times10^{10})^{1/4}}\left(\frac{1.5}{0.025}\right)=0.53$

查图，校正系数为 1.14。该竖管散热器自然对流传热表面传热系数：

$$h_{竖管}=1.14h_{平壁}=1.14\times3.44=3.92\mathrm{W/(m^2\cdot K)}$$

【讨论】从本例看，竖管散热器的自然对流传热得到强化，表面传热系数较竖壁式散热器有了一定程度的提高，可见把竖壁改制为竖管是强化传热的有力措施，且采用小管径的竖管有利于减少散热器的金属消耗量和占地面积。从本例还可进一步思考，当保持管径不变，管子长度等于多少时，才能将竖圆管视为竖壁？长度与管径哪一个参数对校正系数的影响最大？为什么？

【例 14-10】以常热流加热的竖直平壁，热流通量 $q=255\mathrm{W/m^2}$，外界空气温度为 20℃，壁高 0.5m。若不计表面辐射，试计算该壁自然对流平均表面传热系数。

【解】本题为常热流边界条件下的自然对流传热。可用式（14-4-3）或式（14-4-5）计算。现选用式（14-4-5）计算，在常热流边界条件下，采用壁面高 1/2 处温度 $t_{\mathrm{w,H/2}}$ 与流体温度 t_{f} 之差 $(t_{\mathrm{w,H/2}}-t_{\mathrm{f}})$计算平均表面传热系数。因壁温为未知量，需进行试算，现预设 $t_{\mathrm{w,H/2}}$ 为 68℃，则定性温度：

$$t_{\mathrm{m}}=\frac{t_{\mathrm{w,H/2}}+t_{\mathrm{f}}}{2}=(68+20)/2=44℃$$

查附录 14-1 物性数据表得

$$\nu=17.4\times10^{-6}\mathrm{m^2/s};$$
$$\lambda=0.0279\mathrm{W/(m\cdot K)};$$
$$Pr=0.699;$$
$$\alpha=1/T_{\mathrm{m}}=1/(273+44)\ =3.41\times10^{-3}\mathrm{K^{-1}}$$

则 $GrPr=\frac{g\alpha\Delta tH^3}{\nu^2}Pr=\frac{9.81\times3.41\times10^{-3}\times\ (68-20)\ \times0.5^3}{(17.4\times10^{-6})^2}\times0.699=4.64\times10^{8}$ 为层流。代入式（14-4-5）

$$Nu_{\mathrm{H}}=\left\{0.825+\frac{0.387Ra_{\mathrm{H}}^{1/6}}{[1+(0.492/Pr)^{9/16}]^{8/27}}\right\}^2=\left\{0.825+\frac{0.387\times(4.64\times10^{8})^{1/6}}{[1+(0.492/0.699)^{9/16}]^{8/27}}\right\}^2=92.7$$

平均表面传热系数

$$h=Nu_{\mathrm{H}}\frac{\lambda}{H}=92.7\times\frac{0.0279}{0.5}=5.18\mathrm{W/(m^2\cdot K)}$$

校核上述设定的 $t_{\mathrm{w,H/2}}$值，由

$$t_{\mathrm{w,H/2}}-t_{\mathrm{f}}=\frac{q}{h}=\frac{255}{5.18}=49.3℃$$

即 $t_{\mathrm{w,H/2}}=49.3+20=69.3℃$与预设值只差 2%，可结束计算。若计算结果偏差较大，可再用第一次试算结果作为第二次计算的初始值，重复进行上述的计算。

若本题采用表 14-4-1 中竖壁常热流准则式（14-4-3）计算时，则应计算局部壁面温度 $t_{\mathrm{w,H/2}}$及与

之相应的局部表面传热系数 $h_{H/2}$。为省略试算过程，沿用上法计算的结果，亦设定 $t_{w,H/2}=68℃$，则各项物性数据及定性温度等数据均沿用上述计算的数据，代入式（14-4-3）

$$G_{H/2}^{*}Pr=\frac{g\alpha q\,(H/2)^{4}Pr}{\lambda\nu^{2}}=\frac{9.81\times0.00341\times255\times0.25^{4}}{0.0279\times(17.4\times10^{-6})^{2}}\times0.699$$
$$=2.76\times10^{9}$$

由式（14-4-3）及表 14-4-1，得 $H/2$ 处局部表面传热系数关联式

$$Nu_{H/2}=0.6(Gr_{H/2}^{*}Pr)^{1/5}=0.6\times(2.76\times10^{9})^{1/5}=46.4$$

$$\therefore\qquad h_{H/2}=Nu_{H/2}\frac{\lambda}{H/2}=46.4\times\frac{0.0279}{0.25}=5.18\mathrm{W/(m^{2}\cdot K)}$$

以此校核 $t_{w,H/2}$

$$t_{w,H/2}=t_{f}+q/h_{H/2}=20+255/5.18=69.3℃$$

与原设定值偏差亦很小。至此，用两种方法计算同一问题得到的结果一致。

【讨论】（1）本例中采用了简单迭代的试算方法，因为本类型问题的计算过程具有收敛性，且收敛速度较快，一般迭代 2～3 次可达足够精度。这是本章例题计算中采用的第二种试算方法，掌握这些方法，将有助于提高实际工程计算效率。（2）通过以上两例，还请注意掌握自然对流传热表面传热系数的数量级的大小。学习中必须掌握各种物理量的数量级，利用数量级概念可以判断计算结果的正误。（3）以上两例的传热表面都是供热中常见的情况，本例是辐射为 0 时的计算结果，实际上，这些设备表面除自然对流外，还必定存在辐射散热，请读者思考一下，如果把辐射散热考虑进去，其表面温度、表面传热系数以及散热量三者将发生什么变化？与上述计算的数值相比是大了还是小了？在表面温度为未知的情况下，如果把辐射散热考虑进去，计算又应如何进行？（4）本例采用了两个不同的准则关联式，但所用定型长度不同，前者为 H，后者则用半高 $H/2$，为什么？

【例 14-11】计算竖壁封闭空气夹层的当量表面传热系数 h_e 随夹层厚度的变化，设夹层两侧表面温度分别为 $t_{w1}=10℃$，$t_{w2}=0℃$，夹层高 $H=1$m，计算厚度 δ 从 3～60mm。

【解】定性温度 $t_m=(t_{w1}+t_{w2})/2=5℃$，查附录 14-1 空气物性数据：

$$\nu=13.7\times10^{-6}\mathrm{m^{2}/s};\lambda=0.0248\mathrm{W/(m\cdot K)};$$
$$\alpha=1/(273+5)\ =3.60\times10^{-3}\mathrm{K^{-1}};\ Pr=0.706$$

以 10mm 厚度为例计算：

$$Gr_{\delta}=\frac{g\alpha\Delta t\delta^{3}}{\nu^{2}}=\frac{9.81\times0.0036\times10\times0.010^{3}}{(13.7\times10^{-6})^{2}}=1882$$
$$Gr_{\delta}Pr=1882\times0.706=1329$$

$Gr_{\delta}Pr<2000$，10mm 厚的封闭空气夹层为纯导热，按表 14-4-2：$Nu_{\delta}=1$，则

$$h_{e}=Nu_{\delta}\times\frac{\lambda}{\delta}=1\times\frac{0.0248}{0.01}=2.48\mathrm{W/(m^{2}\cdot K)}$$

以 25mm 厚度为例计算：

$$Gr_{\delta}=\frac{g\alpha\Delta t\delta^{3}}{\nu^{2}}=\frac{9.81\times0.0036\times10\times0.025^{3}}{(13.7\times10^{-6})^{2}}=29400$$
$$Gr_{\delta}Pr=29400\times0.706=20756$$

$6000<Gr_{\delta}Pr<2\times10^{5}$，25mm 厚的封闭空气夹层为层流传热，按表 14-4-2：

$$Nu_{\delta}=0.197(Gr_{\delta}Pr)^{1/4}\left(\frac{\delta}{H}\right)^{1/9}=0.197\times20756^{1/4}\times(0.025/1)^{1/9}=1.57$$

$$h_{e}=Nu_{\delta}\frac{\lambda}{\delta}=1.57\times\frac{0.0248}{0.025}=1.56\mathrm{W/(m^{2}\cdot K)}$$

其他厚度的计算结果列于下表，在厚度由 3mm 增加到 80mm 时，传热状态也由导热转变为层流、紊流自然对流传热。

例 14-11 表

δ (mm)	3	7	10	25	30	40	50	60	70	80
$Gr_\delta Pr$	36	456	1329	2.08×10^4	3.59×10^4	8.50×10^4	1.66×10^5	2.87×10^5	4.56×10^5	6.80×10^5
流态	导热			层流				紊流		
Nu_δ	1			1.57	1.84	2.35	2.85	3.52	4.18	4.85
h_e [W/(m^2·K)]	8.27	3.54	2.48	1.56	1.52	1.46	1.41	1.46	1.48	1.50

【讨论】房屋的窗户采用双层玻璃、高温炉子的外壁采用封闭的空气夹层，这些都是简单而有效的保温节能措施。本例计算结果显示，在 $Gr_\delta Pr=0\sim2000$ 范围内，当量表面传热系数 h_e 与"厚度 δ"成反比，随 $Gr_\delta Pr$ 增加而迅速降低；进入层流或紊流状态后，h_e 处于较低的数值水平，随厚度 δ 的变化趋于平缓。这是因为在封闭空间中，流态由导热机制转变为层流或紊流，能使传热增强，但增加厚度 δ 又会使热阻变大，两者的影响相反，故 h_e 在一定范围内变化不大。在采用封闭夹层节能时，为了达到较好的节能效果，应选择适当的夹层厚度。

由于竖直夹层内自然对流在 $2000<Gr_\delta Pr<6000$ 范围内没有合适的传热准则关联式，且已有的准则关联式适用范围为 $11\leqslant H/\delta\leqslant42$，故例题中竖壁封闭空气夹层内的层流段从厚度为 25mm 起算。从图 14-4-3 可以看出，当空气夹层厚度在 10～25mm 范围内时，竖直夹层内的热量传递过程从热传导机制转为层流对流传热机制，类似于从层流对流传热机制转为紊流对流传热机制的过渡段，此时其当量表面传热系数在 2.48～1.56W/(m^2·K) 之间，故图 14-4-3 中采用虚线表示此过渡段。

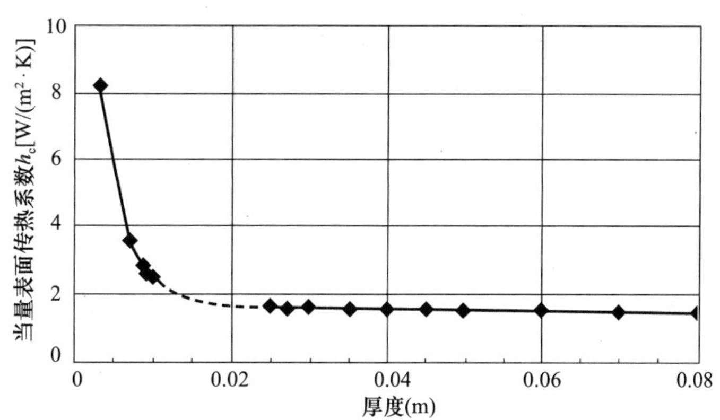

图 14-4-3　例 14-11 封闭空气夹层 h_e 随厚度 δ 的变化

另外，本例在计算中没有考虑封闭空间两侧壁间的辐射传热，在第 16 章中再做分析。

14.4.3　自然对流与受迫对流并存的混合对流传热

在受迫对流传热过程中，由于流体各部分温度的差异，将发生自然对流。本章第一节的分析没有考虑自然对流的影响，视为纯受迫对流传热。若在受迫对流中自然对流因素不可忽略，这种流动称为自然与受迫并存的混合流动。

图 14-4-4 列举了横管及竖管内受迫对流时速度场受自然对流干扰的情况。对于横管，当流体被冷却时，由于管芯温度高于管壁，将形成由管芯向上而沿管壁向下的垂直于受迫流动方向的环流，如图中 (a) 所示，此环流加强了对边界层的扰动，将有利于传热。对于竖管，则如图中 (b)。设流体是向上流动并被管壁冷却 ($t_w<t_f$)，则在管中心受迫对流与自然对流同向，而靠壁处则两者方向相反，这样管中心的速度比原来大，而壁面处则比原来小，速度场由图中的 1 变成 2，显然不利于传热。当然，管内温度不均匀导致的物性差异也会影响对流传热，这在前面已介绍过。对于竖壁上受迫对流，亦有类似情况。仅从此两例足以说明自然对流对受迫对流的影响将与壁面位置、受迫

对流和自然对流流动方向等有关，但要使受迫对流受到明显影响，最主要的是必须具备足够大的自然对流浮升力。因此，判断是不是纯受迫对流，或者混合对流，可根据浮升力与惯性力的相对大小来确定。从边界层自然对流动量微分方程式中惯性力和浮升力数量级的对比中，可以导出两力相对大小的判据。

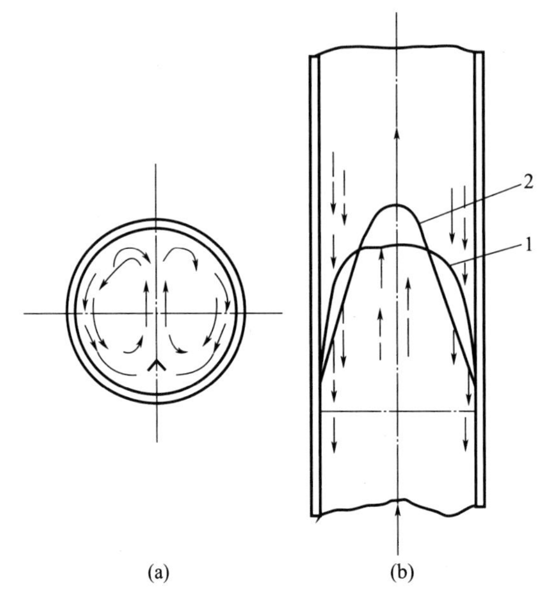

图 14-4-4　自然对流对速度场的干扰

浮升力的数量级　　$g\alpha(t-t_f)\sim g\alpha(t_w-t_f)$

惯性力的数量级相当于　　$u\dfrac{\partial u}{\partial x}\sim\dfrac{u_x^2}{1}$

则两力之比

$$\frac{g\alpha\Delta t}{u_\infty^2/l}=\left[\frac{g\alpha\Delta t l^3}{\nu^2}\right]\left[\frac{\upsilon^2}{u_\infty^2 l^2}\right]=Gr/Re^2 \tag{14-4-13}$$

一般情况下可以认为 $Gr/Re^2\geqslant 0.1$ 时，就不能忽略自然对流的影响；如果 $Gr/Re^2\geqslant 10$，则可作为纯自然对流看待，而忽略受迫对流①。关于管内混合对流传热的分析计算请参阅论文②和文献［6］。

14.5　凝结换热与沸腾换热

气态工质在饱和温度下，由气态转变为液态的过程称为凝结或冷凝；而液态工质在饱和温度下以产生气泡的形式转变为气态的过程称为沸腾。两者都是伴随相变的对流传热，而与相变有关的潜热的影响是很重要的，这是制冷空调、锅炉等设备中最基本的传热过程。事实上，通过沸腾或凝结可以用小的温差获得大的传热速率。本节将在讨论相变传热机理的基础上介绍它们的基本计算方法。

14.5.1　凝结换热

14.5.1.1　膜状凝结传热

1. 层流膜状凝结传热准则关联式

理论解式（14-5-5）、式（14-5-6）奠定了层流膜状凝结传热计算的基础，但为了判断膜层流态及对比、整理实验数据，一般都需要把计算式整理成准则关联式形式，所用的准则是凝结液膜雷诺

① Trans. ASME，1959，26：133.

② Int. J. Heat Mass Transfer，1982，25：1737.

数 Re_c 及凝结准则 Co。

（1）凝结液膜雷诺数 Re_c

由 Re 的定义式，考虑到液膜的流动特点（参见图 14-5-1），表达为

$$Re_c=\frac{d_e u_m}{\nu}=\frac{d_e u_m \rho}{\mu} \tag{14-5-1}$$

式中　u_m——壁的底部液膜断面平均流速，m/s；

d_e——该膜层断面的当量直径，m。

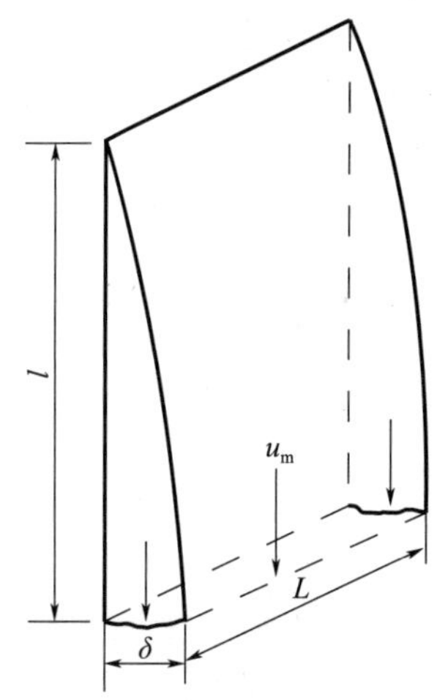

图 14-5-1　液膜的流动

如图 14-5-1 所示，设液膜宽为 L，则润湿周边 $U=L$，液膜断面积 $f=L\delta$，$d_e=\frac{4f}{U}=4\delta$。

$$Re_c=\frac{4\delta u_m \rho}{\mu}=\frac{4M}{\mu} \tag{14-5-2}$$

式中　M——单位时间通过单位宽度的壁底部断面的凝结液质量，$M=\delta l_m \rho$，kg/(s·m)，则凝结液 M 的潜热就是长为 l、宽为 1m 的壁的冷凝传热量，即

$$h(t_s-t_w)l=rM \tag{14-5-3}$$

代入式（14-5-2），得出 Re_c 的另一形式

$$Re_c=\frac{4hl(t_s-t_w)}{\mu r} \tag{14-5-4}$$

式中，垂直壁定型尺寸为长度 l；水平管管外凝结定型尺寸为周长 πd，m。

（2）凝结准则 Co

$Co=h\left[\frac{\lambda^3\rho^2 g}{\mu^2}\right]^{-1/3}$ 为无量纲数群①，其大小反映凝结传热的强弱。Co 的形式还可写为 $Co=\frac{hl}{\lambda}\left[\frac{gl^3}{\nu^2}\right]^{-1/3}=NuGa^{-1/3}$，$Ga$ 称伽利略（Galileo）准则。某些文献因此也把 Co 称为修正 Nu 准则。

利用上述 Re_c 及 Co 两准则后，式（13-2-31b）、式（13-2-32）可改写为：

垂直壁理论解　$$Co=1.47Re_c^{-1/3} \tag{14-5-5}$$

水平管理论解　$$Co=1.51Re_c^{-1/3} \tag{14-5-6}$$

将努氏理论解与实验关联式进行比较，如图 14-5-2 所示（图中曲线在 $1<Re_c<7200$ 范围内已经过水蒸气实验验证[19-20]，垂直壁的理论解在 $Re_c>30$ 以后就逐渐偏低于实验关联式[20-21]。原因是：在 Re_c 较小时，实验观察表明凝结液膜表面光滑，无波纹，如图 14-5-3 的液膜剖面所示，故理论与实际相符。但当 $30<Re_c<1800$ 时，由于液膜的表面张力以及蒸气与液膜间的黏滞应力作用，层流膜表面发生了波动，它促进了膜内热量的对流传递，这正是前述理论解的假定条件（4）、（5）所忽略的。因此，在实际计算中，当 $30<Re_c<1800$ 时，一般可按理论解比实验数据平均偏低 20% 来计算，将式（13-2-31b）的系数提高 20%，以此作为垂直壁层流膜状凝结传热的实用计算式

$$h=1.13\left[\frac{\rho^2 g\lambda^3 r}{\mu l(t_s-t_w)}\right]^{1/4} \quad [\mathrm{W/(m^2 \cdot K)}] \tag{14-5-7a}$$

或　$$Co=1.76Re_c^{-1/3} \tag{14-5-7b}$$

在实际计算中还可以采用 Kutateladze 推荐的准则关联式②。

$$Co=\frac{Re_c}{1.08Re_c^{1.22}-5.2} \tag{14-5-8}$$

在 $30<Re_c<1800$ 范围内，上述式（14-5-5）、式（14-5-7b）、式（14-5-8）的比较已示于图 14-5-2。

① Co 可由式（13-2-31a）导出，同样，Re_c 可由液膜运动微分方程导出。

② Kutateladze S S，Fundamentals of Heat Transfer，Academic Press，New York，1963.

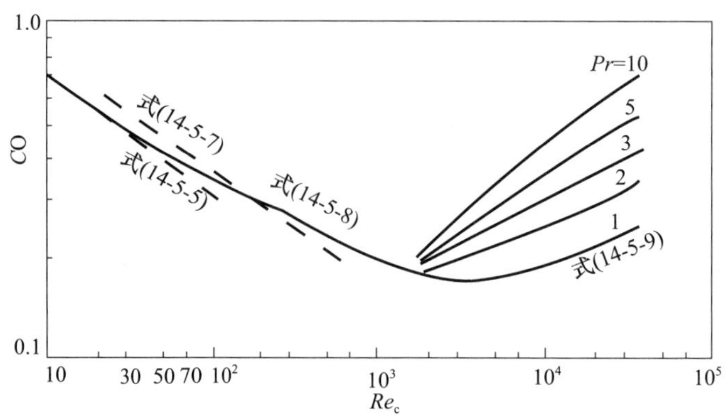

图 14-5-2 垂直壁膜状凝结理论解与实验关联式的比较

对于水平管，理论解与实验结果非常接近，故可直接应用式（14-5-6）。

实验证明，对于垂直壁，当 $Re_c>1800$ 后，液膜流态将转变为紊流。而对于水平管，凝结液从管壁两侧向下流，层流到紊流的转变点增为 $Re_c=3600$，但一般因水平管直径均比较小，不会出现紊流。

2. 紊流膜状凝结

当 $Re_c>1800$ 时，竖壁膜层流态为紊流。在紊流液膜中，通过膜层的热量，除导热方式外，紊流对流传热将成为重要因素，这时，凝结传热将随 Re_c 增大而增加。如图 14-5-2 所示，这恰与层流时的情况相反。

蒸气形成凝结液膜时，在壁的上部仍将维持层流，只有当壁的长度足够时，在壁的下部才逐渐转变成紊流，因此，整个壁面将分成层流段与紊流段。

由文献①推荐的紊流传热准则关联式（14-5-9），可用来计算垂直壁紊流液膜段的平均表面传热系数。

$$Co=\frac{Re_c}{8750+58\ Pr^{-0.5}(Re_c^{075}-253)} \tag{14-5-9}$$

则整个壁面的平均凝结表面传热系数应按加权平均计算

$$h=h_l\frac{x_c}{l}+h_t\left(1-\frac{x_c}{l}\right) \tag{14-5-10}$$

式中，x_c 为由层流转变为紊流的临界长度；下标 l 为层流，t 为紊流；h_l 及 h_t 分别为层流段与紊流段的平均表面传热系数。

因凝结传热准则关联式都是表面传热系数的隐函数，使用这些关联式计算表面传热系数，都需要采用试算的方法。再有，一般来说，竖壁膜状凝结的表面传热系数计算式可用于竖管壁的计算。

3. 水平管内凝结传热

蒸气在水平管内凝结时，凝结液在管内聚集并随蒸气一起流动，因此，蒸气流速对传热的影响很大。当蒸气流速很小时，凝结液将顺管壁两侧向下流动，其方向与蒸气流动方向垂直，如图 14-5-4所示的状况。

管内蒸气流动雷诺数 Re_v（按管子进口蒸气参数计算）为

$$Re_v=\frac{\rho_v u_{m,v}d}{\mu_v}=\frac{G_v d}{\mu_v}$$

① Теплоэнергетнка，1957，4：72-80—转引自文献［20］。

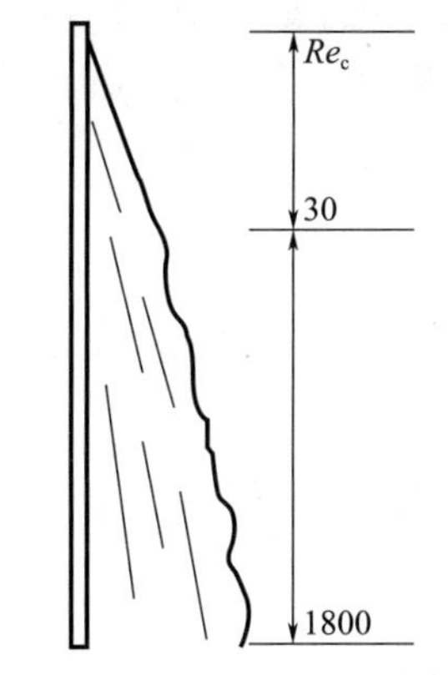

图 14-5-3　层流液膜表面波动

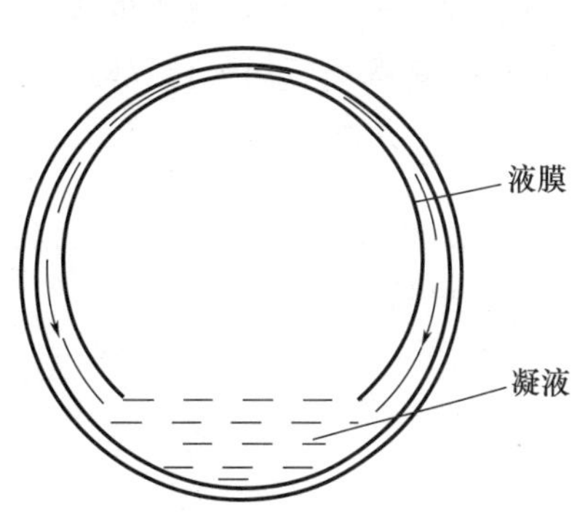

图 14-5-4　水平管内低速蒸气凝结

当 $Re_v<35000$ 时，可采用下式估算平均表面传热系数①

$$h=0.555\left[\frac{g\rho(\rho-\rho_v)\lambda^3 r'}{\mu d(t_s-t_w)}\right]^{1/4} \tag{14-5-11}$$

式中　u_m——蒸气平均流速，m/s；

角码 v——蒸气参数。

考虑到靠壁的凝结液是过冷液，式（14-5-11）中采用潜热修正值 r'，它由下式计算②

$$r'=r+\frac{3}{8}c_p(t_s-t_w) \tag{14-5-12}$$

式中　c_p——凝结液比热容，J/(kg・K)。

式（14-5-12）亦适用于上述包含潜热 r 的计算，以考虑凝结液的过冷效果。

对于管内蒸气速度较高时的凝结传热，可参考文献［20］。

4. 水平管束管外平均表面传热系数

卧式冷凝器由多排管子组成，上一层管子的凝结液流到下一层管子上，使下一层管面的膜层增厚，如图 14-5-5 所示，故下一层管上的 h 比上一层低。由式（14-5-6）计算的只是最上层管子的表面传热系数。对于沿凝结液流向有 n 排管的管束，一种近似但较方便的方法是以 nd 作为定型尺寸代入式（14-5-6），求得全管束的平均表面传热系数。这种计算的基本论点是认为当管间距离较小时，凝结液是平静地由上一根管流到下一根管面上，且保持与高度 $l=nd$ 的垂直壁相当的层流状态。但当管间距较大时，上一根管滴溅到下一根管的凝结液，会使传热强于层流，计算值可能偏低，这一问题请参阅文献［10，21］。

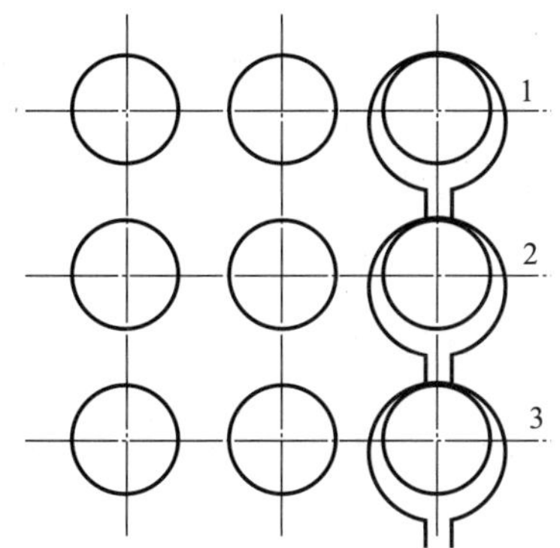

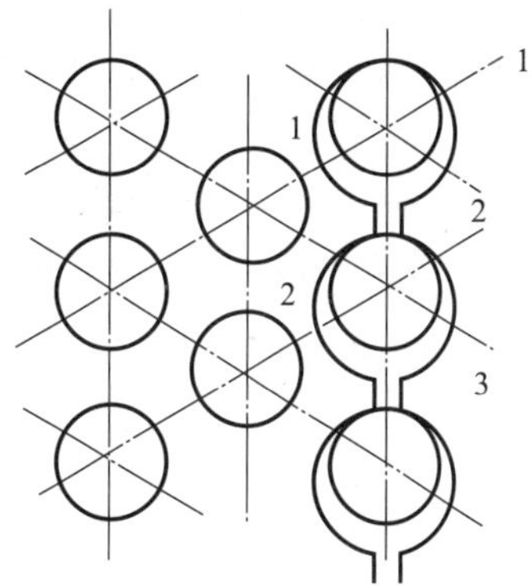

图 14-5-5　水平管束凝结液

① J. Heating Refrig. Aircond. Eng.，1962，4：52.

② 参见本节例题。若按非线性液膜温度分布，更精确的 r' 应该用 0.68 代替 3/8，参见文献［21］。

【例 14-12】 一台卧式蒸气热水器（蒸气在管外侧流动），黄铜管外径 $d=20\text{mm}$，表面温度 $t_w=60℃$，水蒸气饱和温度 $t_s=140℃$，热水器垂直列上共有 12 根管，求凝结表面传热系数。

【解】 $t_s=140℃$ 时潜热 $r=2144.1\text{kJ/kg}$。

由液膜平均温度 $t_m=\dfrac{t_s+t_w}{2}=\dfrac{140+60}{2}=100℃$，查得水的物性数据：

$$\lambda=0.683\text{W/(m·K)};\ \mu=2.825\times10^{-4}\text{N·s/m}^2;\ \rho=958.4\text{kg/m}^3$$

则式（13-2-32）中的

$$\left(\frac{\rho^2 g\lambda^3 r}{\mu}\right)^{1/4}=\left(\frac{958.4^2\times9.81\times0.683^3\times2144.1\times10^3}{2.825\times10^{-4}}\right)^{1/4}=12150$$

定型尺寸为 nd，则

$$[nd(t_s-t_w)]^{1/4}=[12\times0.020\times(140-60)]^{1/4}=1.98$$

代入式（13-2-32）得

$$h=0.725\left[\frac{\rho^2 g\lambda^3 r}{\mu nd(t_s-t_w)}\right]^{1/4}=0.725\times\frac{12150}{1.98}=4449\text{W/(m}^2\text{·K)}$$

【讨论】 如果是单排管子，则 h 可达 $8280\text{W/(m}^2\text{·K)}$。因此，在工业设备中有时要采取措施使凝结液能及时排泄，见下面介绍的强化凝结传热措施。

【例 14-13】 外径 50mm 管子垂直放置，$t_s=120℃$ 的干饱和水蒸气在管外凝结，管长 $l=3\text{m}$，$t_w=100℃$，试求凝结液膜流态转变为紊流时的长度 x_c 及该管全长平均表面传热系数。

【解】 由 $t_m=\dfrac{t_s+t_w}{2}=\dfrac{120+100}{2}=110℃$，查水的物性数据：

$$\lambda=0.685\text{W/(m·K)};\ \mu=2.59\times10^{-4}\text{N·s/m}^2;\ \rho=951\text{kg/m}^3;\ Pr=1.60$$

由 t_s 确定潜热：$r=2202\text{kJ/kg}$

当 $Re_c=1800$ 时，由式（14-5-8）得：

$$Co=\frac{Re_c}{1.08Re_c^{1.22}-5.2}=\frac{1800}{1.08\times1800^{1.22}-5.2}=0.1781$$

层流段的表面传热系数

$$h_l=Co\left(\frac{\lambda^3\rho^2 g}{\mu^2}\right)^{1/3}=0.1781\times\left[\frac{0.685^3\times951^2\times9.81}{(2.59\times10^{-4})^2}\right]^{1/3}=6209\text{W/(m}^2\text{·K)}$$

由式（14-5-4）得

$$x_c=Re_c\frac{\mu r}{4h(t_s-t_w)}=1800\times\frac{2.59\times10^{-4}\times2202\times10^3}{4\times6209\times(120-100)}=2.07\text{m}$$

为了确定全管长的平均表面传热系数，须先分别计算出层流段和紊流段的平均表面传热系数 h_l 和 h_t，层流段已算出，计算中层流段 $Re_{c,l}=1800$ 是已知值，但紊流段 $Re_{c,t}$ 是未知值，由于式（14-5-9）为 h 的隐函数，为此，要采用试算。本例采用简单迭代法进行，即从设定 h_t 开始，按

$$h_t\to Re_{c,t}\to Co\to h'_t$$

校核 h'_t 是否接近 h_t，如果相差较大，则以 h'_t 作为 h_t 重新进行计算，直至获得满意结果。

为便于计算，先计算出两项常数值，即

$$X=\left(\frac{\lambda^3\rho^2 g}{\mu^2}\right)^{1/3}=\left[\frac{0.685^3\times951^2\times9.81}{(2.59\times10^{-4})^2}\right]^{1/3}=34860$$

$$Y=\frac{4l(t_s-t_w)}{\mu r}=\frac{4\times3\times(120-100)}{2.59\times10^{-4}\times2202\times10^3}=0.4208$$

设 $h_t=6500\text{W(m}^2\text{·K)}$，则

$$Re_{c,t}=h_tY=6500\times0.4208=2735$$

由式（14-5-9）

$$Co=\frac{Re_{c,t}}{8750+58\times Pr^{-0.5}(Re_{c,t}^{0.75}-253)}=\frac{2735}{8750+58\times1.6^{-0.5}(2735^{0.75}-253)}=0.1887$$

$$h'_{\mathrm{t}}=CoX=0.1887\times34860=6578\mathrm{W}(\mathrm{m}^2\cdot\mathrm{K})$$

再用 $h_{\mathrm{t}}=6578\mathrm{W}\ (\mathrm{m}^2\cdot\mathrm{K})$ 重复上述计算，得 $Re_{\mathrm{c,t}}=2786$；

$$Co=0.1891;h'_{\mathrm{t}}=6592\mathrm{W}(\mathrm{m}^2\cdot\mathrm{K})$$

对比设定值与计算值，误差已小于 0.5%，试算结束，取

$$h_{\mathrm{t}}=(h_{\mathrm{t}}+h'_{\mathrm{t}})/2=(6578+6592)/2=6585\mathrm{W}/(\mathrm{m}^2\cdot\mathrm{K})$$

最后得到全管长平均凝结表面传热系数

$$h=h_{\mathrm{l}}\frac{x_{\mathrm{c}}}{l}+h_{\mathrm{t}}\left(1-\frac{x_{\mathrm{c}}}{l}\right)=6209\times\frac{2.07}{3}+6585\times\left(1-\frac{2.07}{3}\right)=6326\mathrm{W}/(\mathrm{m}^2\cdot\mathrm{K})$$

【讨论】若将此管横放，则它的平均壁面传热系数将会增加还是降低？在一般工业情况下，往往不是单根管，而是管束，如果该管束有 10 排管，横放后的凝结效果又会如何？

【例 14-14】试用能量守恒原理论证式（14-5-12），推导时按线性温度分布考虑液膜的过冷度。

【解】考虑凝结液过冷产生的显热，则图 14-2-6（c）微元段在 x 断面由凝结液带入的能量应是

$$q_{\mathrm{x}}=MH'+\int_0^j\rho uc_p(t-t_{\mathrm{s}})\mathrm{d}y$$

由 $x+\mathrm{d}x$ 断面带走的能量则为

$$\begin{aligned}q_{\mathrm{x+dx}}&=q_{\mathrm{x}}+\frac{\mathrm{d}q_{\mathrm{x}}}{\mathrm{d}x}\mathrm{d}x\\&=q_{\mathrm{x}}+\frac{\mathrm{d}}{\mathrm{d}x}\left[MH'+\int_0^\delta\rho uc_p(t-t_{\mathrm{s}})\mathrm{d}y\right]\mathrm{d}x\end{aligned}$$

故微元段能量守恒式为

$$H''\mathrm{d}M+q_{\mathrm{x}}=\lambda\left(\frac{\mathrm{d}t}{\mathrm{d}y}\right)_{\mathrm{w}}\mathrm{d}x+q_{\mathrm{x+dx}}$$

代入 q_{x} 及 $q_{\mathrm{x+dx}}$后化简，得到

$$r\mathrm{d}M=\frac{\lambda}{\delta}(t_{\mathrm{s}}-t_{\mathrm{w}})\mathrm{d}x+\frac{\mathrm{d}}{\mathrm{d}x}\left[\int_0^D\rho uc_p(t-t_{\mathrm{s}})\mathrm{d}y\right]\mathrm{d}x$$

将 13.2.1 节的速度及温度场表达式（13-2-19）、（13-2-21）代入上式右侧第二项微分积分式内，该项为

$$\frac{\mathrm{d}}{\mathrm{d}x}\left[\int_0^0\rho c_{\mathrm{p}}\frac{\rho g}{\mu}\left(\delta y-\frac{y^2}{2}\right)\left(\frac{y}{\delta}-1\right)(t_{\mathrm{s}}-t_{\mathrm{w}})\mathrm{d}y\right]\mathrm{d}x=-\frac{3}{8}\frac{\rho^2gc_p}{\mu}(t_{\mathrm{s}}-t_{\mathrm{w}})\delta^2\mathrm{d}\delta$$

再将上式及式（13-2-24）的 $\mathrm{d}M$ 代入能量守恒关系式，整理后得

$$\delta^3\mathrm{d}\delta=\frac{\mu\lambda(t_{\mathrm{s}}-t_{\mathrm{w}})\mathrm{d}x}{\rho^2g\left[r+\frac{3}{8}c_p(t_{\mathrm{s}}-t_{\mathrm{w}})\right]}=\frac{\mu\lambda(t_{\mathrm{s}}-t_{\mathrm{w}})\mathrm{d}x}{\rho^2gr'}$$

将上式与式（13-2-27）对比，证明可以用 r' 代替式（14-5-12）中的 r，以考虑液膜过冷的影响。

【讨论】以例 14-12 为例，相应的$\left[\frac{3}{8}c_p(t_{\mathrm{s}}-t_{\mathrm{w}})\right]$约为 r 的 5%，对 r 的影响不太大，在一般计算中可不予考虑。

14.5.1.2　影响膜状凝结的因素及强化传热的措施

1. 影响因素

除前面所叙及的液膜流态（层流、紊流）、凝结壁面位置（水平壁、竖壁、倾斜壁，管束排列数），壁面形状（管内、管外）等因素外，尚有：

(1) 蒸气含不凝气体。蒸气中即使只含微量不凝性气体也会对凝结传热产生极有害的影响。例如，在一般冷凝温差下，当不凝气体含量为 0.2%时，表面传热系数将下降 20%～30%；含量为 0.5%时，降低 50%；而含量 1%时，表面传热系数将只达纯蒸气的 1/3。究其原因是：蒸气冷凝时，把不凝气体分子也带到了液膜附近，因不能凝结而逐渐聚集在膜表面，使这里的不凝气体浓

度（分压强）高于离壁较远的浓度，从而增加了蒸气分子向液膜表面扩散的阻力。同时，由于总压强保持不变，则膜层表面的蒸气分压低于远处蒸气分压，这一因素又使膜表面蒸气的饱和温度降低，因而，相应地降低了有效的冷凝温度差，使凝结传热壁表面传热系数和传热量降低。因此，必须设法排除蒸气中的不凝气体成分。当然，增加蒸气流速能够破坏不凝气体分子在液膜表面的聚集，使不凝气体的影响减少。多组分蒸气凝结时，凝结温度低的组分也具有不凝气体的类似作用。

（2）蒸气速度。前述努塞尔等计算式没有考虑蒸气速度的影响，故只适用于蒸气速度较低的情况，对水蒸气一般低于10m/s，速度高会在液膜表面产生明显的黏滞应力。当蒸气向下吹时，加速了液膜流动，使之变薄，传热强化；反之向上吹，则会使传热恶化。但如果吹气速度过大，则不论是向下或向上运动，液膜将脱离壁，都能强化凝结传热。

（3）表面粗糙度。当凝结雷诺数较低时，凝结液易于积存在粗糙的壁上，从而使液膜增厚，表面传热系数可低于光滑壁30%；但当$Re_c>140$后，表面传热系数又可高于光滑壁，这种现象类似于粗糙壁对单相流体对流传热的影响。

（4）蒸气含油。如果油不溶于凝结液（如水蒸气和氨蒸气中的润滑油），则油可能沉积在壁上形成油垢，增加了热阻。

（5）过热蒸气。在压缩式制冷机中，从压缩机进入冷凝器的制冷剂是过热的，这时，液膜表面仍将维持饱和温度，只有远离膜的地方维持过热温度，故液膜传热温差仍为t_s-t_w。实验证实，用前述公式计算过热蒸气的凝结传热表面传热系数误差不大，约3%，可以忽略。但计算中，应将潜热改为过热蒸气与饱和液体的焓差。

2. 强化凝结传热的措施

强化凝结传热的关键是设法减薄凝结液膜层的厚度，加速它的排泄，以及促成珠状凝结等。主要措施有如下几方面：

（1）改变表面几何特征。主要指在壁面上开沟槽、挂丝等。如在壁面上顺凝结液流向轧制（滚压）出一些细小的沟槽（对垂直管）或螺旋槽（对于水平管）、矮肋，可使表面传热系数成倍地增加。其原因一方面是槽（或肋）的脊背部分可起肋片的作用，但更重要的原因是槽脊是曲面，在弯曲面上即使是极薄的液膜，也会由于表面张力的作用发生破裂而被迅速拉回到沟槽内，顺槽排泄，凝结热阻大为降低。故这些表面又称高效冷凝面，在工业上已得到广泛应用。

（2）有效地排除不凝气体。为此应使设备正压运行，对于负压运行的冷凝器（如发电厂冷凝器），则需加装抽气装置。

（3）加速凝结液的排除。加装中间导流装置，使用离心力、低频振动和静电吸引等方法加速凝结液的排泄。

（4）采用能形成珠状凝结的表面。在凝结壁面上涂镀凝结液附着力很小的材料（如聚四氟乙烯—不粘锅镀层、镀金）；在蒸气中加促进剂（如油酸）以促进珠状凝结的形成。

14.5.2 沸腾换热

当壁温高于液体压力所对应的饱和温度时，发生沸腾过程。如水在锅炉中的沸腾汽化，制冷剂在蒸发器中沸腾汽化，都属沸腾传热，为液相转变成气相的传热。

沸腾分为大空间沸腾（或称池沸腾）和有限空间沸腾（或称受迫对流沸腾、管内沸腾）；而这些又可分为过冷沸腾及饱和沸腾。本节主要分析可润湿壁的液体在大空间的沸腾传热，重在阐明沸腾传热机理及基本计算。

14.5.2.1 大空间沸腾传热

在具有自由液面的液体中热壁面上产生的沸腾称为大空间沸腾。此时产生的蒸气泡能自由浮升，穿过自由表面进入容器空间。研究大空间沸腾传热的目的是揭示液体沸腾的一般规律。

1. 饱和沸腾过程和沸腾曲线

一定压强下，当液体主体为饱和温度 t_s，而壁面温度 t_w 高于 t_s 时的沸腾称为饱和沸腾。若主体温度低于 t_s，而 t_w 已超过 t_s，这时发生的沸腾称为过冷沸腾。

沸腾时，壁温与饱和温度之差称为沸腾温差，它对沸腾状态的影响很大，可通过沸腾时的热流密度 q 随沸腾温差 Δt 的变化加以阐明。q 与 Δt 的关系曲线称为沸腾曲线。如图 14-5-6 所示，随着 Δt 的变化，形成三种沸腾状态：对流沸腾、泡态沸腾及膜态沸腾。该沸腾曲线是 1934 年由日本学者 Shiro Nukiyama 从实验中获得[23]。

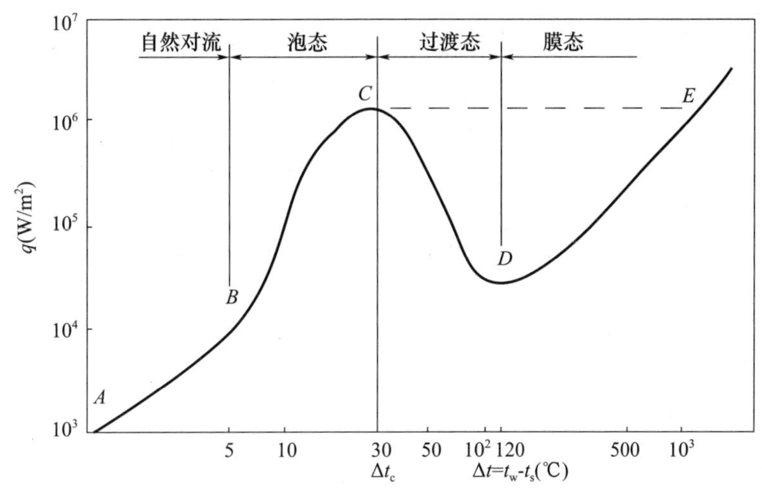

图 14-5-6　大空间沸腾曲线（水，1.013×10^5 Pa）

当沸腾温差很小，如图中小于与 B 点相应的温差时，将看不到沸腾景象，即使壁上产生微小的气泡，也会在脱离壁前破裂，而不能上浮，气泡破灭时会发出响声。此时，主体温度低于饱和温度 t_s，热量依靠自然对流过程传递到主体，这时的沸腾称为自然对流沸腾。它可以近似按单相流体自然对流规律计算表面传热系数。

Δt 继续增加，直到 $\Delta t\approx5$℃时，也就是曲线达到 B 点以后开始产生大量的气泡，称为泡态沸腾（亦称核沸腾）。在泡态沸腾过程中，气泡在壁上生成、长大，随后因浮力作用而离开壁。实测证明，沸腾的液体主体温度这时有一定的过热度，故气泡通过液体层时还会继续被加热、膨胀，直至逸出液面。由于气泡大量迅速的生成和它的激烈运动，传热强度剧增，热流密度 q 随 Δt 的提高而急剧增大，直至达到热流密度的峰值 q_c。这在图 14-5-6 的沸腾曲线上相应为 C 点，故 C 称为沸腾临界点，与之相应的 Δt 称临界温度差 Δt_c①，可见，在泡态沸腾中，传热与气泡的生成和运动密切相关。一般工业设备的沸腾传热都在泡态沸腾下进行。

C 点以后，若继续提高 Δt，热流密度 q 呈降低趋势，这是因为生成的气泡太多，以致在加热面上形成气膜，开始时是不稳定的，气膜会突然裂开变成大气泡离开壁，这种气膜阻碍了传热，传热状况恶化。当再提高 Δt 到 D 点以后，壁面将全部被一层稳定的气膜所覆盖，这时气化只能在气膜—液交界面上进行，气化所需热量靠导热、对流、辐射通过气膜传递，因壁温过高，辐射热量将随热力学温度 4 次幂急剧增加，因而 D 点以后热流密度又继续回升。D 点以后的现象称为膜态沸腾，而 C—D 是不稳定的过渡态沸腾（不稳定的膜态沸腾）。

图 14-5-6 的曲线为水在大气压下的沸腾曲线，自然对流沸腾时的温差为 3～5℃以下；泡态沸腾达到临界点时的温度差 $\Delta t_c\approx30$℃，临界热流密度一般可超过 1MW/m^2（与壁面材料及状况有关）。在泡态沸腾阶段，主体液态、水具有的过热度约为 0.3～0.4℃。可见水的沸腾传热过程是高

① 在传热学中，也有文献把泡态沸腾表面传热系数达到最高值时相应的温度差 Δt_{DNB} 作为临界点，但以 q_c 作为临界点的居多（DNB 称泡态沸腾偏离点，Departure from Nucleate Boling）。$\Delta t_{DNB}>\Delta t_c$。

强度的传热。

但是，上述典型过程是依靠控制壁温以改变沸腾工况实现的。如果某沸腾传热设备是靠控制热流密度以改变沸腾工况，例如电加热器、核反应堆（加热循环冷却水）以及大型高压锅炉的炉内辐射加热等。若热流密度一旦达到或少许超过峰值（相当于热流密度 q 沿纵坐标向上增加），由于临界点是一个不稳定的工况，沸腾状态将突然由 C 点沿虚线跳跃到稳定的膜态沸腾，壁温将突然升高到 E 点所对应的温度（图 14-5-6 的典型情况超过 1000℃）。这时，容器将因瞬时过热而烧毁。所以 C 点又可称为烧毁点。故准确知道临界热流密度（CHF）是非常重要的，一般热力设备的热流密度设计必须低于临界热流密度 q 的峰值，以免烧毁。

由沸腾曲线 $q\sim\Delta t$ 的关系，可以绘制出沸腾表面传热系数 $h\sim\Delta t$ 曲线。工质不同，压力不同，沸腾参数亦异，但现象的演变规律是类似的。

2. 泡态沸腾机理

因为正常的沸腾都是在泡态下进行，因而要特别关注它的机理，这可通过气泡的生成长大和传热的规律来说明。问题包括：气泡生成的条件及核化点、气泡数量与沸腾温差的关系、泡态沸腾过程热量传递的途径以及压力对泡态沸腾的影响等。

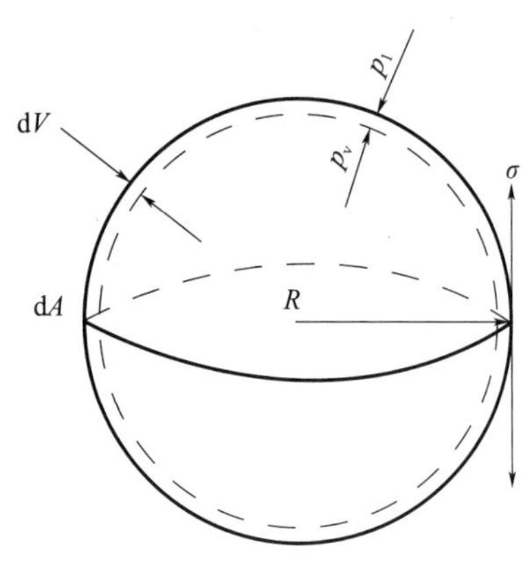

图 14-5-7　气泡上的作用力

设图 14-5-7 为沸腾过程中出现的一个气泡，半径为 R。该气泡将受到两种力的作用，一是表面张力 σ，一是压强 p（泡内 p_v，泡外 p_l，若不计液体深度的静压强，则 p_l 就是沸腾时的饱和压强）。表面张力是使气泡表面积缩小的力，因此，要使气泡能够长大，泡内压力须克服表面张力对外做功，设图中气泡体积膨胀了微元体积 $\mathrm{d}V$，相应的表面积增量为 $\mathrm{d}A$，则做功量为

$$\mathrm{d}W=(p_v-p_l)\mathrm{d}V-\sigma\mathrm{d}A \tag{14-5-13}$$

当气泡处于既不长大也不缩小的平衡状态时，作功 $\mathrm{d}W=0$，即

$$(p_v-p_l)\mathrm{d}V=\sigma\mathrm{d}A \tag{14-5-14}$$

对于球形 $V=\frac{4}{3}\pi R^3$，$A=4\pi R^2$，代入上式，微分，得到

$$p_v-p_l=\frac{2\sigma}{R} \tag{14-5-15}$$

上式就是气泡能够存在而不消失的条件。如果压强差作用力大于表面张力，气泡就能继续长大，即

$$p_v-p_l>\frac{2\sigma}{R} \tag{14-5-16}$$

由上式可见，一个气泡长大所需的压强差与它的半径成反比，与表面张力成正比，半径越小的气泡，所需的压强差越大。那么，按此推论，当气泡 $R\to 0$ 时，是否就意味着需要极大的压强差才能使气泡生成、长大？动力学成核理论研究指出，在纯液体的大量分子团中，能量分布并不均匀，部分分子团具有较多的能量，这些高于平均值的能量称活化能。形成气泡核需要活化能，而在由壁面凹缝形成的气穴中，泡核生成为气泡所需的活化能量为最少，因此，借助于一些分子团足够的活化能，以及气穴的作用，利于孕育生成气泡。如图 14-5-8 所示，气泡核出现时，需要耗费一定的能量挤开周围的液体，而借助于气穴等外部条件，所需能量为最小。产生气泡的这些点称为活化点或核化中心。

气泡生成后能继续长大的动力条件则是液体的过热度。因为泡内饱和蒸气压强为 p_v，相应的饱和温度为 t_v；而泡外压强为沸腾压强 p_l，其饱和温度为 t_s。沸腾进行时，气泡内壁不断汽化，气泡长大，这表明泡内 p_v 必定是大于泡外 p_l［见式（14-5-16），$p_v>p_l$］。但沸腾压强 p_l 是人为设定的，t_s 也随之确定，那么是什么能够促使 $p_v>p_l$ 呢？这个条件就是泡壁周围的液体温度 t_l 必定大

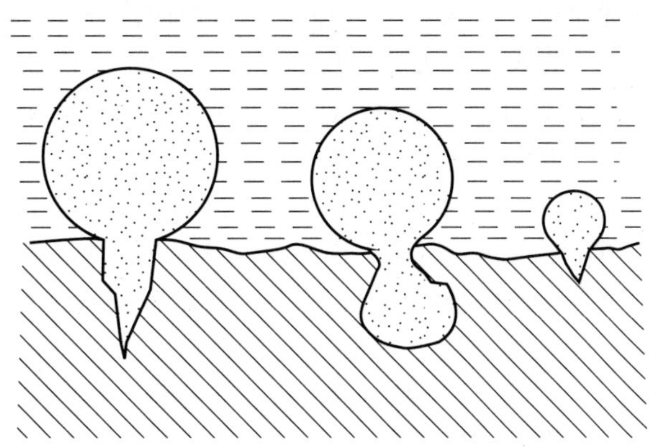

图 14-5-8　气泡在活化点上生成

于或至少等于 t_v，也就是说沸腾液必定是过热，即液体的温度 t_l 大于它的饱和温度 t_s，t_l-t_s 即沸腾液过热度。所以，沸腾液的过热度是气泡存在和长大的动力。在凹缝等活化点上形成气泡所需的过热度也最低。

总之，泡态沸腾能够生成的气泡核越多，沸腾就越剧烈，而生成气泡核的基本动力是沸腾温差，只需经适当的推导，就可以从气泡半径和沸腾温差的关系中得出气泡核的最小半径，从而可解释泡态沸腾现象。

因式（14-5-15）中的(p_v-p_l)是一个很小的量，可近似表达为

$$p_v-p_l=\left(\frac{\mathrm{d}p}{\mathrm{d}T}\right)_s(t_v-t_s) \tag{14-5-17}$$

式中　$\left(\frac{\mathrm{d}p}{\mathrm{d}T}\right)_s$——气液两相饱和曲线上压强随温度的变化率，对一定的压强它是常数。

根据饱和曲线上压强随温度的变化和饱和状态各参数间的关系，克劳修斯—克拉贝隆提出了下列计算式，称克劳修斯—克拉贝隆方程式：

$$\left(\frac{\mathrm{d}p}{\mathrm{d}T}\right)_s=\frac{r\rho_v\rho_l}{T_s(\rho_l-\rho_v)} \tag{14-5-18}$$

式中　ρ_v、ρ_l——气泡内蒸气和沸腾液体的密度，kg/m^3。

当沸腾远离临界点时，$\rho_v\ll\rho_l$，则式（14-5-18）简化为

$$\left(\frac{\mathrm{d}p}{\mathrm{d}T}\right)_s=\frac{r\rho_v}{T_s} \tag{14-5-19}$$

式中　r——饱和温度下的汽化潜热，J/kg。

将式（14-5-19）代入式（14-5-17），再由式（14-5-15）可得

$$R=\frac{2\sigma T_s}{r\rho_v(t_v-t_s)} \tag{14-5-20}$$

对于一定的沸腾压强，式中σ、r、ρ_v、T_s 均为定值，这样 R 就仅与(t_v-t_s)成反比，在沸腾情况下，气泡核在壁面上生成，t_v 最大可能值是 t_w，用沸腾温差 $\Delta t=t_w-t_s$ 代替(t_v-t_s)，得到壁面上气泡核生成时的最小半径

$$R_{\min}=\frac{2\sigma T_s}{r\rho_v\Delta t} \tag{14-5-21}$$

式（14-5-21）表明，在一定的 p 和 Δt 条件下，初生的气泡核只有当它的半径大于上述值时，才能继续长大。故式（14-5-21）就是初生气泡核能站住脚的最小半径。由此可以解释两个现象：一是紧贴加热面的液体温度等于壁温，过热度最大，在这里生成气泡核所需的半径最小，故壁面上凹缝、孔隙是生成气泡核的最好地点；二是当 Δt 增加时，$R_{\min}$ 也随之减小，这意味着初生的气泡中将有更多的气泡能够符合长大的条件，故 Δt 提高后，气泡量急剧增加，沸腾也相应被强化。

关于 R_{min} 和过热度的具体量级，以水在大气压下沸腾为例，$\sigma=5.89\times10^{-2}\text{N/m}$，$r=2257\times10^3\text{J/kg}$，$\rho_v=0.598\text{kg/m}^3$，$T_s=373\text{K}$，代入式（14-5-21），得沸腾温度差 $\Delta t=3$℃时，$R_{min}=10.8\times10^{-3}\text{mm}$；$\Delta t=10$℃时，$R_{min}=3.2\times10^{-3}\text{mm}$。按式（14-5-20）可以计算 t_v-t_s，如半径 1mm 的气泡约为 0.016℃，而实际水在此时的过热度可达 0.3～0.4℃。

关于热量传递的途径。在沸腾过程中，热量一方面经由气泡与壁直接接触的表面传给气泡，另一方面热量由壁传给液体，再由液体传到气泡表面，使液体在气泡壁上汽化，气泡继续长大，由于液体的热导率远大于蒸气，故传递的途径主要是后者。气泡膨胀长大，受到的浮力也增加，当浮力大于气泡与壁的附着力时，气泡就脱离壁升入液体。而附着力又与液体对壁的润湿能力有关，如图 14-5-9所示，液体能很好地润湿壁，$\theta<90°$，如水、煤油等；液体不能很好地润湿壁，$\theta>90°$，如水银。显然，后者沸腾时的气泡难以脱离壁，传热量也低。

关于压强的影响。分析式（14-5-21），在一定 Δt 下，σ、r、T_s、ρ_v 这 4 个值中，只有 ρ_v 随压强的变化最大，p 增加时，ρ_v 的增加值将超过 T_s 的增值和 r 的减少，最终使 R_{min} 随 p 而减小，故对一定的 Δt，随着压强的提高，能够生成的气泡核更多，沸腾也随之加强。图 14-5-10 为水的 q_c、Δt_c 及 h_c 随压强的变化情况。大空间泡态沸腾的热流密度峰值，推荐按下式估计①

$$q_c=\frac{\pi}{24}\rho_v^{1/2}r\left[g\sigma(\rho_l-\rho_v)\right]^{1/4} \tag{14-5-22}$$

除此以外，不凝气体含量、重力场、液位（沸腾面与自由液面间的距离）等也都有一定影响，详见文献［22］。

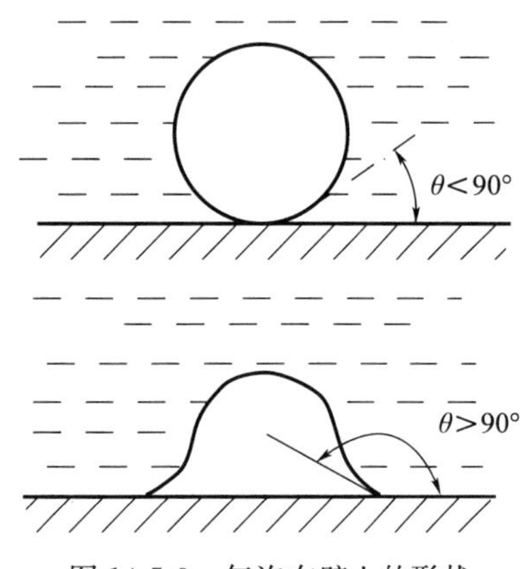

图 14-5-9　气泡在壁上的形状

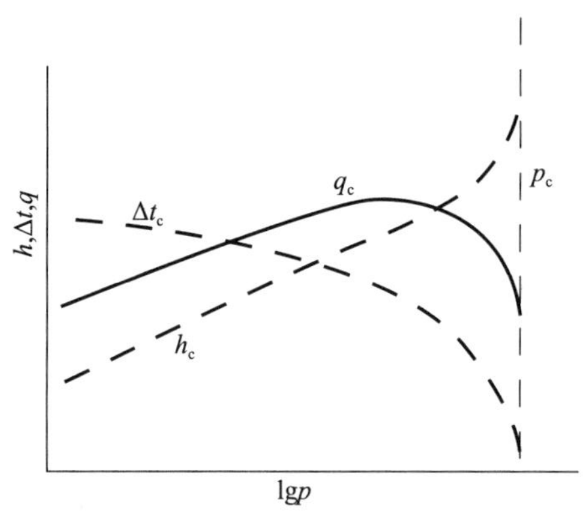

图 14-5-10　大空间沸腾水的 q_c、Δt_c、h_c 随 p 的变化

3. 大空间泡态沸腾表面传热系数的计算

综上所述，影响泡态沸腾传热的因素有多方面，其中最主要的是沸腾温差、压强、物性、壁面材料状况等。故一般把它归纳为下列函数关系

$$h=f\left[\Delta t,g(\rho_l-\rho_v),r,\sigma,c_p,\lambda,\mu,C_w\right] \tag{14-5-23}$$

式中　C_w——与沸腾液体及表面材料有关的系数。

由于沸腾传热的复杂性，目前已提出的实验数据及计算式很多，不同学者提供的数据有时分歧还比较大。本节仅介绍以下两种类型的计算式。

（1）把沸腾表面传热系数直接整理成与沸腾温差的函数关系。如米海耶夫（Михеев）推荐水在（1～40）$\times10^5$Pa 下的大空间沸腾表面传热系数计算式[23]

$$h=0.533q^{0.7}p^{0.15}\quad[\text{W/(m}^2\cdot\text{K)}] \tag{14-5-24a}$$

由 $q=h\Delta t$，上式亦可写为

$$h=0.122\Delta t^{2.33}p^{0.5}\quad[\text{W/(m}^2\cdot\text{K)}] \tag{14-5-24b}$$

① 称 Zuber-Kutateladze 公式。参见 Trans. ASME，Ser. C，VOL. 80，711，1958.

式中　p——沸腾绝对压强，Pa；

q——热流密度，W/m^2；

Δt——沸腾温差，$\Delta t = t_w - t_s$，℃。

（2）由式（14-5-23）进行相似分析归纳实验数据提出的计算式。如罗森瑙（Rohsennow）在关联不同工质及壁面材料的实验数据基础上，提出下列大空间泡态沸腾热流密度计算式①

$$q=\mu_l r\left[\frac{g(\rho_l-\rho_v)}{\sigma}\right]^{1/2}\left[\frac{c_{p,l}(t_w-t_s)}{C_{w,l} r Pr_l^s}\right]^3 \quad (W/m^2) \tag{14-5-25}$$

式中　Pr_l——饱和液普朗特数，它的指数为 s，对于水 $s=1.0$，对其他液体 $s=1.7$；

r——饱和温度下的汽化潜热，J/kg；

g——自由落体加速度，m/s^2；

σ——饱和液体表面张力，N/m；

$c_{p,l}$——饱和液体定压比热容，J/(kg・K)；

μ_l——液体动力黏度，$N \cdot s/m^2$；

$C_{w,l}$——实验确定的常数，它与液体及壁面材料组合情况有关，见表 14-5-1[10,19-22]。

表 14-5-1　$C_{w,l}$ 值

液体及壁面材料组合情况	$C_{w,l}$	液体及壁面材料组合情况	$C_{w,l}$
水—有划痕的铜	0.0068	水—机械抛光不锈钢	0.0132
水—抛光的铜	0.0128	水—抛光不锈钢	0.0060
水—化学浸蚀过的不锈钢	0.0133	水—铂金	0.0130
正戊烷—抛光的紫铜	0.0154	正戊烷—磨平的紫铜	0.0049
苯—铬	0.0101	乙醇—铬	0.0027

在上述两个计算式中，热流密度与温度差的关系前者为 2.33 次幂，后者为 3 次幂，都说明 Δt 对 q 有重大影响。

【例 14-15】 一横放的实验用不锈钢电加热蒸汽发生器，水在电热器管外大空间沸腾，绝对压强为 1.96×10^5 Pa，已知电功率为 5kW，管外径 16mm，总长 3.2m，求沸腾表面传热系数，并校验它的壁温。

【解】 热流密度

$$q=\frac{W}{\pi dl}=\frac{5000}{\pi\times0.016\times3.2}=3.11\times10^4\ W/m^2$$

由式（14-5-24a）

$$h=0.533q^{0.7}p^{0.15}=0.533\times(3.11\times10^4)^{0.7}\times(1.96\times10^5)^{0.15}=4629W/(m^2\cdot K)$$

由 $p=1.96\times10^5$ Pa，$t_s=119$℃，则

$$t_w=t_s+\frac{q}{h}=119+\frac{3.11\times10^4}{4629}=125.7℃$$

沸腾温差　$\Delta t=6.7$℃

【讨论】 如果本题按式（14-5-25）计算，则需进行试算，即先假定 Δt 后，再核对 q 值。用式（14-5-25）以机械抛光不锈钢表面计算，结果是 $\Delta t=5.9$℃。

【例 14-16】 在 1.013×10^5 Pa 绝对压强下，纯水在 $t_w=117$℃抛光铜质加热面上进行大空间泡态沸腾，试求 q 及 h。

① Trans. ASME，1952，74：969.

【解】由 $t_s=100℃$确定各项物性数据：

$$\rho_l=958.4\text{kg/m}^3;\rho_v=0.598\text{kg/m}^3;c_{p,l}=4220\text{J/(kg}\cdot\text{K)};$$
$$\mu=2.825\times10^{-4}\text{N}\cdot\text{s/m}^2;\ \sigma=5.89\times10^{-2}\text{N/m};$$
$$Pr_l=1.75;\ C_{w,l}=0.0128;\ r=2257\text{kJ/kg}$$

由式（14-5-25），等式右边各项：

$$\mu_l r=2.825\times10^{-4}\times2257\times10^3=637.6$$
$$\left[\frac{g(\rho_l-\rho_v)}{\sigma}\right]^{1/2}=\left[\frac{9.81\times(958.4-0.598)}{5.89\times10^{-2}}\right]^{1/2}=399.4$$
$$\left[\frac{c_{p,l}(t_w-t_s)}{C_{w,l}rPr_l^{1.0}}\right]^3=\left[\frac{4220\times(117-100)}{0.0128\times2257\times10^3\times1.75}\right]^3=2.857$$
$$q=637.6\times399.4\times2.857=7.28\times10^5\text{W/m}^2$$
$$h=\frac{q}{\Delta t}=\frac{7.28\times10^5}{17}=4.28\times10^4\text{W/(m}^2\cdot\text{K)}$$

【讨论】若本例采用“有划痕的铜（$C_{w,l}$为 0.0068）”作为沸腾材料，在保持热流密度不变的情况下，材料表面温度可降低到 109.03℃。这说明材质虽然相同，但表面状况不同，后者的表面经过处理强化了沸腾传热。可见材料表面状况对沸腾传热的影响很大。

4. 泡态沸腾传热的强化

水的沸腾表面传热系数一般远高于水的受迫对流传热，所以水的沸腾属于高强度传热之列。因为 h 大，在一般情况下，往往可以略去沸腾热阻，即使不略去，对它的计算值准确度的要求也不高。但是像制冷剂这类低沸点工质的沸腾表面传热系数和热流密度却远低于水的数值，h 值大约为 500～2000W/(m$^2\cdot$K)，需要予以强化。

强化泡态沸腾传热的措施很多，关键是设法使沸腾表面有更多半径大于 R_{min}的气泡核。这方面已付诸实用的措施主要有：在管表面用烧结法覆盖一层多孔铜或多孔铝，如图 14-5-11（a）所示，用机械加工方法使管表面形成微孔层，如图 14-5-11（b）所示，这种多孔层厚度约 0.25～0.5mm，孔隙度 50％～60％，孔径 0.01～0.1mm。此外尚有采用挤压、打磨等方法使表面变粗糙。多孔表面能使表面传热系数提高数倍至 10 倍，并使泡态沸腾能在很小的沸腾温差下实现，且具有良好的抗结垢性能，可在长期运行中保持稳定的高效率。据分析，其特点是：（1）微孔表面提供了大量的汽化核心点，凹穴能够稳定地固定住大量的气泡核；（2）使金属壁和气泡之间液膜的厚度达到很小的程度（减少了向气泡传热的阻力）；（3）气泡在孔隙中生成、长大、跃离，新液又不断补充进来，且因毛细管作用，多孔层具有泵的功能，使液体在孔隙中强烈地循环，从而又可避免局部结垢[22]。

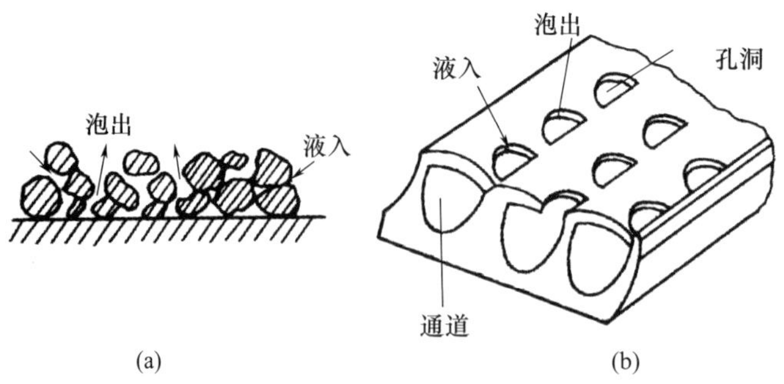

图 14-5-11　多孔表面的沸腾

14.5.2.2　管内沸腾传热简述

水管锅炉及制冷系统的管式蒸发器中的沸腾，属于管内沸腾传热。由于沸腾空间的限制，沸腾产生的蒸汽和液体混合在一起，构成汽液两相混合物，成为两相流。因此，管内沸腾时，沸腾状态是随流向而不断改变的。图 14-5-12 是低热流密度时垂直管内沸腾的情况，设初始进入管中的液体温度低于饱和温度，这时流体与壁之间为单相液体的对流传热。随后，向前流动的液体在壁表面附近最先加热到饱和温度，管壁开始有气泡产生，但管中心流体尚处于未饱和温度状态，这种情况称为过冷沸腾。继之，液体在整个截面上达到饱和温度，气泡充满管子全部断面，沸腾进入泡态，起先气泡小而分散，并逐渐增多，称泡状流。随着气泡越来越多，小气泡就会集中合并成大气泡，流动状态逐渐变为块状流（或称栓塞流、炮弹流），这时的传热仍属于泡态沸腾。继续加热后，气液两相流中，蒸气所占比例越来越大，大气泡将进一步合并，在管中心形成汽芯，把液体排挤到壁上，呈环状液膜，称为环状流；在这种情况下，热主要以对流方式通过液膜，汽化过程主要发生在液汽交界面上，称为液膜的对流沸腾。

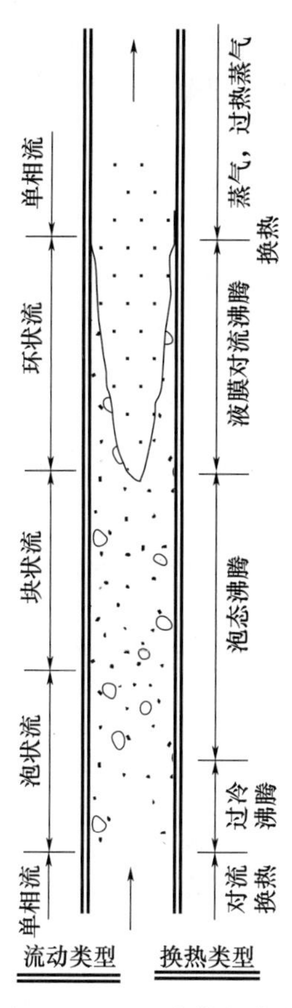

图 14-5-12　垂直管内沸腾

随着汽化，液膜逐渐变薄，一直到汽化完毕，成为干蒸汽，使传热进入单相蒸汽流的对流传热过程。

对于水平管内的沸腾，在流速比较高的情况下，情形与垂直管基本类似。但当流速较低时，如图 14-5-13 所示，由于重力的影响，汽液将分别趋于集中在管的上半部和下半部。进入环状流后，液体就不一定是连续地环绕在管的圆周上，上半部可能局部出现间隙干燥表面，不能被液体润湿，如图中的（3），这里的局部传热较差。

随着液体的不断汽化，干燥面积不断扩大，直到成为干蒸汽，进入单相气体对流传热区。

由此可见，管内沸腾传热还要取决于管的放置情况（垂直、水平或倾斜），管长与管径，壁面状况，汽液的比例，液体的初参数、流量等。情况比大空间沸腾复杂得多。有关传热计算可参见文献［24］。

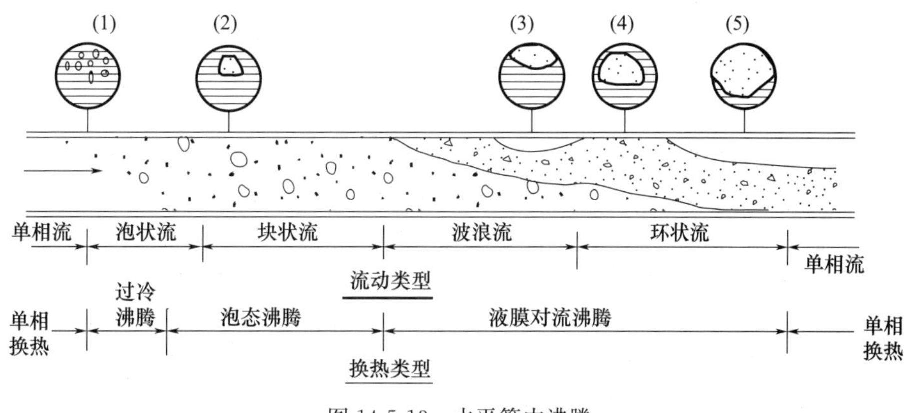

图 14-5-13　水平管内沸腾

14.6　对流传质的准则关联式

14.6.1　流体在管内受迫流动时的质交换

管内流动着的气体和管道湿内壁之间，当气体中某组分能被管壁的液膜所吸收，或液膜能向气体作蒸发，均属质交换过程，它和管内受迫流动换热相类似。由传热学可知，在温差较小的条件下，管内紊流换热可不计物性修正项，并有如下准则关联式 $Nu=0.023Re^{0.8}Pr^{0.4}$。

通过大量被不同液体润湿的管壁和空气之间的质交换实验，吉利兰（Gilliland）把实验结果整理成相似准则并表示在图 14-6-1 中，并得到相应的准则关联式为

$$Sh=0.023Re^{0.83}Sc^{0.44} \tag{14-6-1}$$

比较上列两式，可见它们只在指数上稍有差异，式（14-6-1）的应用范围是

$$2000< Re <35000, 0.6<Sc<2.5$$

准则中的定型尺寸是管壁内径，速度为管内平均流速，定性温度取空气温度。如用类比律来计算管内流动质交换系数，由于

$$St_m Sc^{2/3}=\frac{f}{8} \tag{14-6-2}$$

式中　f——圆管内流体流动的摩阻系数，若采用布拉修斯光滑管内的摩阻系数公式

$$f=0.3164Re^{-\frac{1}{4}} \tag{14-6-3}$$

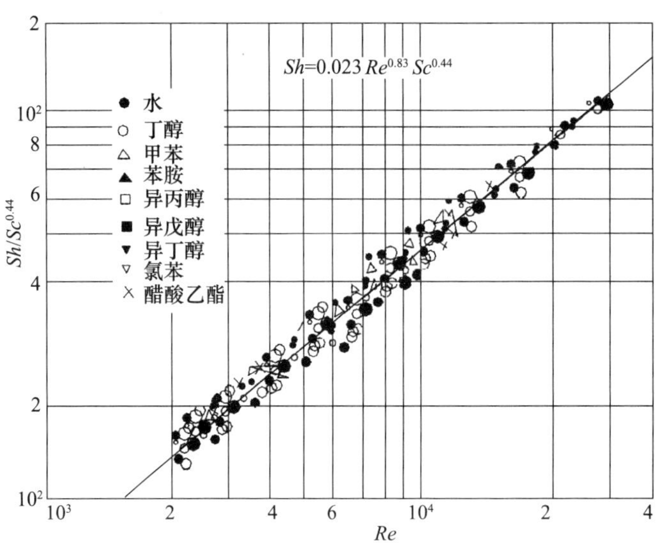

图 14-6-1　管内紊流传质实验点准则关联式

则可得

$$\frac{Sh}{ReSc}Sc^{23}=0.0395Re^{-\frac{1}{4}} \tag{14-6-4}$$

即

$$Sh=0.0395Re^{3/4}Sc^{1/3} \tag{14-6-5}$$

应用式（14-6-1）和式（14-6-5）所作的计算表明，结果是很接近的。

14.6.2　流体沿平板流动时的质交换

回顾传热学中对边界层的理论分析，得到沿平板流动换热的准则关联式，当流动是层流时

$$Nu=0.664Re^{1/2}Pr^{1/3} \tag{14-6-6}$$

相应的质交换准则关联式为

$$Sh=0.664Re^{1/2}Sc^{1/3} \tag{14-6-7}$$

当流体是紊流时，换热的准则关联式为

$$Nu=(0.037Re^{0.8}-870)Pr^{1/3} \tag{14-6-8}$$

相应的质交换准则关联式应是

$$Sh=(0.037Re^{0.8}-870)Sc^{1/3} \tag{14-6-9}$$

式（14-6-7）和式（14-6-9）中的定型尺寸是用沿流动方向的平板长度 L，速度 u_t 用边界层外的主流速度，计算所得的 h_m 是整个平板上的平均值。

另外，对于沿其他形状的物体表面的对流传质的准则关联式，如：圆球、圆柱以及横掠管束等情形也都可以参考相应的传热的准则关联式。

【例 14-17】 试计算空气沿水面流动时的对流传质交换系数 h_m 和每小时从水面上蒸发的水量。已知空气的流速 $u=3m/s$，沿气流方向的水面长度 $l=0.3m$，水面的温度为 15℃，空气温度为 20℃，空气总压强为 1.013×10^5Pa，其中水蒸气分压强 $p_2=701Pa$，相当于空气的相对湿度为 30%。

【解】 空气在 20℃时的 $\nu=1.506\times10^{-5}m^2/s$

$$Re=\frac{ul}{\nu}=\frac{3\times0.3}{1.506\times10^{-5}}=59700$$

由于 $Re<10^5$，用式（14-6-7）计算 h_m

从表查得 $D_0=0.22cm^2/s$，由于浓度边界层中空气平均温度 $\frac{15+20}{2}=17.5℃$，经修正后

$$D=D_0\left(\frac{T}{T_0}\right)^{\frac{3}{2}}=0.22\left(\frac{290.5}{273}\right)^{1.5}=0.244cm^2/s=0.088m^2/h$$

计算 Sc 准则：$Sc=\frac{v}{D}=\frac{1.506\times10^{-5}\times3600}{0.088}=0.616$

因此，$Sh=0.664Re^{\frac{1}{2}}Sc^{\frac{1}{3}}=0.664\times59700^{\frac{1}{2}}\times0.616^{\frac{1}{3}}=138.1$

即
$$\frac{h_m l}{D}=138.1$$

$$h_m=\frac{138.1\times0.088}{0.3}=40.5m/h$$

如用类比原理计算 h_m，需要先确定换热系数 h。空气在 20℃时的 $Pr=0.703$，$\lambda=0.0259W/(m\cdot℃)$。按准则关联式

$$Nu=0.664Re^{\frac{1}{2}}Pr^{\frac{1}{3}}=0.664\times59700^{\frac{1}{2}}\times0.703^{\frac{1}{3}}=144.3$$

故
$$h=Nu\frac{\lambda}{l}=144.3\times\frac{0.0259}{0.3}=12.46J/(m^2\cdot s\cdot℃)=44.85kJ/(m^2\cdot h\cdot℃)$$

由于
$$h_m=\frac{h}{c_p\rho}$$

从附录中可查得空气在 20℃时的物性

$$\rho=1.205kg/m^3$$
$$c_p=1.005kJ/(kg\cdot℃)$$

所以

$$h_m=\frac{44.85}{1.205\times1.005}=37.4m/h$$

对空气而言 $Le\neq1$，所以用路易斯关系来计算所得的数据稍偏低，作为近似计算路易斯关系是非常有用的。

水面的蒸发量即质扩散通量 m_w，由于水面 15℃时的水蒸气饱和分压强 $p_1=1704Pa$，故

$$m_w=\frac{h_m}{R_w T}(p_1-p_2)=\frac{40.5}{(8314/18)\times288}(1704-701)=0.305kg/(m^2\cdot h)$$

【例 14-18】 一游泳池宽 6m、长 12m，暴露在 25℃、相对湿度为 50% 的大气环境中，风速为 2m/s。风向与泳池长边方向平行。假设水面与池边在一个水平面上，求每天池水的蒸发量。

【解】 假定：

（1）稳态条件；

（2）水面光滑并忽略空气主流中的湍流效应；

（3）传热、传质比拟条件成立；

（4）自由流中水蒸气可当作理想气体。

物性：（查附录 14-1）空气（25℃）：$\nu=15.7\times10^{-6}\mathrm{m^2/s}$，（附录 14-3）水蒸气—空气（25℃）：$D_{AB}=2.6\times10^{-5}\ \mathrm{m^2/s}$，$Sc=\dfrac{\nu}{D_{AB}}=0.60$，（附录 11-2）饱和水蒸气（25℃）：$\rho_{A,sat}=\nu_g^{-1}=0.0226\mathrm{kg/m^3}$。

$$Re_L=\frac{u_\infty L}{\nu}=\frac{2\mathrm{m/s}\times12\mathrm{m}}{15.7\times10^{-6}\mathrm{m^2/s}}=1.53\times10^6$$

转折点出现在

$$x_c=\frac{Re_{xc}}{Re_L}L=\frac{5\times10^5}{1.53\times10^6}\times12=3.9\mathrm{m}$$

因此，对此层流—湍流混合问题，应采用式（14-6-9）

$$\overline{Sh}_L=(0.037Re_L^{\frac{4}{5}}-870)Sc^{\frac{1}{3}}=[0.037\times(1.53\times10^6)^{\frac{4}{5}}-870]\times(0.60)^{\frac{1}{3}}=2032$$

$$\overline{h}_{m,L}=\overline{Sh}_L\frac{D_{AB}}{L}=2032\times\frac{2.6\times10^{-5}\mathrm{m^2/s}}{12\mathrm{m}}=4.4\times10^{-3}\mathrm{m/s}$$

池水的蒸发速率

$$m_A=\overline{h}_mA(\rho_{A,s}-\rho_{A,\infty})$$

考虑到

$$\varphi_\infty=\frac{\rho_{A,\infty}}{\rho_{A,sat}(T_\infty)}$$

及

$$\rho_{A,s}=\rho_{A,sat}(T_s)$$

$$m_A=\overline{h}_mA[\rho_{A,sat}(T_s)-\varphi_\infty\rho_{A,sat}(T_\infty)]$$

由于 $T_s=T_\infty=25℃$，故

$$m_A=\overline{h}_mA\rho_{A,sat}(25℃)[1-\varphi_\infty]=4.4\times10^{-3}\times72\times0.0226\times(1-0.5)\times86400=309\mathrm{kg/d}$$

说明：实际上，由于蒸发，水面温度会比气温略低。

【例 14-19】在一个大气压下，一股干空气吹过一湿球温度计，达到稳定状态时，湿球温度计的读数为 18.3℃，求空气的干球温度。

【解】在稳定状态下，湿球表面上的水蒸气所需的热量来自热空气对湿表面的对流换热，即由下式能量守恒方程：

$$h(T_\infty-T_s)=rn_{H_2O}$$

式中　r——水的蒸发潜热，J/kg。

由于

$$m_{H_2O}=h_m(\rho_{H_2O,s}-\rho_{H_2O,\infty})$$

可得

$$T_\infty=T_s+r\frac{h_m}{h}(\rho_{H_2O,s}-\rho_{H_2O,\infty})$$

$$\frac{h}{\rho c_pu_\infty}Pr^{\frac{2}{3}}=\frac{h_m}{u_\infty}Sc^{\frac{2}{3}}$$

$$T_\infty=T_s+\frac{r}{\rho c_p}\left(\frac{Pr}{Sc}\right)^{\frac{2}{3}}(\rho_s-\rho_\infty)$$

查附录 11-2，当 $T_s=18℃$时，水蒸气的饱和蒸汽压力 $p_s=2107\mathrm{N/m^2}$，于是

$$\rho_s=\frac{p_sM^*_{H_2O}}{RT_s}=\frac{2107\times18}{8314\times291}=0.0156\mathrm{kg/m^3}$$

$$\rho_\infty=0$$

由于空气干球温度 T_∞ 是待求量，故无法确知定性温度 $T_f\left(=\dfrac{T_s+T_\infty}{2}\right)$，作为估计，设 $T_f=300\mathrm{K}$，查附录 14-1，得

$\rho_a=1.16\text{kg/m}^3$，$c_p=1.007\text{kJ/(kg}\cdot\text{K)}$，$Pr=0.707$，$Sc=0.61$。

此外，$r=2456\text{kJ/kg}$

所以：$T_\infty=18+\dfrac{2456\times10^3\ (0.0156-0)}{1.16\times1007}\times\left(\dfrac{0.71}{0.61}\right)^{\frac{2}{3}}=54.3℃$

$T_f=273+\dfrac{18+54.3}{2}=309\text{K}$。与估计的 T_f 值相差不大，故可认为假设成立，否则以此为新的定性温度，再查表计算出 T_∞，直至收敛。

14.7　空气热湿处理过程计算

自然环境中的空气，一年四季一天二十四小时都在变化，夏季气候炎热潮湿，冬季寒冷干燥。为了创造适宜的室内人工环境，满足房间的要求，因此必须有相应的热质处理设备能对空气进行各种热质处理，包括去湿和加湿、加热和冷却等。本节将专门介绍对空气进行热质处理的主要技术的原理和方法，包括空气与液体表面、空气与固体表面之间的热质交换。本节还着重介绍目前国内外比较流行的独立除湿方法，即利用吸收剂和吸附材料处理空气的机理和方法及其应用系统。

按照空气和液体表面之间的接触形式，可以分为直接接触和间接接触两种类型，直接接触又分为填料式和无填料式两种形式。空气与水直接接触的典型设备是喷淋室和冷却塔，前者是用水来处理空气，后者是用空气来处理水。间接接触的典型设备是表冷器，空气与在盘管内流动的水或者制冷剂之间是间接接触，与冷却盘管表面的冷却水是直接接触。

14.7.1　空气的热湿处理途径

14.7.1.1　空气调节的几个相关概念

为了了解在建筑环境与能源应用工程中的热质交换过程，尤其是对于空气处理过程中的传热传质，我们首先介绍几个相关概念，如空气调节、热舒适性、新风、回风、送风状态点、焓湿图、夏季工况和冬季工况等，以便于对本书后面介绍知识的理解。这些概念在后续的专业课中还会有详细介绍和应用。

所谓空气调节，就是利用冷却、加热或者加湿设备等装置，对空气的温度和湿度进行处理，使之达到人体舒适度的要求。

所谓热舒适性就是人体对周围空气环境的舒适热感觉，在人的活动量和衣着一定的前提下，这主要取决于室内环境参数，如温度、湿度等。国家标准对民用建筑物室内环境参数中温度以及湿度有明确的指导参数，国际上也有相应的热舒适标准，如 ASHRAE 55。

所谓新风，就是从室外引进的新鲜空气，经过热质交换设备处理后送入室内的环境中。新鲜空气可以提供呼吸和燃烧所需要的氧气，调节室温，除去过量的湿气，并可稀释室内污染物，保证人体正常生活与健康的基本需要。新风量大小是衡量室内空气质量的重要参考指标。室内新风量根据二氧化碳的浓度来确定，这是大多数国家使用的基本方法。

空调系统需要的新风主要有两个用途：一是满足室内人员的卫生要求；二是补充室内排风和保持室内正压。前者主要是稀释室内二氧化碳浓度，使其达到允许的标准值；后者通常根据风平衡计算确定。在设计时应按空调房间的使用特点，确定影响室内空气品质的主要因素，然后计算出新风量。显然采用较高的新风量值对室内的空气品质更加有利，但是对空调系统的能量消耗又影响很大。因此，在空调系统设计过程中合理地选用新风量显得尤为重要。这就需要我们在满足卫生要求的前提下，应尽可能减少设计新风量。

所谓回风，就是从室内引出的空气，经过热质交换设备的处理再送回室内的环境中。通常回风是将从房间回风口吸走的空气的一部分送入空调箱，与新风混合后，进行空气处理再送入房间。回风量应该等于系统总送风量减去系统的新风量。

湿空气焓湿图：把描述湿空气状态参数及其变化过程的特性，绘制在以焓值为纵坐标、以含湿量为横坐标的图线称为焓湿图。主要的线条有等焓线、等含湿量线、等温线、等相对湿度线以及水蒸气分压力线等。在焓湿图上能够定量表示湿空气的状态点以及湿空气的处理过程，是对空气进行热质处理设计计算的重要图线。它在工程热力学课程中已有介绍，在后续的空调课程中也会有应用，为便于对本书的理解，其图详见湿空气焓湿图。

送风状态点：指的是为了消除室内的余热余湿，以保持室内空气环境要求，送入房间的空气的状态。当送入房间的空气吸收室内的余热和余湿后，其状态也由送风状态点变为原来的室内状态点，然后多余的室内空气再排出室外，从而保证了室内空气环境为所要求的状态。

夏季室内设计工况：根据我国《民用建筑供暖通风与空气调节设计规范》，舒适性空调室内计算参数为：温度 24～28℃；相对湿度 40%～65%；风速不应大于 0.3m/s。

冬季室内设计工况：根据我国《民用建筑供暖通风与空气调节设计规范》，舒适性空调室内计算参数为：温度 l8～22℃；相对湿度 40%～60%；风速不应大于 0.2m/s。

分压力是假定混合气体中组成气体单独存在，并且与混合气体相同的温度及容积时的压力。在空调中，湿空气中水蒸气分压力表示了水分子的多少，是个非常重要的概念。

14.7.1.2　空气热湿处理的原理和方案

由湿空气的焓湿图可见，在空调系统中，为得到同一送风状态点，可能有不同的处理途径。

以完全使用室外新风的空调系统（直流式系统）为例，一般夏季需对室外空气进行冷却减湿处理，而冬季则需加热加湿，然而具体到将夏、冬季分别为 W、W'点的室外空气如何处理到送风状态点 O，则可能有如图 14-7-1 所示的多种空气处理方案。表 14-7-1 是对这些空气处理方案的简要说明。

表 14-7-1 中列举的各种空气处理途径都是一些简单空气处理过程的组合。由此可见，可以通过不同的途径，即采用不同的空气处理方案，得到同一种送风状态。至于究竟采用哪种途径，则需结合冷源、热源、材料、设备等条件，经过技术经济分析比较才能确定。

下面对其夏季、冬季设计工况下空气热湿处理的典型途径与方案进行简要分析。

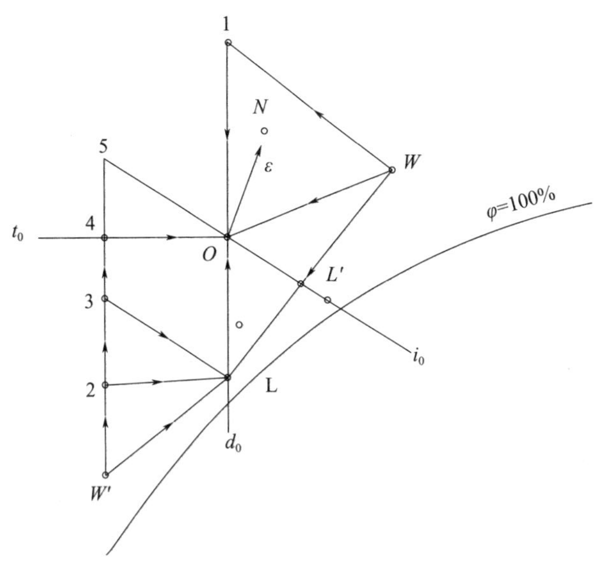

图 14-7-1　空气处理的各种途径

表 14-7-1　空气处理各种途径的方案说明

季节	空气处理途径	处理方案说明
夏季	(1) $W \to L \to O$	(1) 喷淋室喷冷水（或用表面冷却器）冷却减湿→加热器再热
	(2) $W \to 1 \to O$	(2) 固体吸湿剂减湿→表面冷却器等湿冷却
	(3) $W \to O$	(3) 液体吸湿剂减湿冷却

续表

季节	空气处理途径	处理方案说明
冬季	(1) $W'\to 2\to L\to O$ (2) $W'\to 3\to L\to O$ (3) $W'\to 4\to O$ (4) $W'\to L\to O$ (5) $W'\to 5\to \frac{L'}{5}\to O$	(1) 加热器预热→喷蒸汽加湿→加热器再热 (2) 加热器预热→喷淋室绝热加湿→加热器再热 (3) 加热器预热→喷蒸汽加湿 (4) 喷淋室喷热水加热加湿→加热器再热 (5) 加热器预热→一部分喷淋室绝热加湿→与另一部未加湿的空气混合

1. 夏季空气热湿处理途径与方案

(1) $W\to L\to O$

这一空气热湿处理方案系由冷却干燥（$W\to L$）和干加热（$L\to O$）这两个基本过程组合而成。通常使用喷淋室或表冷器对夏季 W 状态的热湿空气进行冷却干燥处理，使之变成接近饱和的 L 状态，再经各种空气加热器等湿升温，可获得所需的送风状态 O。

冷却干燥往往是夏季空调的必要处理过程。由于冷媒水温要求较低，通常需要使用人工冷源，相应的设备投资与能耗也就更大些。若是采用喷淋室处理空气，有望获得较高卫生标准和较宽的处理范围，有利于充分利用循环水喷淋措施，一体地经济地解决冬季的加湿问题；如果采用表冷器，则可使处理设备趋于紧凑，且具有上马快、使用管理方便等优点。二者均能适应对环境参数的较高调控要求，在工程中均有应用。

当空调送风状态 O 要求比较严格时，常需借助再加热器来调整送风温度，这势必造成冷、热量的相互抵消，由此导致能量的无益消耗乃是该方案固有的一大弊病。

(2) $W\to 1\to O$

该处理方案由一个等焓减湿（$W\to 1$）和一个干冷却（$1\to O$）过程所组成。如前所述，使用固体吸湿剂处理空气即可近似呈等焓减湿变化。由于空气在减湿同时温度升高，故欲达到送风参数要求，再考虑一后续冷却处理是完全必要的。

这一方案需要增设固体吸湿装置，这可能对初投资和运行管理带来不利。它和第 1 方案比较，不存在前者固有的冷热抵消的能量浪费。再则，由于后续干冷过程允许冷媒温度较高，可使制冷设备容量大幅减小，乃至完全取消人工制冷，从而为蒸发冷却等自然能利用技术的应用提供用武之地。

(3) $W\to O$

该处理方案以一个基本的热湿处理过程，从新风状态 W 直接获得空调所需之低温低湿的送风状态 O。由于技术上诸多苛求，常规的处理设备已经无能为力，只有借助使用液体吸湿剂的减湿装置来实现。乍一看，这一处理方案似乎相当简便，一般无需使用人工冷源，能量消耗减少且利用也更趋合理。但是，液体减湿系统本身较为复杂，在初投资与运行管理等方面往往存在着诸多不利，故工程中的应用远不如第 1 方案广泛。

2. 冬季空气热湿处理途径与方案

(1) $W'\to 2\to L\to O$

该处理方案由三个基本过程所组成：对于冬季 W' 状态低温低湿的室外空气，通过一个预热（$W'\to 2$）过程使之升温，接着利用一个近于等温的加湿（$2\to L$）过程，使其满足送风含湿量要求，最后再以空气加热器加热（$L\to O$），从而获得所需之送风状态 O。

这一方案中 $2\to L$ 的加湿过程通常采用喷蒸汽的方法。这对于夏季已确定使用表冷器处理空气的空调系统来说，应该是一种必然的选择。尤其当空气加热也是采用蒸汽做热媒时，这就更便于解决热、湿媒体的一体供应。不过，也应注意，使用蒸汽处理空气难免产生异味，这有可能影响到送风的卫生标准。

(2) $W'\to 3\to L\to O$

该处理方案与第 2 方案相似，均含有新风预热（$W'\to 3$）和再加热（$L\to O$）过程，不同之处在于利用经济的绝热加湿（$3\to L$）来取代喷蒸汽加湿，为此尚需加大前面预热过程的加热量。

对于夏季使用喷淋室处理空气的空调系统来说，冬季可充分利用同一设备对空气做循环水喷淋处理，从而获得既改善空气品质又实现经济、节能运行等效益，故采用这一方案当属明智的选择。

(3) $W'\to 4\to O$

该处理方案也只包括两个基本过程，即新风预热（$W'\to 4$）和喷蒸汽加湿（$4\to O$）。它与第 2 方案的区别在于取消了二次再加热过程，而由新风预热集中解决送风需要的温升，由此可望获得设备投资的节省。后续的喷蒸汽加湿过程除存在异味影响，其加湿量的调节、控制往往也更难处理好。

(4) $W'\to L\to O$

该热湿处理方案只含两个基本处理过程，即采用热水喷淋的加热加湿（$W'\to L$）加上一个后续加热（$L\to O$）过程来实现空调送风状态 O。

这一方案实施的前提是夏季处理方案中已确定使用喷淋室。在某些地区，若是冬季可以获得温度相对于室外气温要高很多的自来水或深井水，用以喷淋处理空气在技术、经济上都应是颇为合理的；反之，如需特别增设人工热源来提供热水，则很可能会给初投资和运行等带来不利。

(5) $W'\to 5\to \frac{L'}{5}\to O$

该处理方案在新风预热（$W'\to 5$）和循环水喷淋（$5\to L'$）这两个基本过程的基础上，再增加一个两种不同状态空气的混合（$\frac{L'}{5}\to O$）。

这一方案在加热过程的处理上与第 4 方案是一致的；从喷水处理设备看则与第 3 方案有所不同，需要使用一种带旁通道的喷淋室。使用这种特殊形式的喷淋室可以得到两种不同状态（L'和 5）的空气，通过调节二者的混合比即可方便地获得所需的送风状态 O。不过，喷淋室增设旁通道将导致空气处理箱断面增大，这可能增加设备布置等方面的困难。

最后需要指出，尽管上述 5 个方案中空气处理的途径各有不同，但从冬季总的耗热量来看都是相同的。只不过这些热量在各个加热、加湿环节中的分配比例有所差异而已。当这些热量相对集中地用于某些环节时，或许有可能取消某种设备，进而简化处理过程，但同时也应权衡由于设备容量及介质流通阻力增大而在设备占用空间与介质输送能耗等方面可能带来的不利。

14.7.1.3 空气热湿处理设备及其分类

如上述分析可知，在夏季工况和冬季工况下，实现不同的空气处理过程需要不同的空气处理设备，如空气的加热、冷却、加湿、减湿设备等。有时，一种空气处理设备能同时实现空气的加热加湿、冷却干燥或者升温干燥等过程。

尽管空气的热质处理设备名目繁多，构造多样，然而它们大多是使空气与其他介质进行热、质交换的设备。经常被用来与空气进行热质交换的介质有水、水蒸气、冰、各种盐类及其水溶液、制冷剂及其他物质。

根据各种热质交换设备的特点不同可将它们分成两大类：混合式热质交换设备和间壁式热质交换设备。前者包括喷淋室、蒸汽加湿器、局部补充加湿装置以及使用液体吸湿剂的装置等；后者包括各种形式的空气加热器及空气冷却器等。

第一类热质交换设备的特点是，与空气进行热质交换的介质直接与空气接触，通常是使被处理的空气流过热质交换介质表面，通过含有热质交换介质的填料层或将热质交换介质喷洒到空气中去。后者形成具有各种分散度液滴的空间，使液滴与流过的空气直接接触。

第二类热质交换设备的特点是，与空气进行热质交换的介质不与空气接触，二者之间的热质交换是通过分隔壁面进行的。根据热质交换介质的温度不同，壁面的空气侧可能产生水膜（湿表面），也可能不产生水膜（干表面）。分隔壁面有平表面和带肋表面两种。

有的空气处理设备，如喷水式表面冷却器，则兼有上述这两类设备的特点。各种热质交换设备的形式与结构及其热工计算方法可详见第 16 章。

14.7.2　空气与固体表面之间的热湿交换

冷却降湿是将空气冷却到露点温度以下，从而将其中的水蒸气去除的方法。它包括喷淋室除湿、表冷器除湿和蒸发器盘管除湿等。空调工程中，常用表面式空气冷却器来冷却、干燥空气。

图 14-7-2 表示湿空气通过盘管的情况，并在图上表示冷却除湿空气状态的变化图中，A 点表示被盘管冷却的入口空气状态，在入口附近，空气被盘管冷却，但还未达到该空气的露点温度，因此降低了空气的温度，而含湿量 d 不发生变化，过程线是 AB。当空气接近盘管出口时，盘管表面温度低于空气的露点温度，空气中有水分冷凝析出，空气被除湿。盘管出口的表面温度为 t_D，出口空气以 C 的状态离开盘管。含湿量从 d_A 下降到 d_C 的位置随盘管的结构和旁通因素等而变化。因此，冷却除湿的除湿临界值是与盘管出口的表面温度和盘管的结构等有关。

除湿后的空气接近饱和状态，在盘管出口处的相对湿度约为 80%～100%，温度较低，如果直接送入室内，会引起室内人员的冷吹风感。所以必须将冷却除湿后的空气加热到适合的温度后再送入房间。这一过程如图 14-7-2（b）中 CE 所示，这种先冷却后加热的过程会造成能源的浪费。为此，在冷却除湿方法中通常利用冷冻机本身的排热作为再热资源，或设置利用处理空气本身进行再热的热回收装置，以减少冷冻机所消耗的能量。

空气只有冷却到露点温度以下才能进行除湿。被处理空气的末状态含湿量越小，所要求的露点温度就越低，冷冻机的冷却效率也越差。当冷却机的容量一定时，要求空气除湿后的露点温度越低，制冷机的出力越低，除湿量就越少。所以当被处理空气的温、湿度高时，除湿效率较高；温、湿度低时，效率变低。这是冷却除湿的特征。

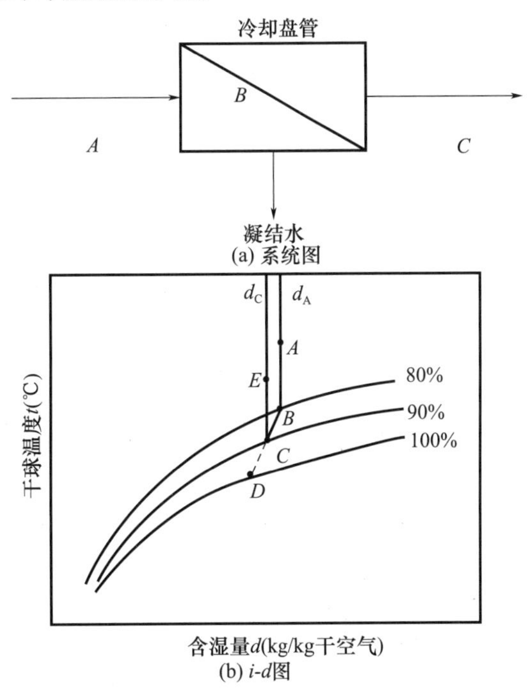

图 14-7-2　冷却除湿原理

14.7.2.1　湿空气在冷表面上的冷却降湿过程

在任何情况下，热量（显热）总是由高温位传向低温位，物质总是由高分压相传向低分压相。温度高低是传热方向的判据，分压力大小是传质方向的判据。气体中水汽分压的最大值为同温度下水的饱和蒸汽压，此时的空气称为饱和空气。可见，只要空气中含水汽未饱和（不饱和空气），该空气与同温度的水接触其传质方向必由水到空气。

空调工程中常见的通过金属冷壁面冷却湿空气以除掉湿分，使得空气侧壁面上出现水蒸气冷凝液在重力作用下的流动（见图 14-7-3）。冷凝液膜相当于一个半渗透膜，气相内的水分凝结，在液相表面聚集。由于液相的温度低于气相的露点温度，因此气液相界面上饱和蒸汽的浓度低于空气主流的蒸汽浓度，从空气主流的浓度 C_G 降为 C_i。湿空气的含湿量也从主流的 d_G 变为界面上的 d_i。整个问题将是金属壁面的传热过程，并在湿空气侧成为分压力 p_i 下过热（t_G-t_i）的水蒸气沿壁面被冷凝和移动着的相界外侧湿空气非等温流动情况下的传热传质的复合问题。图 14-7-3 表示了冷壁面附近湿空气的温度和含湿量的变化趋势。

如图 14-7-4 所示，湿空气进入冷却器内由于空气冷却器的外表面温度低于湿空气的干球温度，所以湿空气要向外表面放热。当冷却器表面温度低于湿空气的露点温度，水蒸气就要凝结，从而在冷却器表面形成一层流动的水膜。两者之间要进行热质交换，也就是说既有显热交换，又有潜热交换，其传热传质过程同时进行，相互影响，质量的传递促使热量的迁移，与此同时，热量的迁移又会强化水膜表面的蒸发和凝结。紧靠水膜处为湿空气的边界层，这时可以认为与水膜相邻的饱和空气层的温度与冷却器表面上的水膜温度近似相等。因此，空气的主体部分与冷却器表面的热交换是由于空气的主流与凝结水膜之间的温差（$t-t_i$）而产生的，如果边界层内空气温度高于主体空气温度，则由边界层向周围空气传热；反之，则由主体空气向边界层传热。质交换则是由于空气主流与凝结水膜相邻的饱和空气层中的水蒸气的分压力差，即含湿量差（$d-d_i$）而引起的。如果边界层内水蒸气分压力大于主体空气的水蒸气分压力，则水蒸气分子将由边界层向主体空气迁移；反之，则水蒸气分子将由主体空气向边界层迁移。

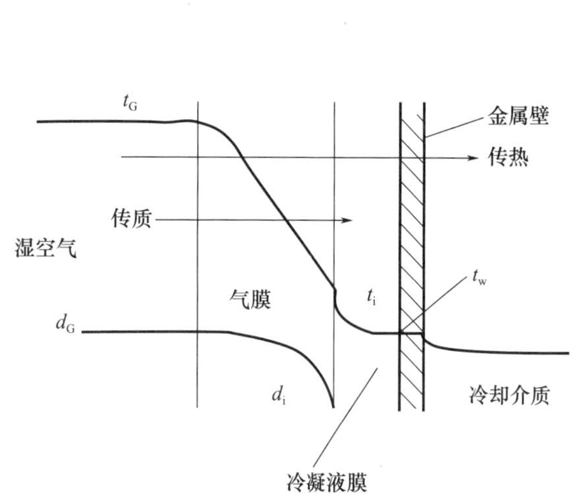

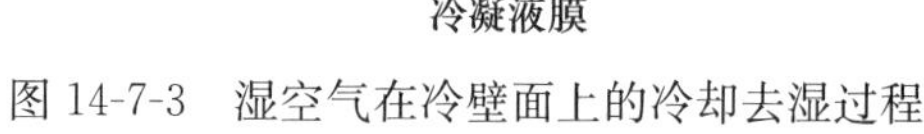

图 14-7-3　湿空气在冷壁面上的冷却去湿过程

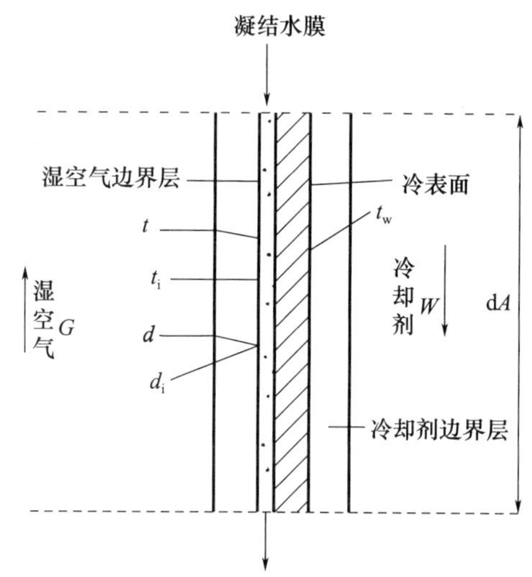

图 14-7-4　湿空气的冷却与降湿

如图 14-7-4 所示，湿空气和水膜在无限小的微元面积 $\mathrm{d}A$ 上接触时，则空气温度变化为 $\mathrm{d}t$，含湿量变化为 $\mathrm{d}d$。

热、质交换量可用下列两方程来表示

$$\mathrm{d}Gc_p\mathrm{d}t=h(t-t_i)\mathrm{d}A \tag{14-7-1}$$

$$G\mathrm{d}d=h_{md}(d-d_i)\mathrm{d}A \tag{14-7-2}$$

式中　G——湿空气的质量流量，kg/s；

d、d_i——湿空气主流和紧靠水膜饱和空气的含湿量，kg/kg 干空气；

t、t_i——湿空气主流和凝结水膜的温度,℃；

h——湿空气侧的换热系数，W/(m^2·K)；

h_{md}——以含湿量为基准的传质系数，kg/(m^2·s)。

假定水膜和金属表面的热阻可不计，则单位面积上冷却剂的传热量为

$$h_w(t_i-t_w)=Wc_w\frac{\mathrm{d}t_w}{\mathrm{d}A} \tag{14-7-3}$$

式中　h_w——冷却剂侧的对流换热系数，W/(m² · ℃)；

t_w——冷却剂侧的主流温度，℃；

c_w——冷却剂的比热容，J/(kg · ℃)；

W——冷却剂的质量流量，kg/s。

根据热平衡原理，可得

$$h_w(t_i-t_w)=h(t-t_i)+h_{md}(d-d_i)r$$
$$=h_{md}\left[\frac{hc_p(t-t_i)}{h_{md}c_p}+(d-d_i)r\right] \quad (14\text{-}7\text{-}4)$$

对于水—空气系统，根据路易斯关系式$\frac{h}{h_{md}c_p}=1$，上式改写为

$$h_w(t_i-t_w)=h_{md}[c_p(t-t_i)+(d-d_i)r]$$
$$=h_{md}(i-i_i) \quad (14\text{-}7\text{-}5)$$

式中　i、i_i——湿空气主流与边界层饱和空气比焓，kJ/kg。

上式通常称为麦凯尔（Merkel）方程式，它清楚地说明湿空气在冷却表面进行冷却降湿过程中，湿空气主流与紧靠水膜饱和空气的焓差是湿空气与水膜表面之间热、质交换的推动势，而不是温差，因而，空气冷却器的冷却能力与湿空气的比焓值有直接的关系，或者说直接受湿空气湿球温度的影响。其在单位时间内、单位面积上的总传热量可近似地用传质系数 h_{md}与焓差驱动 Δi 的乘积来表示。

根据热平衡原理，对于空气侧，有

$$G\mathrm{d}i=h_{md}(i-i_i)\mathrm{d}A \quad (14\text{-}7\text{-}6)$$

将式（14-7-6）除以式（14-7-1），得到

$$\frac{\mathrm{d}i}{\mathrm{d}t}=\frac{i-i_i}{t-t_i} \quad (14\text{-}7\text{-}7)$$

这就是湿空气在冷却降湿过程中的过程线斜率。

由式（14-7-5）可得

$$\frac{i_i-i}{t_i-t_w}=-\frac{h_w}{h_{md}}=-\frac{h_wc_p}{h} \quad (14\text{-}7\text{-}8)$$

这就是连接点$(i,\ t_w)$与$(i_i,\ t_i)$的连接线斜率。此式说明当空气冷却器结构确定后，已知空气和冷却剂流速，$-h_w/h_{md}$就为定值，显然当 t_w 一定时，表面温度 t_i 仅与空气进口的焓有关。

由式（14-7-3）、（14-7-5）与（14-7-6）得

$$\frac{\mathrm{d}i}{\mathrm{d}t_w}=\frac{Wc_w}{G} \quad (14\text{-}7\text{-}9)$$

这是表示 i 与 t_w 之间关系的工作线斜率。

在空气调节中，经常需要确定湿空气的状态及其变化过程。为了直观地描述湿空气的状态变化过程，可以利用湿空气的 i-t 图，图中纵坐标是湿空气的焓 i [kJ/kg（干空气）]；横坐标是温度 t（℃）。根据式（14-7-7）～（14-7-9）能确定过程线、连接线和工作线的斜率，使我们在 i-t 图上做出湿空气在空气冷却器冷却降湿过程中的温度与焓的变化曲线。

图 14-7-5 是一个典型的水—空气系统的 i-t 图。图中分布有几条曲线，包括饱和线、工作线和过程线。在焓温图上，我们将根据已知的有关参数和曲线，描绘出湿空气从进口到出口的状态变化过程即过程线。其中 PQ 为饱和线，表示冷表面上饱和空气的状态，表 14-7-2 列出了常压下 PQ 线上不同温度点对应的饱和湿空气的焓值及其斜率 E 点的坐标为$(t_1,\ i_1)$为湿空气进口的状态点，点 M 为湿空气出空气冷却器的状态点，则曲线 EM 即为湿空气在冷却降湿过程中的过程线。图中 B 点的坐标为$(t_{w1},\ i_1)$，因此当表冷器有关参数和湿空气进口状态确定后，B 点也就确定了。过 B 点作斜率为 Wc_w/G 的工作线，再过 B 点作斜率为$-h_w/h_{md}$的直线，交饱和线 PQ 于点 C，则 C 点的坐标为$(t_i,\ i_i)$，为空气冷却器边界层状态点，表面温度仅与空气进口的焓有关，BC 线称为连接

线。连接 E、C 两点，由式（14-7-7）可知，直线 EC 就是过程线在初始点 E 上的切线，切线确定后就确定了从 E 点的变化趋势。在焓方向上给予一个微小的变量，作与 BE 平行的虚线。虚线与切线 CE 交于过程点 F，与工作线交于 B' 点。过 B' 做连接线的平行线与饱和线交于 C'。连接 $C'F$，$C'F$ 即为过程线在 F 上的切线。以此递推，即可得到过程线 EM，对应湿空气的出口状态一般很接近饱和状态。E、Q 点的温度分别为入口空气的干、湿球温度，M 点为湿空气出口的干球温度，与湿球温度非常接近。过 M 点与工作线相交得到 A 点，为空气冷却器冷却剂侧主流入口状态点。

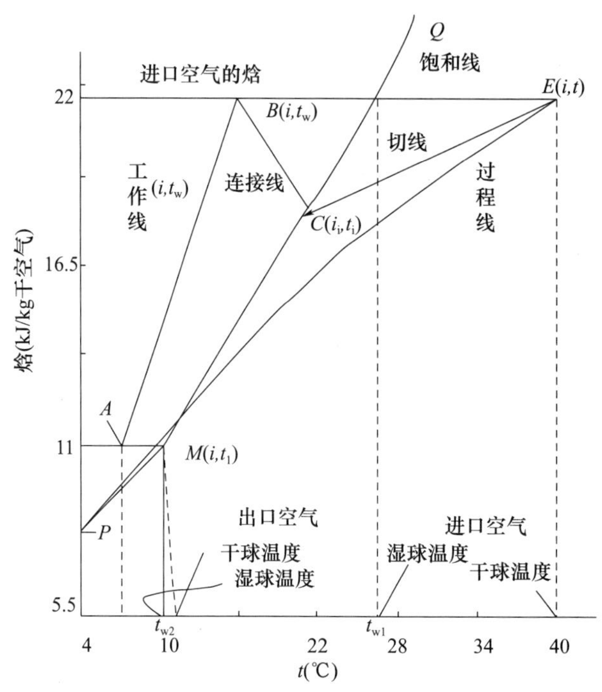

图 14-7-5　麦凯尔方程所表示的湿空气冷却降湿过程

表 14-7-2　常压下饱和湿空气的焓值及其在饱和曲线上的斜率

t（℃）	i（kJ/kg）	di/dt［kJ/（kg·℃）］
4.4	35.418	1.900
7.2	41.027	2.122
10.0	47.210	2.332
12.8	53.999	2.579
15.6	61.409	2.863
18.3	69.906	3.194
21.1	79.274	3.579
23.9	85.135	4.019
26.7	101.598	4.529
29.4	114.948	5.124
32.2	130.063	5.814
35.0	147.247	6.614
37.8	166.791	7.543
40.6	189.153	8.627
43.3	214.733	9.896
46.1	244.123	11.386

续表

t (℃)	i (kJ/kg)	di/dt [kJ/(kg·℃)]
48.9	277.984	13.144
51.7	317.190	15.237
54.4	362.537	17.791

图 14-7-5 并未给出需要的冷却表面积、出口空气的含湿量及凝结水的量，但这些值可根据出口湿蒸汽的状态求得。因为知道湿空气的干、湿球温度就可求得其含湿量，再通过质量平衡，即可求出凝结水的量。所需要的冷却面积可从式（14-7-6）求得

$$A=\frac{G}{h_{\mathrm{md}}}\int\frac{\mathrm{d}i}{i-i_{\mathrm{i}}}\tag{14-7-10}$$

14.7.2.2　湿空气在肋片上的冷却降湿过程

表面式空气冷却器往往采用肋片这种扩展换热面的形式来强化冷却降湿过程中的热、质交换。肋片有直肋和环肋两类，直肋和环肋又都可分为等截面和变截面。

从平直基面上伸出而本身又不具备变截面的肋称为等截面直肋，其中典型的是如图 14-7-6 所示的矩形直肋。下面以等截面直肋为例来分析湿空气在肋片上的冷却降湿过程，当用表面式冷却器冷却空气，首先是贴近肋片管表面的空气受到急剧冷却（此时空气中含湿量不变），然后空气达到饱和。其中的水蒸气被凝结析出，形成一层水膜附在片管上。随着水蒸气凝结量的增大，无数的小水珠结成大水滴下降，使空气降湿冷却。表面式冷却器是否有冷凝水产生，主要取决于管内冷媒的温度和空气进入表面冷却器的状态。表面冷却器中由于存在减湿的可能性，所以在有冷凝水的热、湿交换过程中，其全热交换（包括显热和潜热交换）比显热交换量要多。就是说，表面冷却器表面存在湿润现象。

为了使问题简化起见，下面讨论如图 14-7-7 所示的等截面直杆肋片，且假定：

(1) 热、质传递过程是稳态的，即热质交换量总是平衡的；

(2) 肋片的导热系数、肋根温度 $t_{\mathrm{F,B}}$ 均为定值；

(3) 金属肋片只有 x 方向的导热，肋片外的水膜只有 y 方向的导热。

对于离肋根 x 处分割出的长度为 $\mathrm{d}x$ 的微元体，金属肋片在 x 方向的导热量为

$$q_{\mathrm{F}}=2\lambda_{\mathrm{F}}y_{\mathrm{F}}\frac{\mathrm{d}t_{\mathrm{F}}}{\mathrm{d}x}\tag{14-7-11}$$

式中　λ_{F}、y_{F}——肋片的导热系数与肋片厚度，且下标 F 指金属肋片。

在 $\mathrm{d}x$ 的微元体上，凝结水膜与肋片的传热量为

$$\mathrm{d}q_{\mathrm{F}}=-2\frac{\lambda_{\mathrm{w}}}{y_{\mathrm{w}}}(t_{\mathrm{w}}-t_{\mathrm{F}})\mathrm{d}x\tag{14-7-12}$$

式中　λ_{w}、y_{w}——水膜的导热系数与水膜厚度，而下标 w 表示水膜。

在空调温度范围内，为了简化计算过程，饱和空气的焓可近似用下式表示为

$$i_{\mathrm{w}}=a_{\mathrm{w}}+b_{\mathrm{w}}t_{\mathrm{w}}\tag{14-7-13}$$

式中　a_{w}、b_{w}——计算空气焓的简化系数。

将式（14-7-13）代入式（14-7-12），可得

$$\mathrm{d}q_{\mathrm{F}}=-\frac{2\lambda_{\mathrm{w}}}{b_{\mathrm{w}}y_{\mathrm{w}}}(i_{\mathrm{w}}-i_{\mathrm{F}})\mathrm{d}x\tag{14-7-14}$$

在 $\mathrm{d}x$ 的微元体上，湿空气和水膜的总传热量为

$$\mathrm{d}q_{\mathrm{F}}=-2h_{\mathrm{md}}(i-i_{\mathrm{w}})\mathrm{d}x=\frac{-2h}{c_p}(i-i_{\mathrm{w}})\mathrm{d}x\tag{14-7-15}$$

式中　h_{md}——传质系数；

h——湿空气侧的换热系数。

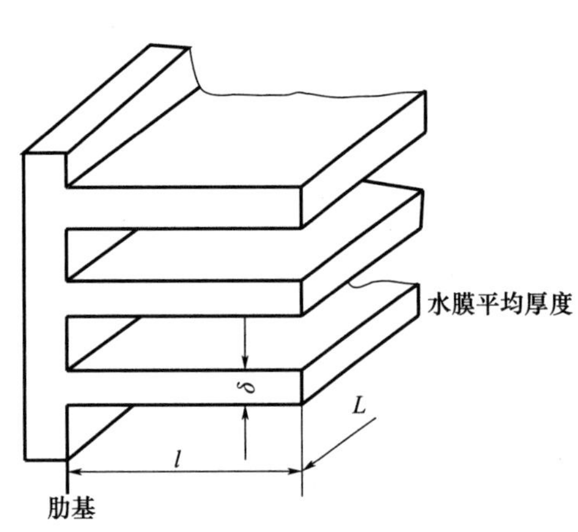

图 14-7-6　等截面直肋

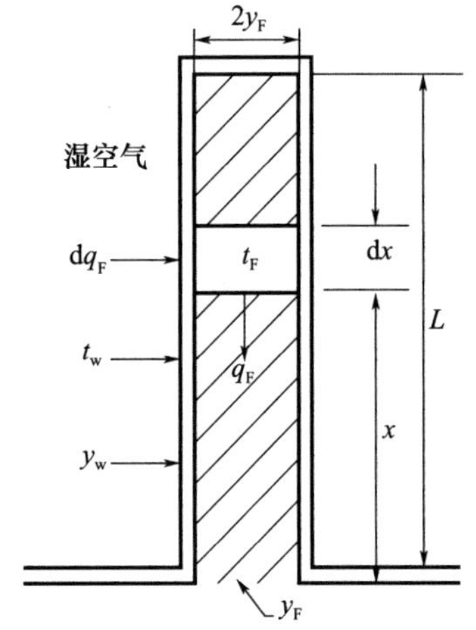

图 14-7-7　湿空气在肋片上的冷却降湿过程

由式（14-7-14）、（14-7-15），可得

$$i_{\mathrm{w}}-i_{\mathrm{F}}=\frac{-\mathrm{d}q_{\mathrm{F}}}{\mathrm{d}x}\frac{b_{\mathrm{w}}y_{\mathrm{w}}}{2\lambda_{\mathrm{w}}} \tag{14-7-16}$$

$$i-i_{\mathrm{w}}=\frac{-\mathrm{d}q_{\mathrm{F}}}{\mathrm{d}x}\frac{c_p}{2h} \tag{14-7-17}$$

式（14-7-16）与（14-7-17）相加，可得

$$i-i_{\mathrm{F}}=-\frac{b_{\mathrm{w}}\mathrm{d}q_{\mathrm{F}}}{2\mathrm{d}x}\left(\frac{y_{\mathrm{w}}}{\lambda_{\mathrm{w}}}+\frac{c_p}{b_{\mathrm{w}}h}\right) \tag{14-7-18}$$

令$\left(\frac{y_{\mathrm{w}}}{\lambda_{\mathrm{w}}}+\frac{c_p}{b_{\mathrm{w}}h}\right)=\frac{1}{h}$，上式可变为

$$\mathrm{d}q_{\mathrm{F}}=-\frac{2h_{\mathrm{D}}}{b_{\mathrm{w}}}(i-i_{\mathrm{F}})\mathrm{d}x=-\frac{2h_{\mathrm{D}}}{b_{\mathrm{w}}}\Delta i_{\mathrm{F}}\mathrm{d}x \tag{14-7-19}$$

由式（14-7-11）可得

$$q_{\mathrm{F}}=\frac{2\lambda_{\mathrm{F}}y_{\mathrm{F}}}{b_{\mathrm{w}}}\frac{\mathrm{d}i_{\mathrm{F}}}{\mathrm{d}x}=\frac{-2\lambda_{\mathrm{F}}y_{\mathrm{F}}}{b_{\mathrm{w}}}\frac{\mathrm{d}\Delta i_{\mathrm{F}}}{\mathrm{d}x} \tag{14-7-20}$$

由式（14-7-19）、（14-7-20）可得

$$\frac{\mathrm{d}^2\Delta i_{\mathrm{F}}}{\mathrm{d}x^2}=\frac{h_{\mathrm{D}}}{\lambda_{\mathrm{F}}y_{\mathrm{F}}}\Delta i_{\mathrm{F}} \tag{14-7-21}$$

上式的边界条件为

$$x=0,\quad \Delta i_{\mathrm{F}}=\Delta i_{\mathrm{F,B}}$$

$$x=L,\quad \frac{\mathrm{d}\Delta i_{\mathrm{F}}}{\mathrm{d}x}=0$$

通常引入一个肋片效率 Φ_{w} 来表示肋片换热的有效程度。

$$\Phi_{\mathrm{w}}=\frac{i-i_{\mathrm{F,m}}}{i-i_{\mathrm{F,B}}}=\frac{\Delta i_{\mathrm{F,m}}}{\Delta i_{\mathrm{F,B}}} \tag{14-7-22}$$

式中　$i_{\mathrm{F,m}}$、$i_{\mathrm{F,B}}$——温度为肋片平均温度 $t_{\mathrm{F,m}}$ 与肋根温度 $t_{\mathrm{F,B}}$ 所对应的饱和湿空气的焓。

由式（14-7-21）的解可得

$$\Phi_{\mathrm{w}}=\frac{\tanh pL}{pL} \tag{14-7-23}$$

式中 $p=\sqrt{\frac{h_{\mathrm{D}}}{\lambda_{\mathrm{F}}y_{\mathrm{F}}}}$。

通过上述的分析计算，可以发现湿肋的肋效率与干肋的肋效率具有完全相同的形式，因此在计算湿肋的肋效率时，就可借鉴干肋的肋效率的有关数值与图表，所不同的是要用 h_m 来代替 h。式中的肋片形状参数改为 $p=\sqrt{\frac{h_D}{\lambda_F y_F}}$，其中，$h_D$ 为肋片表面的空气侧的折算放热系数［W/(m^2・K)］。它取决于空气侧的放热工况。

14.7.3　空气与水直接接触时的热湿交换

空气与水直接接触热质交换现象在生产应用的许多领域都常见到。石油化工、电力生产等工业过程的冷却塔、蒸发式冷凝器等冷却设备，民用和工业用空调系统中的喷淋室、蒸发冷却空调器，食品行业的冷却干燥过程，农业工程领域的真空预冷、湿帘降温和湿冷保鲜技术等都大量遇到空气与水的直接接触热质交换情况。由于空气与水直接接触热质交换应用极其广泛而引起了人们的高度重视，近二十多年来、围绕空气与水之间在多种情形下的传热传质，国内外学者在理论与实验方面开展了大量的研究工作，推动着该项技术的进展和应用。

气液之间传热传质的理论基础是 1904 年 Nernst 提出的薄膜理论和 1924 年 White-man 在 Nernst 的薄膜理论上提出的双膜理论。目前的研究大致可分为两类：一类是半理论研究，即首先建立反映过程特征的理论模型，推导出一系列含有经验系数的公式，根据实验确定出模型中的有关系数，得出模型公式的数值解或分析解。常用的理论研究方法，一是利用建立在动显、能量和质量守恒定律基础上的 N－S 方程、能量方程和浓度方程结合边界层理论进行解析解、近似解析解和数值解；二是应用不可逆热力学理论建立能反映实际过程的质量守恒方程、能量守恒方程和熵守恒方程，再结合试验得出的经验关系式求出过程的解析解；三是根据热质交换过程的 Merkel 理论，即认为在一微元体内，水膜界面饱和空气和主流空气的焓差是构成空气与水之间传热传质的推动力，从而利用能量分析方法，得出一组方程式并求出其解析解和数值解。另一类是实验研究，即针对某一特定设备或设备中的交换过程进行实验，然后对实验数据进行分析处理，得出一些实验结果拟合公式或多元回归公式。理论研究结果能反映出热湿交换过程的物理本质，不足之处是方程式复杂；实验研究结果得出的公式简单，但只适用于某一特定情形，应用受到局限。

由于水与空气直接接触热质交换过程影响因素很多，目前的实验研究存在实验范围有限，由实验数据进行回归处理得出的关系式的应用范围有限等不足，理论研究也存在建立的模型或公式要么计算复杂不宜工程应用，要么是针对某一特定设备或过程分析推导出来而通用性有限等问题。

14.7.3.1　热湿交换原理

空气与水直接接触时，根据水温的不同，可能仅发生显热交换，也可能既有显热交换又有潜热交换，即发生热交换的同时伴有质交换（湿交换）。

显热交换是空气与水之间存在温差时，由导热、对流和辐射作用而引起的换热结果。潜热交换是空气中的水蒸气凝结（或蒸发）而放出（或吸收）汽化潜热的结果。总热交换是显热交换和潜热交换的代数和。

根据热质交换理论可知，如图 14-7-8 所示。当空气与敞开水面接触时，由于水分子做不规则运动的结果，在贴近水表面处存在一个温度等于水表面温度的饱和空气边界层，而且边界层的水蒸气分压力取决于水表面温度。在边界层周围，水蒸气分子仍做不规则运动，结果经常有一部分水分子进入边界层，同时也有一部分水蒸气分子离开边界层进入空气中。空气与水之间的热湿交换和远离边界层的空气（主体空气）与边界层内饱和空气间温差及水蒸气分压力差的大小有关。

如果边界层内空气温度高于主体空气温度，则由边界层向周围空气传热；反之，则由主体空气向边界层传热。

如果边界层内水蒸气分压力大于主体空气的水蒸气分压力，则水蒸气分子将由边界层向主体空气迁移；反之，则水蒸气分子将由主体空气向边界层迁移。所谓“蒸发”与“凝结现象”就是这种水蒸气分子迁移的结果。在蒸发过程中，边界层中减少了的水蒸气分子又由水面跃出的水分子补充；在凝结过程中，边界层中过多的水蒸气分子将回到水面。

另以水滴为例，如图 14-7-9 所示，由于水滴表面的蒸发作用，在水滴表面形成一层饱和空气薄层。不论是空气中的水分子，还是水滴表面饱和空气层中的水分子，都在做不规则运动。空气中的水分子有的进入饱和空气层中，饱和空气层中的水分子有的也跳到空气层中去。若饱和空气层中水蒸气压力大于空气中的水蒸气压力，由饱和空气层跳进空气中的水分子，就多于由空气跳进饱和空气层中的水分子，这就是水分蒸发现象，结果是周围空气被加湿了。相反，如果周围空气跳到水滴表面饱和空气层中的水分子多于从饱和空气层中跳到空气中的水分子，这就是水蒸气凝结现象，结果是空气被干燥了。这种由于水蒸气压力差产生的蒸发与凝结现象，称为空气与水的湿交换。当空气流过水滴表面时，把水滴表面饱和空气层的一部分饱和空气吹走。由于水滴表面水分子不断蒸发，又形成新的饱和空气层。这样饱和空气层将不断与流过的空气相混合，使整个空气状态发生变化，这也就是利用水与空气的直接接触处理空气的原理。

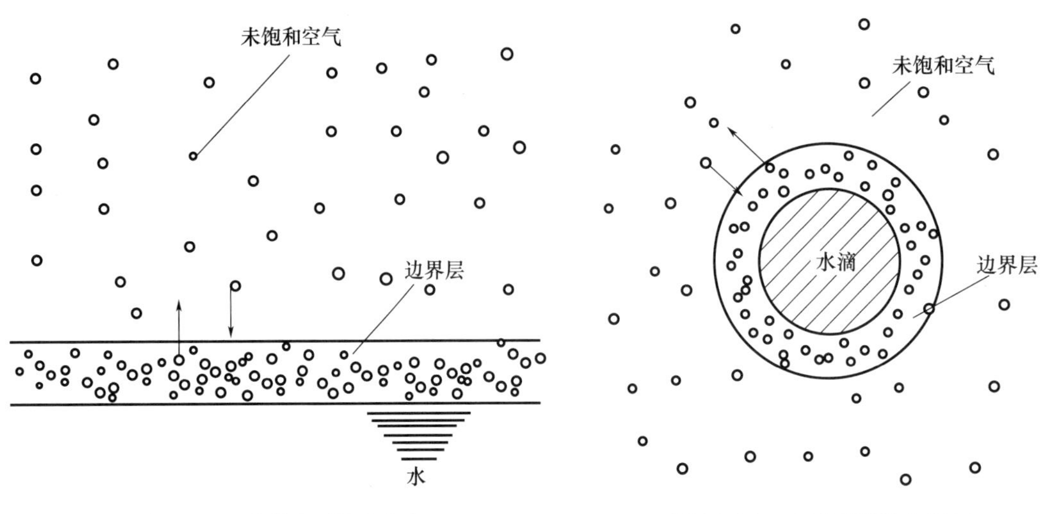

图 14-7-8　水膜表面的空气与水接触时的热湿交换

图 14-7-9　水滴表面的空气与水接触时的热湿交换

可见，在湿空气和边界层之间，如果存在水蒸气浓度差（或者水蒸气分压力差），水蒸气的分子就会从浓度高的区域向浓度低的区域转移，从而产生质交换。也就是说，湿空气中的水蒸气与边界层中水蒸气分压力之差是质交换的驱动力，就像温度差是产生热交换的驱动力一样。从上面的分析可以看到，空气与水之间的显热交换取决于边界层与周围空气之间的温度差，而质交换以及由此引起的潜热交换取决于二者的水蒸气分子浓度差或者说取决于二者之间的水蒸气分压力差。

热质交换基本方程式的推导是基于以下三个条件：(1) 采用薄膜模型；(2) 在空调范围内，空气与水表面之间传质速率比较小，因而可以不考虑传质对传热的影响；(3) 在空调范围内，认为路易斯关系式成立，即$\frac{h}{h_{md}}=c_p$。

对在水膜表面的空气与水的热湿交换过程进行分析，如图 14-7-10 所示，当空气与水在一微元面积 dA（m^2）上接触时，空气温度变化为 dt，含湿量变化为 dd，显热交换量将是：

$$dQ_x=dGc_p dt=h(t-t_b)dA \tag{14-7-24}$$

式中　dG——与水接触的空气量，kg/s；

h——空气与水表面间显热交换系数，W/(m^2·℃)；

t、t_b——主体空气和边界层空气温度,℃。

湿交换量将是

$$dW=dGdd=h_{mp}(p_q-p_{qb})dA \tag{14-7-25}$$

式中　h_{mp}——空气与水表面间按水蒸气分压力差计算的湿交换系数，kg/(N·s)；

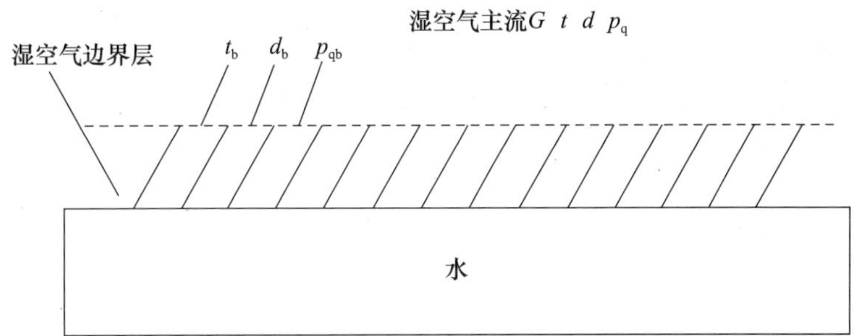

图 14-7-10　湿空气在水表面的冷却减湿

p_q、p_{qb}——主体空气和边界层空气的水蒸气分压力，Pa。

由于水蒸气分压力差在比较小的温度范围内可以用具有不同湿交换系数的含湿量差代替，所以湿交换量也可写成

$$\mathrm{d}W=h_{\mathrm{md}}(d-d_{\mathrm{b}})\mathrm{d}A \tag{14-7-26}$$

式中　h_{md}——空气与水表面间按含湿量差计算的湿交换系数，kg/(m² · s)；

d、d_b——主体空气和边界层空气的含湿量，kg/kg。

潜热交换量将是

$$\mathrm{d}Q_{\mathrm{q}}=r\mathrm{d}W=rh_{\mathrm{md}}(d-d_{\mathrm{b}})\mathrm{d}A \tag{14-7-27}$$

式中　h——温度为 t_b 时水的汽化潜热，J/kg。

因为总热交换量 $\mathrm{d}Q_z=\mathrm{d}Q_x+\mathrm{d}Q_q$，于是，可以写出

$$\mathrm{d}Q_{\mathrm{z}}=[h(t-t_{\mathrm{b}})+rh_{\mathrm{md}}(d-d_{\mathrm{b}})]\mathrm{d}A \tag{14-7-28}$$

通常把总热交换量与显热交换量之比称为换热扩大系数 ξ，即

$$\xi=\frac{\mathrm{d}Q_{\mathrm{z}}}{\mathrm{d}Q_{\mathrm{x}}} \tag{14-7-29}$$

由此可见，在空气与水热质交换同时进行时，推动总热交换的动力将是焓差而不是温差，因而总热交换量与湿空气的焓差有关。或者说与湿空气的湿球温度有关。因此在确定热流方向时，仅仅考虑显热是不够的，必须综合考虑显热和潜热两个方面。

由于空气与水之间的热湿交换，所以空气与水的状态都将发生变化。从水侧看，若水温变化为 $\mathrm{d}t_w$，则总热交换量也可写成

$$\mathrm{d}Q_{\mathrm{z}}=Wc\,\mathrm{d}t_{\mathrm{w}} \tag{14-7-30}$$

式中　W——与空气接触的水量，kg/s；

c——水的定压比热容，kJ/(kg · ℃)。

在稳定工况下，空气与水之间热交换量总是平衡的，即

$$\mathrm{d}Q_{\mathrm{x}}+\mathrm{d}Q_{\mathrm{q}}=Wc\,\mathrm{d}t_{\mathrm{w}} \tag{14-7-31}$$

所谓稳定工况是指在换热过程中，换热设备内任何一点的热力学状态参数都不随时间变化的工况。严格地说，空调设备中的换热过程都不是稳定工况。然而考虑到影响空调设备热质交换的许多因素变化（如室外空气参数的变化、工质的变化等）比空调设备本身过程进行得更为缓慢，所以在解决工程问题时可以将空调设备中的热湿交换过程看成稳定工况。

在稳定工况下，可将热交换系数和湿交换系数看成沿整个热交换面是不变的，并等于其平均值。这样，如能将式（14-7-24）、（14-7-27）、（14-7-28）沿整个接触面积分即可求出 Q_x、Q_q 及 Q_z。但在实际条件下接触面积有时很难确定。以空调工程中常用的喷淋室为例，水的表面积将是尺寸不同的所有水滴表面积之和，其大小与喷嘴构造、喷水压力等许多因素有关，因此难以计算。

随着科学技术的发展，利用激光衍射技术分析喷淋室中水滴直径及其分布情况，并得出具有某一平均直径的粒子总数已成为可能，从而为喷淋室热工计算的数值解提供了可能性。

14.7.3.2 蒸发冷却装置的工作原理

蒸发冷却就是利用水与空气之间的热湿交换来实现的，可分为直接蒸发冷却和间接蒸发冷却，是一种环保、节能、可持续发展的制冷技术，是我国现代空调领域的重要发展方向。直接蒸发冷却的原理便是本节所介绍的空气与水直接接触时的热湿交换。

直接蒸发冷却是指在喷淋室中水与空气直接接触，水不断吸收空气的热量进行蒸发，从而使被处理的空气降温加湿。根据以上介绍的热质交换理论，在水与气直接接触时，在贴近水表面处，由于水分子做不规则运动的结果，形成了一个温度等于水表面温度的饱和空气边界层，而且边界层内水蒸气分压力取决于边界层的饱和空气温度，当边界层温度与周围空气温度有温差时就会发生显热交换，有水蒸气分压力差时就会发生质交换。直接蒸发冷却是水与空气直接接触而发生的一种热湿交换过程，在温差作用下，空气向水传热，空气因失去显热而温度下降。在水蒸气分压力差的作用下，水分蒸发进入空气中，空气得到汽化潜热并被加湿，整个过程焓值基本不变。

下面介绍直接蒸发冷却装置的传热传质性能。直接蒸发冷却空调的工作原理如图 14-7-11 所示，装置下部设有集水槽，循环水在水泵的驱动下送至填料顶部的布液装置，之后淋水依靠重力下流，润湿整个填料表面。空气通过淋水填料时，与填料表面水膜进行热湿交换，空气传递显热给水，自身温度降低，而水分蒸发水蒸气进入空气中，空气的含湿量增加，直接蒸发冷却空调是利用水的蒸发吸热来冷却空气，冷却后的空气进入空调房间，而水只在直接冷却蒸发冷却空调内不循环使用。图 14-7-12 显示 i-d 图上直接蒸发冷却的处理过程，等焓加湿降温过程。空气 A 在直接蒸发冷却过程中，温度降低，含湿量增大，被处理空气所能达到的最低温度为空气的湿球温度 t_{As}。

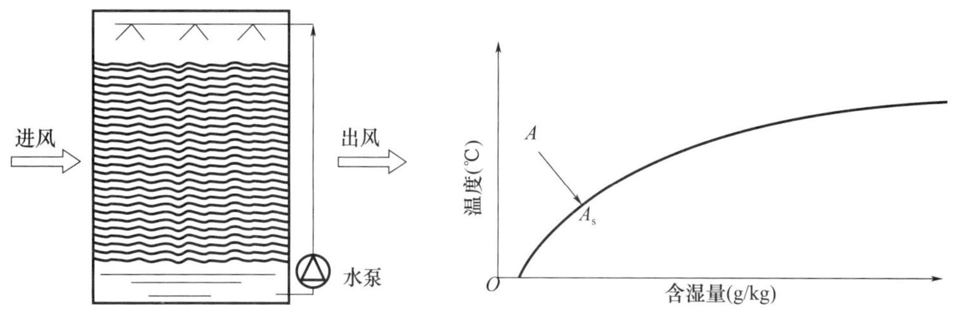

图 14-7-11 直接蒸发冷却空调工作原理　　图 14-7-12 直接蒸发冷却空调的空气处理过程

图 14-7-13 为一种实现间接蒸发冷却的制冷装置示意图。空气经过间接蒸发冷却后，温度降低，含湿量并不发生变化。该间接蒸发冷却过程的核心思想是采用逆流换热、逆流传质来减少不可逆损失，以得到较低的供冷温度和较大的供冷量。在理想情况下，冷水的出口温度可接近进口空气的露点温度，而不是进口空气的湿球温度。在间接蒸发冷却过程中，冷水获得的冷量等于空气进出口的能量变化。空气在换热器 1 中被降温，使得该空气的状态接近饱和线，然后再和水接触，进行蒸发冷却，这样做比不饱和空气直接跟水接触减少了传热传质的不可逆损失，使得蒸发在较低的温度下进行，产生的冷水温度也随之降低。

上述间接蒸发冷却过程在焓湿图上的变化过程如图 14-7-14 所示，$A(t_A，d_A)$为进口空气的状态，$L(t_L，d_A)$点为进口空气 A 的露点，排风为 $C(t_C，d_C)$点。根据图 14-7-14 的流程，室外空气 A 通过逆流换热器 1 与温度为 B 点的冷水换热后其温度降低至A_1 点，状态为 A_1 的空气进入空气和水直接接触逆流换热器 2 后，与水进行逆流的传热传质到达 C 排出换热器，同时水温降到 B 状态。B 点状态的液态水一部分作为输出冷水，一部分进入换热器 1 以冷却空气。两部分的回水混合集中后，从填料塔上部喷淋而下，与空气进行逆流的传热传质，温度降到 B 状态。对于理想的流程，输出的冷水温度可无限接近于空气的露点温度，但对于实际的工况，输出的冷水温度比露点温度高。

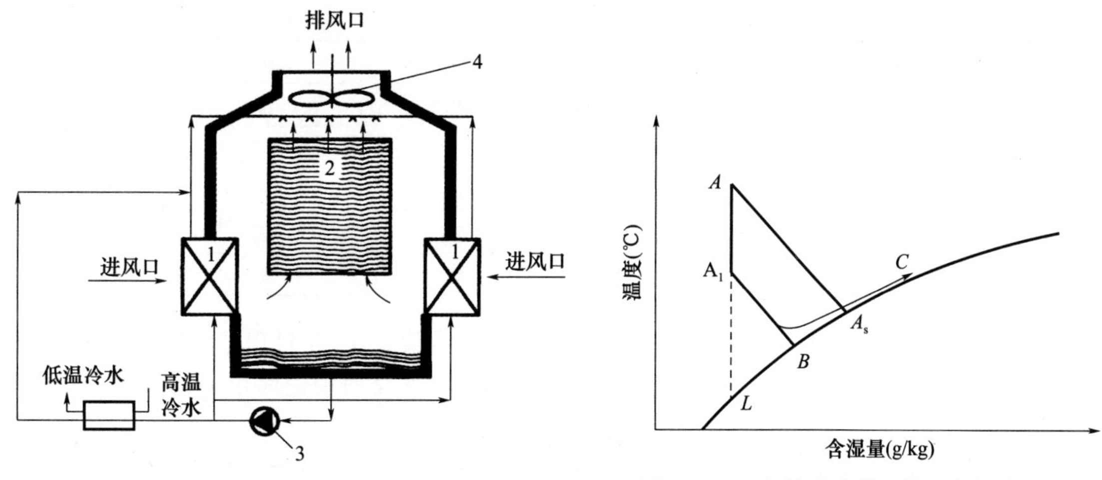

图 14-7-13　间接蒸发式制冷装置

1—空气—水逆流换热器；2—空气—水直接接触逆流换热器；3—循环水泵；4—风机

图 14-7-14　间接蒸发供冷装置空气处理过程

14.7.3.3　与水直接接触时空气的状态变化过程

空气与水直接接触时，水表面形成的饱和空气边界层与主流空气之间通过分子扩散与紊流扩散，使边界层的饱和空气与主流空气不断掺混，从而使主流空气状态发生变化。因此，空气与水的热湿交换过程可以视为主体空气与边界层空气不断混合的过程。

为分析方便起见，假定与空气接触的水量无限大，接触时间无限长，即在所谓假想条件下，全部空气都能达到具有水温的饱和状态点。也就是说，此时空气的终状态点将位于 i-d 图的饱和曲线上，且空气终温将等于水温。与空气接触的水温不同，空气的状态变化过程也将不同。所以，在上述假想条件下，随着水温不同可以得到图 14-7-15 所示的七种典型空气状态变化过程。表 14-7-3 列举了这七种典型过程的特点。

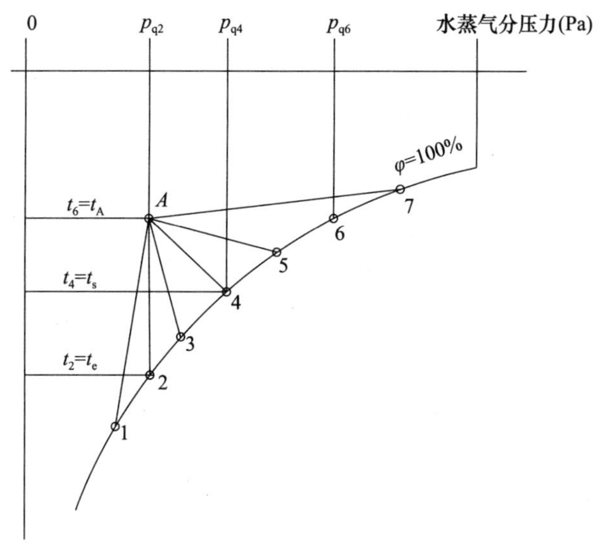

图 14-7-15　空气与水接触时的状态变化过程

表 14-7-3　空气与水直接接触时各种过程的特点

过程线	水温特点	t 或 Q_x	d 或 Q_q	i 或 Q_z	过程名称
$A-1$	$t_w<t_1$	减	减	减	减湿冷却
$A-2$	$t_w=t_1$	减	不变	减	等湿冷却

续表

过程线	水温特点	t 或 Q_x	d 或 Q_q	i 或 Q_z	过程名称
$A-3$	$t_1<t_w<t_s$	减	增	减	减焓加湿
$A-4$	$t_w=t_s$	减	增	不变	等焓加湿
$A-5$	$t_s<t_w<t_A$	减	增	减	增焓加湿
$A-6$	$t_w=t_A$	不变	增	减	等温加湿
$A-7$	$t_w>t_A$	减	增	减	增温加湿

在上述七种过程中，$A-2$ 过程是空气增湿和减湿的分界线，$A-4$ 过程是空气增焓和减焓的分界线，而 $A-6$ 过程是空气升温和降温的分界线。下面用热湿交换理论简单分析上面列举的七种过程。

如图 14-7-15 所示，当水温低于空气露点温度时，发生 $A-1$ 过程。此时由于 $t_w<t_1<t_A$ 和 $p_{q1}<p_{qA}$，所以空气被冷却和干燥。水蒸气凝结时放出的热亦被水带走。

当水温等于空气露点温度时，发生 $A-2$ 过程。此时由于 $t_w<t_A$ 和 $p_{q2}=p_{qA}$，所以空气被等湿冷却。

当水温高于空气露点温度而低于空气湿球温度时，发生 $A-3$ 过程。此时由于 $t_w<t_A$ 和 $p_{q3}>p_{qA}$，空气被冷却和加湿。

当水温等于空气湿球温度时，发生 $A-4$ 过程。此时由于等湿球温度线与等焓线相近，可以认为空气状态沿等焓线变化而被加湿。在该过程中，由于总热交换量近似为零，而且 $t_w<t_A$ 和 $p_{q4}>p_{qA}$，说明空气的显热量减少、潜热量增加，二者近似相等。实际上，水蒸发所需热量取自空气本身。

当水温高于空气湿球温度而低于空气干球温度时，发生 $A-5$ 过程。此时由于 $t_w<t_A$ 和 $p_{q5}>p_{qA}$，说明空气被加湿和冷却。水蒸发所需热量部分来自空气，部分来自水。

当水温等于空气干球温度时，发生 $A-6$ 过程。此时由于 $t_w=t_A$ 和 $p_{q6}>p_{qA}$，说明不发生显热交换，空气状态变化过程为等温加湿。水蒸发所需热量来自水本身。

当水温高于空气干球温度时，发生 $A-7$ 过程。此时由于 $t_w>t_A$ 和 $p_{q7}>p_{qA}$，空气被加热和加湿。水蒸发所需热量及加热空气的热量均来自于水本身。以冷却水为目的的湿空气冷却塔内发生的便是这种过程。

和上述假想条件不同，如果在空气处理设备中空气与水的接触时间足够长，但水量是有限的，则除 $t_w=t_s$ 的热湿交换过程外，水温都将发生变化，同时，空气状态变化过程也就不是一条直线。如在 i-d 图上将整个变化过程依次分段进行考察，则可大致看出曲线形状。

现以水初温低于空气露点温度，且水与空气的运动方向相同（顺流）的情况为例进行分析［见图 14-7-16（a）］。在开始阶段，状态 A 的空气与具有初温 t_{w1} 的水接触，一小部分空气达到饱和状态，且温度等于 t_{w1}。这一小部分空气与其余空气混合达到状态点 1，点 1 位于点 A 与点 t_{w1} 的连线上。在第二阶段，水温已升高至 t'_w，此时具有点 1 状态的空气与温度为 t'_w 的水接触，又有一小部分空气达到饱和。这一小部分空气与其余空气混合达到状态点 2，点 2 位于点 1 和点 t'_w 的连线上。依此类推，最后可得到一条表示空气状态变化过程的折线。间隔划分越细，则所得过程线越接近一条曲线，而且在热湿交换充分完善的条件下空气状态变化的终点将在饱和曲线上，温度将等于水终温。

对于逆流情况，用同样的方法分析可得到一条向另外方向弯曲的曲线，而且空气状态变化的终点在饱和曲线上，温度等于水初温［见图 14-7-16（b）］。

图 14-7-16（c）是点 A 状态空气与初温 $t_{w1}>t_A$ 的水接触且呈顺流运动时，空气状态的变化情况。

实际上空气与水直接接触时，接触时间也是有限的，因此，空气状态的实际变化过程既不是直线，也难以达到与水的终温（顺流）或初温（逆流）相等的饱和状态。然而在工程中人们关心的只

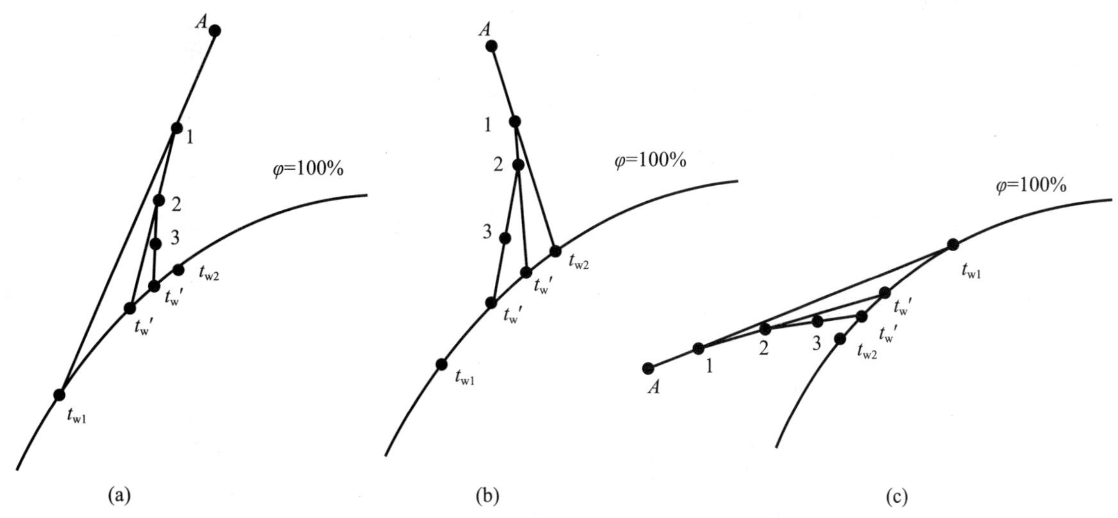

图 14-7-16　发生在设备内部的空气与水直接接触的变化过程

是空气处理的结果，而并不关心空气状态变化的轨迹，所以在已知空气终状态时仍可用连接空气初、终状态点的直线来表示空气状态的变化过程。

14.7.3.4　空气与水直接接触时的对流增湿和减湿

前已述及，在空调设备中空气处理过程常常伴有水分的蒸发和凝结，即常有同时进行的热湿传递过程。美国学者路易斯对绝热加湿过程热交换和湿交换的相互影响进行了研究，得出了以下关系式。

$$h_{md}=\frac{h}{c_p} \tag{14-7-32}$$

这就是著名的路易斯关系式，它表明对流热交换系数与对流质交换系数之比是一常数。根据路易斯关系式，可以由对流热交换系数求出对流质交换系数。

这一结论后来曾一度被推广到所有用水处理空气的过程中。但是研究表明，热交换与质交换类比时，只有当质交换的施密特准则（Sc）与热交换的普朗特准则（Pr）数值相等，而且边界条件的数学表达式也完全相同时，反映对流质交换强度的舍伍德准则（Sh）和反映对流热交换强度的努塞尔准则（Nu）才相等，只有此时热质交换系数之比才是常数。上述绝热加湿过程是符合这一条件的，然而并非所有用水处理空气的过程都符合这一条件。因此，热质交换系数之比等于常数的结论只适用于一部分空气处理过程。在图 14-7-15 所示的七种类型过程中，除绝热加湿过程外，冷却干燥过程、等温加湿过程、加热加湿过程以及用表冷器处理空气的过程也都符合路易斯关系式，这就为研究一些空调设备的热工计算方法打下了基础。

如果在空气与水的热湿交换过程中存在着路易斯关系式，则式（4-12）将变成

$$\mathrm{d}Q_z=h_{md}[c_p(t-t_b)+r(d-d_b)]\mathrm{d}A \tag{14-7-33}$$

上式为近似式，因为它没有考虑水分蒸发或水蒸气凝结时液体热的转移。以水蒸气的焓代替式中的汽化潜热，同时将湿空气的比热用（1.01+1.84d）代替。这样，上式就变成

$$\mathrm{d}Q_z=h_{md}[(1.01+1.84d)(t-t_b)+(2500+1.84t_b)(d-d_b)]\mathrm{d}A \tag{14-7-34}$$

或

$$\mathrm{d}Q_z=h_{md}\{[1.01t+(2500+1.84t)d]-[1.01t_b+(2500+1.84t_b)d_b]\}\mathrm{d}A \tag{14-7-35}$$

即

$$\mathrm{d}Q_z=h_{md}(i-i_b)\mathrm{d}A \tag{14-7-36}$$

式中　i、i_b——主体空气和边界层饱和空气的焓，kJ/kg。

式（14-7-36）即为著名的麦凯尔方程。它表明在热质交换同时进行时，如果符合路易斯关系式的条件存在，则推动总热交换的动力是空气的焓差。

14.7.3.5　影响空气与水表面之间热质交换的主要因素

根据空气与水进行热质交换的物理模型，我们可以从总热交换推动力和双膜阻力这两个方面对

影响空气与水表面之间热质交换的主要因素进行分析。

1. 焓差是总热交换推动力

由前面的基本方程可知，传给空气的总能量可表示为

$$G_a dh = h_{md}(i_b - i)dA \tag{14-7-37}$$

上式又称为热质交换总换热方程式。

从上式可以看出，总热交换量与推动力和总热交换系数乘积成正比。同时也可以看出，空气与水表面之间的总热交换推动力是焓差，而不是温差。因此，在确定热流方向时，仅仅考虑显热是不够的，必须同时考虑显热和潜热两个方面。关于空气处理过程中的热质流量分析，可以很方便地在焓-温（i-t）图上进行。

对于 1kg 干空气来说，总热交换量即为焓差 Δi，可以写成以下形式：

$$\Delta i = \Delta i_s + \Delta i_L \tag{14-7-38}$$

式中 Δi_s——显热交换量，与温差成正比；

Δi_L——潜热交换量，与含湿量差成正比。

假设给定空气初状态参数：干球温度 T_1、湿球温度 T_{s1} 和露点温度 T_{L1}，改变水初温 T_w、那么热质流量随着水温变化的关系表示于图 14-7-17 中。该图中以水温 T_w 为横坐标，以 Δi、Δi_s 和 Δi_L 为纵坐标，并以空气得热量为正，失热量为负。

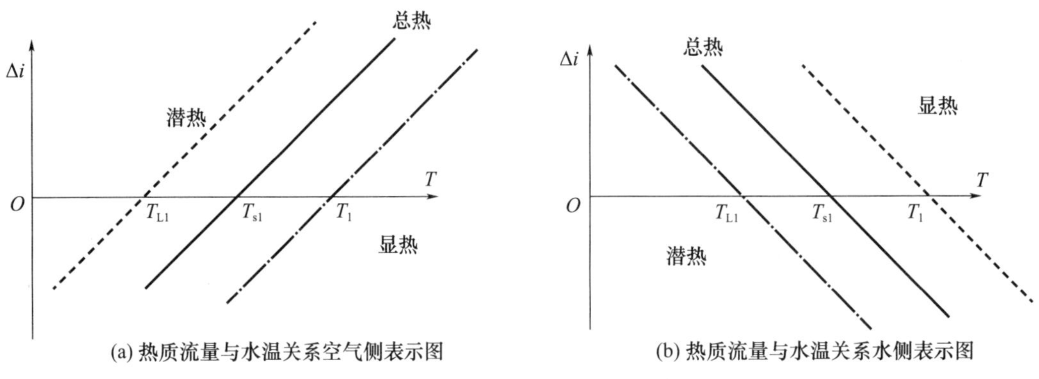

图 14-7-17 热质流量与水温在焓-温图上的表示

（1）当空气与水直接接触时，从空气侧而言：

①总热交换量以空气初状态的湿球温度 T_{s1} 为界，当水温 $T_w > T_{s1}$ 时，空气为增焓过程，总热流方向向着空气；当 $T_w < T_{s1}$ 时，空气为减焓过程，总热流方向向着水。

②显热交换量以空气初状态的干球温度 T_1 为界，当 $T_w < T_1$ 时，空气失去显热，当 $T_w > T_1$ 空气获得显热，但是总热流方向还要看潜热流量而定。

③潜热交换以空气初状态的露点温度 T_{L1} 为界，当 $T_w > T_{L1}$ 时，空气得到潜热量，当 $T_w > T_{L1}$ 时，空气失去潜热量。同样，总热流方向还要看显热流量而定。

④当水温 $T_w > T_1$ 时，总热流方向总是向着空气。

（2）当空气与水直接接触时，从水侧而言：

①对于水来说，当 $T_w > T_1$ 时，Δi_s 和 Δi_L 的热流都由水流向空气，所以水温降低；

②当 $T_{s1} < T_w < T_1$ 时，Δi_s 和 Δi_L 的热流方向虽然相反，但是总热流 $\Delta i > 0$，即热流仍由水流向空气，所以水温仍然降低；

③当 $T_{s1} = T_w$ 时，$\Delta i_s = \Delta i_L$，$\Delta i = 0$，此时热流量等于零，所以水温不变；

④当 $T_w < T_{s1}$ 时，此时 $\Delta i < 0$，热流方向由空气流向水面，所以水温升高。

通过以上分析可以看出，水冷却的极限温度是 T_{s1}，即水冷却的最低温度不可能低于空气湿球温度。

在冷却塔的实际运行中，一般属于第一种情况，即 $T_w > T_1$。在冬季，$(T_w - T_1)$ 值比较大，显热部分可占 50%，严冬时甚至占 70%；在夏季则不然，$(T_w - T_1)$ 值很小，潜热占的比例较大，甚

至占到 80%～90%，即主要为蒸发散热。值得注意的是，当夏季温度很高，而且相对湿度又很大时，对于冷却塔的工作是很不顺利的。

(3) 当水温不变而改变空气初状态时，同样会引起总热流方向的变化，从而引起推动力的变化。

从上面分析可以得出，空气和水的初状态决定了总热流方向，从而决定了过程的推动力。

2. 气液之间的双膜阻力是热质交换的控制因素

由式 (14-7-8) 分析得到

$$\frac{i-i_{\mathrm{b}}}{T_{\mathrm{w}}-T_{\mathrm{b}}}=-\frac{1/h_{\mathrm{md}}}{1/h_{\mathrm{w}}}=-\frac{c_p/h}{1/h_{\mathrm{w}}} \tag{14-7-39}$$

焓差推动力与温差推动力之比，正比于两膜阻力之比，说明膜阻力越大，需要的推动力也越大。因此，双膜阻力是热质交换的控制因素，影响两膜阻力的因素也就是影响热质交换的因素。下面分别从气膜阻力、水膜阻力以及气水比等方面作一简要分析。

(1) 空气流动状况对气膜阻力的影响

在实际的热质交换过程中，通常采用空气质量流速 $v\rho$ 表示空气的流动状况。空气质量流速 $v\rho$ 对热质交换过程的影响有两层含义：一是当 $v\rho$ 增大时，则 Re 数增大，气膜变薄，膜阻减小，显热交换系数 h 和总热交换系数 h_{md} 都增大，从而提高了传递效率。二是，如果 $v\rho$ 过大，则会缩短气—水接触时间，不但不利于热质交换过程的充分进行，而且还会增加流动阻力和挡水板过水。因此，$v\rho$ 应该有一个合适的范围，例如对于低速喷淋室，通常取 $v\rho=2.5\sim3.5\mathrm{kg/(m^2\cdot s)}$。

(2) 水滴大小对水膜阻力的影响

根据水滴直径 d 的大小，可分为：小水滴，$d=0.05\sim0.20$mm；中水滴，$d=0.15\sim0.25$mm；大水滴，$d=0.20\sim0.50$mm。

研究资料显示，水滴在形成的同时，会伴随有强烈的热质交换，水滴在经过一个加速运动之后，即以其最大的末速度做等速下降（或上升），同时与空气进行热质交换。

水滴大小不同，热质交换的机理也不相同。非常小的水滴实际上是停滞的，热质传递主要靠分子扩散，即水膜阻力比较大。中等大小水滴，由于气液表面上的剪切力，会产生层流内部循环，如图 14-7-18 所示，它减小了分子扩散行程，提高了传递速率。在一些非常大的水滴中，水滴会产生变形，层流循环被非常猛烈的内部混合所代替，产生水滴振动。研究表明，无论是水滴内部循环还是水滴振动，都会减小液膜阻力，增加传递速率。资料显示，由水滴内部循环产生的有效扩散系数是分子扩散系数的 2～10 倍。由水滴振动产生的有效扩散系数是分子扩散系数的 10 倍以上。

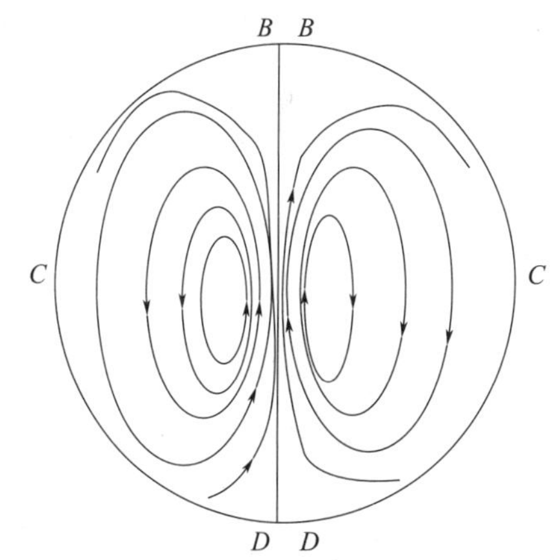

图 14-7-18　水滴的层流内部循环

水滴大小会影响到过程进行的程度。由重力沉降速度公式可知，直径大的水滴沉降速度也大，水滴与空气接触时间短。直径小的水滴沉降速度小，水滴与空气接触时间长。当水滴直径及其与空气接触时间已定，热交换过程开始时，水滴被加热或冷却（视水温与空气温度的关系），水滴温度随时间而改变，传热过程是不稳定的。当水滴温度等于空气湿球温度时，水滴温度不再改变，此时的热交换达到稳定的绝热过程。显然，只有较小水滴才可能达到绝热过程。绝热过程总是使空气干球温度降低和含湿量增加，因此，当空气需要降温加湿时，水滴直径必须较小。如果水滴直径越大，则热质交换过程距离绝热过程越远。

(3) 淋水装置的填料材料和结构对于热质交换有很大影响

(4) 水气比 μ 的影响

水气比 μ 代表水量与气扭的比值，它的大小对热质交换的推动力有重要影响。经分析可知，为了提高平均推动力，对于气水逆向流动，水气比 μ 应该较大；对于气水同向流动，水气比 μ 应该较小。

3. 间接接触的表冷器深度（即管排排数）对热质交换过程的影响

当空气与水间接接触时，随着表冷摇深度变化，不仅引起热交换量的变化，而且会使交换方式改变。由式（14-7-39）$\frac{i-i_b}{T_w-T_b}=-\frac{h_w c_p}{h}$ 可以看出，若空气和冷却剂的流速一定，则 $\frac{h_w c_p}{h}$ 为定值；如果冷却剂温度 T_w 也给定，那么表面温度 T_b 就仅仅是空气 i 的函数

$$T_b=f(i) \tag{14-7-40}$$

空气冷却干燥过程也是减焓过程，随着空气向表冷器深度方向流动，空气的焓值将逐步降低。根据式（14-7-40）可知，表面温度 T_b 也将逐步降低，这就意味着，沿着空气流动的方向，靠近后面的管排比靠近前面的管排具有更低的表面温度。

在进行表冷器热工计算时，如果以平均表面温度为基准，那么就有可能出现这样的问题：靠近前面的管排遇到的空气焓值比较高，因此表面温度高于平均表面温度，靠近后面的管排遇到的空气焓值比较低，表面温度低于平均表面温度。这样，从空气中析出水分就不是在空气进到表冷器之后立刻发生，而是在离开进口的某一距离后开始。换句话说，表冷器前面部分可能是在只有显热交换的“干工况”下工作，后面部分是在热质交换同时进行的“湿工况”下工作。可以预料，在表冷器深度方向上的某个地方，应该存在一条由干表面转变为湿表面的条件性分界线。

由于在干工况与湿工况下的热交换情况不相同，干工况时只有显热交换，湿工况时则为总热交换，因此从增加热交换的目的出发，应该增加表面冷却器深度，即增加排管的排数。但是，增加排管同时也增加了阻力，因此需要作全面考虑。

以上所述为影响空气与水之间热质交换的主要因素，其他影响因素还有热质交换设备的构造以及流体物性等。

14.7.3.6　空气与水表面的热质交换系数

前面已经指出，热质交换系数反应过程进行的程度，它是各种影响因素的总和，也是确定热质交换量的关键。有关简单边界条件下的热质交换系数，在前一章中已经介绍了它们的计算方法。对于设备中空气—水之间的热质交换系数，由于边界条件和过程都比较复杂，用理论计算方法，一般是比较困难的。因此，通常都以实验数据为基础，针对具体情况，分别进行处理。

前面一节所分析的影响空气与水之间热质交换的主要因素，实际上也就是影响热质交换系数 h_{md} 的主要因素，它们的关系可以用下式表示：

$h_{md}=f$（空气与水的初参数，热质交换设备的结构特性，空气质显流速 $v\rho$ 以及水气比 μ）。

对于不同的情况，热质交换系数的确定方法也不同，在空气与水直接接触且有填料的热质交换设备（冷却塔）和空气与水直接接触而无填料的热质交换设备（喷淋室）中就有不同的计算和处理方法。喷淋室是典型的空气与水直接接触的无填料的热质交换设备。在无填料的喷淋室内，空气与水之间的热质交换情况十分复杂，空气不仅要同飞溅水滴的广大表面以及底池的自由水面相接触，同时还和顺着喷淋室及挡水板表面流动的水膜及水滴相接触。喷雾水滴的大小极不相同而且很不稳定，水气的交叉和水滴相互碰撞，细水滴又会结合成粗水滴。因此，要准确确定气水接触面积是很困难的，相应地，热质交换系数也就难以确定了。热质交换系数是设备性能的一种表示方式，当然也可以用其他方式来表示设备性能，例如效率的概念就是应用得非常普遍的一种。

对于空气与水间接接触的热质交换设备，例如表冷器是典型的空气与水间接接触的热质交换设备，它符合双膜模型。表冷器有两个特点：第一，就空气与水膜接触而言，它同喷淋室是一样的，不过水膜的形成是由于湿空气在表面的冷却凝结，如果没有凝结水，那么水膜也就不存在了；第二，如果在干工况下工作，表冷器又与普通换热器没有两样。因此，可以模仿喷淋室的处理方法，定义两个效率系数来代替热质交换中的两个换热系数，然后再将同时进行热质交换的表冷器效率系数，转换为普通换热器效率系数来处理。

14.8　吸附和吸收处理空气的原理与方法

14.8.1　吸附材料处理空气的原理和方法

国际空调界近年来流行一种除湿概念——独立除湿（Independent dehumidification），即对空气的降温与除湿分开独立处理，除湿不依赖于降温方式实现。这一领域目前是空调研究中较为活跃的领域。典型的独立除湿方式主要采用吸收或吸附方式。这样所要求的冷源只需将空气温度降低到送风温度即可，可以克服传统空调方法冷却除湿时浪费能源的缺点。本节主要介绍吸附材料和吸收剂处理空气的原理和方法。

14.8.1.1　吸附的基本知识和概念

1. 吸附、吸附剂、吸附质

吸附现象是相异二相界面上的一种分子积聚现象。吸附（adsorption）就是把分子配列程度较低的气相分子浓缩到分子配列程度较高的固相中。使气体浓缩的物体叫做吸附剂（adsorbent），被浓缩的物质叫做吸附质（adsorbate）。例如，当某固体物质吸附水蒸气时，此固体物质就是吸附剂，水蒸气就是吸附质。

范德华力存在于所有物质的分子之间，只有当分子间的距离在几个纳米之内时才显露出来。在同相态物质中，分子间的吸引力是平衡的，而在两相物质的交界处，原子、离子或分子处于非平衡力作用之下。

（1）表面的分子或原子与同相的内部分子或原子相比，处于不同的能量状态。表面粒子称为“表面能”（surface energy）的附加能，使得物质的表面区域具有和同相物质内部区域明显不同的特征。

（2）给定相态下物质的单位总内能（total internal energy）由两部分组成：该相物质单位质量的内能 u_m 和该相物质单位表面积的内能 u_s。因此对质量为 M、总表面积为 A 的物质而言，其总内能为

$$U=u_mM+u_sA \tag{14-8-1}$$

则其单位质量的总内能为

$$\frac{U}{M}=u_m+u_s\frac{A}{M} \tag{14-8-2}$$

当物质的比表面积很大时，表面能就会对物质的性能产生很大的影响。

两相物质边界上的非平衡力（表面力）使得边界表面上的分子（原子、离子）数目与所接触相内部对应的微粒数目不同。这种非平衡力导致的物质微粒在表面上聚集程度的改变就是通常所说的吸附。

2. 吸附的种类

吸附可分为物理吸附和化学吸附。

物理吸附主要依靠普遍存在于分子间的范德华力起作用。物理吸附属于一种表面现象，可以是单层吸附，也可以是多层吸附，其主要特征为：

（1）吸附质和吸附剂之间不发生化学反应；

（2）对所吸附的气体选择性不强；

（3）吸附过程快，参与吸附的各相之间瞬间达到平衡；

（4）吸附过程为低放热反应过程，放热量比相应气体的液化潜热稍大；

（5）吸附剂与吸附质间的吸附力不强，在条件改变时可脱附（desorption）。

化学吸附起因于吸附质分子与吸附剂表面分子（原子）的化学作用，在吸附过程中发生电子转移和共有原子重排以及化学键断裂与形成等过程的化学吸附多是单层吸附。很多时候，物理吸附和化学吸附很难严格划分。表 14-8-1 是物理吸附和化学吸附的比较。

表 14-8-1　物理吸附和化学吸附的比较

比较项目	物理吸附	化学吸附
吸附热	小（21～63kJ/mol），相当于 1.5～3 倍凝结热	大（42～125kJ/mol），相当于化学反应热
吸附力	范德华力，较小	未饱和化学键力，较大
可逆性	可逆，易脱附	不可逆，不能或不易脱附
吸附速度	快	慢（因需要活化能）
吸附质	非选择性	选择性
发生条件	如适当选择物理条件（温度、压力、浓度），任何固体、流体之间都可发生	发生在有化学亲和力的固体、液体之间
作用范围	与表面覆盖程度无关，可多层吸附	随覆盖程度的增加而减弱，只能单层吸附
等温线特点	吸附量随平衡压力（浓度）正比上升	关系较复杂
等压线特点	吸附量随温度升高而下降（低温吸附、高温脱附）	在一定温度下才能吸附（低温不吸附，高温下有一个吸附极大点）

3. 吸附平衡、等温吸附和等压吸附线

对于给定的吸附质—吸附剂对，在平衡状态下吸附剂对吸附质的吸附量 q 可表示为

$$q=f(p,T) \tag{14-8-3}$$

式中　q——吸附量，g 吸附质/g 吸附剂；

p——吸附质分压力，Pa；

T——温度，K。

在平衡状态下吸附等值线有：

吸附等压线：$q=f_1(T)$，p=常数

等温吸附线（经常使用）：$q=f_2(p)$，p=常数

美国 ASHRAE 手册将常见的气体等温吸附分为六种典型形式，见图 14-8-1。其中纵坐标为单位质量吸附剂平衡状态下对吸附质的吸附量 q（g 吸附质/g 吸附剂），横坐标是对应的平衡状态下吸附质的分压（Pa）。类型（a）为合成沸石等吸附系的等温吸附线；类型（b）即所谓 Langmuir 型等温吸附线，适用于单层物理、化学吸附和多孔介质物理吸附，譬如硅胶对水蒸气的吸附；类型（c）是活性铝等吸附系的等温吸附线；类型（d）是活性炭对水蒸气的等温吸附线；类型（e）即所谓 BET 型吸附线[25]，适用于固体表面的多层吸附，多存在于非多孔固体表面；类型（f）是线性的等温吸附线。

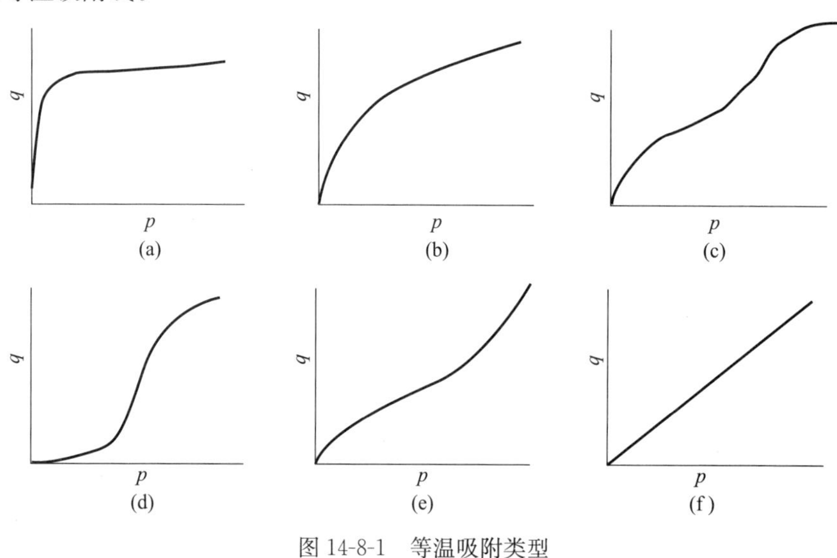

图 14-8-1　等温吸附类型

图 14-8-2 为典型的等压吸附线[3]，其中纵坐标为单位质量吸附剂对吸附质的吸附量 q（g 吸附质/g 吸附剂），横坐标是对应的温度（K）。图中曲线 2 为物理吸附，温度升高平衡向脱附方向移动，吸附量减小。高温部分曲线 1 是化学吸附曲线，温度升高吸附量减小。如果始终能达到平衡的话，则不论曲线 1 还是曲线 2 都沿图中虚线进行。曲线 3 为物理吸附和化学吸附的过渡区，为非平衡吸附区。

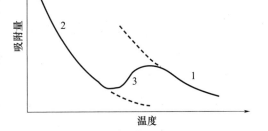

图 14-8-2　等压吸附类型

4. 吸附剂结构、多孔介质、比表面积

吸附为界面现象，性能好的吸附剂单位质量具有较高的表面积（称为比表面积，m^2/g 吸附剂），因此好的吸附剂都为多孔介质。

多孔介质吸附剂孔按孔隙大小分为三类：微孔、过渡孔和大孔。它们之间的比较见表 14-8-2。

表 14-8-2　不同孔隙的比较

	微孔	过渡孔	大孔
有效半径	5～15	15～2000	＞2000
比表面积	＞400	10～400	0.5～2
特点	在微孔的整个空间存在着吸附力场	进入微孔的主要通道	通向吸附剂颗粒内部的粗通道
代表物质	沸石、某些活性炭	硅胶、铝凝胶	

同较大孔隙的吸附相比，微孔吸附的特点是吸附能力强。微孔中整个空间存在着吸附力场，这是微孔吸附与较大孔隙吸附的根本不同点。

5. 吸附剂的特性参数

(1) 多孔体的外观体积

多孔体如活性炭的外观体积可用下式计算：

$$V_{堆}=V_{隙}+V_{孔}+V_{真} \tag{14-8-4}$$

式中　$V_{隙}$——颗粒间隙体积；

$V_{孔}$——颗粒内细孔体积；

$V_{真}$——真正骨架的体积。

(2) 吸附剂密度

表征多孔性物质的密度，采用真密度、颗粒密度和堆积密度三种密度表示，见图 14-8-3。

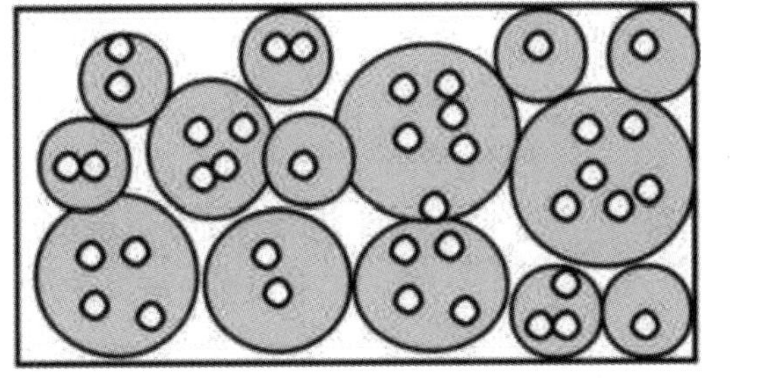

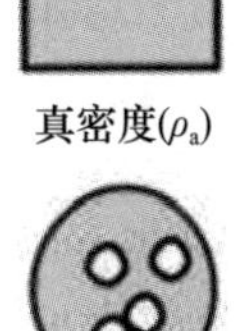

图 14-8-3　多孔吸附剂示意图

①堆积密度（ρ）（又叫充填密度）。堆积密度实际上与吸附剂颗粒大小无关，其测定可在容量为 100～500L 的量筒内进行。振动下加装吸附剂，称重，便可求得堆积密度。其数值很大程度上取决于振动强烈程度。因此要规定吸附剂层的密实条件。

$$\rho=\frac{M}{V_{堆}} \tag{14-8-5}$$

②真密度（ρ_s）。真密度表示单位体积吸附剂物质的质量。

$$\rho_s=\frac{M}{V_{真}} \tag{14-8-6}$$

③颗粒密度（ρ_p）。颗粒密度（表观密度）为吸附剂颗粒的质量与吸附剂颗粒的体积之比。颗粒体积包括吸附物质体积和颗粒内孔隙体积。

$$\rho_p=\frac{M}{V_{孔}+V_{真}}=\frac{M}{V_{堆}-V_{隙}} \tag{14-8-7}$$

（3）孔径分布

多孔固体的孔隙大小对许多物理、化学过程都是很重要的参数，但是一般多孔固体的孔形状极不规则，孔隙的大小也各不相同，如何来描述各多孔固体的孔特性呢？其中常用的一种参数为孔体积按孔尺寸大小的分布（简称孔径分布或孔分布）。人们通常使用等温吸附线的数据来计算孔径分布。

（4）颗粒当量直径、单位体积表面积

当流体通过吸附剂层时，吸附剂层的流体阻力取决于颗粒的主要尺寸。对球形颗粒，其主要尺寸为直径 d，而对其他形状的颗粒，其当量直径 d_s 定义如下

$$d_s=\frac{6}{s_v} \tag{14-8-8}$$

式中　s_v——物体的单位体积表面积，其定义如下：

$$s_v=\frac{S_p}{V_p} \tag{14-8-9}$$

式中　S_p——颗粒表面积；

V_p——颗粒体积。

14.8.1.2　等温吸附线[26]

常见吸附剂的等温吸附线（adsorption isotherms）有如下一些公式描述：

1. 朗谬尔公式（Langmuir isotherm）[27]

Langmuir 于 1918 年提出的吸附公式适用于等温单层吸附。Langmuir 吸附公式借以下几点假设由理论推导得到：

（1）固体表面有一定数量的活化位置（active site），每个位置可以吸附一个分子，各点的吸附能力相同；

（2）被吸附的分子间无相互作用，即没有横向吸附；

（3）固体表面均匀，发生吸附的机理相同，吸附质有相同的结构；

（4）固体表面吸附为单层吸附。

Langmuir 方程的形式如下：

$$\theta=\frac{q}{q_m}=\frac{bp}{1+bp} \tag{14-8-10}$$

式中　θ——表面覆盖率；

q——吸附剂表面的平衡吸附量，g 吸附质/g 吸附剂；

q_m——吸附剂表面饱和吸附量，g 吸附质/g 吸附剂；

b——吸附平衡常数，Pa^{-1}；

p——吸附质气体分压，Pa。

对于单层吸附，吸附剂表面饱和吸附量 q_m（又称单分子层吸附容量）满足以下关系：

$$q_m=\frac{\Omega}{N_0 a} \tag{14-8-11}$$

式中　Ω——吸附质的比表面积，m^2/g；

N_0——阿佛伽德罗（Avogadro）常数，$6.023\times10^{23}\,mol^{-1}$；

a——吸附单层中一个分子所占的面积，m^2。

可见 q_m 是仅与吸附剂表面性质和吸附质分子特征相关的值。对于确定的吸附剂—吸附质对，q_m 是确定值。

吸附平衡常数 b 满足以下关系：

$$b=\frac{aN_0\exp\left(\frac{E}{RT}\right)}{k_1(2\pi M^*RT)^{\frac{1}{2}}} \tag{14-8-12}$$

式中　N_0——阿佛伽德罗（Avogadro）常数，$6.023\times10^{23}\mathrm{mol}^{-1}$；

M^*——吸附质分子量，g/mol；

T——热力学温度，K；

R——气体常数，8.314J/(mol·K)；

E——脱附活化能，J/mol，脱附活化能 E 是指将气体分子从被吸附相的量低能级转变到吸附相量低能级所需要的能量，脱附活化能大致与等量吸附热相等；

k_1——前因子，被吸附分子在垂直于表面方向的振动时间的倒数，s^{-1}，$k_1=\frac{1}{\tau_0}$

τ_0——吸附时间，相当于被吸附分子在垂直于表面方向上的振动的时间，s。

τ_0 也可以理解为当气体分子与固体表面没有相互作用时，分子滞留在固体表面的时间，这个滞留时间是与分子振动周期相当的，约 10^{-13}s。而在有相互吸引力时，滞留时间就长些，当滞留时间长达分子振动周期的几倍时，就认为发生了吸附。这里 τ_0 可以认为是常数，即 k_1 是常数。

当气体吸附质相的压力较低时，由于 $1+bp\approx1$，Langmuir 公式变为

$$\theta=bp=Hp \tag{14-8-13}$$

这就是 Henry 定律，H 称为亨利常数，Pa^{-1}。

Langmuir 公式的另一种极限情况是当吸附质相压力非常大时，即 $1+bp\approx bp$，则有

$$\theta=1\text{或 } q=q_m \tag{14-8-14}$$

此时，吸附剂表面完全被单层吸附质分子覆盖，吸附量达到饱和值 q_m。

2. 弗雷德里克公式[28]

$$q=kC^{1/n} \tag{14-8-15}$$

式中　q——等温吸附量，g 吸附质/g 吸附剂；

k、n——实验求出的常数；

C——吸附质浓度，g/mL 或 mol/mL。

若 $1/n$ 在 0.1～0.5 之间，吸附容易进行，$1/n$ 大于 0.5 时，则吸附很难进行。

此方程仅用于吸附质未达到饱和状态时的吸附现象描述，当吸附表面出现凝结和结晶时，吸附现象则不明显了。

活性炭对一些有机物的弗雷德里克吸附曲线见图 14-8-4。

3. BET 公式[25]

布鲁诺（Brunauer）、埃米特（Emmett）、泰勒（Teller）三人创立了多分子层吸附公式，此公式以此三人开头字母命名。

$$q=\frac{q_m kp/p_0}{(1-p/p_0)(1-p/p_0+kp/p_0)} \tag{14-8-16}$$

式中　q——吸附量，g 吸附质/g 吸附剂；

k——常数；

p_0——吸附质的饱和蒸气压，atm，适用范围：多分子层吸附，$0.05<p/p_0<0.35$。

朗谬尔（Langmuir）公式和 BET 公式是通过理论推导得到的公式，弗雷德里克（Fre-undlich）公式则是实验公式。

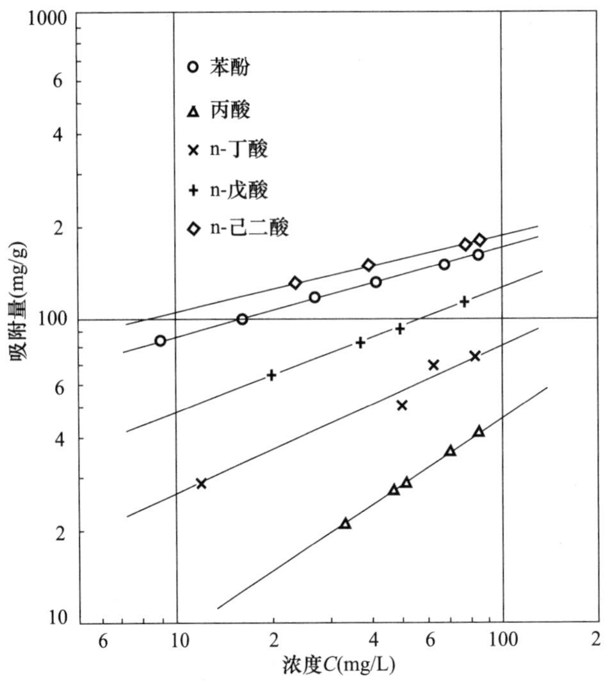

图 14-8-4　单组分有机酸在活性炭上的吸附（298K）

值得一提的是，BET 公式常用于测定多孔物质比表面积。

在氮的液化温度下吸附氮气，从吸附数据 BET 曲线图得到 q_m，如图 14-8-5 所示。然后用 q_m 乘以氮的比表面积 $3480m^2/g$，可计算出吸附剂的表面积。

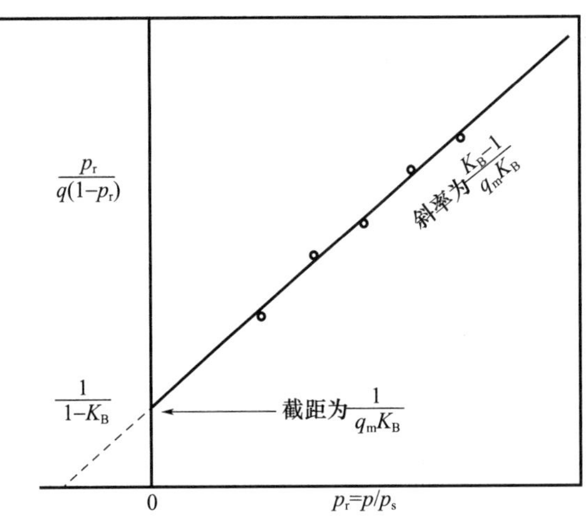

图 14-8-5　气态等温吸附 BET 曲线

4. 微孔吸附公式

与吸附质分子大小相当的微孔，其周壁的吸引力使吸附剂分子填充微孔而产生吸附作用。

这种类型的吸附，对给定的吸附剂和吸附质，吸附平衡与温度无关，可用吸附势表示

$$W=\frac{q}{\rho}=W(E_s) \tag{14-8-17}$$

式中　W——填充吸附质的微孔容积；

ρ——吸附状态的密度；

E_s——吸附势，吸收状态和饱和液态的自由能之差。

$$E_s=-RT\ln\frac{p}{p_s} \tag{14-8-18}$$

$W(E_s)$是吸附特性曲线，由 Polanyi[29]和 Berenyi[30]首先提出。

Dubinin 假设特性曲线是 Gaussian 型分布，得到 Dubinin-Radushkevich 方程[31]：

$$W=W_0\exp(-kE_s^2) \tag{14-8-19}$$

后来，该方程被 Dubinin 和 Astakhov（1970 年）改写成以下形式[32]：

$$W=W_0\exp\left[-\left(\frac{E_s}{E_t}\right)^n\right] \tag{14-8-20}$$

式中 W_0——吸收状态和饱和液态的自由能之差为 0 时吸附质的吸附势；

E_t——吸附特征能，由 $W/W_0=e^{-1}$时的吸收势 E_s 得到；

n——取整数值，n 为 1、2 和 3 时分别代表在表面、微孔和超微孔中的吸附，吸附质分子分别失去了 1、2 和 3 个自由度。对于非极性吸附质，表 14-8-3 给出了简化估计。

值得一提的是，当 $n=1$ 时，D—A 方程简化成 Freundlich 型方程

$$\frac{W}{W_0}=\left(\frac{p}{p_s}\right)^{RT/E_1} \tag{14-8-21}$$

其中的变量与式（14-8-15）的对应关系为

$$k=\rho W_0(C_s)^{RTE_s} \tag{14-8-22}$$

$$n=E_t/RT \tag{14-8-23}$$

表 14-8-3 不同孔径 D 和分子直径 d 比情况下 D—A 方程中的参数（ΔH_0 表示蒸发潜热）

吸附位置	比率	n	E_t	吸附体系举例
（Ⅰ）表面	$D/d>5$	1	$\approx 1/3\Delta H_0$	炭黑—苯，硅胶—碳氢化合物
（Ⅱ）微孔	$3<D/d<5$	2	$\approx 2/3\Delta H_0$	活性炭—CO_2，苯，碳氢化合物，稀有气体等
（Ⅲ）超微孔	$D/d<3$	3	$\approx\Delta H_0$	MSC—乙烷，活性炭（Columbia LC)—饱和烃

14.8.1.3 常用吸附剂的类型和性能

常用的固体吸附剂可分为极性吸附剂和非极性吸附剂两大类。极性吸附剂具有亲水性，属于极性吸附剂的有硅胶、多孔活性铝（porous alumina)、沸石等铝硅酸盐（aluminosilicate）类吸附剂。而非极性吸附剂则具有憎水性，属于非极性吸附剂的有活性炭等，这些吸附剂对油的亲和性比水强。目前，还发现了许多高分子材料对水蒸气具有良好的吸附性，这类高分子材料通常称为高分子胶（polymer gel)。

硅胶是传统的吸附除湿剂，它是硅酸的胶体溶液通过受控脱水凝结后形成的吸附剂颗粒，因为比表面积大、表面性质优异，在较宽的相对湿度范围内对水蒸气有较好的吸附特性。缺点是如果暴露在水滴中会很快裂解成粉末，失去除湿性能。硅胶由于制造方法不同，可以得到两种类型的硅胶，虽然它们具有相同的密度（真密度和堆积密度），但还是被称为常规密度硅胶和低密度硅胶。常规密度硅胶的比表面积为 750～850m^2/g，平均孔径为 22～26°A，而低密度硅胶的相应值分别为 300～350m^2/g 和 100～150°A。常规密度硅胶在 25℃下的水蒸气平衡吸附曲线见图 14-8-6，而低密度硅胶的水容量是很低的[33]。

在水蒸气分子较高的表面覆盖情况下，硅胶对水蒸气的吸附热接近水蒸气的汽化潜热。较低的吸附热使得吸附剂和水蒸气分子的结合较弱，这有利于吸附剂再生。硅胶的再生只要加热到近 150℃即可，而沸石的再生温度则为 300℃，这是因为沸石的水蒸气吸附热相当高。

根据微孔尺寸分布的不同，可把商业上常见的硅胶分为 A、B 两种，它们对水蒸气的等温吸附线也不同（图 14-8-7)。其原因是 A 型的微孔控制在 2.0～3.0nm，而 B 型控制在 7.0nm 左右。它们的内部表面积分别为 650m^2/g、450m^2/g。硅胶在加热到 350℃时，每克含有 0.04～0.06g 的化合水（combined water)，如果失去了这些水，它就不再是亲水性的了，也就失去了对水的吸附能力。A 型硅胶适用于普通干燥除湿，B 型则更适合于空气相对湿度大于 50％时的除湿[34]。

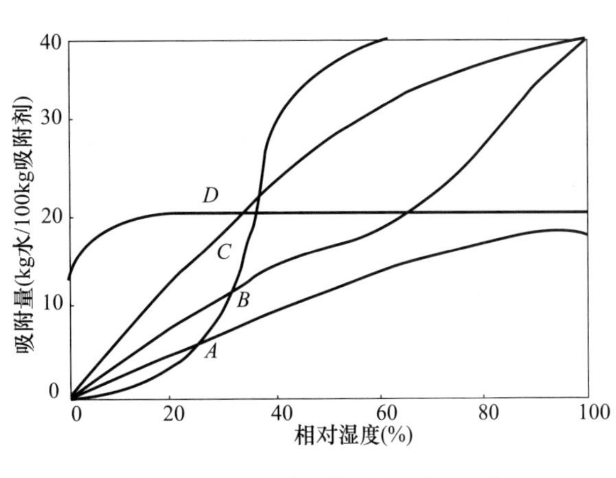

图 14-8-6　不同吸附剂在 25℃下对常压空气中水蒸气的平衡吸附曲线

A—粒状氧化铝；B—球状氧化铝；C—硅胶；D—5A 沸石；E—活性炭

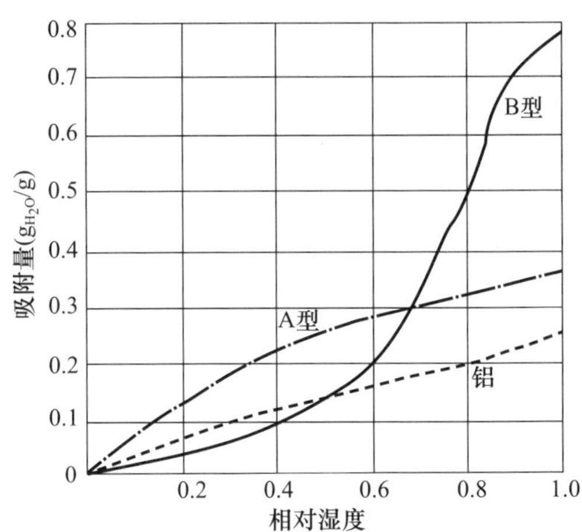

图 14-8-7　水蒸气在 A 型和 B 型硅胶及活性铝中的典型等温吸附线

活性氧化铝具有几种晶型，用作吸附剂主要是 γ—氧化铝。单位质量的比表面积在 150～500m²/g，微孔半径在 1.5～6.0nm（15～60°A），这主要取决于活性铝的制备过程。孔隙率在 0.4～0.76，颗粒密度为 0.8～1.8g/cm³。活性铝对水蒸气的等温吸附线参见图 14-8-7。与硅胶相比，活性铝吸湿能力稍差，但更耐用且成本降低一半。

沸石具有四边形晶状结构，中心是硅原子，四周包围有四个氧原子。这种规则的晶状结构使得沸石具有独特的吸附特性。由于沸石具有非常一致的微孔尺寸，因而可以根据分子大小有选择地吸收或排斥分子，故而称作“分子筛沸石”。目前商业上常用的作为吸附剂的合成沸石有 A 型和 X 型。4A 型沸石允许透过小于 4°A 的分子；而 3A 型沸石则只透过 H_2O 和 NH_3 分子。X 型沸石具有更大的透过通道，由 12 个成员环（membered rings）包围组成，通常称为 13X 型沸石。沸石分子筛与硅胶对水蒸气的平衡吸附曲线见图 14-8-8[26]。

14.8.1.4　多孔介质传质浅析

在多孔介质传质研究中，可对围绕多孔介质体内某一点 x_0 的流体参数进行平均，用在一定范围内的平均值去取代局部真值。这样的研究单元称表征体元（representative elementary volume，简称 REV），如图 14-8-9 所示。表征单元应是绕 x_0 点的一个小范围，远比整个流体区域尺寸小，但又比单个孔隙空间大得多的区域，能包含足够多的孔隙。

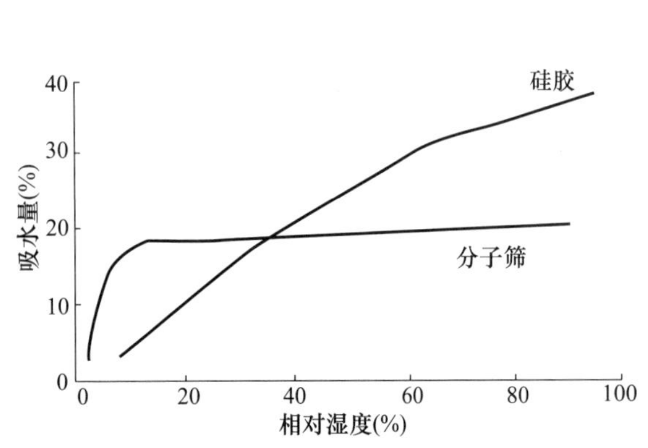

图 14-8-8　硅胶及沸石分子筛对水蒸气的典型等温吸附线

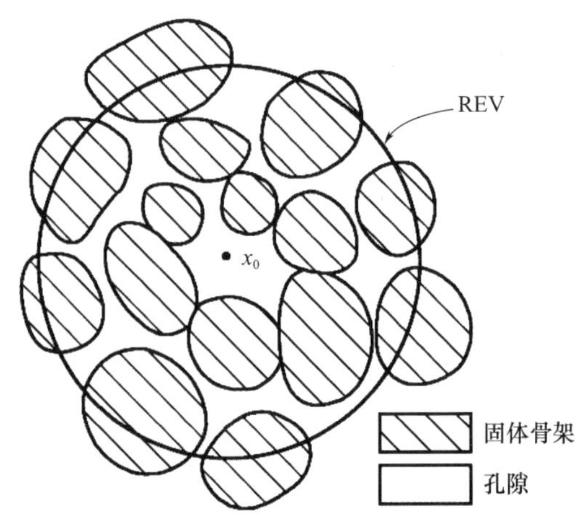

图 14-8-9　表征体元（REV）示意图

表征体元内质量扩散平衡方程为

$$\varepsilon\frac{\partial C_R}{\partial t}+(1-\varepsilon)K\frac{\partial C_R}{\partial t}=\varepsilon D_e\nabla^2 C_R \tag{14-8-24}$$

式中　ε——孔隙率；

C_R——表征体元中的气相浓度，$\mu g/m^3$；

K——表征体元骨架表面分离系数；

D_e——表征体元中有效扩散系数，m^2/s；

εD_e——多孔介质的有效扩散系数 D_p，m^2/s。

$\varepsilon\frac{\partial C_R}{\partial t}$ 反映气相浓度变化；$(1-\varepsilon)K\frac{\partial C_R}{\partial t}$ 反映吸附相浓度变化；$\varepsilon D_e\nabla^2 C_R$ 反映表征体元中的扩散传质速率。

式（14-8-24）改写成：

$$\left(1+\frac{1-\varepsilon}{\varepsilon}K\right)\frac{\partial C_R}{\partial t}=D_e\nabla^2 C_R \tag{14-8-25}$$

引入阻滞因子 $R_d=1+\frac{1-\varepsilon}{\varepsilon}K$，式（14-8-25）可写成

$$\frac{\partial C_R}{\partial t}=\frac{D_e}{R_d}\nabla^2 C_R \tag{14-8-26}$$

其中，阻滞因子 R_d 反映了吸附对材料内部的扩散造成的阻碍和延迟作用。

由于多孔介质内水蒸气浓度可以表示为 $C=\varepsilon C_R+K(1-\varepsilon)C_R$，式（14-8-26）可变为

$$\frac{\partial C}{\partial t}=D\nabla^2 C \tag{14-8-27}$$

其中：

$$D=\frac{D_e}{R_d}=\frac{D_p}{\varepsilon R_d} \tag{14-8-28}$$

D 表征多孔介质的表观传质系数，也是实验中测得的质量扩散系数。D 并不是纯粹的扩散系数，它耦合了材料内部吸附平衡的影响。因此实验所测得的质量扩散系数实际反映了多孔介质中气相扩散和骨架吸附的双重效应。

14.8.1.5　空气静态吸附除湿和动态吸附除湿

1. 干燥循环

吸附空气中水蒸气的吸附剂被称为干燥剂。干燥剂的吸湿和放湿是由干燥剂表面的蒸汽压与环境空气的蒸汽压差造成的：当前者较低时，干燥剂吸湿，反之放湿，两者相等时，达到平衡，即既不吸湿，也不放湿。图 14-8-10 显示了干燥剂吸湿量与其表面蒸汽压间的关系：吸湿量增加，表面蒸汽压也随之增加。图 14-8-11 显示了湿度对干燥剂蒸汽压的影响。当表面蒸汽压超过周围空气的蒸汽压时，干燥剂脱湿，这一过程称为再生过程。干燥剂加热干燥后，它的蒸汽压仍然很高，吸湿能力较差。冷却干燥剂，降低其表面蒸汽压使之可重新吸湿。图 14-8-12 表示了这一完整的循环过程。

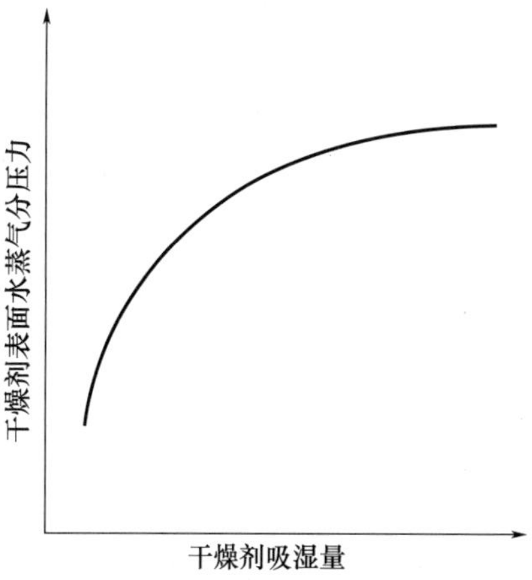

图 14-8-10　干燥剂表面水蒸气分压与其吸湿量的关系

在实际应用中，常用的空气吸附除湿基本按照上面介绍的干燥循环工作，一般有以下两种形式：空气静态吸附除湿和动态吸附除湿。

2. 静态吸附除湿

所谓静态除湿，是指吸附剂和密闭空间内的静止空气接触时，吸附空气中水蒸气的方法，也可

以说是间歇操作方法。设计的任务是选择合适的吸附剂以使密闭空间内的水分量达到要求的水分量，或计算出达到平衡的时间。

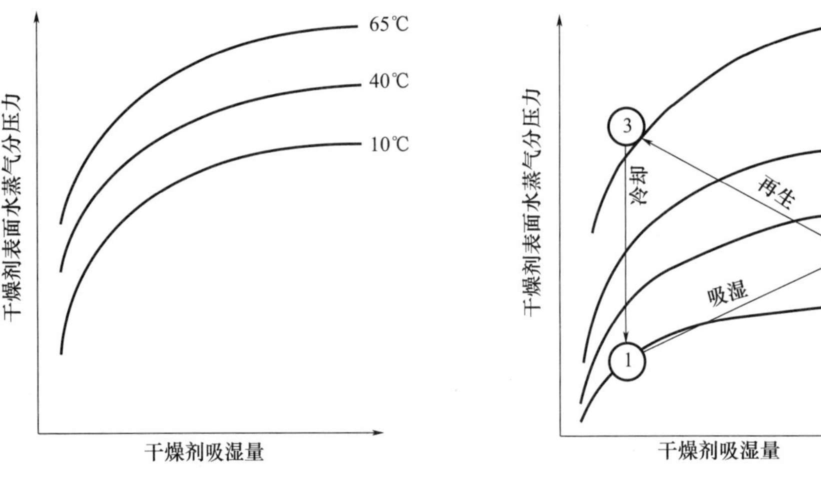

图 14-8-11　干燥剂吸湿量与水蒸气分压及温度的关系　　图 14-8-12　干燥循环示意图

已知密闭空间的容积为 V（m^3），容器内水蒸气的密度为 ρ_0（kg/m^3），将 M（kg）吸附剂放入容器后，水蒸气密度变为 ρ_1（kg/m^3）。这时取吸附量为 q（g 吸附质/g 吸附剂），若吸附剂量最初没有完全吸附任何水分，则由质量平衡可得

$$Mq=V(\rho_0-\rho_1) \tag{14-8-29}$$

该式表示达到湿平衡时 q 和水蒸气密度的关系。

若吸附剂和空间有足够大的接触面积，并且空间内的空气被充分搅拌时，则 2～4h 后即完全平衡。图 14-8-13 是接触空气处于不搅拌状态时各种吸附剂达到平衡时的时间[7]。把吸附剂的粒子放在恒温槽内，当吸附室内空气中的水分时可得到如图所示的对应于不同相等湿度的吸附曲线。吸附量达到平衡的时间与粒子大小、有无黏结剂、细孔的分布等有关，相接触的空气的流速等对它也有很大的影响。

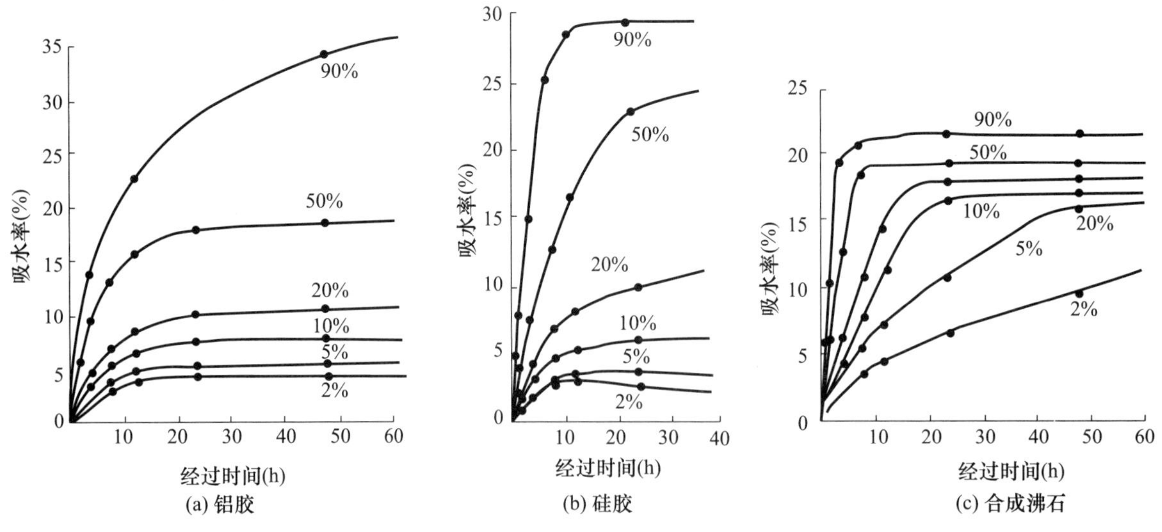

图 14-8-13　吸附剂的吸附平衡时间

实验室内经常使用的干燥器的形状如图 14-8-14 所示。在做铝胶和硅胶的吸水性能实验时，将在各种湿度下能够调节平衡的稀硫酸放入干燥器底部，被测的吸附剂放在密闭的干燥器内，这样吸附剂就不受室外空气湿度的影响。若每隔一段时间取出吸附剂并称重，即可得到如图 14-8-12 所示的吸水率曲线。

要使密闭容器内水蒸气密度从初始时的 ρ_0（kg/m³）降为 ρ_1（kg/m³），所需的吸附剂量 M（kg）可从式（14-8-29）整理求出

$$M=\frac{V(\rho_0-\rho_1)}{q_0} \tag{14-8-30}$$

式中，若代入从吸附平衡曲线求出的与 ρ_1 相应的吸附量 q_0 后，就能求出必需的吸附剂量。而当存在外部渗透水分时，则可用下式计算 M

图 14-8-14　干燥器

$$M=\frac{(\rho_0-\rho_1)(V-v)+(M_1-M_2)W+R}{q_0} \tag{14-8-31}$$

式中　ρ_0——容器内的初始水蒸气密度，kg/m³；

ρ_1——放入吸附剂后的水蒸气密度，kg/m³；

V——容器内容积，m³；

v——干燥物的体积，m³；

M_1——干燥物含水量，kg/kg；

M_2——干燥物要求的含水量，kg/kg；

W——干燥物的总质量（干），kg；

R——在某段时间内，从容器外渗透到容器内的水分量，kg；

q_0——与放入吸附剂后容器内相等湿度对应的平衡水分含量，kg。

【例 14-20】 在夏天 40℃室外气温条件下，为了保护停用锅炉的内壁，必须使其内壁露点温度保持在 5℃以下，问需要放置多少吸附剂（锅炉容积 V 为 10m³，R 为 8kg）?

【解】 查焓温图可得：$\rho_0=53.7\times10^{-3}$kg/m³，$\rho_1=6.80\times10^{-3}$kg/m³。q_0 为相对湿度为 30%时硅胶的平衡吸湿量，等于 0.17kg/kg。又已知 $V=10$m³，$R=8$kg。

根据题意由公式（14-8-31）得

$$M=\frac{(\rho_0-\rho_1)V+R}{q_0}=\frac{(53.7-6.80)\times10^{-3}\times10+8.0}{0.17}\approx50\text{kg}$$

因此需要放入 50kg 吸附剂。

【例 14-21】 为了使电气设备的性能处于稳定状态，必须除去晶体管镇流器内部附着的水蒸气，此时选用哪一种吸湿剂好？为什么？下表是各种吸湿剂能够达到的干燥度限值。

表 1　例 14-21 干燥剂的性能比较表

干燥剂	被干燥的空气中的残留水分（mg/L）	露点温度（℃）
BaO	0.0006	−91
4A 沸石	0.0008	−90
P_2O_4	0.001	−89

续表

干燥剂	被干燥的空气中的残留水分（mg/L）	露点温度（℃）
Mg（ClO_4）$_2$	0.002	−85
CaO	0.003	−84
无水 $CaSiO_4$	0.005	−79
Al_2O_3	0.005	−79
矾土	0.005	−79
硅胶	0.030	−67

【解】晶体管内部的水分是分子级的，如不把它除去，晶体管的性能就不稳定。干燥晶体管时要求干燥剂对金属无腐蚀，并且要求容易成型，吸湿后容易再生，因此使用分子筛（合成沸石）作为干燥剂为宜。

3. 动态吸附除湿

（1）吸附原理和装置

动态吸附除湿法是让湿空气流经吸附剂的除湿方法。与静态吸附除湿法相比，动态吸附除湿所需的吸附剂量较少，设备占地面积也小，花费较少的运转费就能进行大空气流量的除湿。利用某些固体吸附剂可以制成固体除湿器，以控制空气的露点温度或相对湿度。

如前所述，一个完整的干燥循环由吸附过程、脱附过程或称再生过程以及冷却过程构成。吸附剂的再生方式分为以下四类。

①加热再生方式（thermal swing system）。供给吸附质脱附所需的热量。

②减压再生方式（pressure swing system）。用减压手段降低吸附分子的分压，改变吸附平衡，实现脱附。

③使用清洗气体的再生方式（purge gas stripping system）。借通入一种很难被吸附的气体，降低吸附质的分压，实现脱附。

④置换脱附再生方式（displacement stripping system）。用具有比吸附质更强的选择吸附性物质来置换而实现脱附。

实际应用中，①、③方式组合的再生加热方式用得最多，②、③组合的非加热再生方式用得也较多。但只有当压力为 4～6 个大气压的空气除湿时才采用非加热再生法。

按照除湿的方式可分为冷却除湿和绝热除湿，冷却除湿是在除湿的同时通过冷却水或空气将吸附热带走，保持近似等温除湿；而绝热除湿则近似等焓过程，即被除湿的处理气流含湿量降低的同时，温度会升高，气流的焓值基本不变。

选择吸附剂的标准是要求空气压力损失小，具有适当的强度不致粉末化、具有足够大的吸附容量，还希望吸附剂粒水分的移动速度快，以便能尽快地达到平衡状态。反复加热再生后，吸附剂受热劣化，吸湿性能降低。此外，大气中的油分等附着在吸附剂粒表面上并且炭化，也是妨碍吸附的主要原因。因此在设计时预先要增加一些考虑劣化量的吸附剂填充量。

固体除湿器按工作方式不同，可分为固定式和旋转式。固定式如吸附塔采用周期性切换的方法，保证一部分吸附剂进行除湿过程，另一部分吸附剂同时进行再生过程。旋转式则是通过转轮的旋转，使被除湿的气流所流经的转轮除湿器的扇形部分对湿空气进行除湿，而再生气流流过的剩余扇形部分同时进行吸附剂的再生。被除湿的处理气流和再生气流一般逆流流动。转轮式除湿器可以连续运作、操作简便、结构紧凑、易于维护，所以在空调领域常被应用（见图 14-8-15）。

（2）吸附法处理空气的优点

空调领域大量采用表冷器除湿，这种除湿法虽有其独特的优点，但也有一些缺点：仅为降低空

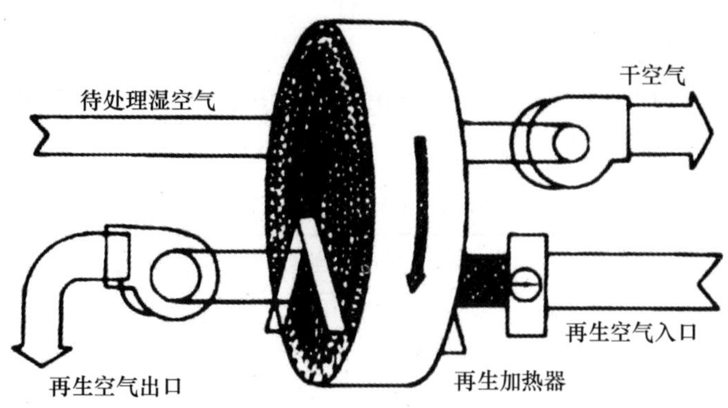

图 14-8-15　转轮除湿机

气温度，冷媒温度无需很低，但为了除湿，冷媒温度须较低，一般为 7～12℃，从而降低了制冷机的 *COP*，而且由于除湿后的空气温度过低，往往还需将空气加热到适宜的送风状态；由于冷媒温度较低，使一些直接利用自然冷源的空调方式无法应用（如利用深井水作冷源，其温度在 15℃左右）。这些缺点使其不仅浪费了能源，还增加了对环境的污染。此外，传统空调系统中表冷器产生的冷凝水易产生霉菌，会影响室内空气质量。

利用吸附材料降低空气中的含湿量，是除湿技术中一种常用的方法，具有许多不同于其他除湿方式（如低温露点除湿、加压除湿）的优点，吸附除湿既不需要对空气进行冷却，也不需要对空气进行压缩。另外吸附除湿噪声低且可以得到很低的露点温度。

14.8.2　吸收剂处理空气的原理和方法①

14.8.2.1　吸收现象简介

气体吸收（absorption）是用适当的液体吸收剂来吸收气体或气体混合物中的某种组分的一种操作过程。例如，用溴化锂水溶液来吸收水蒸气，用水来吸收氨气等。这一类的吸收，一般认为化学反应无明显影响，可当作单纯的物理过程处理，通常称为简单吸收或物理吸收。在物理吸收过程中，吸收所能达到的极限，取决于在吸收条件下的气液平衡关系。气体被吸收的程度，取决于气体的分压力。在实际应用中通过控制吸收剂的温度、浓度来调整其吸收能力。

液体除湿剂（liquid desiccant）是吸收剂中的一个分类，对水蒸气有很强的吸收能力。利用液体除湿剂除湿，是空气处理过程中常用的方法之一。除湿剂吸收大量水蒸气后，浓度降低，吸湿能力下降，为循环使用，需将稀溶液加热使水分蒸发，从而完成溶液的浓缩再生过程。

14.8.2.2　液体除湿剂的类型和性能

在液体除湿剂为循环工质的除湿空调系统中，除湿剂的特性对于系统性能有着重要的影响，直接关系到系统的除湿效率和运行情况。所期望的除湿剂特性如下。

（1）相同的温度、浓度下，除湿剂表面蒸汽压较低，使得与被处理空气中水蒸气分压力之间有较大的压差，即除湿剂有较强的吸湿能力。

（2）除湿剂对于空气中的水分有较大的溶解度，这样可提高吸收率并减小液体除湿剂的用量。

（3）除湿剂在对空气中水分有较强吸收能力的同时，对混合气体中的其他组分基本不吸收或吸收甚微，否则不能有效实现分离。

（4）低黏度，以降低泵的输送功耗，减小传热阻力。

（5）高沸点，高冷凝热和稀释热，低凝固点。

（6）除湿剂性质稳定，低挥发性，低腐蚀性，无毒性。

（7）价格低廉，容易获得。

---

① 本节选自《建筑环境传质学》（中国建筑工业出版社，2006）

以下简单介绍液体除湿空调系统中常用的除湿剂。

1. 常用液体除湿剂种类

在空气调节工程中，常用的液体除湿剂有溴化锂溶液、氯化锂溶液、氯化钙溶液、乙二醇、三甘醇等，表 14-8-4 是常用液体除湿剂的性能[35]。下面对其中一些液体除湿剂作一简单介绍。

表 14-8-4　常用的液体除湿剂

除湿剂	常用露点（℃）	浓度（%）	毒性	腐蚀性	稳定性	用途
氯化钙溶液	−3 ～ −1	40 ～ 50	无	中	稳定	城市燃气除湿
氯化锂溶液	−10 ～ 4	30 ～ 40	无	中	稳定	空调、杀菌、低温干燥
溴化锂溶液	−10 ～ 4	45 ～ 65	无	中	稳定	空调、除湿
二甘醇	−15 ～ −10	70 ～ 90	无	小	稳定	一般气体除湿
三甘醇	−15 ～ −10	80 ～ 96	无	小	稳定	空调、一般气体除湿

（1）三甘醇。三甘醇是最早用于液体除湿系统的除湿剂，但由于它是有机溶剂，黏度较大，在系统中循环流动时容易发生停滞，黏附于孔洞系统的表面，影响系统稳定工作，而且二甘醇、二甘醇等有机物质易挥发，容易进入空调房间，对人体造成危害，上述缺点限制了它们在液体除湿空调系统中的应用，近来已逐渐被金属卤盐溶液所取代。

图 14-8-16 为三甘醇溶液浓度—蒸汽压曲线。

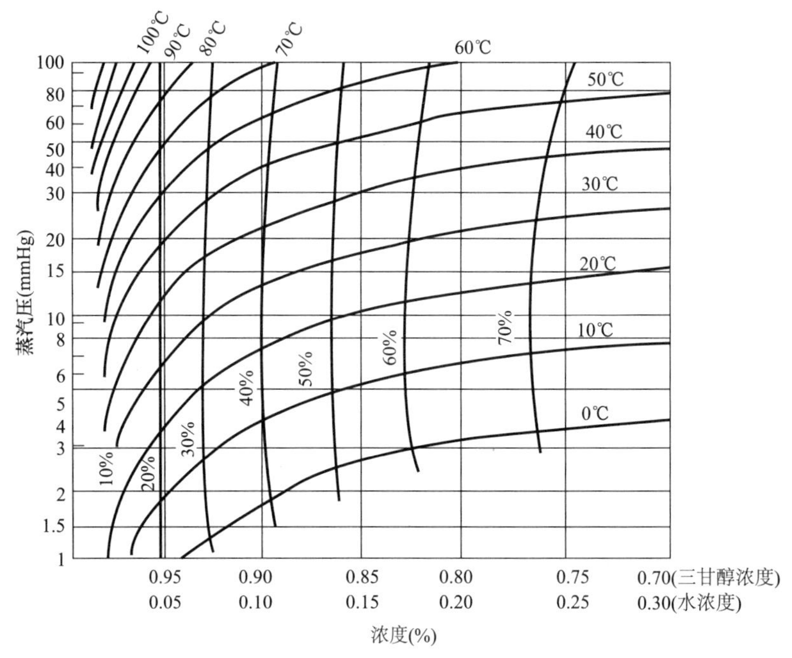

图 14-8-16　三甘醇溶液浓度—蒸汽压曲线

（2）溴化锂溶液。溴化锂是一种稳定的物质，在大气中不变质、不挥发、不分解、极易溶于水，常温下是无色晶体，无毒、无臭、有咸苦味，其特性见表 14-8-5。溴化锂极易溶于水，20℃时食盐的溶解度为 35.9g，而溴化锂的溶解度是其 3 倍左右。溴化锂溶液的蒸汽压，远低于同温度下水的饱和蒸汽压（见图 14-8-17），这表明溴化锂溶液有较强的吸收水分的能力。溴化锂溶液对金属材料的腐蚀，比氯化钠、氯化钙等溶液要小，但仍是一种有较强腐蚀性的介质。60％～70％浓度范围的溴化锂溶液在常温下就结晶，因而溴化锂溶液浓度的使用范围一般不超过 70％。

表 14-8-5　溴化锂的特性

分子式	相对分子量	密度（kg/m^3）（25℃）	熔点（℃）	沸点（℃）
LiBr	86.856	3464	549	1265

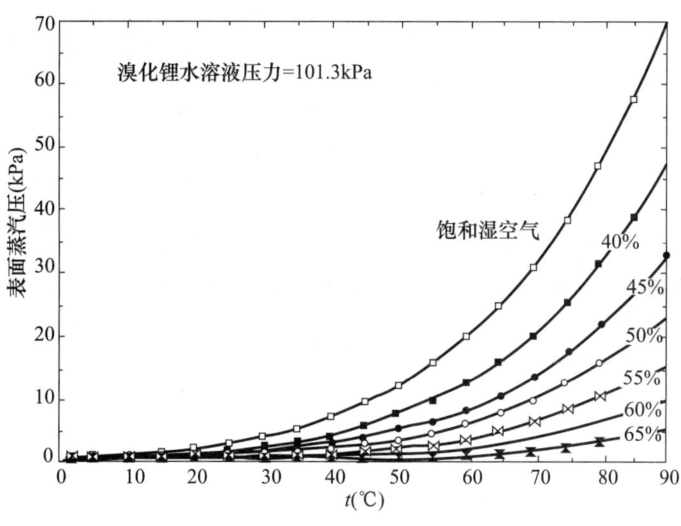

图 14-8-17　溴化锂水溶液的表面蒸汽压

（3）氯化锂溶液。氯化锂是一种白色、立方晶体的盐，在水中溶解度很大。氯化锂水溶液无色透明，无毒无臭，黏性小，传热性能好，容易再生，化学稳定性好。在通常条件下，氯化锂溶质不分解，不挥发，溶液表面蒸汽压低（见图 14-8-18），吸湿能力大，是一种良好的吸湿剂。氯化锂溶液结晶温度随溶液浓度的增大而增大，在浓度大于 40％时，氯化锂溶液在常温下即发生结晶现象，因此在除湿应用中，其浓度宜小于 40％，氯化锂溶液的性质见表 14-8-6。氯化锂溶液对金属有一定的腐蚀性，钛和钛合金、含铝的不锈钢、镍铜合金、合成聚合物和树脂等都能承受氯化锂溶液的腐蚀。

（4）氯化钙溶液。氯化钙是一种无机盐，具有很强的吸湿性，吸收空气中的水蒸气后与之结合为水化合物。无水氯化钙白色，多孔，呈菱形结晶块，略带苦咸味，熔点为 772℃，沸点为 1600℃，吸收水分时放出溶解热、稀释热和凝结热，但不产生氯化氢等有害气体，只有在 700～800℃高温时才稍有分解。氯化钙溶液仍有吸湿能力，但吸湿量显著减小。氯化钙价格低廉，来源丰富，但氯化钙水溶液对金属有腐蚀性，其容器必须防腐。图 14-8-19 是氯化钙溶液的表面蒸汽压图。

2. 卤盐溶液性质比较

以上两种除湿溶液存在以下共性：盐的沸点比水高得多，在汽相中实际上只有水蒸气；溶液的表面蒸汽压是温度和浓度的函数，表面蒸汽压随着温度的升高和浓度的降低而增大，除湿能力随之降低；盐的溶解度是有限的，会出现结晶现象；盐溶液对常见金属具有腐蚀性，尤其在开式系统下，防腐问题必须得到充分的重视。

通过以上三种卤盐溶液的表面蒸汽压—温度图的比较（图 14-8-17～图 14-8-19），可以得出：在相同的温度和浓度下，氯化锂溶液的表面蒸汽压最低；但溴化锂溶液的溶解度大于氯化锂，因而可以使用浓度较大的溶液，以获得较低的表面蒸汽压。虽然氯化钙的价格低廉（价格只有氯化锂的几十分之一），但溶液的表面蒸汽压较大，而且它的溶解性不好，黏度大，长期使用会有结晶现象发生，除湿性能随着入口空气参数和溶液浓度发生很大的变化。目前，文献［36］中也有关于混合溶液的研究，把一定浓度配比的氯化锂溶液和氯化钙溶液或溴化锂溶液和氯化钙溶液混合，以期在除湿性能和经济性上取得平衡。

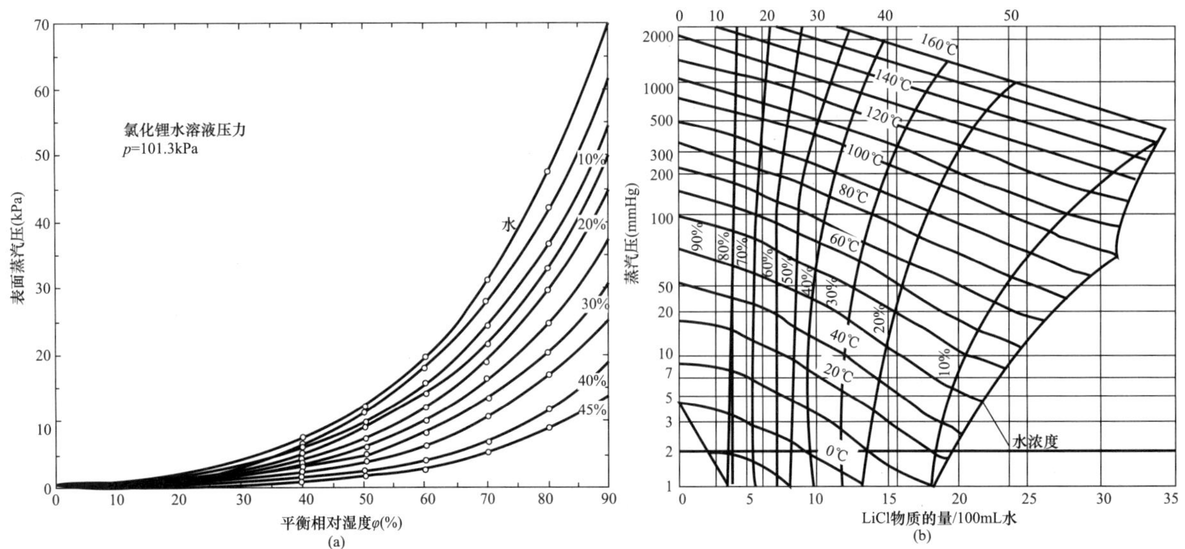

图 14-8-18　LiCl 溶液的表面蒸汽压

表 14-8-6　氯化锂的特性

分子式	相对分子量	密度（kg/m³）（25℃）	熔点（℃）	沸点（℃）
LiCl	42.4	2070	614	1360

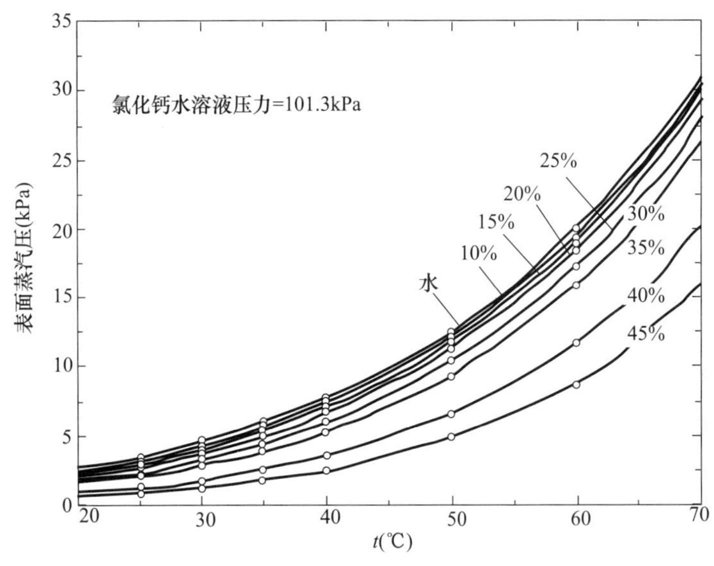

图 14-8-19　$CaCl_2$ 溶液的表面蒸汽压

溴化锂、氯化锂等盐溶液虽然具有一定的腐蚀性，但塑料等防腐材料的使用，可以防止盐溶液对管道等设备的腐蚀，而且成本较低，另外盐溶液不会挥发到空气中影响、污染室内空气，相反还具有除尘杀菌功能，有益于提高室内空气品质，所以盐溶液成为优选的液体除湿剂。

14.8.2.3　吸收剂处理空气的机理

1. 除湿剂的表面蒸汽压

由于被处理空气的水蒸气分压力与除湿溶液的表面蒸汽压之间的压差是水分由空气向除湿溶液传递的驱动力，因而除湿溶液表面蒸汽压越低，在相同的处理条件下，溶液的除湿能力越强，与所接触的湿空气达到平衡时，湿空气具有更低的相对湿度。

理想溶液的性质符合拉乌尔定律[37]，其表面蒸汽压随溶剂的物质的量百分数呈线性变化

$$p=p^0 x_1 \tag{14-8-32}$$

式中　p——溶剂的蒸汽分压；

p^0——纯溶剂在溶液的温度和压力下的蒸汽压力；

x_1——溶剂的物质的量百分数。

实际应用的除湿剂绝大多数是非理想溶液，其性质偏离拉乌尔定律，可用活度系数来描述实际溶液与理想溶液的偏差。如果活度系数小于 1，则溶液相对理想溶液而言存在负偏差，溶液的表面蒸汽压低于同条件下的理想溶液表面蒸汽压，溶液具有更强的除湿能力。

图 14-8-20 是在温度为 25℃时，溴化锂、氯化锂和氯化钙溶液中溶剂的活度系数随溶液质量浓度的变化情况。三种除湿溶液均偏离拉乌尔定律，而且是负偏差，随着浓度的增大，活度系数逐渐减小，越发偏离理想溶液的性质。氯化钙和氯化锂溶液的使用浓度范围大致相同，相同质量浓度和温度条件下，氯化锂溶液的活度系数低于氯化钙溶液，因而氯化锂溶液的除湿能力较强。溴化锂溶液可以使用的浓度范围高于前两者，随着溶液浓度的增加，活度系数迅速降低，溶液的表面蒸汽压也逐渐降低。

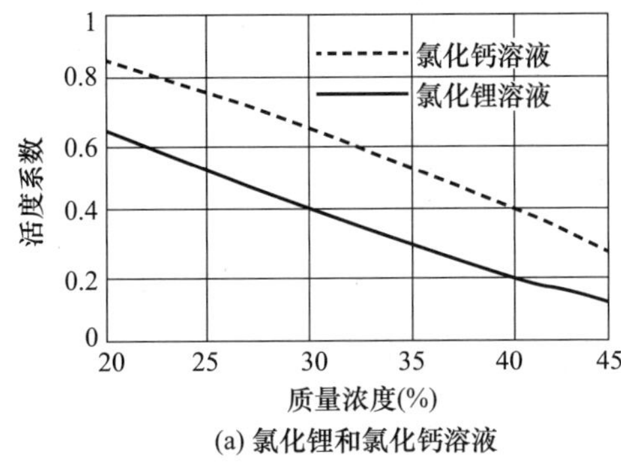

(a) 氯化锂和氯化钙溶液

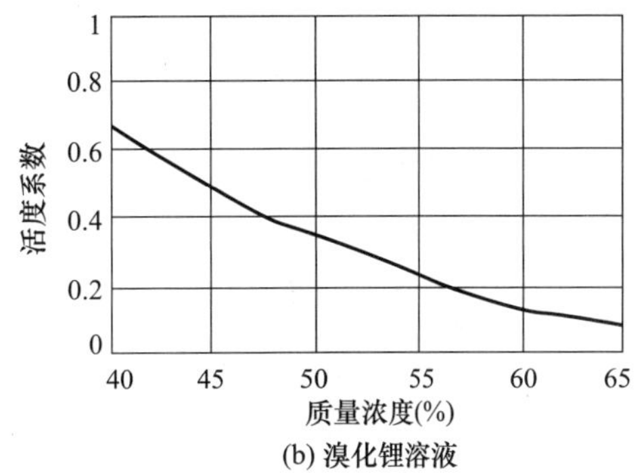

(b) 溴化锂溶液

图 14-8-20　常用除湿溶液溶剂活度系数

2. 典型的吸湿一再生过程分析

图 14-8-21 显示了一种典型的吸湿—再生过程中除湿剂在湿空气性质图上的变化过程，溴化锂溶液的等浓度线与湿空气的等相对湿度线基本重合。1—2 是溶液的吸湿过程，溶液和湿空气直接接触，由于溶液的表面蒸汽压小于湿空气的水蒸气分压力，水蒸气就从空气向溶液转移，同时水蒸气的凝结潜热大部分也被溶液吸收。为了抑制溶液温升、保持除湿剂的吸湿能力，一般采用冷却的方式带走释放的潜热或者采用较大的溶液流量；溶液吸收水蒸气后，浓度变小，而空气湿度达到要求后一般需进一步降温处理再送入室内。2—3—4 是溶液的再生过程。溶液被低压蒸汽或热水等加热，当溶液表面蒸汽压大于空气的水蒸气分压力时，溶液中的水分蒸发到空气中，溶液被浓缩再生。再生过程所需能量包括三部分：加热除湿剂使得其表面蒸汽压高于周围空气的水蒸气分压力所需的热量（2—3）；所含水分蒸发过程所需的汽化潜热（3—4）；溶质析出所需的热量，比水的汽化潜热小，由溶液性质决定。4—1 是溶液的冷却过程，所需能量取决于除湿剂的质量、比热以及再生后和冷却到重新具有吸收能力之间的温差。通常为在 2—3 的加热过程和 4—1 的冷却过程之间增加换热器，对进入再生器的较冷的稀溶液和流出再生器的较热的浓溶液进行热交换，回收一部分热量，可提高再生器的工作效率。一般在溶液系统中，除了风机、水泵等输配系统的能耗外，所需投入的能量主要是用于满足除湿剂再生的要求。

14.8.2.4　影响吸收的主要因素

1. 除湿器的结构

在以吸收剂为循环工质的空调系统中，除湿器是最重要的部件之一。为了增大传热传质及减小除湿器的压降，国内外不少文献中对除湿器的结构进行了细致的研究[38-41]。目前应用较多的有绝热型与内冷型两种结构的除湿器，参见图 14-8-22。

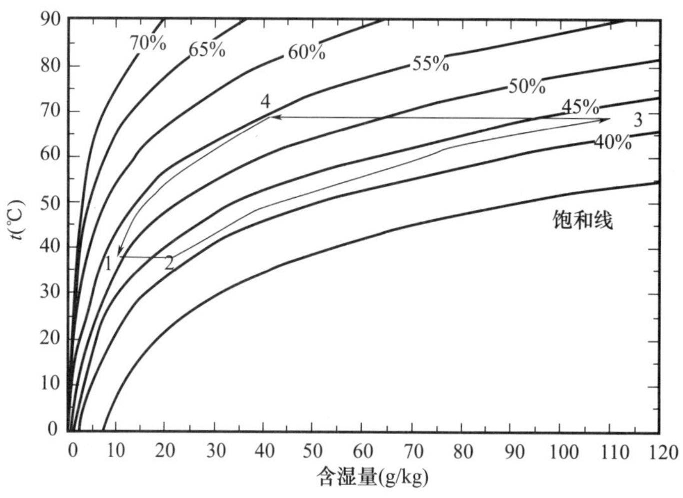

图 14-8-21　典型吸湿—再生循环示意图

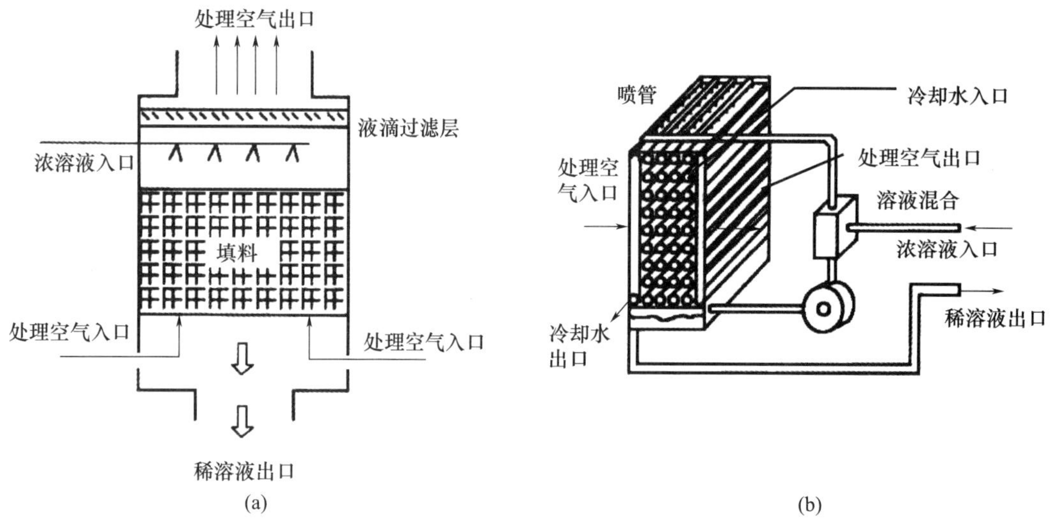

图 14-8-22　开式绝热型除湿器和内冷型除湿器示意图

绝热型除湿器一般采用填料喷淋方式，它具有结构简单和比表面积大等优点。除湿溶液吸收空气中的水蒸气后，绝大部分水蒸气的凝结潜热进入溶液，使得溶液的温度显著升高。与此同时，溶液表面蒸汽压也随之升高，导致溶液的吸湿能力下降。如果此时将溶液重新浓缩再生，由于溶液浓度变化太小会使得再生器的工作效率很低，同时也不能实现高效蓄能。以溴化锂溶液为例，当 1kg 溴化锂溶液吸收 5g 水蒸气时，温度升高 5～6℃，而此时浓度变化约为 0.25％（溶液的进口浓度不同，变化值稍有差异）。为解决这个问题，目前常见的做法之一是使用带内冷型的除湿器，利用冷却水或冷却空气（都不与被处理空气直接接触）将除湿过程放出的热量带走，以维持溶液的吸湿能力，这样溶液除湿前后的浓度变化较大。

基于以上原因，有学者提出了一种新型的除湿器结构[42]，结合了以上两种形式的优点。它采用分级除湿的方法，即每一级内为绝热除湿过程，可采用较大的溶液流量，使得空气含湿量和溶液浓度均变化较小；级间增加冷却装置，除湿后温度较高的溶液在流入下一级之前被冷却水冷却，重新恢复吸湿的能力。级间的溶液流量比级内的溶液循环流量大约小一个数量级，较小的级间流量使得各级之间保持一定的浓度差，经过多级除湿后溶液的浓度变化也较大，充分利用了溶液的化学能。

【例 14-22】下图是一个单级的除湿器，上半部分喷水，下半部分喷洒溶液，利用水分蒸发冷却产生的冷量带走溶液吸湿产生的热量。空气与溶液的进口参数如图所示，蒸发冷却过程传热传质效率为

0.7，吸湿过程传热传质效率为 0.6，水—溶液换热器效率为 0.8。请计算空气和溶液的出口参数。

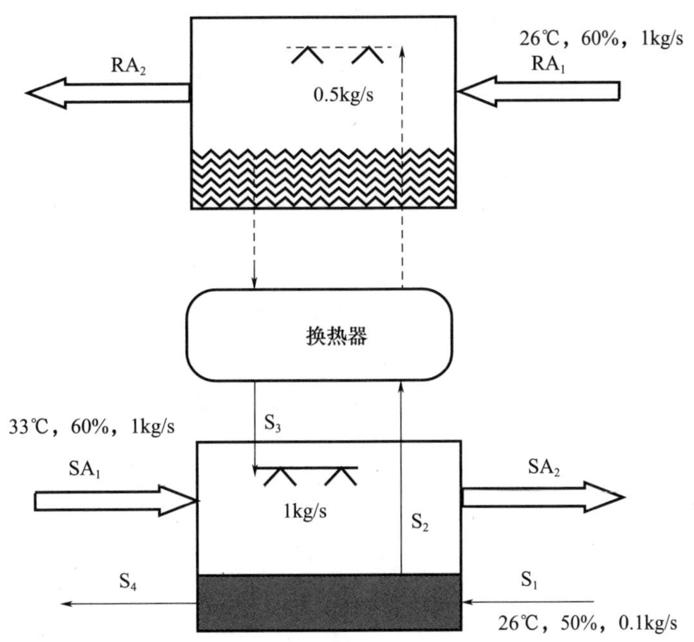

例 14-22　单级除湿器流体状态变化图

【解】 首先对除湿器工作原理进行分析。浓溶液（S_1）进入除湿器底部的溶液槽，与稀溶液（S_4）混合后（S_2）由溶液泵输送到换热器中和冷却水进行热交换，溶液温度降低，浓度不变（S_3），然后喷淋下来，与进口空气（SA_1）进行热质交换，由于溶液表面水蒸气分压力较低，使得空气中的水蒸气向溶液表面扩散。经过这一过程，空气含湿量减小，温度降低（SA_2），而溶液吸收水蒸气及其潜热后温度升高，浓度减小（S_4），回到溶液槽中，部分溶液（S_4）流入下一级溶液槽。冷却水（W_1）经过换热器被加热后（W_2）送到直接蒸发冷却器顶部喷淋，与排风（RA_1）进行热湿交换，水温降低，排出热湿空气（RA_2）。

由以上分析可知，除湿过程中溶液共有四种状态，每种状态包括温度和浓度两个参数，送回风各有进出口两种状态，每种状态包括温度和含湿量两个参数，冷却水有进出口两种状态，只有一个温度参数。因此整个模型中共有 18 个状态参数。另外还有 5 个流量参数，包括溶液级间流量、溶液循环流量、送风流量、回风流量和冷却水流量。以上变量中，已知量包括流量（5 个），送风进口参数（2 个），回风进口参数（2 个），溶液进口参数（2 个），共 11 个，另外 12 个变量未知。可列出以下 12 个方程对模型求解。

浓溶液和稀溶液混合应遵守能量守恒和溶质质量守恒，如下面两式所示。其中：r 为混合比例系数，即溶液级间流量和循环流量的比值。

$$i_{s,2}=ri_{s,1}+(1-r)i_{s,4} \tag{a}$$

$$\rho_2=r\rho_1+(1-r)\rho_4 \tag{b}$$

溶液和冷却水进行热交换，溶液的浓度不变，参见式（c）。在换热过程中，根据能量守恒关系式，可以得到冷却水的出口温度，参见式（d）。水—溶液换热器的换热效率的定义关系式见式（e）。

$$\rho_3=\rho_2 \tag{c}$$

$$t_{w,2}=t_{w,1}-\frac{(i_{s,3}-i_{s,2})F_s}{c_{p,w}F_w} \tag{d}$$

$$\varepsilon=\frac{t_{s,in}-t_{s,out}}{t_{s,in}-t_{w,in}} \tag{e}$$

溶液和空气及水和空气进行热湿交换，遵守能量守恒和质量守恒关系式，参见式（f）与（g）。

热质交换过程的传热传质效率与质量传递效率分别见式（h）与（i）。

$$i_{s,4}=i_{s,3}-\frac{(i_{sa,2}-i_{sa,1})F_{sa}}{F_s} \tag{f}$$

$$\rho_4=\frac{\rho_1 F_s}{F_s+(\omega_{sa,2}-\omega_{sa,1})F_{sa}} \tag{g}$$

$$\varepsilon_h=\frac{i_{sa,in}-i_{sa,out}}{i_{sa,in}-i_{s,equ,in}} \tag{h}$$

$$\varepsilon_\omega=\frac{\omega_{sa,in}-\omega_{sa,out}}{\omega_{sa,in}-\omega_{s,equ,in}} \tag{i}$$

同理，可定义直接蒸发冷却器中水和空气接触热质交换的传热效率和传质效率，分别见式（j）与（k）。根据直接蒸发冷却器中的能量守恒关系，可以得到冷却水的出口温度，参见式（l）。

$$\varepsilon'_h=\frac{i_{sa,in}-i_{sa,out}}{i_{sa,in}-i_{s,equ,in}} \tag{j}$$

$$\varepsilon'_\omega=\frac{\omega_{ra,in}-\omega_{ra,out}}{\omega_{ra,in}-\omega_{w,equ,in}} \tag{k}$$

$$t_{w,2}=t_{w,1}-\frac{(i_{ra,1}-i_{ra,2})F_{ra}}{c_{p,w}F_w} \tag{l}$$

式中 i——焓，kJ/kg；

w——含湿量，kg/kg；

t——温度，℃；

ρ——溶液浓度，%；

F——质量流量，kg/s；

c_p——热容量，kJ/(kg·℃)；

下标 s、sa、ra、w——分别代表溶液、送风、回风、冷却水；

下标 equ——与溶液或水处于平衡状态。

对以上方程进行求解可得，空气出口温度为 31.2℃，相对湿度 47%，溶液浓度为 42.4%，温度为 28.3℃。以上说明了单级除湿器的模型建立过程及求解，多级过程与之非常类似，只是上级的出口成了下一级模型的进口，每一级可列的方程和未知数的个数相同，可仿照单级模型求解。

2. 除湿剂的选择

根据前面介绍的溶液的性质以及热质交换过程的基本原理，可以看出溶液的表面蒸汽压是其重要的物性参数，直接影响溶液除湿的效果。在相同的冷却温度下，为了增强除湿溶液的效果，宜选择表面蒸汽压较低的除湿剂。

溶液的吸收热也是影响吸湿的一个因素。溶液在除湿过程中，会不断释放出吸收热，如果不采取有效的降温措施，将会导致溶液的温度不断升高，影响溶液的除湿效果，所以宜选择吸收热较小的除湿剂。吸收热可用克拉伯龙—克劳修斯（Clapeyron-Clausius）公式进行计算[42]。

$$q_T=RT^2\frac{\partial \ln p}{\partial T}\bigg|_b \tag{14-8-33}$$

式中 q_T——等温吸附量，kg 吸附质/kg 吸附剂；

R——水蒸气气体常数，kJ/(kg·K)；

b——吸附量，为常数。

图 14-8-23 是溴化锂溶液的吸附热曲线，随着溴化锂溶液浓度的增大，吸附热显著增加。溴化锂溶液的吸附热大于水蒸气的汽化潜热。

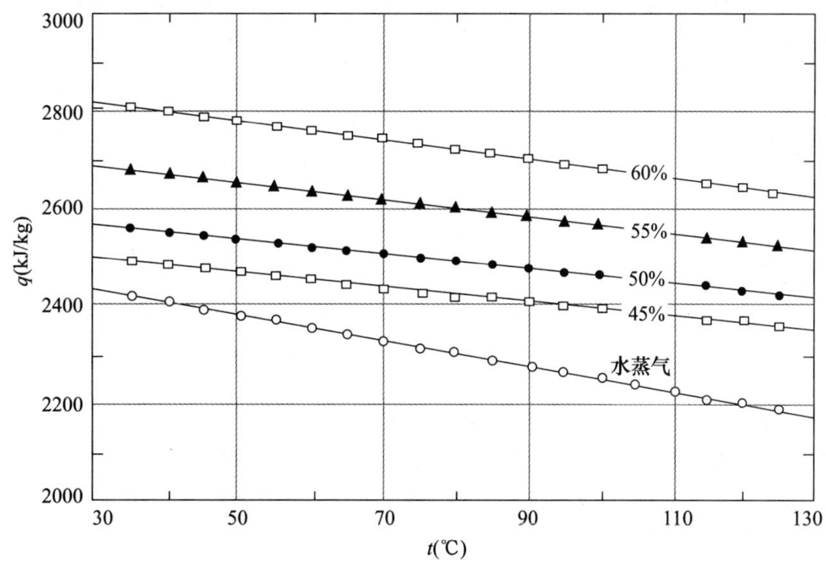

图 14-8-23　不同质量百分比的溴化锂溶液的吸收热

参考文献

[1] KAY W M，CRAWFORD M E. Convective Heat and Mass Transfer [M]. 2nd ed. McGraw-Hill，1980.

[2] KAYS W M，CRAWFORD M E，WEIGAND B. 对流传热与传质 [M]. 4 版．赵镇南，译．北京：高等教育出版社，2007.

[3] МИХЕЕВ М А. Теплопередачаи Тепловое Моделирование Изд-Во [М]. АН. СССР，1959.

[4] INCROPERA F P，DEWITT D P，BERGMAN T L，et al. 传热和传质基本原理 [M]. 葛新石，叶宏，译．北京：化学工业出版社，2007.

[5] 杨世铭，陶文铨．传热学 [M]. 4 版．北京：高等教育出版社，2006.

[6] ROHSENOW W M，HARTNETT J P. Handbook of Heat Transfer [M]. 2nd ed. McGraw-Hill，1985.

[7] Advances in Heat Transfer [J]. 1970，6：503.

[8] SCHLICHTING H. Boundary Layer Theory [M]. 7th ed. McGraw-Hill，1979.

[9] Advances in Heat Transfer [J]. 1972，8.

[10] 钱滨江，伍贻文．简明传热手册 [M]. 北京：高等教育出版社，1984.

[11] 卡里卡 B V，戴斯蒙德 R H. 工程传热学 [M]. 刘吉萱，译．北京：人民教育出版社，1983.

[12] MCADAMS W H. Heat Transmission [M]. 3rd ed. McGraw-Hill，1954.

[13] HOLMAN J P. Heat Transfer [M]. 10th ed. McGraw-Hill，Companies Inc，2011.

[14] 凯斯 W M，伦敦 A L. 紧凑式换热器 [M]. 宣益民，译．北京：科学出版社，1997.

[15] 威尔蒂 J R. 工程传热学 [M]. 任泽霈，等，译．北京：人民教育出版社，1982.

[16] LIENHARD J H. Heat Transfer Textbook [M]. 4th ed，2011.

[17] 任泽霈．对流换热 [M]. 北京：高等教育出版社，1998.

[18] Advances in Heat Transfer [J]. 1973，9.

[19] INCROPERA F P，DEWITT D P，BERGMAN T L，et al. Fundamentals of Heat Transfer and Mass Transfer [M]. 6th ed. John Wiley&Sons，2007.

[20] 科利尔 J G. 对流沸腾和凝结 [M]. 魏先英，译．北京：科学出版社，1982.

[21] 尾花英朗．热交换器设计手册 [M]. 徐忠权，译．北京：石油工业出版社，1981.

[22] NUKIYAMA S. Maximum and minimum values of heat q transmitted from metal to boiling water under atmopheric pressure [J]. J. Soc. Mech. Eng. Jpn，1934 (37)：53-54，367-374.

[23] 伊萨琴科 B П. 传热学 [M]. 王丰，译．北京：高等教育出版社，1987.

[24] 林瑞泰．沸腾传热 [M]. 北京：科学出版社，1988.

[25] BRUNAUER S，EMMETT P H，TELLER E J. Am Chem Soc [J]. 1938，60：309-311.

[26] MOTOYUKI S. Adsorption Engineering [M]. Tokyo and Elsevier Sci Publishers B V，Amsterdam，1990.

[27] LANGMUIR I. The adsorption of gases on plane surfaces of glass，mics，and platinum [J]. J. Am. Chem. Soc，1918，40：1361-1403.

[28] FOWLER，R H，GUGGENHEIM E A. Statistical Thermodynamics [M]. Cambridge：Cambridge University Press，1939.

[29] POLANYI M. Verh Deut Chem [J]. 1914（106）：57.

[30] BERENYI M Z. Physik Chimie [J]. 1920（628）：105.

[31] DUBINBIN M M. Chemistry and Physics of Carbon [M]. New York：Marcel Dekker，1960：51.

[32] FUJISHINA A，HONDA K. Electrochemical photolysis of water at a semiconductor [J]. Nature，1972，238：37-38.

[33] 周兴禧．制冷空调工程中的质量传递 [M]. 上海：上海交通大学出版社，1991.

[34] JONES W P. Air Conditioning Engineering [M]. Oxford：Elsevier Publishing Company，2001.

[35] 铃木谦一郎，大矢信男．除湿设计 [M]. 李先瑞，译．北京：中国建筑工业出版社，1983.

[36] ERTAS A，ANDERSON E E，KIRIS I. Properties of a new liquid desiccant solution lithium chloride and calthium chloride mixture [J]. Solar Energy，1992，49（3）：205-212.

[37] 陈宏芳，杜建华．高等热力学 [M]. 北京：清华大学出版社，2000.

[38] KHAN A Y. Cooling and dehumidification performance analysis of internally-cooled liquid desiccant absorbers [J]. Applied Thermal Engineering，1998，18（5）：265-281.

[39] AMEEL T A，GEE K G，WOOD B D. Performance predictions of alternative low cost absorbents for open-cycle absorption solar cooling [J]. Solar Energy，1995，54（2）：65-73.

[40] POTNIS S V，LENZ T G. Dimensionless mass-transfer correlations for packed-bed liquid-desiccant contactors [J]. Industrial Engineering Chemistry Research，1996，35（11）：4185-4193.

[41] CHUNG T W，GHOSH T K，HINES A L. Comparison between random and structured packings for dehumidification of air by lithium chloride solutions in a packed column and their heat and mass transfer correlations [J]. Industrial Engineering Chemistry Research，1996，35（1）：192-198.

[42] ALBERS W F，BECKMAN J R. Method and apparatus for simultaneous heat and mass transfer：4982782 [P]. 1991.

第 15 章　热辐射与辐射换热

温度不同的表面间被透明介质（如真空、空气等）或半透明介质（如烟气等）所分隔，此时表面间会有辐射传热。影响辐射传热的因素有：表面温度、表面的几何特性（面积大小、形状）、表面间的相对位置、表面的辐射性质以及表面之间的介质。本章仅对被透明介质分隔开的黑表面和漫射灰表面做分析，至于其他性质的表面以及表面之间半透明介质等对辐射传热的影响可参阅有关书籍。另外，本章对气体辐射和太阳辐射做了简要介绍。

在稳态导热和对流传热计算中，均曾用欧姆定律的形式来分析导热热阻和对流传热热阻。物体表面间辐射传热时也同样可用辐射热阻来分析。本章将介绍辐射热阻网络图方法计算多个表面间的辐射传热，这是辐射传热计算中比较方便的一种方法。

15.1　热辐射基本概念

15.1.1　热辐射的本质和特点

发射辐射能是各类物质的固有特性。物质由分子、原子、电子等基本粒子组成，当原子内部的电子受激和振动时，产生交替变化的电场和磁场，发射电磁波向空间传播，这就是辐射。由于激发的方法不同，所产生的电磁波波长就不相同，它们投射到物体上产生的效应也不同。如果由于自身温度或热运动的原因而激发产生的电磁波传播，就称为热辐射。电磁波的波长范围可从几万分之一微米（μm）到数千米，它们的名称和分类如图 15-1-1 所示。

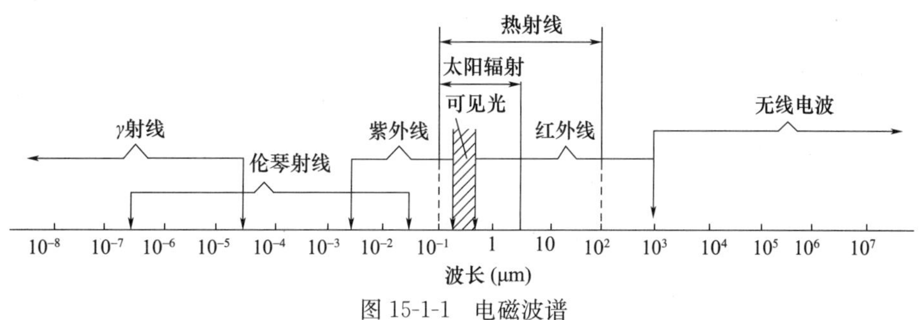

图 15-1-1　电磁波谱

凡波长 $\lambda=0.38\sim0.761\mu m$ 范围的电磁波属可见光线；波长 $\lambda<0.38\mu m$ 的电磁波是紫外线、伦琴射线等；$\lambda=0.76\sim1000\mu m$ 范围的电磁波称红外线，红外线又分近红外和远红外，大体上认为：波长在 $25\mu m$ 以下的红外线称为近红外线，$25\mu m$ 以上的红外线称为远红外线；$\lambda>1000\mu m$ 的电磁波是无线电波①。通常把 $\lambda=0.1\sim100\mu m$ 范围的电磁波称热射线，其中包括可见光线、部分紫外线和红外线，它们投射到物体上能产生热效应。然而，波长与各种效应是不能截然划分的。工程上所遇到的温度范围一般在 2000K 以下，热辐射的大部分能量位于红外线区段的 $0.76\sim20\mu m$ 范围内，在可见光波段内热辐射能所占的比重不大。显然，当热辐射的波长大于 $0.76\mu m$ 时，人的眼睛将看不见。太阳辐射的主要能量集中在 $0.2\sim2\mu m$ 的波长范围，其中在可见光波段占有很大比例。

辐射的本质及其传播过程可用经典的电磁波理论说明其波动性，又可用量子理论来解释其粒子性。各种电磁波在介质中的传播速度等于光速，即

① 这种划分并不完全统一，有些文献以 $\lambda=0.76\sim1000\mu m$ 作为红外区域，$\lambda>100\mu m$ 划为无线电波[1]。

$$c=\lambda f \tag{15-1-1}$$

式中 c——介质中的光速，m/s；

λ——波长，m；

f——频率，s^{-1}。

量子理论认为辐射是离散的量子化能量束，即光子传播能量的过程。光子的能量 e 与频率 f 的关系可用普朗克公式表示

$$e=hf \tag{15-1-2}$$

式中 h——普朗克常数，$h=6.63\times10^{-34}\mathrm{J\cdot s}$。

热辐射的本质决定了热辐射过程有如下几个特点：

（1）辐射传热与导热、对流传热不同，它不依赖物体的接触而进行热量传递，如太阳光能够穿越辽阔的低温太空向地面辐射，而导热和对流传热都必须由冷、热物体直接接触或通过中间介质相接触才能进行。

（2）辐射传热过程伴随着能量形式的两次转化，即物体的部分热力学能转化为电磁波能发射出去，当此电磁波能射及另一物体而被吸收时，电磁波能又转化为热力学能。

（3）一切物体只要其温度 $T>0\mathrm{K}$，都会不断地发射热射线。当物体间有温差时、高温物体辐射给低温物体的能量大于低温物体辐射给高温物体的能量，因此总的结果是高温物体把能量传给低温物体。即使各个物体的温度相同，辐射传热仍在不断进行，只是每一物体辐射出去的能量等于吸收的能量，从而处于动态平衡的状态。可见，每个物体既是热辐射的发射体，又是热辐射的接收体。

15.1.2 吸收、反射和穿透

当热射线投射到物体上时，遵循可见光的规律，其中部分热辐射被物体吸收，部分被反射，其余则透过物体，如图 15-1-2 所示。设投射到物体上全波长范围的总能量为 Φ，被吸收 Φ_α、反射 Φ_ρ、穿透 Φ_τ，根据能量守恒定律可有

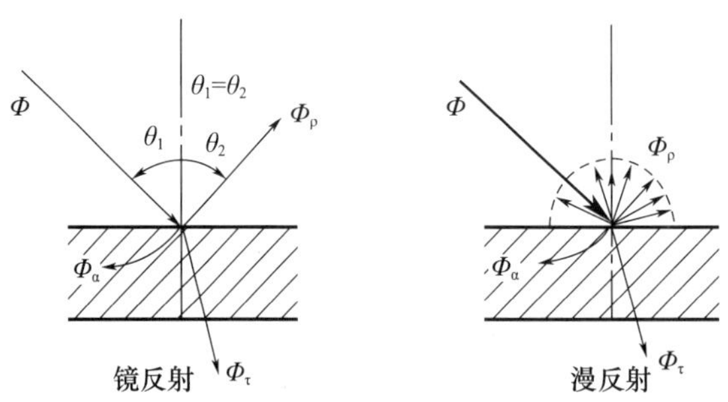

图 15-1-2 热射线的吸收、反射和透射

$$\Phi_\alpha+\Phi_\rho+\Phi_\tau=\Phi \tag{15-1-3}$$

式中 α——物体的吸收率，$\alpha=\dfrac{\Phi_\alpha}{\Phi}$，表示投射的总能量中被该物体吸收的能量所占份额；

ρ——物体的反射率，$\rho=\dfrac{\Phi_\rho}{\Phi}$，表示被该物体反射的能量所占份额；

τ——物体穿透率①，$\tau=\dfrac{\Phi_\tau}{\Phi}$，表示穿透该物体的能量所占份额。

如果投射能量是某一波长下的辐射能，上述关系同样适用，即

① 按照国标《力学的量和单位》GB3102.3—93，吸收率应称为吸收比，反射率应称为反射比，穿透率应称为透射比。为了与发射率相统一，故本书采用吸收率、反射率、穿透率。

$$\alpha_\lambda+\rho_\lambda+\tau_\lambda=1 \tag{15-1-3a}$$

式中 α_λ、ρ_λ、τ_λ——光谱吸收率、光谱反射率、光谱穿透率。

α、ρ、τ 和 α_λ、ρ_λ、τ_λ 为物体表面的辐射特性，它们和物体的性质、温度及表面状况有关。

对可见光波段范围外的热射线来说，固体、液体对这部分热射线的吸收和反射几乎都在表面进行。当这部分热射线进入固体或液体表面后，在一个极短的距离内就被吸收了，其余的被反射。对于金属导体，这个距离仅有 1μm 的数量级；对于大多数非导电体材料，这个距离亦小于 1mm。因此，物体表面状况对其吸收和反射特性的影响至关重要。一般情况下，可认为这部分热射线不能穿透固体和液体，即 $\tau_\lambda=0$。于是，对于固体、液体，式（15-1-3a）简化为

$$\alpha_\lambda+\rho_\lambda=1 \tag{15-1-3b}$$

但是，一些固体和液体如玻璃、水等，能够部分透过可见光，不满足上式。可见，物体的全波长特性参数 α、ρ、τ 与投射过来的辐射能波长分布情况有关。

热射线投射到物体表面后的反射现象和可见光一样，有镜面反射和漫反射之分。当表面的不平整尺寸小于投射辐射的波长时，形成镜面反射，反射角等于入射角。高度磨光的金属表面是镜面反射的实例。当表面的不平整尺寸大于投射辐射的波长时，形成漫反射，此时反射能均匀分布在各个方向。一般工程材料的表面较粗糙，接近漫反射。

纯气体没有反射性，通常把气体与固体或液体交界面上的反射过程归因于固体或液体的反射[1]。当热射线投射到气体层时，可被吸收和穿透，而几乎不反射，即 $\rho=0$。于是，对于气体，式（15-1-3)可简化为

$$\alpha+\tau=1 \tag{15-1-3c}$$

显然，穿透性好的气体吸收率小，而穿透性差的气体吸收率大。气体的辐射和吸收是在整个气体容积中进行的；气体的吸收和穿透特性与气体内部特征有关，与其表面状况无关。

如物体能全部吸收外来射线，即 $\alpha=1$，由于可见光亦被全部吸收而不被反射，人眼所看到的颜色上呈现为黑色，故这种物体被定义为黑体。如物体能全部反射外界投射过来的射线，即 $\rho=1$，不论是镜面反射或漫反射，由于可见光全部被反射，颜色上呈现为白色，故这种物体称为白体。同样，如果外界投射过来的射线能够全部穿透物体，即 $\tau=1$，则这种物体称为透明体。

自然界中并不存在绝对的黑体、白体与透明体，它们只是实际物体热辐射性能的理想模型。例如煤烟的 $\alpha\approx0.96$，高度磨光的纯金 $\rho\approx0.98$。必须指出，这里的黑体、白体、透明体都是对全波长射线而言。在一般温度条件下，由于可见光在全波长射线中只占有一小部分，所以物体对外来射线吸收能力的高低，不能凭物体的颜色来判断，白颜色的物体不一定是白体，例如雪对可见光是良好的反射体，对肉眼来说是白色的，但对红外线却几乎能全部吸收，非常接近黑体；白布和黑布对可见光的吸收率不同，但对红外线的吸收率却基本相同；普通玻璃对波长小于 2μm 射线的吸收率很小，从而照射到它上面的大部分太阳能可以穿透过去，但玻璃对 2μm 以上的红外线几乎是不透明的。

15.1.3 定向辐射强度和定向辐射力

物体表面温度只要高于 0K，就会朝表面上方半球空间的各个不同方向发射包括各种不同波长的辐射能。需要指出，辐射能是按空间方向分布的，往往不同方向有不同的数值；辐射能也是按波长分布的，不同波长具有不同的能量。描述辐射能的这些性质，需要使用不同的参量。下面介绍定向辐射强度和辐射力这两个基本概念。

15.1.3.1 定向辐射强度

在定义定向辐射强度之前，先介绍立体角的概念。立体角为一空间角度，用符号 ω 表示，其单位为 sr（球面度）。立体角的量度与平面角的量度相类似。以立体角的角端为中心，作一半径为 r 的半球，将半球表面上被立体角所切割的面积 A_2 除以半径的平方 r^2，即得立体角的量度

$$\omega=\frac{A_2}{r^2}\quad(\mathrm{sr}) \tag{15-1-4}$$

参看图 15-1-3（a），由整个半球的面积 $A_2=2\pi r^2$，得半球的立体角为 2π（sr）。若取微元面积 dA_2为切割面积，则得微元立体角

$$d\omega=\frac{dA_2}{r^2}(\mathrm{sr})$$

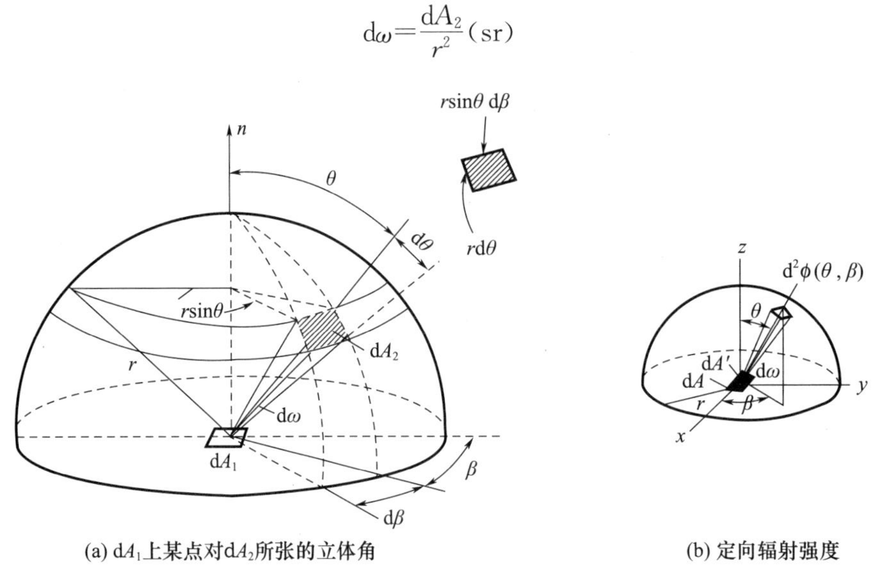

(a) dA_1上某点对dA_2所张的立体角　　(b) 定向辐射强度

图 15-1-3　立体角与定向辐射强度的概念

根据图示的几何关系，有

$$d\omega=\frac{(r d\theta)(r\sin\theta d\beta)}{r^2}=\sin\theta d b d q \quad (\mathrm{sr}) \tag{15-1-4a}$$

定向辐射强度：在某给定辐射方向上，单位时间、单位可见辐射面积、在单位立体角内所发射全部波长的能量称为定向辐射强度，用符号 I_θ 表示，单位为 W/(m² · sr)，参见图 15-1-3（b）。所谓可见辐射面积，是指站在给定辐射方向上所看到的发射辐射能物体的表面积。按定义

$$I_\theta=\frac{d^2\Phi(\theta,\beta)}{d\omega dA'}=\frac{d^2\Phi(\theta,\beta)}{d\omega dA\cos\theta} \quad [\mathrm{W/(m^2\cdot sr)}] \tag{15-1-5}$$

光谱定向辐射强度：在某给定辐射方向上，单位时间、单位可见辐射面积，在波长 λ 附近的单位波长间隔内、单位立体角内所发射的能量称光谱定向辐射强度，又称为单色定向辐射强度，用符号 $I_{\lambda,\theta}$表示，单位为 W/(m² · sr · μm)。按定义

$$I_{\lambda,\theta}=\frac{dI_\theta}{d\lambda} \quad [\mathrm{W/(m^2\cdot sr\cdot \mu m)}] \tag{15-1-6a}$$

定向辐射强度与光谱定向辐射强度之间的关系为

$$I_\theta=\int_0^\infty I_{\lambda,\theta}d\lambda \quad [\mathrm{W/(m^2\cdot sr)}] \tag{15-1-6b}$$

15.1.3.2　辐射力

定向辐射力：在某给定辐射方向上，单位时间内、物体单位辐射面积、在单位立体角内所发射全部波长的能量称为定向辐射力，用符号 E_θ 表示，单位为 W/(m² · sr)。显然

$$E_\theta=\frac{d^2\Phi(\theta,\beta)}{dA d\omega} \tag{15-1-7a}$$

因为定向辐射力是以发射辐射能物体的单位面积作为计算依据，而定向辐射强度是站在给定辐射方向所看到的单位面积作为计算依据，所以两者之间存在如下关系

$$E_\theta=I_\theta\cos\theta \tag{15-1-7b}$$

不难看出，在发射辐射能物体表面的法线方向 $\theta=0°$，故有

$$E_n=I_n \tag{15-1-7c}$$

辐射力：单位时间内、物体单位辐射面积向半球空间所发射全部波长的总能量称为辐射力，用

符号 E 表示，单位为 W/m^2。辐射力 E 与定向辐射力 E_θ 之间的关系为

$$E=\int_{\omega=2\pi}E_\theta d\omega \text{ 或者 } E_\theta=\frac{dE}{d\omega} \tag{15-1-8a}$$

辐射力 E 与定向辐射强度 I_θ 之间的关系为

$$E=\int_{\omega=2\pi}I_\theta\cos\theta d\omega \tag{15-1-8b}$$

光谱辐射力：单位时间内、物体单位辐射面积、在波长 λ 附近的单位波长间隔内，向半球空间所发射的能量称为光谱辐射力，又称为单色辐射力，用符号 E_λ 表示，单位为 $W/(m^2 \cdot \mu m)$。显然

$$E_\lambda=\frac{dE}{d\lambda} \text{ 或者 } E=\int_0^\infty E_\lambda d\lambda \tag{15-1-9}$$

光谱定向辐射力：在给定辐射方向上，单位时间内、单位物体辐射面积、在单位立体角内发射的在波长 λ 附近单位波长间隔内的能量称为光谱定向辐射力，又称为单色定向辐射力，用符号 $E_{\lambda,\theta}$ 表示，单位为 $W/(m^2 \cdot sr \cdot \mu m)$。显然

$$E_{\lambda,\theta}=\frac{d^2E}{d\lambda d\omega} \text{ 或者 } E=\int_{\omega=2\pi}\int_0^\infty E_{\lambda,\theta}d\lambda d\omega \tag{15-1-10}$$

15.1.3.3　辐射照度

如果某一表面被辐射体辐射，为表示某点辐射的强弱，在该点取微小面积元 dA，它所接收的辐射通量为 $d\Phi$，则 $d\Phi$ 与 dA 之比就称为辐射照度。其表达式为

$$E=\frac{d\Phi}{dA} \tag{15-1-11}$$

即表面上一点的辐射照度是入射在包含该点的面积元上的辐射通量 $d\Phi$ 除以该面面积元 dA 之商，单位为 W/m^2。

辐射照度和辐射出射度的定义方程和单位尽管相同，但它们却有本质上的区别，即一个适用于被照表面，另一个适用于辐射表面，分别用来描述微元面发射和接收辐射通量的特性。如果一个表面元能反射入射到其表面的全部辐射通量，那么该面元可看作一个辐射源表面，即其辐射出射度在数值上等于照射辐照度。地球表面的辐照度是其各个部分（面元）接收太阳直射以及天空向下散射产生的辐照度之和；而地球表面的辐射出射度则是其单位表面积向宇宙空间发射的辐射通量。

15.2　热辐射基本定律

黑体是一个理想的吸收体，它能吸收来自空间各个方向、各种波长的全部投射能量。在辐射传热分析中，将它作为比较标准，对研究实际物体的热辐射特性具有重要的意义。图 15-2-1 所示等温空腔壁上的小孔，如果空腔直径和小孔直径之比足够大，则此小孔就是人工黑体。因为外界投射到小孔而进入空腔的能量，经空腔内壁多次吸收和反射，再经小孔射出的能量可忽略不计，投入的任何能量可认为全部被吸收，所以小孔可近似为黑体。为了方便，凡与黑体辐射有关的物理量，均在其右下角以“b”（blackbody）。

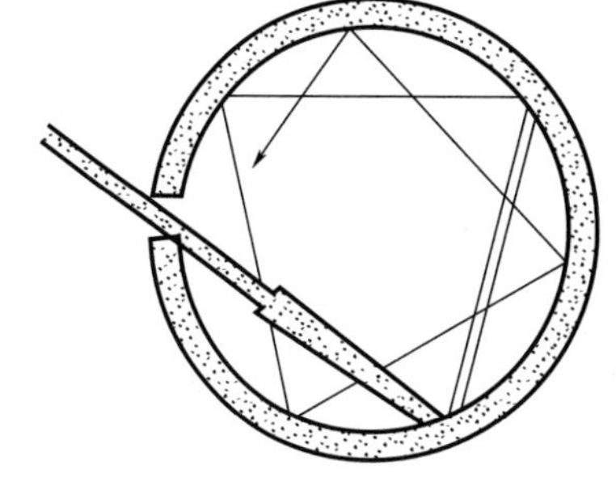

图 15-2-1　人工黑体模型

本节在讨论黑体辐射定律的基础上，再进一步讨论实际物体的辐射特性。

15.2.1　普朗克定律

15.2.1.1　普朗克定律

1900 年，普朗克（M. Planck）从量子理论出发，揭示了黑体辐射光谱的变化规律，或者说给出了黑体光谱辐射力 $E_{b\lambda}$ 和波长 λ、热力学温度 T 之间的函数关系，它可表达为

$$E_{b\lambda}=\frac{C_1\lambda^{-5}}{\exp\left(\frac{C_2}{\lambda T}\right)-1} \quad [\mathrm{W/(m^2\cdot\mu m)}] \tag{15-2-1a}$$

式中 λ——波长，μm；

T——热力学温度，K；

C_1——普朗克第一常数，$C_1=3.743\times10^8\mathrm{W\cdot\mu m^4/m^2}$；

C_2——普朗克第二常数，$C_2=1.439\times10^4\mu\mathrm{m\cdot K}$。

普朗克定律的黑体光谱分布如图 15-2-2（a）所示。每条曲线代表同一温度下的黑体光谱辐射力随波长的变化关系，在波长趋近于 0 或无穷大时，黑体光谱辐射力趋近于 0。在某个波长上，黑体光谱辐射力会达到一个峰值，记为 $E_{b\lambda,max}$。$E_{b\lambda,max}$对应的波长称为峰值波长 λ_{max}。曲线与横坐标围成的面积表示黑体辐射力 E_b的大小。温度升高，黑体辐射力 E_b和黑体光谱辐射力 $E_{b\lambda}$均迅速增大，且峰值波长 λ_{max}向短波方向移动。

将式（15-2-1a）两边同时除以黑体热力学温度的 5 次幂，得式（15-2-1b）。由该式可知$\frac{E_{b\lambda}}{T^5}$仅是 λT 的函数。根据这一关系绘出的曲线表示在图 15-2-2（b）上。

$$\frac{E_{b\lambda}}{T^5}=\frac{C_1}{(\lambda T)^5\left[\exp\left(\frac{C_2}{\lambda T}\right)-1\right]}=f(\lambda T) \tag{15-2-1b}$$

15.2.1.2 维恩位移定律

1891 年，维恩（Wien）用热力学理论推出，黑体辐射的峰值波长 λ_{max}与热力学温度 T 之间的函数关系。现可直接从普朗克定律导出，将 $E_{b\lambda}$对波长求极值得到。它可表达为

$$\lambda_{max}T=2897.6\mu\mathrm{m\cdot K} \tag{15-2-2}$$

式（15-2-2）用图 15-2-2（a）中的虚线来表达。可以看出，随着温度 T 增高，最大光谱辐射力 $E_{b\lambda,max}$所对应的峰值波长 λ_{max}逐渐向短波方向移动。

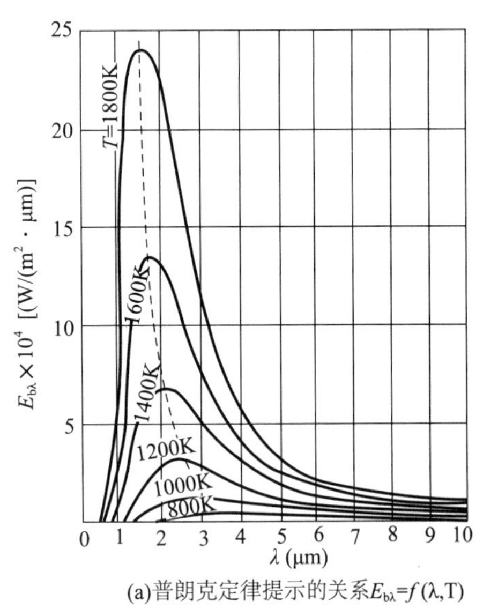

(a)普朗克定律提示的关系$E_{b\lambda}=f(\lambda,T)$

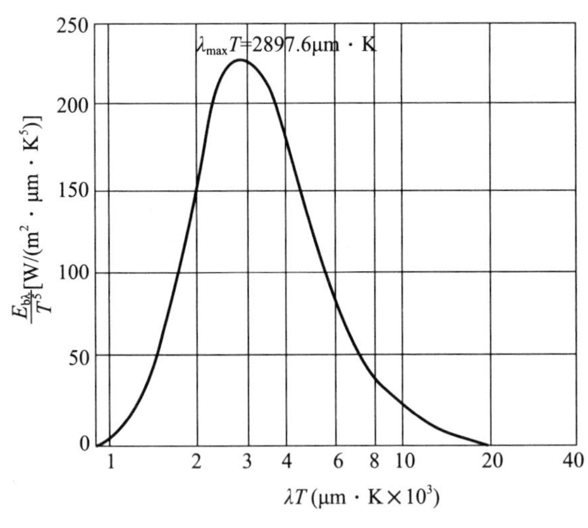

(b) $E_{b\lambda}$与λT的函数关系

图 15-2-2 $E_{b\lambda}$随温度变化的曲线

【例 15-1】 测得对应于太阳最大光谱辐射力 $E_{b\lambda,max}$的峰值波长 λ_{max}约为 0.503μm。若太阳可以近似作为黑体看待，求太阳的表面温度。

【解】 由式（15-2-2），可得

$$T=\frac{2897.6}{\lambda_{max}}=\frac{2897.6}{0.503}\approx5761\mathrm{K}$$

【讨论】利用维恩位移定律，可根据黑体的峰值波长求黑体温度。它可作为光谱测温的基础。

利用图 15-2-2（a）还可以解释金属加热时的颜色变化。在 500℃以下，金属发出的基本都是红外线，没有可见光，因此金属呈原色；到 600℃以上，随着温度升高，金属相继呈暗红、红、黄，温度超过 1300℃时开始发白，就是因为金属辐射出的可见光及可见光中短波区段的能量逐渐增加的缘故。

15.2.2　斯蒂芬-玻尔兹曼定律

在辐射传热计算中，确定黑体的辐射力是至关重要的。根据式（15-2-1a）和式（15-1-9），可得

$$E_b = \int_0^\infty E_{b\lambda} d\lambda = \int_0^\infty \frac{C_1 \lambda^{-5}}{\exp\left(\frac{C_2}{\lambda T}\right) - 1} d\lambda = \sigma_b T^4 \ (\mathrm{W/m^2}) \tag{15-2-3}$$

式中　σ_b——黑体辐射常数，$\sigma_b = 5.67 \times 10^{-8} \mathrm{W/(m^2 \cdot K^4)}$。

为便于计算，上式也可写为

$$E_b = C_b \left(\frac{T}{100}\right)^4 (\mathrm{W/m^2}) \tag{15-2-4}$$

式中 $C_b = 5.67 \mathrm{W/(m^2 \cdot K^4)}$，称为黑体辐射系数。

式（15-2-3）和式（15-2-4）均是斯蒂芬-玻尔兹曼（Stefan-Boltzmann）定律的表达式，它说明黑体的辐射力和热力学温度四次方成正比，故又称四次方定律。早在普朗克提出量子理论之前，1879 年斯蒂芬已从实验中得出上述规律，1884 年玻尔兹曼用热力学理论推出，现可直接由普朗克定律导出。由斯蒂芬-玻尔兹曼定律可知，如果黑体的热力学温度增加 1 倍，则黑体辐射力将增加 16 倍。可见，随着温度的升高，辐射传热将成为热交换的主要方式。

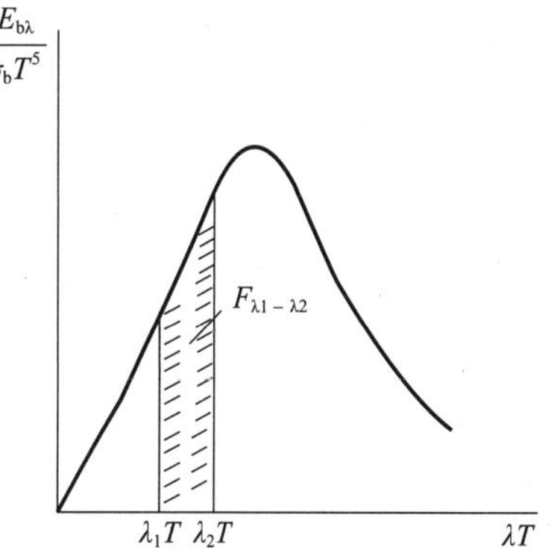

图 15-2-3　黑体在某一波段内的辐射能

工程上有时需要计算某一波段范围内黑体的辐射能（图 15-2-3）及其在辐射力中所占百分数。例如，太阳辐射能中可见光所占的比例和白炽灯的发光效率等。若要计算波长 λ_1 到 λ_2 波段内的黑体辐射力 $E_{b(\lambda_1-\lambda_2)}$，参考式（15-1-9）可得

$$E_{b(\lambda_1-\lambda_2)} = \int_{\lambda_1}^{\lambda_2} E_{b\lambda} d\lambda = \int_0^{\lambda_2} E_{b\lambda} d\lambda - \int_0^{\lambda_1} E_{b\lambda} d\lambda$$
$$= E_{b(0-\lambda_2)} - E_{b(0-\lambda_1)} \quad (\mathrm{W/m^2})$$

式中　$E_{b(0-\lambda)}$——波长由 0 到 λ 黑体的波段辐射力。

通常将黑体的波段辐射力表示成同温度下黑体辐射力 E_b 的百分数，记为 $E_{b(0-\lambda T)}$，即

$$F_{b(0-\lambda T)} = \frac{E_{b(0-\lambda)}}{E_b} = \frac{\int_0^\lambda E_{b\lambda} d\lambda}{\sigma_b T^4} \tag{15-2-5}$$

将式（15-2-1a）代入上式得

$$F_{b(0-\lambda T)} = \int_0^{\lambda T} \frac{C_1}{\sigma_b (\lambda T)^5 \left[\exp\left(\frac{C_2}{\lambda T}\right) - 1\right]} d(\lambda T) = \int_0^{\lambda T} \frac{E_{b\lambda}}{\sigma_b T^5} d(\lambda T) = f(\lambda T) \tag{15-2-6}$$

$F_{b(0-\lambda T)} = f(\lambda T)$ 称为黑体辐射函数。为计算方便，已制成表格。$F_{b(0-\lambda T)}$ 可直接由表 15-2-1 查出。根据黑体辐射函数，可以计算出给定温度下$(\lambda_1-\lambda_2)$波段内的黑体辐射力 $E_{b(\lambda_1-\lambda_2)}$，即

$$E_{b(\lambda_1-\lambda_2)} = E_b (F_{b(0-\lambda_2 T)} - F_{b(0-\lambda_1 T)}) \quad (\mathrm{W/m^2}) \tag{15-2-7}$$

表 15-2-1 黑体辐射系数

λT（μm·K）	$F_{b(0-\lambda T)}$	λT（μm·K）	$F_{b(0-\lambda T)}$	λT（μm·K）	$F_{b(0-\lambda T)}$	λT（μm·K）	$F_{b(0-\lambda T)}$
200	0	3200	0.3181	6200	0.7542	11000	0.9320
400	0	3400	0.3618	6400	0.7693	11500	0.9390
600	0	3600	0.4036	6600	0.7833	12000	0.9452
800	0	3800	0.4434	6800	0.7962	13000	0.9552
1000	0.0003	4000	0.4809	7000	0.8032	14000	0.9630
1200	0.0021	4200	0.5161	7200	0.8193	15000	0.9690
1400	0.0078	4400	0.5488	7400	0.8296	16000	0.9739
1600	0.0197	4600	0.5793	7600	0.8392	18000	0.9809
1800	0.0394	4800	0.6076	7800	0.8481	20000	0.9857
2000	0.0667	5000	0.6338	8000	0.8563	40000	0.9981
2200	0.1009	5200	0.6580	8500	0.8747	50000	0.9991
2400	0.1403	5400	0.6804	9000	0.8901	75000	0.9998
2600	0.1831	5600	0.7011	9500	0.9032	100000	1.0000
2800	0.2279	5800	0.7202	10000	0.9143		
3000	0.2733	6000	0.7379	10500	0.9238		

【例 15-2】试分别计算温度为 5762K、3800K、2800K、1000K、400K 的黑体光谱辐射力 $E_{b\lambda,max}$ 所对应的峰值波长 λ_{max}，以及黑体辐射中可见光和红外线辐射（0.76～1000μm）能量占黑体总辐射能量的比例。

【解】由维恩位移定律可依次计算出各给定温度黑体辐射的峰值波长。根据各给定温度与特征波长的乘积，得到对应的 λT 值，然后由表 15-2-1 查出各自的黑体辐射函数，从而计算出可见光和红外线辐射能量占黑体总辐射能量的比例。计算结果见下表：

表 1 例 15-2 表

温度（K）	λ_{max}（μm）	$\lambda_1=0.38\mu$m		$\lambda_2=0.76\mu$m		$\lambda_3=1000\mu$m	
		λT（μm·K）	$F_{b(0-\lambda_1 T)}$	λT（μm·K）	$F_{b(0-\lambda_2 T)}$	λT（μm·K）	$F_{b(0-\lambda_3 T)}$
5762	0.5029	2190	0.09919	4380	0.5455	5.76×10^6	1
3800	0.7625	1444	0.01042	2800	0.2479	3.8×10^6	1
2800	1.035	1064	0.000876	2128	0.08859	2.8×10^6	1
1000	2.898	380	0	760	0	1×10^6	1
400	7.244	152	0	304	0	4×10^5	1

温度（K）	占黑体总辐射能量的比例	
	可见光 $F_{b(\lambda_2 T-\lambda_1 T)}=F_{b(0-\lambda_2 T)}-F_{b(0-\lambda_1 T)}$	红外线 $F_{b(\lambda_3 T-\lambda_2 T)}=F_{b(0-\lambda_3 T)}-F_{b(0-\lambda_2 T)}$
5762	0.4463	0.4545
3800	0.2375	0.7521
2800	0.08771	0.9114
1000	0	1
400	0	1

【讨论】（1）太阳表面温度约 5762K，其峰值波长处于可见光波段，且在可见光波段太阳辐射能量占总辐射能量的比例为 44.63%，红外线波段的辐射能量占总辐射能量的 45.45%。可见，太阳辐射的能量绝大多数是可见光和红外线。（2）当黑体温度在 3800K 以下时，其峰值波长处在红外线波段。所以，在一般工程中所遇到的辐射，基本上都属于红外辐射。（3）白炽灯里的钨丝在发光时温度约 2800K，其可见光波段内的辐射能量占总辐射能量仅 8.8%，其余发出的辐射能量不起照明作用。实际白炽灯的发光效率还要低，用热辐射方法来照明是很浪费的。因此，有必要推广使用节能型灯具。（4）1000K 温度下的金属在黑暗空间呈现暗红色，是因为仅有少量接近于红外线波长的辐射能发出，在明亮空间则由于投入其表面的可见光的反射相对强烈，而完全掩盖了其发出的微弱可见光。（5）400K 温度下的物体即使在黑暗空间也看不到可见光，但利用红外成像仪则可以迅速探测出该物体与周围其他物体的区别。

【例 15-3】已知某太阳能集热器的透光玻璃在波长从 $\lambda_1=0.35\mu m$ 至 $\lambda_2=2.7\mu m$ 范围内的穿透率为 85%，在此范围之外是不透射的。试计算太阳辐射对该玻璃的穿透率。把太阳辐射作为黑体辐射看待，它的表面温度为 5762K。

【解】利用黑体辐射函数表，计算某个波段范围内的辐射能量。

计算　$\lambda_1 T=0.35\times5762=2016.7\mu m\cdot K$

查表 15-2-1，可得　$F_{b(0-\lambda_1 T)}=0.0696=6.96\%$

计算　$\lambda_2 T=2.7\times5762=15557.4\mu m\cdot K$

查表 15-2-1，可得　$F_{b(0-\lambda_2 T)}=0.9717=97.17\%$

因此，投射在玻璃上的太阳辐射在波长从 $\lambda_1=0.35\mu m$ 至 $\lambda_2=2.7\mu m$ 范围内的能量，占总能量的百分数为

$$F_{b(\lambda_2 T-\lambda_1 T)}=F_{b(0-\lambda_2 T)}-F_{b(0-\lambda_1 T)}=97.17\%-6.96\%=90.21\%$$

该玻璃的太阳辐射穿透率为

$$\rho=\frac{\rho_{(\lambda_1-\lambda_2)}E_{b(\lambda_1-\lambda_2)}}{E_b}=\rho_{(\lambda_1-\lambda_2)}F_{b(\lambda_1 T-\lambda_2 T)}=0.85\times90.21\%=76.68\%$$

【讨论】一般集热器表面的温度不超过 373K，集热器表面发出的长波辐射能无法穿透玻璃。因此，玻璃的这种对短波热射线透射和对长波热射线阻挡的性质，减少了集热器表面透过玻璃向外的辐射散热损失，有利于提高集热器的效率。请设想若采用此种玻璃作为房屋的窗户，又会如何？另外，请思考如果集热器表面与玻璃之间保持真空或非真空状态，集热器的散热损失有什么变化？注意分析集热器表面与玻璃以及玻璃与周围环境的传热过程。

15.2.3　兰贝特余弦定律

在辐射计算中，有时会遇到不同方向上的定向辐射强度问题。把物体发射的定向辐射强度与方向无关的特性称为漫发射，而反射的定向辐射强度与方向无关的性质称为漫反射。若某个表面既具有漫发射，又具有漫反射特性，则该表面统称为漫射表面。

黑体发射辐射能在空间的分布遵循兰贝特（Lambert）定律。理论上可以证明，黑体表面具有漫辐射的性质，在半球空间各个方向上的定向辐射强度相等。即

$$I_{\theta_1}=I_{\theta_2}=K=I_n\quad[W/(m^2\cdot sr)]\tag{15-2-8a}$$

式（15-2-8a）是兰贝特定律的表达式，说明黑体在任何方向上的定向辐射强度与方向无关。

根据式（15-2-8b），得

$$E_\theta=I_\theta\cos\theta=I_n\cos\theta=E_n\cos\theta\quad[W/(m^2\cdot sr)]\tag{15-2-8b}$$

式（15-2-8b）是兰贝特定律的另一表达式，说明黑体的定向辐射力随方向角 θ 按余弦规律变化，法线方向的定向辐射力最大，故兰贝特定律亦称余弦定律。除了黑体以外，只有漫射表面才遵守兰贝特定律。

对于漫射表面，根据式（15-1-8b），辐射力为

$$E=\int_{\omega=2\pi} I_\theta \cos\theta \mathrm{d}\omega \quad (\mathrm{W/m^2}) \tag{15-2-9}$$

由于 $\mathrm{d}\omega=\frac{\mathrm{d}A}{r^2}=\sin\theta\mathrm{d}\beta\mathrm{d}\theta$，把它代入上式，得

$$E=I_\theta\int_{\beta=0}^{2\pi}\int_{\theta=0}^{\pi/2}\cos\theta\sin\theta\mathrm{d}\theta\mathrm{d}\beta=I_\theta\pi \quad (\mathrm{W/m^2}) \tag{15-2-10}$$

因此，对于漫射表面，半球空间的辐射力是任意方向定向辐射强度的 π 倍。

【例 15-4】 在一个直径为 0.02m、温度为 1200K 圆形黑体表面的正上方 $l=0.3$m 处，有一个平行于黑体表面、直径为 0.05m 的辐射热流计，如下图所示。试计算该热流计所得到的黑体投入辐射能是多少？若辐射热流计仍处于同样高度，求热流计偏移多少距离，热流计得到的黑体投入辐射能为原来的 50%。

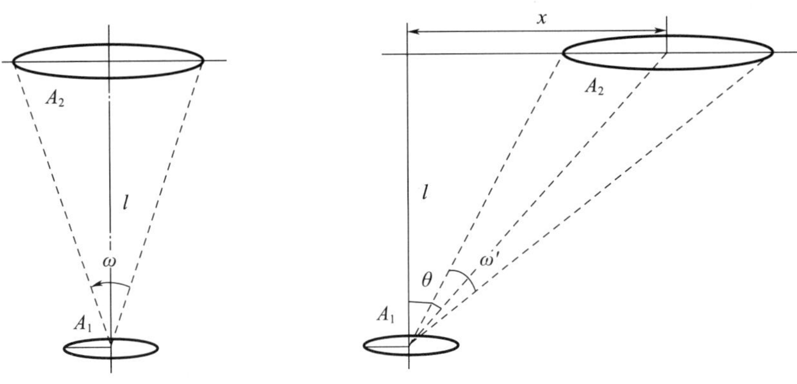

图 1　例 15-4 图

【解】 根据斯蒂芬-玻尔兹曼定律可得，黑体的辐射力为

$$E_b=\sigma_b T^4=5.67\times10^{-8}\times1200^4=117573.12\mathrm{W/m^2}$$

黑体表面向半球空间辐射的总能量为

$$F=A_1E_b=\frac{\pi d_1^2}{4}E_b=\frac{\pi\times0.02^2}{4}\times117573.12=36.94\mathrm{W}$$

黑体定向辐射强度为 $I_\theta=\frac{E_b}{\pi}=\frac{117573.12}{\pi}=37424.69\mathrm{W/(m^2\cdot sr)}$

在黑体表面正上方时，热流计所得到的黑体投入辐射能

$$G=I_\theta A_1\omega=I_\theta A_1\frac{A_2}{l^2}=37424.69\times\pi\times\frac{0.02^2}{4}\times\frac{\pi\times0.05^2}{4\times0.3^2}=0.26\mathrm{W} \tag{a}$$

如果辐射热流计仍处于同样高度，偏离黑体表面法线 x 距离，此时热流计所得到的黑体投入辐射能为

$$G'=I_\theta A_1\cos\theta\omega'=I_\theta A_1\cos\theta\frac{A_2\cos\theta}{l^2+x^2}=\frac{I_\theta A_1A_2\cos^2\theta}{l^2+x^2}=\frac{I_\theta A_1A_2l^2}{(l^2+x^2)^2} \tag{b}$$

根据已知条件可知，$G'=0.5G$

将式（a）、（b）代入上式，得 $x=0.19$m。

【讨论】 由兰贝特定律可知，黑体向半球空间各个方向上的定向辐射强度相等。但由于接收辐射的热流计与黑体表面的相对位置不同，导致黑体表面的可见辐射面积、热流计表面所占据的空间立体角以及两者之间的距离发生变化，从而使热流计得到的投入辐射不同，其中两者处于平行相对位置，且距离越近，所得到的辐射越多。工程上应用的辐射式供暖设备就是应用这个原理，对局部区域进行加热，而不是对全部空间加热，从而达到既满足操作人员舒适又节约能源的效果。另外，请读者思考若本题使用定向辐射力概念计算，计算过程有何差别？再有，立体角的计算应该是以圆形黑体表面的圆心为中心，以热流计所在位置的球面面积来计算的，本例则是将圆形黑体表面看作一个质点，以热流计平面面积来计算的，存在一定的误差。在计算可见辐射面积时也采用了近似计

算方法。这些误差随两者之间的距离增加而减小，在准确度要求不是很高的情况下是完全可以接受的。

15.2.4 基尔霍夫定律

15.2.4.1 实际物体的辐射发射率

实际物体的辐射不同于黑体。它的光谱辐射力 E_λ 随波长和温度的变化是不规则的，不遵守普朗克定律，如图 15-2-4 所示。我们把实际物体的辐射力与同温度黑体的辐射力之比称为该物体的发射率 ε①。根据辐射力的几种定义，可有以下几种不同的发射率。

发射率
$$\varepsilon=\frac{E}{E_b} \tag{15-2-11a}$$

光谱发射率
$$\varepsilon_\lambda=\frac{E_\lambda}{E_{b\lambda}} \tag{15-2-11b}$$

定向发射率
$$\varepsilon_\theta=\frac{E_\theta}{E_{b\theta}} \tag{15-2-11c}$$

光谱定向发射率
$$\varepsilon_{\lambda,\theta}=\frac{E_{\lambda,\theta}}{E_{b\lambda,\theta}} \tag{15-2-11d}$$

实际物体发射率与其光谱发射率之间的关系可用下式表示

$$\varepsilon=\frac{E}{E_b}=\frac{\int_0^\infty E_\lambda \mathrm{d}\lambda}{E_b}=\frac{\int_0^\infty \varepsilon_\lambda E_{b\lambda}\mathrm{d}\lambda}{\int_0^\infty E_{b\lambda}\mathrm{d}\lambda} \tag{15-2-12}$$

假如某物体的光谱发射率 ε_λ 不随波长发生变化，即 $\varepsilon=\varepsilon_\lambda=$常数，则这种物体称为灰体。灰体的光谱辐射力与同温度黑体光谱辐射力随波长的变化曲线完全相似，参看图 15-2-4。灰体也是一种理想化的物体。工程实践中，参与辐射传热的物体温度大多低于 2000K，此时实际物体在红外波段范围内可近似地视为灰体。这种简化处理给辐射传热计算带来很大的方便。

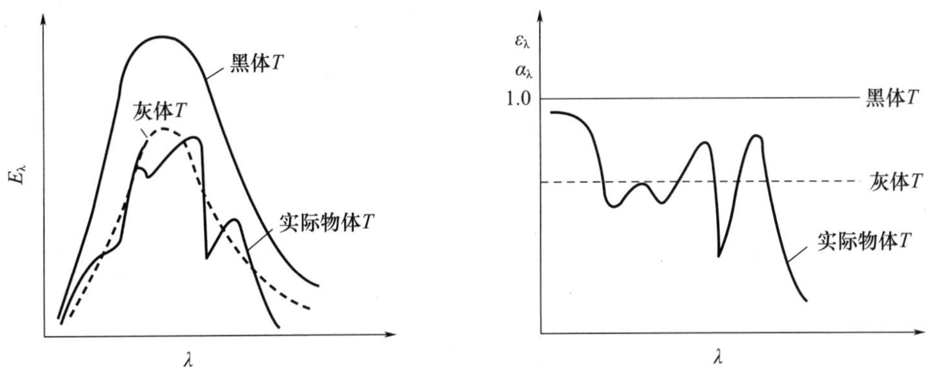

图 15-2-4 实际物体、黑体和灰体的辐射和吸收光谱

如果已知某物体的发射率 ε，则该物体的辐射力可用下式确定

$$E=\varepsilon E_b=\varepsilon\sigma_b T^4=\varepsilon C_b\left(\frac{T}{100}\right)^4 \quad (\mathrm{W/m^2}) \tag{15-2-13}$$

应该指出：实际物体的辐射力并不严格同其热力学温度的四次幂成正比，但在工程计算中，为了计算方便，仍认为实际物体的辐射力与该物体热力学温度的四次幂成正比，把由此引起的修正，包括到由实验方法确定的发射率中去。因此，发射率除了与物体本身性质有关，还与物体的温度有关。

事实证明，实际物体的定向辐射强度在半球空间的不同方向上有些变化，不遵循兰贝特定律。

① 发射率也称黑率或黑度。

它的定向发射率在不同方向上亦不同。图 15-2-5 中以若干材料为例，用极坐标表示出定向发射率 θ 角的变化关系。

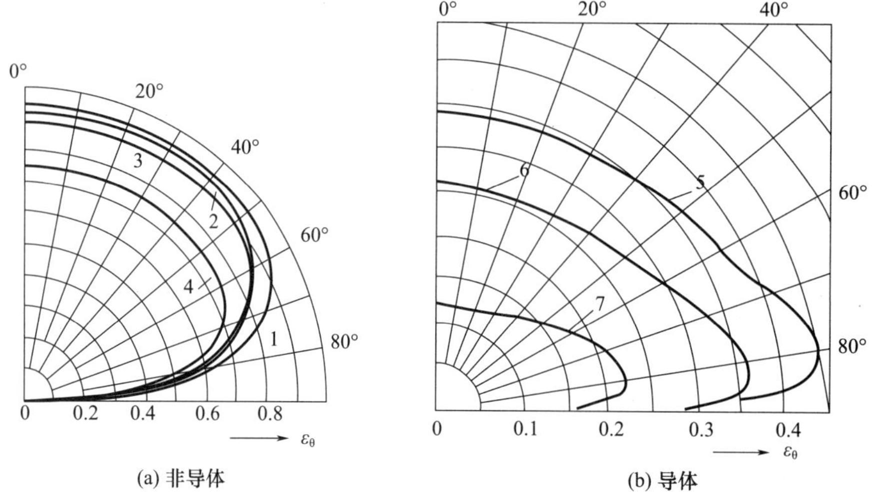

图 15-2-5　实际物体在各个方向上发射率的变化

$\varepsilon_\theta = f(\theta)$　（$\theta=0^\circ$ 表示法线方向）

1—融冰；2—玻璃；3—黏土；4—氧化亚铜；5—铋；6—铝青铜；7—铁（钝化）

由图可以看出，ε_θ 不等于常数。图 15-2-5（a）是对非导体，θ 角在 0°～60°范围内，ε_θ 可作为常数看待；当 $\theta>60^\circ$ 时，ε_θ 的数值减小得很快，并趋近于零。图 15-2-5（b）是对磨光的金属表面，θ 角在 0°～40°范围内，ε_θ 可当作常数；当 $\theta>40^\circ$ 时，随着 θ 角增大，ε_θ 先是增加，在 80°左右达到最大值，然后迅速下降，并在接近于 $\theta=90^\circ$ 时趋近于零。

发射率 ε 是对全波长在一定温度下各方向的定向发射率 ε_θ 的积分平均值①，如果把它们用于局部波长或不同温度条件可能引起较大的误差。注意，从附录 11-7 查取的是常用材料表面的法向发射率 ε_n。

实际物体表面的定向发射率 ε_θ。尽管有上述变化，但实验测定表明半球平均发射率 ε 与法向发射率 ε_n 的比值变化并不大，一般可采用如下修正：

对非金属表面　　　　　　　　　　$\varepsilon=(0.95\sim1.0)\varepsilon_n$

对磨光金属表面　　　　　　　　　$\varepsilon=(1.0\sim1.2)\varepsilon_n$②

因此，对于大多数工程材料，往往不考虑物体不同方向辐射特性的变化，认为近似服从兰贝特定律。本书所涉及的辐射传热物体均作漫射表面处理，对非漫射表面有兴趣的读者可参考有关文献[2]。

15.2.4.2　基尔霍夫定律

1859 年基尔霍夫（Kirchhoff）用热力学方法揭示了物体发射辐射能的能力与它吸收投射辐射能能力之间的关系。

某物体 dA_1 表面放置在黑体半球空腔的底面中心，球的半径为 r，如图 15-2-6 所示。dA_1 表面与黑体半球空腔处于热平衡状态，两者温度 T 相等。

---

① $$\varepsilon=\frac{\int\limits_{\omega=2\pi} I_\theta\cos\theta d\omega}{\int\limits_{\omega=2\pi} I_b\cos\theta d\omega}=\frac{1}{\pi}\int\limits_{\beta=2\pi}\int\limits_{\theta=2/\pi}\int\varepsilon_\theta\cos\theta\sin\theta d\theta d\beta=2\int_0^{\pi/2}\varepsilon_\theta\cos\theta\sin\theta d\theta$$

② 文献[4]第十二章的分析指出，对于高度磨光的金属表面，当它的 $\varepsilon_n\leqslant0.1$ 时，$1.1\leqslant\frac{\varepsilon}{\varepsilon_n}\leqslant1.32$。

分析 dA_1 表面的能量收支情况如下：单位时间从给定方向在：$\lambda \sim \lambda + d\lambda$ 波长范围内，由黑体半球空腔上 dA_2 表面投射到 dA_1 表面上的能量为

$$dq_i = I_{b\lambda}(T)dA_2 d\Omega d\lambda \tag{15-2-14}$$

式中　$I_{b\lambda}(T)$ ——温度 T 下的黑体光谱定向辐射强度。

根据立体角定义，$d\Omega = \frac{dA_1 \cos\theta}{r^2}$，

于是

$$dq_i = I_{b\lambda}(T)dA_2 \frac{dA_1 \cos\theta}{r^2} d\lambda$$

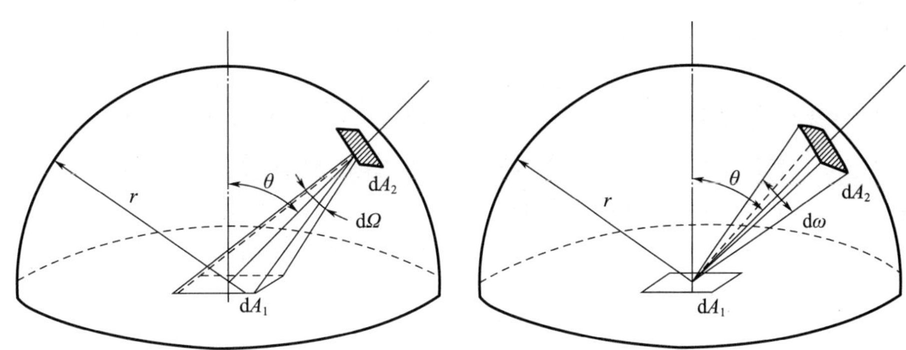

图 15-2-6　定向辐射和吸收特性

被 dA_1 表面所吸收的能量为

$$dq_a = \alpha_{\lambda,\theta}(T)dq_i = \alpha_{\lambda,\theta}(T)I_{b\lambda}(T)dA_2 \frac{dA_1 \cos\theta}{r^2} d\lambda \tag{15-2-15}$$

式中　$\alpha_{\lambda,\theta}(T)$ ——dA_1 表面在温度 T 下、θ 方向的光谱定向吸收率。

另一方面，dA_1 表面在单位时间内，朝着 θ 方向在 $\lambda \sim \lambda + d\lambda$ 波长范围发射的辐射能量为

$$dq_e = I_{\lambda,\theta}(T)dA_1 \cos\theta d\omega d\lambda \tag{15-2-16}$$

式中　$I_{\lambda,\theta}(T)$ ——dA_1 表面在温度 T 下、θ 方向的光谱定向辐射强度。它可用该方向的光谱定向发射率来表示，即 $I_{\lambda,\theta}(T) = \varepsilon_{\lambda,\theta}(T)I_{b\lambda}(T)$；并且立体角 $d\omega = \frac{dA_2}{r^2}$。于是

$$dq_e = \varepsilon_{\lambda,\theta}(T)I_{b\lambda}(T)dA_1 \cos\theta \frac{dA_2}{r^2} d\lambda \tag{15-2-17}$$

在热平衡条件下，dA_1 表面吸收的投射辐射能量与它自身向外发射出去的辐射能量相等，即 $dq_e = dq_a$，比较式（15-2-15）与式（15-2-17），可得

$$\varepsilon_{\lambda,\theta}(T) = \alpha_{\lambda,\theta}(T) \tag{15-2-18}$$

式（15-2-18）就是基尔霍夫定律最基本的表达式，表明在热平衡条件下，物体表面光谱定向发射率等于该表面对同温度黑体辐射的光谱定向吸收率。

我们知道，光谱定向发射率 $\varepsilon_{\lambda,\theta}(T)$ 为物体表面的辐射特性，主要取决于自身的温度和表面特性；同样，指定波长的光谱定向吸收率 $\alpha_{\lambda,\theta}(T)$ 也是物体表面的辐射特性，取决于自身的温度和表面特性。因此，即使不是在热平衡条件下，投入辐射也不是黑体辐射，式（15-2-18）仍然成立。应予注意的是，对于全波长范围内的吸收率 α 不仅取决于自身的温度和表面特性，同时还与投入辐射能的波长分布有关。

对于漫射表面，各方向上的辐射性质相同，故漫射物体表面光谱发射率等于该物体表面的光谱吸收率，即

$$\varepsilon_\lambda(T) = \alpha_\lambda(T) \tag{15-2-19}$$

对灰表面，发射率与波长无关，故灰表面定向发射率等于该物体表面的定向吸收率，即

$$\varepsilon_\theta(T)=\alpha_\theta(T) \tag{15-2-20}$$

如果是漫射灰表面，则发射率 $\varepsilon(T)$ 不仅与方向无关，而且与波长无关，即 $\varepsilon_\lambda(T)=\alpha_\lambda(T)\neq f(\lambda)$，$\varepsilon_\theta(T)=\alpha_\theta(T)\neq f(\theta)$。因此，漫—灰表面的发射率等于该表面的吸收率，即

$$\varepsilon(T)=\alpha(T) \tag{15-2-21}$$

在工程辐射传热计算中，只要参与辐射传热的各物体温差不过分悬殊，可以把物体表面当作漫射灰表面，应用 $\varepsilon(T)=\alpha(T)$ 的关系，不致造成太大的误差。但是，当研究物体表面对太阳能的吸收率时，一般不能把物体作为灰体看待，即物体在常温下的发射率不等于对太阳能的吸收率。这主要是由于实际物体吸收率不仅与本身性质和状况有关，还取决于投射辐射的特性。例如，红光投射到红玻璃上时，玻璃背面有红光透出，说明红玻璃对红光的吸收率不大；但当绿光投射到红玻璃上时，玻璃背面无光透出，说明红玻璃对绿光的吸收率很大。可见，投射光的波长对红玻璃的吸收率有很大的影响。

基于实际物体表面的非灰性质，其吸收率 α 可采用如下方法确定：对温度为 T_1 的非金属表面，其吸收率 α 可按投射物体的表面温度 T_2 查取该非金属表面的发射率。对于温度为 T_1 的金属表面，吸收率 α 可按 $T_m=\sqrt{T_1T_2}$ 查取该金属表面的发射率。

【例 15-5】 某漫射表面温度 $T_1=300\text{K}$，其光谱吸收率如下图所示。把它放在壁温 $T_2=1200\text{K}$ 的黑空腔中，计算此表面的吸收率 α 和发射率 ε。

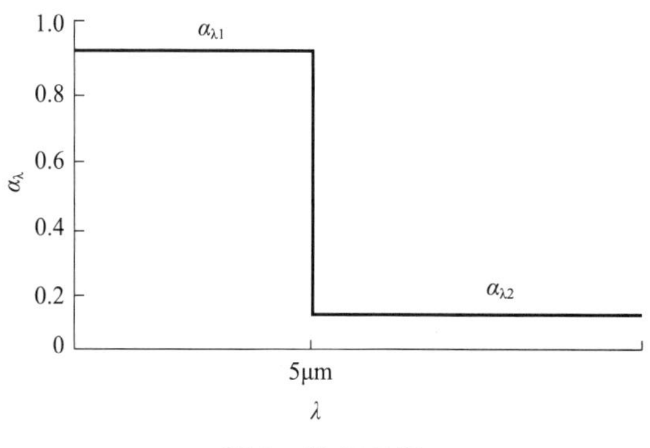

图 1　例 15-5 图

【解】 此表面系漫射非灰表面，应按波长分段计算。

(1) 根据吸收率 α 与光谱吸收率 α_λ 的关系式

$$\alpha=\frac{\int_0^\infty \alpha_\lambda G_\lambda \mathrm{d}\lambda}{\int_0^\infty G_\lambda \mathrm{d}\lambda}$$

其中，G_λ 表示某一波长下的投射光谱辐射能，由于投射来自 $T_2=1200\text{K}$ 的黑体，故 $G_\lambda=E_{b\lambda}(\lambda, 1200)$，可得

$$\alpha=\frac{\int_0^\infty \alpha_\lambda E_{b\lambda}(\lambda,1200)\mathrm{d}\lambda}{E_b(1200)}=\frac{\alpha_{\lambda_1}\int_0^{\lambda_1} E_{b\lambda}(\lambda,1200)\mathrm{d}\lambda+\alpha_{\lambda_2}\int_{\lambda_1}^\infty E_{b\lambda}(\lambda,1200)\mathrm{d}\lambda}{E_b(1200)}$$

即

$$\alpha=\alpha_{\lambda_1}F_{b(0-\lambda_1T_2)}+\alpha_{\lambda_2}(1-F_{b(0-\lambda_1T_2)}) \tag{a}$$

计算 $\lambda_1T_2=5\times1200=6000\mu\text{m}\cdot\text{K}$ 时，查表 15-2-1，可得 $F_{b(0-\lambda_1T_2)}=0.738$

故

$$\alpha=0.9\times0.738+0.1\times(1-0.738)=0.69$$

(2) 根据发射率 ε 与光谱发射率 ε_λ 的关系式 (15-2-12)

$$\varepsilon=\frac{\int_0^\infty \varepsilon_\lambda E_{b\lambda}\mathrm{d}\lambda}{\int_0^\infty E_{b\lambda}\mathrm{d}\lambda}$$

由于是漫射表面，$\varepsilon_\lambda=\alpha_\lambda$，表面温度 $T_1=300\text{K}$，故

$$\varepsilon=\frac{\alpha_{\lambda_1}\int_0^{\lambda_1}E_{b\lambda}(\lambda,300)\mathrm{d}\lambda+\alpha_{\lambda_2}\int_{\lambda_1}^{\infty}E_{b\lambda}(\lambda,300)\mathrm{d}\lambda}{E_b(300)}$$

即
$$\varepsilon=\alpha_{\lambda_1}F_{b(0-\lambda_1T_1)}+\alpha_{\lambda_2}(1-F_{b(0-\lambda_1T_1)}) \tag{b}$$

计算 $\lambda_1T_1=5\times300=1500\mu\text{m}\cdot\text{K}$，查表 15-2-1，可得 $F_{b(0-\lambda_1T_1)}=0.014$

故
$$\varepsilon=0.9\times0.014+0.1\times(1-0.014)=0.11$$

【讨论】上述计算表明，对于非灰表面 $\varepsilon=0.11$、$\alpha=0.69$，两者不相等。因此，式（15-2-21）的关系对非灰表面是不适用的。

15.2.5　气体吸收定律（布格尔定律）

光带中的热射线穿过气体层时，射线能量沿途不断减弱。设 $x=0$ 处的光谱定向辐射强度为 $I_{\lambda,0}$，经 x 距离后强度减弱为 $I_{\lambda,x}$，见图 15-2-7。在薄层 $\mathrm{d}x$ 中的减弱 $\mathrm{d}I_{\lambda,x}$可表达为

$$\mathrm{d}I_{\lambda,x}=-K_\lambda I_{\lambda,x}\mathrm{d}x \tag{15-2-22}$$

式中　K_λ——单位距离光谱定向辐射强度减弱的百分数，称为光谱减弱系数，1/m。它与气体的性质、压强、温度以及射线波长有关。负号表明定向辐射强度随着气体层厚度增加而减弱。

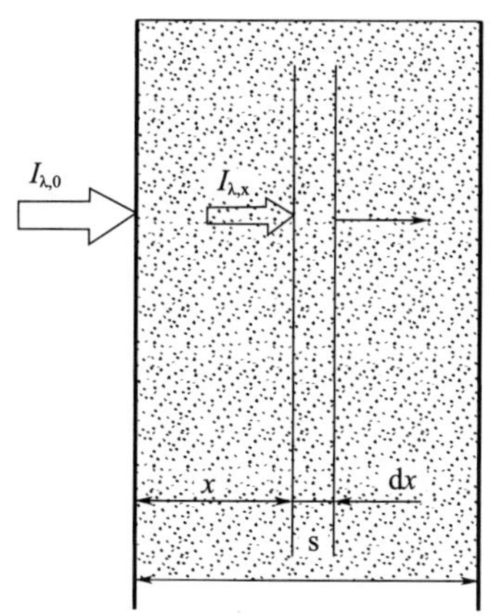

图 15-2-7　某波长射线穿过气体层时的减弱

将式（15-2-22）分离变量并积分，如把 K_λ 作为与 x 无关的常数，可有

$$\int_{I_{\lambda,0}}^{I_{\lambda,s}}\frac{\mathrm{d}I_{\lambda,x}}{I_{\lambda,x}}=-K_\lambda\int_0^s\mathrm{d}x$$

积分后
$$\frac{I_{\lambda,s}}{I_{\lambda,0}}=\exp(-K_\lambda s) \tag{15-2-23a}$$

即
$$I_{\lambda,s}=I_{\lambda,0}\exp(-K_\lambda s) \tag{15-2-23b}$$

这就是气体吸收定律，也称布格尔定律（Bouguer）。可以看出，穿过气体层时，光谱定向辐射强度是按指数规律减弱的。需注意，气体既有吸收能力也必定有辐射能力，此定律只是从气体吸收这方面来看定向辐射强度的变化，没有涉及气体本身的辐射能力。

15.3　黑表面间的辐射传热

15.3.1　任意位置两非凹黑表面间的辐射传热

15.3.1.1　两黑表面间的辐射传热

有任意放置的两非凹黑表面 A_1、A_2，它们的温度各为 T_1、T_2。从表面上分别取微面积 $\mathrm{d}A_1$、

dA_2，两者的距离为 r，两微面积的法线与连线间的夹角分别为 θ_1、θ_2（见图 15-3-1）。

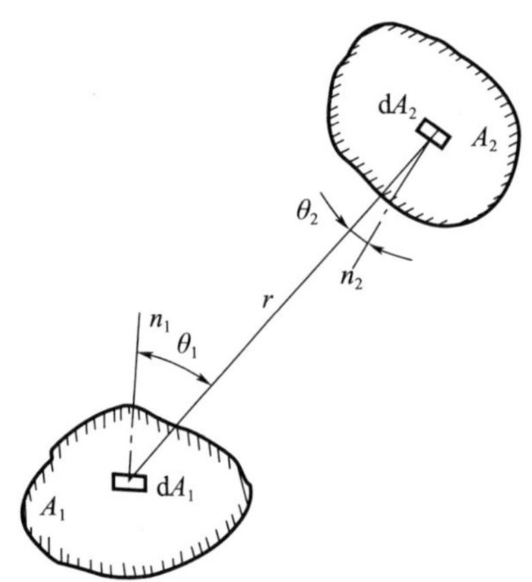

图 15-3-1　任意位置两非凹黑表面的辐射传热

从 15.1 节定向辐射强度定义式（15-1-5）可知，微面积 dA_1 投射到微面积 dA_2 的辐射能为

$$d^2\Phi_{dA_1-dA_2}=I_{b1}\,dA_1\cos\theta_1\,d\omega_1 \tag{15-3-1}$$

因为黑体表面的辐射遵循兰贝特定律，故 $E_{b1}=\pi I_{b1}$；由立体角的定义式知，$d\omega_1=\dfrac{dA_2\cos\theta_2}{r^2}$代入上式，可得

$$d^2\Phi_{dA_1-dA_2}=E_{b1}\frac{\cos\theta_1\cos\theta_2}{\pi r^2}dA_1\,dA_2 \tag{15-3-2}$$

同理，从微面积 dA_2 投射到微面积 dA_1 的辐射能为

$$d^2\Phi_{dA_2-dA_1}=E_{b2}\frac{\cos\theta_1\cos\theta_2}{\pi r^2}dA_1\,dA_2 \tag{15-3-3}$$

由于是黑表面间的辐射传热，故微面积 dA_1 和 dA_2 之间的辐射传热量为

$$d^2\Phi_{dA_1,dA_2}=d^2\Phi_{dA_1-dA_2}-d^2\Phi_{dA_2-dA_1}=(E_{b1}-E_{b2})\frac{\cos\theta_1\cos\theta_2}{\pi r^2}dA_1\,dA_2 \tag{15-3-4}$$

因此，黑表面 A_1 和 A_2 之间的辐射传热量为

$$\Phi_{1,2}=\iint_{A_1A_2}d^2\Phi_{dA_1,dA_2}=(E_{b1}-E_{b2})\iint_{A_1A_2}\frac{\cos\theta_1\cos\theta_2}{\pi r^2}dA_1\,dA_2 \tag{15-3-5}$$

15.3.1.2　角系数

从图 15-3-1 可以看出，离开 A_1 的辐射能中只有一部分落到 A_2 上；同时，离开 A_2 的辐射能中也只有一部分落到 A_1 上。为此，引入角系数概念，表示离开表面的辐射能中直接落到另一表面或自身上的百分数。可采用 $X_{1,2}$表示离开 A_1 的辐射能量中落到 A_2 上的百分数，称为 A_1 对 A_2 的角系数。同理，A_2 对 A_1 的角系数可写成 $X_{2,1}$。角系数中的第一角码指辐射能离开的表面，第二角码指辐射能直接落到的表面。值得注意的是，角系数仅表示离开某表面的辐射能中到达另一表面的百分数，而与另一表面的吸收能力无关。

微面积 dA_1 对微面积 dA_2 的角系数 X_{dA_1,dA_2}

$$X_{dA_1,dA_2}=\frac{d^2\Phi_{dA_1-dA_2}}{d\Phi_{dA_1}}=\frac{E_{b1}\dfrac{\cos\theta_1\cos\theta_2}{\pi r^2}dA_1\,dA_2}{E_{b1}\,dA_1}=\frac{\cos\theta_1\cos\theta_2}{\pi r^2}dA_2 \tag{15-3-6}$$

微面积 dA_1 对表面积 A_2 的角系数 X_{dA_1,A_2}

$$X_{dA_1,A_2}=\frac{d\Phi_{dA_1-A_2}}{d\Phi_{dA_1}}=\frac{\displaystyle\int_{A_2}d^2\Phi_{dA_1-dA_2}}{d\Phi_{dA_1}}=\int_{A_2}\frac{\cos\theta_1\cos\theta_2}{\pi r^2}dA_2 \tag{15-3-7}$$

表面积 A_1 对表面积 A_2 的角系数 $X_{1,2}$

$$X_{1,2}=\frac{\Phi_{A_1-A_2}}{\Phi_{A_1}}=\frac{\iint_{A_1A_2}\mathrm{d}^2\Phi_{\mathrm{d}A_1-\mathrm{d}A_2}}{\Phi_{A_1}}=\frac{1}{A_1}\iint_{A_1A_2}\frac{\cos\theta_1\cos\theta_2}{\pi r^2}\mathrm{d}A_1\mathrm{d}A_2 \tag{15-3-8a}$$

式（15-3-8a）为角系数的一般计算式，虽然是从黑体表面辐射传热推导出来的，但从该式可见，角系数是一个纯粹的几何量，仅取决于表面的大小和相对位置，与辐射物体是否是黑体无关，它同样适用非黑体表面间的辐射传热。不过，在以上推导中应用了两个前提条件：（1）物体表面为漫表面，即物体发射的定向辐射强度及反射的定向辐射强度与方向无关；（2）物体表面的辐射物性均匀，即温度均匀、发射率及反射率均匀。由上述两个前提条件可推知，投入辐射也均匀。只有这样，才能将非几何因素排除。尽管实际工程上往往不可能满足这两个条件，但是由此导致的误差都在工程计算允许范围内或引入修正系数予以提高计算准确性，因此在工程上广泛采用角系数这个概念。

同理，表面积 A_2 对表面积 A_1 的角系数 $X_{2,1}$

$$X_{2,1}=\frac{\Phi_{A_2-A_1}}{\Phi_{A_2}}=\frac{1}{A_2}\iint_{A_1A_2}\frac{\cos\theta_1\cos\theta_2}{\pi r^2}\mathrm{d}A_1\mathrm{d}A_2 \tag{15-3-8b}$$

从式（15-3-8a）及式（15-3-8b）可以看出

$$X_{1,2}A_1=X_{2,1}A_2 \tag{15-3-9}$$

式（15-3-9）表示了两表面在辐射传热时的互换性，此性质称为角系数的相对性，也称互换性。

15.3.1.3　辐射空间热阻

由式（15-3-8a）、式（15-3-8b）和式（15-3-9）可知，稳态辐射传热情况下，任意放置两黑表面间的辐射传热计算式（15-3-5）可写成

$$\Phi_{1,2}=(E_{b1}-E_{b2})X_{1,2}A_1=(E_{b1}-E_{b2})X_{2,1}A_2 \tag{15-3-10}$$

显然，要计算 $\Phi_{1,2}$ 的关键是确定表面间的辐射角系数。有关角系数的确定方法将在下文中介绍，这里暂且把它作为已知值。

式（15-3-10）亦可写作

$$\Phi_{1,2}=\frac{E_{b1}-E_{b2}}{\dfrac{1}{X_{1,2}A_1}} \tag{15-3-11}$$

把它和欧姆定律相比，E_{b1}、E_{b2} 比作电位，$\dfrac{1}{X_{1,2}A_1}$ 比作电阻，则电流就是辐射传热量 $\Phi_{1,2}$。因此，两黑表面间的稳态辐射传热可以用简单的网络图来模拟，$\dfrac{1}{X_{1,2}A_1}$ 称为辐射空间热阻，简称空间热阻，见图 15-3-2。它取决于表面间的几何关系，当表面间的角系数越小或表面积越小，则能量从表面 1 投射到表面 2 上的空间热阻就越大。

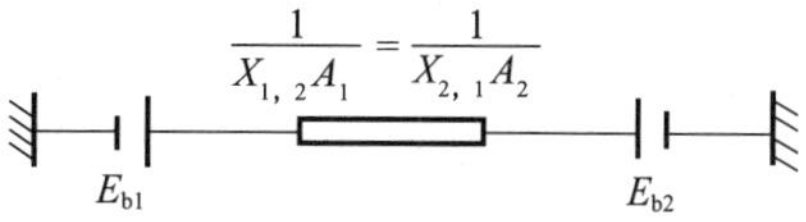

$\frac{1}{X_{1,2}A_1}=\frac{1}{X_{2,1}A_2}$

E_{b1}　　E_{b2}

图 15-3-2　辐射空间热阻

对于两平行的黑体大平壁（$A_1=A_2=A$），若略去周边溢出的辐射热量，可以认为 $X_{1,2}=X_{2,1}=1$，且由斯蒂芬-玻尔兹曼定律知：$E_b=\sigma_b T^4$，此时

$$\Phi_{1,2}=(E_{b1}-E_{b2})A=\sigma_b(T_1^4-T_2^4)A \tag{15-3-12}$$

15.3.2　封闭空腔诸黑表面间的辐射传热

如果把周围的环境，包括天空、周围壁面等都考虑进去，则参与辐射传热的表面实际上总是构成一个封闭的空腔。而且严格地说，只有把它们放在一个完全封闭的空间里，才能分析、计算

表面间的辐射传热过程。否则，就需要忽略开口表面或外界环境对辐射传热系统的影响，其计算结果也不是表面间的净得失热量。今后讨论研究的所有辐射传热问题都是在一个封闭空腔中进行的，这是计算表面间辐射传热的基本方法——空腔法。实际上，组成封闭空腔的表面未必都是实际表面，它们可以是虚拟的、人为设定的，当然计算前，必须确定这些表面的物性、温度等参数或辐射热流。

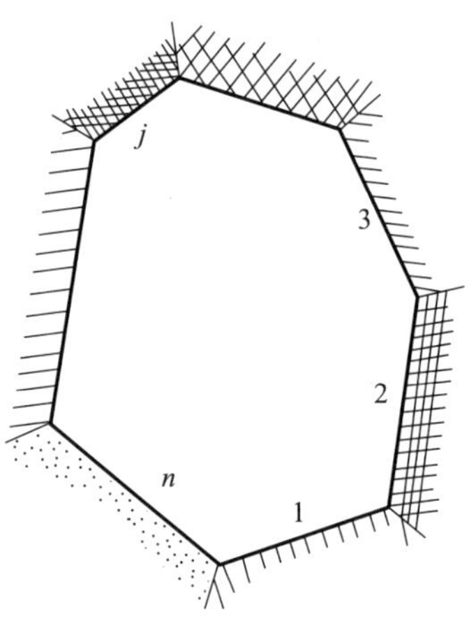

图 15-3-3　多个黑表面组成的空腔

设有 n 个黑表面组成空腔（图 15-3-3），各表面的温度分别为 T_1、T_2、T_3、…、T_n，需要计算某一表面与空腔各表面间的辐射传热。空腔表面 i 向所有表面投射能量的总和就是它向外发射的总能量，即

$$\Phi_{\mathrm{i}} = \Phi_{\mathrm{i},1} + \Phi_{\mathrm{i},2} + \cdots + \Phi_{\mathrm{i},n} = \sum_{j=1}^{n} \Phi_{\mathrm{i},j} \tag{15-3-13}$$

将上式除以 Φ_{i}，按角系数定义，可得

$$1 = X_{\mathrm{i},1} + X_{\mathrm{i},2} + \cdots + X_{\mathrm{i},n} = \sum_{j=1}^{n} X_{\mathrm{i},j} \tag{15-3-14}$$

显然，表面 i 对所有表面的能量投射百分数（角系数）之和等于 1，表示了封闭空腔中诸表面间辐射传热的完整性，此性质称为角系数的完整性。

如要计算黑表面 i 与所有黑表面间的辐射传热，应用式（15-3-10）可以得到

$$\Phi_{\mathrm{i}} = \sum_{j=1}^{n} \Phi_{\mathrm{i},j} = \sum_{j=1}^{n} (E_{\mathrm{bi}} - E_{\mathrm{b}j}) X_{\mathrm{i},j} A_{\mathrm{i}} = \sum_{j=1}^{n} E_{\mathrm{bi}} X_{\mathrm{i},j} A_{\mathrm{i}} - \sum_{j=1}^{n} E_{\mathrm{b}j} X_{\mathrm{i},j} A_{\mathrm{i}} \tag{15-3-15}$$

根据角系数完整性和相对性，上式可写成

$$\Phi_{\mathrm{i}} = E_{\mathrm{bi}} A_{\mathrm{i}} - \sum_{j=1}^{n} E_{\mathrm{b}j} X_{j,\mathrm{i}} A_j \tag{15-3-16}$$

可以看到，黑表面 i 和周围诸黑表面的总辐射传热量，就是黑表面 i 发射的能量与诸黑表面向表面 i 投射能量的差额。

对于多个黑表面间的辐射传热网络，可以仿照图 15-3-2，在任意两个黑表面间均连接一相应的辐射空间热阻即成。如由三个黑表面组成的封闭空腔，其辐射网络见图 15-3-4，每个黑表面按其温度各有相应的电位节点 E_{bi}。对于由 n 个黑表面组成的封闭腔，就有 n 个电位节点。

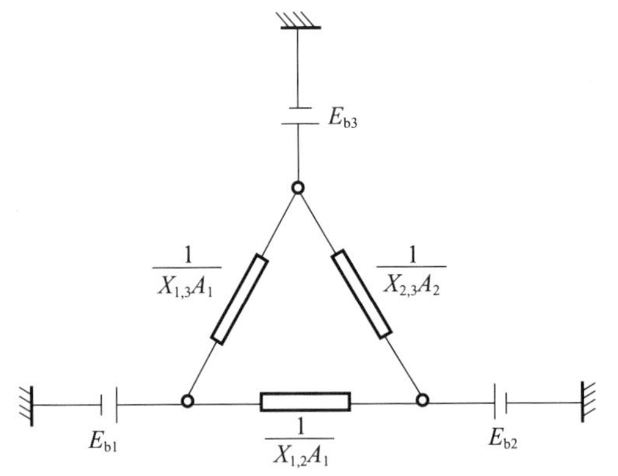

图 15-3-4　三个黑表面组成空腔的辐射网络

当组成封闭空腔的诸表面中，若有某个表面 j 为绝热时，它在参与辐射传热过程中没有净热量交换，即 $\Phi_j = 0$，则在辐射网络图中该表面所表示的节点不同外电源相连接，该表面的辐射力或温度相应的电位 $E_{\mathrm{b}j}$ 就成为浮动电位（见例 15-6 中的表面 3）。通常，加热炉中的反射拱、辐射加热器中的反射屏，如忽略其向外界环境散热损失，则可作为绝热表面处理，这种表面也称重辐射面。它的特点是：将投射过来的辐射能全部反射出去，也就是说将投射来的能量通过反射分布到组成封闭空腔的其他诸表面上去，自身与封闭空腔外的物体没有热量传递，它的温度由封闭空腔内的其他表面确定，所以它对辐射传热是有影响的。

【例 15-6】 有一半球形容器 $r = 1\mathrm{m}$，底部的圆形面积上有温度为 200℃的辐射表面 1 和温度为 40℃的吸热表面 2（图 1），它们各占圆形面积之半。表面 1、2 均系黑表面，容器壁面 3 是绝热表面。试计算表面 1、2 间的净辐射传热量和容器壁 3 的温度。

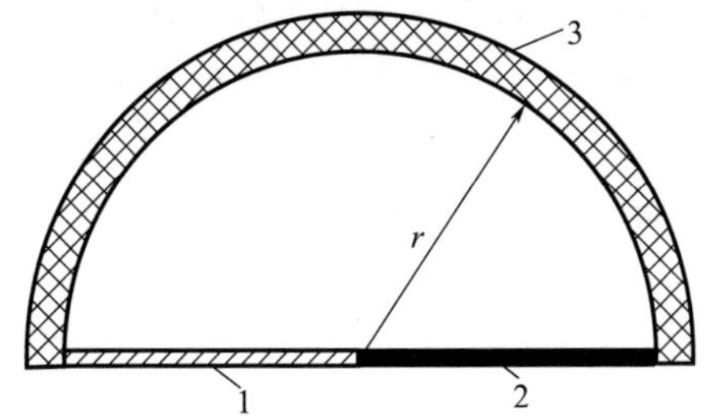

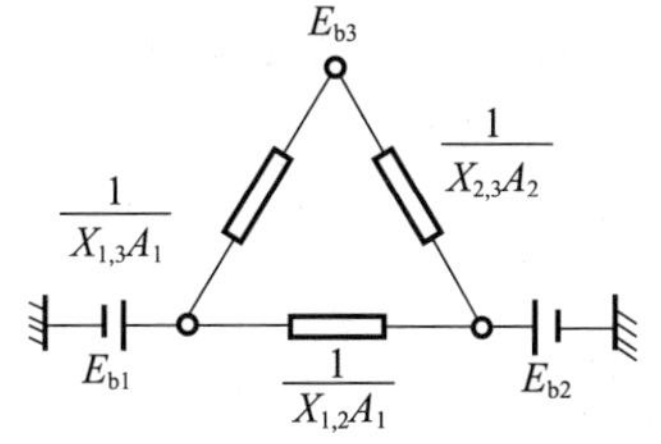

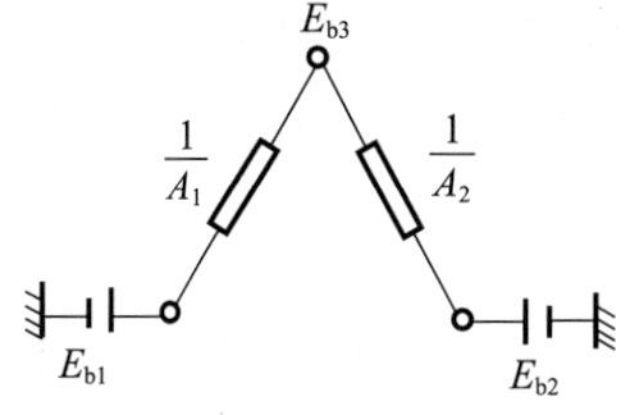

图 1　例 15-6 图

【解】 本题系由三个表面组成的封闭空腔，每个表面的辐射净热量按式（15-3-16），可得

$$\Phi_1 = E_{b1}A_1 - \sum_{j=1}^{3} E_{bj}X_{j,1}A_j \tag{a}$$

$$\Phi_2 = E_{b2}A_2 - \sum_{j=1}^{3} E_{bj}X_{j,2}A_j \tag{b}$$

$$\Phi_3 = E_{b3}A_3 - \sum_{j=1}^{3} E_{bj}X_{j,3}A_j = 0 \tag{c}$$

根据已知的几何形状，各个表面间的角系数为

$$X_{1,1}=X_{1,2}=X_{2,1}=X_{2,2}=0$$

$$X_{1,3}=X_{2,3}=1$$

由角系数的相对性

$$X_{1,3}A_1=X_{3,1}A_3$$

$$X_{2,3}A_2=X_{3,2}A_3$$

所以

$$X_{3,1}=\frac{A_1}{A_3}X_{1,3}=\frac{\pi r^2/2}{2\pi r^2}\times 1=0.25=X_{3,2}$$

由角系数完整性

$$X_{3,1}+X_{3,2}+X_{3,3}=1$$

所以

$$X_{3,3}=0.5$$

从式（c），可得 $E_{b3}A_3-E_{b1}X_{1,3}A_1-E_{b2}X_{2,3}A_2-E_{b3}X_{3,3}A_3=0$

应用斯蒂芬-玻尔兹曼定律 $E_b=\sigma_b T^4$，解得

$$T_3^4=\frac{T_1^4+T_2^4}{2}$$

代入已知条件，可求得绝热表面 3 的表面温度

$$T_3=415.6\text{K 或者 }142.6^\circ\text{C}$$

表面 1、2 的净辐射传热量，可由式（a）和式（b）计算，因为表面 3 是绝热表面，故 $\Phi_1=-\Phi_2=\Phi_{1,2}$。从式（a）得

$$\Phi_1=E_{b1}A_1-E_{b1}X_{1,1}A_1-E_{b2}X_{2,1}A_2-E_{b3}X_{3,1}A_3=E_{b1}A_1-E_{b3}X_{1,3}A_1=A_1\sigma_b(T_1^4-T_3^4)$$

$$=A_1C_b\left[\left(\frac{T_1}{100}\right)^4-\left(\frac{T_3}{100}\right)^4\right]=\frac{\pi}{2}\times 1^2\times 5.67\times\left[\left(\frac{473}{100}\right)^4-\left(\frac{415.6}{100}\right)^4\right]=1801.0\text{W}$$

【讨论】 本题如用网络法求解则更简便直观。由于 $X_{1,2}=0$，故可把表面 1、2 间的连接热阻断开，这样图左侧的网络图便简化为图右侧网络图。此时，表面 1、2 间的总辐射热阻由表面 1、3 间和表面 2、3 间的空间热阻之和组成，即

$$\sum R=\frac{1}{A_1}+\frac{1}{A_2}=\frac{A_1+A_2}{A_1A_2}=\frac{4}{\pi}$$

故 $\Phi_{1,2}=\dfrac{E_{b1}-E_{b2}}{\sum R}=\dfrac{\sigma_b(T_1^4-T_2^4)}{4/\pi}=\dfrac{\pi}{4}\times 5.67\times(4.73^4-3.13^4)=1801.0\ \text{W}$，至于绝热表面 3 的温度 T_3 或相应的浮动节点电位 E_{b3}，也可从网络图中很方便求得。

表面 3 相当于一个反射拱，将其他表面投射过来的辐射能反射给空腔内的诸表面。在工业窑炉

中，炉顶和炉壁的保温隔热效果一般都很好，相当于绝热表面。此时，火焰在加热工件的同时，也在加热炉顶和炉壁，这些绝热表面将火焰传递过来的辐射能反射给工件，促进了工件被加热的均匀性。

另外，请思考，把半球面改为圆柱面，对计算结果是否有影响？哪些数值有变化？为什么？

15.4 灰表面间的辐射传热

15.4.1 有效辐射

15.4.1.1 有效辐射

灰表面间的辐射传热比黑表面要复杂，这是因为灰表面只吸收一部分投入辐射，其余反射出去，这样在灰表面间形成多次吸收、反射的现象。对灰表面间的辐射传热计算，通常引用有效辐射的概念以使计算得到简化。图 15-4-1 表示了灰体表面 1 的有效辐射 J_1，是指单位时间离开单位面积表面的总辐射能，由表面的本身辐射 $\varepsilon_1 E_{b1}$ 和投入辐射的反射 $\rho_1 G_1$ 组成，即

$$J_1=\varepsilon_1 E_{b1}+\rho_1 G_1=\varepsilon_1 E_{b1}+(1-\alpha_1)G_1 \quad (\mathrm{W/m^2}) \quad (15\text{-}4\text{-}1a)$$

式中 G_1——单位时间外界对表面 1 单位面积的投入辐射，$\mathrm{W/m^2}$；

ρ_1、α_1——表面 1 的反射率和吸收率。

辐射测量中，用探测仪所测到的灰表面的辐射能，实际上都是有效辐射。

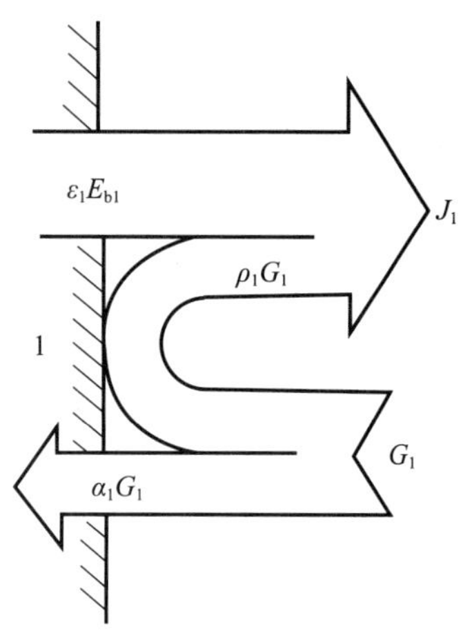

图 15-4-1 有效辐射示意图

15.4.1.2 辐射表面热阻

单位面积漫射灰表面的辐射传热量可以从不同的角度来分析。假定以向外界净传热量为正值，则从表面外部来看，应是该表面的有效辐射与投入辐射之差，从表面内部来看，则应是本身辐射与吸收辐射之差，即

$$\frac{\Phi_1}{A_1}=J_1-G_1=\varepsilon_1 E_{b1}-\alpha_1 G_1 \quad (\mathrm{W/m^2}) \quad (15\text{-}4\text{-}1b)$$

从上式中消去 G_1，并考虑漫射灰表面：$\alpha_1=\varepsilon_1$，可得

$$\Phi_1=\frac{\varepsilon_1}{1-\varepsilon_1}A_1(E_{b1}-J_1)=\frac{E_{b1}-J_1}{\dfrac{1-\varepsilon_1}{\varepsilon_1 A_1}} \quad (\mathrm{W}) \quad (15\text{-}4\text{-}1c)$$

式（15-4-1c）为漫射灰表面间辐射传热的网络模拟提供了依据。前节提到黑表面间的辐射传热是以黑表面的辐射力 E_b 比做电位，但对灰表面来说，应把它的有效辐射 J 比作电位，而把$\dfrac{1-\varepsilon_1}{\varepsilon_1 A_1}$比作是 E_{b1} 和 J_1 之间的辐射表面热阻，或简称表面热阻（图 15-4-2）。可以看出，灰表面的吸收率或发射率越大，即表面越接近黑体，表面热阻就越小。对黑表面来说，表面热阻为零，此时有效辐射 J_1 就是黑体辐射力 E_{b1}。

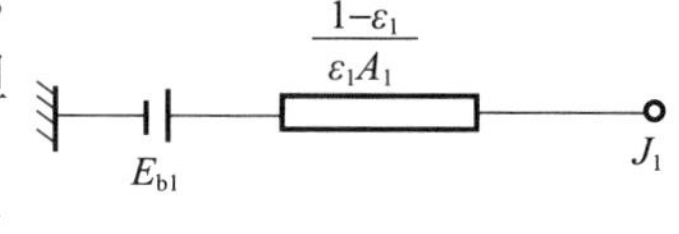

图 15-4-2 辐射表面热阻

15.4.2 组成封闭腔的两灰表面间的辐射传热

将前述黑表面间辐射传热网络图应用于灰表面间的辐射传热，只要在每个节点和电源之间加入一个相应的表面热阻$\dfrac{1-\varepsilon_i}{\varepsilon_i A_i}$即可。对于由两个灰表面组成的封闭空腔，表面间的辐射传热网络如图 15-4-3所示，它是一串联热阻网络，由此不难得出组成封闭腔的两表面间辐射传热计算式为

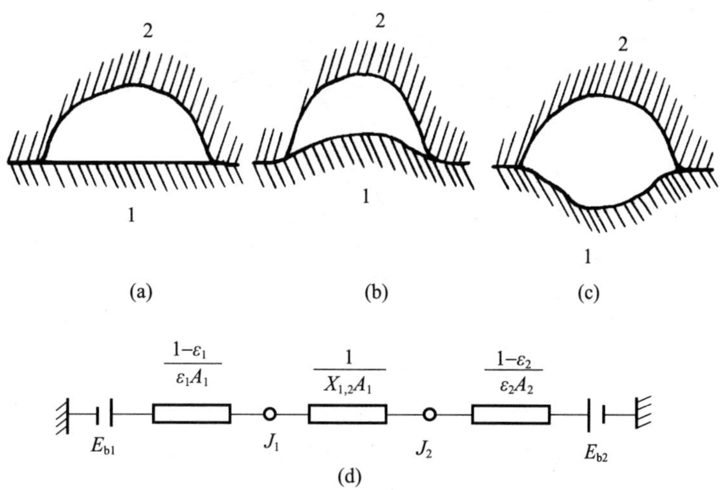

图 15-4-3　两个灰表面组成封闭腔的辐射传热网络

$$\Phi_{1,2}=\frac{E_{b1}-E_{b2}}{\dfrac{1-\varepsilon_1}{\varepsilon_1 A_1}+\dfrac{1}{X_{1,2}A_1}+\dfrac{1-\varepsilon_2}{\varepsilon_2 A_2}}\quad(\mathrm{W})\tag{15-4-2a}$$

如用 A_1 作为计算表面积，上式可写为

$$\Phi_{1,2}=\frac{A_1(E_{b1}-E_{b2})}{\left(\dfrac{1}{\varepsilon_1}-1\right)+\dfrac{1}{X_{1,2}}+\dfrac{A_1}{A_2}\left(\dfrac{1}{\varepsilon_2}-1\right)}=\varepsilon_s X_{1,2}A_1(E_{b1}-E_{b2})\quad(\mathrm{W})\tag{15-4-2b}$$

式中

$$\varepsilon_s=\frac{1}{1+X_{1,2}\left(\dfrac{1}{\varepsilon_1}-1\right)+X_{2,1}\left(\dfrac{1}{\varepsilon_2}-1\right)}$$

将式（15-4-2b）与式（15-3-10）相比，多了一个修正因子 ε_s。它是考虑由于灰表面的发射率小于 1，而引起多次吸收与反射对辐射传热量影响的因子，其值小于 1，称为系统发射率。

式（15-4-2）还可针对如下两种常见的辐射问题予以简化：

15.4.2.1　两无限大平行灰平壁的辐射传热

由于 $A_1=A_2=A$，且 $X_{1,2}=X_{2,1}=1$，式（15-4-2）可简化为

$$\Phi_{1,2}=\frac{A(E_{b1}-E_{b2})}{\dfrac{1}{\varepsilon_1}+\dfrac{1}{\varepsilon_2}-1}=\varepsilon_s A\sigma_b(T_1^4-T_2^4)\quad(\mathrm{W})\tag{15-4-3}$$

其中系统发射率

$$\varepsilon_s=\frac{1}{\dfrac{1}{\varepsilon_1}+\dfrac{1}{\varepsilon_2}-1}$$

15.4.2.2　其中一个表面为平面或凸表面的辐射传热

在两个表面辐射传热中，若有一个非凹表面 A_1，则 $X_{1,2}=1$（图 15-4-4 以及图 15-4-3 中的（a）、（b）两种情形），此时式（15-4-2a）可简化为

$$\Phi_{1,2}=\frac{A_1(E_{b1}-E_{b2})}{\dfrac{1}{\varepsilon_1}+\dfrac{A_1}{A_2}\left(\dfrac{1}{\varepsilon_2}-1\right)}\quad(\mathrm{W})\tag{15-4-4}$$

如果 $A_2\gg A_1$，且 ε_2 的数值较大，例如车间内的辐射供暖板、热力管道、气体容器内或管道内的热电偶等，其面积远比周围壁面小，此时$\dfrac{A_1}{A_2}$是一个很小的值，且$\left(\dfrac{1}{\varepsilon_2}-1\right)$不是很大，两者的乘积

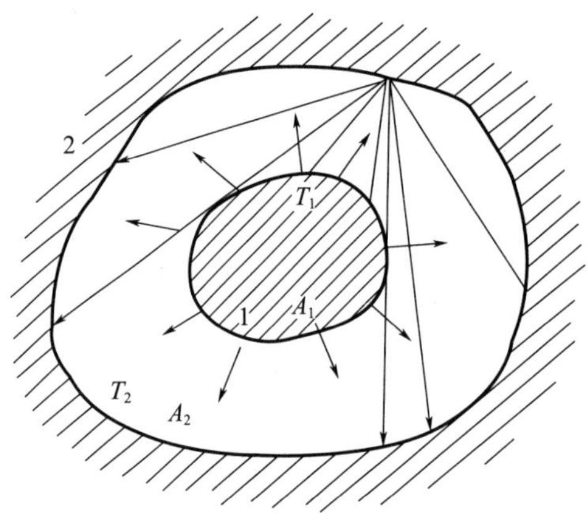

图 15-4-4　空腔与内包壁面间的辐射传热

1—内包壁；2—外包壁

与$\frac{1}{\varepsilon_1}$相比可以略去不计，则式（15-4-4）可改写为

$$\Phi_{1,2}=\varepsilon_1 A_1(E_{b1}-E_{b2}) \quad (\mathrm{W}) \tag{15-4-5}$$

此时，计算辐射传热量不需要知道周围壁面面积 A_2 和发射率 ε_2。

【例 15-7】 某房间内的圆筒形辐射式暖气，其直径为 0.3m，高 1m，立于地面上，上表面绝热。已知，暖气表面的发射率 $\varepsilon_1=0.94$，温度 $t_1=47$℃。求辐射式暖气表面与房间墙面间的辐射传热量。已知墙面温度 $t_2=17$℃。

【解】 辐射式暖气表面 A_1 比周围墙面 A_2 小得多（$A_1 \ll A_2$），故可用式（15-4-5）来计算

$$\begin{aligned}\Phi_{1,2}&=\varepsilon_1 A_1(E_{b1}-E_{b2})\\&=\varepsilon_1 A_1 C_b\left[\left(\frac{T_1}{100}\right)^4-\left(\frac{T_2}{100}\right)^4\right]\\&=0.94\times\pi\times0.3\times1\times5.67\left[\left(\frac{47+273}{100}\right)^4-\left(\frac{17+273}{100}\right)^4\right]\\&=171.4\mathrm{W}\end{aligned}$$

【讨论】 此时，房间墙面的发射率对计算结果无影响，能否从物理概念上加以解释？另外，暖气的表面温度相对周围空气温度高出很多，故暖气与房间的总传热量还应该包括暖气与其周围空气的自然对流传热。再有，本题计算得到的是暖气与房间墙面之间的总辐射传热量，试问房间各墙面所得到的热量相同吗？本题目所得结果与实际情况有哪些差别？是由于什么原因造成的？若房间各墙面温度不同，怎么办？

15.4.3　封闭空腔中诸灰表面间的辐射传热

15.4.3.1　网络法求解

先讨论较简单的多个表面间的辐射传热——由三个灰表面组成的封闭空腔，各表面间的辐射传热网络可在图 15-3-4 的基础上增加各节点的表面热阻，如图 15-4-5 所示。为计算各表面的有效辐射（相当于网络中的节点电位 J_i），可应用电学的基尔霍夫电流定律——流入每个节点的电流（相当于热流）总和等于零，从而可列出 J_i 的方程组，即

节点 1
$$\frac{E_{b1}-J_1}{\dfrac{1-\varepsilon_1}{\varepsilon_1 A_1}}+\frac{J_2-J_1}{\dfrac{1}{X_{1,2}A_1}}+\frac{J_3-J_1}{\dfrac{1}{X_{1,3}A_1}}=0 \tag{15-4-6a}$$

节点 2
$$\frac{E_{b2}-J_2}{\dfrac{1-\varepsilon_2}{\varepsilon_2 A_2}}+\frac{J_1-J_2}{\dfrac{1}{X_{2,1}A_2}}+\frac{J_3-J_2}{\dfrac{1}{X_{2,3}A_2}}=0 \tag{15-4-6b}$$

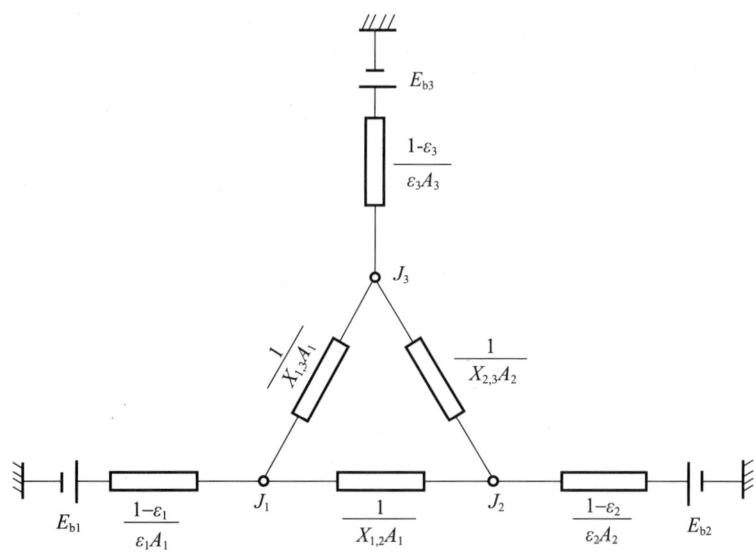

图 15-4-5　三个灰表面组成封闭腔辐射传热网络

节点 3
$$\frac{E_{b3}-J_3}{\dfrac{1-\varepsilon_3}{\varepsilon_3 A_3}}+\frac{J_1-J_3}{\dfrac{1}{X_{3,1}A_3}}+\frac{J_2-J_3}{\dfrac{1}{X_{3,2}A_3}}=0 \tag{15-4-6c}$$

联立求解后，可得出各表面的有效辐射值。

如果诸灰表面中有某表面 i 为绝热面（属于重辐射面[①]之一），由于 $\Phi_i=0$，网络中该节点不与电源相连，其有效辐射 J_i 值是浮动的，由其他表面的温度及空间位置来确定。这样，即使在节点上加表面热阻$\frac{1-\varepsilon_i}{\varepsilon_i A_i}$也不会影响节点电位。这表明绝热面的温度与其发射率无关。

【例 15-8】 两个相距 300mm、半径为 300mm 的平行放置的圆盘，它们的圆心法线重合。相对两表面的温度分别为 $t_1=500$℃及 $t_2=227$℃，发射率分别为 $\varepsilon_1=0.2$ 及 $\varepsilon_2=0.4$，两表面间的辐射角系数 $X_{1,2}=0.38$。圆盘的另外两个表面不参与传热。当将此圆盘置于一壁温为 $t_3=27$℃的一个大房间内，试计算每个圆盘的净辐射散热量及大房间壁面所得到的辐射热量。

【解】 根据题意，这是由三个灰表面组成的辐射传热问题。因大房间壁面的表面积很大，其表面热阻$\frac{1-\varepsilon_3}{\varepsilon_3 A_3}$可取为零。其辐射网络如下图所示。

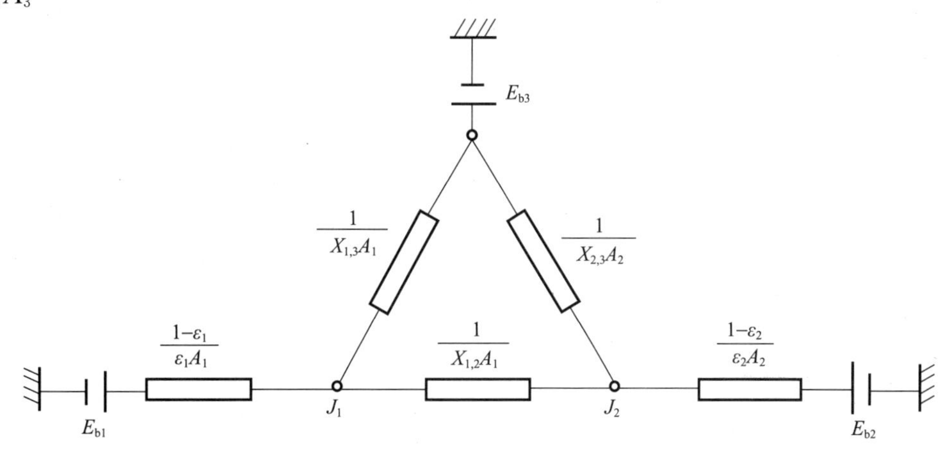

图 1　例 15-8 图

① 由式（15-4-1b）和式（15-4-1c）可知，对于重辐射面 $J_i=G_i=E_{bi}$，即重辐射面的特点是它的有效辐射等于投射辐射，等于某一温度下的黑体辐射力，表面净热流量为零，重辐射面的温度由其他表面所决定。从能量数量的角度看，可以把重辐射面视为反射率等于 1 的反射面，它将投射来的能量全部反射出去。

据角系数相对性和完整性可知 $X_{1,2}=X_{2,1}=0.38$

$$X_{1,3}=X_{2,3}=1-X_{1,2}=1-0.38=0.62$$

计算网络中的各热阻值：

$$A_1=A_2=\pi\times0.3^2=0.283\text{m}^2$$

$$\frac{1-\varepsilon_1}{\varepsilon_1 A_1}=\frac{1-0.2}{0.2\times0.283}=14.1\text{m}^{-2}$$

$$\frac{1-\varepsilon_2}{\varepsilon_2 A_2}=\frac{1-0.4}{0.4\times0.283}=5.3\text{m}^{-2}$$

$$\frac{1}{X_{1,2}A_1}=\frac{1}{0.38\times0.283}=9.3\text{m}^{-2}$$

$$\frac{1}{X_{1,3}A_1}=\frac{1}{X_{2,3}A_2}=\frac{1}{0.62\times0.283}=5.7\text{m}^{-2}$$

根据基尔霍夫电流定律，流入每个节点的电流总和等于零。由式（1）、式（2）可知，J_1 和 J_2 有：

$$\frac{E_{b1}-J_1}{14.1}+\frac{J_2-J_1}{9.3}+\frac{E_{b3}-J_1}{5.7}=0$$

$$\frac{E_{b2}-J_2}{5.3}+\frac{J_1-J_2}{9.3}+\frac{E_{b3}-J_2}{5.7}=0$$

而

$$E_{b1}=\sigma_b T_1^4=5.67\times10^{-8}\times773^4=20244\text{W/m}^2$$

$$E_{b2}=\sigma_b T_2^4=5.67\times10^{-8}\times500^4=3544\text{W/m}^2$$

$$E_{b3}=\sigma_b T_3^4=5.67\times10^{-8}\times300^4=459\text{W/m}^2$$

将 E_{b1}、E_{b2}、E_{b3} 的值代入方程，联立求解得

$$J_1=5129\text{W/m}^2, J_2=2760\text{W/m}^2$$

热圆盘的净辐射热量为

$$\Phi_1=\frac{E_{b1}-J_1}{\dfrac{1-\varepsilon_1}{\varepsilon_1 A_1}}=\frac{20244-5129}{14.1}=1072\text{W}$$

冷圆盘的净辐射热量为

$$\Phi_2=\frac{E_{b2}-J_2}{\dfrac{1-\varepsilon_2}{\varepsilon_2 A_2}}=\frac{3544-2760}{5.3}=148\text{W}$$

大房间壁面所得到的净辐射热量为

$$\Phi_3=-(\Phi_1+\Phi_2)=-(1072+148)=-1220\text{W}$$

【讨论】两个圆盘的净辐射传热量 Φ_1 及 Φ_2 均为正值，说明两个圆盘都向环境放出热量。按能量守恒定律，这些热量必为房间壁面所吸收。

【例 15-9】假定上例中两圆盘被置于一绝热大烘箱中，在其他条件不变时，试计算高温圆盘的净辐射热量以及烘箱壁面的温度。

【解】本例题与上例的区别在于大烘箱的壁面是绝热面（又称重辐射面），不能将热量传向外界，其辐射网络如下图所示。因其他条件不变，上例中各热阻值及 E_{b1}、E_{b2} 的值在本例中仍有效。这些值为

$$R_1=\frac{1-\varepsilon_1}{\varepsilon_1 A_1}=14.1\text{m}^{-2}$$

$$R_2=\frac{1-\varepsilon_2}{\varepsilon_2 A_2}=5.3\text{m}^{-2}$$

$$R_{1,2}=\frac{1}{X_{1,2}A_1}=9.3\text{m}^{-2}$$

$$R_{1,3}=R_{2,3}=\frac{1}{X_{1,3}A_1}=5.7\text{m}^{-2}$$

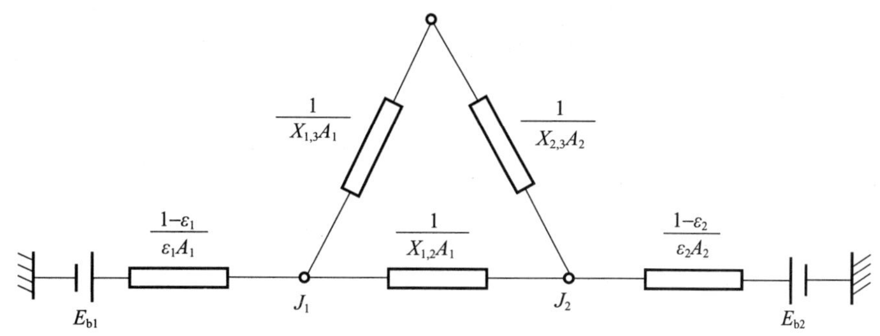

图 1　例 15-9 图

$$E_{b1}=20244\text{W/m}^2, E_{b2}=3544\text{W/m}^2$$

上述热阻网络相当于电路中的串、并联电路，故在 E_{b1} 与 E_{b2} 之间的总热阻为

$$\sum R = R_1 + \frac{1}{\dfrac{1}{R_{1,2}}+\dfrac{1}{R_{1,3}+R_{2,3}}} + R_2 = 14.1 + \frac{1}{\dfrac{1}{9.3}+\dfrac{1}{5.7+5.7}} + 5.3 = 24.5\text{m}^{-2}$$

高温圆盘的净辐射热量为

$$\Phi_{1,2} = \frac{E_{b1}-E_{b2}}{\sum R} = \frac{20244-3544}{24.5} = 682\text{W}$$

根据热阻网络图，计算可得高温圆盘的有效辐射为

$$J_1=E_{b1}-\Phi_{1,2}R_1=20244-682\times 14.1=10628\text{W/m}^2$$

低温圆盘的有效辐射为

$$J_2=E_{b2}+\Phi_{1,2}R_2=3544+682\times 5.3=7159\text{W/m}^2$$

由于 $R_{1,3}=R_{2,3}$，可得 $J_3=(J_1+J_2)/2=8894\text{W/m}^2$

根据重辐射面的特点 $J_3=G_3=E_{b3}=\sigma_b T_3^4$，得

$$T_3=\left(\frac{E_{b3}}{\sigma_b}\right)^{1/4}=\left(\frac{8894}{5.67\times 10^{-8}}\right)^{1/4}=629\text{K}$$

故烘箱壁面温度为 629K（或 356℃）。

【讨论】上例中，大房间的壁面温度为已知确定值，并且房间壁面与辐射传热系统以外的环境存在热量传递。仅仅是由于房间壁面的表面积非常大，导致其表面热阻可忽略不计。而当把大房间改为绝热烘箱后，实际上就是把原来的非绝热壁面改成绝热壁面（或重辐射面）后，辐射传热情况发生了变化：高温圆盘的净辐射热量减少了约 36.4%；低温圆盘从一个净放热面而成为一个净吸热表面。试问低温圆盘的净辐射吸热量是多少？另外，从烘箱壁面温度的计算可知，烘箱壁面温度处于高温圆盘和低温圆盘之间，烘箱壁面接收到的投入辐射全部反射出去了，烘箱壁面参与了辐射传热过程，但其净辐射热量为零。再者，当壁面改为重辐射面后，只要该重辐射面将高、低温圆盘封闭，重辐射面的表面积大小与计算结果无关。试分析这是什么原因？

15.4.3.2　数值解法

当组成空腔的表面为数不多时，用网络图列出节点方程组的方法来分析计算是十分方便的，但当空腔内参与辐射传热的表面较多时，画网络图就显得麻烦。为此，可从分析各表面的有效辐射入手，推导出有效辐射通用表达式以建立节点方程组。

设有 n 个灰表面组成空腔，对其中的表面 j 作分析，它与周围各表面辐射传热时，其有效辐射为本身辐射与投入辐射的反射之和。有效辐射的表达式（15-4-1a）中的角码 1 要换为 j，投入辐射 $A_jG_j = \sum_{i=1}^{n} J_i X_{i,j} A_i$，即表面 i 投射到表面 j 的能量之和。因 $\alpha_j=\varepsilon_j$，可得

$$J_jA_j = \varepsilon_j E_{bj} A_j + (1-\varepsilon_j)\sum_{i=1}^{n} J_i X_{i,j} A_i \tag{15-4-7}$$

依互换性
$$\sum_{i=1}^{n} J_i X_{i,j} A_i = A_j \sum_{i=1}^{n} J_i X_{j,i}$$

代入式（15-4-7），两侧消去 A_j，故可得表面 j 有效辐射为

$$J_j = \varepsilon_j E_{bj} + (1-\varepsilon_j)\sum_{i=1}^{n} J_i X_{j,i} \tag{15-4-8}$$

它不仅取决于表面本身的情况，还和周围诸表面的有效辐射值有关。

式（15-4-8）可写成

$$\sum_{i=1}^{n} J_i X_{j,i} - \frac{J_j}{1-\varepsilon_j} = \frac{\varepsilon_j}{\varepsilon_j - 1}\sigma_b T_j^4 \tag{15-4-9}$$

对 $j=1$、2、3、…、n 表面组成的空腔，可以得到 n 个方程，即

$$\left.\begin{aligned}
&J_1\left(X_{1,1}-\frac{1}{1-\varepsilon_1}\right)+J_2X_{1,2}+J_3X_{1,3}+\cdots+J_nX_{1,n}=\frac{\varepsilon_1}{\varepsilon_1-1}\sigma_b T_1^4\\
&J_1X_{2,1}+J_2\left(X_{2,2}-\frac{1}{1-\varepsilon_2}\right)+J_3X_{2,3}+\cdots+J_nX_{2,n}=\frac{\varepsilon_2}{\varepsilon_2-1}\sigma_b T_2^4\\
&\cdots\cdots\\
&J_1X_{n,1}+J_2X_{n,2}+J_3X_{n,3}+\cdots+J_n\left(X_{n,n}-\frac{1}{1-\varepsilon_n}\right)=\frac{\varepsilon_n}{\varepsilon_n-1}\sigma_b T_n^4
\end{aligned}\right\} \tag{15-4-10}$$

式（15-4-10）可用矩阵解法或迭代法求解，得到各表面的有效辐射 J_1、J_2、…、J_n。编程计算上述方程组的解是比较方便的。例 15-10 可作为求解各表面有效辐射的实例。

已知各表面的温度、发射率及几何尺寸，即可由有效辐射求得各表面的净辐射热量 Φ_i，即

$$\Phi_i = \frac{E_{bi}-J_i}{\dfrac{1-\varepsilon_i}{\varepsilon_i A_i}} \quad (i=1,2,\cdots,n) \tag{15-4-11}$$

但必须指出，用两个灰表面有效辐射 J_i、J_j 之差计算的 $(J_i-J_j)/\left(\dfrac{1}{X_{i,j}A_i}\right)$，只是辐射传热计算的中间参数，并不等于封闭腔中任意两表面 i、j 之间的辐射传热量。

15.4.4 遮热板

减少表面间辐射传热的有效方法是采用高反射率的表面涂层，或在表面间加设遮热板，这类措施称为辐射隔热。例如保温瓶胆的真空夹层就是由于高反射率的涂层而减少辐射散热损失的。在有热辐射的场合，用接触式温度计测量气温时，常因不注意辐射隔热而带来测温误差。合理地采用遮热措施能提高测温的精确度。

遮热板原理如图 15-4-6 所示，设有两块无限大平行板 1 和 2，它们的温度、发射率分别为 T_1、ε_1 和 T_2、ε_2，且 $T_1>T_2$。在未加遮热板时的辐射传热量可按式（15-4-3）计算，对单位表面积

$$q_{1,2} = \frac{\sigma_b(T_1^4 - T_2^4)}{\dfrac{1}{\varepsilon_1}+\dfrac{1}{\varepsilon_2}-1} \tag{15-4-12}$$

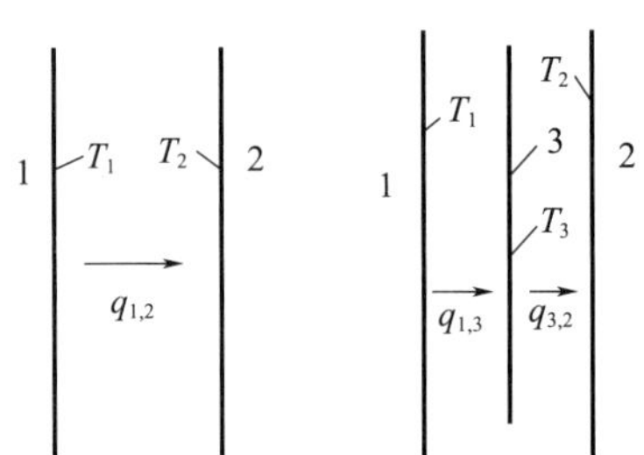

图 15-4-6　遮热板原理

在板间加入遮热板 3，使辐射传热过程增加了阻力，辐射传热量减小。此时，热量不是由表面 1 通过辐射直接传给表面 2，而是由表面 1 先辐射给遮热板 3，再由遮热板 3 辐射给表面 2。如果板 3 很薄，其热导率又比较大，则板两侧的表面温度可认为相等，设此温度为 T_3，可得表面 1、3 和表面 3、2 的辐射传热量 $q_{1,3}$ 和 $q_{3,2}$：

$$q_{1,3} = \frac{\sigma_b(T_1^4 - T_3^4)}{\dfrac{1}{\varepsilon_1}+\dfrac{1}{\varepsilon_3}-1} \tag{15-4-13}$$

$$q_{3,2}=\frac{\sigma_b(T_3^4-T_2^4)}{\frac{1}{\varepsilon_3}+\frac{1}{\varepsilon_2}-1} \tag{15-4-14}$$

在稳态辐射传热条件下，$q_{1,3}=q_{3,2}=q'_{1,2}$。为了便于比较，可假设各表面的发射率均相等，即 $\varepsilon_1=\varepsilon_2=\varepsilon_3=\varepsilon$。因此，从式（15-4-13）和式（15-4-14）可得

$$T_3^4=\frac{1}{2}(T_1^4+T_2^4) \tag{15-4-15}$$

把 T_3 代入式（15-4-13）或式（15-4-14），得

$$q'_{1,2}=\frac{1}{2}\frac{\sigma_b(T_1^4-T_2^4)}{\frac{1}{\varepsilon_1}+\frac{1}{\varepsilon_2}-1} \tag{15-4-16}$$

比较式（15-4-12）和式（15-4-16）发现，在加入一块表面发射率相同的遮热薄板后，表面的辐射传热量将减少为原来的二分之一。可以推论，当加入 n 块表面发射率相同的遮热薄板，则传热量将减少到原来的$\frac{1}{n+1}$。这表明遮热板层数越多，遮热效果越好。以上是按表面发射率均相同时所作分析的结论。实际上由于选用反射率较高的材料（如铝箔）作遮热板，ε_3 要远小于 ε_1 和 ε_2，此时的遮热效果比以上分析要显著得多。

在一些要求不影响人们视线的地方，可选用能透过可见光而不透过长波热射线的材料，如塑料薄膜、玻璃等。有些场合也可利用水幕形成的流动屏障来隔辐射热，由于水对热射线的吸收率较高而且在流动，故在吸收辐射热后可及时把热量带走，因此能起到良好的隔热作用。

用网络法来分析遮热效果是非常方便的，图 15-4-7 表示了两平行大平壁中间有一块遮热板时的辐射网络，它由四个表面热阻和两个空间热阻串联构成。当各表面的发射率不同时，用网络法可以方便地算出辐射传热量和遮热板温度。

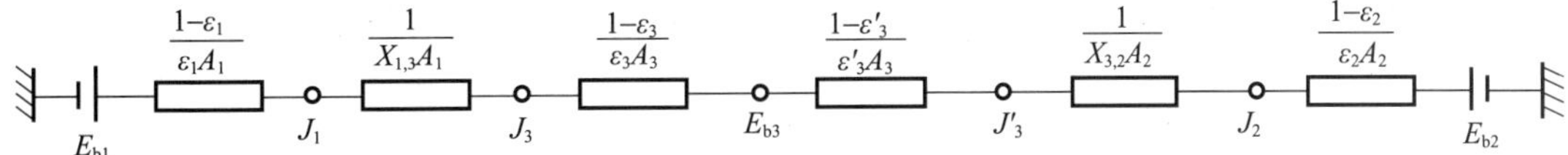

图 15-4-7　两平行大平壁中间有一块遮热板时的辐射网络

【例 15-10】某辐射供暖房间尺寸为 4m×5m×3m，在楼板中布置加热盘管，根据实测结果：楼板 1 的内表面温度 $t_1=25℃$，表面发射率 $\varepsilon_1=0.9$，外墙 2 的内表面温度 $t_2=10℃$，其余三面内墙 3 的内表面温度 $t_3=13℃$，墙面的发射率 $\varepsilon_2=\varepsilon_3=0.8$；地面 4 的表面温度 $t_4=11℃$，发射率 $\varepsilon_4=0.6$。试求（1）楼板的总辐射传热量；（2）地面的总吸热量。

【解】三面内墙的温度和发射率相同，为简化起见可将它们作为整体看待，把房间看作四个表面组成的空腔。根据各表面的尺寸和几何关系，可以确定各表面间的辐射角系数，具体方法将在下节中叙述，这里暂且作为已知值，它们是：

$$X_{1,1}=0,\ X_{1,2}=0.15,\ X_{1,3}=0.54,\ X_{1,4}=0.31$$
$$X_{2,1}=0.25,\ X_{2,2}=0,\ X_{2,3}=0.50,\ X_{2,4}=0.25$$
$$X_{3,1}=0.27,\ X_{3,2}=0.14,\ X_{3,3}=0.32,\ X_{3,4}=0.27$$
$$X_{4,1}=0.31,\ X_{4,2}=0.15,\ X_{4,3}=0.54,\ X_{4,4}=0$$

用网络法画出四个表面间的辐射传热网络，如图所示，由式（15-4-10）列出节点方程组为

$$\left.\begin{array}{l}10J_1-0.15J_2-0.54J_3-0.31J_4=9\times5.67\times2.98^4\\-0.25J_1+5J_2-0.5J_3-0.25J_4=4\times5.67\times2.83^4\\-0.27J_1-0.14J_2+4.68J_3-0.27J_4=4\times5.67\times2.86^4\\-0.31J_1-0.15J_2-0.54J_3+2.5J_4=1.5\times5.67\times2.84^4\end{array}\right\}$$

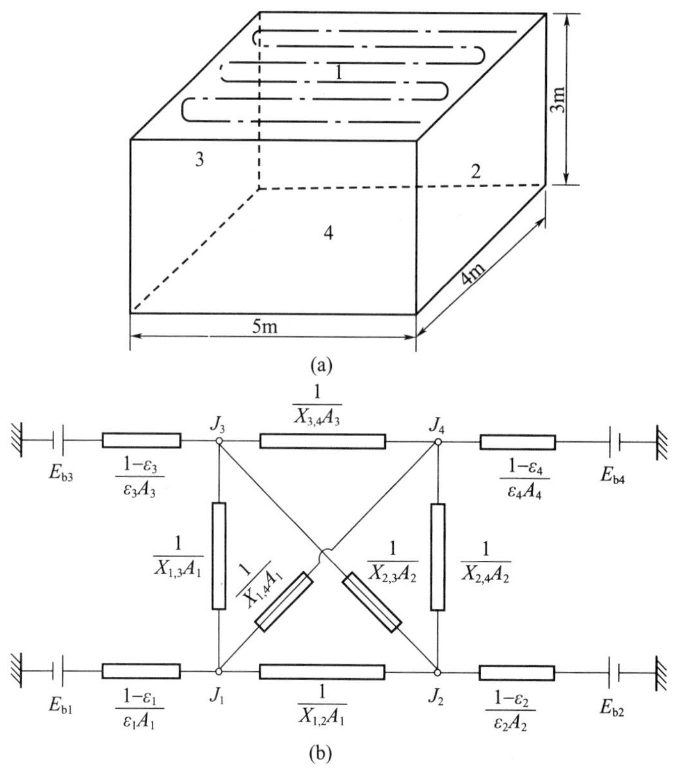

图 1　例 15-10 图

联立求解可得

$J_1=440.5\text{W/m}^2$，$J_2=370.3\text{W/m}^2$，$J_3=382.7\text{W/m}^2$，$J_4=380.8\text{W/m}^2$。

楼板 1 和地面 4 的净辐射传热量由式（15-4-11）计算：

$$\Phi_1=\frac{E_{b1}-J_1}{\frac{1-\varepsilon_1}{\varepsilon_1 A_1}}=\frac{5.67\times 2.98^4-440.5}{\frac{1-0.9}{0.9\times 20}}=1196\text{W}$$

$$\Phi_4=\frac{E_{b4}-J_4}{\frac{1-\varepsilon_4}{\varepsilon_4 A_4}}=\frac{5.67\times 2.84^4-380.8}{\frac{1-0.6}{0.6\times 20}}=-358.3\text{W（吸热）}$$

【讨论】（1）Φ_1 和 Φ_4 与 $\Phi_{1,4}$ 有何区别？由有效辐射能否算出 $\Phi_{1,4}$？（2）本例把内墙 3 作为一整体处理。实际上内墙 3 是由 3 块面积大小不同的墙形成的，若考虑非均匀投射的影响，仍作为六个表面组成的空腔，将其计算结果与本例进行比较讨论。

【例 15-11】 一排气管内的排气温度可用热电偶来测量（例 15-11 图），热电偶接点的发射率为 $\varepsilon_c=0.5$。排气管壁温度为 $t_w=100℃$，热电偶的指示温度 $t_c=500℃$。已知气体和热电偶接点间的对流传热表面传热系数 $h=200\text{W/(m}^2\cdot\text{K)}$，试确定气体的实际温度及测量误差。若将发射率为 $\varepsilon_s=0.3$的圆筒形遮热罩放置在热电偶周围，热电偶的读数仍为 500℃，问气体的真实温度是多少？假定气体和遮热罩间的总对流传热表面传热系数 $h_s=250\text{W/(m}^2\cdot\text{K)}$。

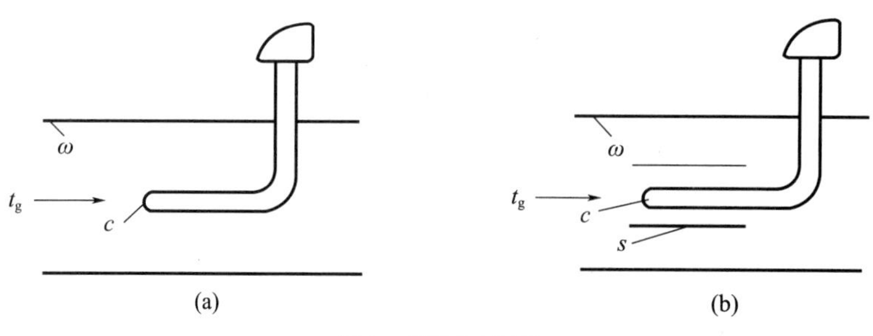

图 1　例 15-11 图

【解】 设下标 g、c、w、s 分别表示气体、热电偶、排气管和遮热罩。

(1) 无遮热罩时，排气对热电偶的对流传热量等于热电偶对排气管的辐射传热量，由于热电偶接点表面积远小于管壁表面积，故热电偶与管壁之间的辐射传热系统发射率 $\varepsilon_s=\varepsilon_c$，忽略热电偶沿轴向的导热，则有

$$hA_c(t_g-t_c)=\varepsilon_c A_c\sigma_b(T_c^4-T_w^4)$$

$$200(t_g-500)=0.5\times 5.67\times 10^{-8}(773^4-373^4)$$

解得 $t_g=548$℃。可见，由于热电偶与排气管管壁的辐射传热所引起的测量误差高达 8.8%。一般来说，这么大的测量误差是不能够接受的。

(2) 加遮热罩时

对于热电偶：排气对热电偶的对流传热量等于热电偶接点对遮热罩内表面的辐射传热量，即

$$hA_c(t_g-t_c)=\varepsilon_c A_c\sigma_b(T_c^4-T_s^4) \tag{a}$$

对于遮热罩：排气对遮热罩内、外两表面的对流传热量加上热电偶接点对遮热罩内表面的辐射传热量等于遮热罩外表面对排气管的辐射传热量，即

$$2h_sA_s(t_g-t_s)+\varepsilon_c A_c\sigma_b(T_c^4-T_s^4)=\varepsilon_s A_s\sigma_b(T_s^4-T_w^4) \tag{b}$$

由于 $A_s\gg A_c$，上式等号左边第二项可略去。将已知数据代入，用编程计算求解 (a)、(b)，可解得 $t_g=502$℃。可见加了遮热罩后，由于辐射引起的测量误差仅为 0.4%。

【讨论】 为进一步提高测温精度，可再适度增加遮热罩数，同时提高对流传热表面传热系数，以此原理制成抽气遮热罩式热电偶。另外，若用热电偶来测量空调房间的空气温度或冷管道内气流温度，试设想热电偶读数是高于还是低于真实温度。在上述计算中，忽略了沿热电偶支管的导热，如果用金属套管保护热电偶且金属套管又连接在管壁上，则沿金属套管的导热类似于翅片传热，此时计算就比较复杂了。当然，排气温度与管壁温度相差较大是测量误差较大的关键原因。因此，在测量高温火焰时，直接伸入火焰区测温的热电偶示值受炉壁温度影响很大。

15.5　角系数的规律与确定方法

漫射表面间的辐射传热计算，必须先要知道它们之间的辐射角系数。确定辐射角系数的方法很多，这里主要介绍积分法和代数法，有关角系数的更多内容可参考专门书籍[13]。

15.5.1　积分法确定角系数

对于符合兰贝特定律的漫射表面，角系数可从它的定义式通过积分运算求得。例如微表面积 dA_1 和与它平行、直径为 D 的圆面积 A_2，微面积处于圆心的法线上，两者的距离为 R 见（见图 15-5-1），需要确定 X_{dA_1,A_2}。

在 A_2 上取一距圆心为 x、宽度为 dx 的环形微面积 $dA_2=2\pi x dx$，对不同 x，$\theta_1=\theta_2$，$r=\sqrt{R^2+x^2}$，$\cos\theta_1=\cos\theta_2=\dfrac{R}{\sqrt{R^2+x^2}}$。

从角系数的表达式

$$X_{dA_1,A_2}=\int_{A_2}\frac{\cos\theta_1\cos\theta_2}{\pi r^2}dA_2=\int_{A_2}\frac{R^2 2\pi x dx}{\pi(R^2+x^2)^2}=R^2\int_0^{D/2}\frac{dx^2}{(R^2+x^2)^2}=-R^2\left[\frac{1}{R^2+x^2}\right]_0^{D/2}=\frac{D^2}{4R^2+D^2}$$

实用上为了简化计算，对表面间不同相对位置的角系数已根据相应计算公式画成线图①。下面列举几张，如图 15-5-2～图 15-5-4 所示。从这些图中可以看出，由于变量均为无量纲数，因此相似的几何系统，对应的角系数相同。

① 线图的表达式参见文献 [14]。

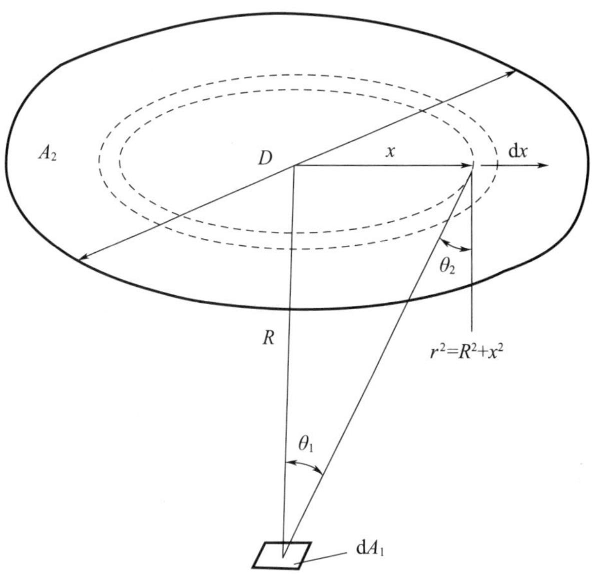

图 15-5-1　确定角系数的积分方法示例

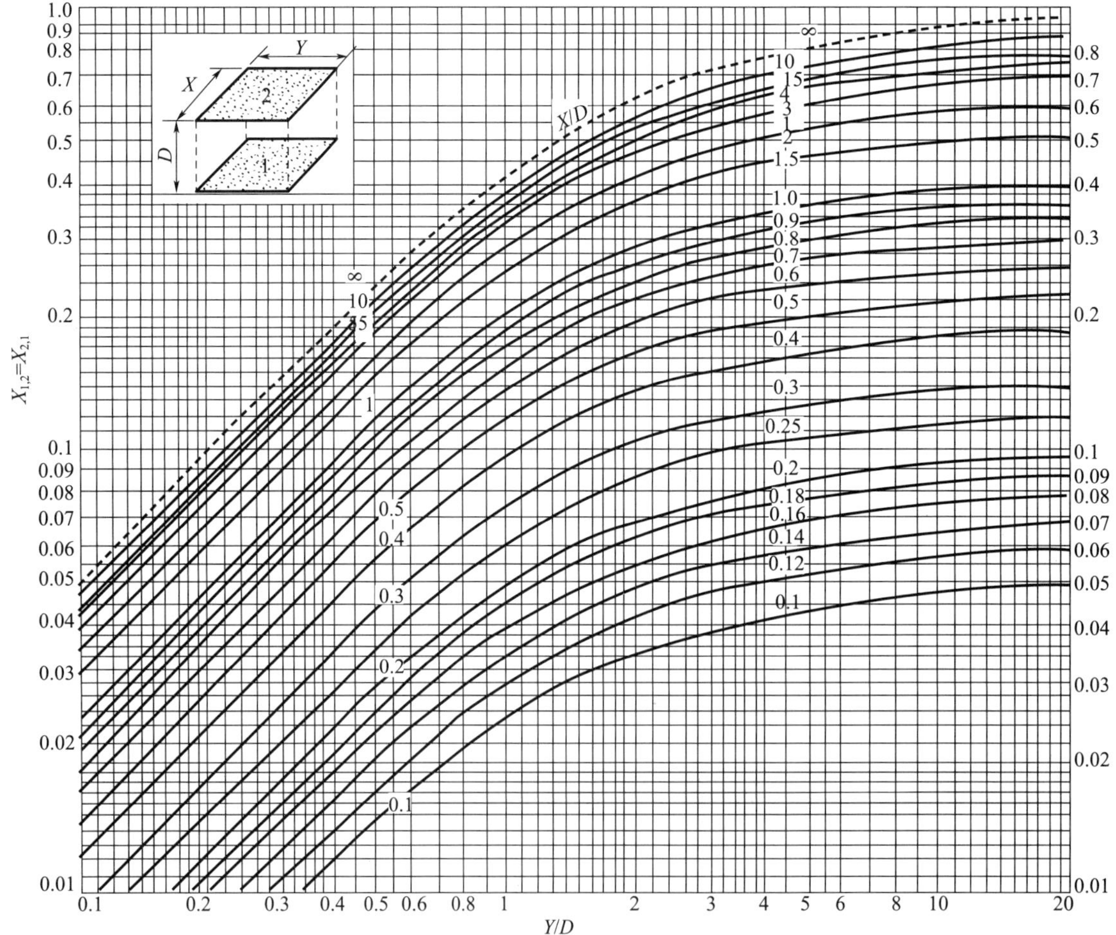

图 15-5-2　平行长方形表面间的角系数

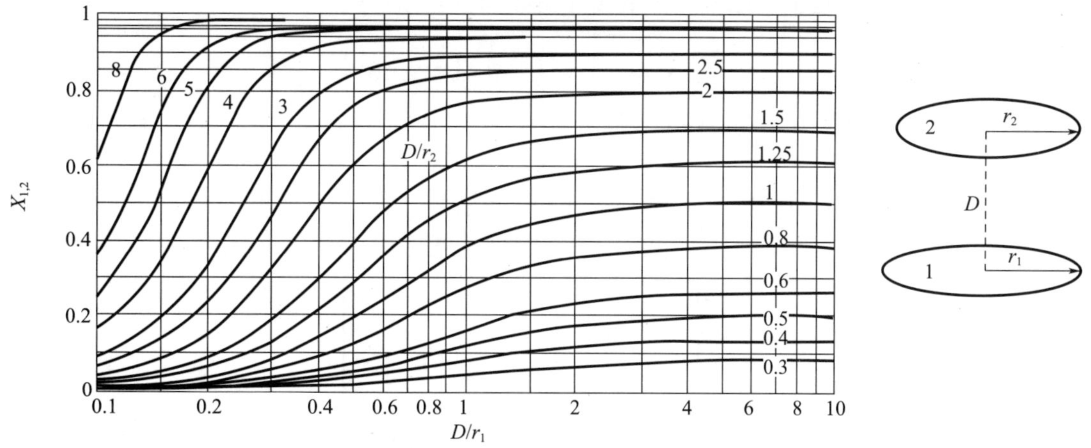

图 15-5-3　两同轴平行圆盘间的角系数

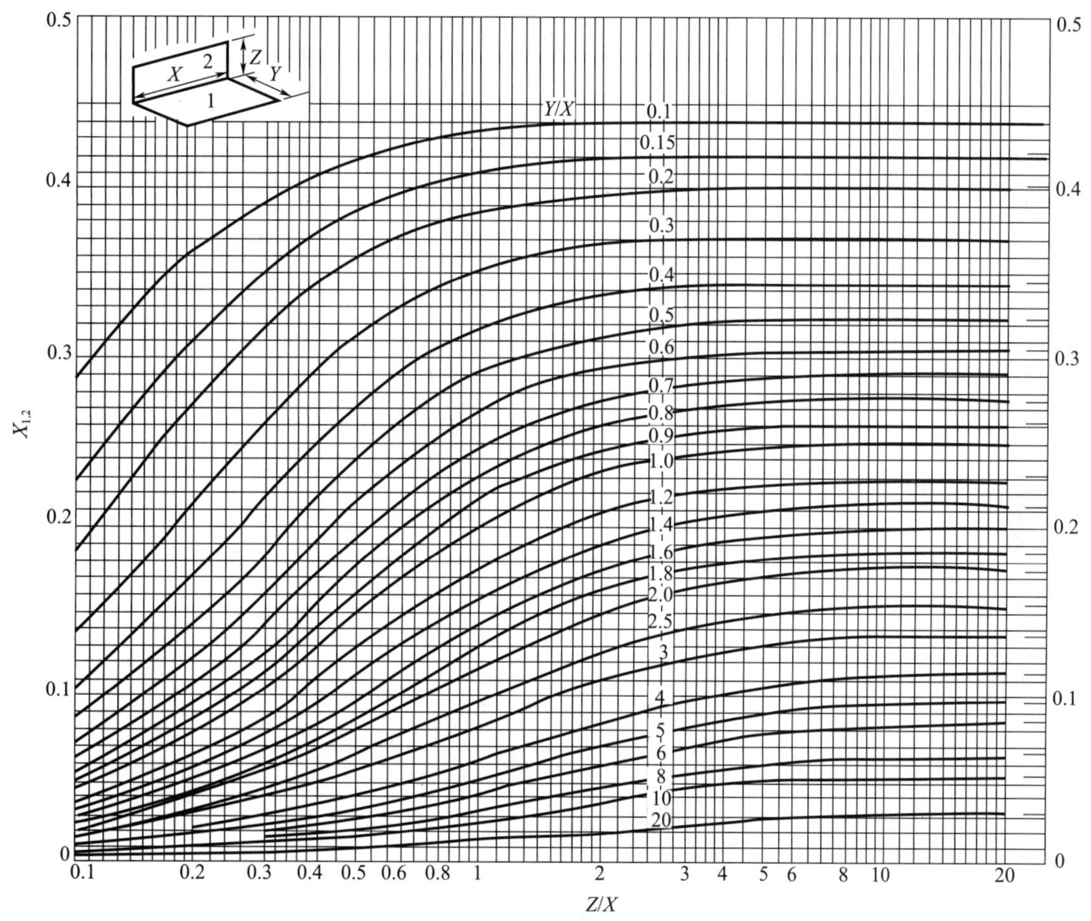

图 15-5-4　相互垂直两长方形表面间的角系数

15.5.2　代数法确定角系数

代数法可扩大应用前面所介绍的一些线图，以计算表面间的角系数。此方法基于表面间辐射角系数的特性。角系数有以下几个特性。

互换性（相对性）：两任意表面 A_i 及 A_j，由式（15-3-9）可以写成为

$$A_iX_{i,j}=A_jX_{j,i} \tag{15-5-1}$$

根据上式可以方便地从一个已知角系数来确定另一个相对的角系数。

完整性由 n 个表面组成的封闭空腔，由式（15-3-14）可以写成

$$\sum_{j=1}^{n} X_{i,j} = 1 \quad (i = 1,2,\cdots,n) \tag{15-5-2}$$

分解性：两表面 A_1 及 A_2，如把 A_1 表面分解为 A_3 和 A_4 [图 15-5-5（a）]，可有

$$A_1 X_{1,2} = A_3 X_{3,2} + A_4 X_{4,2} \tag{15-5-3a}$$

如把表面 A_2 分解为 A_5 与 A_6 [图 15-5-5（b）]，可有

$$A_1 X_{1,2} = A_1 X_{1,5} + A_1 X_{1,6} \tag{15-5-3b}$$

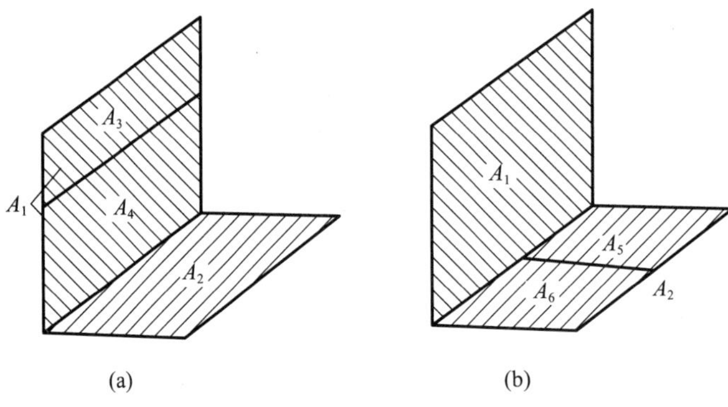

图 15-5-5　分解性原理

为写成更一般形式，将表面 A_i 分解为 n 份、表面 A_j 分解为 m 份，则有

$$A_i X_{i,j} = \sum_{k=1}^{n} \sum_{p=1}^{m} A_{ik} X_{ik,jp} \tag{15-5-3c}$$

下面通过举例来阐述代数法。

一个由三个非凹形表面（在垂直于纸面方向为无限长）构成封闭空腔，三个表面积各为 A_1、A_2、A_3（图 15-5-6），根据角系数完整性可以写出

$$\left.\begin{aligned} X_{1,2}A_1 + X_{1,3}A_1 = A_1 \\ X_{2,1}A_2 + X_{2,3}A_2 = A_2 \\ X_{3,1}A_3 + X_{3,2}A_3 = A_3 \end{aligned}\right\} \tag{15-5-4}$$

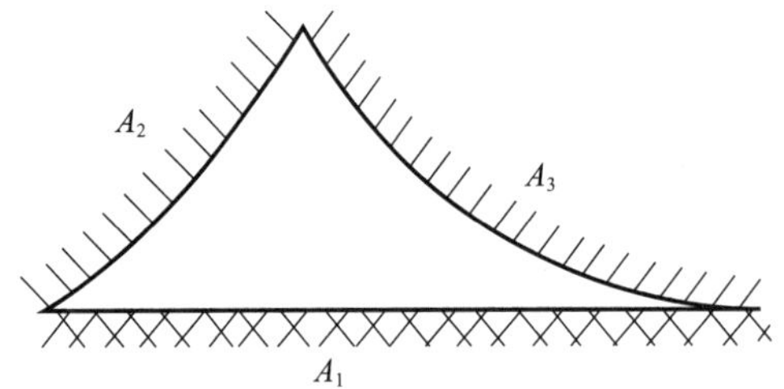

图 15-5-6　三个非凹表面组成的空腔

根据角系数互换性可写出

$$\left.\begin{aligned} X_{1,2}A_1 = X_{2,1}A_2 \\ X_{1,3}A_1 = X_{3,1}A_3 \\ X_{2,3}A_2 = X_{3,2}A_3 \end{aligned}\right\} \tag{15-5-5}$$

将式（15-5-4）中三个式子相加并根据式（15-5-5），可得：

$$X_{1,2}A_1 + X_{1,3}A_1 + X_{2,3}A_2 = (A_1 + A_2 + A_3)/2 \tag{15-5-6}$$

从此式减去式（15-5-4）中的每一等式，得到

$$\left.\begin{aligned} X_{2,3}A_2 = (A_2 + A_3 - A_1)/2 \\ X_{1,3}A_1 = (A_1 + A_3 - A_2)/2 \\ X_{1,2}A_1 = (A_1 + A_2 - A_3)/2 \end{aligned}\right\} \tag{15-5-7}$$

因此，各表面间的角系数为

$$\left.\begin{aligned}X_{1,2}&=\frac{A_1+A_2-A_3}{2A_1}\\X_{1,3}&=\frac{A_1+A_3-A_2}{2A_1}\\X_{2,3}&=\frac{A_2+A_3-A_1}{2A_2}\end{aligned}\right\}\tag{15-5-8}$$

假定在垂直于纸面方向上无限长的两个非凹表面［图 15-5-7（a）］，面积分别为 A_1 和 A_2，其角系数 $X_{1,2}$ 如何求取呢？由于只有在封闭系统中才能应用角系数的完整性，为此作无限长假想面 ac 和 bd 使系统封闭，则

$$X_{1,2}=X_{ab,cd}=1-X_{ab,ac}-X_{ab,bd}\tag{15-5-9}$$

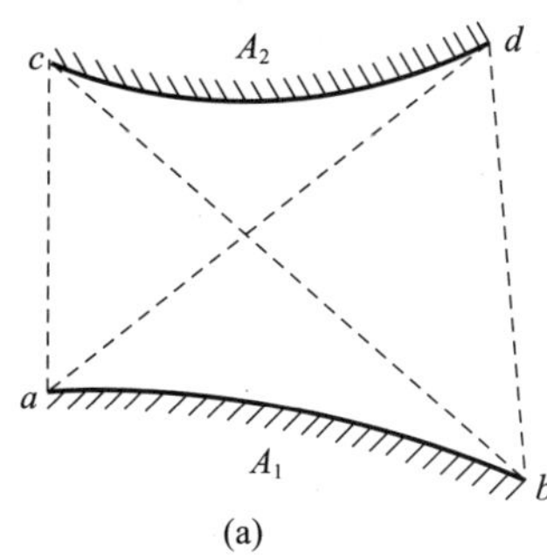

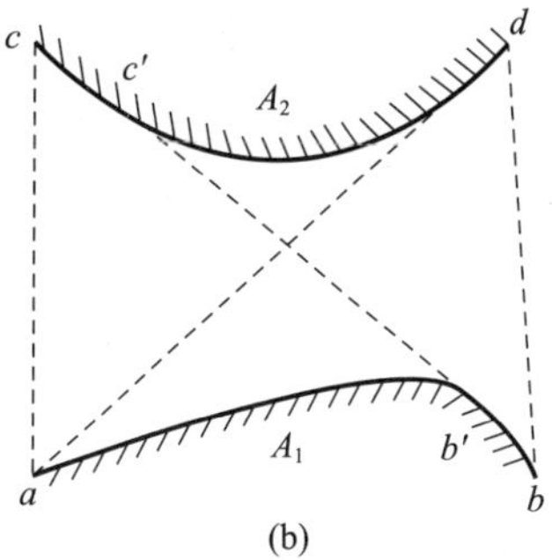

图 15-5-7 两个无限长相对表面间的角系数

为方便应用式（15-5-8），做 ad 和 bc 两条辅助线，则图形 abc 和 abd 可看成是两个各由三个表面组成的封闭空腔。然后直接应用式（15-5-8），可写出两个角系数的表达式

$$X_{ab,ac}=\frac{ab+ac-bc}{2ab}\tag{15-5-10}$$

$$X_{ab,bd}=\frac{ab+bd-ad}{2ab}\tag{15-5-11}$$

将式（15-5-10）、（15-5-11）代入式（15-5-9），可得

$$X_{ab,cd}=\frac{(bc+ad)-(ac+bd)}{2ab}\tag{15-5-12}$$

按照上式的组成，可写成如下的形式

$X_{1,2}=$（交叉线之和－不交叉线之和）/（2×表面 A_1 的断面长度）

以上方法有时称为交叉线法。对于在某个方向上无限长的多个非凹表面组成的封闭系统中，任意两个表面之间的角系数都可以按照式（15-5-12）计算。另外，应予注意的是，在画交叉线 ad、bc 时，ad、bc 不能同 ab、cd 相交，否则在画辅助线时，要使用 ab、cd 两断面的交叉切线来替代。例如图 15-5-7(b) 中，在求 $X_{ab,ac}$ 时，画辅助线 $b'c'$，且由于 $X_{ab,ac}=X_{ab',ac}$，则通过图形 $ab'c$ 可求出 $X_{ab,ac}$。

【例 15-12】 计算例 15-12 图（a）所示两个表面 1、4 之间的辐射角系数 $X_{1,4}$。

【解】 利用角系数分解性（图 15-5-5），将例 15-12 图（a）所示两个表面分解为例 15-12 图（b），可得

$$\begin{aligned}A_1X_{1,4}&=A_{(1+2)}X_{(1+2),4}-A_2X_{2,4}\\&=[A_{(1+2)}X_{(1+2),(3+4)}-A_{(1+2)}X_{(1+2),3}]-[A_2X_{2,(3+4)}-A_2X_{2,3}]\end{aligned}$$

由已知条件，查线算图 15-5-4，可得

$$X_{(1+2),(3+4)}=0.2, X_{(1+2),3}=0.15, X_{2,(3+4)}=0.29, X_{2,3}=0.24$$

$$A_1=0.5\text{m}^2, A_{(1+2)}=1\text{m}^2, A_2=0.5\text{m}^2$$

所以 $X_{1,4}=[(1\times0.2-1\times0.15)-(0.5\times0.29-0.5\times0.24)]/0.5=0.05$

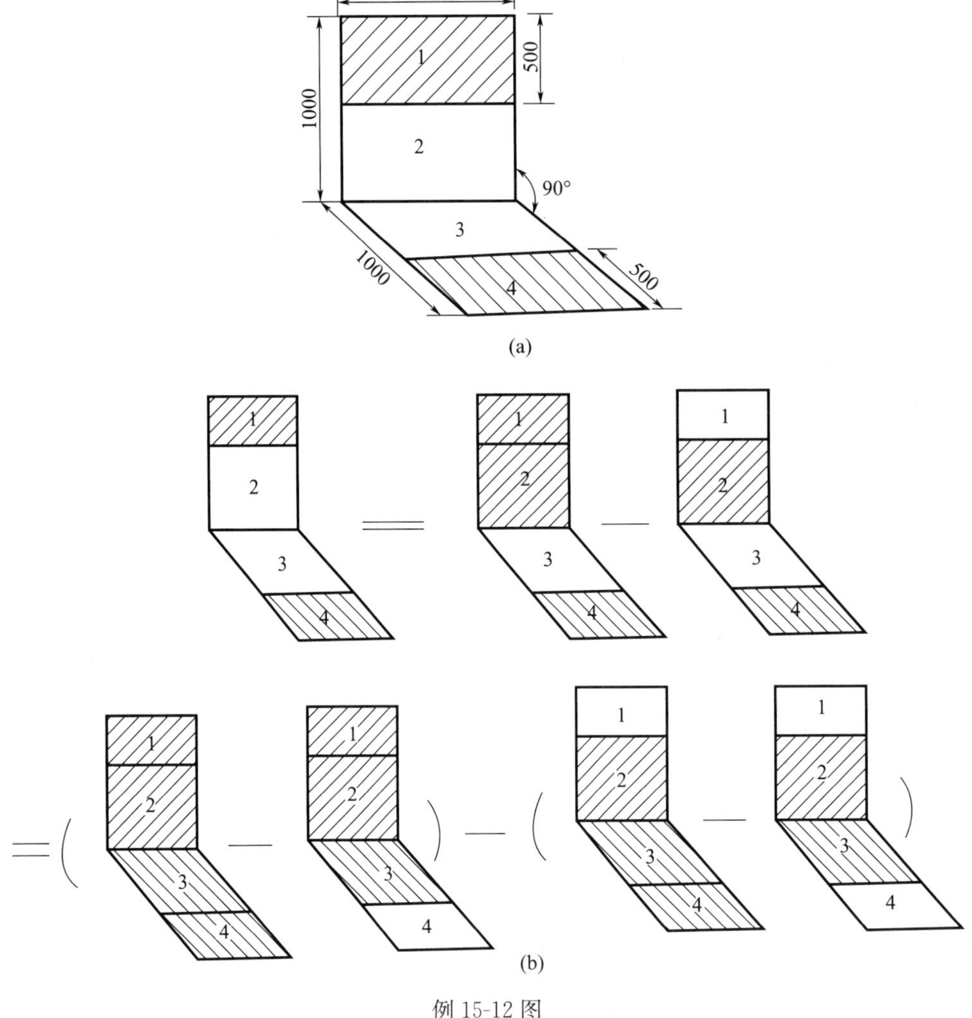

例 15-12 图

【讨论】 利用这样的分析方法，扩大线算图使用范围，可以得出很多几何结构的角系数。

【例 15-13】 试确定例 15-12 中各表面间的辐射角系数。

【解】 三面内墙的温度和发射率相同，集中在一起作为表面 3。

先分析表面 1，由于是平表面，所以 $X_{1,1}=0$

对 1、2 两表面而言，可查图 15-4-4

$$Y/X=5/4=1.25, Z/X=3/4=0.75$$

所以
$$X_{1,2}=0.15$$

对 1、4 两表面而言，可查图 15-5-2

$$Y/D=5/3=1.67, X/D=4/3=1.33$$

所以
$$X_{1,4}=0.31$$

根据完整性原理，对表面 1 有

$$X_{1,3}=1-(X_{1,1}+X_{1,2}+X_{1,4})=0.54$$

再分析表面 2，由于也是平表面，所以

$$X_{2,2}=0$$

对 2、1 两表面而言，根据互换性原理

$$X_{2,1}=A_1X_{1,2}/A_2=20\times0.15/12=0.25$$

由于表面 1 和表面 4 的对称关系

$$X_{2,4}=X_{2,1}=0.25$$

根据完整性原理，对表面 2 有

$$X_{2,3}=1-(X_{2,1}+X_{2,2}+X_{2,4})=0.5$$

分析表面 3，根据互换性原理

$$X_{3,1}=A_1X_{1,3}/A_3=20\times0.54/42=0.27$$

$$X_{3,2}=A_2X_{2,3}/A_3=12\times0.5/42=0.14$$

由于表面 1 和表面 4 的对称关系

$$X_{3,4}=X_{3,1}=0.27$$

根据完整性原理，对表面 3 有

$$X_{3,3}=1-(X_{3,1}+X_{3,2}+X_{3,4})=0.32$$

最后，分析表面 4，由于也是平表面，所以

$$X_{4,4}=0$$

由于表面 1 和表面 4 的对称关系，故

$$X_{4,1}=X_{1,4}=0.31$$

$$X_{4,2}=X_{1,2}=0.15$$

$$X_{4,3}=X_{1,3}=0.54$$

【讨论】本例把内墙 3 作一整体处理。实际上内墙 3 是由三块面积大小不同的墙形成的，因此，楼板 1 与内墙 3 中的每一块墙的角系数是不同的，则本例算出的 $X_{1,3}$ 是一个什么值？在什么情况下，楼板 1 与内墙 3 中的每一块墙的角系数将完全相同？

15.6　气体（介质）辐射特点与计算

15.6.1　气体辐射特点

各种气体在气体层厚度不大和温度不高时的辐射和吸收能力是可以略去不计的，即使在工程上常遇的高温条件下，对于单原子气体和某些对称型双原子气体如 O_2、N_2、H_2 等，它们的辐射和吸收能力也很微弱，可以认为是透明体。对多原子气体，尤其是高温烟气中的二氧化碳（CO_2）、水蒸气（H_2O）、二氧化硫（SO_2）等，具有显著的辐射力和吸收能力，这在炉内传热中有着重要的意义。

气体辐射和固体辐射相比，有以下两个特点：

（1）通常固体表面的辐射和吸收光谱是连续的，而气体只能辐射和吸收某几个波长范围内的能量，即气体的辐射和吸收具有明显的选择性。气体辐射和吸收的波长范围称为光带，对于光带以外的热射线，气体成为透明体。图 15-6-1 是黑体、灰体及气体的辐射光谱和吸收光谱的比较，图中有剖面线的是气体的辐射和吸收光带。表 15-6-1 中列出了二氧化碳和水蒸气辐射和吸收的三个主要光带，可以发现，它们有部分是重叠的。

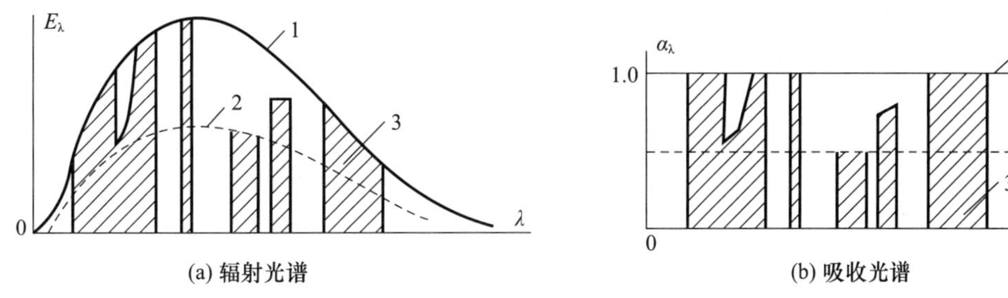

图 15-6-1　黑体、灰体、气体的辐射光谱和吸收光谱的比较

1—黑体；2—灰体；3—气体

气体对吸收光带内的投入辐射，可有效地吸收和透过而不计反射和散射，但对于透明的固体不仅有吸收、透过，还有反射，即对气体，$\alpha_g+\tau_g=1$；对透明固体，$\alpha+\rho+\tau=1$。

表 15-6-1　水蒸气和二氧化碳的辐射和吸收光带

光带	H_2O		CO_2	
	波长 $\lambda_1\sim\lambda_2$（μm）	$\Delta\lambda$（μm）	波长 $\lambda_1\sim\lambda_2$（μm）	$\Delta\lambda$（μm）
第一光带	2.24～3.27	1.03	2.36～3.02	0.66
第二光带	4.8～8.5	3.7	4.01～4.8	0.79
第三光带	12～25	13	12.5～16.5	4.0

（2）固体的辐射和吸收是在很薄的表面层中进行，而气体的辐射和吸收则是在整个气体容积中进行。当光带中的热射线穿过气体层时，辐射能沿途被气体吸收而使强度逐渐减弱，这种减弱的程度取决于沿途所遇到的气体分子数目，遇到的分子数越多，被吸收的辐射能也越多。所以辐射能减弱的程度就直接和穿过气体的路程以及气体的温度和分压有关。热射线穿过气体的路程称为射线行程或辐射层厚度。在一定分压力条件下，气体温度越高则单位容积中的分子数就越少。因此气体的光谱吸收率将是气体温度 T、气体分压力 p 与辐射层厚度 s 的函数，即

$$\alpha_{\lambda,g}=f(T,p,s) \tag{15-6-1}$$

15.6.2　气体的吸收率与发射率

发射率和吸收率对固体和气体的含义不同，固体的发射率和吸收率是固体表面的辐射特性，而气体的发射率和吸收率具有容积辐射的特性。

15.6.2.1　气体的光谱吸收率和光谱发射率

将式（15-2-23a）与穿透率定义式相联系知，$\frac{I_{\lambda,s}}{I_{\lambda,0}}$ 正是厚度为 s 的气体层光谱穿透率 $\tau_{\lambda,g}$。对于气体，反射率 $\rho_{\lambda,g}=0$，于是 $\alpha_{\lambda,g}+\tau_{\lambda,g}=1$，由此可得厚度为 s 的气体层光谱吸收率为

$$\alpha_{\lambda,g}=1-\exp(-K_\lambda s) \tag{15-6-2}$$

可见，当气体层厚度 s 很大时，α_λ 趋于 1。

由于 K_λ 与沿途的气体分子数有关，即在一定的温度条件下与气体的分压力有关，故可将上式改写为

$$\alpha_{\lambda,g}=1-\exp(-k_\lambda ps) \tag{15-6-3}$$

式中　p——气体的分压力，Pa；

k_λ——在 1.013×10^5 Pa 气压下光谱减弱系数，1/(m·Pa)，它与气体的性质及其温度、波长有关。

气体光谱发射率和光谱吸收率之间的关系，根据基尔霍夫定律，可有

$$\varepsilon_{\lambda,g}=\alpha_{\lambda,g}=1-\exp(-k_\lambda ps) \tag{15-6-4}$$

15.6.2.2　气体的发射率 ε_g

在实际计算中需要把式（15-6-4）扩大到全波长，气体辐射的全波长能量应为

$$E_g=\int_0^\infty \varepsilon_{\lambda,g}E_{b\lambda}\mathrm{d}\lambda=\int_0^\infty[1-\exp(-k_\lambda ps)]E_{b\lambda}\mathrm{d}\lambda \tag{15-6-5}$$

如果用下式来定义气体的发射率 ε_g，即

$$E_g=\varepsilon_g E_b=\varepsilon_g\sigma_b T_g^4 \tag{15-6-6}$$

比较以上两个式子，可得

$$\varepsilon_g=\frac{\int_0^\infty[1-\exp(-k_\lambda ps)]E_{b\lambda}\mathrm{d}\lambda}{\sigma_b T_g^4} \tag{15-6-7}$$

影响气体发射率的因素有：(1) 气体温度 T_g；(2) 射线平均行程 s 与气体分压力 p 的乘积；(3) 气体分压力和气体所处的总压力。在实用上可从霍脱尔（H. C. Hottel）等经实验获得的线图 15-6-2和图 15-6-3 查得；图中虚线系外推而得，未经证实。

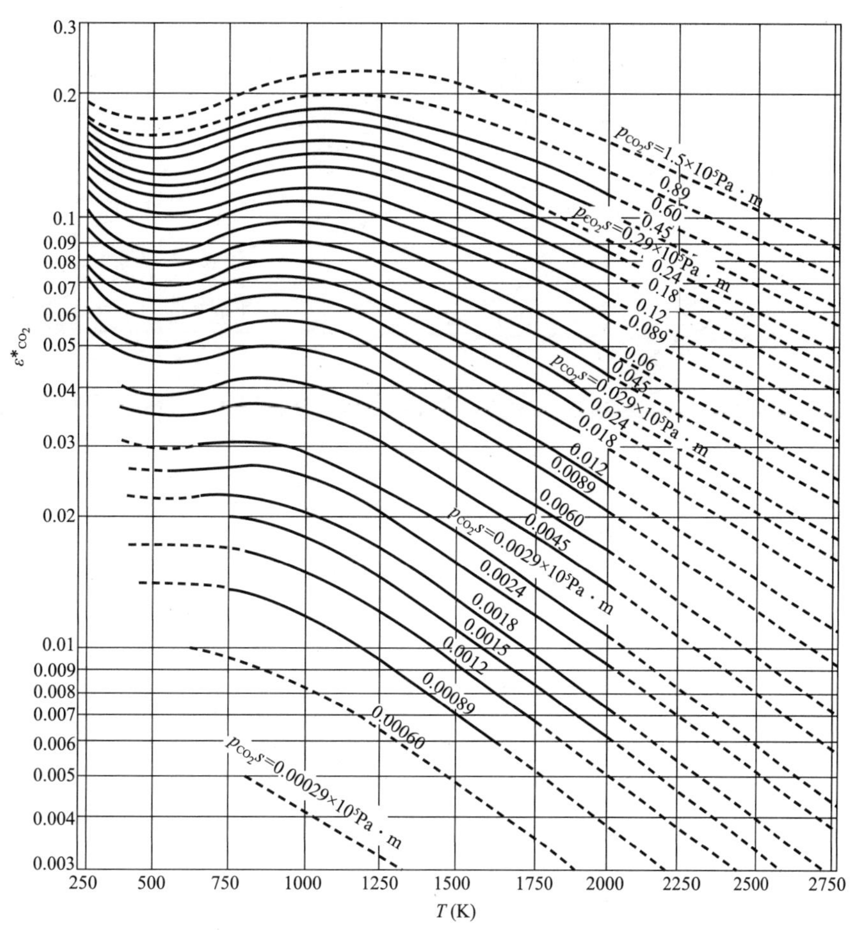

图 15-6-2　二氧化碳（CO_2）的发射率

图 15-6-2 是由透明气体与 CO_2 组成的混合气体的发射率，总压力为 1.013×10^5 Pa。当混合气体的总压力不是 1.013×10^5 Pa 时，压强对 $\varepsilon^*_{CO_2}$ 的修正值 C_{CO_2}，可查图 15-6-4。对于 CO_2，分压力的单独影响可以忽略，故

$$\varepsilon^*_{CO_2}=f_1(T_g,p_{CO_2}s),\varepsilon_{CO_2}=C_{CO_2}\varepsilon^*_{CO_2} \tag{15-6-8}$$

图 15-6-3 是不同 $p_{H_2O}s$ 及温度 T 下水蒸气（H_2O）的发射率，由于水蒸气分压力 p_{H_2O} 还单独对发射率有影响，所以图中查得的 $\varepsilon^*_{H_2O}$ 相当于在总压力 1.013×10^5 Pa，而 $p_{H_2O}=0$ 的理想条件下的值（它是将 ε_{H_2O} 单独随 p_{H_2O} 的变化外推到 $p_{H_2O}=0$ 得出的。作为基准值，以便修正 p_{H_2O} 构成的影响，故 $\varepsilon^*_{H_2O}$ 又可称为基准发射率）。总压与分压对 $\varepsilon^*_{H_2O}$ 影响的修正值 C_{H_2O} 可查图 15-6-5。故

$$\varepsilon^*_{H_2O}=f_2(T_g,p_{H_2O}s,p_{H_2O})$$

$$\varepsilon_{H_2O}=C_{H_2O}\varepsilon^*_{H_2O} \tag{15-6-9}$$

考虑到燃烧产生的烟气中，主要的吸收气体是 CO_2 和 H_2O，其他多原子气体含量极少，可略去不计，此时混合气体的发射率为

$$\varepsilon_g=\varepsilon_{CO_2}+\varepsilon_{H_2O}-\Delta\varepsilon \tag{15-6-10}$$

式中　$\Delta\varepsilon$——考虑到 CO_2 和 H_2O 吸收光带有部分重叠的修正值。

当两种气体并存时，CO_2 辐射的能量中有部分被 H_2O 所吸收，而 H_2O 辐射的能量也有部分被 CO_2 所吸收，这样就使混合气体的辐射能量比单种气体分别辐射的能量总和要少些，因此要减去 $\Delta\varepsilon$。$\Delta\varepsilon$ 的数值可由图 15-6-6 确定。

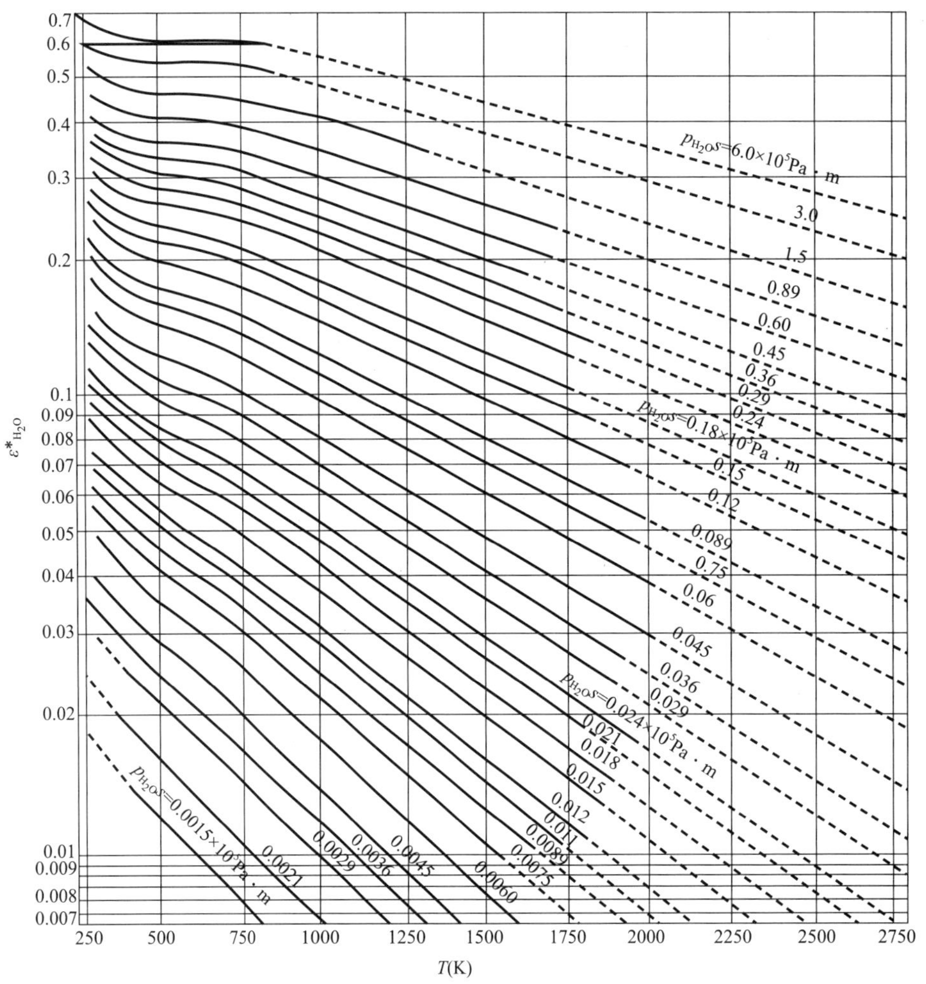

图 15-6-3　水蒸气（H_2O）发射率

15.6.2.3　气体的吸收率 α_g

气体辐射具有选择性，不能把它作为灰体对待，所以气体的吸收率 α_g 并不等于气体的发射率 ε_g。正如固体吸收率一样，气体的吸收率不仅取决于气体本身的分压力、射线平均行程和温度，而且还取决于外界投入辐射的性质。对含有 CO_2 和 H_2O 的烟气，对温度为 T_w 的黑体外壳的辐射的吸收率 α_g，可作如下的近似计算

$$\alpha_g = \alpha_{CO_2} + \alpha_{H_2O} - \Delta\alpha \tag{15-6-11}$$

$$\alpha_{CO_2} = C_{CO_2}\varepsilon^*_{CO_2}\left(\frac{T_g}{T_w}\right)^{0.65} \tag{15-6-12}$$

$$\alpha_{H_2O} = C_{H_2O}\varepsilon^*_{H_2O}\left(\frac{T_g}{T_w}\right)^{0.45} \tag{15-6-13}$$

$$\Delta\alpha = (\Delta\varepsilon)_{T_w} \tag{15-6-14}$$

式中 $\varepsilon^*_{CO_2}$ 和 $\varepsilon^*_{H_2O}$ 的数值应按外壳温度为横坐标，以 $p_{CO_2}s\left(\frac{T_w}{T_g}\right)$、$p_{H_2O}s\left(\frac{T_w}{T_g}\right)$ 作为新的参数分别查图 15-6-2 和图 15-6-3。同样修正值 C_{CO_2} 和 C_{H_2O} 分别查图 15-6-4 和图 15-6-5。

15.6.2.4　射线平均行程

在确定气体发射率和吸收率时，必然涉及气体容积的射线平均行程或辐射层有效厚度，对各种不同形状的气体容积，射线平均行程 s 可查表 15-6-2，对非正规形状可用下式来计算。

$$s = C\frac{4V}{A}\quad (\text{m}) \tag{15-6-15}$$

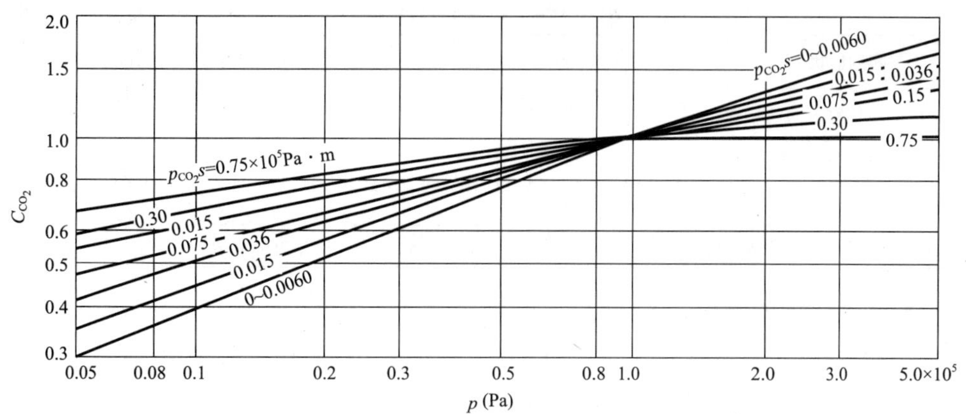

图 15-6-4　CO_2的压强修正

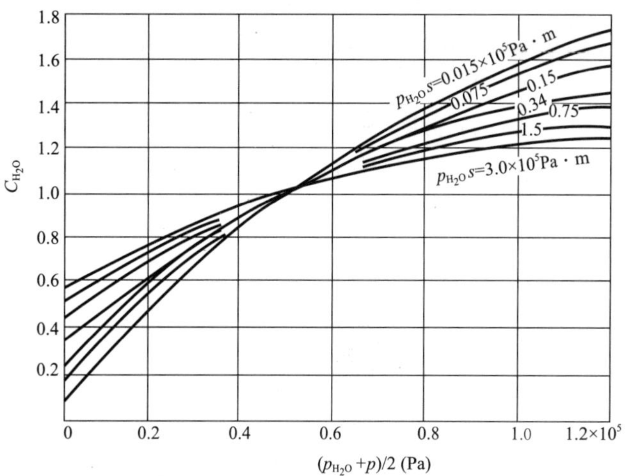

图 15-6-5　H_2O的压强修正

式中　V——气体所占容积，m^3；

A——周围壁表面积，m^2；

C——修正系数，0.85～0.95 范围内选用，一般可用 0.90①。

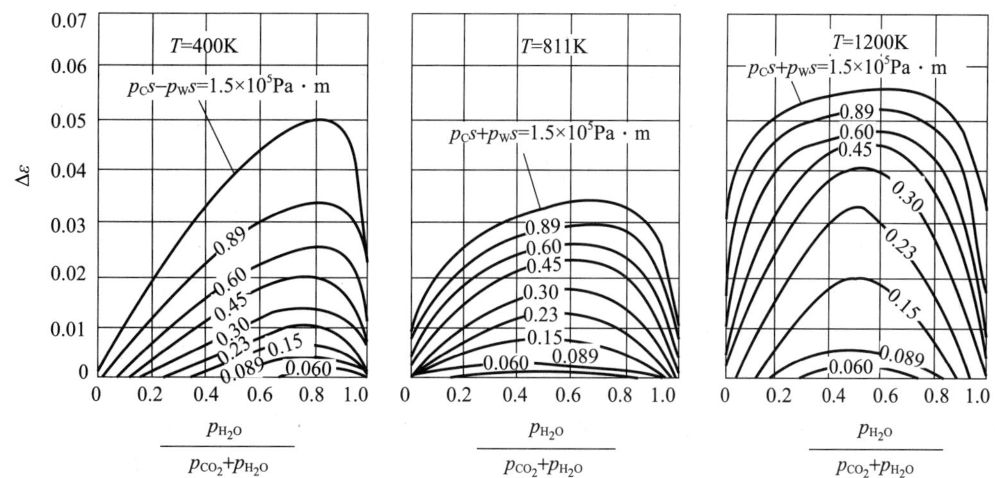

图 15-6-6　CO_2和 H_2O 气体吸收光谱重叠的修正

① 在分析推导 $s=4V/A$ 时，系假定气体的 $K_{\lambda s}\to 0$，在工程计算常遇到的 $K_{\lambda s}$范围内，需引进修正系数 C[13]。

表 15-6-2 射线平均行程

空间的形状	s	空间的形状	s
直径为 D 的球体对表面的辐射	$0.65D$	高度与直径均为 D 的圆柱，对底面中心的辐射	$0.71D$
直径为 D 的长圆柱，对侧表面的辐射	$0.95D$	厚度为 D 的气体层对表面或表面上微元的辐射	$1.80D$
直径为 D 的长圆柱，对底面中心的辐射	$0.90D$		
高度与直径均为 D 的圆柱，对全表面的辐射	$0.60D$	边长为 a 的立方体对表面的辐射	$0.60a$

【例 15-14】 某锅炉的炉膛容积为 35m³，炉膛面积为 55m²，烟气中水蒸气的容积百分数为 7.6%，二氧化碳的容积百分数为 18.6%，烟气的总压为 1.013×10^5Pa，炉内平均温度为 1200℃。试确定烟气的发射率 ε_g。

【解】（1）射线平均行程

$$s=3.6V/A=3.6\times35/55=2.29\text{m}$$

（2）分压 $p_{H_2O}=p(V_{H_2O}/V)=1.013\times10^5\times0.076=0.077\times10^5\text{Pa}$

$$p_{CO_2}=p(V_{CO_2}/V)=1.013\times10^5\times0.186=0.188\times10^5\text{Pa}$$

（3）$p_{H_2O}s=0.077\times10^5\times2.29=0.176\times10^5\text{Pa}\cdot\text{m}$

$p_{CO_2}s=0.188\times10^5\times2.29=0.431\times10^5\text{Pa}\cdot\text{m}$

（4）查图 15-6-2 得 $\varepsilon^*_{CO_2}=0.16$

查图 15-6-3 得 $\varepsilon^*_{H_2O}=0.13$

（5）查图 15-6-4 得 $C_{CO_2}=1.0$

查图 15-6-5 得 $C_{H_2O}=1.05$

查图 15-6-6 得 $\Delta\varepsilon=0.045$

（6）烟气的发射率

$$\varepsilon_g=\varepsilon_{CO_2}+\varepsilon_{H_2O}-\Delta\varepsilon=C_{CO_2}\varepsilon^*_{CO_2}+C_{H_2O}\varepsilon^*_{H_2O}-\Delta\varepsilon=1.0\times0.16+1.05\times0.13-0.045=0.25$$

【讨论】 确定气体发射率要进行压强和光谱重叠等修正，这与确定固体表面发射率有很大区别，必须了解这些修正的方法。

15.6.3 气体与壳体的辐射传热

烟气与炉膛周围受热面之间的辐射传热，就是气体与壁面间辐射传热的例子，如把壁面当作黑体，计算就可以简化，这在工程上是完全适用的。设外壳温度为 T_w，它的辐射力为 $\sigma_b T_w^4$，其中被气体吸收的部分为 $\alpha_g\sigma_b T_w^4$；如气体的温度为 T_g，它的辐射力为 $\varepsilon_g\sigma_b T_g^4$，此辐射能全部被黑壁面所吸收。因此，壁面每单位表面积的辐射传热量为

$$q=\text{气体发射的热量}-\text{气体吸收的热量}=\varepsilon_g\sigma_b T_g^4-\alpha_g\sigma_b T_w^4=\sigma_b(\varepsilon_g T_g^4-\alpha_g T_w^4) \tag{15-6-16}$$

式中 ε_g——温度为 T_g 时气体的发射率；

α_g——温度为 T_g 的气体对来自温度为 T_w 的壁面辐射的吸收率。

如果壁面不是黑体，可当作发射率为 ε_w 的灰体来考虑。这样，对灰表面可有 $\varepsilon_w=\alpha_w$。气体辐射到壁面的能量 $\varepsilon_g\sigma_b T_g^4$ 中，壁面只吸收 $\varepsilon_w\varepsilon_g\sigma_b T_g^4$，其余部分 $(1-\varepsilon_w)\varepsilon_g\sigma_b T_g^4$ 反射回气体，其中 $\alpha'_g(1-\varepsilon_w)\varepsilon_g\sigma_b T_g^4$ 被气体自身所吸收，$(1-\alpha'_g)(1-\varepsilon_w)\varepsilon_g\sigma_b T_g^4$ 透过气体再投射到壁面，壁面将再次吸收 $\varepsilon_w(1-\alpha'_g)(1-\varepsilon_w)\varepsilon_g\sigma_b T_g^4$。如此反复进行吸收和反射，灰壁面从气体辐射中吸收的总热量为

$$\varepsilon_w\varepsilon_g A\sigma_b T_g^4[1+(1-\alpha'_g)(1-\varepsilon_w)+(1-\alpha'_g)^2(1-\varepsilon_w)^2+\cdots] \tag{15-6-17}$$

同理，气体从灰壁面辐射中吸收的总热量为

$$\varepsilon_w\alpha_g A\sigma_b T_w^4[1+(1-\alpha_g)(1-\varepsilon_w)+(1-\alpha_g)^2(1-\varepsilon_w)^2+\cdots] \tag{15-6-18}$$

式（15-6-17）和式（15-6-18）中的 α'_g 和 α_g 虽都是气体的吸收率，但它们之间有所区别，前者是对来自气体自身辐射（温度为 T_g）的吸收率，后者是对来自壁面辐射（温度为 T_w）的吸收率。

气体与灰壁面间的辐射传热应当是式（15-6-17）和式（15-6-18）之差，如各取两式中的第一项，也就是只考虑第一次吸收，则

$$\Phi=\varepsilon_w\varepsilon_g A\sigma_b T_g^4-\varepsilon_w\alpha_g A\sigma_b T_w^4=\varepsilon_w A\sigma_b(\varepsilon_g T_g^4-\alpha_g T_w^4)\quad(\mathrm{W})\qquad(15\text{-}6\text{-}19a)$$

如壁面的发射率越大，则式（15-6-19a）的计算越可靠。对黑壁面 $\varepsilon_w=1$，则此式就成为式（15-6-16）。为了修正由于略去（15-6-17）、（15-6-18）两式第二项以后各项所带来的误差，可用壁面有效发射率 ε'_w 来计算辐射传热量，即

$$\Phi=\varepsilon'_w A\sigma_b(\varepsilon_g T_g^4-\alpha_g T_w^4)\quad(\mathrm{W})\qquad(15\text{-}6\text{-}19b)$$

ε'_w 介于 ε_w 和 1 之间，为简化起见可采用 $\varepsilon'_w=(\varepsilon_w+1)/2$，对 $\varepsilon_w>0.8$ 的表面是可以满足工程计算精度要求的。

【例 15-15】 在直径为 1m 的烟道中有温度 $t_g=1000$℃、总压力为 1.013×10^5Pa 的气体流过，如果气体中含 CO_2 的容积百分数为 5%，其余为透明体。烟道壁温 $t_w=500$℃，发射率为 $\varepsilon_w=1$，试计算烟道壁与气体间的辐射传热。

【解】（1）射线平均行程 s，可查表 15-6-2

$$s=0.95D=0.95\mathrm{m}$$

（2）$p_{CO_2}s=p(V_{CO_2}/V)s=1.013\times10^5\times0.05\times0.95=0.048\times10^5\mathrm{Pa\cdot m}$

（3）CO_2 发射率

当 $T_g=1273$K、$p_{CO_2}s=0.048\times10^5$Pa·m 时，查图 15-6-2，得 $\varepsilon^*_{CO_2}=0.08$。总压力为 1.013×10^5Pa，由图 15-6-4，得 $C_{CO_2}=1.0$。

$$\varepsilon_{CO_2}=C_{CO_2}\varepsilon^*_{CO_2}=0.08$$

（4）CO_2 吸收率

当 $T_w=773$K、$p_{CO_2}s\left(\dfrac{T_w}{T_g}\right)=0.048\times10^5\times\left(\dfrac{773}{1273}\right)=0.029\times10^5$Pa·m 时，查图 15-6-2，得 $\varepsilon^*_{CO_2}=0.08$。

故
$$\alpha_{CO_2}=C_{CO_2}\varepsilon^*_{CO_2}\left(\frac{T_g}{T_w}\right)^{0.65}=1\times0.08\times\left(\frac{1273}{773}\right)^{0.65}=0.1$$

（5）烟道壁与气体间的辐射传热量

$$\begin{aligned}q&=\varepsilon'_w\sigma_b(\varepsilon_g T_g^4-\alpha_g T_w^4)=5.67\times10^{-8}(0.08\times1273^4-0.1\times773^4)\\&=9.89\mathrm{kW/m^2}\end{aligned}$$

【讨论】 从上述计算结果可以看出，气体的选择性吸收及非灰体的特点，气体的吸收率还取决于投入辐射表面的温度。

15.6.4　火焰辐射

随着燃料种类与燃烧方式的不同，在炉膛中燃烧生成的火焰可分为三种类型。

15.6.4.1　不发光火焰

天然气、液化石油气等气体燃料的全预混燃烧和低挥发分固体燃料（如无烟煤）作层状燃烧时生成的火焰呈蓝色，属不发光火焰。在不发光火焰中没有固体颗粒，其辐射主要是燃烧产物中 CO_2、H_2O 的气体辐射，可按气体辐射计算。

15.6.4.2　半发光火焰

低挥发分固体粉状燃料作悬浮燃烧时生成半发光火焰，此时火焰的辐射除气体辐射外，还应计及火焰中焦炭粒子和灰粒的辐射。

15.6.4.3　发光火焰

液体燃料及高挥发分固体燃料（如烟煤）的燃烧产生发光火焰，在发光火焰中含有大量烃类热分解产物——炽热炭黑微粒。发光火焰的辐射主要是燃烧产物中炭黑的辐射。火焰中发光固体微粒的存在使火焰的辐射能力大大增强，可比单纯的气体辐射高几倍。发光火焰的辐射和吸收光谱是连

续的，这不同于气体辐射而和固体辐射相类似。当火焰的射线平均行程超过 3m 时，发光火焰的发射率可接近 1，也就是把火焰辐射作黑体辐射来看待。对发光火焰的辐射计算，基尔霍夫定律仍可适用。

炭黑对火焰辐射的影响可分为两方面，一是火焰中炭黑的浓度，二是炭黑的辐射性质。影响燃料燃烧生成炭黑的主要因素有：燃料的物理化学性质，如燃料的碳氢比值（C/H）越大，则燃烧生成的炭黑浓度也越高；燃烧所需空气量的供应，用过量空气系数来表示，空气量供应不足时，会使炭黑的浓度显著增大。燃料与空气的混合情况、燃烧所处的温度与压力等也对炭黑的生成有影响。

发光火焰的光谱发射率和光谱吸收率可用下式来确定

$$\varepsilon_{\lambda,\mathrm{f}}=\alpha_{\lambda,\mathrm{f}}=1-\exp(-K_\lambda s) \tag{15-6-20}$$

式中 s——火焰容积的射线平均行程，m；

K_λ——火焰中炭黑的光谱减弱系数，1/m。

可以看到，K_λ 的确定对火焰辐射起着重要作用，霍脱尔依据试验研究结果，提供如下关系式

对 $\lambda>0.8\mu$m 的红外线

$$K_\lambda=\frac{C_1\mu}{\lambda^{0.95}} \tag{15-6-21}$$

对 $\lambda=0.3\sim0.8\mu$m 的可见光

$$K_\lambda=\frac{C_2\mu}{\lambda^{1.39}} \tag{15-6-22}$$

这两个关系式中 C_1、C_2 为常数，μ 是炭黑的容积浓度，表示单位容积中炭黑所占容积的百分数。

火焰的发射率类似于式（15-6-7）的分析，应为

$$\varepsilon_\mathrm{f}=\frac{\int_0^\infty \varepsilon_{\lambda,\mathrm{f}}E_{\mathrm{b}\lambda}\mathrm{d}\lambda}{\sigma_\mathrm{b}T^4}=\frac{\int_0^\infty [1-\exp(-K_\lambda s)]E_{\mathrm{b}\lambda}\mathrm{d}\lambda}{\sigma_\mathrm{b}T^4} \tag{15-6-23}$$

15.6.5 对流与辐射复合传热计算

在上述传热过程中，当流体为气体介质时，壁面上除对流传热外，还将同时存在辐射传热，这是工程中常见的现象①。如房屋的墙壁，在传热过程中两侧都存在对流传热和辐射传热；又如架空的热力管道，其外表面散热一方面靠表面与空气之间的对流传热，另一方面还有与周围环境物体间的辐射传热。总之，当对流传热的流体为气体时，就可能要考虑物体表面间的辐射传热。由此，引出复合传热计算问题。

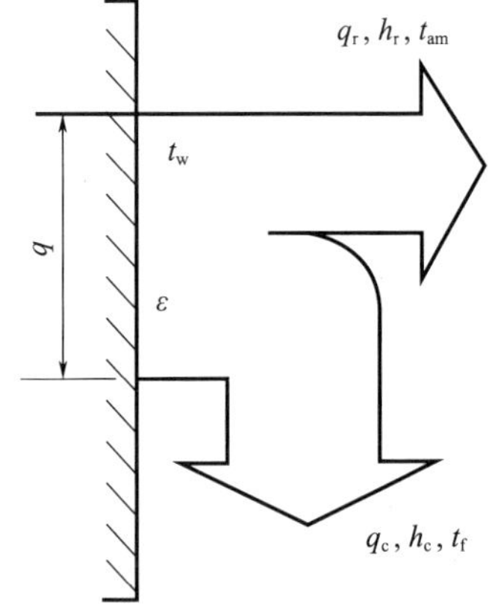

图 15-6-7 复合传热

【例 15-16】 为判断冬季某厂房外墙的散热损失，在稳态条件下，测得外墙内壁表面温度 $t_\mathrm{w}=15.4$℃，室内气温 $t_\mathrm{f}=20.6$℃，厂房内墙壁表面温度 $t_\mathrm{am}=22$℃，外墙内表面与内墙的系统发射率 $\varepsilon=0.9$，已知墙壁高 3m，求此外墙壁面的散热损失热流密度 q，并计算辐射热流密度 q_r 在总散热损失中所占比例。（注：厂房内墙壁是指墙壁的另一侧为其他厂房或车间，而不是室外大气环境；而外墙则指墙壁的另一侧为室外大气环境。）

【解】 本题已知传热问题的各个边界条件，属于复合传热问题的求解，可根据对流传热和辐射传热计算公式直接求解。

（1）外墙内壁面自然对流传热热流密度 q_c

选用竖壁自然对流传热关联式（14-4-1）：

① 有的文献把辐射、导热并存的能量传递亦作为复合传热，如多孔材料中的热量传递；玻璃吸收红外辐射时的导热等[13]。为不使问题复杂化，更好地阐明传热计算的基本计算方法，本书所分析的复合传热仅指对流、辐射并存的传热过程。

定性温度 $t_m=\frac{t_w+t_f}{2}=(15.4+20.6)/2=18℃$，按 t_m 查空气物性数据：

$$\nu=14.9\times10^{-6}\text{m}^2/\text{s},\lambda=0.0257\text{W}/(\text{m}\cdot\text{K}),$$

$$Pr=0.703,\ \alpha=1/T_m=1/(273+18)=3.44\times10^{-3}\text{K}^{-1}$$

$$GrPr=\frac{g\alpha(t_f-t_w)H^3}{\nu^2}Pr$$

$$=\frac{9.81\times3.44\times10^{-3}\times(20.6-15.4)\times3^3}{(14.9\times10^{-6})^2}\times0.703=1.5\times10^{10}$$

由表（14-4-1）可知，$C=0.1$，$n=1.3$

$$Nu=0.1(GrPr)^{1/3}=0.1\times(1.50\times10^{10})^{1/3}=247$$

外墙内壁面自然对流传热表面传热系数为

$$h_c=Nu\frac{\lambda}{H}=246\times\frac{0.0257}{3}=2.12\text{W}/(\text{m}^2\cdot K)$$

外墙内壁面自然对流传热热流密度：

$$q_c=h_c(t_f-t_w)=2.12\times(20.6-15.4)=11.02\text{W}/\text{m}^2$$

（2）外墙内壁面辐射传热热流密度 q_r

$$q_r=\varepsilon C_b(T_{am}^4-T_w^4)\times10^{-8}=0.9\times5.67\times(295^4-288.4^4)\times10^{-8}=33.44\text{W}/\text{m}^2$$

计算结果：

外墙壁面的散热损失热流密度：$q=q_r+q_c=33.44+11.02=44.46\text{W}/\text{m}^2$

辐射热流密度 q_r 在总散热损失中所占比例 $q_r/q=33.44\div44.46=75.2\%$

【讨论】计算结果表明，即使在一般常温下，如果对流传热表面传热系数较小，则由物体表面间的辐射传热所占比例就不可忽略。因此，不要认为温度不高，就可以不考虑辐射，而应针对具体情况去分析。进一步计算表明，在此例的温度下，如果 T_{am}，升高或降低 1℃，辐射热流所占比例将增加或减少 3%左右。人体皮肤也是以复合传热的方式散热的，即使在舒适的气温下，如果周围环境物体的温度太低或太高，也会因辐射因素造成不舒服的感觉。冬季晚上，当室内拉上窗帘时感觉较好，原因与此有关。

【例 15-17】车间内一架空的蒸汽管道，钢管内径 $d_1=131\text{mm}$，壁厚 4.5mm，外包保温层厚度为 30mm，材料的热导率 $\lambda=0.11\text{W}/(\text{m}\cdot\text{K})$，已知管道内蒸汽平均温度 $t_{f1}=163℃$，对流传热表面传热系数 $h_1=26\text{W}/(\text{m}^2\cdot\text{K})$。车间内空气温度 $t_{f2}=18℃$，管道周围墙壁的温度 $t_{am}=13℃$。为了减少管道的散热，管道保温层外表有两种不同的处理方法可供选择：（1）刷白漆，$\varepsilon=0.9$；（2）外包薄铝皮 $\varepsilon=0.1$。试比较两种情况下的管道传热系数、单位长度管道的散热量，并做分析。计算中可忽略钢管热阻和白漆及铝皮所附加的导热热阻。

【解】按题意，本题管道包保温层后的外径达到 $d_2=0.2\text{m}$，外表面存在自然对流传热与辐射传热。由于管道以及保温层外表面温度未知，确定保温层外表面温度 t_{w2} 是解题的关键，需要采用试算法。即预设 t_{w2}，计算出管外侧热流密度 q_2，然后用管内侧对流传热热流密度 q_1 进行校核计算，直到两者相符。

（1）第 1 种情况，保温层外表刷白漆 $\varepsilon=0.9$

设 $t_{w2}=45.5℃$，则定性温度 $t_m=\frac{t_{w2}+t_{f2}}{2}=(45.5+18)\div2=31.7℃$，按 t_m 查空气物性数据：

$$\nu=16.2\times10^{-6}\text{m}^2/\text{s},\lambda=0.0269\text{W}/(\text{m}\cdot\text{K}),$$

$$Pr=0.70,\ \alpha=1/T_m=1/(273+31.7)=3.28\times10^{-3}\text{K}^{-1}$$

$$GrPr=\frac{g\alpha(t_{w2}-t_{f2})d^3}{\nu^2}Pr$$

$$=\frac{9.81\times3.28\times10^{-3}\times(45.5-18)\times0.2^3}{(16.2\times10^{-6})^2}\times0.7=1.89\times10^{-7}$$

查第 14 章表 14-4-1 中水平管常壁温条件下自然对流传热关联式，当 $GrPr=1.89\times10^7$ 时为自然对流紊流，选用：

$$Nu=0.125(GrPr)^{1/3}=0.125\times(1.89\times10^7)^{1/3}=33.3$$

外壁自然对流传热表面传热系数为

$$h_c=Nu\frac{\lambda}{d}=33.3\times\frac{0.0269}{0.2}=4.48\text{W/(m}^2\cdot\text{K)}$$

单位长度保温层外表面自然对流传热量为

$$q_c=h_c(t_{w2}-t_{f2})\pi d_2=4.48\times(45.5-18)\times\pi\times0.2=77.4\text{W/m}$$

单位长度保温层外表面的辐射传热量

$$\begin{aligned}q_r&=\varepsilon C_b(T_{w2}^4-T_{am}^4)\times10^{-8}\pi d_2\\&=0.9\times5.67\times(318.5^4-286^4)\times10^{-8}\times\pi\times0.2=115.4\text{W/m}\end{aligned}$$

则单位长度管道保温层外壁散热量为

$$q_2=q_c+q_r=77.4+115.4=192.8\text{W/m}$$

利用 q_2 计算保温层内壁温度 t_{w1}，即

$$t_{w1}=q_2\left(\frac{1}{2\pi\lambda}\ln\frac{d_2}{d_1}\right)+t_{w2}=192.8\times\left(\frac{1}{2\pi\times0.11}\ln\frac{0.2}{0.14}\right)+45.5=145^\circ\text{C}$$

则单位长度钢管内表面对流传热量为

$$q_1=h_1(t_{f1}-t_{w1})\pi d_1=26\times(163-145)\times\pi\times0.131=192.6\text{W/m}$$

q_1 和 q_2 几乎相等，说明原假定 t_{w2} 是合理的。故管道每米散热量取

$$q=(q_1+q_2)/2=(192.8+192.6)/2=192.7\text{W/m}$$

传热系数为

$$K=\frac{q}{t_{f1}-t_{f2}}=\frac{192.7}{163-18}=1.33\text{W/(m}\cdot\text{K)}$$

(2) 第 2 种情况，保温层外包薄铝皮 $\varepsilon=0.1$

计算方法同上，计算结果为：

铝皮表面温度 $t_{w2}=62.3^\circ\text{C}$

自然对流传热表面传热量 $q_c=143.9\text{W/m}$

辐射传热表面传热量 $q_r=21.2\text{W/m}$

传热系数 $K=1.14\text{W/(m}\cdot\text{K)}$

单位长度管道散热量 $q=165.1\text{W/m}$

【讨论】上述计算表明，用发射率低的材料处理管道表面，可显著降低散热损失，两种情况相差达到 14%，这主要靠降低辐射热损失。但从温度的对比中，铝皮表面温度却比白漆还高 17℃，如果用手触摸这两种管道表面，一定会误认为铝皮包裹保温层的效果不如白漆，请读者用传热原理分析一下原因。进一步的计算还表明，本例所用的保温材料性能较差，按国家标准要求保温材料的 $\lambda<0.12\text{W/(m}\cdot\text{K)}$，本例的热导率已经接近上限。如果改用热导率更小的保温材料，例如耐温岩棉微孔硅酸钙，$\lambda=0.03\sim0.05\text{W/(m}\cdot\text{K)}$，则上述两种情况的散热损失都降低 50% 左右；但采用铝皮包裹管道，其散热损失仍能比白漆低 10%（当保温材料炉 $\lambda=0.04\text{W/(m}\cdot\text{K)}$ 时，白漆处理的管道 $q=88\text{W/m}$；而铝皮包裹的管道，$q=79\text{W/m}$）。可见采用好的保温材料并同时降低管道表面的发射率，是节约能源的有效措施。此外，t_{f2} 与 t_{am} 的高低，也对两种传热形式有很大影响，总之，传热中对流与辐射两者作用的大小与整个传热过程密切相关。在本例计算中，还要注意思考为什么在本例的情况下可以采用管表面的发射率计算辐射传热量？为何没有计算钢管壁厚方向的导热传热量。

【例 15-18】计算某寒冷地区中空玻璃窗传热系数，已知数据列表如下：

表 1　例 15-18 表

窗高 H（m）	1.0	室温（本例 $t_{f1}=t_{atm1}$）t_{f1}（℃）	18
中空玻璃间距 δ（mm）	12	室外温度（本例 $t_{f2}=t_{atm2}$）t_{f2}（℃）	0
玻璃表面发射率 ε	0.94	玻璃厚度（mm）	4

【解】 为简化计算过程，先不考虑双层玻璃的导热热阻，待这一步计算结束后，再考虑玻璃导热热阻的影响。这样，窗的散热过程可分为三段：即：(1) 热由室内传给双层内侧玻璃，称"室内传热"；(2) 通过双层玻璃的空气夹层，称"夹层传热"；(3) 由外侧玻璃窗传给室外，称"室外传热"。当传热过程处于稳态时，这三者的热流量必定相等。根据这一原理，按第 14 章和本章所述试算法分别计算它们的表面传热系数和热流密度，从而可计算出夹层玻璃窗的传热系数。但启动试算时，必须先预设夹层窗两侧玻璃的温度 t_{w1}、t_{w2}。一般在第一次试算时，可假定每一段的温度差为室内外温差的 1/3，经过几次试算，逐步调整各段温差，即可求得满意结果。本例用列表方式逐段进行计算，由于"室内传热"和"室外传热"计算涉及的计算式和步骤完全一样，可合并一起进行。即：

(1) 室内传热，其参数以角码"1"标示；

(2) 室外传热，其参数以角码"2"标示；

(3) 夹层传热，其参数以角码"0"标示。

本例的计算步骤：假定夹层玻璃壁温、确定定性温度和物性数据、分项计算各准则数、最后计算出表面传热系数和热流密度。

表 2　室内室外表面传热量计算表

计算项目	室内传热（角码 1）	室外传热（角码 2）
表面温度	$t_{w1}=12.3$℃	$t_{w2}=6.1$℃
定性温度	$t_{m1}=\frac{t_{f1}+t_{w1}}{2}=\frac{18+12.3}{2}=15.2$℃	$t_{m2}=\frac{t_{f2}+t_{w2}}{2}=\frac{0+6.1}{2}=3.1$℃
温度差 Δt	$\Delta t_1=t_{f1}-t_{w1}=18-12.3=5.7$℃	$\Delta t_2=t_{w2}-t_{f2}=6.1-0=6.1$℃
物性数据	$\alpha_1=1/(273+15.2)=0.00347\text{K}^{-1}$	$\alpha_2=1/(273+3.1)=0.00362\text{K}^{-1}$
	$\nu_1=14.6\times10^{-6}\text{m}^2/\text{s}$	$\nu_2=13.5\times10^{-6}\text{m}^2/\text{s}$
	$\lambda_1=0.0255\text{W}/(\text{m}\cdot\text{K})$	$\lambda_2=0.0246\text{W}/(\text{m}\cdot\text{K})$
	$Pr_1=0.704$	$Pr_2=0.706$
计算 Gr_H	$Gr_{H1}=\frac{g\alpha_1\Delta t_1H^3}{\nu_1^2}$ $=\frac{9.81\times0.00347\times5.7\times1^3}{(14.6\times10^{-6})^2}$ $=9.1\times10^8$	$Gr_{H2}=\frac{g\alpha_2\Delta t_2H^3}{\nu_2^2}$ $=\frac{9.81\times0.00362\times6.1\times1^3}{(13.5\times10^{-6})^2}$ $=1.19\times10^9$
Nu_f	$Nu_{f_1}=0.59(Gr_{H1}Pr_1)^{1/4}$ $=0.59\times(9.1\times10^8\times0.704)^{1/4}$ $=95.6$	$Nu_{f_2}=0.1(Gr_{H2}Pr_2)^{1/3}$ $=0.1\times(1.19\times10^9\times0.706)^{1/3}$ $=94.4$
对流传热系数 h_f	$h_{f1}=\frac{\lambda_1}{H}Nu_{f1}$ $=\frac{0.0255}{1.0}\times95.6$ $=2.44\text{W}/(\text{m}^2\cdot\text{K})$	$h_{f2}=\frac{\lambda_2}{H}Nu_{f2}$ $=\frac{0.0246}{1.0}\times94.4$ $=2.32\text{W}/(\text{m}^2\cdot\text{K})$

续表

计算项目	室内传热（角码 1）	室外传热（角码 2）
对流传热热流密度	$q_{c1}=h_{f1}(t_{f1}-t_{w1})$ $=2.44\times(18-12.3)$ $=13.91\text{W/m}^2$	$q_{c2}=h_{f2}(t_{w2}-t_{f2})$ $=2.32\times(6.1-0)$ $=14.15\text{W/m}^2$
辐射传热热流密度	$q_{r1}=\varepsilon_1 C_b(T_{f1}^4-T_{w1}^4)\times10^{-8}$ $=0.94\times5.67\times(291^4-285.3^4)\times10^{-8}$ $=29.07\text{W/m}^2$	$q_{r2}=\varepsilon_2 C_b(T_{w2}^4-T_{f2}^4)\times10^{-8}$ $=0.94\times5.67\times(279.1^4-273^4)\times10^{-8}$ $=27.36\text{W/m}^2$
热流密度 q	$q_1=q_{c1}+q_{r1}$ $=13.91+29.07$ $=42.98\text{W/m}^2$	$q_2=q_{c2}+q_{r2}$ $=14.15+27.36$ $=41.51\text{W/m}^2$

表 3　玻璃夹层复合传热表面传热量计算表（角码 0）

计算项目	计算式	计算结果
室内玻璃温度	t_{w1}	12.3℃
室外玻璃温度	t_{w2}	6.1℃
温度差 Δt_0	$t_{w1}-t_{w2}$	12.3－6.1＝6.2℃
定性温度 t_{m0}	$\frac{t_{w1}+t_{w2}}{2}$	(12.3＋6.1)/2＝9.2℃
体积膨胀系数 α_0	$\frac{1}{273+t_{m0}}$	$1/(273+9.2)=0.00354\text{K}^{-1}$
运动黏度 ν_0		$14.1\times10^{-6}\text{m}^2/\text{s}$
热导率 λ_0		0.0250W/(m·K)
G_δ	$\frac{g\alpha_0\Delta t_0\delta^3}{\nu_0^2}$	$\frac{9.81\times0.00354\times6.2\times0.012^3}{(14.1\times10^{-6})^2}=1871$
Nu_{e0}	因 $G_\delta<2000$	$Nu_{e0}=1$
对流传热表面系数 h_{e0}	$h_{e0}=\frac{\lambda_0}{\delta}Nu_{e0}$	$\frac{0.0250}{0.012}\times1.0=2.08\text{W/(m}^2\cdot\text{K)}$
对流传热表面热流密度 q_{c0}	$q_{c0}=h_{e0}(t_{w1}-t_{w2})$	$2.08\times(12.3-6.1)=12.90\text{W/m}^2$
玻璃夹层表面间系统发射率 ε_s	$\varepsilon_s=\frac{1}{\frac{1}{\varepsilon}+\frac{1}{\varepsilon}-1}$	$\frac{1}{\frac{1}{0.94}+\frac{1}{0.94}-1}=0.89$
辐射传热的热流密度 q_{r0}	$q_{r0}=\varepsilon_s C_b(T_{w1}^4-T_{w2}^4)\times10^{-8}$	$0.89\times5.67\times(285.3^4-279.1^4)\times10^{-8}$ $=28.13\text{W/m}^2$
玻璃夹层热流密度 q_0	$q_0=q_{c0}+q_{r0}$	$12.90+28.13=41.03\text{W/m}^2$

【讨论】通过计算看出，双层玻璃窗的热损失与很多因素有关，主要有：双层玻璃的间距（厚度 δ）、室内外温度、窗玻璃表面发射率、夹层内气体状态等，因此为了达到较好的节能效果，应根据不同地区的气候状况和节能要求，选用不同形式的节能玻璃窗。另外，由于室内外空气温度的变化范围有限，空气物性参数变化比较小。据此由本例的计算结果，就可以估算出本题所示室内外温度条件下，不同结构形式玻璃窗的热流密度，以比较它们的节能效果。下表为夹层厚度不变时几种情况下的热流密度。

热流密度表

序号	项目与内容	热流密度 q（W/m^2）	与单层窗热损失比
1	单层玻璃窗，温度等条件同上	66.5	1
2	双层玻璃窗（前表计算得到的三个热流密度平均值）	41.8	0.63
3	计入玻璃热阻后［玻璃热导率 0.76W/(m·K)，厚 4mm］	40.9	0.62
4	采用表面发射为 0.4 的玻璃	23.9	0.36
5	将夹层抽成真空，其他条件同上	10.7	0.16
6	本例改用三层玻璃窗（发射率仍为 0.94）	30.6	0.46

通过上述分析与比较，可以发现：（1）双层玻璃自身的导热热阻是 $R_0=\delta\times 2/\lambda=0.004\times 2/0.76=0.0105m^2\cdot K/W$。若考虑玻璃热阻，按本例的热流密度计算，则每层玻璃仅有约 0.2℃的温差。因此，在一般计算时可以忽略玻璃的导热热阻。（2）由上表可以看出：双层窗、低发射率玻璃、真空夹层以及三层玻璃窗等都能达到较好的节能效果。当然安装这几种节能窗的投资也较高。（3）如果玻璃夹层间的空气 Gr 低于 2000，其空气层的传热形式为纯导热；由于空气可认为是透明的，故两层玻璃之间的辐射传热仍存在。

15.7　太阳辐射与太阳能简介

太阳能是自然界中可供人类利用的一种巨大能源。地球上一切生物的成长都和太阳辐射有关，近年来在太阳能利用方面有很大进展。太阳是一个超高温气团，其中心进行着剧烈的热核反应，温度高达数千万摄氏度。由于高温的缘故，它向宇宙空间辐射的能量中有 99%集中在 $0.2\mu m\leqslant\lambda\leqslant 3\mu m$ 的短波区，太阳辐射能量中的紫外线部分（$\lambda<0.38\mu m$）占 8.7%，可见光部分（$0.38\mu m\leqslant\lambda\leqslant 0.76\mu m$）约占 44.60%，红外线部分（$\lambda>0.76\mu m$）约占 45.5%。从大气层外缘测得的太阳光谱辐射力表明它和温度为 5762K 的黑体辐射相当，其最大光谱辐射力的波长 $\lambda_m\approx 0.503\mu m$（见图 15-7-1）。

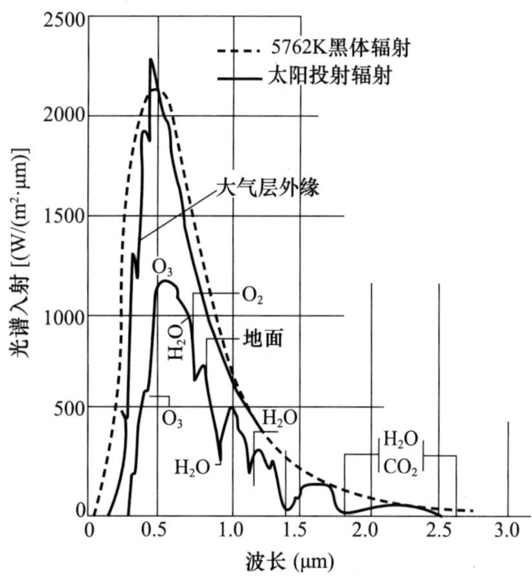

图 15-7-1　大气层外缘及地面上的太阳辐射光谱

太阳向周围辐射的能量中只有极少部分射向地球，到达地球大气层外缘的能量可作如下的估算：把地球看作半径 $r=6436km$ 的圆球，距离太阳 $R=150.6\times 10^6 km$，因此太阳向周围辐射的能量中投射到地球大气层外缘的比例，即角系数为

$$X_{s,e}=\frac{\pi r^2}{4\pi R^2}=\frac{\pi\times 6436^2}{4\pi\ (150.6\times 10^6)^2}=4.566\times 10^{-10}$$

如果把太阳当作黑体看待，它的直径 $d_s=1.397\times 10^6$km，表面积 $A_s=6.131\times 10^{18}\text{m}^2$，可得太阳向周围辐射的能量为

$$E_s=\sigma_b A_s T^4=5.67\times 10^{-8}\times 6.131\times 10^{18}\times 5762^4=3.832\times 10^{26}\text{W}$$

到达地球大气层外缘的能量 Φ 为

$$\Phi_s=X_{s,e}E_s=4.566\times 10^{-10}\times 3.832\times 10^{26}=1.750\times 10^{17}\text{W}$$

此能量折算到垂直于射线方向单位表面积的辐射能 q 为

$$q=\frac{1.750\times 10^{17}}{\pi\times(6436\times 10^3)^2}=1345\text{W/m}^2$$

经过多年对太阳辐射的实测资料表明，当地球位于和太阳的平均距离上，在大气层外缘并与太阳射线相垂直的单位表面所接受到的太阳辐射能为 1353W/m^2，称为太阳常数，用符号 s_c 表示，此值与地理位置或一天中的时间无关。至于某地区在大气层外缘水平面上单位面积的太阳投射能量应为

$$G_s=fs_c\cos\theta \tag{15-7-1}$$

式中 f——考虑到地球绕太阳运行轨道非圆形而作的修正，$f=0.97\sim1.03$；

θ——太阳射线与水平面法线的夹角，称天顶角（见图 15-7-2）。

由于大气中存在 CO_2、H_2O、O_3 以及尘埃等对太阳射线的吸收、散射作用，云层和较大尘粒的反射作用，实际到达与太阳射线垂直的地面单位面积上的辐射能，将小于太阳常数。即使在比较理想的大气透明度条件下，在中纬度地区，中午前后能到达地面的太阳辐射只是大气层外的 70%～80%，在城市中由于大气污染，还将减弱 10%～20%。

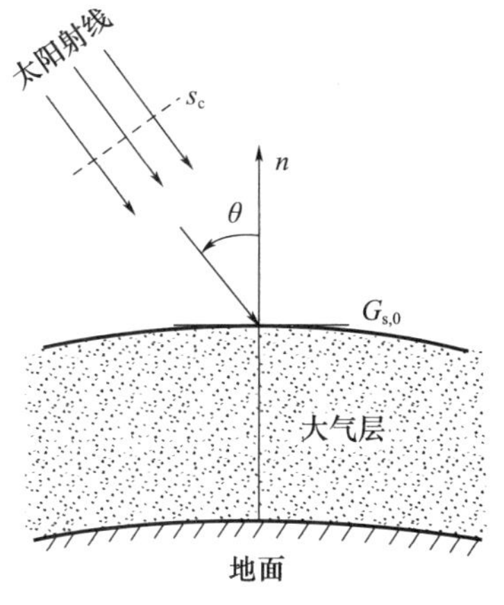

图 15-7-2 大气层外缘太阳辐射的示意图

太阳辐射在大气层中的减弱与以下因素有关：

（1）大气层中 H_2O、CO_2、O_3 对太阳辐射吸收作用，且具有明显的选择性。大气中的臭氧主要吸收紫外线，$\lambda<0.3\mu\text{m}$ 的短波辐射几乎全部被臭氧吸收；水蒸气和二氧化碳主要吸收红外区域的能量；在可见光区域，臭氧能吸收其中一部分。此外，大气中的尘埃和污染物也对各类射线有吸收作用。所以，到达地面的太阳能几乎集中在 $0.3\sim3\mu\text{m}$ 的波长范围内。它的辐射光谱分布与大气层外缘不同，如图 15-7-1 中下面一条曲线所示。

（2）太阳辐射在大气层中遇到空气分子和微小尘埃就会产生散射。气体分子直径比射线波长小得多，这种散射属瑞利散射，其特点是各向同性且对短波散射占优，这是天空呈蓝色的原因。尘埃的粒径与射线波长属同一数量级时产生米氏散射，这种散射具有方向性，沿射线方向散射能量较多。

（3）大气中的云层和较大的尘粒对太阳辐射起反射作用。把部分太阳辐射反射回宇宙空间，其中云层的反射作用最大。

（4）与太阳辐射通过大气层的行程有关。中午时刻射线通过大气层的行程最小，早、晚则增大，故从太阳辐射获得的能量对垂直于射线方向的单位面积来说并不相等，中午获得的比早、晚要大。另外由于大气层的密度分布不均匀，下层大于上层，即使同样行程长度，位于下层时对太阳辐射的衰减作用要比在上层强。

地球周围的大气层也同样起着对地面的保温作用，大气层能让大部分太阳辐射透过到达地面，而地面辐射中 95%以上的能量分布在 $\lambda=3\sim50\mu\text{m}$ 范围内，它们被大气层中的温室气体如二氧化碳、氯氟烃、甲烷等所吸收，其中以二氧化碳为主。这就减少了地面向太空的辐射，其作用与玻璃

温室是类似的，即不同波段辐射能量的透射特性导致大气层的温室效应。随着人类活动的日益频繁和工业快速发展，温室气体的排放越来越多，导致地球表面的温度逐年升高，因此，世界各国逐步对温室气体的排放进行了严格控制。

投射到地面的太阳辐射可分为直接辐射和天空散射，在天空晴朗时两者之和称为太阳总辐射密度，或称太阳总辐照度，单位为 W/m^2。当天空多云时，总辐射就可能只有散射，它们都有专用的仪器测量。对建筑物各不同朝向的墙面和屋面，它们所受到的太阳总辐照度是不同的，这主要是由于它们受到不同的太阳直接辐照所致。

由于太阳辐射能主要集中在 0.3～3μm 的波长范围内，而实际物体对短波光谱吸收率和对长波的光谱吸收率有时会有很大差别。因此，在太阳能的利用中，作为太阳能吸收器表面材料，要求它对 0.3～3μm 波长范围的光谱吸收率尽可能接近 1，而对 $\lambda>3\mu$m 波长范围的光谱吸收率尽可能接近零，这意味着该表面能从太阳辐射中吸收较多的能量，而自身的辐射热损失又极小。对于某些金属材料，经表面镀层处理后可具有这种性能，这种表面称选择性表面。理想的选择性表面特性如图 15-7-3（a）所示，实际应用的镍黑镀层特性如图中 15-7-3（b）所示。可以看出，镍黑镀层对太阳辐射的吸收率较高，在可见光范围内的光谱吸收率可达 0.9 左右，而在使用温度下自身的辐射力却很低，$\lambda>3\mu$m 的光谱发射率还不到 0.1。

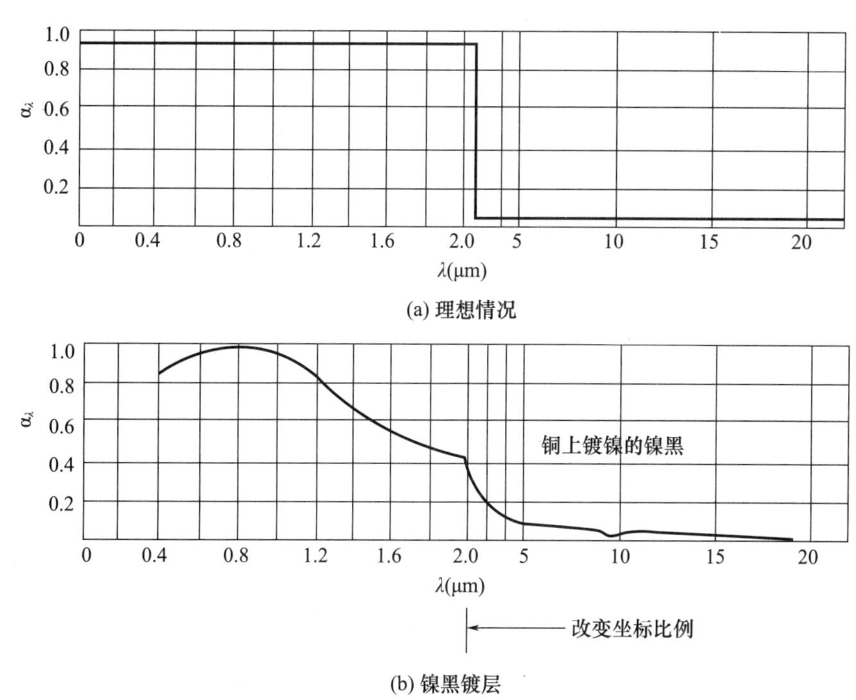

图 15-7-3　选择性吸收表面的光谱吸收率 α_λ 随波长的变化

大气层外宇宙空间的温度接近绝对零度，是个理想冷源，但大气层阻碍了地面物体直接向太空辐射散热。然而，在 8～13μm 的波段内，大气中所含 CO_2、H_2O 的吸收率很小，穿透率较大，且此波段正处于地面物体本身辐射远红外区，所以通常称此波段为大气的远红外窗口。地面物体通过这个窗口向宇宙空间辐射散热，达到一定冷却效果。窗口的透明度与天气和方向有关。天空有云层时，透明度降低，晴朗无云的夜晚易结霜就是这个道理。垂直于地面的方向上大气层最薄，透明度比其他方向高。为增强冷却效果，可在冷却物体表面涂上选择性涂料，使表面在 8～13μm 的波段内有很高的发射率，而降低其他波段的发射率，让物体的能量尽可能多地变成 8～13μm 的辐射能量，穿过大气窗口散失到宇宙空间中去。

玻璃是太阳能利用中的一种重要材料。普通窗玻璃可以透过 2μm 以下的射线，所以可把投射在它上面的太阳辐射大部分透射进入室内，而普通窗玻璃对 2.5μm 以上的长波辐射基本上是不透过的，反射率 ρ_λ 亦不大，也就是说普通窗玻璃对长波辐射的吸收率 α_λ 较大。这样，来自室内外的长波辐射能大部分被其吸收，使玻璃温度升高，然后再通过向室内外的辐射和对流传热散发热量。因此，普通窗玻璃的传热系数①较大。玻璃中三氧化二铁（Fe_2O_3）含量对透光率有很大影响，Fe_2O_3 含量增加则透光率下降。当 Fe_2O_3 含量超过 0.5%时，可见光和近红外波段的透过率都有明显下降，这种玻璃呈天蓝色，又称吸热玻璃。据了解，国内 3mm 厚普通平板玻璃的太阳辐射穿透率一般都在 0.83 以下，有的甚至低于 0.76，而根据国家标准规定，太阳能集热器的透明盖板的太阳辐射穿透率不低于 0.78。发达国家的市场上已有专门用于太阳能集热器的低铁平板玻璃，其太阳辐射穿透率高达 0.90～0.91。

目前建筑能耗备受社会各界关注，其中通过门窗散失的热量占建筑总能耗的 40%以上。过去建筑选用的普通单层玻璃热阻很小，而且对远红外线辐射几乎完全吸收，传热系数高达 6.4W/(m²·K)，是砖墙的 3～4 倍。Low-E（低发射率）玻璃因其表面镀有一层金属或半导体薄膜而对远红外线辐射具有高的反射率，表现出低的表面发射率而得名。夏天，来自太阳能中的远红外线辐射和周围外界环境的长波辐射被 Low-E 玻璃反射，无法通过玻璃的吸热而进入室内；冬季，室内的长波辐射也不会因为玻璃的吸热而泄漏到室外。因此，Low-E 玻璃是目前建筑节能的首选材料之一。

【例 15-19】一未加玻璃盖板的太阳能集热器的吸热表面对太阳辐射的吸收率为 0.92，表面发射率为 0.15，集热器表面积 20m²，表面温度为 80℃，周围空气温度为 18℃，表面对流传热的表面传热系数为 3W/(m²·K)。当集热器表面的太阳总辐射照度为 800W/m²，天空温度②为 273K 时，试计算该集热器可利用到的太阳辐射热和它的效率。

【解】对吸热表面作热平衡，即

（太阳辐射得热＋天空辐射得热）－（对流散热＋表面辐射散热）＝可利用太阳辐射热

（1）太阳辐射得热量 Φ_1 为

$$\Phi_1=\alpha AG=0.92\times20\times800=14720\text{W}$$

（2）天空辐射得热 Φ_2　考虑到天空温度为 0℃（273K），它的辐射光谱与表面温度为 80℃的辐射光谱相近，故可认为表面对天空辐射的吸收率 α' 近似与表面发射率 ε 相等。因此，天空辐射得热为

$$\Phi_2=\alpha' AE_{\text{sky}}=0.15\times20\times5.67\times10^{-8}\times273^4=945\text{W}$$

（3）对流散热 Φ_3 为

$$\Phi_3=hA(t_\text{w}-t_\text{f})=3\times20\times(80-18)=3720\text{W}$$

（4）表面辐射散热 Φ_4 为

$$\Phi_4=\varepsilon AE=0.15\times20\times5.67\times10^{-8}\times353^4=2641\text{W}$$

（5）可利用的太阳辐射热 Φ 为

$$\Phi=\Phi_1+\Phi_2-\Phi_3-\Phi_4=14720+945-3720-2641=9304\text{W}$$

（6）效率为

$$\eta=\frac{\Phi}{AG}=\frac{9304}{20\times800}\times100\%=58\%$$

【讨论】从上述计算可知，自然对流散热损失最大。要进一步提高效率，应采取措施，减少自然对流散热损失。

【例 15-20】一平板型太阳能集热器的示意图见下图。平板玻璃覆盖在吸热表面上，且玻璃盖板与吸热表面围成密闭空间。太阳总辐照度 G_s 为 800W/m²，天空温度为 0℃。玻璃的太阳辐射穿透

① 玻璃的传热系数是指室内外温度差为 1K 时，单位面积的传热量。与绪论中介绍的传热过程不同，玻璃的传热过程不仅包括其两侧的对流传热，还有穿过玻璃的辐射传热。

② 天空温度与空气温度不同，它是天空的有效辐射温度，与天空的气象条件有关。冬季晴朗的夜晚，天空温度大约为 230K，而夏季多云天气下的夜晚，天空温度大约为 285K。

率 τ_g 为 0.85，长波穿透率 τ'_g 为 0，反射率为 0，长波发射率 ε_g 为 0.9；吸热表面对太阳辐射的吸收率 α_{bs} 为 1.0，表面长波发射率 ε_{bs} 为 0.15，其中所吸收热量的 70%用于加热太阳能集热器中的水以及通过吸热表面的背面散热损失。玻璃盖板与吸热表面平行，两者之间的距离为 0.07m，其间存有空气，即存在有限空间的自然对流传热，此时玻璃盖板与吸热表面之间的当量热导率 λ_e 为 0.042W/(m·K)，玻璃盖板与大气环境表面对流传热的表面传热系数为 20W/(m²·K)，大气环境温度 t_a 为 30℃。试计算吸热表面和玻璃盖板的温度。假设可以忽略玻璃的导热热阻，玻璃盖板与吸热表面之间的角系数 $X_{bs,g}$ 为 1。

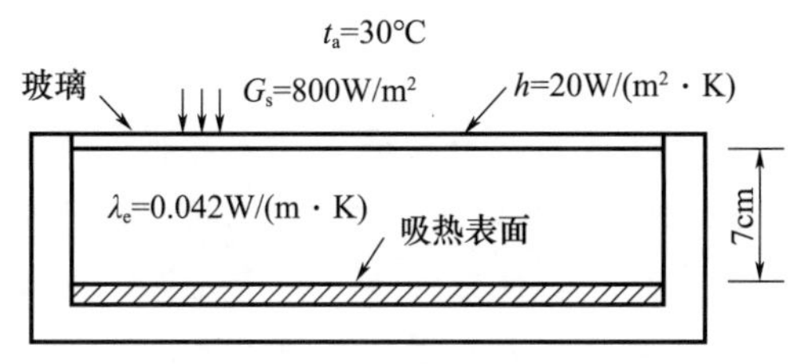

图 1　例 15-20 图

【解】 分别对吸热表面和玻璃做热平衡分析：

1. 吸热表面吸收的太阳能＝吸热表面向玻璃盖板的辐射传热量＋吸热表面通过导热向玻璃盖板的传热量＋太阳能集热器中的水及散热损失的热量

(1) 吸热表面吸收的太阳能：

$$\Phi_{bs}=\alpha_{bs}\tau_g G_s=1.0\times0.85\times800=680\text{W/m}^2$$

(2) 吸热表面向玻璃盖板的辐射传热量：

$$\Phi_{bs,g}=\frac{E_{bs}-E_g}{\frac{1-\varepsilon_{bs}}{\varepsilon_{bs}}+\frac{1}{X_{bs,g}}+\frac{1-\varepsilon_g}{\varepsilon_g}}=\frac{\sigma_b(T_{bs}^4-T_g^4)}{\frac{1-0.15}{0.15}+\frac{1}{1}+\frac{1-0.9}{0.9}}$$

$$=0.837\times10^{-8}(T_{bs}^4-T_g^4)\text{W/m}^2$$

(3) 吸热表面通过导热向玻璃盖板的传热量：

$$\Phi_c=\lambda_e\frac{T_{bs}-T_g}{\delta}=0.042\times\frac{T_{bs}-T_g}{0.07}=0.6(T_{bs}-T_g)\text{W/m}^2$$

(4) 太阳能集热器中的水及散热损失的热量：

$$\Phi_{bs,1}=\Phi_{bs}\times70\%=680\times70\%=476\text{W/m}^2$$

由 $\Phi_{bs}=\Phi_{bs,g}+\Phi_c+\Phi_{bs,1}$ 得

$$204=0.837\times10^{-8}(T_{bs}^4-T_g^4)+0.6(T_{bs}-T_g) \tag{1}$$

2. 玻璃盖板吸收的太阳能＋吸热表面向玻璃盖板的辐射传热量＋吸热表面通过导热向玻璃盖板的传热量＝玻璃盖板向大气环境的对流散热量＋玻璃盖板向天空的辐射散热量

(1) 玻璃盖板吸收的太阳能：

$$\Phi_g=\alpha_g G_s=(1-\tau_g)G_s=(1-0.85)\times800=120\text{W/m}^2$$

(2) 吸热表面向玻璃盖板的辐射传热量：

$$\Phi_{bs,g}=0.837\times10^{-8}(T_{bs}^4-T_g^4)\text{W/m}^2$$

(3) 吸热表面通过导热向玻璃盖板的传热量：

$$\Phi_c=0.6(T_{bs}-T_g)\text{W/m}^2$$

(4) 玻璃盖板向大气环境的对流散热量：

$$\Phi_{gc}=h(T_g-T_a)=20(T_g-303)\text{W/m}^2$$

(5) 玻璃盖板向天空的辐射散热量：

$$\Phi_{g,sky}=\varepsilon_g(E_g-E_{sky})=\varepsilon_g\sigma_b(T_g^4-T_{sky}^4)=0.9\times5.67\times10^{-8}(T_g^4-273^4)$$

$$=5.103\times10^{-8}(T_g^4-273^4)\text{W/m}^2$$

由 $\Phi_g+\Phi_{bs,g}+\Phi_c=\Phi_{gc}+\Phi_{g,sky}$ 得

$$120+0.837\times10^{-8}(T_{bs}^4-T_g^4)+0.6(T_{bs}-T_g)=20(T_g-303)+5.103\times10^{-8}(T_g^4-273^4)$$

将式（1）代入上式等号左侧，得

$$324=20(T_g-303)+5.103\times10^{-8}(T_g^4-273^4)$$

通过计算可得玻璃盖板的温度为：$T_g=309.9\text{K}$

将 T_g 值代入式（1），可得 $204=0.837\times10^{-8}(T_{bs}^4-309.9^4)+0.6(T_{bs}-309.9)$

则吸热表面的温度为：$T_{bs}=404.6\text{K}$

【讨论】如果玻璃盖板与吸热表面之间保持真空环境，则其内部不存在空气导热现象，在其他条件不变的情况下，吸热表面的温度增高到 428.1K，这有利于加热太阳能集热器中的水。因此，目前广泛采用全玻璃真空管太阳能集热器。若玻璃的穿透率降低为 0.75，在其他条件不变情况下，玻璃表面的温度增高到 312K，而吸热表面的温度降低为 397K。试讨论吸热表面对太阳辐射的吸收率不等于 1，长波表面发射率大于 0.15，其他条件不变的情况下，则玻璃表面和吸热表面的温度将如何变化？太阳总辐照度变化，将引起吸热表面温度如何变化？

参考文献

[1] 王补宣．工程传热传质学（上册）[M]．北京：科学出版社，1982.

[2] ROBERT S，JOHN H. Thermal Radiation Heat Transfer [M]．4th ed. New York：McGraw-Hill，2002.

[3] 余其铮．辐射传热原理 [M]．哈尔滨：哈尔滨工业大学出版社，2000.

[4] HOLMAN J P. Heat Transfer [M]．9th ed. New York：McGraw-Hill，2002.

[5] 杨世铭，陶文铨．传热学 [M]．3 版．北京：高等教育出版社，1998.

[6] FRANK P，I DAVID P D. Fundamentals of Heat Transfer and Mass Transfer [M]．5th ed. John Wiley&Sons，Inc.，2002.

[7] JOHN H. L IV，JOHN H L V. A Heat Transfer Textbook [M]．3rd ed. Phlogiston Press，2005.

[8] MODEST M F. Radiative Heat Transfer [M]．New York：McGraw-Hill，2002.

[9] SIGEL R，HOWELL J. 热辐射传热 [M]．北京：科学出版社，1990.

[10] 佛兰克 P 英吉鲁佩勒，大卫 P 德维特，狄奥多尔 L 伯格曼，等．传热和传质基本原理习题详解 [M]．叶宏，葛新石，徐斌，译．北京：化学工业出版社，2007.

[11] 赵镇南．传热学 [M]．北京：高等教育出版社，2002.

[12] 张靖周，常海平．传热学 [M]．北京：科学出版社，2009.

[13] 杨贤荣，马庆芳，等．辐射换热角系数手册 [M]．北京：国防工业出版社，1982.

[14] FRANK P I，DAVID P D. Fundamentals of Heat Transfer and Mass Transfer [M]．6th ed. John Wiley & Sons，Inc.，2007.

[15] HOLMAN J P. Heat Transfer [M]．10th ed. New York：McGraw-Hill，2011.

第 16 章　热质交换设备计算原理

16.1　热质交换设备的型式与基本构造

在热质交换设备中，有时仅有热量的传递，有时是热量传递和质量传递同时发生。本章将对建筑环境与能源应用工程专业中常见的热质交换设备的形式与特点进行介绍，重点讨论间壁式换热器设备和混合式换热器设备的构造原理和热工计算的基本方法并简要介绍热质交换设备的仿真建模方法和换热设备的性能评价和优化设计等相关内容。

16.1.1　混合式热质交换热备的形式与结构

16.1.1.1　间壁式热质交换设备的形式与结构[1-5]

间壁式换热器种类很多. 从构造上主要可分为：管壳式、肋片管式、板式、板翘式、螺旋板式等，其中前三种用得最为广泛。

不论是哪种形式的间壁式换热器，其结构在传热学教材中均有详细介绍。由于本课程主要涉及热质交换同时发生时的传递过程，所以仅牵涉到显热交换的一般换热器，此处不再介绍了，需要时可参考文献［4-5］。

需要说明的是，既用于显热交换的间壁式换热器，也可用于既有显热交换又有潜热交换的场合，只是考虑到换热设备两端流体的不同，使用的间壁式换热器种类和形式有所不同。例如，空调工程中处理空气的表冷器，其两侧的流体通常是冷水或制冷剂和湿空气，由于两者的换热系数不同，所以根据换热器的强化方法，一般在空气侧加装各种形式的肋片，如图 16-1-1 所示。

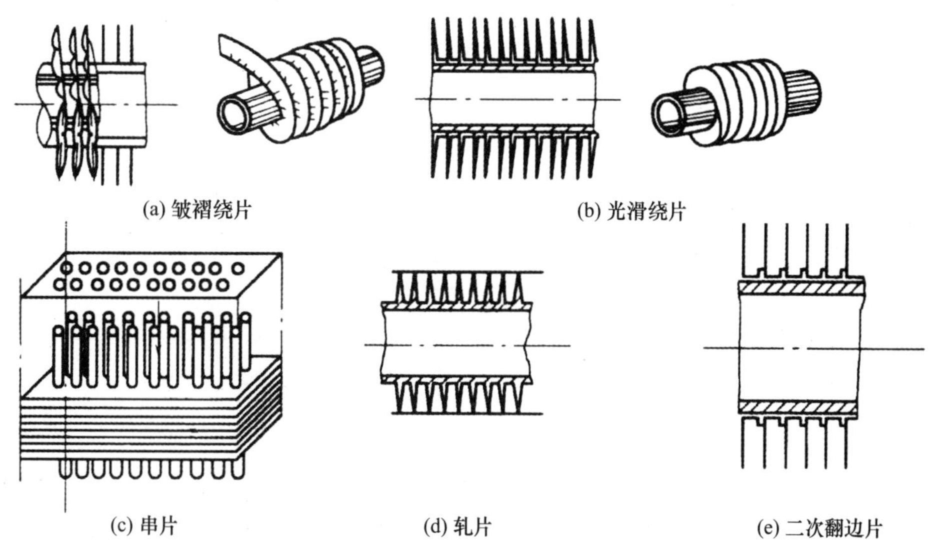

图 16-1-1　换热器用的各种肋片形式

图 16-1-1(a)所示是将铜带或钢带用绕片机紧紧地缠绕在管子上，制成了皱褶式绕片管。皱褶的存在既增加了肋片与管子间的接触面积，又增加了空气流过时的扰动性，因而能提高传热系数。但是，皱褶的存在也增加了空气阻力，而且容易积灰，不便清理；为了消除肋片与管子接触处的间隙，可将这种换热器浸镀锌、锡。浸镀锌、锡还能防止金属生锈。

有的绕片管不带皱褶，它们是用延展性好的铝带绕成，见图 16-1-1(b)所示。

将事先冲好管孔的肋片与管束连在一起，经过胀管之后制成的是串片管，如图 16-1-1(c)所示。

用轧片机在光滑的铜管或铝管的外表面上直接轧出肋片，便制成了轧片管，如图 16-1-1(d)所示。由于轧片管的肋片和管子是一个整体，没有缝隙，所以传热性能更好；但是，轧片管的肋片不能太高，管壁不能太薄。

除此之外，使用在多工位连续冲床上经多次冲压、拉伸、翻边、再翻边的方法，可得到二次翻边肋片，如图 16-1-1(e)所示。用这种肋片制成的换热器有更好的传热效果。

此外，为了进一步提高传热性能，增加气流的扰动性以提高外表面换热系数，近年来还发展了其他的肋片片型，如波纹型片、条缝型片、百叶缝型片和针刺型片等。研究表明，采用上述措施后，可使空调工程中所用的表冷器的传热系数提高 10%～70%。

1. 管壳式换热器

图 16-1-2 为管壳式换热器示意图。流体Ⅰ在管外流动，管外各管间常设置一些圆缺形的挡板，其作用是提高管外流体的流速（挡板数增加，流速提高），使流体充分流经全部管面，改善流体对管子的冲刷角度，从而提高壳侧的表面传热系数。此外，挡板还可以起支承管束、保持管间距离等作用。流体Ⅱ在管内流动，它从管的一端流到另一端称为一个管程，当管子总数及流体流量一定时，管程数分得越多，则管内流速越高。图 16-1-2 为单壳程双管程的换热器。图 16-1-3(a)为 2 壳程 4 管程，(b)为 3 壳程 6 管程。

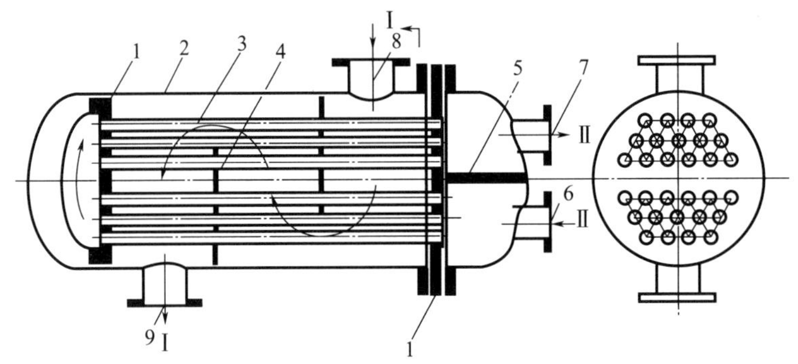

图 16-1-2　管壳式换热器示意图

1—管板；2—外壳；3—管子；4—挡板；5—隔板；6、7—管程进口及出口；8、9—壳程进口及出口

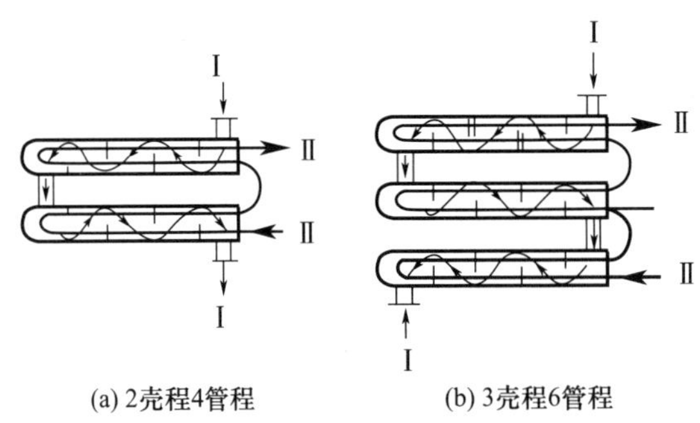

图 16-1-3　多壳程与多管程换热器

管壳式换热器结构坚固，易于制造，适应性强，处理能力大，高温、高压情况下亦可应用，管侧热表面清洗较方便。这一类型换热设备是工业上应用最多、历史最久的一种。其缺点是金属材料消耗大，不紧凑。除图 16-1-2 的形式外，U 形管式及套管式（一根大管中套一小管）换热器也属此类。

2. 肋片管式换热器

肋片管亦称翅片管，图 16-1-4 为肋片管式换热器结构示意图（图 13-1-1 中亦有示意）在管子外壁加肋，肋化系数可达 25 左右，大大增加了空气侧的传热面积，强化了传热。与光管相比，传热系数可提高 1～2 倍。这类换热器结构较紧凑，适用于两侧流体表面传热系数相差较大的场合。

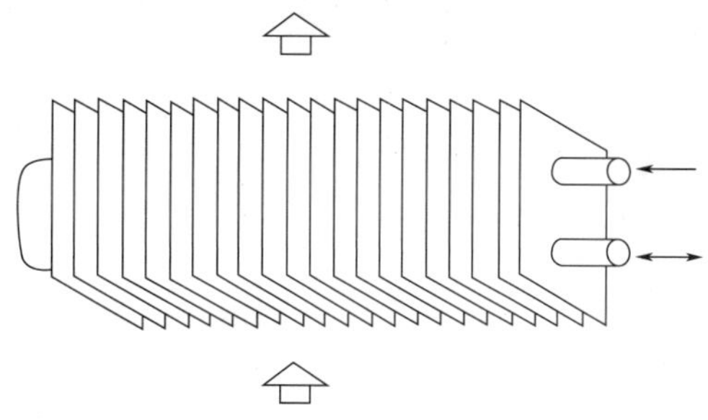

图 16-1-4　肋片管式换热器

肋片管式换热器结构上最值得注意的是肋的形状和结构以及镶嵌在管子上的方式。肋的形状可做成片式、圆盘式、带槽或孔式、皱纹式、钉式、金属丝式等。肋与管的连接方式可采用张力缠绕式、嵌片式、热套胀接、焊接、整体轧制、铸造及机加工等。肋片管的主要缺陷是肋片侧的流动阻力较大。不同的结构与镶嵌方式对流动阻力，特别是传热性能影响很大。当肋根与管之间接触不紧密而存在缝隙时，将形成接触热阻，使传热系数降低。

3. 板式换热器

板式换热器是由若干传热板片及密封垫片叠加组成，在两块板边缘之间由垫片隔开，形成流道，垫片的厚度就是两板的间隔距离，故流道很窄，通常只有 3～4mm。板四角开有圆孔，供流体通过，当流体由一个角的圆孔流入后，经两板间流道，由对角线上的圆孔流出，该板的另外两个角上的圆孔与流道之间则用垫片隔断，这样可使冷热流体在相邻的两个流道中逆向流动，进行传热。为强化流体在流道中的扰动，板面都做成波纹形，图 16-1-5 列举了平直波纹、人字形波纹、锯齿形及斜纹形四种板型。图 16-1-6 为一种基本型板式换热器流道示意图。冷热两流体Ⅰ和Ⅱ分别由板的上、下角的圆孔进入换热器，并相间流过奇数及偶数流道，然后再分别从下、上角孔流出，图中也显示奇数与偶数流道的垫片不同，以此安排冷热流体的流向。传热板片是板式换热器的关键元件，不同形式的板片直接影响到传热系数、流动阻力和承受压力的能力。板片的材料，通常为不锈钢，对于腐蚀性强的流体（如海水冷却器），可用钛板。板式换热器传热系数高、阻力相对较小（相对于高传热系数）、结构紧凑、金属消耗量低、拆装清洗方便、传热面可以灵活变更和组合（例如，一种热流体与两种冷流体，同时在一个换热器内进行传热）等，已广泛应用于供热供暖系统及食品、医药、化工等部门。目前板式换热器性能已达：最佳传热系数 7000W/(m^2·K)（水—水）；最大处理量 1000m^3/m^2；最高操作压强 28×10^5Pa；金属耗量 16kg/m^2[3]。

板式换热器的板片和流体通道由垫片隔开，可方便拆洗。但是，其承压性能相比管壳式换热器差了很多。目前，一种新型的板壳式换热器集成了板式换热器和管壳式换器的优点，不仅结构紧凑、传热系数大，而且能够耐高压和高温，可适用于工作温度高达 500℃和工作压力 700×10^5Pa 的工况，特殊形式的还可应用于更高的温度和压力。板壳式换热器采用全焊接板式换热器，并将板片组置于耐高压的壳体之内。一股流体在板片内流过，另一股流体则在壳体内的板间流动。板壳式换热器的壳体有可拆型，以方便壳侧的传热表面清洗。

4. 板翅式换热器

板翅式换热器结构方式很多，但都是由若干层基本传热元件组成，见图 16-1-7(a)，在两块平隔板 1 中夹着一块波纹形状的导热翅片 3。两端用侧条 2 密封，成为板翅式传热器的一层基本传热元件，流体就在这两块平隔板的流道中流过。两层这样的基本传热元件叠加焊接起来，并使两流道呈 90°相互交错（提高结构强度），构成板翅式传热器的基本传热单元，供冷热流体传热。为扩展传热面，一个传热器可以由许多这样的传热单元叠合而成。图 16-1-7(b)是一种叠合方式。波纹板可做成多种形式，图 16-1-7 (a) 为平直形翅片，还有锯齿翅片；翅片带孔；弯曲翅片等形式，目的是增加流体的扰动，强化传热。板翅式换热器由于两侧都有翅片，作为气—气换热器，传热系数对可达 350W/(m^2·K)。板翅换热器结构非常紧凑、轻巧，每立方米体积中容纳的传热面积可高达

4300m²，承压可达 100×10^5 Pa。但它容易堵塞，清洗困难，不易检修。它适用于清洁和无腐蚀的流体传热。

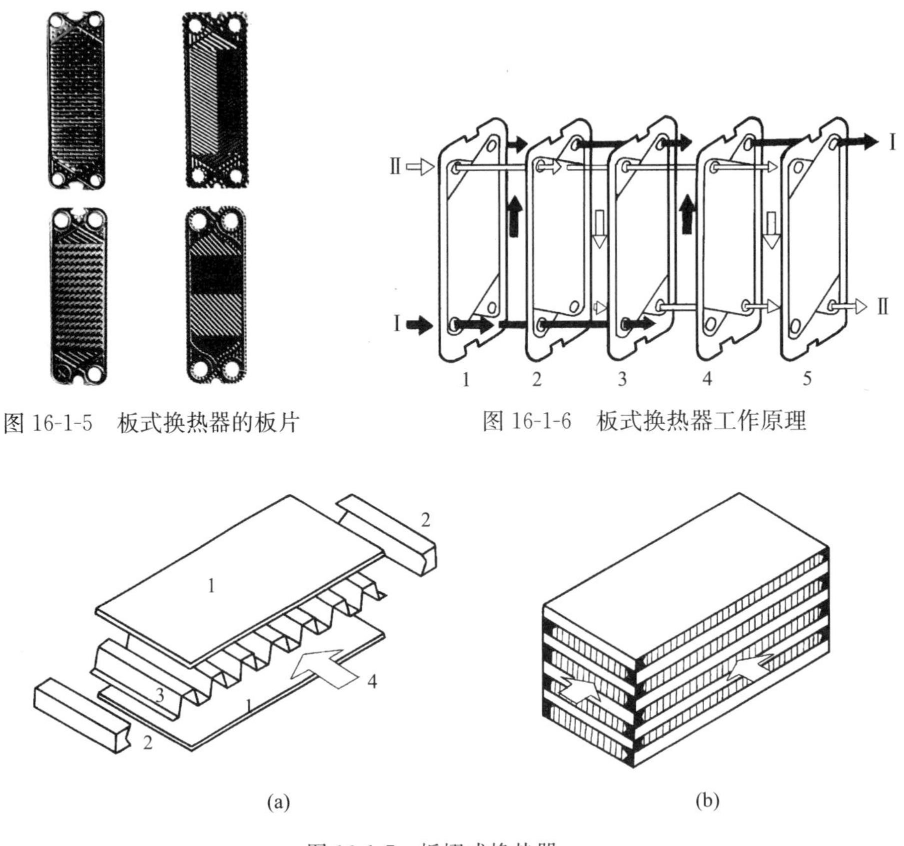

图 16-1-5　板式换热器的板片

图 16-1-6　板式换热器工作原理

图 16-1-7　板翅式换热器

1—平隔板；2—侧条；3—翅片；4—流体

5. 螺旋板式换热器

螺旋板式换热器结构原理如图 16-1-8，它是由两块平行的金属板卷制起来，构成两个螺旋通道，再加上盖、下盖及连接管即成换热器，制造工艺简单。冷热两股流体分别在两个螺旋通道中流动，图中所示为逆流式，流体 1 从中心进入，沿螺旋形通道从周边流出；流体 2 则由周边进入，沿螺旋通道从中心流出。除此以外，还可做成顺流方式。螺旋流道有利于提高传热系数。例如水—水型，传热系数可达 2200W/(m²·K)。螺旋流道的冲刷效果好，污垢形成速度低，仅是管壳式的 1/10。此外，结构比管壳式紧凑，一般单位体积的传热面积约为管壳式的 20 倍，达 100m²/m³，流动阻力较小。使用板材制造，比管材价廉。但缺点是不易清洗，修理困难，承压能力低，一般用于压力 10×10^5 Pa 以下场合。

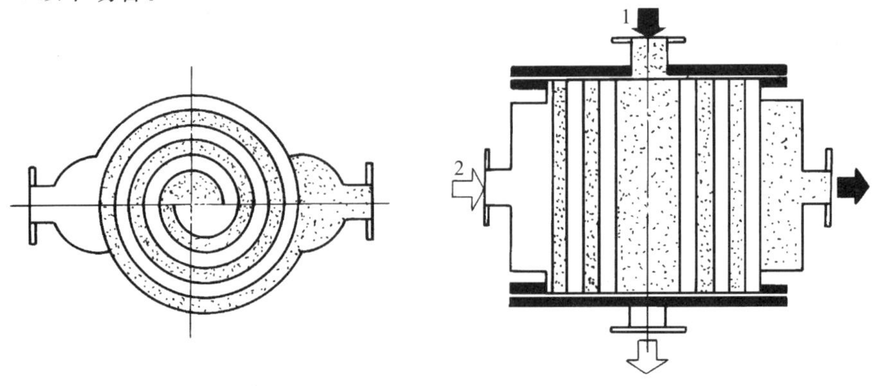

图 16-1-8　螺旋板式换热器结构原理

16.1.1.2　间壁两侧流体传热过程分析[6]

如前所述，间壁式换热器的类型很多，从其热工计算的方法和步骤来看，实质上大同小异。下面即以本专业领域使用较广的显热交换和潜热交换可以同时发生的表面式冷却器为例，详细说明其计算方法。别的诸如加热器、散热器等间壁式换热器的热工计算方法，给予概略介绍。

以套管换热器为例，热流体走管程放出热量，温度从初温降到终温；冷流体走壳程吸收热量，温度从初温升到终温。在换热器内，冷、热流体间热量传递过程的机理是：热量首先由热流体主体以对流的方式传递到间壁内侧；然后以导热的方式穿过间壁；最后中间壁外侧以对流的方式传递至冷流体主体。在垂直于流动方向的同一截面上，温度分布如图 16-1-9 所示。

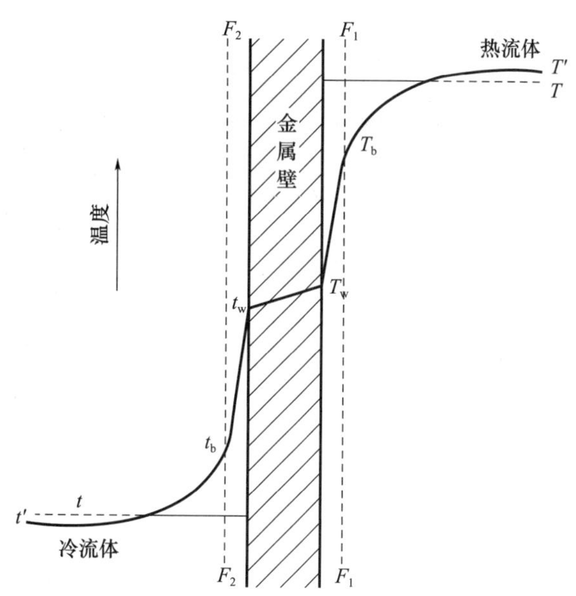

图 16-1-9　沿热流方向的温度分布情况

由温度分布曲线来看，间壁内热传导只有一种分布规律；间壁两侧的对流传热由于流动状况的影响，分别呈现出三种分布规律：在壁面附近为直线，再往外为曲线，在流体主体为比较平坦的曲线。若按上述三种温度分布规律处理流体与壁面间的对流传热问题过于复杂，实际应用上，将流体主体与壁面间的对流传热虚拟为有效膜内的导热问题，有效膜内温度分布为直线，有效膜外流体的温度取其平均温度（将同一流动截面上的流体绝热后测定的温度）。因此，对同一截面而言，热流体的平均温度 T 小于其中心温度 T'，冷流体的平均温度 t 大于其中心温度 t'。

16.1.1.3　总传热系数与总传热热阻

对于换热器的分析与计算来说，确定总传热系数是最基本但也是最不容易的。根据传热学的内容，对于第三类边界条件下的传热问题，总传热系数可以用一个类似于牛顿冷却定律的表达式来定义，即

$$Q=KA\Delta t=\frac{\Delta t}{\dfrac{1}{KA}} \tag{16-1-1}$$

式中　Δt——总温差。

总传热系数与总热阻成反比，即

$$R_t=\frac{1}{KA} \tag{16-1-2}$$

式中　R_t——换热面积为 A 时的总传热热阻，℃/W。

如果两种流体被一管壁所隔开，由传热学知，其单位管长的总热阻为

$$R_l=\frac{1}{\pi d_i h_i}+\frac{1}{2\pi\lambda}\ln\left(\frac{d_0}{d_i}\right)+\frac{1}{\pi d_0 h_0}\quad(\text{m}\cdot\text{K/W}) \tag{16-1-3}$$

式中 d_i——管内径；

h_i——管内流体对流换热系数；

d_0——管外径；

h_0——管外流体的对流换热系数。

单位管长的内外表面积分别为 πd_i 和 πd_0，此时传热系数具有如下形式：

对外表面

$$K_0=\frac{1}{\frac{d_0}{d_i}\frac{1}{h_i}+\frac{d_0}{2\lambda}\ln\left(\frac{d_0}{d_i}\right)+\frac{1}{h_0}} \tag{16-1-4}$$

对内表面

$$K_i=\frac{1}{\frac{d_i}{d_0}\frac{1}{h_0}+\frac{d_i}{2\lambda}\ln\left(\frac{d_0}{d_i}\right)+\frac{1}{h_i}} \tag{16-1-5}$$

其中 $K_0A_0=K_iA_i$

应该注意，式（16-1-3）～（16-1-5）仅适用于清洁表面。通常的换热器在运行时，由于流体的杂质、生锈或是流体与壁面材料之间的其他反应，换热表面常常会被污染。表面上沉积的膜或是垢层会大大增加流体之间的传热阻力。这种影响可以引进一个附加热阻来处理，这个热阻就称为污垢热阻 R_f。其数值取决于运行温度、流体的速度以及换热器工作时间的长短等。

对于平壁，考虑其两侧的污垢热阻后，总热阻

$$R_t=\frac{1}{h_1}+\frac{\delta}{\lambda}+R_f+\frac{1}{h_2}\quad(\mathrm{m^2\cdot ℃/W}) \tag{16-1-6}$$

把管子内、外表面的污垢热阻包括进去之后，对于外表面，总传热系数可表示为

$$K_0=\frac{1}{\left(\frac{d_0}{d_i}\right)\frac{1}{h_i}+\left(\frac{d_0}{d_i}\right)R_{f,i}+\frac{d_0}{2\lambda}\ln\left(\frac{d_0}{d_i}\right)+R_{f,0}+\frac{1}{h_0}} \tag{16-1-7}$$

对于内表面则为

$$K_i=\frac{1}{\left(\frac{d_i}{d_0}\right)\frac{1}{h_0}+\left(\frac{d_i}{d_0}\right)R_{f,0}+\frac{d_i}{2\lambda}\ln\left(\frac{d_0}{d_i}\right)+R_{f,i}+\frac{1}{h_i}} \tag{16-1-8}$$

附录 16-1 给出了有代表性流体的污垢热阻的数值。

知道了 h_0、$R_{f,0}$、h_i 和 $R_{f,i}$以后，就可以确定总传热系数，其中的对流换热系数可以由以前传热学中给出的有关传热关系式求得。应注意，式（16-1-6）～（16-1-8）中壁面的传导热阻项是可以忽略的，这是因为通常采用的都是材料的导热系数很高的薄壁。此外，经常出现某一项对流换热热阻比其他项大得多的情况，这时它对总传热系数起支配作用。附录 16-2 给出了总传热系数的有代表性的数值。

总传热热阻中的对流换热热阻和污垢热阻可以通过实验的方法求得。以管壳式换热器为例，传热系数由式（16-1-7）可写成

$$\frac{1}{K_0}=\frac{1}{h_0}+R_w+R_f+\frac{1}{h_i}\frac{d_0}{d_i} \tag{16-1-9}$$

式中 R_w、R_f——表示管壁与污垢的热阻。

以管内流体的流动处于旺盛紊流区为例，对流换热系数 h_i 与流速 u 的 0.8 次幂成正比，即

$$h_i=C_iu_i^{0.8} \tag{16-1-10}$$

式中 C_i——比例系数。

于是，式（16-1-9）成为

$$\frac{1}{K_0}=\frac{1}{h_0}+R_w+R_f+\frac{1}{C_iu_i^{0.8}}\frac{d_0}{d_i} \tag{16-1-11}$$

在试验时，保持 h_0 不变（只要使壳侧流体的流量和平均温度基本不变即可），R_w 是不变的，R_f 在试验中一般变化不大，这样式（16-1-11）就可表示成

$$\frac{1}{K_0}=\text{常数}+\frac{1}{C_i}\frac{d_0}{d_i}\frac{1}{u_i^{0.8}} \tag{16-1-12}$$

式（16-1-12）是一个 $y=b+mx$ 型的直线方程，$y=1/K_0$，$X=1/u^{0.8}$，将不同管内流速时测得的传热系数画在坐标图上，求出通过这些试验点的直线的斜率 m，则

$$C_i=\frac{1}{m}\frac{d_0}{d_i} \tag{16-1-13}$$

这样根据式（16-1-13）管程侧流体的换热系数就可按式（16-1-10）计算求得。

又因为

$$b=\frac{1}{h_0}+R_w+R_f \tag{16-1-14}$$

如已知 R_w 和 R_f，则壳侧换热系数 h_0 可由图 16-1-10 中直线的截距求得。也可保持 h_i 不变，改变壳侧流量后，用类似的方法求得。这种方法称为威尔逊图解法。

威尔逊图解还可用来测定污垢热阻。在换热器全新或经过清洗后，做上述试验并用威尔逊图解画出直线 1（图 16-1-10）。经过一段时间运行后，在保持壳侧工况与上次试验相同的条件下，再做一次试验，用威尔逊图解得直线 2。两根直线截距之差就是总污垢热阻的数值。

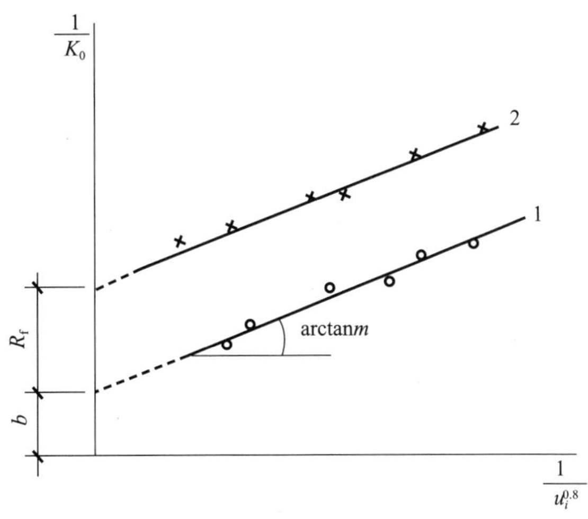

图 16-1-10　威尔逊图解

16.1.2　热管的简介

热管是 1964 年前后才付诸实用的具有很高热传输性能的元件，它集沸腾与凝结过程于一身。一般热管是由管壳、管芯（起毛细管作用的多孔结构物）和工质组成的一个封闭系统。

图 16-1-11 为热管工作原理示意图，其中：1 为热管的加热区（蒸发段）；2 为蒸气输送区（绝热段）；3 为散热区（凝结段）。

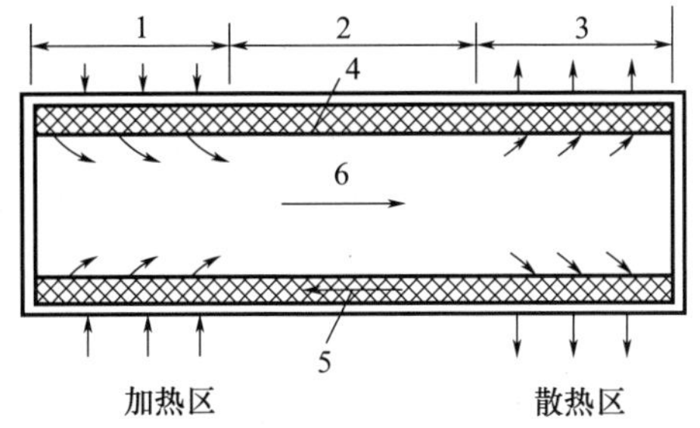

图 16-1-11　热管工作原理

1—蒸发段；2—绝热段；3—凝结段；4—管芯；5—液态工质；6—气态工质

当加热蒸发段时，管内液态工质沸腾汽化，气态工质从管中心通道流向凝结段散热区，通过凝结放出其潜热；凝结后借助管芯的毛细力作用，液态工质重新返回蒸发段再沸腾汽化，如是形成一个闭合的循环（使液态工质从凝结段返回蒸发段，还可利用重力，这样凝结段应处于蒸发段的上方），用这种工质运输法，把热量从加热区传递到散热区。可见，热管的工作原理是沸腾与凝结两种相变过程的巧妙结合。因沸腾和凝结都是在饱和温度下进行，且具有高表面传热系数，故热管有如下一些特点：（1）靠蒸气流动携带潜热传输热量，故传热能力很大；若把它作为导热元件看待，它的导热能力可超过同样形状和大小的铜、银制品的导热能力几倍到几千倍。（2）由于沸腾和凝结是在同一根管内，两者间几乎没有压力差，故加热区和散热区的温度接近相等，整个热管趋于等温，减少了热管内传热的温差损失；例如直径 13mm 的热管，长 0.6m，在 100℃工作温度下输送 200W 能量，只需 0.5℃的温差，若采用同样尺寸的实心铜棒代替，则两端温差可达 70℃。（3）采用不同的工质，可使热管分别适用于－200～2200℃的温度范围[7]。（4）在热量传递中，加热区和散热区热管表面的热流密度可以不同，以适应不同的外部传热条件。（5）结构简单，无运动部件，工作可靠，可根据使用对象做成直管、弯管、圆筒等。

热管所用工质种类很多，如氨、甲醇、水、氟利昂、钠、钾等，对工质的要求是能润湿吸液芯，使用温度必须远低于工质的临界温度，工质不腐蚀管壳及管芯。常用的管芯材料有：金属丝网、玻璃纤维、布、多孔金属层等。管壳则可选用铜、铝、钢及不锈钢等。

热管的特点决定了它可在很多场合下作为传递热能的元件，利用热管温差小的特点造成恒温环境，把非稳态热流变为常热流等。目前，在电子芯片冷却系统、余热利用系统、防低温腐蚀的换热器以及工业设备散热器或加热器等领域已得到广泛的应用。在我国青藏铁路 550 多千米的冻土带路基上布置了很多热管，该热管直径 89mm，长 7m，其中 2m 长置于地面以上，且为了增强地面以上的热管与周围环境的传热，在热管表面高频焊接了螺旋翅片。青藏高原夏季的地表温度上升，可能出现表层冻土融化现象。而安置了若干根热管后，由于大气环境温度低且地下深层冻土温度也低，此时，热管将从地表冻土中吸收热量，排向大气环境和地下深层冻土，确保了表层冻土不出现融化现象。到了冬季，表层冻土因温度过低可能出现冻胀现象，此时热管将从地下深层冻土中吸收热量，排放给表层冻土，从而保障表层冻土不致出现冻胀现象。据理论计算与实测，青藏高原冻土带上使用的热管极限热传输功率可以达到 6000～120000W[8]。

16.1.3 传热的强化和削弱

工程中的传热问题，除需要掌握计算方法外，很多场合要求强化或削弱传热过程。所谓强化传热，是指从分析影响传热的各种因素出发，采取某些技术措施提高换热设备单位传热面积的传热量，强化传热目的是使设备趋于紧凑、质量轻、节省金属材料等；一般来说，强化传热还可节约能源；在某些情况下，强化传热的目的是为控制设备或其零部件的温度，使之安全运行。而削弱传热，是指采取隔热保温措施降低换热设备热损失，其目的亦为节能、安全防护、环境保护及满足工艺要求等。

16.1.3.1 强化传热的原则

强化传热的积极措施是设法提高传热系数。而传热系数是由传热过程中各项热阻决定的，因此，为了强化传热，必须首先分析传热过程的热阻。一般换热设备的传热面都是金属薄壁，壁的导热热阻很小，常可略去，在不计入污垢热阻时，传热系数可写成下式：

$$K=\frac{1}{\dfrac{1}{h_1}+\dfrac{1}{h_2}}=\frac{h_1h_2}{h_1+h_2} \tag{16-1-15}$$

分析上式可以得到一个重要结论：因 h_1 和 h_2 的数值均大于 0，则$\dfrac{h_1}{h_1+h_2}$或$\dfrac{h_2}{h_1+h_2}$将小于 1。（1）当 h_1 和 h_2 大小相当时，K 值接近 h_1 或 h_2 的一半。例如水—水型、气—气型换热器，在此情况下，为有效强化传热，必须同时提高两侧表面传热系数。(2) 当 h_1 和 h_2 大小相差悬殊时，k 值将比 h_1 和 h_2 中最小的一个还小，这说明对 k 值影响最大的将是 h_1 和 h_2 中的小者。因此，强化传热的有效措施是提高较小一侧的 h。例如，气—水型换热器，应在气侧加装肋片。

对于换热设备的金属壁，虽然在大多数情况下可以忽略它的导热热阻，但在运行中，当壁上生成污垢后，由于污垢的热导率很小，即使厚度不大，对传热过程也十分不利。例如：1mm 厚的水垢层相当于 40mm 厚钢板的热阻；1mm 的烟灰渣层相当于 400mm 厚钢板的热阻。因此，在采取强化传热措施的同时，必须注意清除污垢，以免抵消强化传热带来的效果，本书附录 16-3 为一般情况下污垢热阻参考值。以下分类叙述一些可行的强化传热方法。

1. 扩展传热面

扩展表面传热系数小的一侧的面积，是使用最广泛的一种强化传热的方法，如肋壁、肋片管、波纹管、板翅式传热面（参见换热器结构）等，它使换热设备传热系数及单位体积的传热面积增加，能收到高效紧凑的效果。

2. 改变流动状况

增加流速、强化扰动、搅拌、采用旋流及射流等都能起强化传热的效果，但这些措施都将使流动阻力增大，增加动力消耗。

(1) 增加流速。增加流速可改变流态，提高紊流强度。管内紊流时表面传热系数与流速的 0.8 次幂成正比，外掠管束流动 h 与 u 的 0.6～0.84 次幂有关，对强化传热效果显著。如管壳式换热器中增加管程和壳程的分程数（参见换热器结构），可以增大管内和管外流速，提高传热系数。

(2) 流道中加进插入物增强扰动。在管内或管外加进插入物，如金属丝、金属螺旋环、盘片、麻花铁、翼形物，以及将传热面做成波纹状等措施都可强化扰动、破坏流动边界层，强化传热。插入物若能紧密接触管壁，则还能起到肋片的作用。对于气体介质，插入物还可通过热辐射强化传热（见强化传热方法之 6）。流道内加进插入物，容易引起堵塞及结垢等问题，是其缺点。

(3) 采用旋转流动装置。在流道进口装涡流发生器，使流体在一定压力下从切线方向进入管内作剧烈的旋转运动。用涡旋流动以强化传热，其原理如同第 6 章所述流体在弯管中流动，旋转产生了二次环流。此外，管内插入麻花铁（用薄金属条片扭转而成麻花状），也可产生旋转的效果。

(4) 采用射流方法喷射传热表面。由于射流撞击壁面，能直接破坏边界层，故能强化传热，是近代强化传热的新技术之一。它特别适用于强化局部点的传热，如用来强化冷却设备或仪器中的小型电子元器件等。

3. 改变流体物性

流体热物性中的热导率和体积比热容对表面传热系数的影响较大。在流体内加入一些添加剂可以改变流体的某些热物理性能，达到强化传热的效果。添加剂可以是固体或液体，它与传热的主流体组成气—固、液—固、汽—液以及液—液混合流动系统。

气流中添加少量固体颗粒，如石墨、黄砂、铅粉、玻璃球等形成气—固悬浮系统。添加固体颗粒能强化传热的原因是：固体颗粒具有较高的体积比热容，从而提高了流体的体积比热容和它的热容量；增强气流的扰动程度，固体颗粒与壁面撞击起到破坏边界层和携带热能的作用，增强了热辐射（见方法之 6）。

在蒸汽或气体中喷入液滴。在凝结传热的强化技术中曾提到在蒸汽中加入珠状凝结促进剂，如油酸、硬脂酸等。又如在空气冷却器入口喷水雾，当水雾碰到壁面时形成液膜，使气相传热变为液膜传热，而液膜表面的蒸发又兼相变传热的优点，故能使传热加强。

4. 改变表面状况

(1) 增加粗糙度。从前几章的叙述不难理解，增加壁面粗糙度不仅对管内受迫流动传热、外掠平板流动传热等有利，也有利于沸腾传热和凝结传热（凝结雷诺数较大时）。但也要注意，对沸腾而言，仅仅依靠增加粗糙度，不能持久。

（2）改变表面结构。采用烧结、机械加工或电火花加工等方法在表面形成一很薄的金属层，以强化沸腾传热；在壁上切削出沟槽或螺纹也是改变表面结构，强化凝结传热的实用技术。经常清理沸腾式加热器表面污垢，有利强化传热。

（3）表面涂层。在传热表面涂镀表面张力很小的材料，以造成珠状凝结，如聚四氟乙烯、特种陶瓷等；在辐射传热条件下，涂镀选择性涂层或发射率大的材料以强化辐射传热。这些都是强化传热的有效方法。

5. 改变传热面形状和大小

如用小直径管子代替大直径管子，用椭圆管代替圆管的措施，因表面传热系数与 $d^{-0.2}$（管内）和 $d^{-0.4\sim-0.16}$（管外）成比例，而提高表面传热系数。此外，用管式代替平板式散热器、在凝结传热中尽量采用水平管等亦是有效的办法。在自然对流传热条件下，以竖管代替竖壁，可提高表面传热系数。

6. 改变能量传递方式

如图 16-1-12 所示，在流道中放置一块“对流—辐射板”（以下简称“辐射板”），它能把流体与壁面间的对流传热改变为复合传热。其原理是：处于流体中的辐射板将被流体加热（或冷却），但它同时又会以辐射方式向壁面辐射热量（或接受辐射热）。在稳态情况，辐射板温度将保持在流体与壁之间的某个平衡温度下，这时它从流体得到的对流传热量等于它向壁辐射的热量，从而使壁面得到额外的辐射热量，壁面上的对流传热方式改变为复合传热，热流密度增加，由于辐射热的传递与热力学温度 4 次幂成比例，其强化传热的效果将比较显著（参见例题 16-1）。辐射板一般可用金属网、多孔陶瓷板或瓷环等表面发射率较高的材料做成，结构简单。

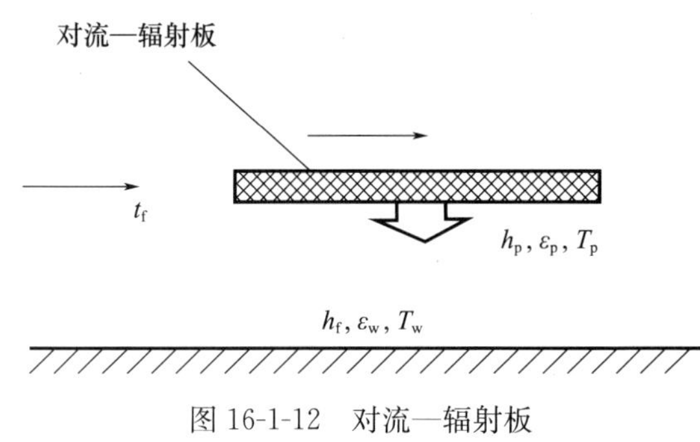

图 16-1-12　对流—辐射板

7. 靠外力产生振荡，强化传热

这方面大体有三种措施：（1）用机械或电的方法使传热面或流体产生振动；（2）对流体施加声波或超声波，使流体交替地受到压缩和膨胀，以增加脉动；（3）外加静电场，对流体加以高电压而形成一个非均匀的电场，静电场使传热面附近电介质流体的混合作用加强，强化了对流传热。

上述一些方法有的已实用化，有些则还有待进一步研究。随着生产和科技发展而提出的强化传热的方法很多，不可能一一列举。但所有这些措施的实施都是有代价的，尤其是流动阻力的增加，应根据实际情况分析采用。

【例 16-1】一块“对流—辐射板”，如图 16-1-12 所示，与壁面平行，已知气流与辐射板、气流与壁面的对流传热表面传热系数 h_p 相同，均为 75W/(m^2·K)。对流—辐射板表面发射率 $\varepsilon_p=0.92$，壁表面也具有相同的发射率。气体流过壁与辐射板时的平均温度为 $t_f=250$℃，壁温维持$t_w=100$℃，试计算辐射板向壁面的辐射热量（W/m^2）及与原有的对流传热量之比。若表面传热系数均降为 50W/(m^2·K)效果又如何？为简化起见，设对流—辐射板背向壁的一侧为绝热面，不参与对流和辐射传热，同时板的长度、宽度及离壁距离满足辐射角系数 $X=1$，可按平行平板计算辐射传热。

【解】在稳态下，辐射板与气体之间的对流传热量等于它对壁的辐射热量，此时，板处于 t_f 与 t_w 之间的某一平衡温度，设为 t_p，则每平方米辐射板上所得到的对流传热量为

$$q_c=h_p(t_f-t_p)\quad (\mathrm{W/m^2}) \tag{1}$$

按图 16-1-12 的平板设置，板与壁之间的系统发射率 ε_s 按照平行平板计算

$$\varepsilon_s=1/\left(\frac{1}{\varepsilon_p}+\frac{1}{\varepsilon_w}-1\right)=1/\left(\frac{1}{0.92}+\frac{1}{0.92}-1\right)=0.852$$

辐射板向壁面的辐射热量

$$q_r=\varepsilon_s C_b\left[\left(\frac{T_p}{100}\right)^4-\left(\frac{T_w}{100}\right)^4\right]\quad (\mathrm{W/m^2}) \tag{2}$$

稳态时，$q_c=q_r$，即

$$h_p(t_f-t_p)=\varepsilon_s C_b\left[\left(\frac{T_p}{100}\right)^4-\left(\frac{T_w}{100}\right)^4\right]\quad (\mathrm{W/m^2})$$

代入已知数据

$$75\times(250-t_p)=0.852\times5.67\times\left[\left(\frac{273+t_p}{100}\right)^4-\left(\frac{273+100}{100}\right)^4\right] \tag{3}$$

上式为 t_p 的隐函数式，编程计算结果为 $t_p=223.4$℃，也可采用简单迭代求解，即设定 t_p→由式（2）求 q_r→由式（1）求 t'_p→再将 t'_p 作为 t_p 代入式（2），很快即可求得准确的 t_p 值

$$t_p=224℃$$

$$q_r=2012\mathrm{W/m^2}$$

$$q_c=h_p(t_f-t_p)=75\times(250-224)=1950\mathrm{W/m^2}$$

q_r 与 q_c 两者很接近，不必再进行迭代计算，取两者的平均值为 1980W/m²。气流与壁面的对流传热量：$q=h_p(t_f-t_w)=75\times(250-100)=11250\mathrm{W/m^2}$。

则由于安装对流—辐射板使壁面的热流密度增加的百分比为

$$q_r/q=1980/11250\approx18\%$$

如果辐射板表面传热系数降低为 $h_p=50\mathrm{W(m^2\cdot K)}$，则由式（3）

$$50\times(250-t_p)=0.852\times5.67\times\left[\left(\frac{273+t_p}{100}\right)^4-\left(\frac{273+100}{100}\right)^4\right]$$

计算结果是：$t_p=215$℃，$q_r=1805\mathrm{W/m^2}$；$q_c=1750\mathrm{W/m^2}$；取平均值 $q_r=1780\mathrm{W/m^2}$；$q=7500\mathrm{W/m^2}$，$q_r/q=1780/7500\approx24\%$

【讨论】计算表明，对流—辐射板对于强化传热有较好的效果。尤其对于壁表面传热系数 h_f 比较低的场合，作用更显著些。为取得好的强化效果，对流—辐射板应置于气流温度比较高的地方，并尽可能提高板面发射率和相对于壁面的角系数。计算表明，在其他因素不变的情况下，ε_p 每提高 1%，可强化传热量 1%。在燃煤、燃油锅炉改造为燃气锅炉过程中，由于燃气火焰发射率低，炉膛内的火焰辐射传热量相对减少很多，可通过增加对流—辐射板或耐火格子砖等方法，强化炉内火焰传热。

16.1.3.2　削弱传热的原则

与强化传热相反，削弱传热则要求降低传热系数。削弱传热的目的是减少热设备及其管道的热损失以节省能源，保持温度以满足生活和生产的需要，以及保护设备。主要方法可概括为两方面：

1. 覆盖热绝缘材料

在建筑物外墙、冷热设备上覆盖热绝缘材料是工程中最常用的保温措施，目前常用的材料有：聚氨酯硬质泡沫塑料、聚苯乙烯硬质泡沫塑料（简称聚苯板）、岩棉、微孔硅酸钙、珍珠岩等。它们的热导率处于 0.025～0.05W/(m·K)范围内，是较好的保温隔热材料。前几章讨论过的多层壁导热与传热、临界热绝缘直径、多孔材料的导热机制以及材料表面辐射性质、复合传热等均是分析、设计、计算保温工程的重要依据和方法。至于采用什么材料，则需视保温工程的要求进行技术经济比较。随着科学技术的发展，目前已开发出一批新型热绝缘材料和技术，扼要叙述如下：

（1）泡沫热绝缘材料。多孔的泡沫热绝缘材料具有蜂窝状结构，它是由发泡气体形成的。如聚氨酯泡沫塑料、聚苯乙烯泡沫塑料、微孔硅酸钙等，它们的性能取决于密度、泡内气体种类、泡内气体性质（例如泡内为氟利昂－12，它的热导率只及空气一半）及温度等。表观热导率可达 0.02～0.05W/(m·K)。目前对潮湿环境，已大量使用憎水型泡沫热绝缘材料，这对于持久维持管道或其他露天保温工程的保温性能特别重要。

（2）超细粉末。热绝缘材料是粒径 $d<10\mu\mathrm{m}$ 量级的超细粉末，材料有：氧化镁、氧化铝、石英砂、二氧化硅、炭黑等。在常压下，粉末减弱了对流和辐射作用，当粒径足够小时，颗粒间的气孔尺寸与气体分子平均自由行程相当，粉末间气体的对流受到抑制，多孔的粉末层表观热导率将显著降低。当把粉末层的压强抽真空到 10^{-1}Pa，此时，热主要靠辐射和固体颗粒接触传递，表观热导

率可比空气低一个数量级，达 0.0017W/(m·K)（氧化硅超细粉末，密度 160kg/m^3）。

(3) 真空热绝缘层。将热设备的外壳抽成真空夹层，夹层壁涂以反射率很高的涂层，真空度达 10^{-4}Pa 或更低。这种情况下，夹层中仅有微弱的辐射及稀薄气体的导热。夹层真空度越高，反射率越高，则绝热性能越好。如果把若干片表面反射率高的材料（如铝、银、金箔），组成多层真空屏蔽夹层的热绝缘体，表观热导率可达 $1.6\times10^{-5}\sim1.6\times10^{-4}$ W/(m·K)（12～150 层，密度 40kg/m^3，−120℃）。

上述 (2)、(3) 两类，均为高级保温材料，多用于低温和超低温工程。

2. 改变表面状况和材料结构

(1) 改变表面的辐射特性。采用选择性涂层，既增强对投入辐射的吸收，又削弱本身对环境的辐射传热损失，这些涂层如氧化铜、镍黑①等[9]。

(2) 附加抑制对流的元件。如太阳能平板集热器的玻璃盖板与吸热板间装蜂窝状结构的元件，抑制空气对流，同时也可减少集热器的对外辐射热损失。

(3) 在保温材料表面或内部添加憎水剂，使其不吸湿不受潮，对室外保温工程特别有利。

(4) 利用空气夹层隔热，如中空玻璃窗、高温炉壁的空气隔热夹层等是节能的有效措施。

(5) 采用遮阳措施，可以减少太阳光对室内的辐射传热，其中外遮阳的效果好于内遮阳。

16.2 无相变间壁式换热器的热工计算

16.2.1 平均温差法

平均温差法的基本依据是传热公式 $\Phi=KA\Delta t_m$。在设计换热器时，根据要求先确定换热器的形式，由给定的传热量和冷热流体进出口温度中的三个温度，按热平衡求出冷流体或热流体的出口温度，再算出平均温度差，然后由传热公式求出换热器面积，并据此确定换热器的主要结构参数。所以平均温差法设计计算的思路是 $\Phi\to\Delta t_m\to K\to A$。值得注意的是，一般情况下设计前的已知数是传热量和进出口温度，而 k 值是未知数，这样就需要利用前面各章的知识逐项计算对流传热表面传热系数，并最后算出传热系数，但计算表面传热系数时又必须知道流速等基本数据，其中流速又涉及换热器的主要结构参数（如流道截面、管径、管数、长度等），困难就在于设计前结构参数也是未知的，这是一个矛盾，解决的办法就是试算。即在设计前，根据经验或资料假定一些换热器的主要结构参数，以便能计算表面传热系数，并进行设计计算，待设计结束后，再与原先假定的结构参数进行核对，要求基本相同，如不相同，则需重新再算，直至达到设计要求。平均温差法亦可用于校核计算方法。现通过一具体例子阐明换热器设计计算的一般步骤与方法，在此基础上亦不难掌握校核计算方法。

【例 16-2】设计一卧式管壳式蒸汽—水加热器，水在管内，蒸汽在管外冷凝。水的质量流量为 3.5kg/s，要求从 60℃加热到 90℃，加热蒸汽的绝对压强为 1.6×10^5Pa 干饱和蒸汽，凝结水为饱和水。换热器为管外径 19mm、厚 1mm 的黄铜管，水侧污垢热阻为 0.00017m^2·K/W，水侧阻力损失要求小于 0.3×10^5Pa。求换热器所需传热面积及主要结构参数（管长、管程、每管程管数、传热面积等）。若换热器外壳的热损失为 5%，求蒸汽消耗量。

【解】按本题给出的数据，确定 Φ 及 Δt_m 已无困难。问题主要是传热系数 k 涉及水在管内的对流传热表面传热系数 h_2 及蒸汽冷凝表面传热系数 h_1，而这些又要求已知管内流速、管壁温度、管子在垂直列上的根数，即要求给出管子总数、管程数等换热器的结构参数。因此，为完成本例题的设计计算，首先需要进行“初步设计”，其目的是为预先设定换热器的结构参数。“初步设计”工作可

① 参见本书 15.7 节。

从设定传热系数 k 开始［例如，本例为蒸汽—水型，可设为 3000W/(m^2·K)，估算出传热面积，然后确定所需的管径、管子数、管程数。

在预先设定换热器的主要结构参数后，按传热公式分项计算 Φ、Δt_m，再计算 K 和 A，主要步骤如下。

1. 设定换热器的部分结构参数

现设换热器为 4 管程，每管程 16 根管，共 64 根管，在垂直列上管子数平均为 $n=8$ 根。

2. 对数平均温度差 Δt_m

查水蒸气物性参数，1.6×10^5Pa 下饱和蒸汽温度 $t_s=113.3$℃，故

$$\Delta t'=t_s-t'_2=113.3-60=53.3℃$$

$$\Delta t''=t_s-t''_2=113.3-90=23.3℃$$

$$\Delta t_m=\frac{\Delta t'-\Delta t''}{\ln\dfrac{\Delta t'}{\Delta t''}}=\frac{53.3-23.3}{\ln\dfrac{53.3}{23.3}}=36.3℃$$

3. 传热量

水的平均温度 $t_2=t_s-\Delta t_m=113.3-36.3=77$℃，则水的比热容 $c=4.193$kJ/(kg·K)，故

$$\Phi=Mc(t''_2-t'_2)=3.5\times4.193\times10^3\times(90-60)=4.4\times10^5\text{W}$$

4. 蒸汽侧冷凝传热表面传热系数 h_1

（1）定性温度为冷凝液膜平均温度 $t_{ml}=\dfrac{t_s+t_w}{2}$，但因 t_w 为未知，故需试算，先设定一个壁温，待设计计算结束时再校核。在设定壁温时，不妨应用所学传热知识先分析一下壁温所处的范围，避免出现过大偏差。根据对流传热的分析，水蒸气凝结时的表面传热系数将比水侧的表面传热系数加大得多，故壁温 t_w 应该较接近蒸汽温度。现已知蒸汽温度是 113.3℃，而水的算术平均温度是 75℃，两者的中间值是 94℃（如果用水温的对数平均值，则中间值是 95℃），可见 t_w 一定高于此中间值而低于 113.3℃，现假定 $t_w=103.2$℃。则

$$t_{ml}=\frac{t_s+t_w}{2}=\frac{113.3+103.2}{2}=108.3℃$$

由 t_{ml} 查水的物性数据 $\lambda_1=0.685$W/(m·K)；$\mu_1=2.63\times10^{-4}$N·s/m^2；$\rho_1=952.3$kg/m^3。又由 1.6×10^5Pa 查得蒸汽潜热 $r=2221\times10^3$J/kg。

（2）定型尺寸：水平管束取 nd_1，n 为垂直列上的管数，由选定值 $n=8$，又管外径 $d_1=0.019$m。

（3）表面传热系数 h_1 由如下计算式得

$$\begin{aligned}h_1&=0.725\left[\frac{\rho_1^2\lambda_1^3gr}{nd_1\mu(t_s-t_w)}\right]^{1/4}\\&=0.725\left[\frac{952.3^2\times0.685^3\times9.81\times2221\times10^3}{8\times0.019\times2.63\times10^{-4}\times(113.3-103.2)}\right]^{1/4}\\&=8119\text{W}/(\text{m}^2\cdot\text{K})\end{aligned}$$

5. 水侧表面传热系数 h_2

（1）由水的定性温度 t_2 查水的物性数据

$$\lambda_2=0.672\text{W}/(\text{m}\cdot\text{K}),\ \nu_2=0.38\times10^{-6}\text{m}^2/\text{s},$$

$$\rho_2=973.6\text{kg}/\text{m}^3,\ Pr=2.31$$

（2）流速 u。因蒸汽凝结传热表面传热系数比水高，因此热阻主要在水侧，水侧的流速高，对传热有利，但设计要求阻力不超过 0.3×10^5Pa，它是对水侧流速的制约，这样就只能在阻力不超过的前提下尽量提高流速。当设计开始前在选定换热器主要结构参数时，就应考虑流速的问题，因为设定了结构参数，流速也就设定余下的问题是待传热计算后，再对管内流动阻力进行校核。现水的质量流量及每管程数已设定，则管内流速为

$$u=\frac{M_2}{\rho_2 f}=\frac{3.5}{973.6\times16\times\frac{\pi}{4}\times0.017^2}=0.99\text{m/s}$$

则 Re 为

$$Re=\frac{ud_2}{\nu_2}=\frac{0.99\times0.017}{0.38\times10^{-6}}=4.43\times10^4\text{，为紊流}$$

(3) 水侧传热表面传热系数 h_2，由于 $t_w=103.2$℃，则水与壁面之间的对数平均温差为25.3℃，故可视为中等温差传热，可采用式（14-2-19 (a)）计算，即

$$Nu=0.023Re^{0.8}Pr^{0.4}=0.023\times(4.43\times10^4)^{0.8}\times2.31^{0.4}=167.6$$

$$h_2=Nu\frac{\lambda_2}{d_2}=167.6\times\frac{0.672}{0.017}=6625\text{W/(m}^2\cdot\text{K)}$$

6. 传热系数 K

忽略管壁热阻，又因管壁很薄可按平壁计算传热系数

$$K=\frac{1}{\frac{1}{h_1}+R_f+\frac{1}{h_2}}=\frac{1}{\frac{1}{8119}+0.00017+\frac{1}{6625}}=2252\text{W/(m}^2\cdot\text{K)}$$

根据 K 校核原设定的 t_w

由传热公式 $q=K\Delta t_m=2252\times36.3=8.17\times10^4\text{W/m}^2$

由蒸汽侧换热 $q_1=h_1(t_s-t_w)=8119\times(113.3-103.2)=8.20\times10^4\text{W/m}^2$

两者相差0.3%，设定壁温合理，达到计算要求。

7. 传热面积及管长

$$A=\frac{\Phi}{K\Delta t_m}=\frac{4.4\times10^5}{2252\times36.3}=5.38\text{m}^2$$

按平壁考虑，管面积应为按平均直径 $d_m=(d_1+d_2)/2$ 计算的面积。因总管数 $N=64$，故管长

$$l=\frac{A}{\pi d_m N}=\frac{5.38}{\pi\times0.018\times64}=1.49\text{m}$$

最后取管长 $l=1.5$m；总管数 $N=64$；管程 $z=4$；则实际传热面积为 $A=\pi d_m N l=\pi\times0.018\times64\times1.5=5.42\text{m}^2$，比计算值略大。上述传热试算结果表明，最初设定的结构参数合理。

8. 蒸汽消耗量 M_1

蒸汽在壳侧，热损失由蒸汽侧承担，故蒸汽实际消耗为

$$M_1=\frac{\Phi}{r}\times1.05=\frac{4.4\times10^5}{2221\times10^3}\times1.05=0.208\text{kg/s}$$

9. 阻力计算

水经换热器的压降为（参考14.2节）

$$\Delta p=\left(f\frac{zl}{d_2}+\Sigma\zeta\right)\frac{\rho u^2}{2}\quad(\text{Pa})$$

式中摩擦系数 f 由式（14-2-33）计算，参附录14-2，光滑黄铜管管壁绝对粗糙度 k_s 取0.005mm，计算得

$$f=\left[2\times\lg\left(\frac{R}{k_s}\right)+1.74\right]^{-2}=\left[2\times\lg\left(\frac{8.5}{0.005}\right)+1.74\right]^{-2}=0.015$$

$\Sigma\zeta$ 为各局部阻力系数之和。该换热器有水室进口和出口各1个，它们的阻力系数 ζ_1 各等于1.0；一个管程转入另一管程时的局部阻力系数 $\zeta_2=2.5$，现共有4个管程，水流方向改变3次，故

$$\Sigma\zeta=1.0+1.0+2.5\times4=12$$

$$\Delta p=\left(0.015\times\frac{4\times1.5}{0.017}+12\right)\times\frac{973.6\times0.99^2}{2}=0.083\times10^5\text{Pa}$$

压降符合要求。以上计算成立。

【讨论】本例题阐明了换热器设计计算的基本步骤。上述计算得到的结果满足传热设计要求。自然，不同的设计者得到的设计结果可能不同，但它们之间必然存在最佳设计方案。由于本例涉及传热学的一些基本概念、关联式和计算方法，因而是传热计算中的一个重要例题。本例的目的是要求读者通过计算掌握换热器传热设计的一般原则和步骤，在此基础上再去考虑制造费用、运行消耗等，以便获得最佳设计结果。由于本例的计算过程较烦琐，为弄明白设计计算思路，在阅读时，列出计算过程步骤框图，以帮助掌握设计计算要领。然后再深入思考下列几个问题：(1) 管程为何应是偶数？(2) 若管子总数 64 不变，将管程改为 8，会产生哪些影响？计算中的各项数据将出现什么变化？(3) 将管程改为 6，但要使管内流速不变，应采取什么措施？对计算结果有什么影响？(4) 为什么管长事先不需设定？(5) 如果最后计算的管长太短或太长，怎么办？若要使长度增加或缩短，需改变什么结构参数？(6) 为什么壁温接近蒸汽侧的饱和温度？(7) 本例计算水侧传热表面传热系数加时采用了式 (14-2-19a)，因而在计算中就不需要管壁温度的数据，使计算得到简化。但若计算如时选用式 (14-2-20)，因式中有壁温下的黏度 μ_w 项，请分析计算步骤要作哪些变动？这两种计算方法，你认为哪一种比较合理？为什么？(8) 如果换热器是蒸汽加热空气，一般情况下，蒸汽在管内，这样，换热器的传热量是否应考虑热损失？(9) 若管表面 k_s 取 0.01mm，则 Δp 为 0.074×10^5Pa，增加 5.5%，没有超过要求。由于换热器的流动阻力还比较小，这说明管流速尚可适当提高。(10) 如果换热器的传热性能都符合要求，但流动阻力太大，超过了工程要求，应修改哪一项设计参数才能有效降低流阻？(11) 试用软件编程，引入工质物性参数软件，重新计算上述例题，并分析比较上述讨论中提出的问题。

16.2.2　传热单元法（ε-*NTU* 法）

换热器计算中的效能—传热单元数法，ε-*NTU* 法，简称 *NTU* 法。

效能 ε 定义：换热器的实际传热量与最大可能的传热量 Φ_{max} 之比。

(1) 实际传热量：热流体释放或冷流体获得的热量，由热容量 Mc 和进出口温度差求得，即

$$\Phi=M_1c_1(t'_1-t''_1)=M_2c_2(t''_2-t'_2) \tag{16-2-1}$$

由热平衡，两流体中热容量 Mc 小的流体其进出口温度差就大，在 *NTU* 法中把 Mc 小的流体称为最小热容量流体 $(Mc)_{min}$。

(2) 最大可能的传热量：在换热器里可能利用的最大温度差就是冷热流体的进口温度差 $(t'_1-t'_2)$。按热平衡原理，理论上只有 $(Mc)_{min}$ 流体可能获得最大温升或温降（采用一个传热面积无限大的逆流式换热器，就可做到），故换热器的最大可能传热量应为

$$\Phi_{max}=(Mc)_{min}(t'_1-t'_2) \tag{16-2-2}$$

式中　$(Mc)_{min}$——热流体 M_1c_1 和冷流体 M_2c_2 中较小者。

如果冷流体 M_2c_2 较小，根据换热器效能的定义

$$\varepsilon=\frac{\Phi}{\Phi_{max}}=\frac{M_2c_2(t''_2-t'_2)}{M_2c_2(t'_1-t'_2)}=\frac{t''_2-t'_2}{t'_1-t'_2} \tag{16-2-3a}$$

如果热流体 M_1c_1 较小

$$\varepsilon=\frac{\Phi}{\Phi_{max}}=\frac{M_1c_1(t'_1-t''_1)}{M_1c_1(t'_1-t'_2)}=\frac{t'_1-t''_1}{t'_1-t'_2} \tag{16-2-3b}$$

可见效能 ε 就是小热容量流体的“进出口温度差”与“冷热流体进口温度差”之比。

ε 反映了换热器里“冷热流体进口温度差”的利用率。

换热器效能的大小与换热器的传热过程有关，现以顺流换热器为例推导它的关系式。推导中令冷流体的 M_2c_2 较小。在 16.2.1 节推导对数平均温差时曾经得出顺流情况下换热器两端温度差之比

$$\frac{\Delta t''}{\Delta t'}=\frac{t''_1-t''_2}{t'_1-t'_2}=\exp\left[-KA\left(\frac{1}{M_1c_1}+\frac{1}{M_2c_2}\right)\right] \tag{16-2-4}$$

又由式 (16-2-1) 热平衡关系

$$t''_1=t'_1-\frac{M_2c_2}{M_1c_1}(t''_2-t'_2) \tag{16-2-5}$$

将式（16-2-5）代入式（16-2-4），得

$$\frac{t'_1-\frac{M_2c_2}{M_1c_1}(t''_2-t'_2)-t''_2}{t'_1-t'_2}=\exp\left[-KA\left(\frac{1}{M_1c_1}+\frac{1}{M_2c_2}\right)\right]$$

经过整理可得

$$\frac{(t'_1-t'_2)-(t''_2-t'_2)-\frac{M_2c_2}{M_1c_1}(t''_2-t'_2)}{t'_1-t'_2}=\exp\left[-KA\left(\frac{1}{M_1c_1}+\frac{1}{M_2c_2}\right)\right]$$

在 M_2c_2 为小热容量流体的情况下，根据效能 ε 的定义式（16-2-3），得

$$1-\varepsilon-\frac{M_2c_2}{M_1c_1}\varepsilon=\exp\left[-KA\left(\frac{1}{M_1c_1}+\frac{1}{M_2c_2}\right)\right]$$

即

$$\varepsilon=\frac{1-\exp\left[-\frac{kA}{M_2c_2}\left(1+\frac{M_2c_2}{M_1c_1}\right)\right]}{1+\frac{M_2c_2}{M_1c_1}} \tag{16-2-6}$$

式（16-2-6）是以 M_2c_2 为小热容量导出的。如果 M_1c_1 小，推导过程一样，只是 M_1c_1 和 M_2c_2 互换一下位置。现采用大写 C 表示 Mc，$C_{\max}$ 及 $C_{\min}$ 分别表示大的和小的热容量。则 ε 在顺流时的通用表达式：

$$\varepsilon=\frac{1-\exp\left[-\frac{KA}{C_{\min}}\left(1+\frac{C_{\min}}{C_{\max}}\right)\right]}{1+\frac{C_{\min}}{C_{\max}}}=\frac{1-\exp\left[-NTU\left(1+\frac{C_{\min}}{C_{\max}}\right)\right]}{1+\frac{C_{\min}}{C_{\max}}} \tag{16-2-7}$$

式中　NTU——无量纲数 $\frac{KA}{C_{\min}}$，称为传热单元数（number of transfer units）。

同理，也可导出逆流时的 ε 表达式：

$$\varepsilon=\frac{1-\exp\left[-NTU\left(1-\frac{C_{\min}}{C_{\max}}\right)\right]}{1-\frac{C_{\min}}{C_{\max}}\exp\left[-NTU\left(1-\frac{C_{\min}}{C_{\max}}\right)\right]} \tag{16-2-8}$$

式（16-2-7）、（16-2-8）已标绘在以 ε 为纵坐标、NTU 为横坐标的图上，并以 $\frac{C_{\min}}{C_{\max}}$ 为参变量，如图 16-2-1 和图 16-2-2 所示。

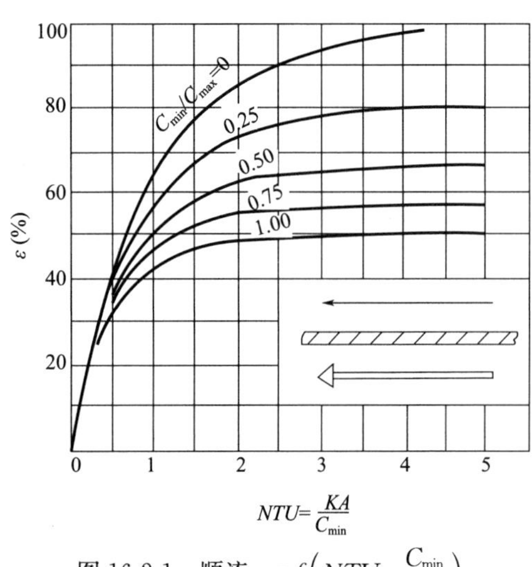

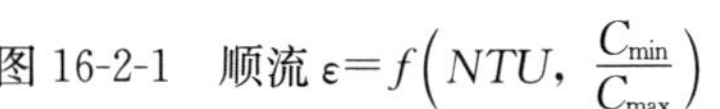

图 16-2-1　顺流 $\varepsilon=f\left(NTU,\ \frac{C_{\min}}{C_{\max}}\right)$

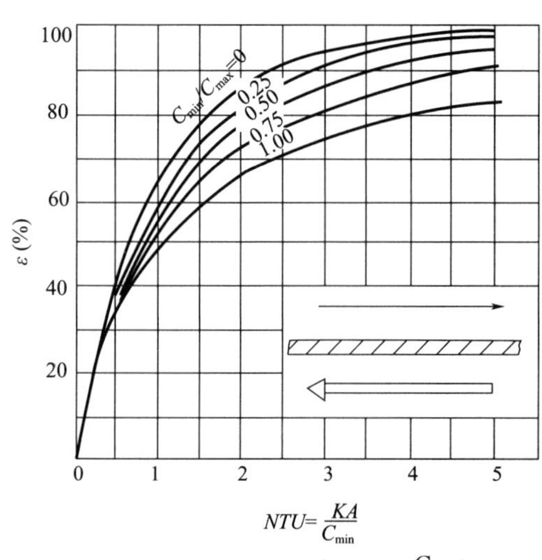

图 16-2-2　逆流 $\varepsilon=f\left(NTU,\ \frac{C_{\min}}{C_{\max}}\right)$

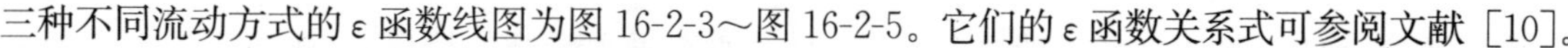

三种不同流动方式的 ε 函数线图为图 16-2-3～图 16-2-5。它们的 ε 函数关系式可参阅文献［10］。

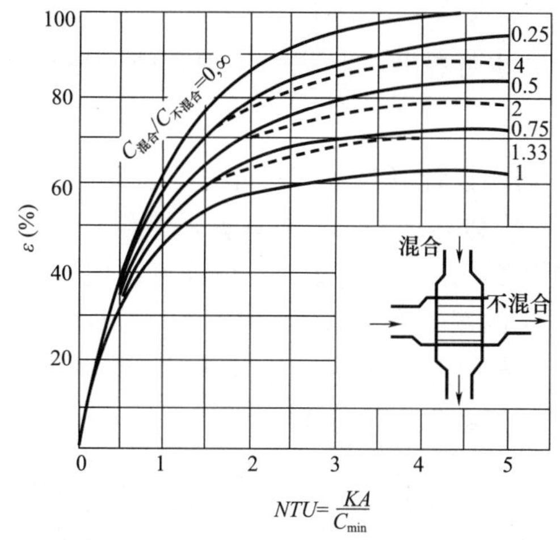

图 16-2-3　一次交叉流（一股流体混合，一股不混合）$\varepsilon=f\left(NTU,\ \frac{C_{混合}}{C_{不混合}}\right)$

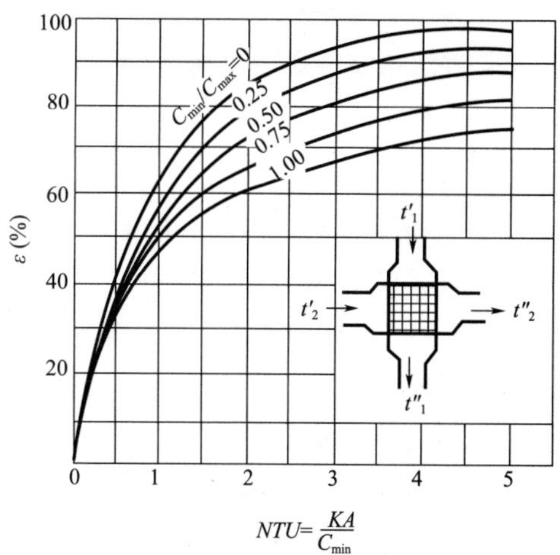

图 16-2-4　一次交叉流（两股流体都不混合）$\varepsilon=f\left(NTU,\ \frac{C_{\min}}{C_{\max}}\right)$

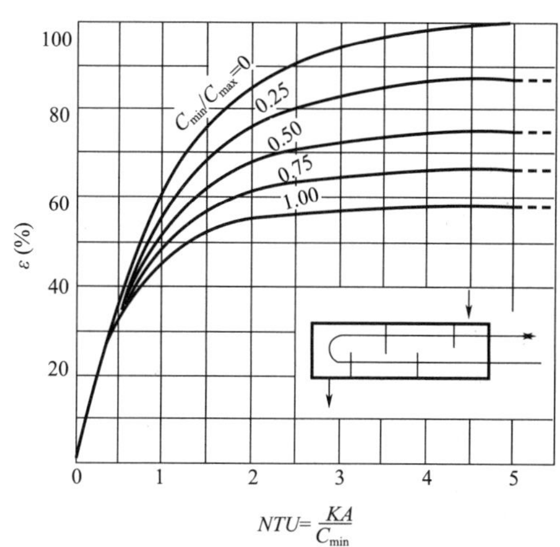

图 16-2-5　单壳程 2、4、6 管程 $\varepsilon=f\left(NTU,\ \frac{C_{\min}}{C_{\max}}\right)$

注意线图 16-2-3 的情况特殊一些，曲线的参变量不是$\frac{C_{\min}}{C_{\max}}$，而是采用$\frac{C_{混合}}{C_{不混合}}$。

根据 ε 与 NTU 的关系，在设计计算时，由已知的进出口温度计算 ε 值，再按 $C_{\min}/C_{\max}$ 比值由公式或线图求出 NTU 值，从而可得所需传热面积。在校核计算时，则由已知的面积和传热系数算出 NTU 值，再按 $C_{\min}/C_{\max}$ 比值由公式或线图得到 ε 值，从而计算出所需流体出口温度。

传热单元数 NTU 是表示换热器传热量大小的一个无量纲，$NTU=\frac{KA}{C_{\min}}=\frac{t'_1-t''_1}{\Delta t_{\mathrm{m}}}$，表示小热容量流体的温降或温升与传热温差的比值，传热温差越小，则传热单元数越大，要求传热系数 k 或传热面积 A 越大。从图 16-2-1 和图 16-2-2 可以看出，在一定的热容量下，NTU 增大，ε 值也增大，并趋于极限值，此极限值的大小与流动方式有关。对逆流而言，只要 NTU 不断增大，不论$\frac{C_{\min}}{C_{\max}}$为何值，ε 值的极限将趋于 1，而对顺流，极限值小于 1。这是因为顺流时，即使传热面积为无限大，$C_{\min}$ 流体的温度变化也不可能达到换热器中的最大温差，充其量是两流体达到相等的出口温度。例如，$\frac{C_{\min}}{C_{\max}}=1$ 时，顺流的 ε 极限值为 0.5，只有逆流的一半左右，所以，在一定 NTU 下，逆流 ε 的值总大于顺流。只有当$\frac{C_{min}}{C_{max}}=0$（即$C_{max} \gg C_{min}$时，如沸腾和凝结的情况），顺流、逆流以及其他所有流动方式ε值都相同，从式（16-2-7）、式（16-2-8）也可看出，当$\frac{C_{min}}{C_{max}}=0$时，两式都变为

$$\varepsilon=1-e^{-NTU} \tag{16-2-9}$$

综上所述，LMTD法和ε-*NTU*法均可用于换热器的设计计算或校核计算。设计计算通常给定的量是：M_1c_1、M_2c_2以及4个进出口温度中的3个，求传热面积；校核计算通常给定的量是：A、M_1c_1、M_2c_2、t'_1、t'_2，要求出口温度t''_1及t''_2或热量Φ，这两种方法的设计计算烦琐程度差不多。但采用LMTD法可从求出的温差修正系数$\varepsilon_{\Delta t}$看出选用的流动形式与逆流相比的差距，有助于流动形式的改进与选择，这是ε-*NTU*法做不到的。对于校核计算，虽两法皆需试算传热系数，但由于LMTD法需反复进行对数计算，比ε-*NTU*法稍烦琐一些。当传热系数已知时，由ε-*NTU*法可直接求得结果，要比LMTD法方便。

【例16-3】用ε-*NTU*法求蒸汽—空气加热器出口温度和传热量，空气质量流量$M_2=8.4$kg/s，$t'_2=2$℃，其面积$A=52.9\text{m}^2$，蒸汽为3×10^5Pa绝对压强干饱和蒸汽，传热系数$K=40\text{W}/(\text{m}^2\cdot\text{K})$。

【解】由于不知道空气的出口温度，C_{min}为未知，则*NTU*无法计算，为此须先设定出口温度，确定比热容c_2，再进行计算，最后校核。现设$t''_2<100$℃，则空气平均温度不会超过50℃，此时空气比热容$c_2=1005\text{J}/(\text{kg}\cdot\text{K})$，则

$$NTU=\frac{KA}{C_{min}}=\frac{40\times52.9}{8.4\times1005}=0.251$$

对于凝结传热，$\frac{C_{min}}{C_{max}}=0$，故可由式（16-2-9）求ε值

$$\varepsilon=1-e^{-NTU}=1-e^{-0.251}=0.222$$

蒸汽饱和温度$t_s=133.5$℃，由ε得

$$t''_2=\varepsilon(t'_1-t'_2)+t'_2=0.222\times(133.5-2)+2=31.2℃$$

传热量　　$\Phi=M_2c_2(t''_2-t'_2)=8.4\times1005\times(31.2-2)=2.465\times10^5\text{W}$

t''_2处于原设定的范围内，所用的c_2是合理的。

【讨论】因空气的比热容在常温0～60℃的范围内可认为是不变值，故本例不需要针对某一温度进行反复的设定—试算—校核计算，这对于一般空气加热器是较常见的情况。

【例16-4】一台卧式管壳式氨冷凝器，总传热面积为114m^2，冷却水质量流量$M_2=24$kg/s，管程数为8，冷却水进口温度$t'_2=28$℃，氨冷凝温度$t_s=38$℃，已知$K=900\text{W}/(\text{m}^2\cdot\text{K})$，用LMTD法及ε-*NTU*法求冷却水出口温度及冷凝传热量。

【解】（1）LMTD法

须先设定t''_2，试算后再校核。现设定$t''_2=34.4$℃，则

$$\Delta t_m=\frac{\Delta t'-\Delta t''}{\ln\frac{\Delta t'}{\Delta t''}}=\frac{(38-28)-(38-34.4)}{\ln\frac{38-28}{38-34.4}}=6.264℃$$

$$\Phi=KA\Delta t_m=900\times114\times6.264=6.43\times10^5\text{W}$$

校核：由t''_2设定值查物性表，$c_2=4174\text{J}/(\text{kg}\cdot\text{K})$

$$t''_2=\Phi/(M_2c_2)+t'_2=6.43\times10^5\div(24\times4174)+28=34.4℃$$

设定值与校核值一致。

（2）ε-*NTU*法

本例中水的热容量小，计算*NTU*需要物性c_2，设水的进出口平均温度处于30～35℃之间，则$c_2=4174\text{J}/(\text{kg}\cdot\text{K})$

$$NTU=\frac{KA}{C_{min}}=\frac{900\times114}{24\times4174}=1.024$$

$$\frac{C_{\min}}{C_{\max}}=0$$

$$\varepsilon=1-e^{-NTU}=1-e^{-1.024}=0.6409$$

$$t''_2=\varepsilon(t'_1-t'_2)+t'_2=0.6409\times(38-28)+28=34.4℃$$

（此温度下查物性表得出的 c_2 值与最初设定一致）。

$$\Phi=M_2c_2(t''_2-t'_2)=24\times4174\times(34.4-28)=6.41\times10^5\,\text{W}$$

【讨论】本例说明由于采用 LMTD 法计算时，须设定 t''_2，并进行校核，设定值与校核值间的误差不得超过允许范围，因此要进行多次重复计算。采用 ε-NTU 法计算，只需设定比热容，计算工作量少，比 LMTD 法简便。

【例 16-5】一肋片管式余热换热器，废气进口 $t'_1=300℃$，$t''_1=100℃$；水由 $t'_2=35℃$加热升至 $t''_2=125℃$，水的质量流量 $M_2=1\text{kg/s}$。废气比热容 $c_1=1000\text{J/(kg}\cdot\text{K)}$，以肋片侧面积为基准的传热系数 $K=100\text{W/(m}^2\cdot\text{K)}$，试用 LMTD 法及 ε-NTU 的传热面积。

【解】按题意，该换热器为两侧流体各自都不混合型。

（1）由 LMTD 法计算：为确定该换热器，由辅助量 P、R 值

$$P=\frac{t''_2-t'_2}{t'_1-t'_2}=\frac{125-35}{300-35}=0.34$$

$$R=\frac{t'_1-t''_1}{t''_2-t'_2}=\frac{300-100}{125-35}=2.22$$

用查图得，$\varepsilon_{\Delta t}=0.87$，逆流时

$$\Delta t_m=\frac{\Delta t'-\Delta t''}{\ln\frac{\Delta t'}{\Delta t''}}=\frac{(t'_1-t''_2)-(t''_1-t'_2)}{\ln\frac{t'_1-t''_2}{t''_1-t'_2}}=\frac{(300-125)-(100-35)}{\ln\frac{300-125}{100-35}}=111℃$$

水侧平均温度 $t_{2,m}=\frac{t'_2+t''_2}{2}=\frac{35+125}{2}=80℃$，由水的物性表可知，$c_2=4195\text{J/(kg}\cdot\text{K)}$

则
$$A=\frac{\Phi}{K\Delta t_m\varepsilon_{\Delta t}}=\frac{M_2c_2(t''_2-t'_2)}{K\Delta t_m\varepsilon_{\Delta t}}=1\times\frac{4195\times(125-35)}{100\times111\times0.87}=39.1\text{m}^2$$

（2）由 ε-NTU 法计算：水侧平均温度 $t_{2,m}=\frac{t'_2+t''_2}{2}=\frac{35+125}{2}=80℃$，查物性表可知 $c_2=4195\text{J/(kg}\cdot\text{K)}$。

$$M_2c_2=1\times4195=4195\text{W/K}$$

$$M_1c_1=M_2c_2\frac{t''_2-t'_2}{t'_1-t''_1}=4195\times\frac{125-35}{300-100}=1889\text{W/K}$$

即 $M_1c_1<M_2c_2$，故

$$\varepsilon=\frac{t'_1-t''_1}{t'_1-t'_2}=\frac{300-100}{300-35}=0.755$$

由
$$\frac{C_{\min}}{C_{\max}}=\frac{M_1c_1}{M_2c_2}=\frac{1889}{4195}=0.45$$

查图 16-2-4，得 $NTU=2.1$

$$A=\frac{NTU\cdot C_{\min}}{K}=\frac{2.1\times1889}{100}=39.7\text{m}^2$$

【讨论】本例为设计计算，没有试算过程，两法计算工作量一样。由于都要借助线图确定系数，计算结果会有一些偏差。

16.2.3　间壁式换热器计算的对数平均温差法

16.2.3.1　基本公式[6,11]

间壁式热质交换设备热工计算的基本公式为传热方程式和热平衡方程式。

1. 传热方程式

$$Q = KA\Delta t_m (W) \quad (16\text{-}2\text{-}10)$$

式中　Δt_m——换热器的平均温差，是整个换热面上冷热流体温差的平均值。

Δt_m 考虑冷热两流体沿传热面进行换热时，其温度沿流动方向不断变化，故温度差 Δt 也是不断变化的。它不能像计算房屋的墙体的热损失或热管道的热损失等时，都把其 Δt 作为一个定值来处理。换热器的平均温差的数值，与冷、热流体的相对流向及换热器的结构形式有关。

2. 热平衡方程式

$$Q = G_1 c_1 (t'_1 - t''_1) = G_2 c_2 (t''_2 - t'_2) \quad (16\text{-}2\text{-}11)$$

式中　G_1、G_2——热、冷流体的质量流量，kg/s；

c_1、c_2——热、冷流体的比热容，J/(kg·℃)；

t'_1、t'_2——热、冷流体的进口温度,℃；

t''_1、t''_2——热、冷流体的出口温度,℃；

$G_1 c_1$、$G_2 c_2$——热、冷流体的热容量，W/℃。

上面各项温度的角标意义为：1 是指热流体，2 是指冷流体；“ ′ ”指进口端温度，“″”指出口端温度。

换热器热工计算分为设计和校核计算，它们所依据的都是式（16-2-10)、式（16-2-11)。这其中，除 Δt_m 不是独立变量外，如将 KA 及 $G_1 c_1$、$G_2 c_2$ 作为组合变量，独立变量也达 8 个，它们是 4 个温度加上 Q、KA、$G_1 c_1$ 及 $G_2 c_2$。因此，在设计计算时需要设定变量，在校核计算时还要试凑。

16.2.3.2　对数平均温差法[2]

下面我们来考察一个简单而具有典型意义的套管式换热器的工作特点。参见图 16-2-6，热流体沿程放出热量，温度不断下降，冷流体沿程吸热而温度上升，且冷、热流体间的温差沿程是不断变化的。因此，当利用传热方程式来计算整个传热面上的热流量时，必须使用整个传热面积上的平均温差（又称平均温压)，记为 Δt_m。据此，传热方程式的一般形式应为如式（16-2-10）一样的形式。

现在来导出这种简单顺流及逆流换热器的平均温差计算式。图 16-2-7 表示出了顺流换热器中冷、热流体的温度沿换热面 A 的变化情况：热流体从进口处的 t'_1 下降到出口处的 t''_1，而冷流体则从进口处的 t'_2 上升到出口处的 t''_2。

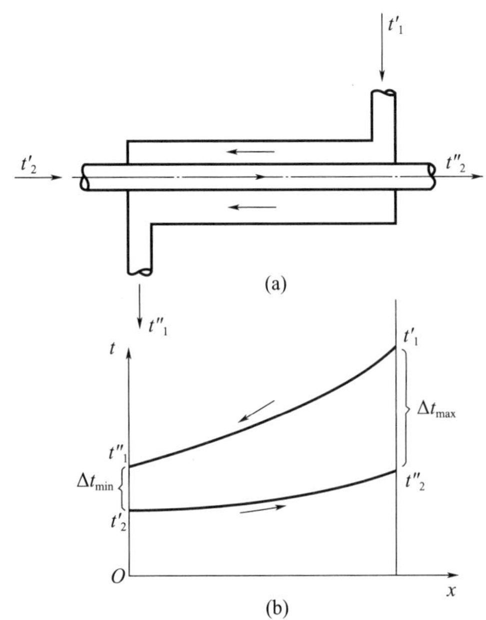

图 16-2-6　换热器中流体温度沿程变化示意图

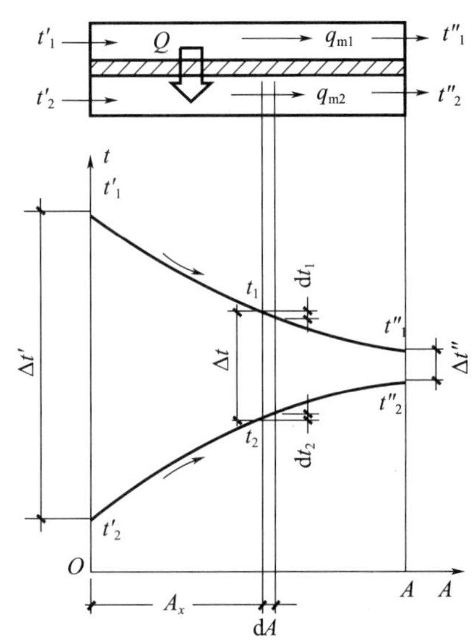

图 16-2-7　顺流时平均温差的推导

为了分析这一实际问题，我们需要对传热过程作以下假设：

(1) 冷、热流体的质量流量 G_2、G_1 及比热容 c_2、c_1 在整个换热面上都是常数；

(2) 传热系数在整个换热面上不变；

(3) 换热器无散热损失；

(4) 换热面沿流动方向的导热量可以忽略不计。

应当指出，除了部分换热面发生相变的换热器外，上述四条假设适用于大多数间壁式换热器。如果一种介质在换热器的一部分表面上发生相变，则在整个换热面上该流体的热容量为常数的假设将不再成立，此时无相变部分与有相变部分应分别计算。现在来研究通过图 16-2-7 中微元换热面 dA 一段的传热。在 dA 两侧，冷、热流体的温度分别为 t_2 及 t_1，温差为 Δt，通过推导与数学交换（此处略，具体可参考文献［2］）可得

$$\Delta t_m=\frac{\Delta t'}{\ln\frac{\Delta t''}{\Delta t'}}\left(\frac{\Delta t''}{\Delta t'}-1\right)=\frac{\Delta t'-\Delta t''}{\ln\frac{\Delta t'}{\Delta t''}} \tag{16-2-12}$$

由于计算式中出现了对数，故常把 Δt_m 称为对数平均温差，简称 LMTD (logarithmic mean temperature difference)。

简单逆流换热器中冷、热流体温度的沿程变化表示于图 16-2-8 中。对于 Δt_m，推导得到的结果与式（16-2-10）相同。不论顺流、逆流，对数平均温差可统一用以下计算式表示：

$$\Delta t_m=\frac{\Delta t_{max}-\Delta t_{min}}{\ln\frac{\Delta t_{max}}{\Delta t_{min}}} \tag{16-2-13}$$

式中　Δt_{max}——$\Delta t'$ 和 $\Delta t''$ 两者中较大者；

Δt_{min}——两者中较小者。

式（16-2-13）为确定平均温差 Δt_m 的基本计算式。

所谓算术平均温差是指 $(\Delta t_{max}+\Delta t_{min})/2$，它相当于假定冷、热流体的温度都是按直线变化时的平均温差。显然，其值总是大于相同进出口温度下的对数平均温差。只有当 $\Delta t_{max}/\Delta t_{min}$ 之值趋近于1时，两者的差别才不断缩小。例如，当 $\Delta t_{max}/\Delta t_{min}\leqslant 2$ 时，两者的差别小于 4%；而当 $\Delta t_{max}/\Delta t_{min}\leqslant 1.7$ 时，两者的差别即小于 2.3%。

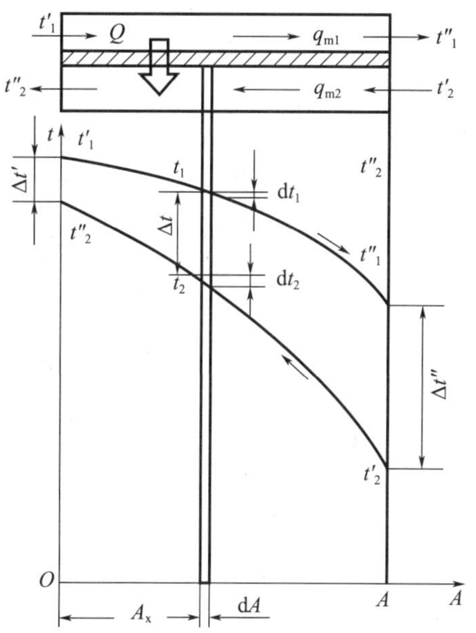

图 16-2-8　逆流时平均温差的推导

顺流及逆流时平均温差计算式的导出，为我们提供了利用传热学及高等数学的基础知识分析实际工程传热问题的又一个例子。对其他复杂布置时的平均温差，也可以采用类似方法来分析，只是数学推导更加复杂。文献［12-16］中有不少推导的介绍或推导结果的图线，可供参考。下面简要介绍几种复杂布置的平均温差计算方法。

对于上面所介绍的间壁式换热器的平均温差可以方便地按逆流或顺流布置的公式来计算，以下着重讨论壳管式换热器及交叉流式换热器的平均温差的计算方法。分析表明，对各种布置的壳管式及交叉流式换热器，其平均温差都可以采用以下公式来计算：

$$\Delta t_m=\psi(\Delta t_m)_{ctf} \tag{16-2-14}$$

式中　$(\Delta t_m)_{ctf}$——将给定的冷、热流体的进出口温度布置成逆流时的对数平均温差；

ψ——小于 1 的修正系数。

这样，复杂布置时平均温差的计算就归结为获得修正系数。关于不同流动布置下 ψ 的解析计算式可参见文献［12-15］。工程上为应用方便，已将它们绘制成图线。以下着重说明利用这些曲线时的注意事项。

（1）ψ 值取决于两个无量纲参数 P 及 R，其定义为

$$P=\frac{t''_2-t'_2}{t'_1-t'_2},\quad R=\frac{t'_1-t''_1}{t''_2-t'_2} \tag{16-2-15}$$

式中，下标 1，2 分别表示两种流体，上角标“$'$”及“$''$”则表示进口与出口。为记忆及教学的方便，对壳管式换热器下标 1、2 可分别看成为壳侧与管侧（图 16-2-9、图 16-2-10），而对交叉流换热器则可分别看成是热流体与冷流体或流体混合与不混合（图 16-2-11、图 16-2-12）。

（2）参数 R 具有两种流体热容量之比的物理意义 $\left(\frac{t'_1-t''_1}{t''_2-t'_2}=\frac{G_2c_2}{G_1c_1}\right)$。参数 P 的分母表示换热器中流体 2 理论上所能达到的最大温升，因而 P 的值代表该换热器中流体 2 的实际温升与理论上所能达到的最大温升之比。所以，R 的值可以大于或小于 1，但 P 的值必小于 1。

（3）对于壳管式换热器，查图时应注意流动的“程”数。所谓“程”，对壳侧流体是指所流经的壳体的个数；对管侧流体，“程”数减 1 是其流动的总体方向改变的次数，例如壳侧 2 程、管侧 4 程（简记为 2—4 型）表示壳侧流体流过 2 个壳体，而管侧流体 3 次改变其总体的流动方向。对于交叉流换热器要注意冷、热流体各自的混合情况。

（4）由图 16-2-9～图 16-2-12 可以看出，当 R 接近于 4 时 P 的值趋近于 $1/R$。此时 ψ 的值随 P 的变动发生剧烈的变化，难以准确地查取 ψ 值。在这种情况下可用 PR 和 $1/R$ 分别代表 P 及 R 查图。

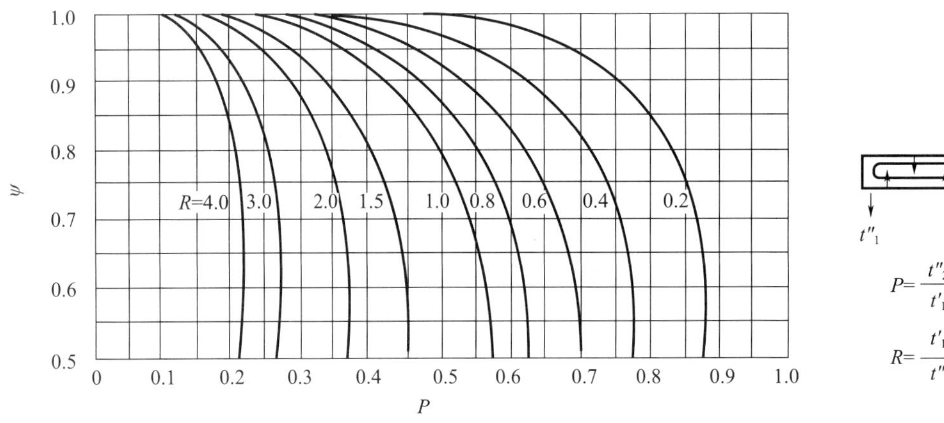

图 16-2-9　壳侧 1 程，管侧 2、4、6、8…程的 ψ 值

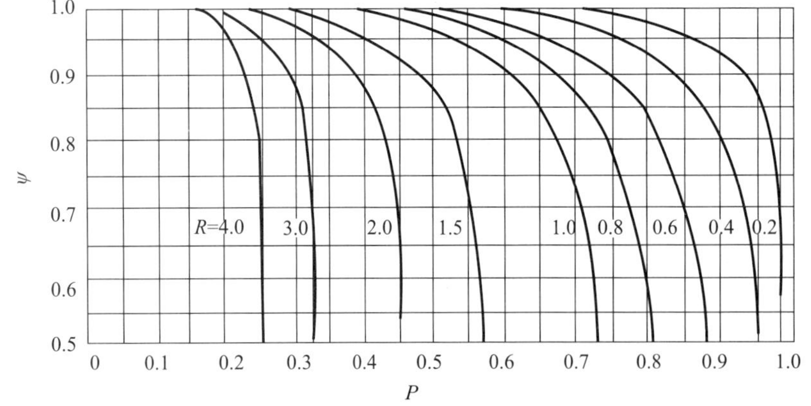

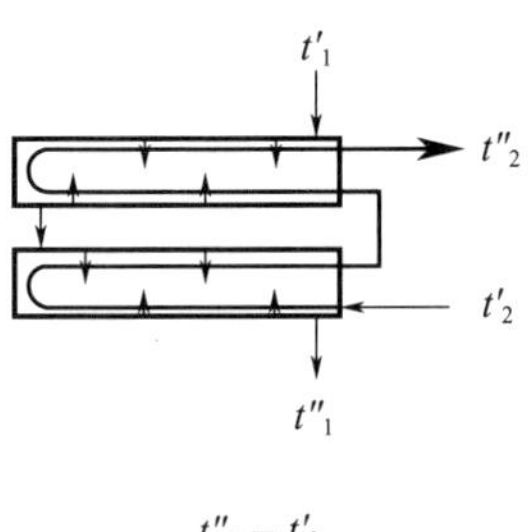

图 16-2-10　壳侧 2 程，管侧 2、4、6、8…程的 ψ 值

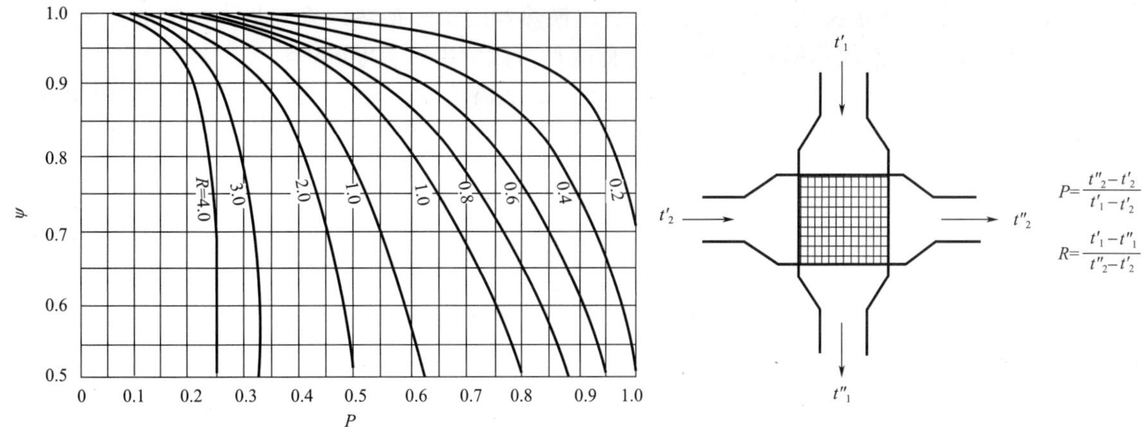

图 16-2-11　一次交叉流，两种流体各自不混合时的 ψ 值[14]

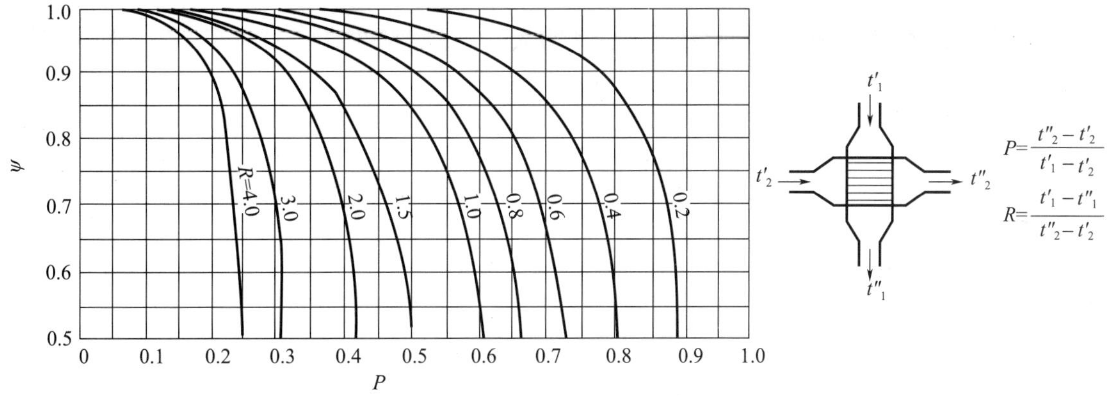

图 16-2-12　一次交叉流，一种流体混合（流体 1）、另一种流体不混合（流体 2）时的 ψ 值

16.2.4　间壁式换热器计算的效能—传热单元数法

一般分析中通过将方程式无因次化，可以大大减少方程中独立变量的数目，ε-NTU 法正是利用推导对数平均温差时得出的无因次化方程建立的一种间壁式换热器热工计算法。它定义了以下三个无因次量：

1. 热容比或称水当量比 C_r

$$C_r=\frac{(Gc)_{min}}{(Gc)_{max}} \tag{16-2-16}$$

2. 传热单元数 NTU

$$NTU=\frac{KA}{(Gc)_{min}} \tag{16-2-17}$$

3. 传热效能

$$\varepsilon=\begin{cases}\dfrac{t''_2-t'_2}{t'_1-t'_2} & (G_2c_2<G_1c_1\text{时})\\[2ex] \dfrac{t'_1-t''_1}{t'_1-t'_2} & (G_1c_1<G_2c_2\text{时})\end{cases} \tag{16-2-18}$$

通过上述定义，推导出了 ε-NTU 法[4-5]。

令换热器的效能 ε 按下式定义：

$$\varepsilon=\frac{(t'-t'')_{max}}{t'_1-t'_2} \tag{16-2-19}$$

式中，分母为流体在换热器中可能发生的最大温度差值，而分子则为冷流体或热流体在换热器中的实际温度差值中的大值。如果冷流体的温度变化大，则 $(t'-t'')_{max}=t''_2-t'_2$，反之则

$(t'-t'')_{max}=t'_1-t''_1$。从定义式可知，效能 ε 表示换热器的实际换热效果与最大可能的换热效果之比。已知 ε 后，换热器交换的热流量 Q 即可根据两种流体的进口温度确定：

$$Q=(Gc)_{min}(t'-t'')_{max}=\varepsilon\,(Gc)_{min}(t'_1-t'_2) \tag{16-2-20}$$

下面来揭示换热器的效能 ε 与哪些变量有关。

以顺流为例推导可得顺流换热器的效能 ε 为[4-5]

$$\varepsilon=\frac{1-\exp[-NTU(1+C_r)]}{1+C_r} \tag{16-2-21}$$

类似的推导可得逆流换热器的效能 ε 为

$$\varepsilon=\frac{1-\exp[-NTU(1-C_r)]}{1-C_r\exp[-NTU(1-C_r)]}\quad(C_r<1) \tag{16-2-22}$$

式（16-2-17）所定义的 NTU 称为传热单元数。它是换热器设计中的一个无量纲参数，在一定意义上可看成是换热器 KA 值大小的一种度量。传热效能 ε 也称为传热有效度，它表示换热器中的实际换热量与可能有的最大换热量的比值。

当冷、热流体之一发生相变，即$(Gc)_{max}$趋于无穷大时，式（16-2-21）、式（16-2-22）均可简化成

$$\varepsilon=1-\exp(-NTU) \tag{16-2-23}$$

当冷、热流体的 Gc 的值（习惯上称为水当量）相等时，式（16-2-21）和式（16-2-22）分别简化成为

顺流

$$\varepsilon=\frac{1-\exp(-2NTU)}{2}\quad(C_r=1) \tag{16-2-24a}$$

逆流

$$\varepsilon=\frac{NTU}{1+NTU}\quad(C_r=1) \tag{16-2-24b}$$

更广泛地，对于不同形式的换热器，传热效能 ε 统一汇总在表 16-2-1[14]。

表 16-2-1　各种不同形式换热器的传热效能

换热器类型		关系式	
同心套管式	顺流	$\varepsilon=\frac{1-\exp[-NTU(1+C_r)]}{1+C_r}$	(16-2-21)
	逆流	$\varepsilon=\frac{1-\exp[-NTU(1-C_r)]}{1-C_r\exp[-NTU(1-C_r)]}\quad(C_r<1)$	(16-2-22)
		$\varepsilon=\frac{NTU}{1+NTU}\quad(C_r=1)$	(16-2-24b)
套管式换热器单壳多管（管数为 2，4，6，……）		$\varepsilon=2\left\{1+C_r+(1+C_r^2)^{1/2}\times\frac{1+\exp[-NTU(1+C_r^2)]^{1/2}}{1-\exp[-NTU(1+C_r^2)]^{1/2}}\right\}^{-1}$	(16-2-25)
n 壳多管（管数为 $2n$，$4n$，……）		$\varepsilon=\left[\left(\frac{1-\varepsilon_1C_r}{1-\varepsilon_1}\right)^n-1\right]\left[\left(\frac{1-\varepsilon_1C_r}{1-\varepsilon_1}\right)^n-C_r\right]^{-1}$	(16-2-26)
叉流（单通）	两种流体均不混流	$\varepsilon=1-\exp\left[\left(\frac{1}{C_r}\right)(NTU)^{0.22}\{\exp[-C_r(NTU)^{0.78}]-1\}\right]$	(16-2-27a)
	$\begin{cases}C_{max}\text{（混流）}\\C_{min}\text{（不混流）}\end{cases}$	$\varepsilon=\left(\frac{1}{C_r}\right)(1-\exp\{-C_r[1-\exp(-NTU)]\})$	(16-2-27b)
	$\begin{cases}C_{max}\text{（混流）}\\C_{min}\text{（不混流）}\end{cases}$	$\varepsilon=1-\exp(-C_r^{-1}\{1-\exp[-C_r(NTU)]\})$	(16-2-27c)
所有的换热器（$C_r=0$）		$\varepsilon=1-\exp(-NTU)$	(16-2-23)

利用表 16-2-1 中的公式，可绘制 ε-NTU 和 C_r 的关系曲线，以方便使用，如图 16-2-13～图 16-2-18 所示。

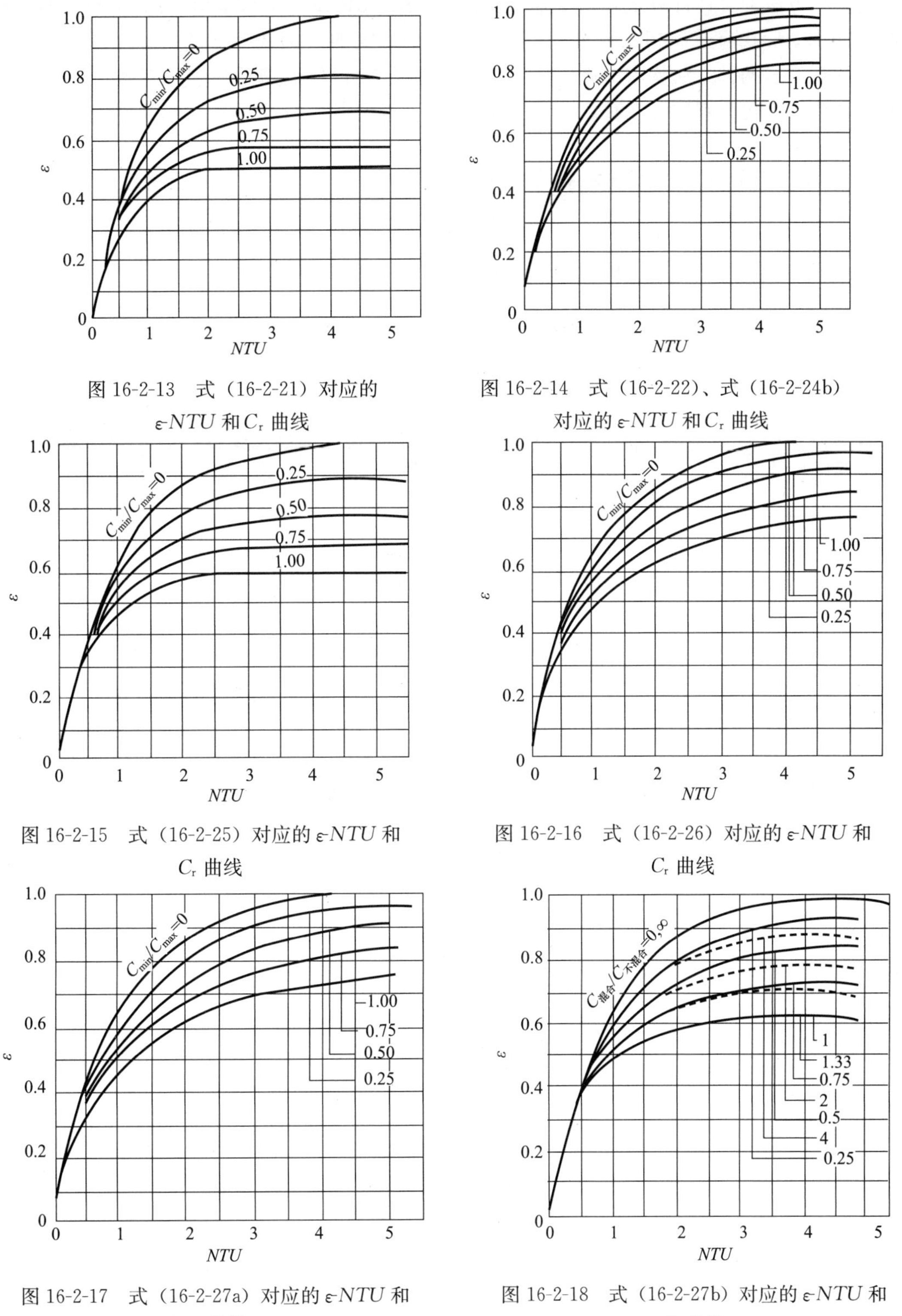

图 16-2-13　式（16-2-21）对应的 ε-NTU 和 C_r 曲线

图 16-2-14　式（16-2-22）、式（16-2-24b）对应的 ε-NTU 和 C_r 曲线

图 16-2-15　式（16-2-25）对应的 ε-NTU 和 C_r 曲线

图 16-2-16　式（16-2-26）对应的 ε-NTU 和 C_r 曲线

图 16-2-17　式（16-2-27a）对应的 ε-NTU 和 C_r 曲线

图 16-2-18　式（16-2-27b）对应的 ε-NTU 和 C_r 曲线

16.2.5　对数平均温差法与效能—传热单元数法的比较

对数平均温差法（LMTD 法）和效能一传热单元数法（ε-NTU 法）均可用于换热器的设计计算或校核计算。设计计算通常给定的量是：G_1C_1、G_2C_2 以及 4 个进出口温度中的 3 个，求传热面积；校核计算通常给定的量是：A、G_1C_1、G_2C_2、冷热流体的进口温度，求冷热流体的出口温度或

热量。这两种方法的设计计算烦琐程度差不多。但采用 LMTD 法可从求出的温差修正系数的大小，看出选用的流动形式与逆流相比的差距，有助于流动形式的改进选择，这是 ε-NTU 法做不到的。对于校核计算，虽两种方法均需试算传热系数，但由于 LMTD 法需反复进行对数计算，比 ε-NTU 法要麻烦一些。当传热系数已知时，由 ε-NTU 法可直接求得结果，要比 LMTD 法方便得多。

16.3 有相变间壁式换热器的热工计算

16.3.1 表面式冷却器的热工计算

表面式冷却器属于典型的间壁式热质交换设备的一种，其热工计算方法有多种。前面介绍的对数平均温差法和效能一传热单元数法，均可用于表冷器的热工计算。

16.3.1.1 表冷器处理空气时发生热质交换的特点

用表冷器处理空气时，与空气进行热质交换的介质不和空气直接接触，热质交换是通过表冷器管道的金属壁面来进行的。对于空气调节系统中常用的水冷式表冷器，空气与水的流动方式主要为逆交叉流，而当冷却器的排数达到 4 排以上时，又可将逆交叉流看成完全逆流。

当冷却器表面温度低于被处理空气的干球温度，但尚高于其露点温度时，则空气只被冷却而并不产生凝结水。这种过程称为等湿冷却过程或干冷过程（干工况）。

如果冷却器的表面温度低于空气的露点温度，则空气不但被冷却，而且其中所含水蒸气也将部分地凝结出来，并在冷却器的肋片管表面上形成水膜。这种过程称为减湿冷却过程或湿冷过程（湿工况）。在这个过程中，在水膜周围将形成一个饱和空气边界层，被处理空气与表冷器之间不但发生显热交换，而且也发生质交换和由此引起的潜热交换。

在减湿冷却过程中，紧靠冷却器表面形成的水膜处为湿空气的边界层，这时可认为与水膜相邻的饱和空气层的温度与冷却器表面上的水膜温度近似相等。因此，空气的主体部分与冷却器表面的热交换是由于空气的主流与凝结水膜之间的温差而产生，质交换则是由于空气主流与凝结水膜相邻的饱和空气层中的水蒸气分压力差（即含湿量差）而引起的。国内外大量的研究资料表明，在空气调节工程应用的表冷器中，热质交换规律符合路易斯关系式$\left(h_{\mathrm{md}}=\dfrac{h}{c_p}\right)$，这时推动总热交换的动力是焓差，而不是温差。即总换热量为

$$\mathrm{d}Q_{\mathrm{t}}=h_{\mathrm{md}}(i-i_{\mathrm{b}})\mathrm{d}A=\frac{h}{c_p}(i-i_{\mathrm{b}})\mathrm{d}A \tag{16-3-1}$$

由温差引起的换热量为

$$\mathrm{d}Q=h(t-t_{\mathrm{b}})\mathrm{d}A \tag{16-3-2}$$

现引入换热扩大系数 ξ 来表示由于存在湿交换而增大了的换热量

$$\xi=\frac{\mathrm{d}Q_{\mathrm{t}}}{\mathrm{d}Q}=\frac{(i-i_{\mathrm{b}})}{c_p(t-t_{\mathrm{b}})} \tag{16-3-3}$$

式（16-3-3）即为 ξ 的定义式。其值的大小直接反映了表冷器上凝结水析出的多少，因此，ξ 又称为析湿系数。显然，干工况的 $\xi=1$。

析湿系数是计算湿工况下表面换热器换热的一个重要参数，这里从基本的热质传递理论出发推导析湿系数 ξ 的理论表述式。

取冷表面的微元面积 $\mathrm{d}A$，设 $t_{1,2}$ 为湿空气进出冷却设备时的平均温度，h 为对流换热系数，则由温差而引起的显热传递为

$$\mathrm{d}Q=h\mathrm{d}A(t_{1,2}-t_{\mathrm{w}}) \tag{16-3-4}$$

由冷表面和湿空气之间水蒸气压差产生的质量传递而引起的潜热传热量为

$$dQ_q = h_{md} dA(d_{1,2} - d_w)(i_{1,2} - i_w) \quad (16\text{-}3\text{-}5)$$

式中　h_{md}——对流传质系数，kg/(m² · s)；

$d_{1,2}$——湿空气进出冷却设备的平均含湿量，kg/kg 干空气；

$i_{1,2}$——水蒸气的平均焓值，$i_{1,2} = r_0 + c_{pv} t_{1,2}$；

r_0——水的汽化潜热，$r_0 = 2501.6$kJ/kg；

c_{pv}——水蒸气的定压比热容，$c_{pv} = 1.86$kJ/(kg · ℃)；

i_w——冷表面温度对应的饱和水的焓值，$i_w = t_w c_w$；

c_w——水的比热容，$c_w = 4.186$kJ/(kg · ℃)。

因此，$dQ_q = (r_0 + t_{1,2} c_{pv} - t_w c_w) h_{md} dA(d_{1,2} - d_w)$。

根据路易斯关系式，知 h 和 h_{md} 存在如下关系

$$h_{md} = h / c_p \quad (16\text{-}3\text{-}6)$$

由以上各式可导出析水工况的析湿系数。

$$\xi_r = \frac{dQ + dQ_q}{dQ} = 1 + \frac{h_{md}(d_{1,2} - d_w)(r_0 + t_{1,2} c_{pv} - t_w c_w)}{h(t_{1,2} - t_w)}$$

$$= 1 + \frac{r_0 + t_{1,2} c_{pv} - t_w c_w}{c_p} \frac{d_{1,2} - d_w}{t_{1,2} - t_w} \quad (16\text{-}3\text{-}7)$$

16.3.1.2　表冷器的传热系数

影响表冷器处理空气效果的因素有许多，对其进行强化换热的一般途径和方法可参考传热学有关内容。当表冷器的传热面积和交换介质间的温差一定时，其热交换能力可归结于其传热系数的大小。所以，下面分析表冷器的传热系数问题。

前已述及，用肋片管制成的肋管式换热器在空调工程中得到了广泛的应用。由传热学知，对于既定结构的此类换热器，其传热系数为

$$K = \frac{1}{\dfrac{1}{h_w \eta} + \dfrac{\beta\delta}{\lambda} + \dfrac{\beta}{h_n}} \quad (16\text{-}3\text{-}8)$$

另外，由式（16-3-3）可得

$$i - i_b = \xi c_p (t - t_b) \quad (16\text{-}3\text{-}9)$$

将其代入式（16-3-1）有

$$dQ_t = h_w \xi (t - t_b) dA \quad (16\text{-}3\text{-}10)$$

式中　h_w——表冷器外表面的换热系数。

式（16-3-10）表明，当表冷器上出现凝结水时，可以认为其外表面的换热系数比干工况时增大了 ξ 倍。于是，此时表冷器的传热系数 K_s 的表达式可写成

$$K_s = \frac{1}{\dfrac{1}{h_w \eta \xi} + \dfrac{\beta\delta}{\lambda} + \dfrac{\beta}{h_n}} \quad (16\text{-}3\text{-}11)$$

式中　K_s——湿工况下表冷器的传热系数，W/(m² · ℃)。

因此，对于既定结构的表冷器，影响其传热系数的主要因素为其内、外表面的换热系数和析湿系数。

表冷器外表面的换热系数与空气的迎面风速 V_y 或质量流速 $v\rho$ 有关，当以水为传热介质时，内表面换热系数与水的流速 w 有关，析湿系数与被处理空气的（初）状态和管内水温有关。因此在实际工作中，通常通过测定，将表冷器的传热系数整理成以下形式的公式：

$$K_s = \left[\frac{1}{A V_y^m \xi^p} + \frac{1}{B w^n}\right]^{-1} \quad (16\text{-}3\text{-}12)$$

式中 V_y——被处理空气通过表冷器时的迎面风速，m/s；

w——水在表冷器管内的流速，m/s；

A、B——由实验得出的系数，无因次；

m、p、n——由实验得出的系数，无因次。

国产的一些表冷器的传热系数实验公式参见附录 16-4。

对于干工况，式（16-3-12）仍可使用，只不过要取 $\xi=1$。

16.3.1.3 表冷器的热工计算[17]

用表面式冷却器处理空气，依据计算的目的不同，可分为设计性计算和校核性计算两种类型。设计性计算多用于选择表冷器，以满足已知初、终参数的空气处理要求；校核性计算多用于检查已确定了型号的表冷器，将具有一定初参数的空气能处理到什么样的终参数。每种计算类型按已知条件和计算内容又可分为数种，表 16-3-1 是最常见的计算类型。

表 16-3-1 表面冷却器的热工计算类型

计算类型	已知条件	计算内容
设计性计算	空气量 G 空气初状态 t_1，i_1（t_{s1}…） 空气终状态 t_2，i_2（t_{s2}…）	冷却器型号、台数、排数（冷却面积 A），冷水初温 t_{w1}（或冷水量 W）和终温 t_{w2}（冷量 Q）
校核性计算	空气量 G 空气初参数 t_1，i_1（t_{s1}…） 冷却器型号、台数、排数（冷却面积 A） 冷水初温 t_{w1}、冷水量 W	空气终参数 t_2，i_2（t_{s2}…） 冷水终温 t_{w2}（冷量 Q）

前面介绍的常用于间壁式热质交换设备的对数平均温差法和效能一传热单元数法，均可用于表冷器的热工计算。在此，用效能一传热单元数法说明水冷式表冷器的设计计算步骤。由于实际工程中更多地使用热交换效率和接触系数的概念，所以在具体介绍表冷器的热工计算之前，首先介绍表冷器的热交换效率系数和接触系数，然后再介绍其计算原则和具体的计算步骤。

1. 表冷器的热交换效率

如图 16-3-1 所示，该系数的定义式为

$$\varepsilon_1=\frac{t_1-t_2}{t_1-t_{w1}} \tag{16-3-13}$$

式中 t_1——处理前空气的干球温度，℃；

t_2——处理后空气的干球温度，℃；

t_{w1}——冷水初温，℃。

式（16-3-13）同时考虑了空气和水的状态变化。其中 t_1-t_{w1} 表示了表冷器中可能发生的最大温差。将式（16-3-13）分子分母同时乘以空气的热容量有：

$$\varepsilon_1=\frac{Gc_p(t_1-t_2)}{Gc_p(t_1-t_{w1})}=\frac{\text{表冷器中的实际换热量}}{\text{表冷器中最大可能换热量}}$$

于是，ε_1 实质上就是前面讲的换热器的传热效能。

另外，在表冷器的某微元面上，由于存在温差，空气温度下降 $\mathrm{d}t$ 放出的热量为

$$\mathrm{d}Q=Gc_p\xi\mathrm{d}t \tag{16-3-14}$$

其中 ξ 为冷却过程中的平均析湿系数。当温差一定时，对于表冷器表面上有凝结水的湿工况而言，传热系数由 K 变为了 K_s。式（16-3-14）表明相当于空气的热容量增大了 ξ 倍。将此引入所表示的无因次量有：

热容比

$$C_r=\frac{(Gc)_{空气}}{(Gc)_{水}}=\frac{\xi Gc_p}{Wc} \tag{16-3-15}$$

传热单元数

$$NTU=\frac{K_sA}{(Gc)_{空气}}=\frac{AK_s}{\xi Gc_p} \tag{16-3-16}$$

式中　W——冷水量，kg/s。

由前边分析知，空调工程中所用的表冷器处理空气时，一般均可视为逆流流动，这时其热交换效率 ε_1 按逆流传热效能公式（16-2-22）可得为

$$\varepsilon_1=\frac{1-\exp[-NTU(1-C_r)]}{1-C_r\exp[-NTU(1-C_r)]}$$

对比以前的《空气调节》教材，如文献［17］，不难发现，它与热交换效率系数 ε_1 的表达式是完全一样的。

2. 表冷器的接触系数

同样如图 16-3-1，接触系数的定义式为

$$\varepsilon_2=\frac{t_1-t_2}{t_1-t_3} \tag{16-3-17}$$

式中　t_3——表冷器在理想条件下（接触时间非常充分）工作时，空气终状态的干球温度，℃。

ε_2 不像 ε_1，它只考虑空气的状态变化。它的物理意义是，空气在表冷器里的实际温降与理想温降的接近程度。

根据定义

$$\varepsilon_2=\frac{t_1-t_2}{t_1-t_3}=1-\frac{t_2-t_3}{t_1-t_3}$$

根据相似三角形对应边成比例得

$$\varepsilon_2=1-\frac{\overline{23}}{\overline{13}}=1-\frac{\overline{22'}}{\overline{11'}}=1-\frac{t_2-t_{s2}}{t_1-t_{s1}}$$

上式也可写成：

$$\varepsilon_2=\frac{i_1-i_2}{i_1-i_3}=1-\frac{i_2-i_3}{i_1-i_3} \tag{16-3-18}$$

如图 16-3-2 所示，在微元面积上由于存在热交换，空气放出的热量 $-G\mathrm{d}i$ 应该等于冷却器表面吸收的热量 $h_{md}(i-i_3)\mathrm{d}A$，即 $-G\mathrm{d}i=h_{md}(i-i_3)\mathrm{d}A$。

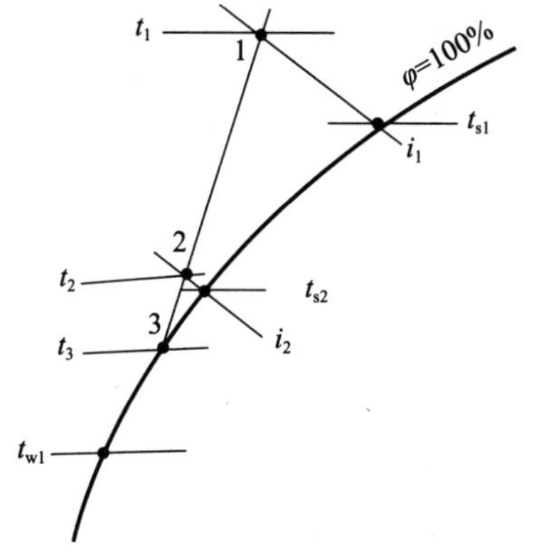

图 16-3-1　表冷器处理空气时的各个参数

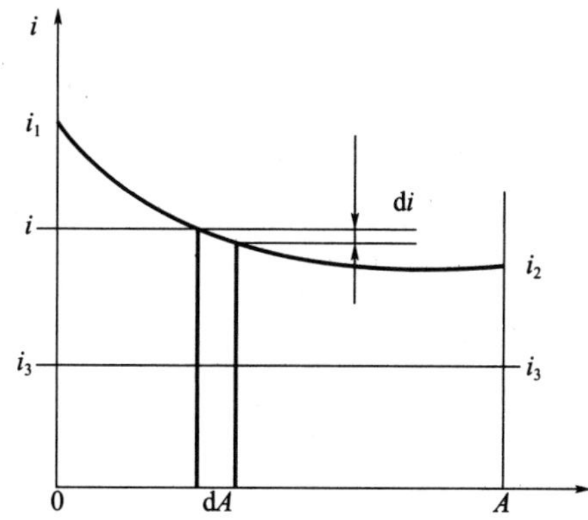

图 16-3-2　表冷器 ε_2 的推导示意图

将 $h_{md}=h_w/c_p$ 代入上式，经整理后可得：

$$\frac{\mathrm{d}i}{i-i_3}=-\frac{h_w}{Gc_p}\mathrm{d}A \tag{16-3-19}$$

在空气调节工程的范围内，可以假定冷却器的表面温度恒定为其平均值。因此可以认为 i_3 是一常数

将上式从 0 到 A 积分得：

$$\ln\left(\frac{i_2-i_3}{i_1-i_3}\right)=-\frac{h_w A}{Gc_p} \tag{16-3-20}$$

即
$$\frac{i_2-i_3}{i_1-i_3}=\exp\left(-\frac{h_w A}{Gc_p}\right) \tag{16-3-21}$$

所以
$$\varepsilon_2=1-\exp\left(-\frac{h_w A}{Gc_p}\right) \tag{16-3-22}$$

如果将 $G=A_y V_y \rho$ 代入上式，则

$$\varepsilon_2=1-\exp\left(-\frac{h_w A}{A_y V_y \rho c_p}\right) \tag{16-3-23}$$

通常将每排肋片管外表面面积与迎风面积之比称作肋通系数 a，那么

$$a=\frac{A}{NA_y} \tag{16-3-24}$$

式中　N——肋片管的排数。

将 a 值代入上式，则：

$$\varepsilon_2=1-\exp\left(-\frac{h_w aN}{V_y \rho c_p}\right) \tag{16-3-25}$$

由此可见，对于结构特性一定的表面冷却器来说，由于肋通系数是个定值，空气密度也可看成常数，而 h_w 一般是正比于 V_y^m 的。所以 ε_2 就成了 V_y 和 N 的函数，即：

$$\varepsilon_2=f(V_y,N) \tag{16-3-26}$$

而且 ε_2 将随冷却器排数的增加而变大，并随 V_y 的增加而变小。当 N 与 V_y 确定之后，如再能求得 h_w，就可用式（16-3-25）算出表面冷却器的 ε_2 值。此外，表面冷却器的 ε_2 值也可通过实测得到。

国产的一些表面冷却器的 ε_2 值可由附录 16-5 查得。

虽然增加排数和降低迎面风速都能增加表冷器的 ε_2 值，但是排数的增加也将使空气阻力增加。而排数过多时，后面几排还会因为冷水与空气之间温差过小而减弱传热作用，所以排数也不宜过多，一般多用 4～8 排。此外，迎面风速过低会引起冷却器尺寸和初投资的增加，过高除了会降低 ε_2 外，也将增加空气阻力，并且可能由空气把冷凝水带入送风系统而影响送风参数。比较合适的 V_y 值是 2～3m/s。

3. 表冷器热工计算的主要原则

进行表面冷却器热工计算的主要目的是要使所选择的表面冷却器能满足下列要求：

（1）该冷却器能达到的 ε_1 应该等于空气处理过程需要的 ε_1；

（2）该冷却器能达到的 ε_2 应该等于空气处理过程需要的 ε_2；

（3）该冷却器能吸收的热量应该等于空气放出的热量。

上面三个条件可以用下面三个方程式来表示

$$\varepsilon_1=\frac{t_1-t_2}{t_1-t_{w1}}=\frac{1-\exp[-NTU(1-C_r)]}{1-C_r\exp[-NTU(1-C_r)]}=f(V_y,w,\xi) \tag{16-3-27}$$

$$\varepsilon_2=1-\frac{t_2-t_{s2}}{t_1-t_{s1}}=1-\exp\left(-\frac{h_w A}{Gc_p}\right)=f(V_y,N) \tag{16-3-28}$$

$$Q=G(i_1-i_2)=Wc(t_{w2}-t_{w1}) \tag{16-3-29}$$

4. 表冷器的设计计算步骤

在进行设计计算时，一般是先根据给定的空气初、终参数计算需要的 ε_2，根据 ε_2 再确定冷却器的型号、台数与排数，然后就可以求出该冷却器能够达到的 ε_1。有了 ε_1 之后不难依下式确定冷水初温 t_{w1}

$$t_{w1}=t_1-\frac{t_1-t_2}{\varepsilon_1}\quad (℃) \tag{16-3-30}$$

如果在已知条件中给定了冷水初温 t_{w1}，则说明空气处理过程需要的 ε_1 已定，热工计算的目的就在于通过调整水流速 w（改变水量 W）或者调整迎面风速 V_y 和排数 N（改变传热系数 K_s 和传热面积 A）等办法，使所选择的冷却器能够达到空气处理过程需要的 ε_1。

附带说明，联立解三个方程式只能求出三个未知数。然而上述热平衡式（16-3-29）中实际上又包括 $Q=G(i_1-i_2)$ 和 $Q=Wc(t_{w2}-t_{w1})$ 两个方程。所以，解题时如需求出冷量 Q，即需要增加一个未知数时，则应联立解四个方程。这就是人们常说的表冷器计算方程组由四个方程组成的原因。

此外，由表 16-3-1 可知，无论是哪种计算类型，已知的参数都是 6 个，未知的参数都是 3 个（按四个方程计算时，未知参数是四个），进行计算时所用的方程数目与要求的未知数个数是一致的。如果已知参数给多了，即所用方程数目比要求的未知数多，就可能得出不正确的解；同理，如果使用的方程数目少于所求的未知数，也会得出不合理的解。关于这一点进行计算时必须注意。

【例 16-6】已知被处理的空气量 G 为 30000kg/h（8.33kg/s）；当地大气压力为 101325Pa；空气的初参数为 $t_1=25.6℃$、$i_1=50.9\text{kJ/kg}$、$t_{s1}=18℃$、$\varphi_1=47\%$。空气的终参数为 $t_2=11℃$、$i_2=30.7\text{kJ/kg}$、$t_{s2}=10.6℃$、$\varphi_2=95\%$。试选择 JW 型表面冷却器，并确定水温水量（JW 型表面冷却器的技术数据见附录 16-6）。

【解】

（1）计算需要的接触系数 ε_2，确定冷却器的排数如图所示，根据

$$\varepsilon_2=1-\frac{t_2-t_{s2}}{t_1-t_{s1}}$$

得
$$\varepsilon_2=1-\frac{11-10.6}{25.6-18}=0.947$$

根据附录 16-5 可知，在常用的 V_y 范围内，JW 型 8 排表面冷却器能满足 $\varepsilon_2=0.947$ 的要求，所以决定选用 8 排。

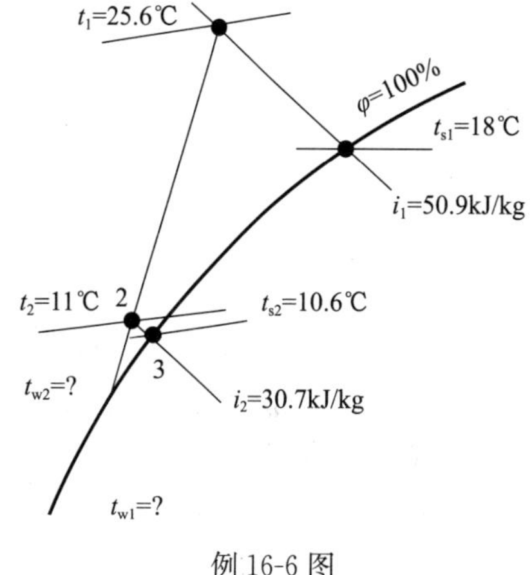

例 16-6 图

（2）确定表面冷却器的型号

先假定一个 V'_y，算出所需冷却器的迎风面积 A'_y，再根据 A_y 选择合适的冷却器型号及并联台数，并算出实际的 V_y 值。

假定 $V'_y=2.5\text{m/s}$，根据 $A'_y=\dfrac{G}{V'_y\rho}$，可得：$A'_y=\dfrac{8.33}{2.5\times1.2}=2.8\text{m}^2$

根据 $A'_y=2.8\text{m}^2$，查附录 16-6 可以选用 JW30-4 型表面冷却器一台，其 $A_y=2.57\text{m}^2$，所以实际的 V_y 为

$$V_y=\frac{G}{A_y\rho}=\frac{8.33}{2.57\times1.2}=2.7\text{m/s}$$

再查附录 16-5 可知，在 $V_y=2.7\text{m/s}$ 时，8 排 JW 型表面冷却器实际的 $\varepsilon_2=0.950$，与需要的 $\varepsilon_2=0.947$ 差别不大，故可继续计算。如果二者差别较大，则应改选别的型号的表面冷却器或在设计允许范围内调整空气的一个终参数，变成已知冷却面积及一个空气终参数求解另一个空气终参数的问题。

由附录 16-6 还可知道，所选表冷器的每排传热面积 $A_d=33.4\text{m}^2$，通水截面积 $A_w=0.00553\ \text{m}^2$。

（3）析湿系数

根据 $\xi=\dfrac{i_1-i_2}{c_p(t_1-t_2)}$ 得 $\xi=\dfrac{50.9-30.7}{1.01\times(25.6-11)}=1.37$

（4）传热系数

由于题中未给出水初温或水量，缺少一个已知条件，故采用假定水流速的办法补充一个已知

数。按表冷器管内经济流速考虑，一般应控制在0.6～1.8m/s。

假定水流速w=1.2m/s，根据附录16-4中的相应公式可计算出传热系数

$$K_s=\left[\frac{1}{35.5V_y^{0.58}\xi^{1.0}}+\frac{1}{353.6w^{0.8}}\right]^{-1}=\left[\frac{1}{35.5\times2.7^{0.58}\times1.37}+\frac{1}{353.6\times1.2^{0.8}}\right]^{-1}=71.42\text{W/(m}^2\cdot℃)$$

（5）求冷水量

根据$W=A_w w\times10^3$得：$W=0.00553\times1.2\times10^3=6.64$kg/s

（6）求表冷器能达到的ε_1

先求传热单元数及水当量比

根据式（16-3-16）得

$$NTU=\frac{71.42\times33.48}{1.37\times8.33\times1.01\times10^3}=1.66$$

根据式（16-3-15）得

$$C_r=\frac{1.37\times8.33\times1.01\times10^3}{6.64\times4.19\times10^3}=0.41$$

根据NTU和C_r值查图16-2-14或按式（16-2-22）计算可得$\varepsilon_1=0.74$

（7）求水温

由公式（16-3-30）可得冷水初温

$$t_{w1}=25.6-\frac{25.6-11}{0.74}=5.9℃$$

冷水终温

$$t_{w2}=t_{w1}+\frac{G(i_1-i_2)}{Wc}=5.9+\frac{8.33(50.9-30.7)}{6.64\times4.19}=11.9℃$$

（8）求空气阻力和水阻力

查附录16-4中JW型8排表冷器的阻力计算公式可得：

$$\Delta H_s=70.56V_y^{1.21}=70.56\times2.7^{1.21}=235\text{Pa}$$

$$\Delta h=20.19w^{1.93}=20.19\times1.2^{1.93}=28.6\text{kPa}$$

5. 表冷器的校核计算[17]

表冷器的校核计算也要满足同其设计计算一样的三个条件，即要满足式（16-3-27）～（16-3-29）。对于校核计算，由于在空气终参数未求出之前，尚不知道过程的析湿系数ξ，因此为了求解空气终参数和水终温，需要增加辅助方程，使解题程序变得更为复杂。在这种情况下倒不如采用试算法更为方便，具体做法将通过下面例题说明。

【例16-7】已知被处理的空气量为16000kg/h（4.44kg/s）；当地大气压力为101325Pa；空气的初参数为：t_1=25℃、i_1=59.1kJ/kg、t_{s1}=20.5℃；冷水量为W=23500kg/h（6.53kg/s）、冷水初温为t_{w1}=5℃。试求用JW20-4型6排冷却器处理空气所能达到的终状态和水终温。

【解】如题图所示。

（1）求冷却器迎面风速V_y及水流速w

由附录16-6知JW20-4型表面冷却器迎风面积A_y=1.87m²，每排散热面积A_d=24.05m²，通水断面A_w=0.00407m²，所以

$$V_y=\frac{G}{A_y\rho}=\frac{4.44}{1.87\times1.2}=1.98\text{m/s}$$

$$w=\frac{W}{A_w\times10^3}=\frac{6.53}{0.00407\times10^3}=1.6\text{m/s}$$

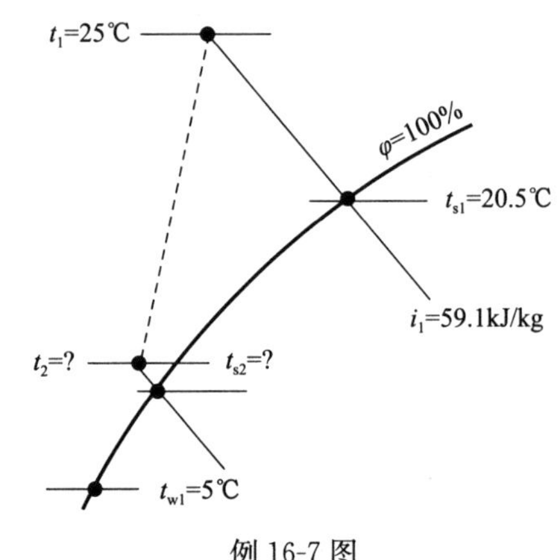

例16-7图

(2) 求冷却器可提供的 ε_2

根据附录 16-5，当 $V_y=1.98\text{m/s}$、$N=6$ 排时，$\varepsilon_2=0.911$

(3) 假定 t_2 确定空气终状态

先假定 $t_2=10.5$℃，[一般可按 $t_2=t_{w1}+(4\sim6)$ ℃假设]

根据 $t_{s2}=t_2-(t_1-t_{s1})(1-\varepsilon_2)$ 可得：$t_{s2}=10.5-(25-20.5)\times(1-0.911)=10.1$℃

查 i-d 图可知，当 $t_{s2}=10.1$℃，$i_{s2}=29.7\text{kJ/kg}$。

(4) 求析湿系数

根据 $\xi=\dfrac{i_1-i_2}{c_p(t_1-t_2)}$ 可得：

$$\xi=\frac{59.1-29.7}{1.01\times(25-10.5)}=2.01$$

(5) 求传热系数

根据附录 16-4，对于 JW 型 6 排冷却器

$$K_s=\left[\frac{1}{41.5V_y^{0.52}\xi^{1.02}}+\frac{1}{325.6w^{0.8}}\right]^{-1}$$

$$=\left[\frac{1}{41.5\times1.98^{0.52}\times2.01^{1.02}}+\frac{1}{325.6\times1.6^{0.8}}\right]^{-1}$$

$$=96.2\text{W/(m}^2\cdot℃)$$

(6) 求表面冷却器能达到的 ε'_1 值

传热单元数按式 (16-3-16) 求得：

$$NTU=\frac{96.2\times24.05\times6}{2.01\times4.44\times1.01\times10^3}=1.54$$

水当量比按式 (16-3-15) 求得：

$$C_r=\frac{2.01\times4.44\times1.01\times10^3}{6.53\times4.19\times10^3}=0.33$$

根据 NTU 和 C_r 值查图 16-2-14 或按式(16-2-8) 计算可得 $\varepsilon'_1=0.73$

(7) 求需要的 ε_1 并与上面得到的 ε'_1 比较

$$\varepsilon_1=\frac{t_1-t_2}{t_1-t_{w1}}=\frac{25-10.5}{25-5}=0.725$$

当 $|\varepsilon_1-\varepsilon'_1|\leqslant\delta$ (一般计算可取 $\delta=0.01$) 时，证明所设 $t_2=10.5$℃合适；如不合适，则应重设 t_2 再算。

于是，在本例题的条件下，得到空气终参数为：$t_2=10.5$℃、$t_{s2}=10.1$℃、$i_{s2}=29.7\text{kJ/kg}$。

(8) 求冷量及水终温

$$Q=4.44\times(59.1-29.7)=130.5\text{kW}$$

$$t_{w2}=5+\frac{4.44\times59.1-29.7)}{6.53\times4.19}=9.8℃$$

上面例题如用计算机解，可按图 16-3-3 所示的框图编制程序。

6. 关于安全系数的考虑

表冷器经长时间使用后，因外表面积灰、内表面结垢等因素影响，其传热系数会有所降低。为了保证在这种情况下表冷器的使用仍然安全可靠，在选择计算时应考虑一定的安全系数，具体地说可以加大传热面积。增加传热面积的做法有两种：一是在保证 V_y 的情况下增加排数；二是减少 V_y 增加 A，保持排数不变。但是，由于表

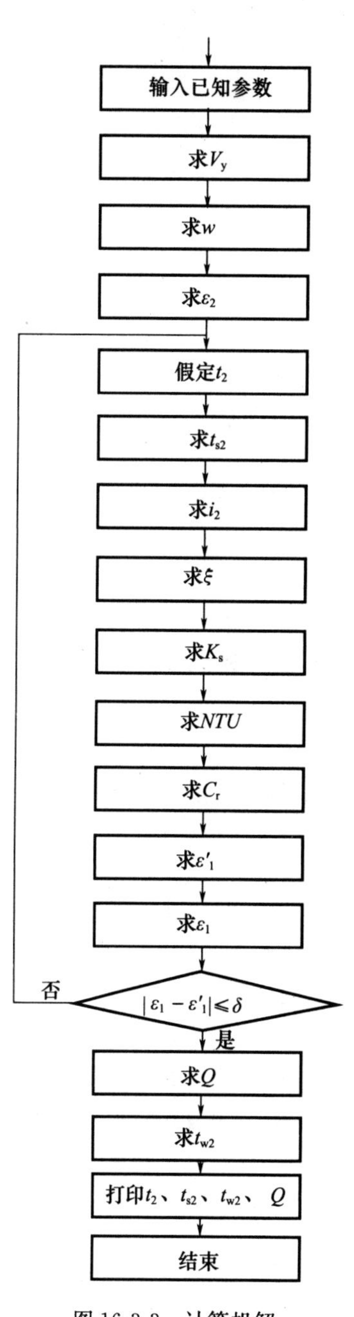

图 16-3-3　计算机解例 16-7 的框图

冷器的产品规格所限，往往不容易做到安全系数正好合适，或至少给选择计算工作带来麻烦（计算类型可能转化成校核性的）。因此，也可考虑在保持传热面积不变的情况下，用降低水初温 t_{w1} 的办法来满足安全系数的要求。比较起来，不用增加传热面积，而用降低一些水初温的办法来考虑安全系数，更要简单合理。

表面冷却器的阻力计算工程上是利用实验公式进行的。国产的部分水冷式表面冷却器的阻力计算公式见附录 16-4。不过当冷却器在湿工况下工作时，由于流通空气的有效截面被凝结水膜占去一部分，所以空气阻力比干工况时大，计算时应根据工况的不同，选用相应的阻力计算公式。

16.3.2 其他间壁式热质交换设备的热工计算

在建筑环境与能源应用工程专业领域里，除表面式冷却器外，还有大量的其他形式的间壁式热质交换设备，如加热器、冷凝器、蒸发器、散热器、省煤器、空气预热器等，它们的热工计算方法大同小异。选择加热器和散热器举例说明，其他的可举一反三，在此不再赘述。

空气加热器广泛应用于建筑物的供暖、通风和空调等工程中，其所用热媒可以是热水，也可以是蒸汽。下面对其热工计算做一概略介绍。

因为在空气加热器中只有显热交换，所以它的热工计算方法比较简单，只要让加热器供给的热量等于加热空气需要的热量即可。用对数平均温差法可以解决这个问题。

对于加热过程来说，由于冷、热流体在进、出口端的温差比值小于 2，可以用算术平均温差代替对数平均温差，不会引起很大误差。

对于以热水为热媒的空气加热器，式（16-3-11）也可用来求其传热系数。实际工程中，也可整理成式（16-3-12）的形式，不过要取 $\xi=1$。由于空气被加热时温度变化导致的密度变化较大，所以一般用质量流速 $v\rho$ 较之于迎面风速 V_y 更多，因此，实际工作中，传热系数又常整理成如下形式的公式：

$$K=A'(v\rho)^{m'}w^{n'} \quad [\mathrm{W/(m^2\cdot ℃)}] \tag{16-3-31}$$

对于以蒸汽为热媒的空气加热器，基本上可以不考虑蒸汽流速的影响，而将传热系数整理成

$$K=A''(v\rho)^{m''} \tag{16-3-32}$$

式中 $v\rho$——被处理空气通过加热器时的质量流速，$\mathrm{kg/(m^2\cdot s)}$；

A'、A''——由实验得出的系数，无因次；

m'、n'、m''——由实验得出的系数，无因次。

国产的部分空气加热器的传热系数实验公式和技术数据分别见附录 16-7 和附录 16-8。详细分析与选择计算的方法和步骤参见文献［4］。

【例 16-8】 需要将 40000kg/h 空气从 $t_1=5℃$ 加热到 $t_2=30℃$，热媒是工作压力为 3.04×10^8 Pa 的蒸汽，试选择合适的空气加热器。

【解】（1）选加热器型号

因为 $G=40000\mathrm{kg/h}=11.11\mathrm{kg/s}$，假定 $(v\rho)'=8\mathrm{kg/(m^2\cdot s)}$，则需要的加热器通风有效截面积为

$$f'=\frac{G}{(v\rho)'}=\frac{11.11}{8}=1.39\mathrm{m^2}$$

根据算得的值，查空气加热器技术数据（附录 16-8），可选 2 台 SRZ15×7X 型空气加热器并联，每台有效通风截面积为 $0.698\mathrm{m^2}$，散热面积为 $26.32\mathrm{m^2}$。

根据实际有效截面积可算出 $v\rho$ 为

$$v\rho=\frac{G}{f}=\frac{11.11}{2\times0.698}=7.96\mathrm{kg/(m^2\cdot s)}$$

（2）求加热器传热系数

由附录 16-7 查得 SRZ-7X 型加热器的传热系数经验公式为

$$K=15.1(v\rho)^{0.571} \quad [\mathrm{W/(m^2\cdot ℃)}]$$

所以
$$K=15.1\times7.96^{0.571}=49.4\text{W}/(\text{m}^2\cdot\text{℃})$$

(3) 计算加热器面积及台数

先计算需要的加热量

$$Q=Gc_p(t_2-t_1)=11.11\times1010\times(30-5)=280528\text{W}$$

因压力为 4.05×10^5Pa 时，水蒸气温度为 143℃，所以对数平均温差为

$$\Delta t_m=\frac{(t_{w2}-t_1)-(t_{w1}-t_2)}{\ln[(t_{w2}-t_1)/(t_{w1}-t_2)]}=\frac{(143-5)-(143-30)}{\ln[(143-5)/(143-30)]}=125.1\text{℃}$$

需要的加热面积 A 为

$$A=\frac{Q}{K\Delta t_m}=\frac{280528}{49.4\times125.1}=45.4\text{m}^2$$

需要的加热器串联（对空气）台数为

$$N=\frac{45.4}{2\times26.32}=0.86$$

所以，只需要 2 台加热器并联，总面积 A_2 为

$$A_2=2\times26.32=52.64\text{m}^2$$

(4) 检查安全系数

$$(A_2-A)/A=(52.64-45.4)/45.4=0.16$$

即安全系数为 1.16，说明所选加热器是合适的。

说明：如果安全系数不在推荐范围之内，应重新选择换热器型号。

这是对此类间壁式换热器理论分析与工程处理的一种做法。

16.4　混合式热质交换设备的热工计算

16.4.1　混合式热质交换设备

混合式热质交换设备最主要的特征是空气和水表面的直接接触，并进行热质交换。在建筑环境与能源应用工程领域中应用比较广泛的这类设备主要有喷淋室和冷却塔等。前者的主要目的是用水来处理空气，后者则主要是用空气来冷却水。处理对象虽然不同，但都是通过空气和水的直接接触进行热质交换来达到目的的。本节首先综合分析影响混合式设备热质交换的主要因素，然后以喷淋室和冷却塔为例，阐述混合式热质交换设备发生的热质交换的特点，最后详细给出喷淋室和冷却塔的热工计算方法，同时也简单介绍别的诸如加湿器、喷射泵等混合式热质交换设备的热工计算方法。

16.4.1.1　混合式热交换器的形式与结构

混合式热交换器是依靠冷、热流体直接接触而进行传热的，这种传热方式避免了传热间壁及其两侧的污垢热阻，只要流体间的接触情况良好，就有较大的传热速率。故凡允许流体相互混合的场合，都可以采用混合式热交换器，例如气体的洗涤与冷却、循环水的冷却、汽—水之间的混合加热、蒸汽的冷凝等。它的应用遍及化工和冶金企业、动力工程、建筑环境与能源应用工程以及其他许多生产部门中。

1. 混合式热交换器的种类

按照用途的不同，可将混合式热交换器分成以下几种不同的类型。

(1) 冷却塔（或称冷水塔）

在这种设备中，用自然通风或机械通风的方法，将生产中已经提高了温度的水进行冷却降温之后循环使用，以提高系统的经济效益。例如热力发电厂或核电站的循环水、合成氨生产中的冷却水等，经过水冷却塔降温之后再循环使用，这种方法在实际工程中得到了广泛的使用。

(2) 气体洗涤塔（或称洗涤塔）

在工业上用这种设备来洗涤气体有各种目的，例如用液体吸收气体混合物中的某些组分、除净气体中的灰尘、气体的增湿或干燥等。但其最广泛的用途是冷却气体，而冷却所用的液体以水居多。空调工程中广泛使用的喷淋室，可以认为是它的一种特殊形式。喷淋室不但可以像气体洗涤塔一样对空气进行冷却，而且还可对其进行加热处理。但是，它也有对水质要求高、占地面积大、水泵耗能多等缺点。所以，目前在一般建筑中，喷淋室已不常使用或仅作为加湿设备使用。但是，在以调节湿度为主要目的的纺织厂、卷烟厂等仍大量使用。

(3) 喷射式热交换器

在这种设备中，使压力较高的流体由喷管喷出，形成很高的速度，低压流体被引入混合室与射流直接接触进行传热传质，并一同进入扩散管，在扩散管的出口达到同一压力和温度后送给用户。

(4) 混合式冷凝器

这种设备一般是用水与蒸汽直接接触的方法使蒸汽冷凝，最后得到的是水与冷凝液的混合物。可以根据需要，或循环使用，或就地排放。

以上这些混合式热交换器的共同优点是结构简单，消耗材料少，接触面大，并因直接接触而有可能使得热量的利用比较完全。因此它的应用日渐广泛，对其传热传质机理的探讨和结构的改进等方面，也进行了较多的研究。但是应该说，混合热交换理论的研究水平，还远远不能与这类设备的广泛应用相适应。有关这类设备的热工计算问题的研究，还有大量工作可做。在这里，本节重点介绍喷淋室和冷却塔这两类混合式热交换器的类型与结构。

2. 喷淋室的类型和构造

(1) 喷淋室的构造

图 16-4-1 (a) 是应用比较广泛的单级、卧式、低速喷淋室，它由许多部件组成。前挡水板有挡住飞溅出来的水滴和使进风均匀流动的双重作用，因此有时也称它为均风板。被处理空气进入喷淋室后流经喷水管排，与喷嘴中喷出的水滴相接触进行热质交换，然后经后挡水板流走。后挡水板能将空气中夹带的水滴分离出来，防止水滴进入后面的系统。在喷淋室中通常设置 1～3 排喷嘴，最多 4 排喷嘴。喷水方向根据与空气流动方向相同与否分为顺喷、逆喷和对喷，从喷嘴喷出的水滴完成与空气的热质交换后，落入底池中。

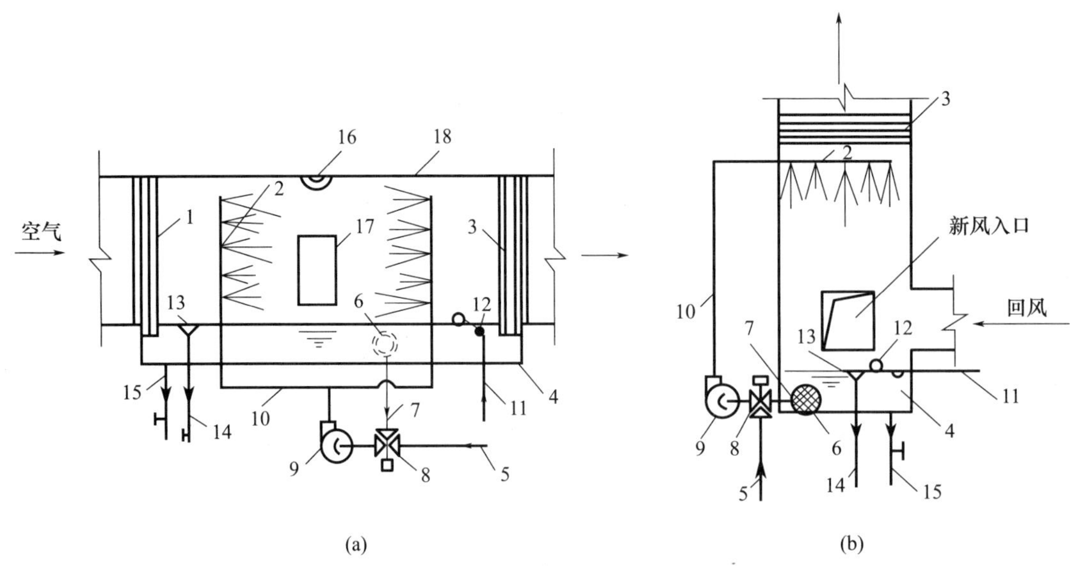

图 16-4-1 喷淋室的构造

1—前挡水板；2—喷嘴与排管；3—后挡水板；4—底池；5—冷水管；6—滤水器；7—循环水管；8—二通混合阀；9—水泵；10—供水管；11—补水管；12—浮球阀；13—溢水器；14—溢水管；15—泄水管；16—防水灯；17—检查门；18—外壳

底池和四种管道相通，它们是：

①循环水管：底池通过滤水器与循环水管相连，使落到底池的水能重复使用。滤水器的作用是清除水中杂物，以免喷嘴堵塞。

②溢水管：底池通过溢水器与溢水管相连，以排出水池中维持一定水位后多余的水，在溢水器的喇叭口上有水封罩可将喷淋室内、外空气隔绝，防止喷淋室内产生异味。

③补水管：当用循环水对空气进行绝热加湿时，底池中的水量将逐渐减少，由于泄漏等原因也可能引起水位降低。为了保持底池水面高度一定，且略低于溢水口，须设补水管并经浮球阀自动补水。

④泄水管：为了检修、清洗和防冻等目的，在底池的底部需设有泄水管，以便在需要泄水时，将池内的水全部泄至下水道。

为了观察和检修的方便，喷淋室还设有防水照明灯和密闭检查门。

喷嘴是喷淋室的最重要部件。我国曾广泛使用 Y-1 型离心喷嘴，此外，国内还有其他几种喷嘴，如 BTL-1 型、PY-1 型、FL 型、FKT 型等。由于使用 Y-1 型喷嘴的喷淋室实验数据较完整，故在后面本章的例题中仍加以引用。

挡水板是影响喷淋室处理空气效果的又一重要部件。它由多折的或波浪形的平行板组成。当夹带水滴的空气通过挡水板的曲折通道时，由于惯性作用，水滴就会与挡水板表面发生碰撞，并聚集在挡水板表面上形成水膜，然后沿挡水板下流到底池。

用镀锌钢板或玻璃钢条加工而成的多折形挡水板，由于其阻力较大、易损坏，现已较少使用。而用各种塑料板制成的波形和蛇形挡水板，阻力较小且挡水效果较好。

(2) 喷淋室的类型

喷淋室有卧式和立式、单级和双级、低速和高速之分。此外，在工程上还使用带旁通和带填料层的喷淋室。

如图 16-4-1 (b) 所示，立式喷淋室的特点是占地面积小，空气流动自下而上，喷水由上而下，因此空气与水的热湿交换效果更好，一般是在处理风量小或空调机房层高允许的地方采用。

双级喷淋室能够使水重复使用，因而水的温升大、水量小，在使空气得到较大焓降的同时节省了水量。因此，它更适宜于用在使用自然界冷水或空气焓降要求较大的地方，双级喷淋室的缺点是占地面积大，水系统复杂。

一般低速喷淋室内空气的流速为 2～3m/s，而高速喷淋室内空气流速更高。图 16-4-2 是美国 Carrier 公司的高速喷淋室，在其圆形断面内空气流速可高达 8～10m/s，挡水板在高速气流驱动下旋转，靠离心力作用排除所夹带的水滴。图 16-4-3 是瑞士 Luwa 公司的高速喷淋室，它的风速范围为 3.5～6.5m/s，其结构与低速喷淋室类似。为了减少空气阻力，它的均风板用流线型导流格栅代替，后挡水板为双波型。这种高速喷淋室已在我国纺织行业推广应用。

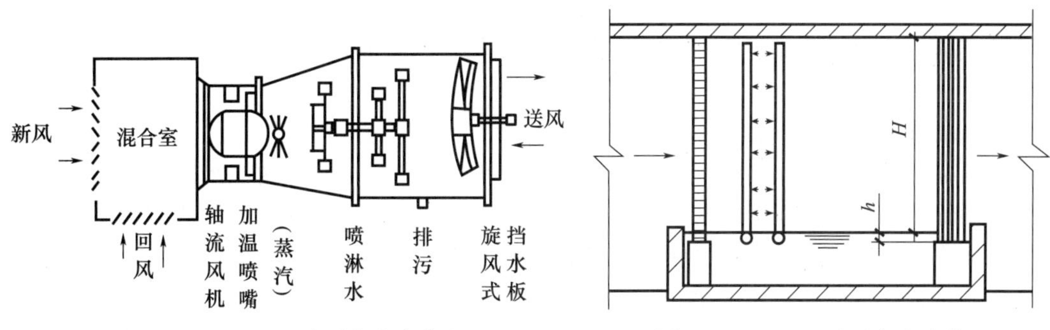

图 16-4-2　Carrier 公司高速喷淋室　　图 16-4-3　Luwa 公司高速喷淋室

带旁通的喷淋室是在喷淋室的上面或侧面增加一个旁通风道，它可使一部分空气不经过喷水处理而与经过喷水处理的空气混合，得到要求处理的空气终参数。

带填料层的喷淋室，是由分层布置的玻璃丝盒组成。在玻璃丝盒上均匀地喷水（见图 16-4-4），空气穿过玻璃丝层时与各玻璃丝表面上的水膜接触，进行热湿交换。这种喷淋室对空气的净化作用更好，它适用于空气加湿或蒸发式冷却，也可作为水的冷却装置。

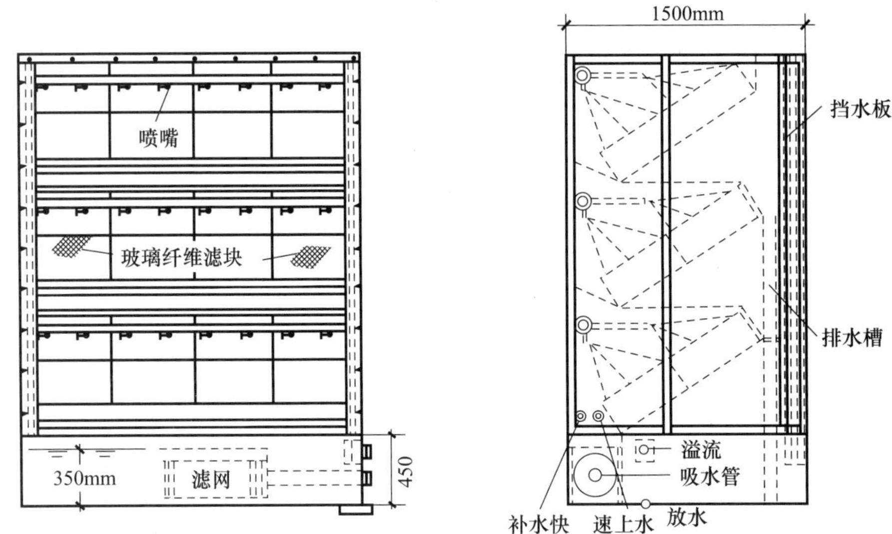

图 16-4-4　玻璃丝盒喷淋室

3. 冷却塔的类型和结构[18]

1）冷却塔的类型

冷却塔有很多种类，根据循环水在塔内是否与空气直接接触，可分成干式、湿式。干式冷却塔是把循环水通入安装于冷却塔中的散热器内被空气冷却，这种塔多用于水源奇缺而不允许水分散失或循环水有特殊污染的情况。湿式冷却塔则让水与空气直接接触，它是本节所要讨论的对象。

图 16-4-5 列出了湿式冷却塔的各种类型。在开放式冷却塔中，利用风力和空气的自然对流作用使空气进入冷却塔，其冷却效果要受到风力及风向的影响，水的散失比其他形式的冷却塔大。在风筒式自然通风冷却塔中，利用较大高度的风筒，形成空气的自然对流作用使空气流过塔内与水接触进行传热，其特点是冷却效果比较稳定。在机械通风冷却塔中，如图中的（c）是空气以鼓风机送入，而图中的（d）则显示的是以抽风机吸入的形式，所以机械通风冷却塔具有冷却效果好和稳定可靠的特点，它的淋水密度（指在单位时间内通过冷却塔的单位截面积的水量）可远高于自然通风冷却塔。

按照热质交换区段内水和空气流动方向的不同，还有逆流塔、横流塔之分，水和空气流动方向相反的为逆流塔，方向垂直交叉的为横流塔，如图 16-4-5（e）所示。

2）冷却塔的构造

各种形式的冷却塔，一般包括下面所述几个主要部分。这些部分的不同结构，可以构成不同形式的冷却塔。

（1）淋水装置

淋水装置又称填料，其作用在于将进塔的热水尽可能形成细小的水滴或水膜，增加水和空气的接触面积，延长接触时间，以增进水气之间的热质交换。在选用淋水装置的形式时，要求它能提供较大的接触面积并具有良好的亲水性能，制造简单而又经久耐用、安装检修方便、价格便宜等。

淋水装置可根据水在其中所呈现的现状分为点滴式、薄膜式及点滴薄膜式三种。

①点滴式。这种淋水装置通常用水平的或倾斜布置的三角形或矩形板条按一定间距排列而成，如图 16-4-6 所示。在这里，水滴下落过程中水滴表面的散热以及在板条上溅散而成的许多小水滴表面的散热占总散热量的 60%～75%，而沿板条形成的水膜的散热只占总散热量的 25%～30%。一般来说，减小板条之间的距离 S_1、S_2 可增大散热面积，但会增加空气阻力，减小溅散效果。通常

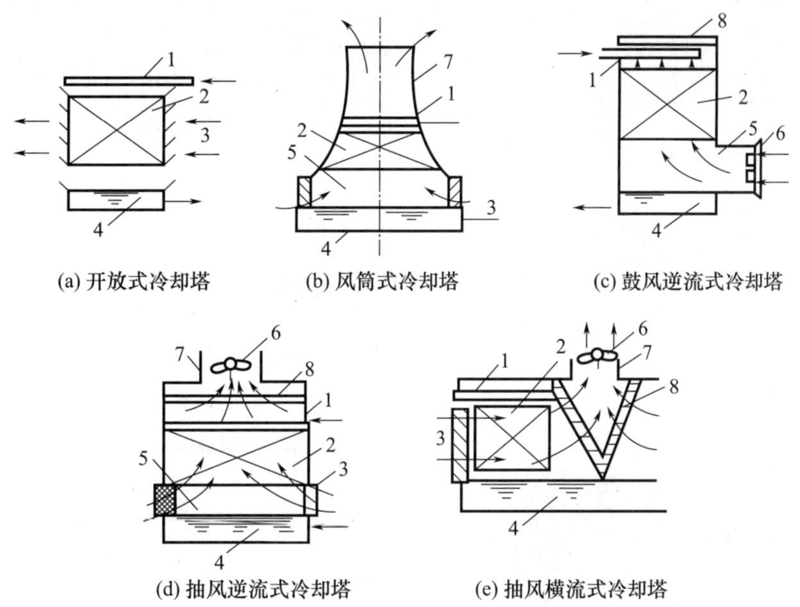
(a) 开放式冷却塔　(b) 风筒式冷却塔　(c) 鼓风逆流式冷却塔

(d) 抽风逆流式冷却塔　(e) 抽风横流式冷却塔

图 16-4-5　各式冷却塔示意图

1—配水系统；2—淋水装置；3—百叶窗；4—集水池；5—空气分配区；6—风机；7—风筒；8—收水器

取 S_1 为 150mm，S_2 为 300mm。风速的高低也对冷却效果产生影响，一般在点滴式机械通风冷却塔中可采用 1.3～2m/s，自然通风冷却塔中采用 0.5～1.5m/s。

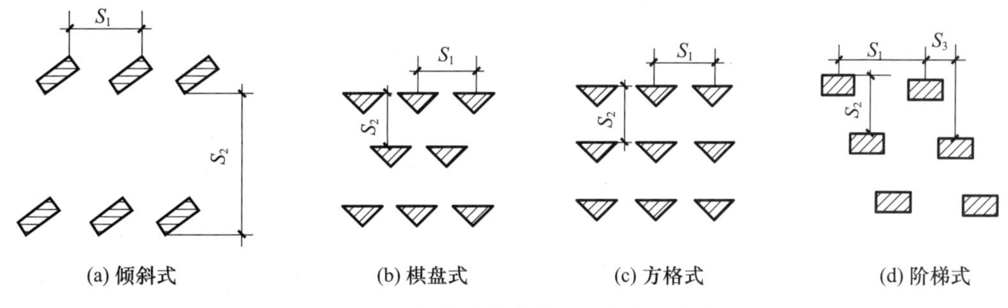

(a) 倾斜式　(b) 棋盘式　(c) 方格式　(d) 阶梯式

图 16-4-6　点滴式淋水装置板条布置方式

②薄膜式。这种淋水装置的特点是利用间隔很小的平膜板或凹凸形波板、网格形膜板所组成的多层空心体，使水沿其表面形成缓慢的水流，而冷空气则经多层空心体间的空隙，形成水气之间的接触面。水在其中的散热主要依靠表面水膜、格网间隙中的水滴表面和溅散而成的水滴的散热等三个部分，而水膜表面的散热居主要地位，图 16-4-7 中表示出了其中四种薄膜式淋水装置的结构。对于斜波交错填料，安装时可将斜波片正反叠置，水流在相邻两片的棱背接触点上均匀地向两边分散。其规格的表示方法为"波矩×波高×倾角－填料总高"，以"mm"为单位。蜂窝淋水填料是用浸渍绝缘纸制成毛坯在酚醛树脂溶液中浸胶烘干制成六角形管状蜂窝体构成，以多层连续放于支架上，交错排列而成。它的孔眼的大小以正六边形内切圆的直径 d 表示。其规格的表示方法为：d（直径），总高 H＝层数×每层高－层距，例如：$d20$，$H=12\times100-0=1200$mm。

③点滴薄膜式。铅丝水泥网格板是点滴油膜式淋水装置的一种（见图 16-4-8）。它是以 16～18 号铅丝作筋制成的 50mm×50mm×50mm 方格孔的网板，每层之间留有 50mm 左右的间隙，层层装设而成。热水以水滴形式淋洒下去，故称点滴薄膜式。其表示方法：G 层数×网孔－层距（mm）。例如 $G16\times50-50$。

（2）配水系统

配水系统的作用在于将热水均匀地分配到整个淋水面积上，从而使淋水装置发挥最大的冷却能

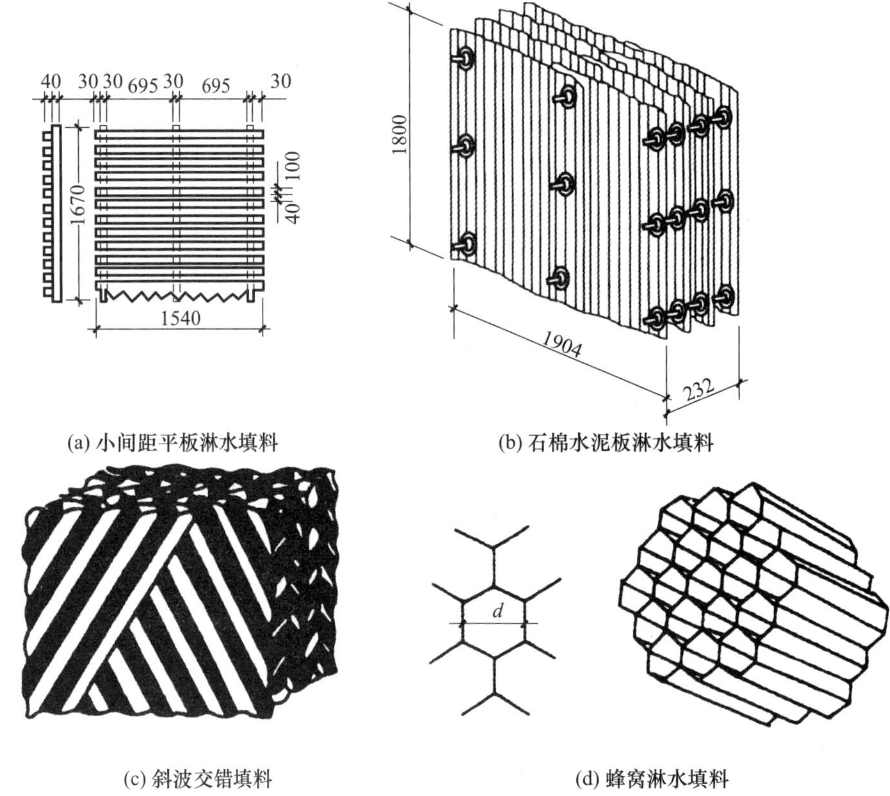

(a) 小间距平板淋水填料　(b) 石棉水泥板淋水填料

(c) 斜波交错填料　(d) 蜂窝淋水填料

图 16-4-7　薄膜式淋水装置的四种结构

力。常用的配水系统有槽式、管式和池式三种。

槽式配水系统通常由水槽、管嘴及溅水碟组成，热水从管嘴落到溅水碟上，溅成无数小水滴射向四周，以达到均匀布水的目的（见图 16-4-9）。

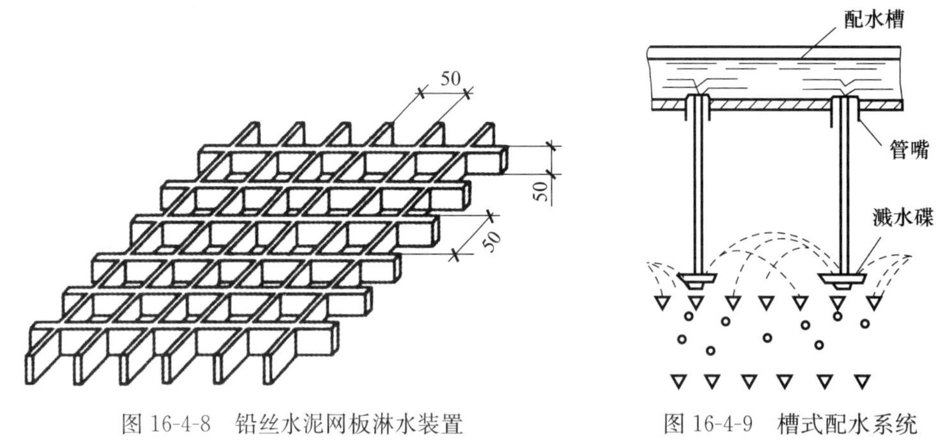

图 16-4-8　铅丝水泥网板淋水装置　图 16-4-9　槽式配水系统

管式配水系统的配水部分由干管、支管组成，它可采用不同的布水结构，只要布水均匀即可，图 16-4-10 所示为一种旋转布水管式的平面图。

池式配水系统的配水池建于淋水装置正上方，池底均匀地开有 4～10mm 孔门（或者装喷嘴、管嘴），池内水深一般不小于 100mm，以保证洒水均匀。其结构见图 16-4-11。

（3）通风筒

通风筒是冷却塔的外壳，气流的通道。自然通风冷却塔一般都很高，有的达 150m 以上。而机械通风冷却塔的风筒一般在 10m 左右。包括风机的进风口和上部的扩散筒，如图 16-4-12 所示。为了保证进、出风的平缓性和清除风筒口的涡流区，风筒的截面一般用圆锥形或抛物线形。

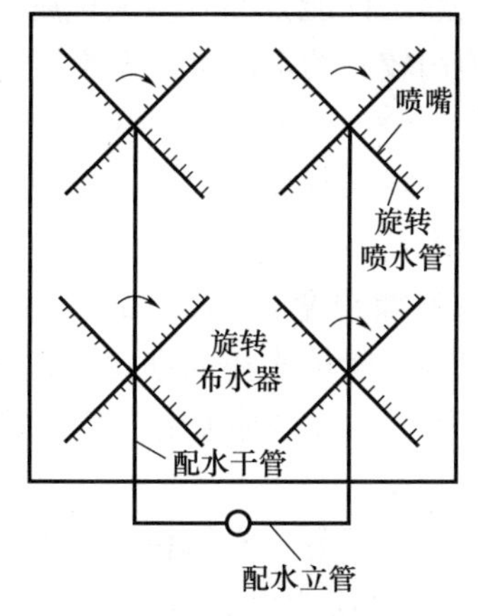

图 16-4-10　旋转布水的管式配水系统

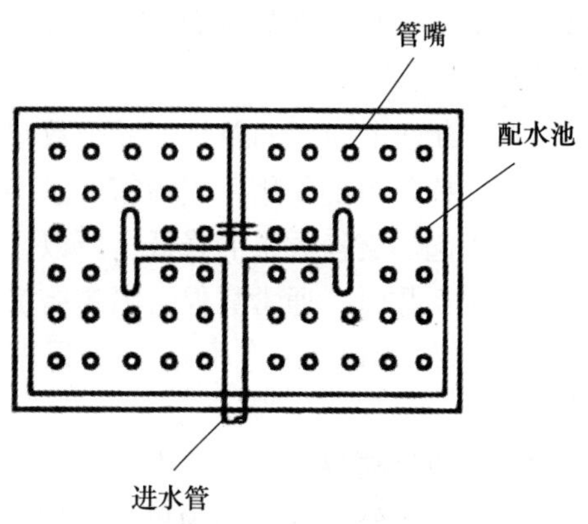

图 16-4-11　池式配水系统

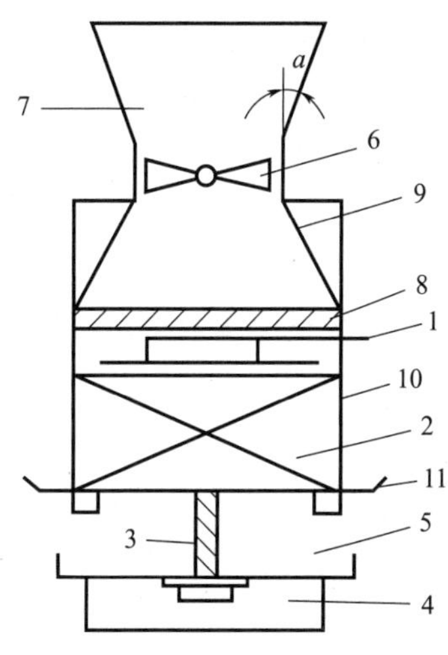

图 16-4-12　通风筒

1—布水器；2—填料；3—隔墙；4—集水池；5—进风口；6—风机；7—风筒；8—收水器；9—风伞；10—塔体；11—导风板

在机械通风冷却塔中，若鼓风机装在塔的下部区域，操作比较方便，这是由于它送的是较冷的干空气，而不像装在塔顶的抽风机那样是用于排除受热而潮湿的空气，因此鼓风机的工作条件较好。但是，采用鼓风机时，从冷却塔排出的空气流速仅有 1.5～2.0m/s，而且由于这种塔的高度不大，因此只要有微风吹过，就有可能将塔顶排出的热而潮湿的空气吹向下部，以致被风机吸入，造成热空气的局部循环，恶化了冷却效果。

16.4.1.2　*影响混合式设备热质交换的主要因素*

影响混合式设备热质交换的因素有很多，主要包括五个方面：①空气与水之间的焓差；②空气的流动状况；③水滴大小；④水气比；⑤设备的结构特性。前四个方面的影响因素在第 14 章中已论述，详见 14.7.3 节，这里仅讨论一下设备的结构特性对混合式设备热质交换的影响。

对于有填料的混合热质交换设备而言，如冷却塔，其结构特性主要是指填料的形式、填料的面积、形状以及填料的材料等。对于有填料的混合热质交换设备而言，如喷淋室，其结构特性主要是指喷嘴排数、喷嘴密度、排管间距、喷嘴形式、喷嘴孔径和喷水方向等，它们对喷淋室的热交换效果均有影响。当热质交换设备结构特性不同时，即使 $v\rho$ 及 μ 值完全相同，热质交换效果也将不同。下面简单分析一下喷淋室的结构特性对空气处理的影响。

（1）喷嘴排数

以各种减焓处理过程为例，实验证明单排喷嘴的热交换效果比双排的差，而三排喷嘴的热交换效果和双排的差不多。因此，三排喷嘴并不比双排喷嘴在热工性能方面有多大优越性，所以工程上多用双排喷嘴。只有当喷水系数较大，如用双排喷嘴，须用较高的水压时，才改用三排喷嘴。

（2）喷嘴密度

每 $1m^2$ 喷淋室断面上布置的单排喷嘴个数叫喷嘴密度。实验证明，喷嘴密度过大时，水苗互相叠加，不能充分发挥各自的作用。喷嘴密度过小时，则因水苗不能覆盖整个喷淋室断面，致使部分空气旁通而过，引起热交换效果的降低。所以，一般以取喷嘴密度 $n=13\sim24$ 个/(m^2 · 排）为宜。当需要较大的喷水系数时，通常靠保持喷嘴密度不变，提高喷嘴前水压的办法来解决。但是喷嘴前的水压也不宜大于 2.5atm（工作压力）。如果需要更大水压，则以增加喷嘴排数为宜。

（3）喷水方向

实验证明：在单排喷嘴的喷淋室中，逆喷比顺喷热交换效果好；在双排的喷淋室中，对喷比两排均逆喷效果更好。显然，这是因为单排逆喷和双排对喷时水苗能更好地覆盖喷淋室断面的缘故。如果采用三排喷嘴的喷淋室，则以应用一顺两逆的喷水方式为好。

（4）排管间距

实验证明，对于使用 Y-1 型喷嘴的喷淋室而言，无论是顺喷还是对喷，排管间距均可采用 600mm。加大排管间距对增加热交换效果并无益处。所以，从节约占地面积考虑，排管间距取 600mm 为宜。

（5）喷嘴孔径

实验证明，在其他条件相同时，喷嘴孔径小则喷出水滴细，增加了水与空气的接触面积，所以热交换效果好。但是，孔径小易堵塞，需要的喷嘴数量多而且对冷却干燥过程不利。所以，在实际工程中应优先采用孔径较大的喷嘴。

（6）空气与水的初参数

对于结构一定的喷淋室而言，空气与水的初参数决定了喷淋室内热湿交换推动力的方向和大小。因此，改变空气与水的初参数，可以导致不同的处理过程和结果。

16.4.1.3 混合式设备发生热质交换的特点

1. 喷淋室热质交换的特点

用喷淋室处理空气时，空气与经喷嘴喷出的水滴表面直接发生接触，这时，空气与水表面之间不但有热量交换，而且一般同时还有质量交换。根据喷水温度不同，二者之间可能仅有显热交换；也可能既有显热交换，又有质量交换引起的潜热交换，显热交换与潜热交换之和构成它们之间的总热交换。空气与水表面直接接触时发生的热质交换详见第 14 章第 7 节。其中讨论了发生在设备内部的空气与水直接接触时的空气状态变化过程（见图 14-7-7）。

在实际的喷淋室里，喷水量总是有限的，空气与水的接触时间也不可能很长，所以空气状态和水温都是不断变化的，而且空气的终状态也很难达到饱和。

在焓-温（i-d）图上，实际的空气状态变化过程并不是一条直线，而是曲线，同时该曲线的弯曲形状又和空气与水滴的相对运动方向有关系。前边 14.7.3 节已经分析了发生在设备内部空气与水直接接触时的变化过程（图 14-7-16），下面再讨论一下用喷淋室处理空气的实际变化过程。

假设水滴与空气的运动方向相同（顺流），因为空气总是先与具有初温 t_{w1} 的水相接触，而有小部分达到饱和，且温度等于 t'_w，如图 16-4-13（a）所示。这小部分空气与其余空气混合得到状态点 1，此时水温已升至 t'_w。然后具有 1 状态的空气与温度为 t'_w 的水滴相接触，又有一小部分达到饱和，其温度等于 t'_w。这部分空气再与其余空气混合得到状态 2，此时水温已升至 t'_w。如此继续下去，最后可得到一条表示空气状态变化过程的折线，点取得多时，便变成了曲线。在逆流的情况下，按同样的分析方法，可以看到曲线将向另一方向弯曲，如图 16-4-13（b）所示。

2. 冷却塔热质交换的特点

冷却塔是利用环境空气温度处理用于冷却制冷机组冷凝器的冷却循环水。冷却塔内水的降温主

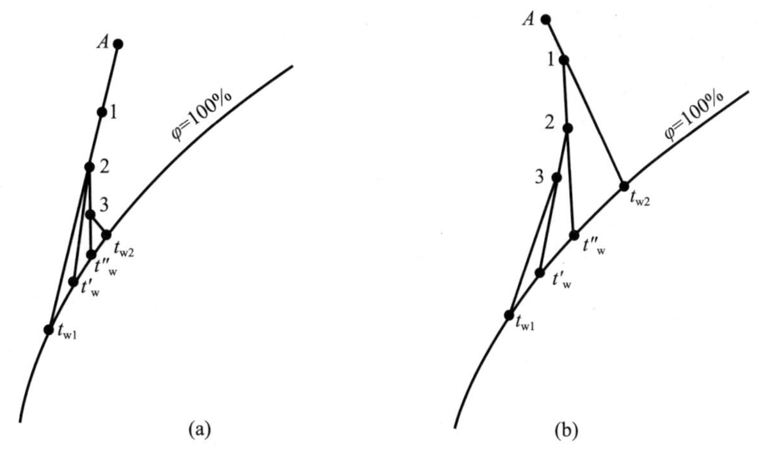

图 16-4-13　用喷淋室处理空气的实际过程

要是由于水的蒸发换热和气水之间的接触传热，因为冷却塔多为封闭形式，且水温与周围构件的温度都不是很高，故辐射传热量可不予考虑。

在冷却塔内，不论水温高于还是低于周围空气温度，总能进行水的蒸发，蒸发所消耗的热量 $Q_β$ 总是由水传给空气而水和空气温度不等导致的接触传热量化的热流方向可从空气流向水，也可从水流向空气，这要看两者的温度哪个高。在冷却塔中，一般空气量很大，空气温度变化较小。当水温高于气温时，蒸发散热和接触传热都向同一方向（即由水向空气）传热，因而由水放出的总热量为

$$Q=Q_β+Q_α \tag{16-4-1}$$

其结果是使水温下降。当水温下降到等于空气温度时，接触传热量 $Q_α=0$。这时 $Q=Q_β$。故蒸发散热仍在进行。而当水温继续下降到低于空气温度时，接触传热量化的热流方向从空气流向水，与蒸发散热的方向相反，于是由水放出的总热量为：

$$Q=Q_β-Q_α \tag{16-4-2}$$

如果 $Q_β>Q_α$，水温仍将下降。但是 $Q_β$ 逐渐减小，而 $Q_α$ 逐渐增加，于是当水温下降到某一程度时，由空气传向水的接触传热量等于由水传向空气的蒸发散热量，这时 $Q=Q_β-Q_α=0$。

从此开始，总传热量等于零，水温也不再下降，这时的水温为水的冷却极限。对于一般的水的冷却条件，此冷却极限与空气的湿球温度近似相等。因而湿球温度代表着在当地气温条件下，水可能冷却到的最低温度。水的出口温度越接近于湿球温度 t_s 时，所需冷却设备越庞大，故在生产中要求冷却后的水温比 t_s 高 3～5℃。

当然，在水温 $t=t_s$ 时，两种传热量之间的平衡具有动态平衡的特征，因为不论是水的蒸发或是水气间的接触传热都没有停止，只不过由接触传热传给水的热量全部都被消耗在水的蒸发上，这部分热量又由水蒸气重新带回到空气中。

从上述可见，蒸发冷却过程中伴随着物质交换，水可以被冷却到比用以冷却它的空气的最初温度还要低的程度，这是蒸发冷却所特有的性质。

关于水在塔内的接触面积，在薄膜式中，它取决于填料的表面积；而在点滴式淋水装置中，则取决于流体的自由表面积。然而具体确定比值是十分困难的，对于某种特定的淋水装置而言，一定量的淋水装置体积相应具有一定量的面积，称为淋水装置（填料）的比表面积，以 $α$（m^2/m^3）表示。因此实际计算中就不用接触面积而改用淋水装置（或填料）体积以及与体积相应的传质系数和换热系数了。

16.4.2　喷淋室的热工计算

16.4.2.1　喷淋室的热交换效率系数和接触系数

对于冷却干燥过程，空气的状态变化和水温变化如图 16-4-14 所示。在空气与水接触时，如果

热、湿交换充分，则具有状态1的空气量终可变到状态3。但是由于实际过程中热、湿交换不够充分，空气的终状态只能达到点2。进入喷淋室的水初温为 t_{w1}，因为水量有限，与空气接触之后水温将升高，在理想条件下，水终温也应达到点3，实际上水终温能达 t_{w2}。

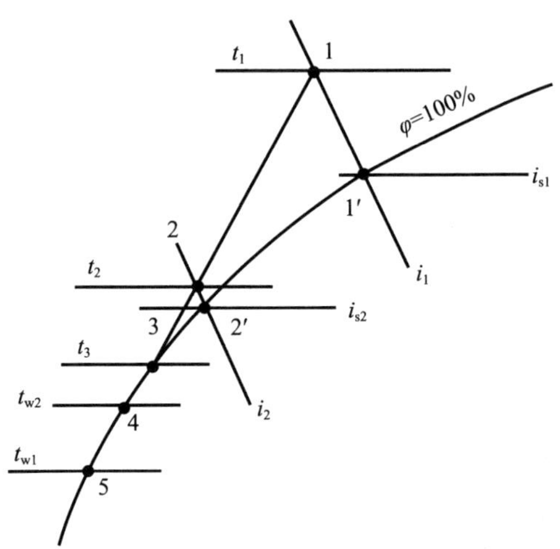

图 16-4-14　冷却干燥过程空气与水的状态变化

为了说明喷淋室里发生的实际过程与水量有限、但接触时间足够充分的理想过程接近的程度，在喷淋室的热工计算中，是把实际过程与这种理想过程进行比较，而将比较结果用所谓热交换效率系数和接触系数表示，并且用它们来评价喷淋室的热工性能。下面介绍这两个系数的定义。

（1）喷淋室的热交换效率系数 η_1

喷淋室的热交换效率系数也叫第一热交换效率或全热交换效率，如同表冷器的热交换效率，也是同时考虑空气和水的状态变化。如果把空气的状态变化过程线沿等焓线投影到饱和曲线上，并近似地将这一段饱和曲线看成直线，则热交换效率系数可以表示为：

$$\eta_1=\frac{\overline{1'2'}+\overline{45}}{\overline{1'5}}=\frac{(t_{s1}-t_{s2})+(t_{w2}-t_{w1})}{t_{s1}-t_{w1}}$$

$$=\frac{(t_{s1}-t_{w1})-(t_{s2}-t_{w2})}{t_{s1}-t_{w1}} \tag{16-4-3}$$

即

$$\eta_1=1-\frac{t_{s2}-t_{w2}}{t_{s1}-t_{w1}} \tag{16-4-4}$$

由此可见，当 $t_{s2}=t_{w2}$ 时，即空气的终状态与水终温相同时，$\eta_1=1$。t_{s2} 与 t_{w2} 的差值越大，说明热、湿交换越不完善，因而 η_1 越小。

（2）喷淋室的接触系数 η_2

喷淋室的接触系数也叫第二热交换效率或通用热交换效率，是只考虑空气状态变化的，因此它可以表示为

$$\eta_2=\frac{\overline{12}}{\overline{13}}$$

如果也把 i_1 与 i_2 之间一段饱和曲线近似地看成直线，则有

$$\eta_2=\frac{\overline{12}}{\overline{13}}=\frac{\overline{1'2'}}{\overline{1'3}}=\frac{\overline{1'3}-\overline{2'3}}{\overline{1'3}}=1-\frac{\overline{2'3}}{\overline{1'3}}$$

由于 Δ131′与 Δ232′几何相似，因此

$$\frac{\overline{2'3}}{\overline{1'3}}=\frac{\overline{22'}}{\overline{11'}}=\frac{t_2-t_{s2}}{t_1-t_{s1}}$$

即

$$\eta_2=1-\frac{t_2-t_{s2}}{t_1-t_{s1}} \tag{16-4-5}$$

对于绝热加湿过程，由于可以将空气的状态变化看作等焓过程，所以空气初、终状态的湿球温度相等，而且水温不变，并等于空气的湿球温度，即空气的状态变化过程线在饱和曲线上的投影成了一个点（见图 16-4-15）。在这种情况下，η_1 已无意义，所以喷淋室的热交换效果只能用表示空气状态变化完善程度的 η_2 来表示，即：

$$\eta_2=\frac{\overline{12}}{\overline{13}}=\frac{t_1-t_2}{t_1-t_3}=\frac{t_1-t_2}{t_1-t_{s1}}=1-\frac{t_2-t_{s1}}{t_1-t_{s1}} \tag{16-4-6}$$

16.4.2.2　喷淋室的热交换效率系数和接触系数的实验公式

通过以上的分析可以看到，影响喷淋室热交换效果的因素是极其复杂的，不能用纯数学方法确

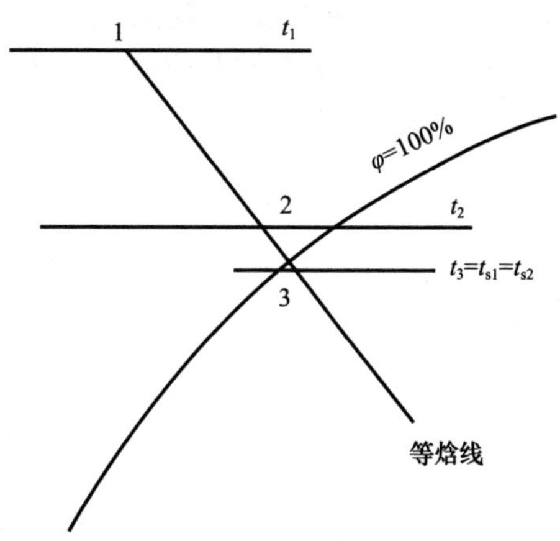

图 16-4-15　绝热过程空气与水的状态变化

定热交换效率系数和接触系数，而只能用实验的方法为各种结构特性不同的喷淋室提供各种空气处理过程下的实验公式。这些公式可反映喷淋室的热交换效果受各种喷淋室下的空气质量流速、空气与水的接触状况等因素的影响，其具体形式是：

$$\eta_1 = A\ (v\rho)^m \mu^n \tag{16-4-7}$$

$$\eta_2 = A'(v\rho)^{m'} \mu^{n'} \tag{16-4-8}$$

上两式中 A、A'、m、m'、n、n' 均为实验的系数和指数，可由附录 16-9 查得。$v\rho$ 是通过喷淋室的空气的质量流速。μ 是喷淋室的喷水系数，它反映的是处理每 kg 空气所用的水量，即

$$\mu = \frac{W}{G} \quad [\text{kg(水)/kg（空气)}]$$

由于附录 16-9 的数据是在喷嘴密度 $n=13$ 个/(m^2·排）情况下得到的，当实际喷嘴密度变化较大时应引入修正系数。对于双排对喷的喷淋室，当 $n=18$ 个/(m^2·排）时，修正系数可取 0.93；当 $n=24$ 个/(m^2·排）时，修正系数可取 0.9。

16.4.2.3　喷淋室的计算类型

喷淋室的热工计算方法有多种，下面仅介绍以两个热交换效率的实验公式为基础的计算方法，即所谓“双效率法”。

同表面式冷却器一样，依据计算的目的不同，喷淋室的热工计算也可分为设计性计算和校核性计算两种类型，每种计算类型按已知条件和计算内容又分为数种，表 16-4-1 是最常见的计算类型。

表 16-4-1　喷淋室的热工计算类型

计算类型	已知条件	计算内容
设计性计算	空气量 G 空气初状态 t_1、t_{s1}（i_1…） 空气终状态 t_2、t_{s2}（i_2…）	喷淋室结构、喷水量 W 冷水初温、终温 t_{w1}、t_{w2}
校核性计算	空气量 G 空气初参数 t_1、t_{s1}（i_1…） 喷淋室结构 冷水初温 t_{w1}，喷水量 W	空气终参数 t_2、t_{s2}（i_2…） 冷水终温 t_{w2}

16.4.2.4　喷淋室计算的主要原则

喷淋室的热工计算任务，通常是对既定的空气处理过程，选择一个喷淋室来达到下列要求：

(1) 该喷淋室能达到的 η_1 应该等于空气处理过程需要的 η_1；

（2）该喷淋室能达到的 η_2 应该等于空气处理过程需要的 η_2；

（3）该喷淋室喷出的水能够吸收（或放出）的热量应该等于空气失去（或得到）的热量。

上述三个条件可以用下面三个方程式表示：

$$\eta_1 = A\,(v\rho)^m \mu^n = 1 - \frac{t_{s2} - t_{w2}}{t_{s1} - t_{w1}} \tag{16-4-9}$$

$$\eta_2 = A'(v\rho)^{m'} \mu^{n'} = 1 - \frac{t_2 - t_{s2}}{t_1 - t_{s1}} \tag{16-4-10}$$

$$Q = Wc(t_{w2} - t_{w1}) = G(i_1 - i_2) \tag{16-4-11}$$

由于 $W/G=\mu$，所以式（16-4-11）也可以写成

$$i_1 - i_2 = \mu c(t_{w2} - t_{w1}) \tag{16-4-12}$$

由于联立求解以上三个方程式可以得到三个未知数，所以在实际工作中，根据要求确定哪三个未知数而将喷淋室的热工计算区别成表 16-4-1 所示的计算类型。

由此可见，喷淋室的热工计算和表面冷却器的热工计算基本相似，也应该通过解类似的三个方程式的方法进行，不过在具体做法上还有些区别，下面分别加以说明。

16.4.2.5 喷淋室的设计计算方法

（1）计算用方程组

由于计算中常用湿球温度而不用空气的焓，故引入空气的焓与湿球温度的比值 a，并用下式代替式（16-4-12）：

$$a_1 t_{s1} - a_2 t_{s2} = \mu c(t_{w2} - t_{w1}) \tag{16-4-13}$$

a 值取决于湿球温度本身和大气压力，可由相应的 i-d 图或其他更准确的计算公式得出。在空气调节的常用范围内，部分 a 值列于表 16-4-2 中。

表 16-4-2 空气的焓与湿球温度的比值 a

大气压力（Pa）	湿球温度（℃）					
	5	10	15	20	25	28
101325	3.73	2.93	2.81	2.87	3.06	3.21
99325	3.77	2.98	2.84	2.90	3.08	3.23
97325	3.90	3.01	2.91	2.97	3.14	3.28
95325	3.94	3.06	2.94	2.98	3.18	3.31

由表 16-4-2 可见，在大气压力为 101325Pa 左右，湿球温度为 10～20℃的范围内，如果采用 $a=2.9$ 作为常数计算也不会造成很大误差，而且还可简化计算。否则，进行计算时，就应采用相应的 a 值，而在空气终参数未定的校核计算中还要先假定一个 a 值，然后再加以复核。

于是，式（16-4-9）、式（16-4-10）和式（16-4-11）即构成了喷淋室热工计算的方程组。

（2）循环水量 W_x 的确定

在设计计算中，通过上述方法可以得到喷水初温，然后决定采用什么样的冷源。如果天然冷源满足不了要求，则应采用人工冷源。如果喷水初温比冷源水温高（一般冷水温度为 5～7℃），则需使用一部分循环水。这时需要的冷水量 W_1、循环水量 W_x 和回水（或溢流水）量 W_h 的大小可由热平衡关系（见图 16-4-16）确定如下：

因为
$$G i_1 + W_1 c t_1 = G i_2 + W_h c t_{w_2}$$

而
$$W_1 = W_h$$

所以
$$G(i_1 - i_2) = W_1 c(t_{w2} - t_1)$$

则
$$W_1 = \frac{G(i_1 - i_2)}{c(t_{w2} - t_1)} \tag{16-4-14}$$

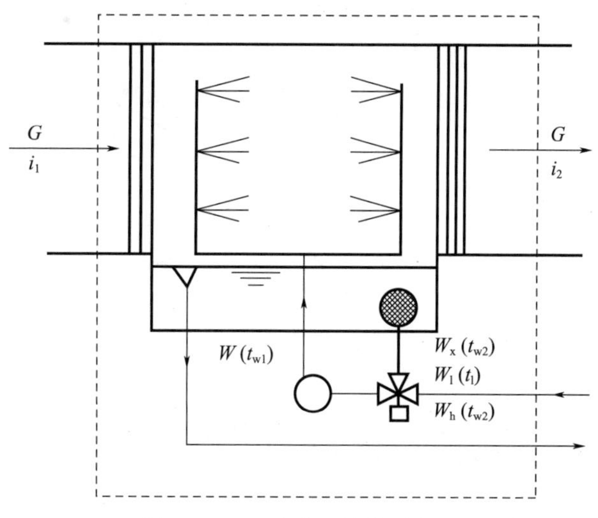

图 16-4-16　喷淋室的热平衡图

又由
$$W=W_l+W_x$$
所以
$$W_x=W-W_l \tag{16-4-15}$$

（3）喷淋室的阻力计算

喷淋室的阻力由前、后挡水板的阻力，喷嘴排管阻力和水苗阻力三部分组成，可按下述方法计算。

①前、后挡水板的阻力

这部分阻力的计算公式是

$$\Delta H_d=\sum\zeta_d\frac{v_d^2}{2}\rho\quad(\text{Pa}) \tag{16-4-16}$$

式中　$\sum\zeta_d$——前、后挡水板局部阻力系数之和，取决于挡水板的结构，一般可取 $\sum\zeta_d=20$；

v_d——空气在挡水板断面上的迎面风速，因为挡水板的迎风面积等于喷淋室断面积减去挡水板边框后的面积，所以一般取 $v_d=(1.1\sim1.3)v$，m/s。

②喷嘴排管阻力

这部分阻力的计算公式为

$$\Delta H_p=0.1z\frac{v^2}{2}\rho\quad(\text{Pa}) \tag{16-4-17}$$

式中　z——排管数；

v——喷淋室断面风速，m/s。

③水苗阻力

这部分阻力的计算公式为

$$\Delta H_w=118b\mu p\quad(\text{Pa}) \tag{16-4-18}$$

式中　p——喷嘴前水压，atm（工作压力）；

b——由喷水和空气运动方向所决定的系数，一般取单排顺喷时 $b=-0.22$；单排逆喷时 $b=0.13$；双排对喷时 $b=0.075$。

对于定型喷淋室，其总阻力已由实测后的数据制成表格或曲线，根据工作条件便可查出。

④喷淋室设计计算方法与步骤举例

【例 16-9】 如下图所示，已知需处理的空气量 G 为 21600kg/h；当地大气压力为 101325Pa；空气初参数为：$t_1=28$℃，$t_{s1}=22.5$℃，$i_1=65.8$kJ/kg；需要处理的空气终参数为：$t_2=16.6$℃，$t_{s2}=15.9$℃，$i_2=44.4$kJ/kg。求喷水量 W、喷嘴前水压 p、水的初温 t_{w1}、终温 t_{w2}、冷水量 W_l 及循环水量 W_x。

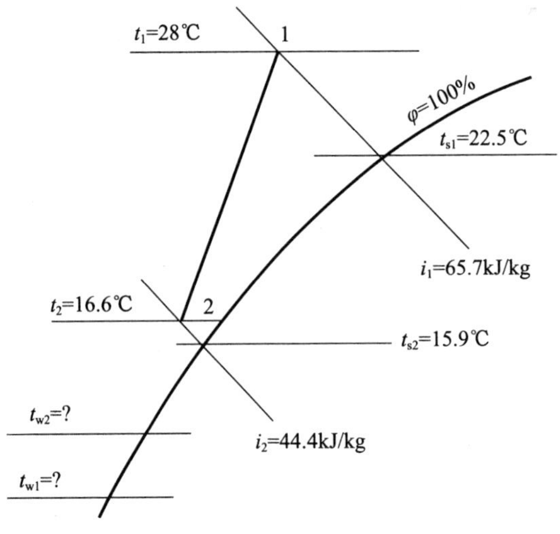

图1　例16-9图

【解】(1) 根据经验选用喷淋室结构。喷淋室一经选定就变成了已知条件：选Y-1型离心式喷嘴，$d_0=5\text{mm}$，$n=13$个/(m^2·排) 和双排对喷的喷淋室，取 $v\rho=3\text{kg/(m}^2\cdot\text{s)}$，于是喷淋室断面风速 $v=3/1.2=2.5\text{m/s}$。

(2) 根据空气的初参数和处理要求可得需要的喷淋室接触系数为

$$\eta_2=1-\frac{t_2-t_{s2}}{t_1-t_{s1}}=1-\frac{16.6-15.9}{28-22.5}=0.873$$

由图可知本例的空气处理过程是冷却干燥过程，根据附录16-9查得相应的喷淋室的 η_2 实验公式为

$$\eta_2=0.755(v\rho)^{0.12}\mu^{0.27}$$

根据方程式(16-4-10)，两个 η_2 应相等，即

$$0.755(v\rho)^{0.12}\mu^{0.27}=0.873$$

将 $v\rho=3\text{kg/(m}^2\cdot\text{s)}$ 代入上式得

$$0.755\times3^{0.12}\mu^{0.27}=0.873;\mu=1.05$$

求出 μ 值之后，可得总喷水量为

$$W=\mu G=1.05\times21600=22680\text{kg/h}$$

(3) 由附录16-9查出相应的喷淋室的 η_1 实验公式，并列出方程

将 $t_{s1}=22.5℃$、$t_{s2}=15.9℃$、$v\rho=3\text{kg/(m}^2\cdot\text{s)}$、$\mu=1.05$ 代入上式可得

$$1-\frac{15.9-t_{w2}}{22.5-t_{w1}}=0.745\times3^{0.07}\times1.05^{0.265}=0.815$$

$$\frac{15.9-t_{w2}}{22.5-t_{w1}}=1-0.815=0.185 \tag{1}$$

(4) 根据热平衡方程式(16-4-12)，将已知数代入可得

$$i_1-i_2=\mu c(t_{w2}-t_{w1})$$

$$65.8-44.4=1.05\times4.19(t_{w2}-t_{w1})$$

$$t_{w2}-t_{w1}=\frac{65.8-44.4}{1.05\times4.19}=4.8℃ \tag{2}$$

(5) 联立解方程式(1)和(2)得

$$t_{w1}=8.45℃$$

$$t_{w2}=4.86+8.45=13.31℃$$

(6) 求喷嘴前水压。根据已知条件知喷淋室断面为

$$A_c=\frac{G}{v\rho\times3600}=\frac{21600}{3\times3600}=2.0\mathrm{m}^2$$

两排喷嘴的总喷嘴数为

$$N=2nA_c=2\times13\times2=52个$$

根据计算所得的总喷水量 W，知每个喷嘴的喷水量为

$$\frac{W}{N}=\frac{22680}{52}=436\mathrm{kg/h}$$

根据每个喷嘴的喷水量 436kg/h 及喷嘴孔径 $d_0=5\mathrm{mm}$，查图 16-4-17，可得喷嘴前所需水压为 1.8atm（工作压力）。

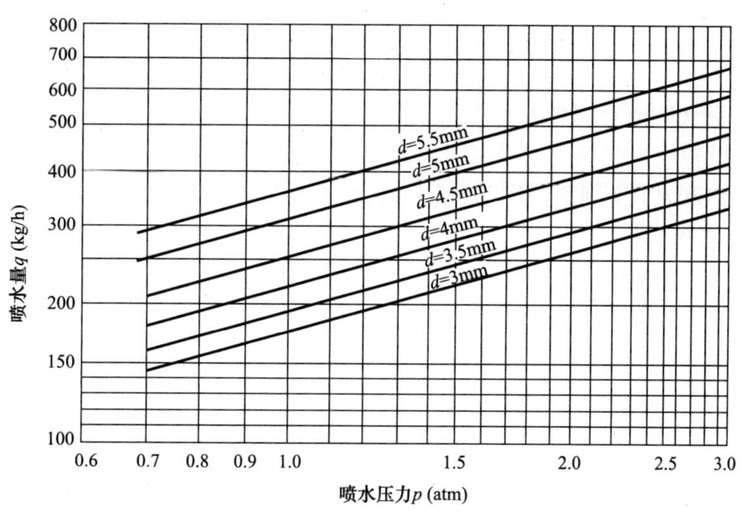

图 16-4-17　Y-1 型喷嘴在不同喷水孔径下喷水量与喷水压力的关系

（7）求冷水量及循环水量。根据前面的计算知 $t_{w2}=13.31℃$，若冷水初温 $t_1=5℃$，则根据公式（16-4-14）可得需要的冷水量为

$$W_1=\frac{G(i_1-i_2)}{c(t_{w2}-t_1)}=\frac{21600\times(65.8-44.4)}{4.19\times(13.31-5)}=13270\mathrm{kg/h}$$

同时可得需要的循环水量为

$$W_x=W-W_1=22680-13270=9410\mathrm{kg/h}$$

（8）阻力计算。前后挡水板的阻力由式（16-4-16）可得。

空气在挡水板断面上的迎面风速为 $v_d=1.2v=1.2\times2.5=3\mathrm{m/s}$

$$\Delta H_d=20\times\frac{3^2}{2}\times1.2=108\mathrm{Pa}$$

喷嘴排管阻力由式（16-4-17）可得

$$\Delta H_p=0.1\times2\times2.5^2/2\times1.2=0.8\mathrm{Pa}$$

水苗阻力由式（16-4-18）可得

$$\Delta H_w=118\times0.075\times1.05\times1.8=16.7\mathrm{Pa}$$

以上就是单级喷淋室设计性的热工计算方法和步骤。在热工计算的基础上就可以具体设计满足这一处理要求的喷淋室结构及水系统等。

对于全年都使用的喷淋室，一般也可仅对夏季进行热工计算，冬季就取夏季的喷水系数，如有必要也可以按冬季的条件进行校核计算，以检查冬季经过处理后空气的终参数是否满足设计要求。必要时，冬夏两季可采用不同的喷水系数。

16.4.2.6　喷淋室的校核计算方法[17]

（1）喷水温度与喷水量的关系

根据上面的介绍，进行喷淋室热工计算必须同时满足三个方程式，而这样解出来的喷水初温必

然是一个定值，例如，在例 16-9 中，解得喷水初温为 8.45℃。这就是说，即使有 9℃的地下水，也因其温度比要求的喷水初温高而不能使用，而为了获得 8.45℃的冷水不得不设置价格较贵的制冷设备。这与一般的理解似乎有些矛盾。人们不禁要问，如果水初温偏高一些（不是比计算值偏高很多)，但是将水量加大一些，是不是也可达到同样的处理效果呢?

研究表明，在一定范围内适当地改变喷水温度并相应地改变喷水系数，确实可以达到同样的处理效果。因此，若具有与计算水温相差不多的冷水，则完全可以满足使用要求，不过要在新的水温条件下对喷淋室进行校核性计算，计算所得的空气终参数与设计要求相差不多即可。

根据实验资料分析，在新的水温条件下，所需喷水系数大小，可以利用下面的热平衡关系式求得。

$$\frac{\mu}{\mu'}=\frac{t_{l1}-t'_{w1}}{t_{l1}-t_{w1}} \tag{16-4-19}$$

式中 t_{l1}——被处理空气的露点温度；

t_{w1}、μ——第一次计算时的喷水温度和喷水系数；

t'_{w1}、μ'——新的水温和在此喷水温度下的喷水系数。

（2）计算方法与步骤举例

为说明问题起见，下面仍按例 16-9 的条件，但将喷水初温改成 10℃，进行校核性计算，以检验能否满足要求。

【例 16-10】在例 16-9 中已知 $G=21600\text{kg/h}$，$t_1=28℃$，$t_{s1}=22.5℃$，$t_{l1}=20.4℃$，$t_2=16.6℃$，$t_{s2}=15.9℃$。并曾通过计算得到 $\mu=1.05$，$t_{w1}=8.45℃$，$W=22680\text{kg/h}$。求空气的终参数。

【解】现在 $t'_{w1}=10℃$，则依据式（16-4-19）可求出新水温下的喷水系数为

$$\mu'=\frac{\mu(t_{l1}-t_{w1})}{t_{l1}-t'_{w1}}=\frac{1.05\times(20.4-8.45)}{20.4-10}=1.2$$

于是可得新条件下的喷水量为

$$W=1.2\times21600=25920\text{kg/h}$$

下面利用新条件下的各参数计算该喷淋室能够得到的空气终状态。

由

$$\eta_1=1-\frac{t_{s2}-t_{w2}}{t_{s1}-t_{w1}}=0.745(v\rho)^{0.07}\mu^{0.265}$$

将已知参数代入得

$$1-\frac{t_{s2}-t_{w2}}{22.5-10}=0.745\times3^{0.07}\times1.2^{0.265}$$

所以

$$t_{s2}-t_{w2}=1.88 \tag{1}$$

由

$$a_1t_{s1}-a_2t_{s2}=\mu c(t_{w2}-t_{w1})$$

根据表 16-4-2，当 $t_{s1}=22.5℃$时 $a_1=2.94$，由于 t_{s2}尚属未知数，故暂设 $a_2=2.81$ 代入上式有：

$$2.94\times22.5-2.81t_{s2}=1.2\times4.19(t_{w2}-10)$$

经过整理可得：

$$t_{w2}+0.56t_{s2}=23.15 \tag{2}$$

联立解方程式（1）和（2）可得：

$$t_{s2}=16℃,t_{w2}=14.1℃$$

$$\eta_2=1-\frac{t_2-t_{s2}}{t_1-t_{s1}}=0.755(v\rho)^{0.12}\mu^{0.27}$$

将已知数代入上式可得：

$$1-\frac{t_2-t_{s2}}{28-22.5}=0.755\times3^{0.12}\times1.2^{0.27}$$

$$t_2-t_{s2}=(1-0.9)\times(28-22.5)=0.56℃$$

将 t_{s2}＝16℃代入上式可得 t_2＝16.6℃。

由 t_{s2}＝16℃查表 16-4-2 知 a_2＝2.82，证明所设正确。

可见所得空气的终参数与例 16-4-2 要求的基本相同。

喷淋室能使用的最高水温可按 $\eta_2=1$ 的条件求得。对于本例，$\eta_2=1$ 时，$\mu=1.73$，t_{w2}＝12.2℃。

顺便指出，采用水温与计算要求相差不多的水源时，除可用上面介绍的方法先确定喷水量 W 再校核 t_2、t_{s2} 外，也可以通过保持 t_2 不变、校核 W 和 t_{s2}，或保持 t_{s2} 不变、校核 W 和 t_2 的办法达到同样目的。

16.4.3　冷却塔的热工计算

16.4.3.1　冷却塔的热工计算方法

冷却塔的热工计算，对逆流式与顺流式有所不同。由于塔内的热量、质量交换的复杂性，影响因素很多。国内外很多研究者提出了多种计算方法。在逆流塔中，水和空气参数的变化仅在高度方向，而横流式冷却塔的淋水装置中，在垂直和水平两个方向都有变化，情况更为复杂。下面仅对逆流式冷却塔计算时的焓差法作一介绍。

(1) 用焓差法计算冷却塔的基本方程

1925 年麦凯尔（Merkel）首先引用了热焓的概念建立了冷却塔的热焓平衡方程式，利用 Merkel热焓方程和水气的热平衡方程，可比较简便地求解水温 t 和热焓 i，因而它至今仍是国内外对冷却塔进行热工计算时所采用的主要方法，称其为焓差法。

通过取逆流塔中某一微元段 dZ 进行研究可得[18]

$$dQ=h_{md}(i''-i)\alpha A\,dZ \tag{16-4-20}$$

式中　dQ——微元段内总的传热量，kW；

h_{md}——以含湿量差表示的传质系数，kg/(m^2·s)；

i''——水面饱和空气层的焓，kJ/kg；

i——塔内任何计算部位处空气的焓，kJ/kg；

α——填料的比表面积，m^2/m^3；

A——塔的横截面积，m^2；

Z——塔内填料高度，m。

此即 Merkel 焓差方程。它表明塔内任何部位水、气之间交换的总热量与该点水温下饱和空气焓 i''与该处空气焓 i 之差成正比。该方程可视为能量扩散方程，焓差正是这种扩散的推动力。但应指出，Merkel 方程存在一定的近似性。

除了 Merkel 方程之外，在没有热损失的情况下，水和空气之间还存在着热平衡方程，亦即水所放出的热量应当等于空气增加的热量。在微元段 dZ 内水所放出的热为：

$$dQ=Wc(t+dt)-(W-dW)ct=(Wdt+tdW)c \tag{16-4-21}$$

式中　W——进入微元段 dZ 内的总水量，kg/s；

t——微元段 dZ 的出水温度，℃。

而空气在该微元段吸收的热为：

$$dQ=Gdi \tag{16-4-22}$$

式中　G——进入微元段内的空气量，kg/s。

因而

$$Gdi=c(Wdt+tdW) \tag{16-4-23}$$

式（16-4-23）右边第一项为水温降低 dt 放出之热，第二项为由于蒸发了 dW 水量所带走的热，将式（16-4-23）做一变换有：

$$Gdi=\frac{cWdt}{1-\dfrac{ctdW}{Gdi}} \tag{16-4-24}$$

令
$$K=1-\frac{ct\mathrm{d}W}{G\mathrm{d}i} \tag{16-4-25}$$

则
$$G\mathrm{d}i=\frac{cW\mathrm{d}t}{K} \tag{16-4-26}$$

K 是考虑蒸发水量带走热量的系数。计算表明，式（16-4-23）中的第二项表示的热量通常只有总传热量的百分之几，因而 K 接近于 1。对 K 的分析可以看出，它基本上是出口水温 t_2 的函数[19]，其关系如图 16-4-18 所示。

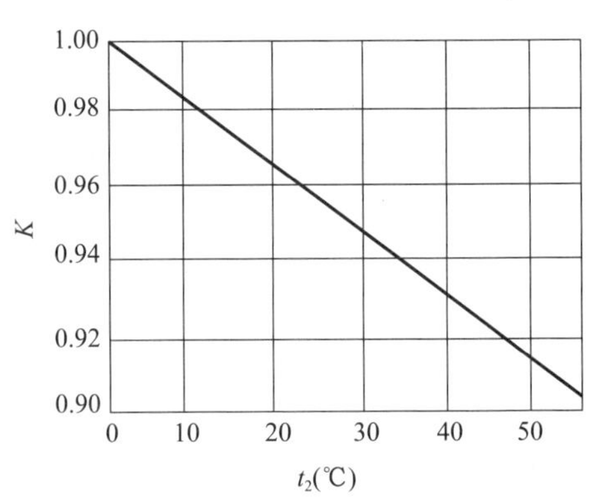

图 16-4-18　K 值与冷却水温的关系

用式（16-4-26）对全塔积分可得

$$i_2=i_1+\frac{cW}{KG}(t_1-t_2) \tag{16-4-27}$$

上式可用于求解与每个水温相对应的空气的焓值。

综合上面所得的各式（16-4-20）、（16-4-22）、（16-4-26）可得：

$$h_{\mathrm{md}}(i''-i)\alpha A\mathrm{d}Z=cW\mathrm{d}t/K \tag{16-4-28}$$

对此进行变量分离并加以积分：

$$\frac{c}{K}\int_{t_2}^{t_1}\frac{\mathrm{d}t}{i''-i}=\int_0^Z h_{\mathrm{md}}\frac{\alpha A}{W}\mathrm{d}Z=h_{\mathrm{md}}\frac{\alpha AZ}{W} \tag{16-4-29}$$

式（16-4-29）是在迈克尔方程基础上以焓差为推动力进行冷却时，计算冷却塔的基本方程。若以 N 代表两式的左边部分，即：

$$N=\frac{c}{K}\int_{t_2}^{t_1}\frac{\mathrm{d}t}{i''-i} \tag{16-4-30}$$

N 为按温度积分的冷却数，简称冷却数，它是一个无量纲数。

另外若以 N' 表示式（16-4-29）右边部分，即

$$N'=h_{\mathrm{md}}\frac{\alpha AZ}{W} \tag{16-4-31}$$

称无因次量 N' 为冷却塔特性数。冷却数表示水温从 t_1 降到 t_2 所需要的特征数数值，它代表冷却负荷的大小。在冷却数中的（$i''-i$）是指水面饱和空气层的焓与外界空气的焓之差 Δi，此值越小，水的散热就越困难。所以它与外部空气参数有关，而与冷却塔的构造和形式无关。在空气量和水量之比相同时，N 值越大，表示要求散发的热量越多，所需淋水装置的体积越大。特性数中的 h_{md} 反映了淋水装置的散热能力，因而特性数反映了冷却塔所具有的冷却能力，它与淋水装置的构造尺寸，散热性能及水、气流量有关。

冷却塔的设计计算问题，就是要求冷却任务与冷却能力相适应，因而在设计中应 $N=N'$，以保证冷却任务的完成。

（2）冷却数的确定

在冷却数的定义式（16-4-30）中，（$i''-i$）与水温 t 之间的函数关系极为复杂，不可能直接积分求解，因此一般采用近似求解法。如辛普逊（Simpson）近似积分法是根据将冷却数的积分式分项计算求得近似解[18]

$$i_n-i_{n-1}=\frac{cL}{KG}\left(\frac{t_1-t_2}{n}\right) \tag{16-4-32}$$

式中，i_n、i_{n-1} 分别为将积分区间等分为偶数 n 时，后一个等分的 i_n 值与前一个等分的 i_{n-1} 值。在计算时，应从淋水装置底层开始，先算出该层的 i 值，再逐步往上算出以上各段的 i 值，各段的 K 值也应根据相应段的水温按图 16-4-18 查得。

若精度要求不高，且水在塔内的温降 $\Delta t<15$℃时，常用下列的两段公式简化计算：

$$N=\frac{c\Delta t}{6K}\left(\frac{1}{i''_1-i_1}+\frac{4}{i''_{\mathrm{m}}-i_{\mathrm{m}}}+\frac{1}{i''_2-i_2}\right) \tag{16-4-33}$$

式中　i''_1、i''_2、i''_m——与水温 t_1、t_2、$t_m=(t_1+t_2)/2$ 对应的饱和空气焓，kJ/kg；

i_1、i_2——分别为冷却塔中空气进口、出口处的焓，kJ/kg。

而 $i_m=(i_1+i_2)/2$。

(3) 特性数的确定

为使实际应用方便，常将式（16-4-31）定义的特性数改写成

$$N'=h_{mdv}\frac{V}{W} \tag{16-4-34}$$

式中　h_{mdv}——容积传质系数，$h_{mdv}=h_{md}\alpha$，kg/(m³·s)；

V——填料体积，m³。

可见特性数取决于容积传质系数、冷却塔的构造及淋水情况等因素。

(4) 换热系数与传质系数的计算

在计算冷却塔时要求确定换热系数和传质系数。假定热交换和质交换的共同过程是在两者之间的类比条件得到满足的情况下进行，因此路易斯关系式成立。由此得到一个重要结论，即当液体蒸发冷却时，在空气温度及含湿量的适用范围变化很小时，换热系数和传质系数之间必须保持一定的比例关系，条件的变化可使一个增大或减小，从而导致另一个也相应地发生同样的变化。因而，当缺乏直接的实验资料时就可根据其比例关系予以近似估计。

可以说直到现在为止，还没有一个通用的方程式可以计算水在冷却塔中冷却时的换热系数和传质系数，因此更有意义的是针对具体淋水装置进行实验，取得资料。图 16-4-19 和图 16-4-20 给出了由实验得到的两种填料的 h_{mdv} 曲线。图 16-4-21 则是已经把不同气水比（空气量与水量之比，以 λ 表示）整理成与特性数之间的关系曲线，图中表示出了两种填料的特性，更多的资料见文献［20］等。

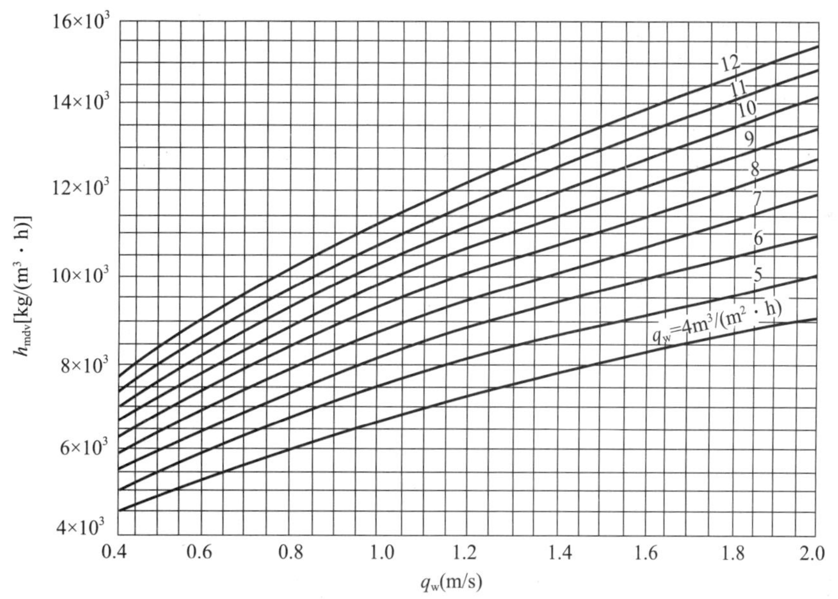

图 16-4-19　塑料斜波 55×12.5×60°－1000 型容积传质系数曲线[21]

(5) 气水比的确定

气水比是指冷却每千克水所需的空气千克数，气水比越大，冷却塔的冷却能力越大，一般情况下可选 $\lambda=0.8\sim1.5$。

由于空气的焓 i 与气水比有关，因而冷却数也与气水比有关。同时特性数也与气水比有关，因此要求被确定的气水比能使 $N=N'$。为此，可用牛顿迭代法上机计算或在设计计算、假设几个不同的气水比算出不同的冷却数 N 的基础上，做如图 16-4-22 所示的 $N\sim\lambda$ 曲线。再在同一图上作出填料特性曲线 $N'\sim\lambda$，这两条曲线的交点 P 所对应的气水比 λ_p 就是所求的气水比。P 点称为冷却塔的工作点。

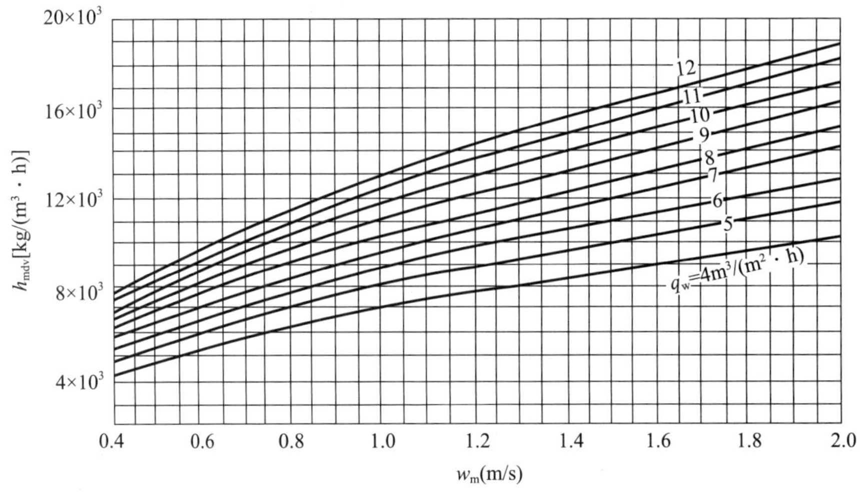

图 16-4-20 纸质蜂窝 d20—1000 型容积传质系数曲线[21]

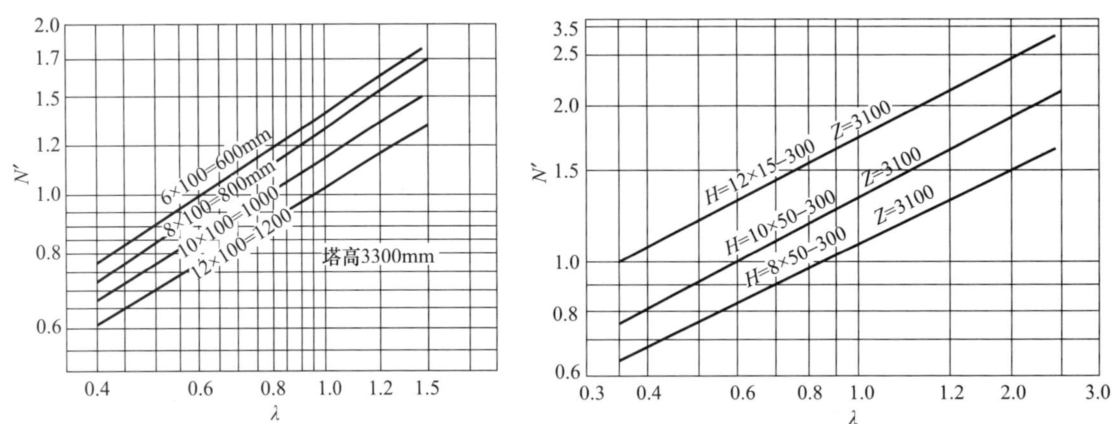

图 16-4-21 两种填料的特性曲线[22]

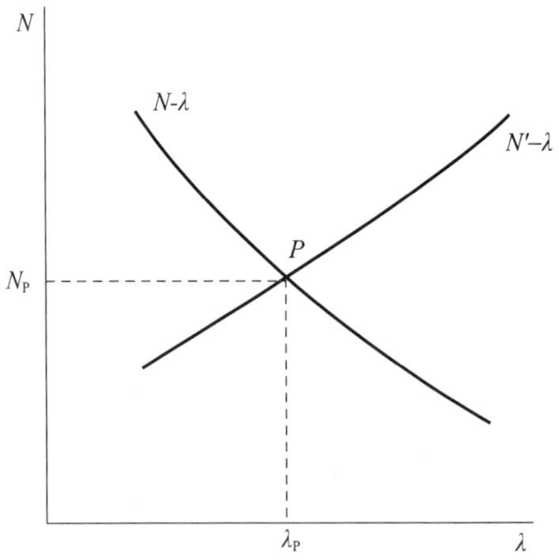

图 16-4-22 气水比及冷却数的确定

(6) 冷却塔的通风阻力计算

通风阻力计算的目的是在求得阻力之后选择适当的风机（对机械通风冷却塔）或确定自然通风冷却塔的高度。考虑到在建筑环境与能源应用工程专业中的应用，此处仅介绍机械通风冷却塔的阻力计算。

空气流动阻力包括由空气进口之后经过各个部位的局部阻力。各部位的阻力系数常采用试验数值或利用经验公式计算。表 16-4-3 列出了局部阻力系数的计算公式，文献［20-21］列出了多种填料的阻力特性曲线。

塔的总阻力为各局部阻力之和，根据总阻力和空气的容积流量，即可选择风机。

表 16-4-3　冷水槽各部位的局部阻力系数

部位名称	局部阻力系数	说明
进风口	$\zeta_1=0.55$	
导风装置	$\zeta_2=(0.1+0.000025q_w)l$	q_w—淋水密度，$m^3/(m^2\cdot h)$； l—导风装置长度，m，对流塔取其长度的一半，对顺流塔取总长
淋水装置处气流转弯	$\zeta_3=0.5$	
淋水装置进口气流突然收缩	$\zeta_4=0.5(1-A_0/A_s)$	A_0—淋水装置有效截面积，m^2； A_s—淋水装置总截面积，m^2
淋水装置	$\zeta_5=\zeta_0(1+k_sq_w)Z$	ζ_0—单位高度淋水装置阻力系数； k_s—系数，可查有关手册； Z—淋水装置高度，m
淋水装置进口气流突然扩大	$\zeta_6=(1-A_0/A_s)^2$	
配水装置	$\zeta_7=[0.5+1.3(1-A_{ch}/A_s)^2](A_s/A_{ch})^2$	A_{ch}—配水装置中气流通过的有效截面积，m^2
收水器	$\zeta_8=[0.5+2(1-A_n/A_g)](A_n/A_g)^2$	A_g—收水器有效截面积，m^2； A_n—收水器总截面积，m^2
风机进风口（渐缩管形）	ζ_9	可查文献［20］
风机扩散口	ζ_{10}	可查文献［21］
气流出口	$\zeta_{11}=1.0$	

16.4.3.2　*冷却塔的计算方法举例*

冷却塔的具体计算通常也要遇到两类不同的问题：

第一类问题是设计计算，即在规定的冷却任务下，已知冷却水量，冷却前后的水温 t_1、t_2，当地气象资料（t_1、t_2、φ、p 等），选择淋水装置形式，通过热工计算、空气动力计算确定冷却塔的结构尺寸等。

如果已经选定定型塔，则结合当地气象参数，确定冷却曲线与特性曲线的交点（工作点）P，从而求得所要的气水比 λ_p，最后确定冷却塔的总面积、段数等。

第二类问题是校核计算，即在空气量、水量、塔总面积、进水温度、空气参数、填料种类均已知的条件下，校核水的出口温度 t_2 是否符合要求。

前已提到，水能被冷却的理论极限温度是空气的湿球温度 t_s，当水的出口温度越接近 t_s 时冷却的效果越好，但冷却塔的尺寸越大。虽冷却温差（即冷却前后水温之差）、冷却水量均影响着冷却塔尺寸大小，但(t_2-t_{s1})值（称为冷幅）的大小居主要地位。

因而生产上一般要求 t_2 要比 t_s 高 3～5℃。由于冷却塔通常按夏季不利气象条件计算，如果采用外界空气最高温度进行计算，t_s 值就高，而在一年当中所占时间很短，则塔的尺寸很大，其余时间里，冷却塔不能充分发挥作用；反之，如采用较低的 t_s 值，塔体是小了，但有可能使得在炎热季节中冷却塔实际出水温度超过计算温度 t_2。由此可见，选择适当的 t_s 很重要。在具体选取时，建议根据夏季每年最热的 10 天排除在外的最高日平均干、湿球温度（气象资料不少于 5～10 年）进行计算。例如北京日平均干球温度 30.1℃超过 10 天，日平均湿球温度 25.6℃超过 10 天，就可以 30.1℃和 25.6℃作为干、湿球温度进行设计。这样在夏季三个月（6～8 月）共 92 天中，能保证冷却效果的时间（称为 t_s 的保证率）有 82÷92=89.1%，而不能保证的时间为10÷92=10.9%。

下面举例说明冷却塔的设计计算。

【例 16-11】 要求将流量为 4500t/h、温度为 40℃的热水降温至 32℃，已知当地的干球温度 t=25.7℃，湿球温度 t_s=22.8℃，大气压力 p=99.3kPa，试计算机械通风冷却塔所需要的淋水面积。

【解】 1）冷却数计算

水的进出口温差 $t_1-t_2=40-32=8$℃

水的平均温度 $t_m=(40+32)/2=36$℃

由 t_2=32℃查图 16-4-18 得 K=0.944

由附录 16-10 查得：与 t_1=40℃相应的饱和空气焓 i''_2=165.8kJ/kg；与 t_m=3℃时相应的饱和空气焓 i'_m=135.65kJ/kg；与 t_2=3℃时相应的饱和空气焓 i''_1=110.11kJ/kg。

进口空气的焓近似等于湿球温度 t_s=22.8℃时的焓，查得该值 i_1=67.1kJ/kg。

由于水的进出口温差（t_1-t_2）<15℃，故可用 Simpson 积分法的两段公式简化计算冷却数。假设不同的水气比，计算过程及结果列于下表。表中出口空气焓 i_2 按式（16-4-27）计算。

表 1　例 16-11 冷却数的计算

项目	单位	计算公式	数值		
气水比，G/W			0.5	0.625	1.0
出口空气焓，i_2	kJ/kg	按式（16-4-27）	138.1	123.9	102.6
空气进出口焓平均值，i_m	kJ/kg	（i_1+i_2）/2	102.6	95.5	84.9
Δi_2	kJ/kg	i''_2-i_2	27.7	41.9	63.2
Δi_1	kJ/kg	i''_1-i_1	43.1	43.1	43.1
Δi_m	kJ/kg	i''_m-i_m	33.0	40.2	50.8
冷却数，N		按式（16-4-30）	1.01	0.867	0.697

2）求气水比，计算空气流量

将不同气水比时的冷却数作于下图上。选择的填料为 d_{20}、$Z=10\times100=1000$mm 的蜂窝式填料，将此种填料的特性曲线（见图 16-4-22）也绘到此图上，两曲线交点 P 的气水比 λ_p=0.61，N_p=0.86。故当 W=4500t/h 时，空气流量 $G=0.61\times4500=2745$t/h。

由 t=25.7℃及 i_1=67.1kJ/kg，查得进口空气的比体积 v=0.8689m^3/kg，故其密度 ρ=1.15kg/m^3。故空气的容积流量为：$G'=2745\times1000/(3600\times1.15)=663$m^3/s。

3）选择平均风速，确定塔的总面积选取塔内平均风速 w_m=2m/s

则塔的总面积 $A=G'/w_m=663/2=331.5$m^2

若采用四格 9m×9m 的冷却塔，减去柱子所占面积之后，可认为它的平均断面积为 80m^2，因此塔的有效设计面积为 4×80=320m^2。

从而淋水密度为 q_w=4500/320=14.1m^3/(m^2·h)

每格塔的进风量为 663/4=165.75m^3/s

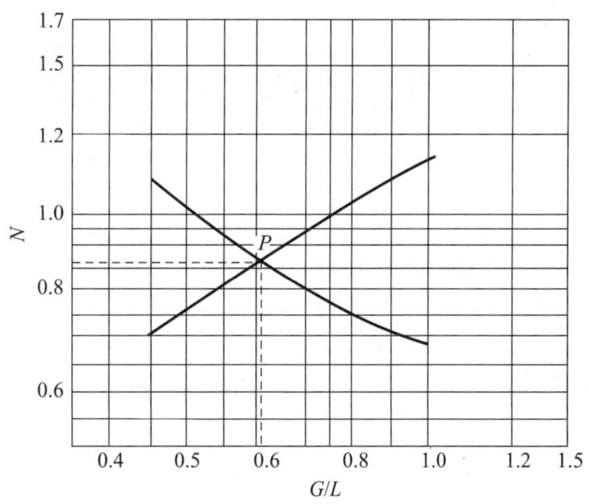

图 1　例 16-11 图

参考文献

[1] 施林德尔 E U. 换热器设计手册（一、三卷）[M]. 马庆芳，马重芳，主译. 北京：机械工业出版社，1988.

[2] 罗棣庵. 传热应用与分析 [M]. 北京：清华大学出版社，1990.

[3] 罗森诺 W M. 传热学应用手册（上册）[M]. 北京：科学出版社，1992.

[4] 章熙民，任泽霈，梅飞鸣. 传热学 [M]. 3 版. 北京：中国建筑工业出版社，1993.

[5] 杨世铭，陶文铨. 传热学 [M]. 北京：高等教育出版社，1998.

[6] 朱家骅，叶世超，夏素兰. 化工原理 [M]. 北京：科学出版社，2005.

[7] LIENHARD J H VI，LIENHARD J H V. Textbook of Heat Tranfer [M]. 4th ed. Houston Univ，2011.

[8] 张新鲁. 青藏铁路冻土环境与冻土工程 [M]. 北京：人民交通出版社，2011.

[9] FRANK K，KERDER J F. Principle of Solar Engineering [M]. Hemisphere Publishing Corporation，1978.

[10] 尾花英朗. 热交换器设计手册 [M]. 徐宗权，译. 北京：石油工业出版社，1981.

[11] 李德兴. 冷却塔 [M]. 上海：上海科学技术出版社，1981.

[12] JAKOB M. Heat Transfer [M]. New York：John Wiley & Scon Ins，1957：211-260.

[13] Jr CROZIER R，SAMUELS M. Mean temperature difference in odd-tube-pass heat exchange [J]. ASME J Heat Transfer，1997，99 (3)：487-489.

[14] KAYS W M，LONDON A L. Compact Heat Exchangers [M]. 3rd ed. New York：McGraw-Hill，1984.

[15] 凯斯 W M，伦敦 A L. 紧凑式热交换器 [M]. 宣益民，张后雷，译. 北京：科学出版社，1997.

[16] TUKER A S The LMTD correction－factor for single pass crossflow heat exchange [J]. ASME J Heat exchanger，1996，118 (2)：488-490.

[17] 清华大学. 空气调节 [M]. 2 版. 北京：中国建筑工业出版社，1993.

[18] 李德兴. 冷却塔 [M]. 上海：上海科学技术出版社，1981.

[19] 史美中，王中铮. 热交换器原理与设计 [M]. 2 版. 南京：东南大学出版社，1996.

[20] 华东建筑设计院. 给水排水设计手册（第 4 册）[M]. 北京：中国建筑工业出版社，1986.

[21] 杨世铭，陶文铨. 传热学 [M]. 北京：高等教育出版社，1998.

[22] 贺平，孙刚. 供热工程 [M]. 3 版. 北京：中国建筑工业出版社，1993.

第 17 章　两介质热功转换系统分析

为探究具有两换热介质特征的不同类型复杂热力循环在不同能量输入与输出条件下的热力性能极限，掌握两介质热功转换系统的热功转换机理，本章构建了更具普适性的两介质热功转换系统理想热力学模型。根据热机循环输出功量与热泵循环输入功量之间的关系，对系统进行定性和定量分类，构建并求解了连续顺流型和连续逆流型两介质热功转换系统数学模型。研究了两介质热功转换系统的热力性能与主要参数影响规律，分析了不可逆耗散对系统性能的影响，建立了评价指标体系，有利于指导两介质实际热功转换系统的构建与优化。

17.1　两介质热功转换系统的概念与分类

17.1.1　两介质热功转换系统的概念

如图 17-1-1 所示，本文将具有以下特征的系统称为两介质热功转换系统：

（1）系统内部包括一个吸热介质和一个放热介质（包括源和汇）、换热设备以及热功转换设备，同一换热介质可以作为多个热力设备的源；

（2）吸热介质与放热介质之间存在能量交换（热量、功量），但不存在质量交换；

（3）系统与外界可以存在能量交换（热量、功量），但不存在质量交换。

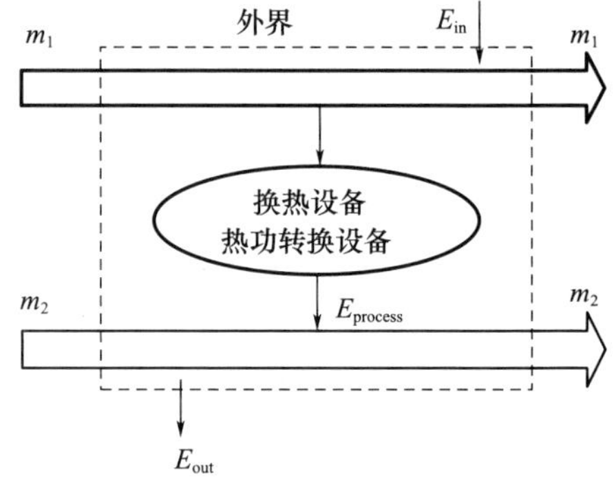

图 17-1-1　两介质热功转换系统示意图

在理想条件下，忽略系统内的一切不可逆损失，所有热力过程均为可逆过程，即系统中不存在不可逆因素。定义该条件下的系统为两介质理想热功转换系统。本章着重研究具有两个有限热容换热介质的理想热功转换系统。

㶲可以通过热量、功量和质量这三种形式进行传递。由于两介质热功转换系统中不存在与外界的质量交换，因此㶲只能通过热量和功量的形式进行传递。两介质热功转换系统中既有以温差为驱动力的常规换热设备，又有由㶲流驱动的热功转换设备或过程，这使得两换热介质之间的换热能力极限需要被重新计算。若无特殊说明，本文将两介质理想热功转换系统简称为理想热功转换系统。连续顺流型理想热功转换系统的热功转换过程如图 17-1-2 所示，连续逆流型理想热功转换系统的热功转换过程如图 17-1-3 所示。

两介质理想热功转换系统热力学模型的特点包括以下内容：

（1）放热介质的高温段设置若干可逆热机循环，并将这个区域称为热机循环区间。在放热介质低温段设置若干可逆热泵循环，并将这个区间称为热泵循环区间。

（2）一部分热机循环输出的功量向系统外界输出；另一部分热机循环输出的功量驱动热泵循环。循环之间的能量传递在更多情况下是以㶲流的形式出现的，包括热量㶲和功量㶲。

（3）热泵循环在外部㶲量输入与热机循环㶲流驱动的共同作用下，将放热介质的热量进一步转移至吸热介质，使得系统获得更大的换热能力极限。

（4）在两介质实际热功转换系统中，可以不存在典型的热机循环和热泵循环，但存在相应的热力过程。

（5）本文所定义的两介质理想热功转换系统可以与外界存在能量交换，这是和广义换热过程理论模型的本质区别。

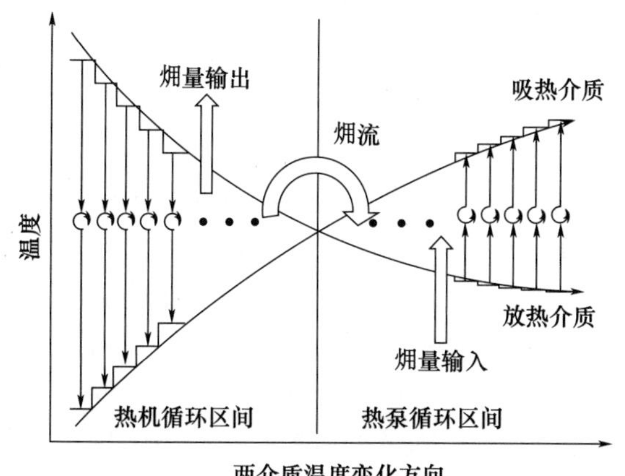

图 17-1-2　连续顺流型理想热功转换系统的热功转换过程示意图

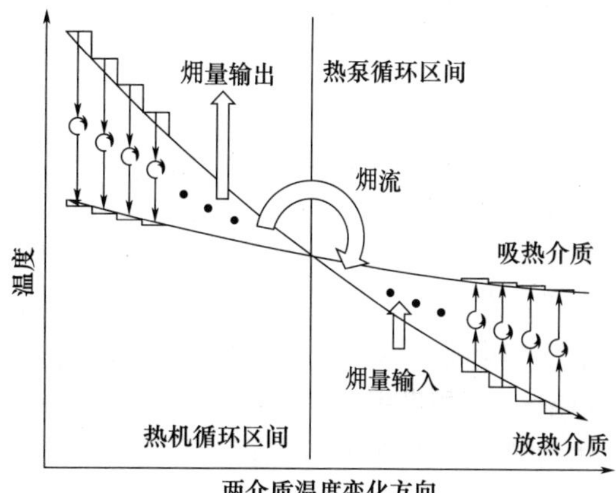

图 17-1-3　连续逆流型理想热功转换系统的热功转换过程示意图

17.1.2　两介质热功转换系统的分类

两介质热功转换系统中最常见的㶲流形式是功量，根据其实际应用场景，热机循环区间的总输出功量和热泵循环区间的总输入功量之间存在平衡关系，这是两介质热功转换系统的分类依据之一。两介质热功转换系统的功量平衡分类情况如下：

（1）当热机循环区间的总输出功量多于热泵循环区间的总输入功量时，本文认为系统正循环输出功量存在富余，定义为两介质正余热功转换系统。

（2）当热机循环区间的总输出功量少于热泵循环区间的总输入功量时，本文认为系统逆循环输入功量需要补充，定义为两介质逆补热功转换系统。该类系统的热泵循环区间需要从外部获取额外功量或热量输入。

（3）当热机循环区间的总输出功量等于热泵循环区间的总输入功量时，本文认为系统正循环和逆循环之间功量相等，定义为两介质等量热功转换系统。该类系统的理想模型与可逆换热过程等价。

对于以上三种类型，本文提出了输出功量占比这一无量纲参数，用于定量分析热功转换系统的类型。输出功量占比的定义为：热功转换系统对外界的净输出功量与热机循环产生的功量之比，如式（17-1-1）所示：

$$\chi=\frac{W_{net}}{W_{he}}=1-\frac{W_{hp}}{W_{he}} \tag{17-1-1}$$

式中　χ——输出功量占比；

W_{net}——系统对外界的净输出功量，kW；

W_{he}——热机循环区间的总输出功量，kW；

W_{hp}——热泵循环区间的总输入功量，kW。

根据输出功量占比的不同取值，两介质热功转换系统的定量分类情况如下：

（1）热机循环区间产生的功量全部用于对外界输出时，$\chi=1$，对应于正余热功转换系统（无热泵循环区间的极限情况），实际系统以有机朗肯循环为例；

（2）热机循环区间产生的功量一部分对外界输出，一部分用于驱动热泵循环时，$\chi\in(0, 1)$，对应于正余热功转换系统，实际系统以热电联产系统为例；

（3）热机循环区间产生的功量全部用于驱动热泵循环，且外界输入功量为 0 时，$\chi=0$，对应于等量热功转换系统（等价于广义换热过程），实际系统以大温差换热系统为例；

（4）热机循环区间产生的功量全部用于驱动热泵循环，且还需外界输入一部分功量共同驱动热泵循环时，此时 $\chi\in(-\infty, 0)$，对应于逆补热功转换系统，实际系统以补燃型溴化锂吸收式热泵为例；

（5）热力过程完全由外界输入功量驱动的热泵循环，此时 $\chi=-\infty$，对应于逆补热功转换系统，实际系统以水源热泵空调系统为例。

除功量平衡分类方法外，还包括其他分类方法。根据两介质热功转换系统中的放热介质与吸热介质的不同流动形式，可将热功转换系统分为不同流型，如连续顺流型、连续逆流型、先顺后逆型、先逆后顺型、离散顺流型、离散逆流型、离散顺逆流结合型。当两介质的热容比随热功转换过程而不断变化时，本文称之为变热容比热功转换系统，如自驱动烟气全热回收系统。当两介质的热容比恒定时，定义为定热容比热功转换系统，如无特殊说明，本文以研究定热容比热功转换系统为主。热功转换系统理论模型适用于分析两介质热功转换系统的绝大多数情况，这显然比其他联合循环理论模型更具有普适性。不同类型的两介质实际系统也可以在热功转换系统理论模型的框架下进行热力性能对比。

17.2 两介质理想热功转换系统的数学模型

在对两介质理想热功转换系统中的热功转换过程进行定义和分类后，本节构建了具有单循环形式的连续顺流型和连续逆流型两介质理想热功转换系统数学模型。该模型仍以卡诺循环和逆卡诺循环热力学模型为基础，其针对的研究对象是具有两换热介质特征的复杂热力循环，可用于定量分析不同类型两介质理想热功转换系统的热功转换特性与热力性能极限，从而指导实际系统构建。

17.2.1 连续顺流型理想热功转换系统

单循环连续顺流型理想热功转换系统的能流示意图如图 17-2-1 所示。在理想热功转换系统的热机循环区间内，每个微元热机循环的能量守恒关系如式（17-2-1）所示

$$\mathrm{d}Q_1-\mathrm{d}Q_2=\mathrm{d}W_{\mathrm{he}} \tag{17-2-1}$$

式中 $\mathrm{d}Q_1$——微元热机循环中，放热介质所释放的热量，kW；

$\mathrm{d}Q_2$——微元热机循环中，吸热介质所吸收的热量，kW；

$\mathrm{d}W_{\mathrm{he}}$——微元热机循环的输出功量，kW。

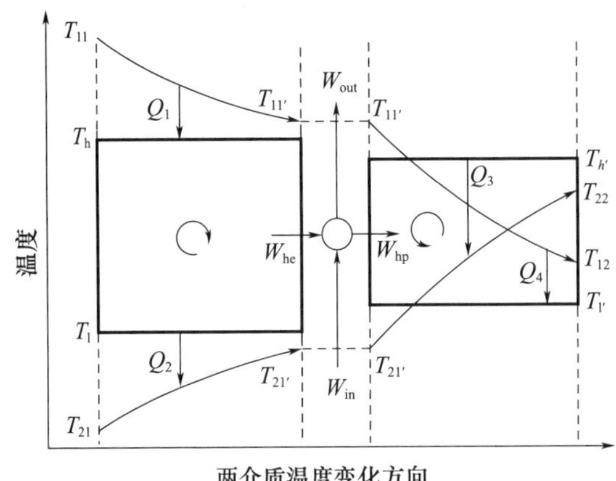

图 17-2-1 单循环连续顺流型理想热功转换系统能流示意图

根据卡诺循环热效率计算公式，则微元热机循环的输出功量可以用式（17-2-2）表示

$$\mathrm{d}W_{\mathrm{he}}=\mathrm{d}Q_1(T_1-T_2)/T_1=-c_1\dot{m}_1\mathrm{d}T_1(T_1-T_2)/T_1 \tag{17-2-2}$$

式中 T_1——放热介质的温度，K；

T_2——吸热介质的温度，K；

c_1——放热介质的比热容，kJ/(kg · K)；

$\dot{m}_1$——放热介质的质量流量，kg/s。

将式（17-2-1）与式（17-2-2）联立，得到放热介质与吸热介质间的温度关系为

$$-c_1\dot{m}_1 dT_1 - c_2\dot{m}_2 dT_2 = -c_1\dot{m}_1 dT_1 (T_1 - T_2)/T_1 \tag{17-2-3}$$

式中 c_2——吸热介质的比热容，kJ/(kg · K)；

$\dot{m}_2$——吸热介质的质量流量，kg/s。

在连续顺流型理想热功转换系统的热泵循环区间内，每一个微元热泵循环继续从放热介质中吸收热量 dQ_3，在输入功量 dW_{hp} 的驱动下，向吸热介质释放热量 dQ_4。则微元热泵循环中的能量守恒关系如下式所示

$$dQ_3 - dQ_4 = dW_{hp} \tag{17-2-4}$$

式中 dQ_3——微元热泵循环中，吸热介质所吸收的热量，kW；

dQ_4——微元热泵循环中，放热介质所释放的热量，kW；

dW_{hp}——微元热泵循环的输入功量，kW。

其中，微元热泵循环的输入功量可以由公式（17-2-5）表示

$$dW_{hp} = dQ_3 (T_2 - T_1)/T_2 = c_2\dot{m}_2 dT_2 \ (T_2 - T_1)/T_2 \tag{17-2-5}$$

将式（17-2-4）与式（17-2-5）联立，得到放热介质与吸热介质的温度关系为

$$c_2 m_2 dT_2 + c_1 m_1 dT_1 = c_2 m_2 dT_2 (T_2 - T_1)/T_2 \tag{17-2-6}$$

通过项的合并与简化，式（17-2-3）和式（17-2-6）均可以简化为相同的形式，如式（17-2-7）所示

$$dT_2/dT_1 = -kT_2/T_1 \tag{17-2-7}$$

式中 k——放热介质与吸热介质的热容比，表示为 $k = c_1 m_1 / c_2 m_2$。

吸热介质与放热介质的进口温度分别为 T_{11} 和 T_{21}，则根据连续顺流型理想热功转换系统的定义，式（17-2-7）的定解条件能够表示为

$$\left.\begin{array}{l} T_{1,in} = T_{11} \\ T_{2,in} = T_{12} \end{array}\right\} \tag{17-2-8}$$

式中 $T_{1,in}$——放热介质进口温度，K；

$T_{2,in}$——吸热介质进口温度，K。

在吸热介质与放热介质均为定常热容条件下，求解式（17-2-7）可以得到放热介质与吸热介质的温度关系

$$T_1^k T_2 = H_1 = T_{11}^k T_{21} \tag{17-2-9}$$

式中 H_1——积分常数。

本文规定热机循环区间的输出功量与系统输出功量为正，热泵循环区间的输入功量与系统输入功量为负。则根据热功转换系统的能量守恒关系，吸热介质与放热介质的热功转换过程可以表示为

$$W_{net} = W_{out} - W_{in} = W_{he} - W_{hp} \tag{17-2-10}$$

$$W_{net} = c_1\dot{m}_1 (T_{11} - T_{12}) - c_2\dot{m}_2 (T_{22} - T_{21}) \tag{17-2-11}$$

式中 T_{12}——放热介质的出口温度，K；

T_{22}——吸热介质的出口温度，K；

W_{net}——系统向外界输出的净输出功量，kW；

W_{out}——热机循环向外界输出的功量，kW；

W_{in}——热泵循环从外界获取的功量，kW。

联立式（17-2-9）和式（17-2-11），可以得到方程（17-2-12）

$$\Delta T_w = W_{net}/(c_2\dot{m}_2) = k(T_{11}-T_{12}) - T_{21}[(T_{11}/T_{12})^k - 1]$$

$$kT_{12}^{k+1} - (kT_{11} + T_{21} - \Delta T_w)T_{12}^k + T_{21}T_{11}^k = 0 \tag{17-2-12}$$

式中　ΔT_w——吸热介质等效温升，K。

吸热介质等效温升 ΔT_w 的实际意义为：系统为了向外界输出净功量 W_{net}，而使吸热介质无法进一步提升的温度。若在相同工况条件下，将原有的净输出功量 W_{net} 全部用于驱动理想条件下的热泵循环，则吸热介质出口温度可以进一步升高 ΔT_w。

式（17-2-12）确立了放热介质出口温度与放热介质进口温度、吸热介质进口温度、热容比、吸热介质等效温度之间的隐式函数关系，本文将该隐式函数关系表达为

$$T_{12} = I(k, T_{11}, T_{12}, \Delta T_w) \tag{17-2-13}$$

17.2.2　连续逆流型理想热功转换系统

单循环连续逆流型理想热功转换系统的能流示意图如图 17-2-2 所示。对于连续逆流型理想热功转换系统而言，其数学模型的构建思路与连续顺流型理想热功转换系统相似，在热机循环区间和热泵循环区间内，放热介质与吸热介质之间的热功转换关系满足式（17-2-14）的形式：

$$-c_1\dot{m}_1 dT_1 + c_2\dot{m}_2 dT_2 = -c_1\dot{m}_1 dT_1(T_1 - T_2)/T_1 \tag{17-2-14}$$

采用相同的求解方法，则放热介质与吸热介质之间的温度关系可以表示为：

$$T_1^{-k}T_2 = H_2 = T_{12}^{-k}T_{21} \tag{17-2-15}$$

式中　H_2——积分常数。

联立式（17-2-11）与式（17-2-15），能够得到在连续逆流型理想热功转换系统中，吸放热介质进出口温度与热容比之间的关系

$$\Delta T_w = W_{net}/(c_2\dot{m}_2) = k(T_{11}-T_{12}) - T_{21}[(T_{12}/T_{11})^{-k} - 1]\cdot$$

$$kT_{11}^{1-k} - (kT_{12} - T_{21} + \Delta T_w)T_{11}^{-k} - T_{21}T_{12}^{-k} = 0 \tag{17-2-16}$$

分析可知，式（17-2-12）与式（17-2-16）的形式完全相同。因此，对于连续逆流型理想热功转换系统，放热介质出口温度与其他参数之间的隐函数关系式仍可以由式（17-2-13）表示。公式（17-2-15)的显示函数形式如下：

$$T_1^{-k}T_2 = [I(k, T_{11}, T_{21}, \Delta T_w)]^{-k}T_{21} \tag{17-2-17}$$

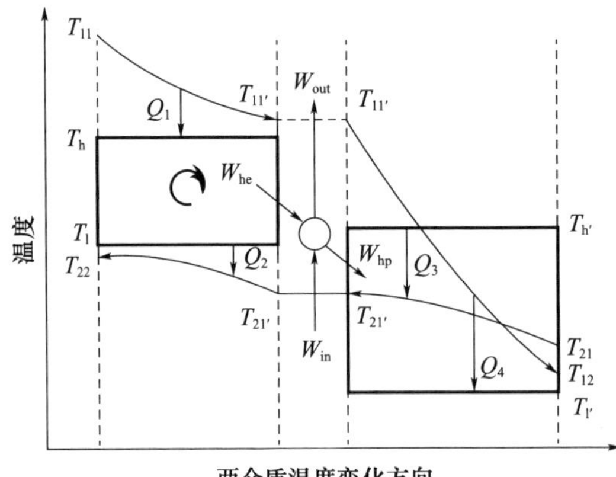

图 17-2-2　单循环连续逆流型理想热功转换系统能流示意图

对于其他流动形式的理想热功转换系统，放热介质和吸热介质进出口温度关系均可以通过式（17-2-9)或式（17-2-15）进行描述。当给定放热介质和吸热介质进口温度、两介质热容比，以及吸热介质等效温升时，即可以确定理想热功转换系统的总换热量和两介质出口温度，且该热力过程极限不受系统流动形式的影响，只与初始条件相关。

17.3　两介质理想热功转换系统的热功特性

17.3.1　温度特性

在给定放热介质进口温度 T_{11}，吸热介质进口温度 T_{21}，两介质热容比 k，以及吸热介质等效温升 ΔT_w 的情况下，可以通过式（17-2-13）和式（17-2-17）对连续顺流型和连续逆流型两介质理想热功转换系统函数进行求解。在放热介质进口温度为 383K，吸热介质进口温度为 308K，k 的取值范围为 0.5～4.5，ΔT_w 的取值范围为−2～2K 的条件下，对两介质理想热功转换系统中的两介质温度关系进行定量分析。

连续顺流型理想热功转换系统两介质温度关系如图 17-3-1 所示。以 k 等于 0.5 为例，随着放热介质温度逐渐降低，吸热介质温度由 A 点逐渐升高至 B 点，此时两介质温度相同，达到了传统温驱换热系统的换热能力极限。当热机循环区间输出的全部㶲量都恰好用于驱动热泵循环区间时，两介质的温度变化极限为 D 点，此时放热介质由 383K 降低至 285.39K，吸热介质由 308K 升高至 356.81K，温度交叉现象明显。对于两介质正余热功转换系统而言，当系统对外界输出㶲量，且 ΔT_w 等于 2K 时，两介质的换热能力极限为图中的 C 点。此时两介质出口温度分别为 307.29K 和 343.85K。理论上，热机循环输出的最大功量出现在 B 点。对于两介质逆补热功转换系统而言，当有外部㶲量输入且 ΔT_w 等于−2K 时，两介质的换热能力极限为图中的 E 点。在外部㶲量的驱动下，两介质进一步交换热量，此时两介质的出口温度极限分别为 271.89K 和 365.55K。理论上，持续的外部㶲量输入最终能够将放热介质中的热量全部转移至吸热介质。

在相同计算条件下，连续逆流型热功转换系统的两介质温度关系如图 17-3-2 所示。以 k 等于 0.5 为例，此时放热介质进口温度与吸热介质出口温度相对应。相对于连续逆流型等量热功转换系统而言，连续逆流型正余理想热功转换系统的两介质温度变化曲线与其近似平行，放热介质出口温度升高，吸热介质出口温度降低。同理，逆补热功转换系统的放热介质出口温度进一步降低，吸热介质出口温度进一步升高。不论是连续顺流型还是连续逆流型，随着热容比 k 值的不断升高，放热介质的温度变化范围逐渐缩小，吸热介质的温度变化范围则逐渐增大。特别地，当 k 值大于 1 时，等量理想热功转换系统中的吸热介质出口温度将大于放热介质的出口温度。

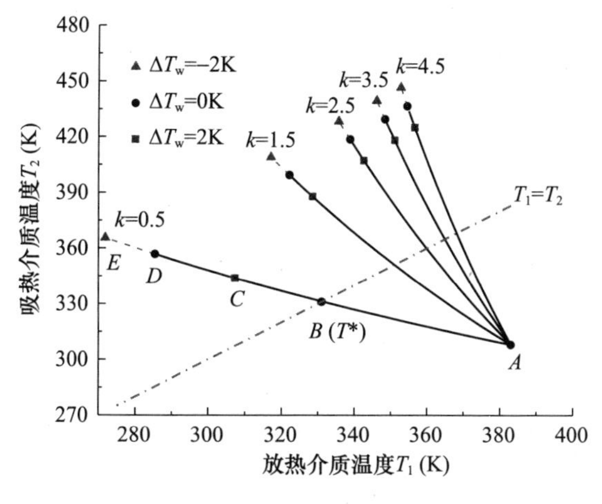

图 17-3-1　连续顺流型理想热功转换系统两介质温度关系

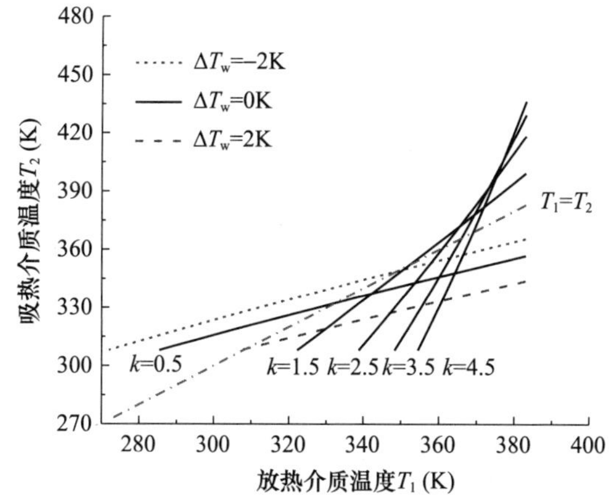

图 17-3-2　连续逆流型理想热功转换系统两介质温度关系

17.3.2　过程功量传递特性

在理想热功转换系统中，热机循环区间与热泵循环区间之间传递的可以是实际的机械功量，也可以是浓度差、压力差等势能传递的做功能力。当放热介质出口温度与吸热介质出口温度相等时，此时热机循环区间内的总输出功量最大。本文定义该点温度为“分界点温度”，并用 T^* 表示，连续顺流型和连续逆流型理想热功转换系统的分界点温度表达式分别如式（17-3-1）、式（17-3-2）。

$$T^* = T_{11}^{\frac{k}{k+1}} T_{21}^{\frac{1}{k+1}} \tag{17-3-1}$$

$$T^* = [I(k, T_{11}, T_{21}, \Delta T_w)]^{\frac{k}{k-1}} T_{21}^{\frac{1}{1-k}} \tag{17-3-2}$$

式中　T^*——分界点温度，K。

定义理想热功转换系统中的“过程功量”为：当放热介质释放热量至某一温度时，热机循环区间所产生的有用功量 W_{he}、热泵循环区间所消耗的有用功量 W_{hp} 以及理想热功转换系统的净输出功量 W_{net} 代数和。同时假设系统外界的输入功量与输出功量只作用于区间分界点处，系统对外输出功量为正，外界向系统输入功量为负。当放热介质温度变化区间为［T_{11}，T_{12}］时，理想热功转换系统中的过程功量表达式为：

$$\left.\begin{aligned} W_{process} &= \int_{T_{11}}^{T^*} -c_1 m_1 \left(\frac{T_1 - T_2}{T_1}\right) dT_1 & T_1 \in [T_{11}, T^*) \\ W_{process} &= \int_{T_{11}}^{T_{12}} -c_1 m_1 \left(\frac{T_1 - T_2}{T_1}\right) dT_1 - W_{net} & T_1 \in [T^*, T_{12}] \end{aligned}\right\} \tag{17-3-3}$$

式中　$W_{process}$——理想热功转换系统中的过程功量，kW。

为了使分析更具普遍性，本文定义了无量纲过程功量，即理想热功转换系统的过程功量与总换热量的比值。连续顺流型和连续逆流型理想热功转换系统的无量纲过程功量表达式分别如下

$$\overline{W}_{process} = \frac{m_1 c_1 \left[(T_{11} - T_{12}) + \frac{H_1}{k}\left(\frac{1}{T_{11}^k} - \frac{1}{T_{12}^k}\right)\right] - W_{net}\big|_{T=T^*}}{c_2 m_2 (T_{22} - T_{21}) + W_{net}} \tag{17-3-4}$$

$$\overline{W}_{process} = \frac{m_1 c_1 \left[(T_{11} - T_{12}) + \frac{H_2}{k}(T_{12}^k - T_{11}^k)\right] - W_{net}\big|_{T=T^*}}{c_2 m_2 (T_{22} - T_{21}) + W_{net}} \tag{17-3-5}$$

式中　$\overline{W}_{process}$——理想热功转换系统中的无量纲过程功量。

当放热介质温度在［T_{11}，T^*）区间变化时，连续顺流型理想热功转换系统中的热机循环区间最大无量纲输出功量可由下式计算：

$$\overline{W}_{he,max} = \frac{T_{11} + \frac{T_{21}}{k} - T^*\left(1 + \frac{1}{k}\right)}{T_{11} - T_{12}} \tag{17-3-6}$$

式中　$\overline{W}_{he,max}$——热机循环区间最大无量纲输出功量，kW。

当两介质热容比 $k<1$，且放热介质温度在［T_{11}，T^*）区间内时，连续逆流型理想热功转换系统中的热机循环最大无量纲输出功量可由下式计算：

$$\overline{W}_{he,max} = \frac{(T_{11} - T^*) + \frac{H_2}{k}(T^{*k} - T_{11}^k)}{T_{11} - T_{12}} \tag{17-3-7}$$

当连续逆流型理想热功转换系统中的两介质热容比 $k>1$ 时，沿放热介质温度降低方向，先经过热泵循环区间，与外界进行功量交换后，再经过热机循环区间。故放热介质在（T^*，T_{12}］区间内的热机循环最大无量纲输出功量表达式为：

$$\overline{W}_{he,max} = \frac{(T^* - T_{12}) + \frac{H_2}{k}(T_{12}^k - T^{*k})}{T_{11} - T_{12}} \tag{17-3-8}$$

连续顺流型热功转换系统中的无量纲过程功量随放热介质温降（$T_{11} - T_{12}$）的变化规律如图 17-3-3所示。随着放热介质温度逐渐降低，无量纲过程功量先增大后减小。当放热介质温度降低至分界点温度 T^* 时，无量纲过程功量达到峰值。对于理想等量热功转换系统而言，不论其流型如

何，热机循环区间输出的总功量与热泵循环子区间所需的总功量相等。随着热容比 k 的增加，分界点温度 T^*、热机循环区间最大输出功量 $W_{he,max}$，以及放热介质出口温度 T_{12} 均呈现减小趋势。

连续逆流型热功转换系统中的无量纲过程功量随放热介质温降（$T_{11}-T_{12}$）的变化规律如图 17-3-4所示。对于连续逆流型热功转换系统而言，当 $k<1$ 时，沿放热介质温度降低方向，先经过热机循环区间，再经过热泵循环区间。因此，对于图中 $k=0.5$ 的情况，无量纲过程功量呈现先增后减的变化规律。当 $k>1$ 时，逆流换热过程中吸热介质的出口温度已经高于放热介质进口温度。沿放热介质温度降低方向，先经过热泵循环区间，再经过热机循环区间。因此，对于图中 $k=1.5$ 的工况，无量纲过程功量先在热泵循环子区间中由 0 开始递减，再在热机循环子区间中逐渐递增至 0。综合分析等量热功转换系统中的无量纲过程功量变化趋势可知：在相同工况条件下，连续顺流型理想热功转换系统比连续逆流型理想热功转换系统可以获取更大的过程功量。

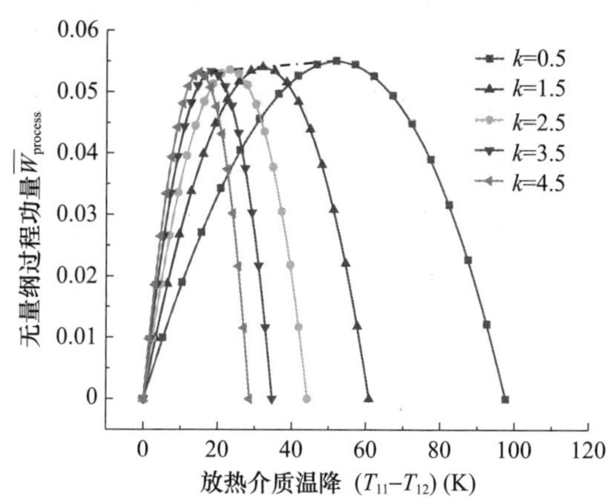

图 17-3-3　不同热容比下，连续顺流型理想热功转换系统无量纲过程功量变化规律

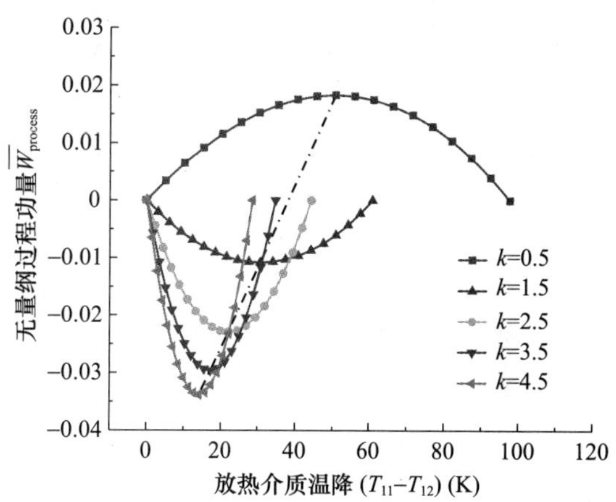

图 17-3-4　不同热容比下，连续逆流型理想热功转换系统无量纲过程功量变化规律

17.3.3　吸热介质等效温升特性

吸热介质等效温升表征了由于系统向外界输出净功量，而无法使吸热介质进一步提升的温度。换言之，若能将系统对外界输出的净功量全部传递给吸热介质，则吸热介质出口温度可以进一步提升 ΔT_w。显然，理想热功转换系统中的吸热介质等效温升 ΔT_w 存在最大值，此时全部热机循环区间的输出功量均对外界输出，理想热功转换系统中不再有热泵循环区间。连续顺流型理想热功转换系统中的吸热介质等效温升的最大值 $\Delta T_{w,max}$ 如下式所示：

$$\Delta T_{w,max}=k\left[T_{11}+\frac{T_{21}}{k}-T^*\left(1+\frac{1}{k}\right)\right] \tag{17-3-9}$$

式中　$\Delta T_{w,max}$——吸热介质等效温升的最大值，K。

对于两介质热容比 $k<1$ 的连续逆流型热功转换系统而言，吸热介质等效温升在 $T^*=T_{21}$ 时取得最大值，其表达式为

$$\Delta T_{w,max}=k\left[(T_{11}-T^*)+\frac{H_2}{k}(T^{*k}-T_{11}^k)\right] \tag{17-3-10}$$

对于两介质热容比 $k>1$ 的连续逆流型热功转换系统而言，吸热介质等效温升在 $T^*=T_{11}$ 时取得最大值，其表达式为

$$\Delta T_{w,max}=k\left[(T^*-T_{12})+\frac{H_2}{k}(T_{12}^k-T^{*k})\right] \tag{17-3-11}$$

在放热介质进口温度为 383K，吸热介质进口温度为 303K，两介质热容比 $k=2.5$ 的条件下，图 17-3-5 分析了连续顺流型热功转换系统中无量纲过程功量随吸热介质等效温升 ΔT_w 的变化规律。

由式（17-2-12）可知，$\Delta T_w=0$ 对应于等量热功转换系统，以此作为分析图 17-3-5 的基准曲线。当 $\Delta T_w>0$ 时，系统对外输出功量，此时对应于正余理想热功转换系统。随着放热介质由 A 点降温至 B 点，热机循环区间产生的有用功量逐渐累加，并在放热介质温度达到分界点温度 T^* 时，热机循环区间最大输出功量达到最大值。在对外输出净功量 W_{net} 后，无量纲过程功量降低至 C 点，并由此开始进入热泵循环区间。随着放热介质降温至 D 点，热泵循环区间结束，正余热功转换系统中的功量达到平衡。由于对外界输出了有用功量，使得放热介质出口温度高于基准曲线。当 $\Delta T_w<0$ 时，外界对系统输入功量，此时对应于逆补热功转换系统。热机循环区间输出的最大功量小于基准曲线。在外部输入功量的作用下，放热介质出口温度可以进一步降低至更低水平。对于连续顺流型理想热功转换系统而言，分界点温度 T^* 并不随着 ΔT_w 的改变而改变，这与式（17-2-9）以及图 17-3-1 的分析结果一致。

在上述工况条件下，图 17-3-6 分析了连续逆流型理想热功转换系统中无量纲过程功量随吸热介质等效温升 ΔT_w 的变化规律。对于正余理想热功转换系统（$\Delta T_w>0$），放热介质先流经热泵循环区间，无量纲过程功量由 0 开始递减。随着放热介质由 A 点降温至 B 点，热泵循环区间所需的过程功量达到最大值。由于对外界输出净功量 W_{net}，故在分界点温度 T^* 处，无量纲过程功量由 B 点降低至 C 点。随后，放热介质进入热机循环区间，无量纲过程功量递增至 0，最终达到功量平衡。相比于基准曲线（$\Delta T_w=0$），正余理想热功转换系统中的热泵循环区间所需过程功量减小，逆补理想热功转换系统中的热泵循环区间所需过程功量增大。特别地，相比于基准曲线，正余理想热功转换系统中的分界点温度 T^* 减小，逆补理想热功转换系统中的分界点温度 T^* 增大，这与公式（17-2-15）以及图 17-3-2 的分析结果一致。

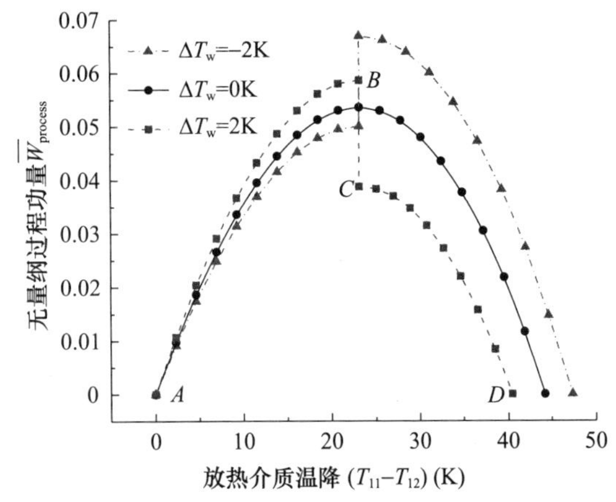

图 17-3-5　不同 ΔT_w 下，连续顺流型理想热功转换系统无量纲过程功量变化规律

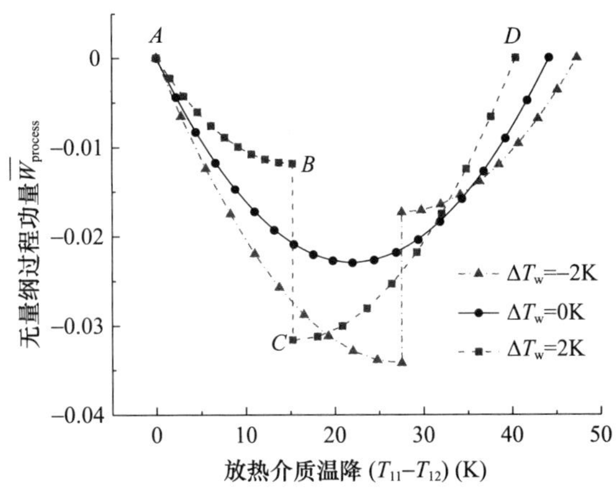

图 17-3-6　不同 ΔT_w 下，连续逆流型理想热功转换系统无量纲过程功量变化规律

17.3.4　热机循环区间最大输出功量特性

图 17-3-7 绘制了放热介质进口温度由 308K 升高至 508K 时的热机循环区间最大无量纲输出功量的变化规律。随着放热介质与吸热介质进口温差逐渐增大，不论何种流型条件下，热机循环区间的最大无量纲输出功量逐步增加，且顺流型大于逆流型。k 值越小，则相同条件下的顺流型最大无量纲输出功量与逆流型最大无量纲输出功量的差值就越大。k 值对逆流型热功转换系统的影响更为显著。

图 17-3-8 绘制了吸热介质进口温度由 123K 升高至 323K 时的热机循环区间最大无量纲输出功量的变化规律。随着吸热介质进口温度的逐渐升高，所有流型的热机循环区间最大无量纲输出功量均呈现递减规律。当吸热介质进口温度与放热介质进口温度相等时，热机循环区间将无法输出功量。

当吸热介质等效温升在 $\Delta T_w\in[-20\text{K},\Delta T_{w,max}]$ 区间内时，热机循环区间最大无量纲输出功量的变化规律如图 17-3-9 所示。对于 $k>1$ 的情况而言，随着 ΔT_w 的增加，热机循环区间最大无量纲输出功量呈现先缓慢增加，再显著增加的趋势。且顺流型热功转换系统的输出能力要优于相同条件下的逆流型热功转换系统。当 k 由 0.5 升高至 4.5 时，顺流型吸热介质最大等效温升由 2.68K 升高至 6.84K。对于 $k<1$ 的情况，顺流型热功转换系统的变化规律与上述分析相同。但对逆流型而言，随着吸热介质等效温升增加，热机循环最大无量纲输出功量递减趋势明显，直至输出能力为零。

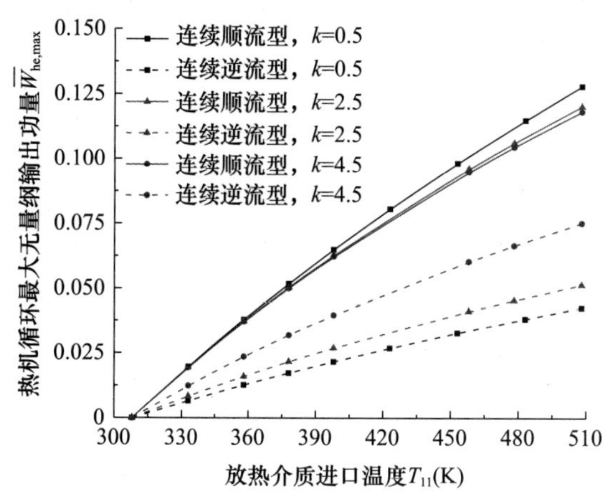

图 17-3-7　放热介质进口温度对热机循环区间最大无量纲输出功量的影响规律

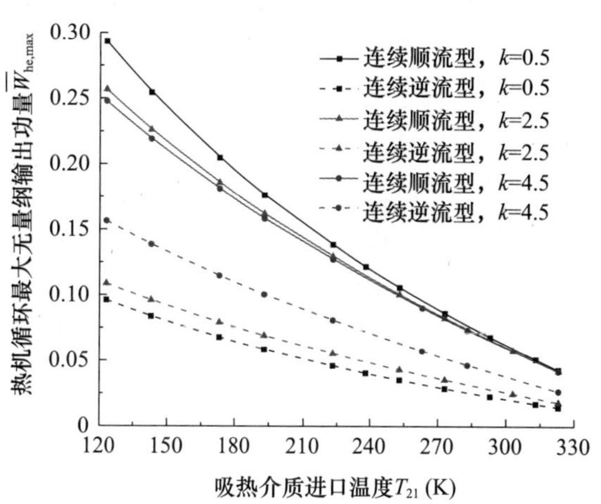

图 17-3-8　吸热介质进口温度对热机循环区间最大无量纲输出功量的影响规律

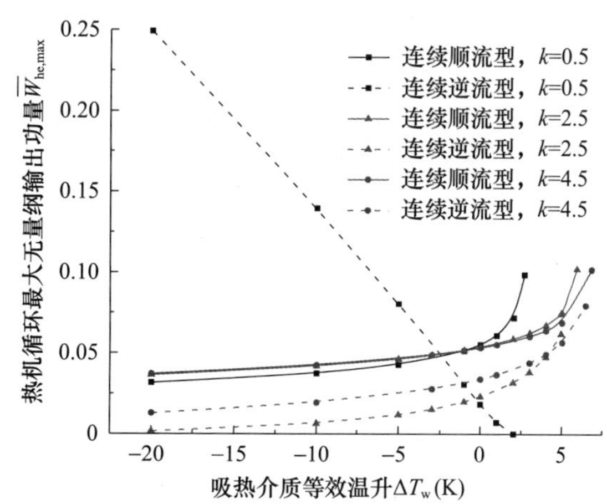

图 17-3-9　吸热介质等效温升对热机循环区间最大无量纲输出功量的影响规律

17.4　不可逆因素分析

17.4.1　不可逆因素的数学模型

在两介质理想热功转换系统热力学模型中，引入不可逆耗散因素，并将该模型简称为半理想模型。连续顺流型和连续逆流型的两介质半理想热功转换系统见图 17-2-1 和图 17-2-2，其中热机循环区间和热泵循环区间均为单循环形式。在此基础上，通过考虑不可逆耗散因素，构建两介质半理想热功转换系统数学模型。

考虑到热机循环与热泵循环内部因为摩擦和热漏造成的不可逆损失，采用不可逆系数对其不可逆程度进行表征：

$$\frac{Q_1}{Q_2}=\varphi_{he}\frac{T_h}{T_l} \tag{17-4-1}$$

$$\frac{Q_4}{Q_3}=\varphi_{hp}\frac{T_{l'}}{T_{h'}} \tag{17-4-2}$$

式中 Q_1——热机循环中放热介质所释放的热量，kW；

Q_2——热机循环中吸热介质所吸收的热量，kW；

Q_3——热泵循环中吸热介质所吸收的热量，kW；

Q_4——热泵循环中放热介质所释放的热量，kW；

φ_{he}——热机循环内不可逆系数；

φ_{hp}——热泵循环内不可逆系数；

T_l——热机循环中低位热源温度，K；

T_h——热机循环中高位热源温度，K；

$T_{l'}$——热泵循环中低位热源温度，K；

$T_{h'}$——热泵循环中高位热源温度，K。

以连续顺流型系统为例，根据换热器设计中的 ε-*NTU* 方法，放热介质、吸热介质和换热器温度效率之间存在以下关系：

$$T_{11'}=T_{11}-\varepsilon_1(T_{11}-T_h) \tag{17-4-3}$$

$$T_{21'}=T_{21}+\varepsilon_2(T_l-T_{21}) \tag{17-4-4}$$

$$T_{22}=T_{21'}+\varepsilon_3(T_{h'}-T_{21'}) \tag{17-4-5}$$

$$T_{12}=T_{11'}-\varepsilon_4(T_{11'}-T_{l'}) \tag{17-4-6}$$

式中 ε_1——热机循环中高位热源与放热介质换热的温度效率；

ε_2——热机循环中低位热源与吸热介质换热的温度效率；

ε_3——热泵循环中高位热源与吸热介质换热的温度效率；

ε_4——热泵循环中低位热源与放热介质换热的温度效率。

根据式（17-4-1）和式（17-4-2）的换热量关系，连续顺流型半理想模型中，放热介质、吸热介质与循环工质之间存在以下温度关系：

$$k\frac{T_{11}-T_{11'}}{T_{21'}-T_{21}}=\varphi_{he}\frac{T_h}{T_l} \tag{17-4-7}$$

$$k\frac{T_{11'}-T_{12}}{T_{22}-T_{21'}}=\varphi_{hp}\frac{T_l{}'}{T_h{}'} \tag{17-4-8}$$

根据两介质热功转换系统能量输入和输出的守恒关系，放热介质和吸热介质还应满足下式的关系：

$$k(T_{11}-T_{12})=T_{22}-T_{21}+\Delta T_w \tag{17-4-9}$$

式（17-4-3）～（17-4-9）即构成了连续顺流型半两介质理想热功转换系统的数学模型，其中包括 7 个独立方程和 18 个参数。半理想模型的热功转换能力受以下因素影响：（1）两介质进出口温度和热容比；（2）系统内高位热源和低位热源温度；（3）热机循环和热泵循环的不可逆系数；（4）换热器温度效率；（5）两换热介质在系统中的流动形式；（6）外部能量的输入与输出。

17.4.2 不可逆因素的影响规律

以本文研究的喷射式大温差热电联产系统在热力输出模式时的运行参数为典型工况，其中热容比为 0.15，放热介质进口温度为 403K，吸热介质进口温度为 318K，换热器温度效率为 0.95，热机循环内不可逆系数为 0.95，热泵循环内不可逆系数为 0.95，吸热介质等效温升为 0℃，热机循环高位热源温度为 380K，分析不可逆因素对连续顺流型半理想模型温度特性的影响规律。

图 17-4-1 分析了换热器温度效率 ε 对半理想模型中温度参数的影响规律。随着换热器温度效率

由 0.4 提高至 1.0，半理想模型的换热能力逐渐增强，放热介质出口温度由 364.37K 显著降低至 325.66K，吸热介质出口温度由 323.79K 升高至 329.60K。当 ε 为 0.94 时，放热介质出口温度与吸热介质出口温度相同，随后出现温度交叉，但该工况下放热介质出口温度未能低于吸热介质进口温度，无法实现大温差热力过程。

图 17-4-2 绘制了热机循环高位热源温度 T_h 对半理想模型中放热介质出口温度、吸热介质出口温度、热泵循环高位热源温度和热泵循环低位热源温度的影响规律。随着 T_h 由 350K 升高至 390K，半理想模型中的放热介质出口温度呈现出先显著降低再显著升高的趋势，吸热介质出口温度呈现出先缓慢升高再缓慢降低的趋势。当 T_h 为 360K 时，放热介质最低出口温度为 328.14K，吸热介质最高出口温度为 329.23K，此时半理想模型的换热能力最强。而热泵循环区间内的高位热源和低位热源极值出现在 T_h 为 365K 时。

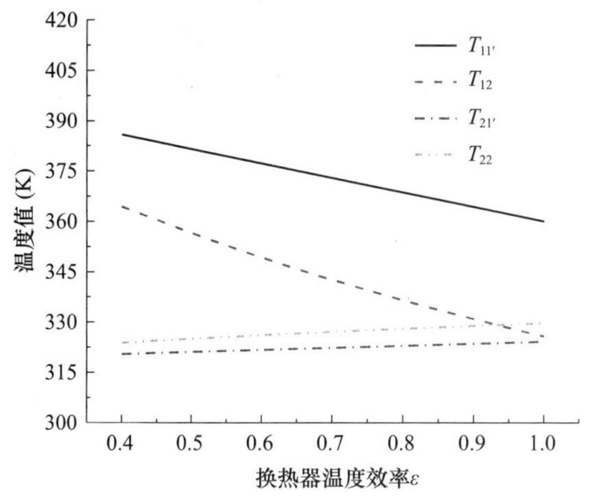

图 17-4-1　温度参数随换热器温度效率 ε 的变化规律

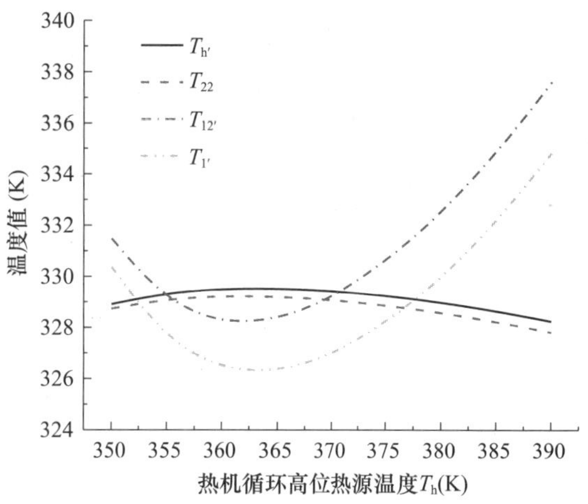

图 17-4-2　温度参数随热机循环高位热源温度 T_h 的变化规律

图 17-4-3 分析了热机循环内不可逆系数对半理想模型中放热介质出口温度、吸热介质出口温度、热泵循环高位热源温度和热泵循环低位热源温度的影响规律。随着 φ_{he} 由 0.78 升高至 1.00，放热介质出口温度和热泵循环区间低位热源温度呈现先显著降低再缓慢降低的趋势，吸热介质出口温度和热泵循环区间高温位热源温度呈现先显著升高再缓慢升高的趋势。当 φ_{he} 小于 0.85 时，热泵循环区间内的高位热源温度已经低于低位热源温度，不再满足能量传递关系，即较低的热机循环内不可逆系数会导致半理想模型热力过程无法实现。当 φ_{he} 等于 1.00 时，半理想模型可以实现大温差热力过程。

图 17-4-4 分析了热泵循环内不可逆系数 φ_{hp} 对半理想模型中温度参数的影响规律。随着 φ_{hp} 由 0.70 升高至 1.00，放热介质出口温度和热泵循环区间低位热源温度呈现降低趋势，吸热介质出口温度和热泵循环区间高位热源温度呈现升高趋势。当 φ_{hp} 高于 0.93 后，热机循环区间内的高位热源温度才高于低位热源温度，满足能量传递关系，即较低的热泵循环内不可逆系数会导致半理想模型热力过程无法实现。当 φ_{hp} 等于 1.00 时，半理想模型同样可以实现大温差热力过程。

图 17-4-5 分析了吸热介质等效温升 ΔT_w 对半理想模型中温度参数的影响规律。ΔT_w 为负值时代表外界对系统输入功量，ΔT_w 为正值时代表系统对外界输出功量。随着 ΔT_w 由负转正，放热介质出口温度和热泵循环区间低位热源温度呈现先缓慢升高再显著升高的趋势，吸热介质出口温度和热泵循环区间高位热源温度呈现先缓慢降低再显著降低的趋势。随着外界输入功量的增加，ΔT_w 不断减小，放热介质出口温度逐渐低于吸热介质出口温度；当 ΔT_w 小于－0.7K 时，半理想模型可以实现大温差热力过程。若半理想模型对外界输出功量，则 ΔT_w 逐渐增大，然而此时热泵循环区间高位热源温度已经低于低位热源温度，表明该工况条件下，半理想模型并不具备对外界输出功量的能力。

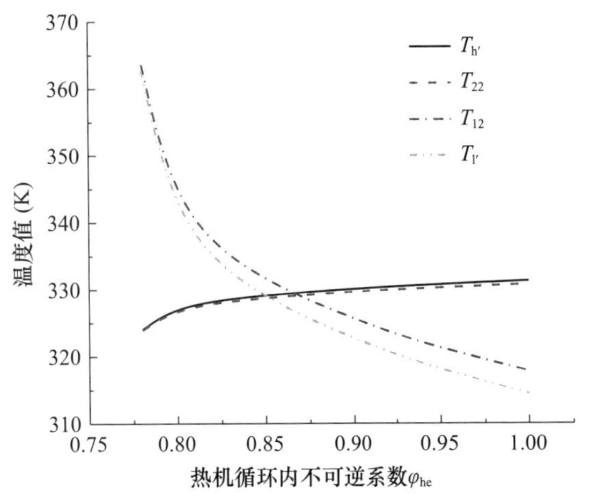

图 17-4-3　温度参数随热机循环内不可逆系数 φ_{he} 的变化规律

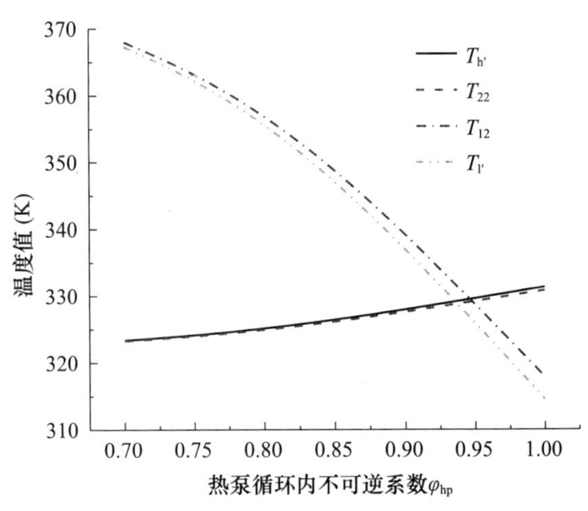

图 17-4-4　温度参数随热泵循环内不可逆系数 φ_{hp} 的变化规律

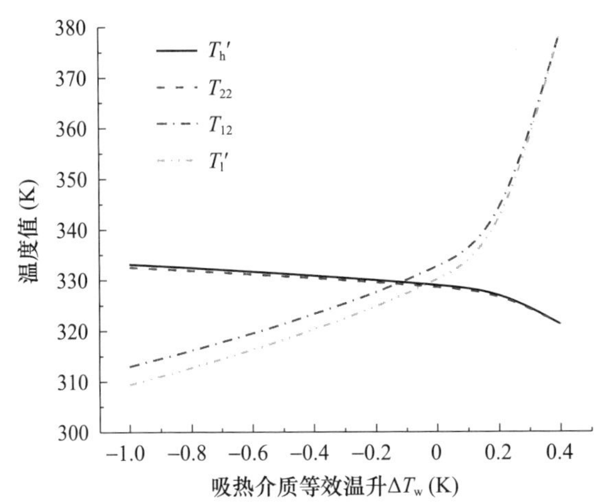

图 17-4-5　温度参数随吸热介质等效温升 ΔT_w 的变化规律

整体而言，换热器温度效率对系统温度特性影响较为线性，存在最优热机循环区间高位热源温度使系统热力性能最优，而较低的热力循环内不可逆系数会导致半理想模型热力过程无法实现。因此，提高换热器换热能力、提高系统主要部件效率、降低系统内不可逆系数影响、优化内循环温度是构建两介质实际热功转换系统的基本原则。

17.5　两介质热功转换系统评价

17.5.1　两介质热功转换系统评价指标

两介质理想热功转换系统内的热功转换过程，是实际系统热力性能的极限情况。通过数学模型构建和热力特性研究，可以获得两介质热功转换系统内热功转换过程的基本规律，为实际系统的构建与优化提供理论依据。

（1）净输出功量效率 $\eta_{net,ideal}$

对于两介质理想热功转换系统而言，其净输出功量效率等于系统向外界输出的净输出功量与放热介质总放热量之比，表达式为

$$\eta_{net,ideal}=\frac{W_{net,ideal}}{Q_1+Q_4} \tag{17-5-1}$$

式中　$\eta_{net,ideal}$——两介质理想热功转换系统的净输出功量效率，%；

$W_{net,ideal}$——两介质理想热功转换系统的净输出功量，kW。

（2）制热量效率 $\eta_{heat,ideal}$

对于两介质理想热功转换系统而言，当吸热介质吸收的热量全部用于制热时，系统制热量效率为吸热介质总吸热量与放热介质总放热量之比，表达式如下

$$\eta_{heat,ideal}=\frac{Q_2+Q_3}{Q_1+Q_4} \tag{17-5-2}$$

式中　$\eta_{heat,ideal}$——两介质理想热功转换系统的制热量效率，%。

（3）循环热效率 $\eta_{th,ideal}$

对于两介质理想热功转换系统而言，系统循环热效率为系统对外界输出的有用能量与放热介质总放热量之比，表达式如下

$$\eta_{th,ideal}=\frac{W_{net}+Q_2+Q_3}{Q_1+Q_4} \tag{17-5-3}$$

式中　$\eta_{th,ideal}$——两介质理想热功转换系统的循环热效率，%。

（4）换热完善度 η_{ht}

两介质理想热功转换系统的数学模型指出了在理想条件下系统的热功转换能力极限。受不可逆耗散影响，实际系统所能实现的热功转换能力必然低于上述极限情况。换热完善度定义如下：在放热介质与吸热介质进口参数相同，且输出功量占比相同的条件下，实际热力过程与两介质理想热功转换系统之间的最大换热量的比值。其表达式如下

$$\eta_{ht}=\frac{Q_{real}}{Q_{ideal}}=\frac{T_{11}-T_{12,real}}{T_{11}-T_{12,ideal}} \tag{17-5-4}$$

式中　η_{ht}——换热完善度；

Q_{real}——实际热力过程的最大换热量，kW；

Q_{ideal}——两介质理想热功转换系统的最大换热量，kW；

$T_{12,real}$——实际热力过程放热介质出口温度，K；

$T_{12,ideal}$——两介质理想热功转换系统放热介质出口温度，K。

（5）吸热介质等效温升比 η_{tw}

吸热介质等效温升表征了两介质热功转换系统的类型，也是系统做功能力的重要指标。吸热介质等效温升比表示实际热力过程功量输出能力与极限功量输出能力的比值。吸热介质等效温升比定义如下：在放热介质与吸热介质进口参数相同，且输出功量占比相同的条件下，实际热力过程与两介质理想热功转换系统之间的吸热介质等效温升之比。其表达式为

$$\eta_{tw}=\frac{\Delta T_{w,real}}{\Delta T_{w,ideal}}=\frac{W_{net,real}}{W_{net,ideal}} \tag{17-5-5}$$

式中　η_{tw}——吸热介质等效温升比，%；

$\Delta T_{w,real}$——实际热力过程的吸热介质等效温升，K；

$\Delta T_{w,ideal}$——两介质理想热功转换系统的吸热介质等效温升，K；

$W_{net,real}$——实际热力过程的净输出功量，kW。

（6）净输出功量效率比 μ

在放热介质与吸热介质进口参数相同，且输出功量占比相同的条件下，实际热力过程净输出功量效率与两介质理想热功转换系统净输出功量效率的比值。其表达式为

$$\mu=\frac{\eta_{net,real}}{\eta_{net,ideal}}=\frac{\eta_{tw}}{\eta_{ht}} \tag{17-5-6}$$

式中　μ——净输出功量效率比，%；

$\eta_{net,real}$——实际热力过程的净输出功量效率，%。

17.5.2 两介质热功转换系统评价案例

针对某一特定放热介质和吸热介质条件下的实际热力系统，两介质理想热功转换系统热力学模型可以计算出热功转换性能极限，评价指标体系可以分析实际热力系统与其热力性能极限之间的差距，并和不同条件下的不同类型两介质实际热功转换系统进行对比分析。结合不可逆因素影响规律，可以指导两介质实际热功转换系统的构建与优化设计。

某一类实际串联型两介质热功转换系统的结构示意图如图 17-5-1 所示，它是在基本型有机朗肯循环的基础上，串联连接了喷射式热泵系统，通过梯级利用热源热量并回收全部冷凝热用于供热，具有输出能力强、输出形式多样的优点，适用于同时有用热、用电需求的场合。表 17-5-1 列出了包括放热介质压力 p_1、吸热介质压力 p_2、蒸发器过热度 ΔT_e、冷凝器过冷度 ΔT_c、换热器窄点温差 ΔT、泵效率 η_{pump}、膨胀机效率 η_{exp} 在内的对比工况主要参数。在表 17-5-1 所述工况条件下，采用两介质热功转换系统理想热力学模型对比分析了基本型 ORC 与串联型两介质热功转换系统的热力性能，二者都是以 R123 为有机工质、热容比为 1.30 的逆流型正余热功转换系统。

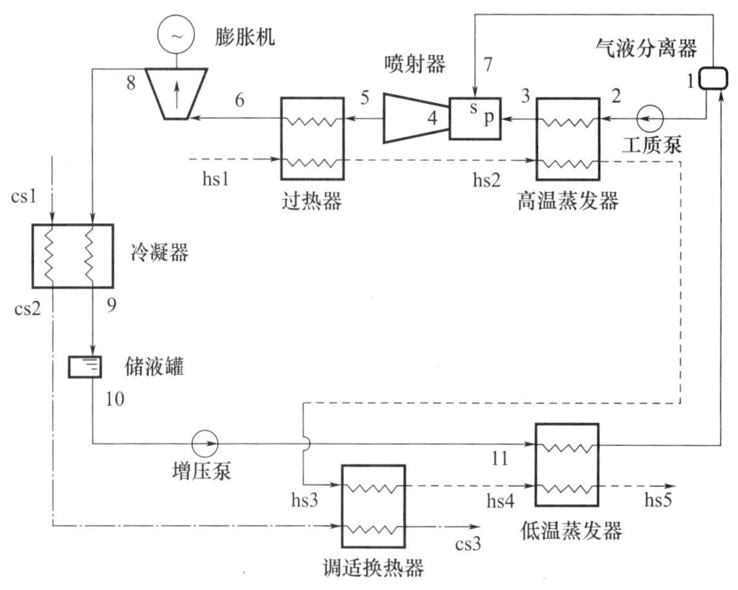

图 17-5-1 串联型两介质热功转换系统原理图

表 17-5-1 对比工况参数表

参数	m_1 (kg/s)	T_{11} (K)	p_1 (kPa)	m_2 (kg/s)	T_{21} (K)	p_2 (kPa)	ΔT_e (K)	ΔT_c (K)	ΔT (K)	η_{pump} (%)	η_{exp} (%)
取值	27.21	403	270	20.93	288	101	3	5	3	85	80

由表 17-5-2 分析可知，基本型 ORC 系统对外净输出功量为 257kW，略高于串联型两介质热功转换系统的 244kW。由于串联型两介质热功转换系统的实际总换热量是基本型 ORC 总换热量的 1.97 倍，使得串联型两介质热功转换系统的净输出功量效率仅为 6.55%，显著低于基本型 ORC 的 13.61%。从热力学第二定律角度分析，基本型 ORC 的㶲效率（45.73%）显著高于串联型两介质热功转换系统的㶲效率（26.61%）。相比于各自的理想正余热功转换系统，虽然两个实际系统的换热完善度几乎相同，但基本型 ORC 的热力完善度为 55.73%，显著高于串联型两介质热功转换系统的 36.38%。

分析结果表明，基本型 ORC 在净发电效率、㶲效率、热力完善度等方面均具有显著优势。而串联型两介质热功转换系统通过设置喷射式热泵，可在相同热源、冷源条件下获取相对更多的换热量，其输出能力和输出形式更具优势。但其代价是大幅偏离了理想㶲驱热力过程的热力性能极限，仍有较大提升空间。因此，实际串联型两介质热功转换系统热力性能的提高方法主要包括：①高性能喷射器和膨胀机的优化设计；②根据能量梯级利用原则构建多段联合循环系统，减少不可逆程度；③在热机循环区间与热泵循环区间设置回热器等。

表 17-5-2　基本型 ORC 与串联型两介质热功转换系统热力性能对比

热力过程	T_{12} (K)	T_{22} (K)	Q (kW)	W_{he} (kW)	W_{net} (kW)	ΔT_w (K)	η_{net} (%)	η_{ex} (%)	η_{ht} (%)	η_{tw} (%)	μ (%)
正余热功转换系统	384	307	2209	539	539	6.13	24.39				
基本型 ORC	387	307	1888	257	257	2.92	13.61	45.73	85.47	47.63	55.73
正余热功转换系统	365	328	4385	869	790	8.99	18.02				
串联型两介质热功转换系统	371	328	3723	268	244	2.78	6.55	26.61	84.90	30.89	36.38

参考文献

[1] 林已又. 喷射式大温差热电联产系统热功转换特性研究 [D]. 哈尔滨：哈尔滨工业大学，2022：14-34.

[2] 李亚平. 大温差换热系统能量转换机理与应用 [D]. 哈尔滨：哈尔滨工业大学，2019：17-90.

[3] BOLES M A，CENGEL Y A. Thermodynamics：an engineering approach [M]. 8th ed. McGraw-Hill Education，2014：1024.

[4] 廉雪丽. 补燃型溴化锂吸收式换热机组供热性能研究 [D]. 哈尔滨：哈尔滨工业大学，2018：10-25.

[5] 崔天阳. 自驱动湿热烟气全热回收系统运行特性研究 [D]. 哈尔滨：哈尔滨工业大学，2019：9-19.

第 18 章　数值传热传质学基础

从第 12 章的分析可以看到，即使是求解简单的导热问题，应用分析解法，包括直接积分法和分离变量法，都是相当困难和复杂的。对于复杂几何形状的物体和非线性边界条件下的导热问题，应用分析解法是不可能的。在这种情况下，建立在有限差分法、有限元法和边界元法基础上的数值解法是求解导热问题十分有效的方法。它是一种具有足够准确性的求解方法。计算机技术的普及应用和数值计算科学的快速发展推动了传热问题数值解法的发展。现在，许多复杂的导热问题都可以得到满意的数值解。

本章以二维稳态导热与一维瞬态导热问题为例，说明如何建立导热微分方程的离散方程，并简要地阐明离散方程的求解方法。

18.1　数值方法的理论基础

18.1.1　区域和时间的离散化

在分析解法中，求解过程是应用数学物理方法，求解偏微分方程得到温度 t 与空间变量（x，y，z）和时间变量 τ 之间的函数关系式，通过这种函数关系式，可获得物体内任意位置任何时刻的温度值。

基于有限差分法或控制容积法的数值解法，则把物体分割为有限数目的网格单元，把原来在空间和时间上连续的物理量的场，转变为有限个离散的网格单元节点上的物理量的集合，然后用数值方法求解针对各个节点建立起来的离散方程，得到各节点上被求物理量的集合。

例如对于二维导热，沿 x 方向和沿 y 方向分别按间距 Δx 和 Δy，用一系列与坐标轴平行的网格线，把求解区域分割成许多小的矩形网格，称为子区域，如图 18-1-1（a）所示。网格线的交点称为网格单元节点，各节点的位置用 p（i，j）表示，i 表示沿 x 方向节点的顺序号，j 表示沿 y 方向节点的顺序号。相邻两节点的距离，即 Δx 或 Δy，称为空间步长。图 18-1-1（a）所示的网格沿 x 和 y 方向各自是等步长的，称为均匀网格。实际上，根据需要网格可以是不均匀的。物体边界上的网格单元节点则称为边界节点。

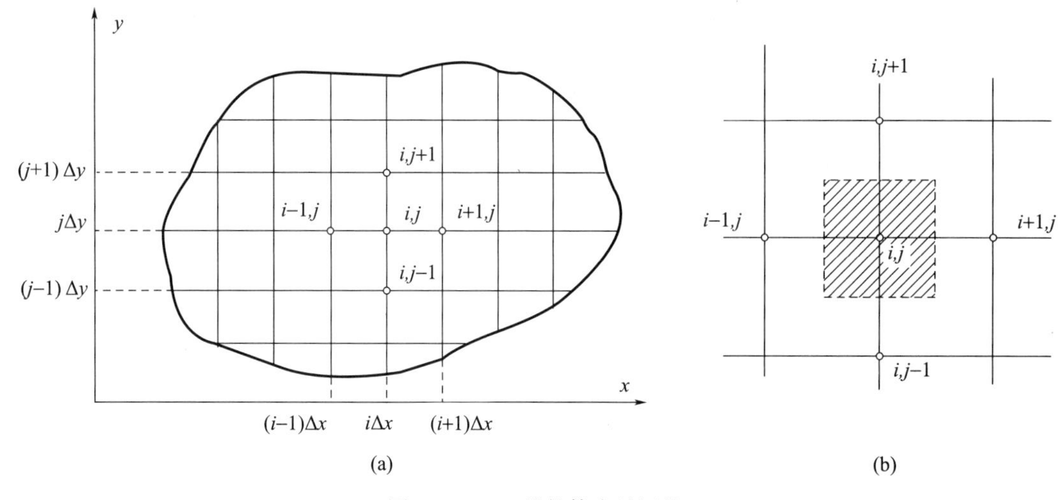

图 18-1-1　二维物体中的网格

每一个节点都可以看做是以它为中心的一个网格单元的代表，如图 18-1-1（b）所示。每一个节点的温度值就代表了它所在的网格单元的平均温度。这样，通过数值解法得到的温度值只是各节点的温度，在空间上是不连续的。

显然，网格分割得越细密，节点越多，不连续的节点温度的集合就越逼近真实的温度分布。但是，网格越细密，节点数量越多，数值计算所花费的时间越多。

对于非稳态导热问题，除了在空间上把物体分割成网格单元外，还要把时间分割成许多间隔 $\Delta\tau$，时间间隔的顺序号用 k 表示。非稳态导热问题的求解过程就是从初始时间 $\tau=0$ 出发，依次求得 $\Delta\tau$、$2\Delta\tau$、…、$k\Delta\tau$、…时刻物体中各节点的温度值。可见这样所得到的温度分布在时间上是不连续的。若将时间间隔 $\Delta\tau$ 分割得越小，所得结果就越准确。但是，有些场合时间间隔的分割要受到网格间距和其他因素的影响，有关这一问题将在 18.2.2 中进一步讨论。

18.1.2　建立离散方程的方法

建立离散方程的方法主要有两种，它们是基于泰勒级数展开的有限差分法和基于能量守恒定律的控制容积法。

18.1.2.1　有限差分法

应用泰勒级数展开式，把导热微分方程中的各阶导数用相应的差分表达式来代替。例如，用节点（i，j）的温度参数来表示节点（$i+1$，j）的温度 $t_{i+1,j}$时，根据泰勒级数展开式

$$t_{i+1,j}=t_{i,j}+\left(\frac{\partial t}{\partial x}\right)_{i,j}\Delta x+\left(\frac{\partial^2 t}{\partial x^2}\right)_{i,j}\frac{\Delta x^2}{2!}+\left(\frac{\partial^3 t}{\partial x^3}\right)_{i,j}\frac{\Delta x^3}{3!}+\cdots \tag{18-1-1}$$

归并上式中等号右边第三项及以后的各个尾项，移项整理，可以得到节点（i，j）的温度对 x 的一阶导数

$$\left(\frac{\partial t}{\partial x}\right)_{i,j}=\frac{t_{i+1,j}-t_{i,j}}{\Delta x}+0(\Delta x) \tag{18-1-2}$$

式中，$0(\Delta x)$ 代表了二阶导数和更高阶导数项之和，称为截断误差。它表示随着 Δx 趋近于零，用$(t_{i+1,j}-t_{i,j})/\Delta x$ 来代替$\left(\frac{\partial t}{\partial x}\right)_{i,j}$时，截断误差小于或等于 $c|\Delta x|$，此处，c 是与 x 无关的正实数。式（18-1-2）称为一阶截差公式。

类似地，可以用节点（i，j）的温度参数来表示节点（$i-1$，j）的温度，它的泰勒级数展开式是

$$t_{i-1,j}=t_{i,j}-\left(\frac{\partial t}{\partial x}\right)_{i,j}\Delta x+\left(\frac{\partial^2 t}{\partial x^2}\right)_{i,j}\frac{\Delta x^2}{2!}-\left(\frac{\partial^3 t}{\partial x^3}\right)_{i,j}\frac{\Delta x^3}{3!}+\cdots \tag{18-1-3}$$

同样地，只取式（2）等号右边前两项，归并右边第三项及以后的各个尾项，移项整理可得

$$\left(\frac{\partial t}{\partial x}\right)_{i,j}=\frac{t_{i,j}-t_{i-1,j}}{\Delta x}+0(\Delta x) \tag{18-1-4}$$

式（18-1-4）是节点（i，j）温度一阶导数的向后差分表达式，而式（18-1-2）是节点（i，j）温度一阶导数的向前差分表达式，两者都是一阶截差公式。

将式（18-1-1）减式（18-1-3），移项整理可以得到

$$\left(\frac{\partial t}{\partial x}\right)_{i,j}=\frac{t_{i+1,j}-t_{i-1,j}}{2\Delta x}+0(\Delta x^2) \tag{18-1-5}$$

上式是节点（i，j）温度一阶导数的中心差分表达式，它是一个二阶截差公式。当 Δx 足够小时，二阶截差公式比一阶截差公式更为准确。

若取式（18-1-1）和（18-1-3）右边的前四项，然后将式（18-1-1）和（18-1-3）相加，移项整理，可得节点（i，j）二阶导数的中心差分表达式

$$\left(\frac{\partial^2 t}{\partial x^2}\right)_{i,j}=\frac{t_{i+1,j}-2t_{i,j}+t_{i-1,j}}{\Delta x^2}+0(\Delta x^2) \tag{18-1-6}$$

同样地，可以写出节点（i，j）处温度对 y 的二阶导数的中心差分表达式

$$\left(\frac{\partial^2 t}{\partial y^2}\right)_{i,j}=\frac{t_{i,j+1}-2t_{i,j}+t_{i,j-1}}{\Delta y^2}+0(\Delta y^2) \tag{18-1-7}$$

尽管中心差分表达式的截差较小，但是在表示温度对时间的一阶导数时，仍然只采用向前差分或向后差分表达式，因为应用温度对时间一阶导数的中心差分表达式求解非稳态导热问题将导致数值解的不稳定[1]。关于数值解稳定性的基本概念将在本章 18.2.2 中简要地加以说明。

有了导数的差分表达式，就很容易建立离散方程。以常物性、无热源二维稳态导热为例，根据导热微分方程式，可以直接写出节点 P（i，j）温度的离散方程

$$\frac{t_{i+1,j}-2t_{i,j}+t_{i-1,j}}{\Delta x^2}+\frac{t_{i,j+1}-2t_{i,j}+t_{i,j-1}}{\Delta y^2}=0 \tag{18-1-8}$$

18.1.2.2　控制容积法

对节点 P（i，j）所代表的微元体，参见图 18-1-2，在 x 方向和 y 方向与节点 P 相邻的节点分别为 R（$i+1$，j）、L（$i-1$，j）和 T（i，$j+1$）、B（i，$j-1$）。由于节点之间的间距很小，可认为相邻节点间的温度分布是线性的，那么，节点 P 所代表的网格单元与其周围各网格单元之间的导热量可根据傅里叶定律直接写为：

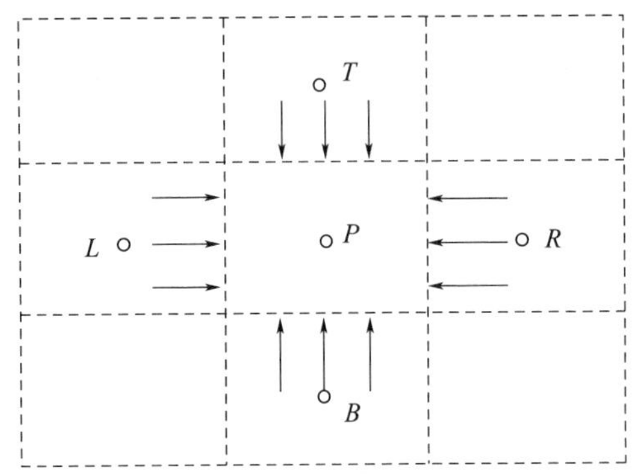

图 18-1-2　二维网格单元的能量平衡

$$\Phi_{LP}=\lambda\frac{t_{i-1,j}-t_{i,j}}{\Delta x}\Delta y\times1,\Phi_{RP}=\lambda\frac{t_{i+1,j}-t_{i,j}}{\Delta x}\Delta y\times1$$

$$\Phi_{TP}=\lambda\frac{t_{i,j+1}-t_{i,j}}{\Delta y}\Delta x\times1,\Phi_{BP}=\lambda\frac{t_{i,j-1}-t_{i,j}}{\Delta y}\Delta x\times1$$

由式（11-4-1）可知，在常物性、无热源二维稳态导热过程中，导入与导出微元体的净热量等于零，即可得节点 P（i，j）温度的离散方程

$$\Phi_{LP}+\Phi_{RP}+\Phi_{TP}+\Phi_{BP}=0$$

$$\lambda\frac{\Delta y}{\Delta x}(t_{i+1,j}-2t_{i,j}+t_{i-1,j})+\lambda\frac{\Delta x}{\Delta y}(t_{i,j+1}-2t_{i,j}+t_{i,j-1})=0 \tag{18-1-9}$$

式（18-1-8）与式（18-1-9）完全一致。可以看出，由于控制容积法保留了原微分方程的能量守恒特性，因此，即使热导率是温度的函数或内热源分布不均匀，针对每个网络单元写出能量守恒关系式也并不困难，这些是控制容积法的优点。

18.2　导热问题的有限差分法离散方程

18.2.1　稳态导热的离散方程

18.2.1.1　内节点离散方程的建立

以常物性、无热源的二维稳态导热为例，如前所述，对于物体内任意一节点 p（i，j），它的温

度离散方程是式（18-1-8）或式（18-1-9），若网格的划分是均匀的，即 $\Delta x=\Delta y$，那么式（18-1-8）可简化为

$$t_{i+1,j}+t_{i-1,j}+t_{i,j+1}+t_{i,j-1}-4t_{i,j}=0$$

或

$$t_{i,j}=\frac{1}{4}(t_{i+1,j}+t_{i-1,j}+t_{i,j+1}+t_{i,j-1}) \tag{18-2-1}$$

按式（18-1-8）、式（18-1-9）或式（18-2-1），对物体中的每个节点，可以逐个写出它们的温度离散方程，从而可以得到一组节点的离散方程，它是一个线性代数方程组。求解这一代数方程组，就可以得到各个节点的温度。

值得注意，式（18-1-8）、式（18-1-9）或式（18-2-1）只适用于物体内的各个节点，也称内节点；对于边界节点它们是不适用的，因为边界节点要受边界条件的制约和影响。在用数值计算法求解节点方程时，除了应包括内节点的离散方程，还应包括边界节点的离散方程。有关边界节点的离散方程的表述将在下面详细讨论。

18.2.1.2　边界节点离散方程的建立

对于第一类边界条件，问题比较简单，因为边界节点的温度是给定的，它直接以数值的形式参加到与边界节点相邻的内节点的离散方程中。对于第二类或第三类边界条件，则应根据给定的具体条件，针对边界节点所在的网格单元写出热平衡关系式，建立边界节点的温度离散方程。

对于第二类边界条件，参见图 18-2-1 的边界节点（i，j），温度为 $t_{i,j}$。注意图中边界节点（i，j）所代表的网格单元与内节点是不一样的。设边界的热流密度为 q_w，则针对边界网格单元写出热平衡关系式，有

$$\lambda\frac{t_{i-1,j}-t_{i,j}}{\Delta x}\Delta y+\lambda\frac{t_{i,j-1}-t_{i,j}}{\Delta y}\frac{\Delta x}{2}+\lambda\frac{t_{i,j+1}-t_{i,j}}{\Delta y}\frac{\Delta x}{2}+q_w\Delta y=0$$

当 $\Delta x=\Delta y$ 时，上式可以简化为

$$t_{i,j}=\frac{1}{4}\left(2t_{i-1,j}+t_{i,j-1}+t_{i,j+1}+\frac{2\Delta x q_w}{\lambda}\right) \tag{18-2-2a}$$

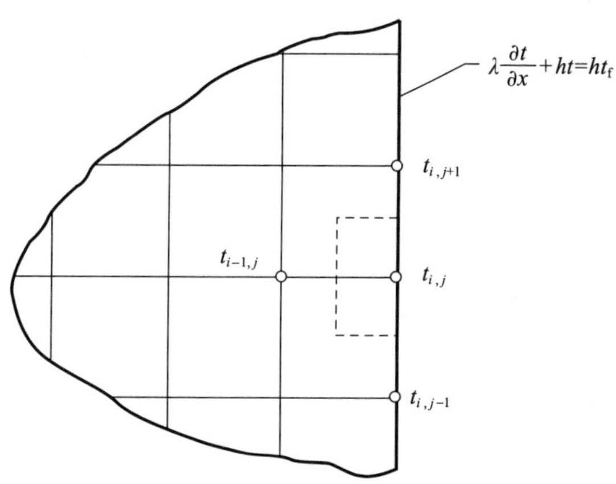

图 18-2-1　第三类边界条件的边界节点

上式就是图 18-2-1 所示的平直边界节点在第二类边界条件下的温度离散方程。当 $q_w=0$ 时，就是绝热边界条件下的平直边界节点温度离散方程。

对于第三类边界条件，已知对流传热的表面传热系数 h 和周围流体的温度 t_f，这时

$$q_w=h(t_f-t_{i,j})$$

将上式代入式（18-2-2a），经过整理，可得

$$(2t_{i-1,j}+t_{i,j-1}+t_{i,j+1})-2\left(2+\frac{h\Delta x}{\lambda}\right)t_{i,j}+2\frac{h\Delta x}{\lambda}t_f=0 \tag{18-2-2b}$$

上式就是图 18-2-1 所示的边界节点（i，j）在第三类边界条件下的温度离散方程。

按照同样的方法，可以建立各种具体条件下边界节点的离散方程，表 18-2-1 汇总了常见情况下内节点和边界节点的离散方程[2-3]。

表 18-2-1　节点方程式

序号	节点特征	节点方程式（$\Delta x=\Delta y$）
1. 内部节点	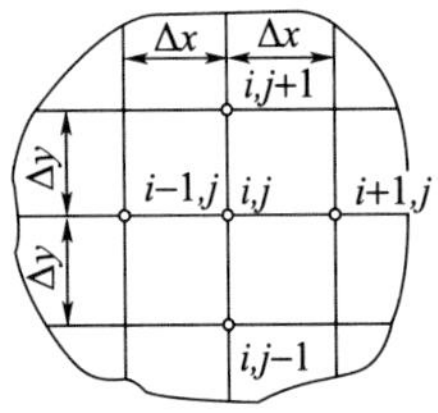	$t_{i-1,j}+t_{i+1,j}+t_{i,j-1}+t_{i,j+1}-4t_{i,j}=0$
2. 对流边界节点	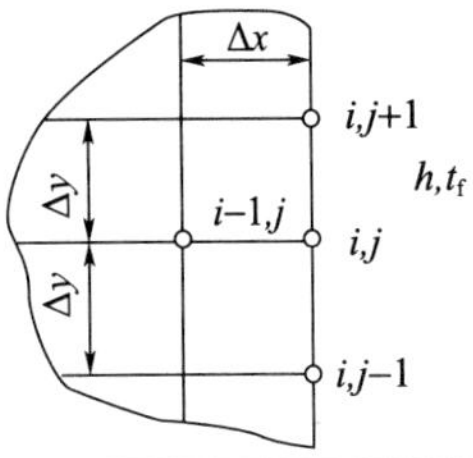	$(2t_{i-1,j}+t_{i,j+1}+t_{i,j-1})-\left(4+2\frac{h\Delta x}{\lambda}\right)t_{i,j}+2\frac{h\Delta x}{\lambda}t_f=0$
3. 对流边界外部拐角节点	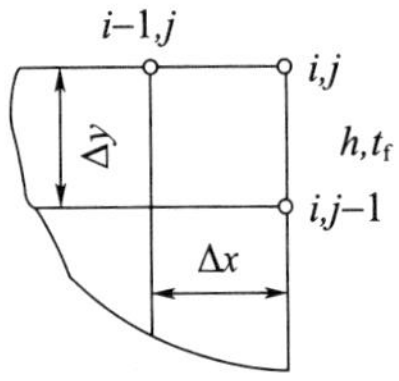	$(t_{i-1,j}+t_{i,j-1})-\left(2+2\frac{h\Delta x}{\lambda}\right)t_{i,j}+2\frac{h\Delta x}{\lambda}t_f=0$
4. 对流边界内部拐角节点	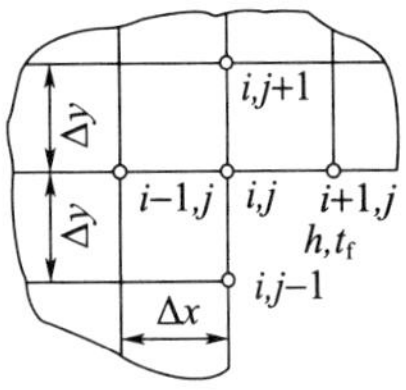	$(t_{i,j-1}+t_{i+1,j})+2(t_{i-1,j}+t_{i,j+1})-\left(6+2\frac{h\Delta x}{\lambda}\right)t_{i,j}+2\frac{h\Delta x}{\lambda}t_f=0$
5. 绝热边界节点	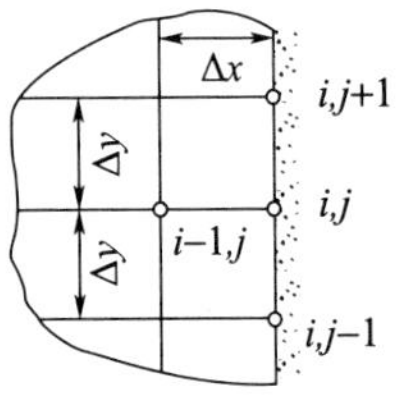	$t_{i,j+1}+t_{i,j-1}+2t_{i-1,j}-4t_{i,j}=0$
6. 曲面边界节点	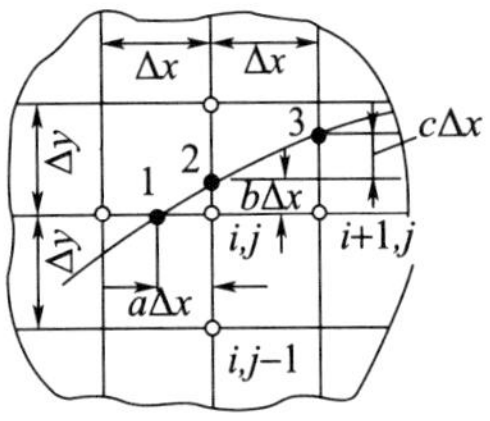	$\frac{2}{b(b+1)}t_2+\frac{2}{a+1}t_{i+1,j}+\frac{2}{b+1}t_{i,j-1}+\frac{2}{a(a+1)}t_1-2\left(\frac{1}{a}+\frac{1}{b}\right)t_{i,j}=0$
7. 对流传热边界条件下曲面边界上的节点 2	同上图	$\frac{b}{\sqrt{a^2+b^2}}t_1+\frac{b}{\sqrt{c^2+1}}t_3+\frac{a+1}{b}t_{i,j}+\frac{h\Delta x}{\lambda}\left(\sqrt{a^2+b^2}+\sqrt{c^2+1}\right)t_f-\left[\frac{b}{\sqrt{a^2+b^2}}+\frac{b}{\sqrt{c^2+1}}+\frac{a+1}{b}+\frac{h\Delta x}{\lambda}\left(\sqrt{a^2+b^2}+\sqrt{c^2+1}\right)\right]t_2=0$

【例 18-1】 设有一矩形薄板，参见下图，已知 $a=2b$，在边界 $x=0$ 和 $y=0$ 处是绝热的，在 $x=a$ 处给出第三类边界条件，即给定 h 和 t_f，而边界 $y=b$ 处给出第一类边界条件，即温度为已知 $t=c_{11}$、c_{12}、…、c_{15}。试写出各节点的离散方程。

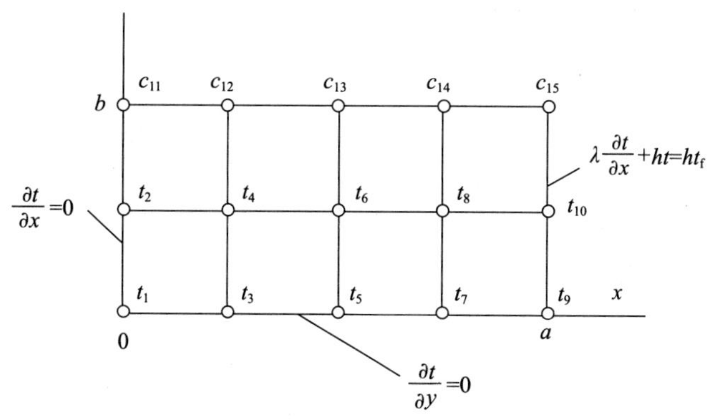

图 1　例 18-1 图

【解】 采用均匀网格 $\Delta x=\Delta y=\frac{b}{2}$。给各未知节点编号 t_1、t_2、…、t_{10}，参见图 1。按节点所在位置和题目所示边界条件，根据式（18-2-1）或表 18-2-1 写出各节点的离散方程，列于表 1。

表 1　例 18-1 表

节点号	节点方程式	公式来源
1	$t_2+t_3-2t_1=0$	表 18-2-1，3。$h=0$
2	$t_1+c_{11}+2t_4-4t_2=0$	表 18-2-1，5
3	$t_1+t_5+2t_4-4t_3=0$	表 18-2-1，5
4	$t_2+t_3+t_6+c_{12}-4t_4=0$	式（18-1-9）
5	$t_3+t_7+2t_6-4t_5=0$	表 18-2-1，5
6	$t_4+t_5+t_8+c_{13}-4t_6=0$	式（18-1-9）
7	$t_5+t_9+2t_8-4t_7=0$	表 18-2-1，5
8	$t_6+t_7+t_{10}+c_{14}-4t_8=0$	式（18-1-9）
9	$t_7+t_{10}-\left(2+\frac{hb}{2\lambda}\right)t_9+\frac{hb}{2\lambda}t_f=0$	表 18-2-1，3。(一侧绝热)
10	$2t_8+t_9+c_{15}-\left(4+\frac{hb}{\lambda}\right)t_{10}+\frac{hb}{\lambda}t_f=0$	表 18-2-1，2

上述 10 个未知节点的离散方程亦可写成矩阵的形式：

$$\begin{bmatrix}-2 & 1 & 1 & 0 & 0 & 0 & 0 & 0 & 0 & 0\\ 1 & -4 & 0 & 2 & 0 & 0 & 0 & 0 & 0 & 0\\ 1 & 0 & -4 & 2 & 1 & 0 & 0 & 0 & 0 & 0\\ 0 & 1 & 1 & -4 & 0 & 1 & 0 & 0 & 0 & 0\\ 0 & 0 & 1 & 0 & -4 & 2 & 1 & 0 & 0 & 0\\ 0 & 0 & 0 & 1 & 1 & -4 & 0 & 1 & 0 & 0\\ 0 & 0 & 0 & 0 & 1 & 0 & -4 & 2 & 1 & 0\\ 0 & 0 & 0 & 0 & 0 & 1 & 1 & -4 & 0 & 1\\ 0 & 0 & 0 & 0 & 0 & 0 & 1 & 0 & -\left(2+\frac{hb}{2\lambda}\right) & 1\\ 0 & 0 & 0 & 0 & 0 & 0 & 0 & 2 & 1 & -\left(4+\frac{hb}{\lambda}\right)\end{bmatrix}\times\begin{bmatrix}t_1\\ t_2\\ t_3\\ t_4\\ t_5\\ t_6\\ t_7\\ t_8\\ t_9\\ t_{10}\end{bmatrix}=\begin{bmatrix}0\\ -c_{11}\\ 0\\ -c_{12}\\ 0\\ -c_{13}\\ 0\\ -c_{14}\\ -\frac{hb}{2\lambda}t_f\\ -c_{15}-\frac{hb}{\lambda}t_f\end{bmatrix}$$

即：

$$[\boldsymbol{A}][\boldsymbol{t}]=[\boldsymbol{c}] \tag{18-2-3}$$

【讨论】从本例中可以明显地看到，网格分割得越细，求解所得各节点温度就越能细致地描述物体的温度场，但所用的计算时间也相应增加。

18.2.2 非稳态导热的离散方程

非稳态导热的数值计算在原理上与前文所述的稳态导热问题的数值计算方法一致，不同之处在于节点温度不仅仅随位置而变化，而且还随时间发生变化。从能量平衡关系来看，网格单元不仅仅与相邻的网格单元之间有热量导入或导出，而且网格单元本身的热力学能将随着时间发生变化。所以，对于非稳态导热，除了在空间上把物体分割成网格单元外，还把时间分割成许多间隔 $\Delta\tau$。由于温度对时间的一阶导数可以采用向前差分和向后差分两种格式，非稳态导热的离散方程相应地也有显式离散格式与隐式离散格式之分。本节以一维非稳态导热为例，在建立节点离散方程时应用控制容积法。

18.2.2.1 显式离散格式

常物性、无内热源的一维非稳态导热微分方程式为

$$\frac{\partial t}{\partial \tau}=a\frac{\partial^2 t}{\partial x^2} \tag{18-2-4}$$

上式对物体中任意位置都是正确的。若将物体沿 x 方向按间距 Δx 分割为 n 段，时间从 $\tau=0$ 开始，按 $\Delta\tau$ 分割为 k 段，参见图 18-2-2。若 i 表示内节点位置，k 表示 $k\Delta\tau$ 时刻，针对内节点（i，k）写出它的节点离散方程。这时，温度对 x 二阶导数的离散方程为

$$\left(\frac{\partial^2 t}{\partial x^2}\right)_{i,k}=\frac{t_{i-1}^k-2t_i^k+t_{i+1}^k}{\Delta x^2} \tag{18-2-5}$$

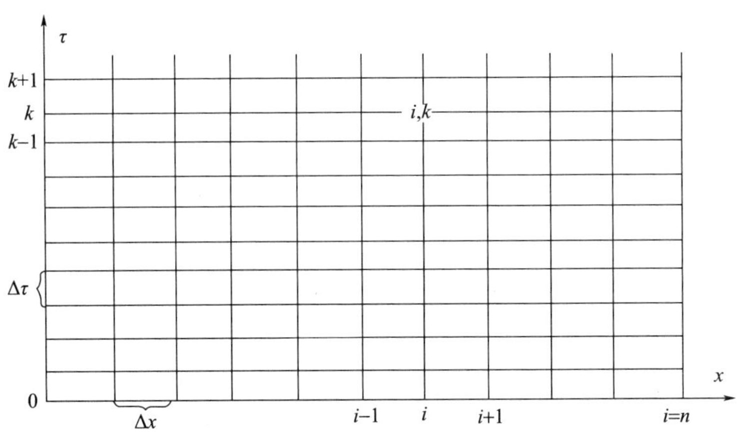

图 18-2-2 一维非稳态导热的空间和时间划分

温度对时间的一阶导数，若采用向前差分，则

$$\left(\frac{\partial t}{\partial \tau}\right)_{i,k}=\frac{t_i^{k+1}-t_i^k}{\Delta\tau} \tag{18-2-6}$$

将式（18-2-6）和式（18-2-5）代入式（18-2-4），就得到内节点（i，k）的离散方程

$$\frac{t_i^{k+1}-t_i^k}{\Delta\tau}=a\frac{t_{i-1}^k-2t_i^k+t_{i+1}^k}{\Delta x^2} \tag{18-2-7}$$

将上式移项整理便可得到

$$t_i^{k+1}=\frac{a\Delta\tau}{\Delta x^2}(t_{i-1}^k+t_{i+1}^k)+\left(1-2\frac{a\Delta\tau}{\Delta x^2}\right)t_i^k \tag{18-2-8}$$

或

$$t_i^{k+1}=Fo(t_{i-1}^k+t_{i+1}^k)+(1-2Fo)t_i^k \tag{18-2-9}$$

其中，$\frac{a\Delta\tau}{\Delta x^2}=Fo$ 为网格傅里叶数。

从上式可以看出，只要知道 $k\Delta\tau$ 时刻各节点的温度，就可以利用式（18-2-9）计算 $(k+1)\Delta\tau$ 时刻各节点的温度。这样，便可以从已知的初始温度出发逐个算出 $\Delta\tau$、$2\Delta\tau$、…不同时刻物体中的温度分布。因为节点温度 t_i^{k+1} 可以直接利用先前的温度 t_i^k、t_{i-1}^k 和 t_{i+1}^k 以显函数的形式表示，所以式（18-2-9）称为显式离散格式。

很明显，若 Δx 和 $\Delta\tau$ 都选择很小，则计算结果可能会精确些，但是整个求解过程较费时间。值得注意的是，在显式格式中，为了加快计算的进程而调整 Δx 和 $\Delta\tau$ 的大小时，必须使式（18-2-9）中 t_i^k 系数 $\left(1-2\frac{a\Delta\tau}{\Delta x^2}\right)$ 大于或等于零，即

$$\frac{a\Delta\tau}{\Delta x^2}\leqslant\frac{1}{2}$$

或

$$Fo\leqslant\frac{1}{2} \tag{18-2-10}$$

因为 $Fo>\frac{1}{2}$ 时，式（18-2-9）中 t_i^k 的系数为负数，这将意味着前一时刻的节点温度 t_i^k 值较大的话，则下一时刻的节点温度 t_i^{k+1} 将显著减小。这样不同时刻的计算值就会出现波动，导致出现违反热力学第二定律的结论。现举一计算实例说明这一问题。已知一无限大平壁，初始温度均匀分布为 100℃。今两侧表面温度突然升高到 500℃并维持不变，若错误地选择 $Fo=1$，则式（18-2-9）变为

$$t_i^{k+1}=t_{i-1}^k+t_{i+1}^k-t_i^k \tag{18-2-11}$$

按顺序号将各节点温度编号，壁面温度为 t_1，依次的内节点温度为 t_2、t_3、t_4、…。因为两侧是对称的，只计算一侧即可，按式（18-2-11）的计算结果列表如下：

τ (s)	t_1（℃）	t_2（℃）	t_3（℃）	t_4（℃）	t_5（℃）	t_6（℃）
0	500	100	100	100	100	100
$\Delta\tau$	500	500	100	100	100	
$2\Delta\tau$	500	100	500	100		
$3\Delta\tau$	500	900	−300			

从以上计算结果可以看到，在 $0\sim3\Delta\tau$ 这段时间内，第一个内节点的温度 t_2 出现很大的波动；其次，原来给定的是第一类边界条件下无限大平壁的加热，可是上述计算中在 $3\Delta\tau$ 时刻出现 $t_2=900℃>t_1$，而 $t_3=-300℃$这是完全违反热力学第二定律的。这种数值计算结果出现很大波动的现象称为数值解的不稳定性，而式（18-2-10）是控制数值解稳定性的条件。所以，在应用显式离散格式进行计算时，一旦 Δx 选定，$\Delta\tau$ 的选择就不能是任意的，要受到稳定性条件式（18-2-10）的限制。

同理可以证明，对于二维非稳态导热均匀网格的显式离散格式，稳定性条件为

$$1-4\frac{a\Delta\tau}{\Delta x^2}\geqslant0$$

或

$$Fo\leqslant\frac{1}{4} \tag{18-2-12}$$

【例 18-2】一半无限大物体，初始时各处温度均匀一致并等于 0℃，物体的热扩散率 $a=0.6\times10^{-6}\mathrm{m^2/s}$，已知物体表面温度随时间直线变化，$t_w=0.25\tau$，试用显式格式计算过程开始后 10min

时半无限大物体内的温度分布。

【解】 将半无限大物体按间距 $\Delta x=0.012\text{m}$ 划分为若干层，根据稳定性条件式（18-3-4）选取 $Fo=\frac{1}{2}$，则

$$\Delta\tau=\frac{1}{2}\frac{\Delta x^2}{a}=\frac{(0.012)^2}{2\times0.6\times10^{-6}}=120\text{s}$$

按顺序号将各层温度编号，并令 $t_1=t_w=0.25\tau$。采用显式离散格式计算各节点的温度，由于 $Fo=\frac{1}{2}$，式（18-2-9）简化为

$$t_i^{k+1}=\frac{1}{2}(t_{i-1}^k+t_{i+1}^k)$$

按上式计算各节点温度，其结果列表如下：

τ (s)	t_1（℃）	t_2（℃）	t_3（℃）	t_4（℃）	t_5（℃）	t_6（℃）	t_7（℃）	t_8（℃）
0	0	0	0	0	0	0	0	0
120	30	0	0	0	0	0	0	0
240	60	15	0	0	0	0	0	0
360	90	30	7.5	0	0	0	0	0
480	120	48.75	15	3.75	0	0	0	0
600	150	67.5	26.25	7.5	1.88	0	0	0

【讨论】 从计算结果可知，表面温度升高的影响是逐渐深入到半无限大物体内部的，10min 后，表面温度为 150℃，表面温度升高的影响已深入到 $x=0.048\text{m}$ 处。请读者选取 $Fo=0.25$，重新计算试试看。取 $\Delta x=0.006\text{m}$、$Fo=0.25$ 又将怎样？如何看待这些计算结果之间的差别？

18.2.2.2　隐式离散格式

对于上面所述的问题，若温度对时间的一阶导数采用向后差分，则

$$\left(\frac{\partial t}{\partial\tau}\right)_{i,k}=\frac{t_i^k-t_i^{k-1}}{\Delta\tau} \tag{18-2-13}$$

将式（18-2-5）和式（18-2-13）代入式（18-2-4），就得到内节点（i，k）离散方程的另一种表达式

$$\frac{t_i^k-t_i^{k-1}}{\Delta\tau}=a\frac{t_{i-1}^k-2t_i^k+t_{i+1}^k}{\Delta x^2} \tag{18-2-14}$$

上式完全可以等价地写为

$$\frac{t_i^{k+1}-t_i^k}{\Delta\tau}=a\frac{t_{i-1}^{k+1}-2t_i^{k+1}+t_{i+1}^{k+1}}{\Delta x^2} \tag{18-2-15}$$

将上式移项整理，便可得到

$$\left(1+2\frac{a\Delta\tau}{\Delta x^2}\right)t_i^{k+1}=\frac{a\Delta\tau}{\Delta x^2}(t_{i-1}^{k+1}+t_{i+1}^{k+1})+t_i^k \tag{18-2-16}$$

或

$$(1+2Fo)t_i^{k+1}=Fo(t_{i-1}^{k+1}+t_{i+1}^{k+1})+t_i^k \tag{18-2-17}$$

从上式看出，式（18-2-10）并不能直接根据 $k\Delta\tau$ 时刻的温度分布计算 $(k+1)\Delta\tau$ 时刻的温度分布，因为式中等号右侧还包括待求的 $(k+1)\Delta\tau$ 时刻的节点温度。只有在已知 $k\Delta\tau$ 时刻的各节点温度情景下，列出 $(k+1)\Delta\tau$ 时刻各节点的离散方程，联立求解节点离散方程组才能得出 $(k+1)\Delta\tau$ 时刻各节点的温度。这种离散格式称为隐式格式。此时，Δx 和 $\Delta\tau$ 的大小可以任意独立地选取而不受限制。但是，不同的 Δx 和 $\Delta\tau$ 的选择将影响计算结果的准确程度。

隐式格式也还有其他不同形式的离散格式，其目的都是为了提高计算结果的准确度，读者可参

考文献［4-6］。

18.2.2.3　边界节点离散方程的建立

对于第一类边界条件，边界节点温度是已知的。可是对第二类或第三类边界条件，则应根据边界上给出的具体条件写出热平衡关系以建立边界节点离散方程。边界节点离散方程也分显式格式和隐式格式两种。

如图 18-2-3 所示的第三类边界条件，针对边界节点 1，应用控制容积法写出显式离散格式，即

$$h(t_f^k-t_1^k)-\lambda\frac{t_1^k-t_2^k}{\Delta x}=\rho c\frac{t_1^{k+1}-t_1^k}{\Delta\tau}\frac{\Delta x}{2} \tag{18-2-18}$$

整理上式，可得

$$t_2^k-t_1^k+\frac{h\Delta x}{\lambda}(t_f^k-t_1^k)=\frac{1}{2}\frac{\rho c\Delta x^2}{\lambda\Delta\tau}(t_1^{k+1}-t_1^k) \tag{18-2-19}$$

上式中$\frac{h\Delta x}{\lambda}=Bi$，$\frac{\rho c\Delta x^2}{\lambda\Delta\tau}=\frac{1}{Fo}$，于是

$$t_2^k-t_1^k+Bi(t_f^k-t_1^k)=\frac{1}{2Fo}(t_1^{k+1}-t_1^k) \tag{18-2-20}$$

移项并整理，得到 t_1^{k+1} 的显式离散表达式，即

$$t_1^{k+1}=2Fo(t_2^k+Bit_f^k)+(1-2BiFo-2Fo)t_1^k \tag{18-2-21}$$

类似于对内节点显式离散格式的稳定性分析一样，式（18-2-21）中 t_1^k 的系数也必须大于等于零，否则数值解是不稳定的，于是

$$1-2BiFo-2Fo\geqslant 0$$

亦即

$$Fo\leqslant\frac{1}{2Bi+2} \tag{18-2-22}$$

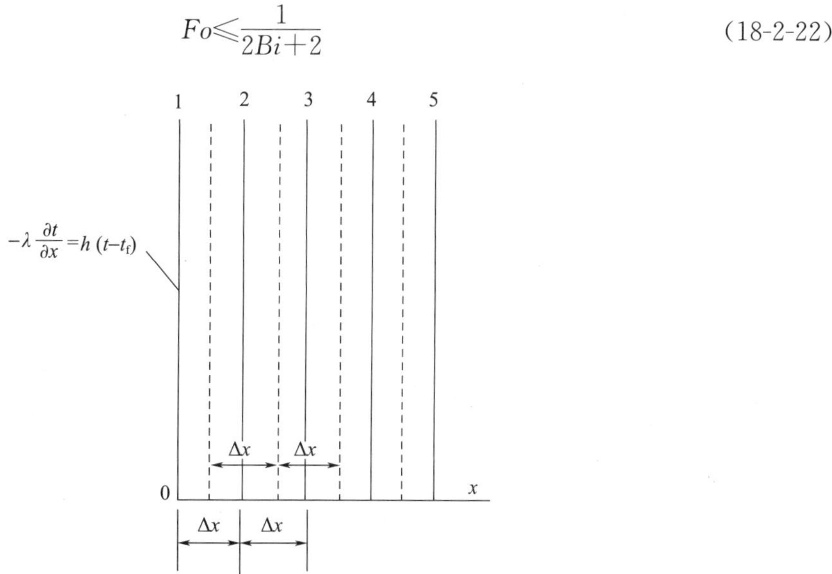

图 18-2-3　非稳态导热第三类边界条件的示意图

当选择了 Δx 以后，应用式（18-2-22）和式（18-2-10）分别计算稳定性条件所允许选择的 $\Delta\tau$，显然式（18-2-22）给出的 $\Delta\tau$ 较小。由于边界节点与内节点的离散方程必须选择相同的 $\Delta\tau$，所以对于第三类边界条件，应用显式离散格式求数值解时，它的稳定性条件是式（18-2-22），这一点也是第三类边界条件与第一类边界条件不同之处。对于第一类边界条件，显式离散格式的稳定性条件仍是式（18-2-10）。

对于绝热边界条件，图 18-2-3 所示的边界面对流传热量为零，所以它的节点离散方程应为

$$t_1^{k+1}=2Fot_2^k+(1-2Fo)t_1^k \tag{18-2-23}$$

其他任何边界条件下的边界节点离散方程均可应用热平衡法写出。

同理可以证明，在第三类边界条件下，二维非稳态导热均匀网格的显式离散格式，其稳定性条件为

$$Fo \leqslant \frac{1}{2Bi+4} \tag{18-2-24}$$

现在，针对图 18-2-3 所示的第三类边界条件，写出边界节点的隐式离散格式，得

$$h(t_f^{k+1}-t_1^{k+1})-\lambda\frac{t_1^{k+1}-t_2^{k+1}}{\Delta x}=\rho c\frac{t_1^{k+1}-t_1^k}{\Delta\tau}\frac{\Delta x}{2} \tag{18-2-25}$$

整理上式得

$$t_2^{k+1}-t_1^{k+1}+\frac{h\Delta x}{\lambda}(t_f^{k+1}-t_1^{k+1})=\frac{1}{2}\frac{\rho c\Delta x^2}{\lambda\Delta\tau}(t_1^{k+1}-t_1^k) \tag{18-2-26}$$

式中$\frac{h\Delta x}{\lambda}=Bi$，$\frac{\rho c\Delta x^2}{\lambda\Delta\tau}=\frac{1}{Fo}$，于是

$$t_2^{k+1}-t_1^{k+1}+Bi(t_f^{k+1}-t_1^{k+1})=\frac{1}{2Fo}(t_1^{k+1}-t_1^k) \tag{18-2-27}$$

移项并整理，得 t_1^{k+1} 的隐式离散格式

$$(1+2BiFo+2Fo)t_1^{k+1}=2Fo(t_2^{k+1}+Bit_f^{k+1})+t_1^k \tag{18-2-28}$$

隐式离散格式是无条件稳定的。

18.3 导热问题有限差分法方程的解法

18.3.1 稳态导热节点离散方程组的求解

根据上述的内容，可以写出各内节点和边界节点的离散方程，设有 n 个未知节点，则可得到 n 个线性代数方程式，或写成矩阵的形式。

大多数现代计算机软件都有子程序库，以便计算各种专门问题，例如，求解线性代数方程组、求逆矩阵等。

式（18-2-3）中$[\boldsymbol{A}]\equiv\begin{bmatrix}a_{11} & a_{12} & \cdots & a_{1N}\\ a_{21} & a_{22} & \cdots & a_{2N}\\ \vdots & \vdots & & \vdots\\ a_{N1} & a_{N2} & \cdots & a_{NN}\end{bmatrix}$，$[\boldsymbol{T}]\equiv\begin{bmatrix}t_1\\ t_2\\ \vdots\\ t_N\end{bmatrix}$，$[\boldsymbol{C}]\equiv\begin{bmatrix}c_1\\ c_2\\ \vdots\\ c_N\end{bmatrix}$

其中系数矩阵［$\boldsymbol{A}$］是方阵（$N\times N$），其元素用双下标注明；矩阵［$\boldsymbol{T}$］和［$\boldsymbol{C}$］为单列，称为列矢量。为了求解待求矩阵［$\boldsymbol{T}$］，可以将其表示为

$$[\boldsymbol{T}]=[\boldsymbol{A}]^{-1}[\boldsymbol{C}] \tag{18-3-1}$$

式中，$[\boldsymbol{A}]^{-1}$是［$\boldsymbol{A}$］的逆矩阵，定义为：

$$[\boldsymbol{A}]^{-1}\equiv\begin{bmatrix}b_{11} & b_{12} & \cdots & b_{1N}\\ b_{21} & b_{22} & \cdots & b_{2N}\\ \vdots & \vdots & & \vdots\\ b_{N1} & b_{N2} & \cdots & b_{NN}\end{bmatrix}$$

这样，问题就可以简化成只要求系数矩阵的逆，就可以确定其中各元素，所有未知温度就可由上面的表达式直接算出了。这样的工作在计算机上利用一些数学软件，如 Matlab 实验室等，就可以很容易完成矩阵求逆。

但是，当方程式的数目超过几百时，使用上面的求逆矩阵的方法或子程序就不现实了，因为这要求计算机存储器的容量很大。这时常用的求解方法是迭代法。

用迭代法求解线性代数方程组时，将节点温度 $t_{i,j}$ 按顺序号 1、2、…、n 编号。于是方程组可以写为下列形式

$$
\begin{aligned}
t_1 &= a_{11}t_1 + a_{12}t_2 + \cdots + a_{1n}t_n + c_1 \\
t_2 &= a_{21}t_1 + a_{22}t_2 + \cdots + a_{2n}t_n + c_2 \\
&\cdots \\
&\cdots \\
t_n &= a_{n1}t_1 + a_{n2}t_2 + \cdots + a_{nn}t_n + c_n
\end{aligned} \tag{18-3-2}
$$

或缩写为

$$t_i = \sum_{j=1}^{n} a_{i,j}t_j + c_i \quad (i = 1,2,\cdots,n) \tag{18-3-3}$$

从式（18-2-1）知道，某一个节点的离散方程中只包含该节点本身的温度和它相邻各节点的温度，所以式（18-3-2）中的系数 $a_{i,j}$ 有许多是等于零的。此外，式（18-3-2）中的常数项 c_i 与内热源项和边界条件有关。对于有些节点，例如无内热源物体的内节点，c_i 也将等于零。

迭代法的原理就是先任意假定一组节点温度的初始值，以 t_1^0、t_2^0、…、t_n^0 表示，将这些初始值代入式（18-3-2）就可以求得一组新的节点温度值，以 t_1^1、t_2^1、…、t_n^1 表示，再次将 t_1^1、t_2^1、…、t_n^1。代入式（18-3-2)，又可以得到一组新的节点温度值 t_1^2、t_2^2、…t_n^2。这样的迭代过程反复进行，一直到前后两次迭代各节点温度差值中的最大差值小于等于预先规定的允许误差 ε 为止，即

$$\max\left|t_i^{k+1} - t_i^k\right| \leqslant \varepsilon$$

或

$$\max\left|\frac{t_i^{k+1} - t_i^k}{t_i^k}\right| \leqslant \varepsilon \tag{18-3-4}$$

这样的迭代法称为简单迭代法。当然，用迭代法求解节点的离散方程组一定要在计算机上进行。为了加速整个迭代计算过程，还可以用高斯—赛德尔迭代法。这种改进的方法与简单迭代法不同之处在于每次迭代时总是使用节点温度的最新数值。例如，根据第 k 次迭代的数值已经求得节点温度 t_1^{k+1}，那么在计算 t_2^{k+1} 时，t_2^{k+1} 应按下式计算

$$t_2^{k+1} = a_{21}t_1^{k+1} + a_{22}t_2^k + \cdots + a_{2n}t_n^k + c_2 \tag{18-3-5}$$

而计算 t_3^{k+1} 时，t_1^{k+1} 和 t_2^{k+1} 已经有第 $k+1$ 次迭代的最新数值，它应按下式计算

$$t_3^{k+1} = a_{31}t_1^{k+1} + a_{32}t_2^{k+1} + a_{33}t_3^k + \cdots + a_{3n}t_n^k + c_3 \tag{18-3-6}$$

依次按上述方法迭代，最后

$$t_n^{k+1} = a_{n1}t_1^{k+1} + a_{n2}t_2^{k+1} + \cdots + a_{n(n-1)}t_{n-1}^{k+1} + a_{nn}t_n^k + c_n \tag{18-3-7}$$

高斯—赛德尔迭代的计算过程是按一定程序循环进行的，是常用的计算方法之一。在例 18-3 中给出应用高斯—赛德尔迭代法求解二维稳态导热的计算过程框图。

【例 18-3】一矩形薄板，节点布置参见下图，薄板左侧边界给定温度为 200℃，其他三个界面给定温度为 50℃，求各节点的温度。

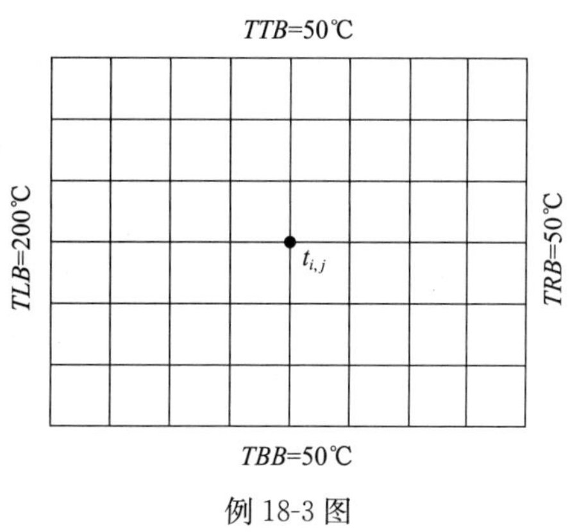

例 18-3 图

【解】 将矩形薄板沿 x 方向和 y 方向分别划分为 N 个和 M 个均匀相等的间距。本题给出 $N=8$，$M=6$。因为题目中给定了所有边界面的温度，因此只需求各内节点的温度，计算所用公式都是式(18-2-1)，所以图中温度节点仍按 $t_{i,j}$（$i=1$、2、…、9；$j=1$、2、…、7）编号更为方便。

计算机程序中使用的变量标志符如下：

i，j　节点的坐标变量

T（i，j）　节点（i，j）的温度

TT　新算出的节点温度

IT　迭代次数

计算机程序中输入数据：

N，M　沿 x 方向和 y 方向的网格划分数

TLB　左侧边界面温度

TRB　右侧边界面温度

TTB　顶部边界面温度

TBB　底部边界面温度

TI　节点温度的初始假定值

EPS　控制迭代过程终止的误差

K　允许的最大迭代次数，超过 K 次迭代尚未达到允许误差要求时，认为数值计算结果不收敛。

程序框图见下图。读者可以参照计算程序框图，自己编写计算程序并进行计算。计算结果如下，供参考。

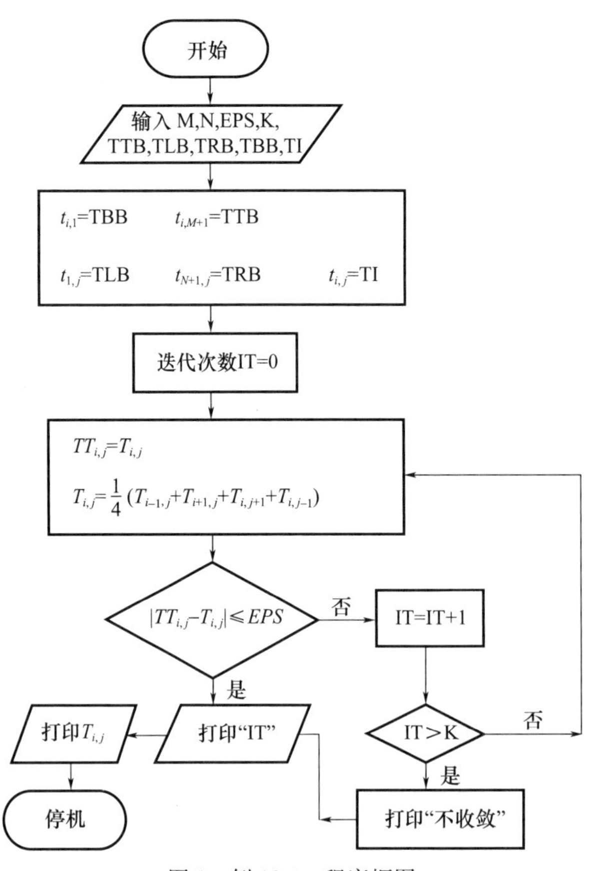

图 2　例 18-3　程序框图

$N=8$　$M=6$　$K=100$　EPS=0.01　TI=20.00

TTB=50.00　TBB=50.00　TRB=50.00　TLB=200.00

NO. ITERATIONS=34

各节点温度：

200.00	50.00	50.00	50.00	50.00	50.00	50.00	50.00	50.00
200.00	120.48	87.23	70.94	62.08	56.93	53.77	51.66	50.00
200.00	144.69	107.52	84.48	70.46	61.88	56.50	52.87	50.00
200.00	150.77	113.70	89.01	73.39	63.66	57.49	53.31	50.00
200.00	144.69	107.52	84.48	70.46	61.88	56.50	52.87	50.00
200.00	120.48	87.23	70.94	62.08	56.93	53.77	51.66	50.00
200.00	50.00	50.00	50.00	50.00	50.00	50.00	50.00	50.00

【讨论】注意，薄板左上角、左下角的 $t_{1,1}$ 和 $t_{1,7}$，它们分别为上下边界与左边界的交界点，请读者考虑，是否可以把它们设定为 50℃？这样计算结果会有什么变化？一个避免出现上述边界条件相互矛盾的做法是先划分网格单元，然后取各个网格单元的中心作为节点。此时，可以把边界上的网格看作是厚度为 0 而有一定长度（Δx 或 Δy）的网格单元，那么拐角上节点的网格单元大小为 0。关于网格的划分方法见文献［7］。

18.3.2　非稳态导热节点离散方程组的求解

节点离散方程可采用显式格式或隐式格式。

在应用显式格式时，数值计算的过程比较简单。只需将所有节点按顺序编号，按节点所在位置和具体的边界条件写出所有的节点离散方程，根据初始条件逐个节点计算 $\Delta\tau$ 时刻的节点温度。然后按 $\Delta\tau$ 时刻的节点温度依次计算 $2\Delta\tau$、$3\Delta\tau$、…各时刻的节点温度。值得注意，在应用显式格式时，当选定 Δx 以后，$\Delta\tau$ 的选择受到稳定性条件的限制，所以一定要先对所选定的 Δx 和 $\Delta\tau$ 用稳定性条件校核，确保满足了稳定性条件，然后再开始计算。在例 18-4 中，以一维无限大平壁在对流传热边界条件下加热过程为例，说明应用显式格式在计算机上进行计算的具体步骤。例 18-5 则为一维无限大平壁，其两侧均在对流传热边界条件下，当一侧介质温度发生变化时计算平壁中的温度变化。

当采用隐式格式时，内节点的离散方程，式（18-2-17）可以改写为

$$(1+2Fo)t_i^{k+1}-Fo(t_{i-1}^{k+1}+t_{i+1}^{k+1})=t_i^k \tag{18-3-8}$$

若给定的是第三类边界条件，边界节点的离散方程，式（18-2-28）也可以改写为

$$(1+2BiFo+2Fo)t_1^{k+1}-2Fo(t_2^{k+1}+Bit_f^{k+1})=t_1^k \tag{18-3-9}$$

从上述式（18-3-8）和式（18-3-9）不难看出，隐式离散格式的节点离散方程组可写成矩阵的形式：

$$[\boldsymbol{A}][\boldsymbol{t}]=[\boldsymbol{c}] \tag{18-3-10}$$

上式中，等号右侧列向量$[\boldsymbol{c}]$只与 k 时刻的节点温度有关。这样，可从 $k=0$ 时刻，即初始条件计算开始，采用迭代法求解上述矩阵形式的线性代数方程组，就可以得到 $\Delta\tau$ 时刻的各节点温度。然后以 $\Delta\tau$ 时的各节点温度作为列向量$[\boldsymbol{c}]$，再采用迭代法求解 $2\Delta\tau$ 时刻各节点温度，如此反复进行，直到所需求解的时刻为止。

【例 18-4】一厚度为 0.06m 的无限大平壁，初始温度为 20℃，给定壁两侧的对流传热边界条件：流体温度为 150℃，表面传热系数 $h=24\text{W}/(\text{m}^2\cdot\text{K})$。已知平壁的热导率 $\lambda=0.24\text{W}/(\text{m}\cdot\text{K})$，热扩散率 $a=0.147\times10^{-6}\text{m}^2/\text{s}$，试计算 2min 后，无限大平壁内各节点的温度。

【解】因为无限大平壁两侧边界条件一样，壁内温度分布是对称的，选定平壁厚度之半作为计算对象，将半壁厚等分为 10 层，即 $N=10$。这样，节点 1 为绝热边界面（对称面），而节点 11 为对流边界面。选取 $\Delta\tau=5\text{s}$。

计算机程序中使用的变量标识符如下：

I　节点的编号

T（I）　k 时刻节点温度

T1（I） $k+1$ 时刻节点温度

IT 时间间隔 k 变量

TT 时间变量

计算机程序中输入数据：

NP 控制打印各节点温度的时间间隔数

TM 终止计算的时间

N 半壁厚划分的间距数目

$\Delta\tau$ 选定的时间间隔

t_0 初始温度

t_f 流体温度

δ 无限大平壁厚度

a 热扩散率

λ 热导率

h 表面传热系数

程序框图见下图。读者可以参照计算程序框图，自己编写计算程序并进行计算。计算结果如下表，供参考。

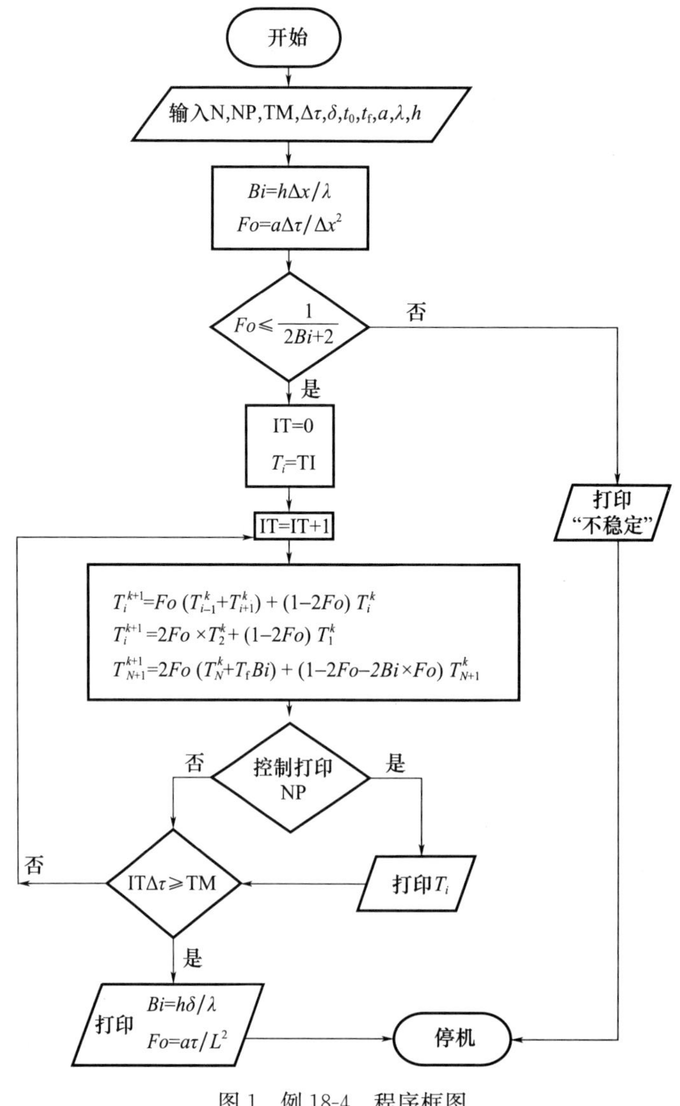

图1　例18-4　程序框图

初始设定：$N=10$；$\Delta\tau=5$s；NP=6；TM=120s；

Bi 和 Fo 准则初始值：$Bi=0.3$；$Fo=0.08167$。

表 1　例 18-4 表

τ (s)	t_1 (℃)	t_2 (℃)	t_3 (℃)	t_4 (℃)	t_5 (℃)	t_6 (℃)	t_7 (℃)	t_8 (℃)	t_9 (℃)	t_{10} (℃)	t_{11} (℃)
0	20.00	20.00	20.00	20.00	20.00	20.00	20.00	20.00	20.00	20.00	20.00
30	20.00	20.00	20.00	20.00	20.00	20.00	20.00	20.04	20.56	24.76	43.91
60	20.00	20.00	20.00	20.00	20.00	20.01	20.08	20.57	23.02	31.79	53.56
90	20.00	20.00	20.00	20.00	20.01	20.08	20.41	21.79	26.28	37.65	59.63
120	20.00	20.00	20.00	20.01	20.06	20.27	21.05	23.46	29.62	42.47	64.17

计算结束：$Bi=0.3$；$Fo=0.01960$。

【讨论】 2min 时，$Fo=0.01960$，温度分布仍处于不正常情况阶段，靠近壁中心处的温度仍保持不变，初始温度分布的影响仍未消失。

【例 18-5】 一厚度为 0.06m 的无限大平壁，两侧均为对流传热边界条件，初始时通过平壁的传热过程是稳态的，一侧流体温度 $t_{f1}=13$℃，表面传热系数 $h_1=9\text{W}/(\text{m}^2\cdot\text{K})$；另一侧流体温度 $t_{f2}=5$℃，表面传热系数 $h_2=20\text{W}/(\text{m}^2\cdot\text{K})$。已知平壁的热导率 $\lambda=0.24\text{W}/(\text{m}\cdot\text{K})$，热扩散率 $a=0.147\times10^{-6}\text{m}^2/\text{s}$，问当 t_{f1} 由于加热突然升高为 $t_{f1}=23$℃，并维持不变，在其余参数不变的条件下，试计算无限大平壁内温度分布随时间的变化，一直计算到新的稳态传热过程为止。

【解】 将无限大平壁等分为 8 层，这样节点 1 为高温流体侧的平壁壁面温度，而节点 9 为低温流体侧的平壁壁面温度。

计算的数值结果给出如下表（只列出其中四层，即 1、3、5、7、9 节点），图 12-5-1 就是用此数据标绘的。

初始设定：节点数 $N=9$；

时间间隔 $\Delta\tau=20$s；

控制打印各节点温度的时间间隔数 NP=400；

Bi 及 Fo 准则初始值：$Bi_1=0.28125$；$Bi_2=0.62500$；$Fo=0.05227$。

表 1　例 18-5 表

τ (s)	t_{w1} (1) (℃)	t_a (3) (℃)	t_b (5) (℃)	t_c (7) (℃)	t_{w2} (9) (℃)	q_1 (W/m²)	q_2 (W/m²)
0	10.84	9.62	8.41	7.19	5.97	19.4	19.4
8000	17.23	14.11	11.33	8.87	6.68	51.94	33.69
16000	17.90	15.06	12.31	9.65	7.06	45.91	41.14
24000	18.07	15.31	12.57	9.85	7.15	44.34	43.09
32000	18.12	15.38	12.64	9.91	7.18	43.93	43.60

【讨论】 图 12-5-1 中的三个小图清楚地表达了平壁传热过程中当一侧介质温度突然升高后，壁内温度和热流密度从稳态变化到新的稳态历程。从上述数据看，当过程进行到 32000s 时，虽然两侧的热流密度 q_1 与 q_2 尚不完全相等，但已非常接近，请分析一下，是否就可以认为平壁内已经达到新的稳态？是否有必要一直计算到 q_1 与 q_2 完全相等？把这三个图配合起来分析，将可加深对非稳态导热过程的理解。另外，请读者分别使用显式离散格式和隐式离散格式数值求解本例题，试比较两种离散格式的编程特点与计算结果之间的差别。再有，本题初始条件是一稳态传热过程，可使用所学知识计算得到大平壁内的温度分布作为初始温度分布。

18.4 对流传热过程的数值求解方法简介

边界层理论的引入为边界层型对流传热过程的理论求解奠定了基础，但只有极少数的对流传热问题能够得到解析解，大量的对流传热问题仍然依赖于实验研究。然而，实验研究受到实物几何尺寸、实验测量仪器仪表的精度、实验周期、实验研究成本等多方面因素的限制，且所获得的对流传热实验关联式有明确的适用范围。因此，随着计算数学和计算机硬件的快速发展，数值传热学已成为解决对流传热问题的主要方法之一。

前两节已做过导热过程问题数值解法的简介，在所研究区域划分大量的网格，针对每个网格建立与导热微分方程物理意义相同的代数方程，并引入相应的边界条件，从而建立所研究区域的导热问题代数方程组，然后通过计算数学方法求解这个代数方程组。所得到的各个网格节点温度值构成了该导热问题的温度场分布。同样的方法可用于对流传热问题的求解，不同的地方是对流传热不仅涉及热传导过程，而且与流动过程紧密相关，需要对流传热微分方程组进行离散化，构成多个不同物理意义的代数方程组，并制定一套求解算法，最终才能获得对流传热过程的速度场和温度场分布，进而获得对流传热表面传热系数和热流量、热密度等。

本节简要介绍对流传热微分方程组的通用形式，以一阶迎风离散格式为例介绍了对流扩散方程的离散化方法，简介微分方程中其他各项的离散方法，给出微分方程组的通用离散方程式，最后给出一个典型的对流传热过程数值计算结果，说明数值模拟计算方法可以减少大量的实验工作量。

18.4.1 对流传热通用微分方程组

对流传热微分方程组由连续性方程、动量守恒方程、能量守恒方程、对流传热过程微分方程等组成，其中连续性方程和能量微分方程分别是根据质量守恒和能量守恒定律推导而得，动量微分方程则是针对牛顿型连续流体、由牛顿第二定律推导而得。这些微分方程可以写成如下通用形式：

$$\frac{\partial}{\partial t}(\rho\phi)+\frac{\partial}{\partial x}(\rho u\phi)+\frac{\partial}{\partial y}(\rho v\phi)+\frac{\partial}{\partial z}(\rho w\phi)=\frac{\partial}{\partial x}\left(\varphi\frac{\partial\phi}{\partial x}\right)+\frac{\partial}{\partial y}\left(\varphi\frac{\partial\phi}{\partial y}\right)+\frac{\partial}{\partial y}\left(\varphi\frac{\partial\phi}{\partial y}\right)+S \tag{18-4-1}$$

式中 ϕ——通用变量；

φ——通用扩散系数；

S——通用源项。

当 ϕ 为不同变量时，代表不同的微分方程，相应地 φ、S 取不同的值，见表 18-4-1。

表 18-4-1 通用微分方程

变量	ϕ	φ	S
连续性方程	1	0	0
x 方向动量方程	u	μ	$-\frac{\partial p}{\partial x}+g_x$
y 方向动量方程	v	μ	$-\frac{\partial p}{\partial y}+g_y$
z 方向动量方程	w	μ	$-\frac{\partial p}{\partial z}+g_z$
能量方程	T	λ/c_p	q_v/c_p

表 18-4-1 中，u、v、w 分别为 x、y、z 方向上的速度，m/s；μ 为动力黏度，N・s/m^2；p 为压强，Pa；g_x、g_y、g_z 分别为重力加速度在 x、y、z 方向上的分量，m/s^2；λ 为热导率，W/(m・K)；c_p 为定压比热容，J/(kg・K)；q_v 为内热源，W/m^3。

通用微分方程等号左边第一项为非稳态项，其余项为对流项，等号右边前三项为扩散项，最后一项为源项。上述通用微分方程不仅可以代表上述三种微分方程，而且可以代表紊流模型中的紊流动能、紊流动能耗散率、化学组分等的微分方程。当然，不同变量的方程要赋予不同的扩散系数与源项。

将这些微分方程写成一个通用形式，可通过某一个微分方程的离散化过程，来讲解所有微分方程的离散化方法，同样，它们的数值求解方法也是相同的。

18.4.2　对流扩散项的离散格式

首先介绍最简单的对流扩散方程的离散化方法。一维稳态对流扩散方程为

$$\frac{\mathrm{d}}{\mathrm{d}x}(\rho u\phi)=\frac{\mathrm{d}}{\mathrm{d}x}\left(\varphi\frac{\mathrm{d}\phi}{\mathrm{d}x}\right) \tag{18-4-2}$$

应用控制容积法对上式进行离散化，有

$$\int_{w}^{e}\frac{\mathrm{d}}{\mathrm{d}x}(\rho u\phi)\mathrm{d}x=\int_{w}^{e}\frac{\mathrm{d}}{\mathrm{d}x}\left(\varphi\frac{\mathrm{d}\phi}{\mathrm{d}x}\right)\mathrm{d}x \tag{18-4-3}$$

$$(\rho u\phi)_{\mathrm{e}}-(\rho u\phi)_{\mathrm{w}}=\left(\varphi\frac{\mathrm{d}\phi}{\mathrm{d}x}\right)_{\mathrm{e}}-\left(\varphi\frac{\mathrm{d}\phi}{\mathrm{d}x}\right)_{\mathrm{w}} \tag{18-4-4}$$

式中，下标 e 表示网格 P 与网格 E 的交界面 e，下标 w 表示网格 P 与网格 W 的交界面 w，$(\rho u\phi)_{\mathrm{e}}$ 表示交界面 e 处变量 ϕ 的对流通量，$\left(\varphi\frac{\mathrm{d}\phi}{\mathrm{d}x}\right)_{\mathrm{e}}$ 表示交界面 e 处变量 ϕ 的扩散通量。见图 18-4-1。

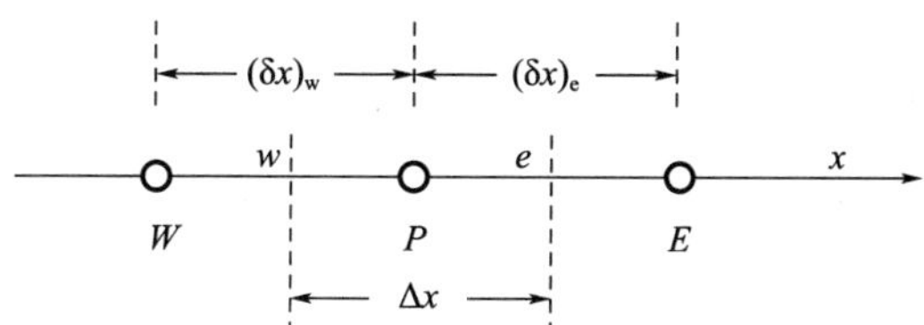

图 18-4-1　一维网格示意图

一般来说，在处理变量 ϕ 的扩散通量时，假设变量 ϕ 在网格节点 P 与网格节点 E 之间线性变化，则有 $\left(\varphi\frac{\mathrm{d}\phi}{\mathrm{d}x}\right)_{\mathrm{e}}=\varphi_{\mathrm{e}}\frac{\phi_{\mathrm{E}}-\phi_{\mathrm{P}}}{(\delta x)_{\mathrm{e}}}$，其中扩散系数 φ_{e} 是指交界面 e 处的扩散系数，而不是网格节点 E 或网格节点 P 的扩散系数；假设网格大小均匀一致，则有 $\varphi_{\mathrm{e}}=\frac{2\varphi_{\mathrm{P}}\varphi_{\mathrm{E}}}{\varphi_{\mathrm{P}}+\varphi_{\mathrm{E}}}$，其中 φ_{P}、φ_{E} 分别为网格节点 P、网格节点 E 处的流体扩散系数。

对流通量 $(\rho u\phi)_{\mathrm{e}}$ 取决于交界面 e 处速度 u 的方向，如果 u 为正，表明流体从网格节点 P 流向网格节点 E。此时，穿过网格界面 e 处的对流通量 $(\rho u\phi)_{\mathrm{e}}$ 主要为网格节点 P 相关物理量的信息，故有 $(\rho u\phi)_{\mathrm{e}}=\rho u_{\mathrm{e}}\phi_{\mathrm{P}}$；否则，$(\rho u\phi)_{\mathrm{e}}=\rho u_{\mathrm{e}}\phi_{\mathrm{E}}$。这种对流扩散格式称为一阶迎风格式。数值传热学中还有很多种对流扩散格式，如二阶迎风格式、中心差分格式、指数格式、幂函数格式、混合格式、QUICK 格式等等。这些知识内容可参见有关数值传热学的书籍文献。一般来说，一阶迎风格式和二阶迎风格式使用的较多。

这样，式（18-4-4）按一阶迎风格式转变为

$$(\|\rho u_{\mathrm{e}},0\|\phi_{\mathrm{P}}-\|-\rho u_{\mathrm{e}},0\|\phi_{\mathrm{E}})-(\|\rho u_{\mathrm{w}},0\|\phi_{\mathrm{W}}-\|-\rho u_{\mathrm{w}},0\|\phi_{\mathrm{P}})=\varphi_{\mathrm{e}}\frac{\phi_{\mathrm{E}}-\phi_{\mathrm{P}}}{\delta x_{\mathrm{e}}}-\varphi_{\mathrm{w}}\frac{\phi_{\mathrm{P}}-\phi_{\mathrm{W}}}{\delta x_{\mathrm{w}}} \tag{18-4-5}$$

式中　$\|x,y\|$——表示取 x，y 两个变量中的最大值。

将式（18-4-5）变形为以下形式：

$$a_{\mathrm{P}}\phi_{\mathrm{P}}=a_{\mathrm{E}}\varphi_{\mathrm{E}}+a_{\mathrm{W}}\phi_{\mathrm{W}} \tag{18-4-6}$$

式中

$$a_{\mathrm{P}}=a_{\mathrm{E}}+a_{\mathrm{W}} \tag{18-4-7a}$$

$$a_{\mathrm{E}}=\|-\rho u_{\mathrm{e}},0\|+\varphi_{\mathrm{e}}/\delta x_{\mathrm{e}} \tag{18-4-7b}$$

$$a_{\mathrm{W}}=\|\rho u_{\mathrm{w}},0\|+\varphi_{\mathrm{w}}/\delta x_{\mathrm{w}} \tag{18-4-7c}$$

依据同样方法，对三维稳态对流扩散微分方程应用控制容积法进行一阶迎风格式离散化，可得

$$a_{\mathrm{P}}\phi_{\mathrm{P}}=a_{\mathrm{E}}\phi_{\mathrm{E}}+a_{\mathrm{W}}\phi_{\mathrm{W}}+a_{\mathrm{N}}\phi_{\mathrm{N}}+a_{\mathrm{S}}\phi_{\mathrm{S}}+a_{\mathrm{T}}\phi_{\mathrm{T}}+a_{\mathrm{B}}\phi_{\mathrm{B}} \tag{18-4-8}$$

式中

$$a_P=a_E+a_W+a_N+a_S+a_T+a_B \tag{18-4-9a}$$

$$a_E=\|-\rho u_e,0\|\Delta y\Delta z+\frac{\varphi_e\Delta y\Delta z}{\delta x_e} \tag{18-4-9b}$$

$$a_W=\|\rho u_w,0\|\Delta y\Delta z+\frac{\varphi_w\Delta y\Delta z}{\delta x_w} \tag{18-4-9c}$$

$$a_N=\|-\rho v_n,0\|\Delta x\Delta z+\frac{\varphi_n\Delta x\Delta z}{\delta y_n} \tag{18-4-9d}$$

$$a_S=\|\rho v_s,0\|\Delta x\Delta z+\frac{\varphi_s\Delta x\Delta z}{\delta y_s} \tag{18-4-9e}$$

$$a_T=\|-\rho w_t,0\|\Delta x\Delta y+\frac{\varphi_t\Delta x\Delta y}{\delta z_t} \tag{18-4-9f}$$

$$a_B=\|\rho w_b,0\|\Delta x\Delta y+\frac{\varphi_b\Delta x\Delta y}{\delta z_b} \tag{18-4-9g}$$

其中，角标E、W、N、S、T、B分别表示与网格节点P相邻的东边、西边、北边、南边、上边、底边网格节点，物性参数或速度的角标为小写字母表示相邻两个网格界面处位置的参数，Δx、Δy、Δz分别表示x、y、z方向上的网格大小，δx_e表示网格节点P与网格节点E之间的距离，以此类推。

其他形式的对流扩散格式见参考文献［8-9］。

18.4.3 源项的离散化

通用微分方程中的源项S往往被分解为以因变量ϕ为函数的线性表达式，如

$$S=S_C+S_P\phi_P \tag{18-4-10}$$

式中 S_C——源项的常数项；

S_P——源项的变化斜率。

根据数值传热学知识可知，S_P应该为负。一般来说，

$$S_C=S^0-\left(\frac{dS}{d\phi}\right)^0\phi_P^0 \tag{18-4-11}$$

$$S_P=\left(\frac{dS}{d\phi}\right)^0 \tag{18-4-12}$$

式中 S^0、φ_P^0、$\left(\frac{dS}{d\phi}\right)^0$——预估值或前一次的迭代值。

18.4.4 非稳态对流传热微分方程的离散化

与前两节所述的非稳态导热过程的数值计算方法相同，微分方程中的非稳态项有显式格式和隐式格式两种。同样，在对流传热微分方程组的离散化过程中，若使用显式格式，为了保证数值计算的收敛，网格尺寸与时间步长$\Delta\tau$的关系必须满足一定的条件才可以；而隐式格式则没有这些要求。目前，绝大多数对流传热过程的数值求解过程都使用隐式格式。

对式（18-4-1）的非稳态项进行积分，可得

$$\int_0^1\frac{\partial}{\partial t}(\rho\phi)\,dt=\frac{\rho\phi^1-\rho\phi^0}{\Delta\tau} \tag{18-4-13}$$

式中，上标1表示新时刻，上标0表示原时刻，$\Delta\tau$为时间步长。下面的介绍中上标1不再标注。

18.4.5 通用微分方程的离散化方程

应用控制容积离散化方法，在$\Delta\tau$时间步长、$\Delta x\Delta y\Delta z$网格空间上积分对流传热通用微分方程式（18-4-1），得

$$\iiint_{\Delta x\Delta y\Delta z}\int_0^1\frac{\partial}{\partial t}(\rho\phi)\mathrm{d}t\mathrm{d}x\mathrm{d}y\mathrm{d}z+\int_0^1\iiint_{\Delta x\Delta y\Delta z}\frac{\partial}{\partial x}(\rho u\phi)\mathrm{d}x\mathrm{d}y\mathrm{d}z\mathrm{d}t+$$
$$\int_0^1\iiint_{\Delta x\Delta y\Delta z}\frac{\partial}{\partial y}(\rho v\phi)\mathrm{d}x\mathrm{d}y\mathrm{d}z\mathrm{d}t+\int_0^1\iiint_{\Delta x\Delta y\Delta z}\frac{\partial}{\partial z}(\rho w\phi)\mathrm{d}x\mathrm{d}y\mathrm{d}z\mathrm{d}t$$
$$=\int_0^1\iiint_{\Delta x\Delta y\Delta z}\frac{\partial}{\partial x}\left(\varphi\frac{\partial\phi}{\partial x}\right)\mathrm{d}x\mathrm{d}y\mathrm{d}z\mathrm{d}t+\int_0^1\iiint_{\Delta x\Delta y\Delta z}\frac{\partial}{\partial y}\left(\varphi\frac{\partial\phi}{\partial y}\right)\mathrm{d}x\mathrm{d}y\mathrm{d}z\mathrm{d}t$$
$$+\int_0^1\iiint_{\Delta x\Delta y\Delta z}\frac{\partial}{\partial z}\left(\varphi\frac{\partial\phi}{\partial z}\right)\mathrm{d}x\mathrm{d}y\mathrm{d}z\mathrm{d}t+\int_0^1\iiint_{\Delta x\Delta y\Delta z}S\mathrm{d}x\mathrm{d}y\mathrm{d}z\mathrm{d}t \tag{18-4-14}$$

应用前面介绍的各项离散化方法，可得上式的离散方程。现以隐式、一阶迎风格式为例，介绍式（18-4-14）的离散方程。

$$a_{\mathrm{P}}\phi_{\mathrm{P}}=a_{\mathrm{E}}\phi_{\mathrm{E}}+a_{\mathrm{W}}\phi_{\mathrm{W}}+a_{\mathrm{N}}\phi_{\mathrm{N}}+a_{\mathrm{S}}\phi_{\mathrm{S}}+a_{\mathrm{T}}\phi_{\mathrm{T}}+a_{\mathrm{B}}\phi_{\mathrm{B}}+b \tag{18-4-15}$$

式中

$$a_{\mathrm{P}}=a_{\mathrm{E}}+a_{\mathrm{W}}+a_{\mathrm{N}}+a_{\mathrm{S}}+a_{\mathrm{T}}+a_{\mathrm{B}}+a_{\mathrm{P}}^0-S_{\mathrm{P}}\Delta x\Delta y\Delta z \tag{18-4-16a}$$

$$a_{\mathrm{E}}=\|-\rho u_{\mathrm{e}},0\|\Delta y\Delta z+\frac{\varphi_{\mathrm{e}}\Delta y\Delta z}{\delta x_{\mathrm{e}}} \tag{18-4-16b}$$

$$a_{\mathrm{W}}=\|\rho u_{\mathrm{w}},0\|\Delta y\Delta z+\frac{\varphi_{\mathrm{w}}\Delta y\Delta z}{\delta x_{\mathrm{w}}} \tag{18-4-16c}$$

$$a_{\mathrm{N}}=\|-\rho v_{\mathrm{n}},0\|\Delta x\Delta z+\frac{\varphi_{\mathrm{n}}\Delta x\Delta z}{\delta y_{\mathrm{n}}} \tag{18-4-16d}$$

$$a_{\mathrm{S}}=\|\rho v_{\mathrm{s}},0\|\Delta x\Delta z+\frac{\varphi_{\mathrm{s}}\Delta x\Delta z}{\delta y_{\mathrm{s}}} \tag{18-4-16e}$$

$$a_{\mathrm{T}}=\|-\rho w_{\mathrm{t}},0\|\Delta x\Delta y+\frac{\varphi_{\mathrm{t}}\Delta x\Delta y}{\delta z_{\mathrm{t}}} \tag{18-4-16f}$$

$$a_{\mathrm{B}}=\|\rho w_{\mathrm{b}},0\|\Delta x\Delta y+\frac{\varphi_{\mathrm{b}}\Delta x\Delta y}{\delta z_{\mathrm{b}}} \tag{18-4-16g}$$

$$a_{\mathrm{P}}^0=\frac{\rho_{\mathrm{P}}^0\Delta x\Delta y\Delta z}{\Delta\tau} \tag{18-4-16h}$$

$$b=S_{\mathrm{c}}\Delta x\Delta y\Delta z+a_{\mathrm{P}}^0\phi_{\mathrm{P}}^0 \tag{18-4-16i}$$

式中，角标符号与式（18-4-8）、式（18-4-10）、式（18-4-13）相同。

这样，就获得了对流传热过程微分方程组的一系列离散方程。不同物理意义的微分方程有不同的因变量和扩散系数以及源项，而它们的离散方程形式一致。这为编写计算程序提供了方便。

18.4.6　对流传热过程数值计算结果简介

对流传热微分方程组包含连续性方程、动量守恒方程、能量守恒方程等，共五个方程，有 u、v、w、p、T 等五个变量，理论上已构成封闭方程组。但由于各个变量是相互影响、相互作用的，其求解过程相比前两节介绍的导热过程数值求解方法复杂很多，且计算求解方法也有多种。数值求解对流传热微分方程组的知识内容已超出本教材的要求，对此有兴趣的同学可以参考数值传热学的相关书籍和文献。

目前，在许多涉及传热过程的工程问题探究中，数值传热学发挥了巨大作用。一些商业计算流体力学软件如 Fluent、CFX、Star－ccm＋、Phoenics 等让很多不熟悉数值传热学理论的人，也能够通过软件对传热过程进行模拟计算。下面给出一种强化空气在管内的传热措施——喷流套管式空气加热器的对流传热过程数值模拟计算结果，以此说明传热过程数值模拟计算方法与之前介绍的分析方法、类比法、实验方法之间的区别和优缺点。

该空气加热器采用了喷流传热方式，即通过加热器结构设计，使气流垂直喷向具有常热流的金属表面，从而破坏了通常气流在管内流动时的速度边界层和温度边界层，使边界层被大大减薄，达到增大对流传热表面传热系数的目的；同时由于外管壁面与内管壁面之间的辐射传热，使得内管壁面也成为传热表面。这种喷流套管式空气加热器如图 18-4-2 所示。外管的内径为 0.124m，外管的长度为 1.9m，其中自左端起长 1.5m 为加热段；内管的外径为 0.072m，管壁厚为 0.004m，内管长度为 1.75m，其中在外管内部的长度为 1.7m，管壁上共有 222 个直径 0.004m 的小孔，每排 6 个小孔，共计 37 排。内管的左端为空气进口，右端封闭；外管的左端封闭，而右端为被加热后的空气出口。已知入口空气温度为 27℃，入口速度为 10.56m/s；外管出口表压为 0Pa；外管加热段的热流密度为 30200W/m²。数值模拟计算中定义外管左端的轴心为坐标原点。

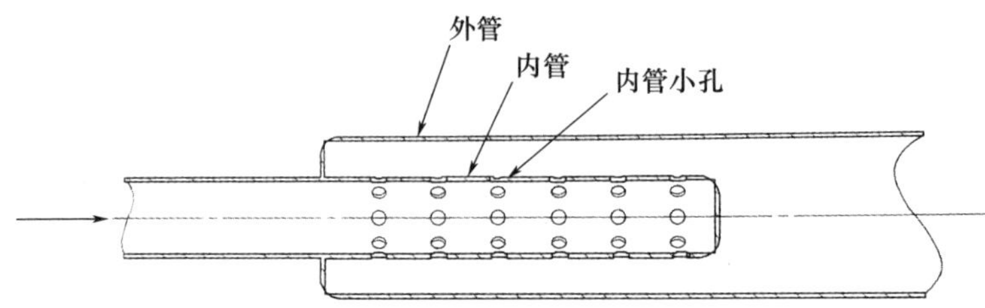

图 18-4-2　喷流换热器几何结构示意图

实际上，这种喷流套管式空气加热器内部的传热过程不仅有对流传热过程，也存在辐射传热，其内部的流动过程非常复杂。之前介绍的分析法和类比法是无法求解本问题的，而实验法则需要搭建相关的实验台，实验费用高，实验测试时间长，且不容易调整结构参数。因此，数值模拟计算成为优化设计这种加热器的最佳方法。另外，通过分析数值模拟计算结果，可以得到影响空气加热过程的关键几何参数和运行参数，从而为后续的实验研究提供理论指导，并减少实验次数和时间。

经过数值模拟计算，揭示了喷流套管式空气加热器内的流动、传热过程，通过后处理可以得到速度、压力、温度等各物理量参数的三维分布；在非稳态流动传热过程中，还可以给出各物理量分布随时间的变化过程。模拟计算结果可以有多种表示方法，如列表法，某物理量参数的二维等值线图、等值面图等，选择哪一种表达方法，要根据不同的目的来确定。这里为了图示的简洁，仅给出沿管长方向上的数值模拟计算结果。

图 18-4-3 为经后处理的沿喷流套管式空气加热器轴线上的轴向速度和温度的变化过程曲线。可见，由于气流不断从内管的小孔喷向外管的内表面，使得内管中的气流越来越少，其沿内管的轴向速度也越来越小。由于内管的右端面封闭，气流不能穿过，故内管右端面处气流速度为 0m/s，对应图 18-4-3（a）横坐标 1.7m 处。在横坐标大于 1.7m 以后，由于气流从内外管之间的环形空间流向外管的出口段，在内管右端面的外侧存在一个涡流区，此处轴向速度出现负值。在接近外管出口端，随着环形空间的气流不断汇聚，轴线上的 x 方向速度不断上升，见图 18-4-3（a）。由于外管内表面对内管管壁的辐射传热作用以及环形空间气流对内管管壁的对流传热，使得内管的管壁温度高于内管中的气流温度，因此内管中的气流被内管的内表面对流加热，温度沿管长方向不断上升，见图 18-4-3（b）。至内管的右端面（1.7m 处）处温度突变，是由于此处的温度值不是气流的温度，而是内管的右端面温度。沿管长方向大于 1.7m 之后，为外管出口段轴线上的气流温度。由于此处外管壁面为绝热边界条件，气流温度基本不变。

图 18-4-4 给出了外管表面平均温度沿管长方向的分布。自外管左端 1.5m 长部分，外管表面存在常热流边界条件，此段外管的表面平均温度沿管长不断升高，这与内管中的空气不断喷向外管，然后沿外管与内管之间的环形空间流向出口的流动过程有关。在气流喷吹到外管的地方，外管表面温度稍低，因为此处流动边界层和热边界层薄，对流传热表面传热系数大。但由于沿内、外管之间的环形空间轴向流动的气流越来越多，使得这部分气流的轴向速度也越来越大，从内管小孔喷出的气流由最初的垂直喷向外管，逐步变为斜着喷向外管，局部对流表面传热系数相对减小；同时，由于外管的加热作用使得内、外管之间的气流温度也越来越高，故外管表面平均温度沿管长方向不断上升。在 1.5m 之后，由于外管没有热流加热，故外管表面平均温度不断下降。

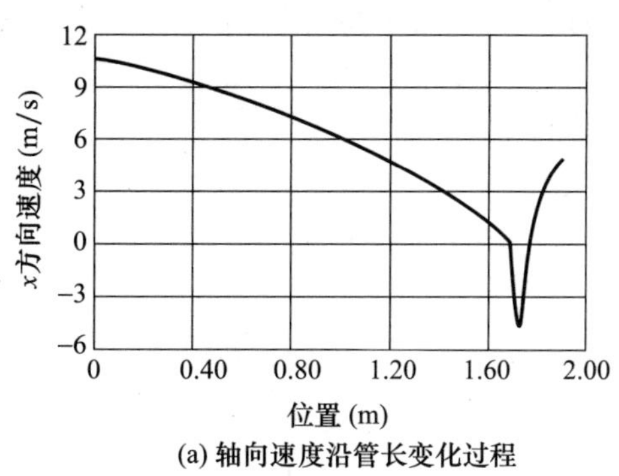

(a) 轴向速度沿管长变化过程

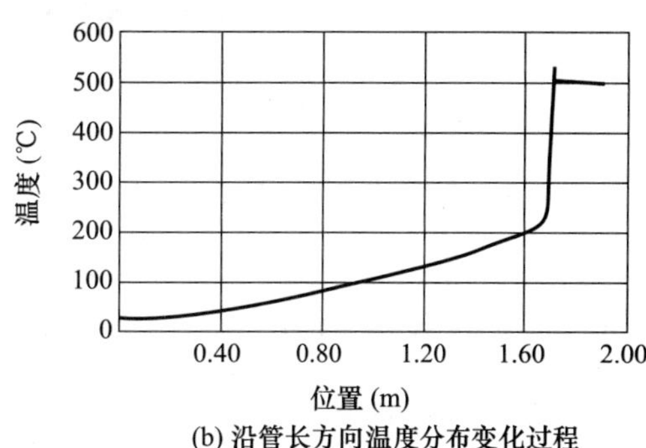

(b) 沿管长方向温度分布变化过程

图 18-4-3　喷流套管式空气加热器轴线上的数值模拟计算结果

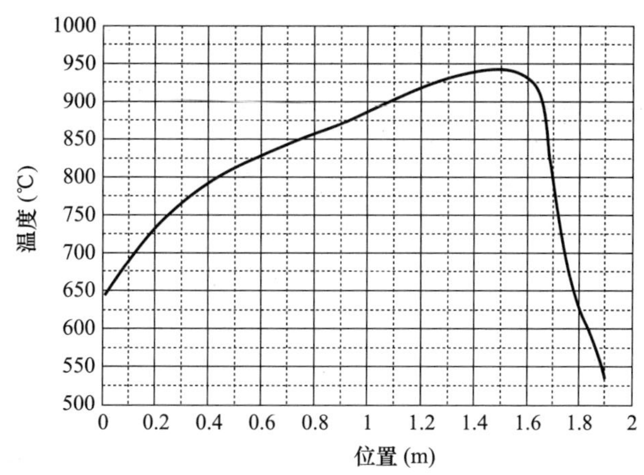

图 18-4-4　喷流套管式空气加热器外管表面平均温度沿管长分布

通过数值模拟计算得到的喷流套管式空气加热器的平均表面传热系数为 35.76W/(m^2·K)，相比直管内的强制对流传热表面传热系数高出 50%；出口的平均温度为 504℃。经后续的实验测试，在本算例条件下，出口的平均温度为 498℃。表明数值模拟结果与实验数据吻合。

从上述数值模拟计算结果的分析可见，传热过程的数值计算方法可以给出详细的计算结果，从而为分析对流传热过程提供了多方面的信息，例如传热表面或截面上，以及沿某个指定方向上的速度、温度、压力等参数的分布情况。这是与对流传热过程分析解法、实验法和类比法等完全不同的。但是，也应该知道，传热过程数值模拟计算结果的准确性依赖于流动、传热模型、边界条件以及数值计算过程的准确性，且只有这些模型和计算结果得到部分典型实验的验证后，才能认为模拟计算结果真实反映了对流传热过程。因此，数值模拟计算与实验研究是研究传热学问题的两个相辅相成、缺一不可的研究方法。

18.5　灰体辐射换热的数值计算

18.5.1　灰体辐射换热方程组

当封闭表面较多时，网络图比较麻烦，因此，需要借助有效辐射通用表达式建立节点方程组。设有 n 个表面组成空腔，对 j 表面作分析，对于非绝热面和绝热面，其有效辐射为

$$\left.\begin{aligned}&\text{非绝热面：}\sum_{j=1,j\neq i}^{N} X_{i,j}J_j + J_i\left(X_{i,i}-\frac{1}{1-\varepsilon_i}\right)=\frac{\varepsilon_i}{\varepsilon_i-1}E_{bi}\\&\text{绝热面：}\sum_{j=1,j\neq i}^{N} X_{i,j}J_j + J_i(X_{i,i}-1)=0\end{aligned}\right\}\tag{18-5-1}$$

对于 $j=1$、2、3、…、n 表面组成的空腔，可以得到 n 个方程，即

$$\left.\begin{aligned}&J_1\left(X_{1,1}-\frac{1}{1-\varepsilon_1}\right)+J_2X_{1,2}+J_3X_{1,3}+\cdots+J_nX_{1,n}=\frac{\varepsilon_1}{\varepsilon_1-1}\sigma_b T_1^4\\&J_1X_{2,1}+J_2\left(X_{2,2}-\frac{1}{1-\varepsilon_2}\right)+J_3X_{2,3}+\cdots+J_nX_{2,n}=\frac{\varepsilon_2}{\varepsilon_2-1}\sigma_b T_2^4\\&\cdots\cdots\\&J_1X_{n,1}+J_2X_{n,2}+J_3X_{n,3}+\cdots+J_n\left(X_{n,n}-\frac{1}{1-\varepsilon_n}\right)=\frac{\varepsilon_n}{\varepsilon_n-1}\sigma_b T_n^4\end{aligned}\right\}\tag{18-5-2}$$

式（18-5-2）为非齐次常系数线性方程组，可用迭代法求解，已知各表面的温度、发射率和几何尺寸，即得到个表面的有效辐射 J_1、J_2、…、J_n，进而求出个表面的净辐射热量：

$$\Phi_i=\frac{E_{b_i}-J_i}{\dfrac{1-\varepsilon_i}{\varepsilon_i A_i}}\quad(i=1,2,3,\cdots,n)\tag{18-5-3}$$

18.5.2 多表面辐射换热计算算例

【例 18-6】 某辐射采暖房间尺寸为 4m×5m×3m，在楼板中布置热盘管，根据实测结果：楼板 1 的内表面温度 $t_1=25$℃，表面发射率 $\varepsilon_1=0.9$；外墙的内表面温度分别为 $t_2=10$℃，$t_3=12$℃，$t_4=13$℃，$t_5=9$℃，墙面的发射率均为 $\varepsilon_2=\varepsilon_3=\varepsilon_4=\varepsilon_5=0.8$；地面 6 的表面温度 $t_6=11$℃，发射率 $\varepsilon_6=0.6$。试求（1）楼板的总辐射换热量；（2）地面的总吸热量。

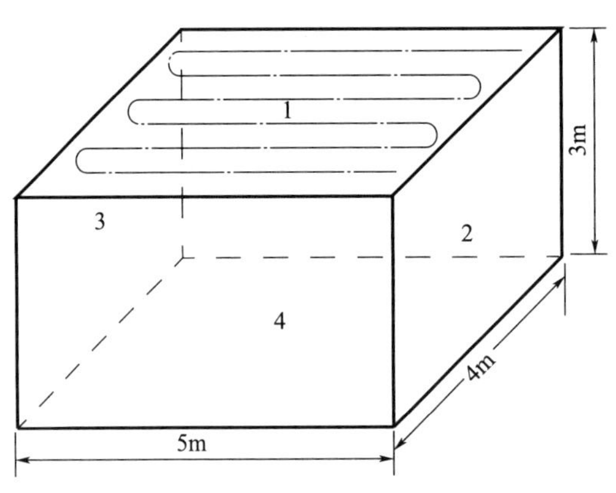

图 1　例 18-6 图

【解】 根据各表面尺寸和几何关系，查手册可以确定各表面间的辐射角系数

$X_{1,1}=0$，$X_{1,2}=0.19$，$X_{1,3}=0.14$，$X_{1,4}=0.19$，$X_{1,5}=0.14$，$X_{1,6}=0.34$；

$X_{2,1}=0.25$，$X_{2,2}=0$，$X_{2,3}=0.15$，$X_{2,4}=0.2$，$X_{2,5}=0.15$，$X_{2,6}=0.25$；

$X_{3,1}=0.25$，$X_{3,2}=0.19$，$X_{3,3}=0$，$X_{3,4}=0.19$，$X_{3,5}=0.12$，$X_{3,6}=0.25$；

$X_{4,1}=0.25$，$X_{4,2}=0.19$，$X_{4,3}=0$，$X_{4,4}=0.19$，$X_{4,5}=0.12$，$X_{4,6}=0.25$；

$X_{5,1}=0.25$，$X_{5,2}=0.19$，$X_{5,3}=0.12$，$X_{5,4}=0.19$，$X_{5,5}=0$，$X_{5,6}=0.25$；

$X_{6,1}=0.34$，$X_{6,2}=0.13$，$X_{6,3}=0.15$，$X_{6,4}=0.13$，$X_{6,5}=0.15$，$X_{6,6}=0$。

由式（18-5-2）列出灰体辐射换热方程组节点方程组为

$$\begin{cases}10J_1-0.19J_2-0.14J_3-0.19J_4-0.14J_5-0.34J_6=9\times5.67\times2.98^4\\-0.25J_1+5J_2-0.15J_3-0.2J_4-0.15J_5-0.25J=4\times5.67\times2.83^4\\-0.25J_1-0.19J_2+5J_3-0.19J_4-0.12J_5-0.25J=4\times5.67\times2.85^4\\-0.25J_1-0.2J_2-0.15J_3+5J_4-0.15J_5-0.25J=4\times5.67\times2.86^4\\-0.25J_1-0.19J_2-0.12J_3-0.19J_4+5J_5-0.25J=4\times5.67\times2.82^4\\-0.34J_1-0.13J_2-0.15J_3-0.13J_4-0.15J_5+2.5J_6=1.5\times5.67\times2.84^4\end{cases}$$

上式为非齐次常系数线性方程组，可用高斯—赛德尔迭代法进行数值求解。根据高斯—赛德尔迭代法格式，算法设计如下图。

设置初值为 $J^{(0)}=(0,0,\cdots,0)^{\mathrm{T}}$，迭代结果如下：

$$J^{*}=(439.13,368.00,376.12,373.06,356.91,363.55)^{\mathrm{T}}\mathrm{W/m^2}$$

则楼板 1 和底面 6 的净辐射换热量为

$$\Phi_1=\frac{E_{b1}-J_1}{\dfrac{1-\varepsilon_1}{\varepsilon_1 A_1}}=\frac{5.67\times10^{-8}\times298^4-439.13}{\dfrac{1-0.9}{0.9\times20}}=1442.65\mathrm{W}$$

$$\Phi_4=\frac{E_{b6}-J_6}{\dfrac{1-\varepsilon_6}{\varepsilon_6 A_6}}=\frac{5.67\times10^{-8}\times284^4-363.55}{\dfrac{1-0.6}{0.6\times20}}=159.17\mathrm{W}$$

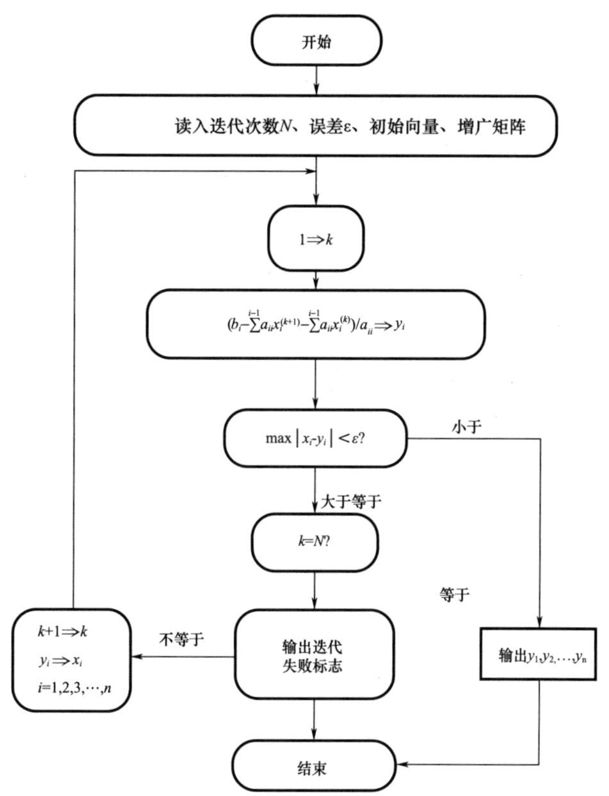

图 2　例 18-6　高斯—赛德尔迭代法算法设计图

18.6　状态空间法及其应用

18.6.1　线性微分方程组理论

18.6.1.1　线性微分方程组的结构

给定由 n 个一阶正规形齐次线性微分方程所构成的方程组

$$\frac{\mathrm{d}y_i}{\mathrm{d}x}=\sum_{j=1}^{n}a_{ij}(x)y_i\quad(i=1,2,\cdots,n)\tag{18-6-1}$$

与非齐次线性微分方程所构成的方程组

$$\frac{\mathrm{d}y_i}{\mathrm{d}x}=\sum_{j=1}^{n}a_{ij}(x)y_i+f_i(x)\quad(i=1,2,\cdots,n)\tag{18-6-2}$$

其中 a_{ij} (x) 与 f_i (x) $(i=1,2,\cdots,n)$ 均为区间 (a,b) 内已知的连续函数。

若令

$$\boldsymbol{y}=(y_1,y_2,\cdots,y_n)^{\mathrm{T}},\boldsymbol{A}(x)=(a_{ij}(x))_{n\times n}$$
$$\boldsymbol{f}(x)=(f_1(x),f_2(x),\cdots,f_n(x))^{\mathrm{T}}$$

则方程（18-6-1）与（18-6-2）可分别表示为如下矩阵形式：

$$\frac{\mathrm{d}\boldsymbol{y}}{\mathrm{d}x}=\boldsymbol{A}(x)\boldsymbol{y} \tag{18-6-3}$$

$$\frac{\mathrm{d}\boldsymbol{y}}{\mathrm{d}x}=\boldsymbol{A}(x)\boldsymbol{y}+\boldsymbol{f}(x) \tag{18-6-4}$$

式（18-6-1）或式（18-6-3）称为齐次线性微分方程组，而式（18-6-2）或式（18-6-4）称为非齐次线性微分方程组。

定理 1 齐次线性微分方程组（18-6-3）存在线性无关的 n 个解向量

$$y_j(x)=(y_{1j},y_{2j},\cdots,y_{nj})^{\mathrm{T}}\quad(j=1,2,\cdots,n)$$

且它的通解就是这 n 个解向量的线性组合

$$y(x)=\sum_{j=1}^{n}c_jy_i(x)$$

其中 c_j（$j=1$，2，…，n）为任意常数。

定义 1 齐次线性微分方程组（18-6-3）的线性无关的 n 个解向量称为它的一个基本解组。

定理 2 设 $y_j(x)=(y_{1j}, y_{2j}, \cdots, y_{nj})^{\mathrm{T}}$（$j=1$，2，…，$n$）是齐次线性微分方程组（18-6-3）在（$a$，$b$）内的一个基本解组，而 $y^*(x)=(y_1^*, y_2^*, \cdots, y_n^*)^{\mathrm{T}}$ 是非齐次线性微分方程组（18-6-4）在（a，b）内的任一特解，则方程组（18-6-4）在（a，b）内的通解为：

$$y(x)=\sum_{j=1}^{n}c_jy_i(x)+y^*(x)$$

其中 c_j（$j=1$，2，…，n）为任意常数。

定理 3 设 $y_j(x)=(y_{1j}, y_{2j}, \cdots, y_{nj})^{\mathrm{T}}$（$j=1$，2，…，$n$）是齐次线性微分方程组（18-6-3）在（$a$，$b$）内的一个基本解组，$\boldsymbol{Y}(x)=(y_1(x), y_2(x), \cdots, y_n(x))$是它的基本解组矩阵，则非齐次方程组（18-6-4）的通解可由下述变动参数的公式给出：

$$y(x)=\boldsymbol{Y}(x)c+\boldsymbol{Y}(x)\int_{x_0}^{x}\boldsymbol{Y}^{-1}(t)f(t)\mathrm{d}t\quad(a<x_0<b,a<x<b) \tag{18-6-5}$$

其中 $\boldsymbol{c}=(c_1, c_2, \cdots, c_n)^{\mathrm{T}}$ 是任意向量。

【例 18-7】解方程组

$$\begin{cases}\dfrac{\mathrm{d}y_1}{\mathrm{d}x}=\cos x\cdot y_1+\sin x\cdot y_2+\sin x\cdot \mathrm{e}^{\sin x}\\[2ex]\dfrac{\mathrm{d}y_2}{\mathrm{d}x}=\sin x\cdot y_1+\cos x\cdot y_2+\sin x\cdot \mathrm{e}^{\sin x}\end{cases}$$

【解】对应齐次线性方程组的基本解矩阵为

$$\boldsymbol{Y}(x)=\begin{pmatrix}\mathrm{e}^{\sin x-\cos x} & \mathrm{e}^{\sin x+\cos x}\\ \mathrm{e}^{\sin x-\cos x} & -\mathrm{e}^{\sin x+\cos x}\end{pmatrix}$$

$$\boldsymbol{Y}^{-1}(x)=\frac{1}{2}\begin{pmatrix}\mathrm{e}^{-\sin x+\cos x} & \mathrm{e}^{-\sin x+\cos x}\\ \mathrm{e}^{-\sin x-\cos x} & -\mathrm{e}^{-\sin x-\cos x}\end{pmatrix}$$

由通解公式（18-6-5）得：

$$y(x)=\begin{pmatrix}c_1\mathrm{e}^{\sin x-\cos x}+c_2\mathrm{e}^{\sin x+\cos x}-\mathrm{e}^{\sin x}+\mathrm{e}^{\sin x-\cos x+1}\\ c_1\mathrm{e}^{\sin x-\cos x}-c_2\mathrm{e}^{\sin x+\cos x}-\mathrm{e}^{\sin x}+\mathrm{e}^{\sin x-\cos x+1}\end{pmatrix}$$

18.6.1.2 常系数线性微分方程组

若在方程组（18-6-3）与（18-6-4）中，系数矩阵 $\boldsymbol{A}(x)$ 为 n 阶常数矩阵 $\boldsymbol{A}=(a_{ij})_{n\times n}$，则方程组

$$\frac{\mathrm{d}\boldsymbol{y}}{\mathrm{d}x}=\boldsymbol{A}\boldsymbol{y} \tag{18-6-6}$$

$$\frac{\mathrm{d}y}{\mathrm{d}x}=\boldsymbol{A}\boldsymbol{y}+\boldsymbol{f}(x) \tag{18-6-7}$$

称为常系数线性微分方程组。

定义 2　系数矩阵 $\boldsymbol{A}=(a_{ij})_{n\times n}$ 的特征方程

$$\det(\lambda I-\boldsymbol{A})=\begin{vmatrix}\lambda-a_{11} & -a_{12} & \cdots & -a_{1n}\\ -a_{21} & \lambda-a_{22} & \cdots & -a_{2n}\\ \cdots & \cdots & \cdots & \cdots\\ -a_{n1} & -a_{n2} & \cdots & \lambda-a_{nn}\end{vmatrix}=0 \tag{18-6-8}$$

称为方程组（18-6-6）的特征方程，特征方程的根称为特征根。

1. 求齐次常系数线性微分方程组通解的方法

（1）若特征方程（18-6-8）有互不相等的 n 个根 λ_j（$j=1$，2，…，n），则微分方程组（18-6-6）有线性无关的 n 个解向量 $y_j(x)=h_j\mathrm{e}^{\lambda_j x}$，其中 h_j 是相应于 λ_j（$j=1$，2，…，n）的特征向量，这时方程组（18-6-6）的通解为

$$y(x)=\sum_{j=1}^{n}c_jy_j(x)=\sum_{j=1}^{n}c_jh_j\mathrm{e}^{\lambda_j x}$$

若方程组（18-6-6）的系数矩阵 $\boldsymbol{A}$ 是实的，且特征方程（18-6-8）有互不相等的 r 个实根 λ_j（$j=$ 1，2，…，r）与 $\frac{n-r}{2}$ 对共轭复根 λ_{r+j} 及 $\bar{\lambda}_{r+j}$ $\left(j=1，2，…，\frac{n-r}{2}\right)$

则向量函数组

$$y_j(x)=h_j\mathrm{e}^{\lambda_j x}\quad(j=1,2,\cdots,r)$$

$$y_{r+j}^{(r)}(x)=\mathrm{Re}h_{r+j}\mathrm{e}^{\lambda_{r+j'}}\quad\left(j=1,2,\cdots,\frac{n-r}{2}\right)$$

$$y_{r+j}^{(I)}(x)=\mathrm{Im}h_{r+j}\mathrm{e}^{\lambda_{r+j'}}\quad\left(j=1,2,\cdots,\frac{n-r}{2}\right)$$

便是方程组（18-6-6）的一实值基本解组。

（2）若特征方程（18-6-8）有重根，则可用待定系数法求通解。设

$$|\lambda E-\boldsymbol{A}|=\prod_{i=1}^{r}(\lambda-\lambda_i)^{n_i}\quad\left(\lambda_i\neq\lambda_k,i\neq k;\sum_{i=1}^{r}n_i=n\right)$$

则可设方程组（18-6-6）的解为如下的待定表达式

$$y_i=\sum_{k=1}^{n_i}c_{jk}x^{k-1}\mathrm{e}^{\lambda_j x}\quad(i=1,2,\cdots,r;j=1,2,\cdots,n)$$

将此表达式代入方程组（18-6-6），即得确定诸系数 c_{jk} 的线性代数方程组，此代数方程组中的解中仍有 n_i 个任意常数。对每个特征根($\lambda_i=1$，2，…，r)，用上述方法图可求出含有 n_i 个任意常数的线性无关的 n_i 个解，把这 $n_1+n_2+\cdots+n_r$ 个解合起来就得方程组（18-6-6）的通解。

2. 求非齐次常系数线性微分方程组通解的方法

设已求得齐次方程组（18-6-6）的通解为 $y(x)=\sum\limits_{j=1}^{n}c_jy_j(x)$，则非齐次方程组（18-6-7）的通解可由定理 3 的变动参数的公式（18-6-5）给出。

【例 18-8】 解方程组

$$\frac{\mathrm{d}y_1}{\mathrm{d}x}=y_2-y_3,\frac{\mathrm{d}y_2}{\mathrm{d}x}=y_1+y_2,\frac{\mathrm{d}y_3}{\mathrm{d}x}=y_1+y_3$$

【解】 系数矩阵的特征方程为

$$|\lambda E-\boldsymbol{A}|=\lambda(\lambda-1)^2=0$$

对特征根 $\lambda_1=0$，设解为 $y_{11}=a$，$y_{21}=b$，$y_{31}=c$，代入原方程组得 $a=-b=-c$。若令 $a=-c_1$（c_1 为任意常数），则 $b=c=c_1$，所以对应于 $\lambda_1=0$ 的一个解为 $y_{11}=-c_1$，$y_{21}=c_1$，$y_{31}=c_1$

对二重特征根 $\lambda_2=1$，设解为

$$y_{12}=(c_{11}+c_{12}x)e^x, y_{22}=(c_{21}+c_{22}x)e^x, y_{32}=(c_{31}+c_{32}x)e^x$$

代入原微分方程组得确定各系数的代数方程组：

$$c_{12}+c_{11}=c_{21}-c_{31}, c_{12}=c_{22}-c_{32}, c_{22}+c_{21}=c_{11}+c_{21}$$
$$c_{22}=c_{12}+c_{22}, c_{32}+c_{31}=c_{11}+c_{31}, c_{32}=c_{32}+c_{12}$$

解得

$$c_{12}=0, c_{11}=c_{22}=c_{32}, c_{11}=c_{21}-c_{31}$$

若令 $c_{11}=c_3$，$c_{21}=c_2$（c_2，c_3 均为任意常数），则所得解为：

$$y_{12}=c_3e^x, y_{22}=(c_2+c_3x)e^x, y_{32}=(c_2-c_3+c_3x)e^x$$

因此，所求通解为

$$y_1=y_{11}+y_{12}=-c_1+c_3e^x$$
$$y_2=y_{21}+y_{22}=c_1+(c_2+c_3x)e^x$$
$$y_3=y_{31}+y_{32}=c_1+(c_2-c_3+c_3x)e^x$$

【例 18-9】解方程组

$$\frac{dy_1}{dx}=y_2-y_3+1, \frac{dy_2}{dx}=y_1+y_2, \frac{dy_3}{dx}=y_1+y_3+e^{-x}$$

【解】由例 18-8 可知对应齐次线性方程组的一个基本解矩阵为

$$\boldsymbol{Y}(x)=\begin{bmatrix}-1 & 0 & e^x \\ 1 & e^x & xe^x \\ 1 & e^x & (x-1)e^x\end{bmatrix}$$

故

$$\boldsymbol{Y}^{-1}(x)=\begin{bmatrix}-1 & 1 & -1 \\ e^{-x} & -xe^{-x} & (x+1)e^{-x} \\ 0 & e^{-x} & -e^{-x}\end{bmatrix}$$

$$f(x)=(1\quad 0\quad e^{-x})^T$$

$$\boldsymbol{Y}^{-1}(x)f(x)=\begin{bmatrix}-1-e^{-x} \\ e^{-x}+(x+1)e^{-2x} \\ -e^{-2x}\end{bmatrix}$$

$$\int\boldsymbol{Y}^{-1}(x)f(x)dx=\begin{bmatrix}-x+e^{-x}+c_1 \\ -e^{-x}-\frac{1}{2}\left(x+\frac{3}{2}\right)e^{-2x}+c_2 \\ \frac{1}{2}e^{-2x}+c_3\end{bmatrix}$$

由公式（18-6-5）得所求的通解为

$$y(x)=\boldsymbol{Y}(x)\int\boldsymbol{Y}^{-1}(x)f(x)dx=\begin{bmatrix}x-\frac{1}{2}e^{-x}-c_1+c_3e^x \\ -1-x+\frac{1}{4}e^{-x}+c_1+(c_2+c_3x)e^x \\ -1-x-\frac{1}{4}e^{-x}+c_1+(c_2-c_3+c_3x)e^x\end{bmatrix}$$

或

$$\begin{cases}y_1(x)=-c_1+c_3e^x+x-\frac{1}{2}e^{-x} \\ y_2(x)=c_1+(c_2+c_3x)e^x-1-x+\frac{1}{4}e^{-x} \\ y_3(x)=c_1+(c_2-c_3+c_3x)e^x-1-x-\frac{1}{4}e^{-x}\end{cases}$$

18.6.2　建筑动态热过程的状态空间法

这里以某厂房降温热过程为例，来说明建筑动态热过程的状态空间法。为了快捷地计算得到更为合理有效的防冻措施，需要提出一种降温预估算方法来对厂房降温过程和防冻措施进行估计。该方法应具备以下三个特点：

（1）准确性：估算结果与软件模拟结果之间误差在可接受的范围之内；

（2）安全性：估算温度低于软件模拟温度；

（3）有效性：对于不满足防冻要求的厂房，利用估算方法能够有效估计相应防冻措施。

18.6.2.1　*厂房降温热过程物理模型*

要研究估算方法，首先需要建立合理的估算模型，厂房停暖后降温实质是厂房空气和围护结构所蓄存热量的缓慢释放过程。因此求解厂房降温过程的关键是求解壁体非稳态导热方程和空气传热的偏微分方程。因此预估算模型应该遵循以下五点原则：

（1）厂房外形尺寸保持不变；

（2）厂房外部围护结构保持不变；

（3）厂房初始温度保持不变；

（4）厂房总内热源散热量保持不变；

（5）厂房内部蓄热体保持不变，将内墙和楼板作为蓄热体考虑。

对于单一厂房而言，由于各种热传递导致房间温度改变。厂房热传递主要包括四个方面：外部热源通过对流和辐射换热对房间温度的影响、内部热源通过对流和辐射换热对房间温度的影响、室外通风对温度的影响和采暖系统通过对流和辐射送入热量。建立厂房热过程物理模型，如图 18-6-1 所示。表 18-6-1 是图中各符号含义。

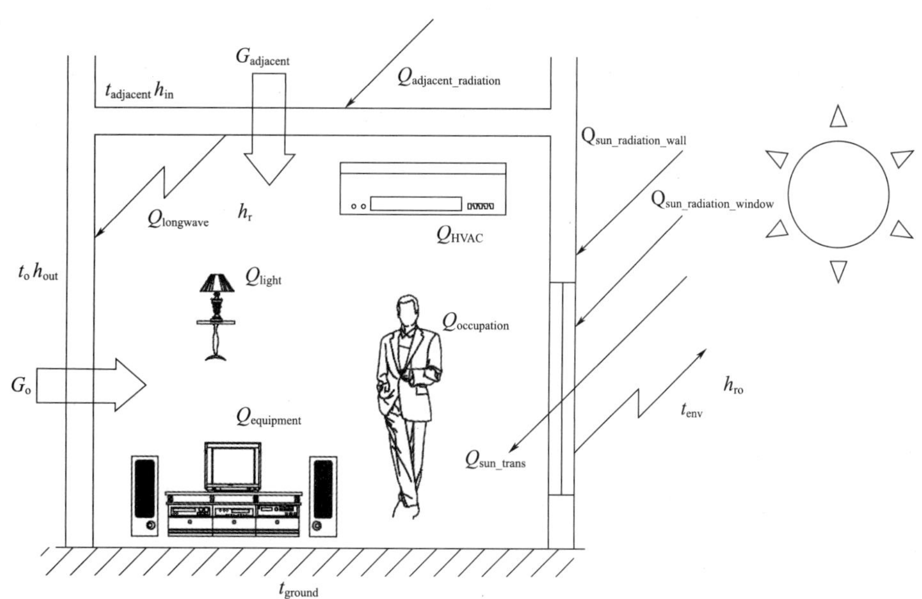

图 18-6-1　厂房热过程物理模型

表 18-6-1　图 18-6-1 中各符号含义

符号	含义
t_o	室外空气温度
h_{out}	围护结构外表面与室外空气对流换热系数
$t_{adjacent}$	邻室空气温度

续表

符号	含义
h_{in}	围护结构内表面与室内空气对流换热系数
t_{env}	建筑周围环境评价温度
h_{ro}	围护结构外表面与周围环境的辐射换热系数
h_r	各围护结构内表面之间的辐射换热系数
t_{ground}	地下土壤温度
$Q_{adjacent\_radiation}$	墙体靠近邻室侧接收到的邻室的太阳投窗辐射和室内热扰的辐射部分
$Q_{sun\_radiation\_wall}$	太阳辐射中被建筑不透明围护结构外表面吸收的部分
$Q_{sun\_radiation\_window}$	太阳辐射中被窗户吸收的部分
Q_{sun_trans}	太阳辐射中透过窗户进入室内的部分
$Q_{longwave}$	各围护结构内表面之间的长波辐射换热
$Q_{occupation}$	室内的人员扰量
Q_{light}	室内的灯光扰量
$Q_{equipment}$	室内的设备扰量
Q_{HVAC}	房间空调设备的供热量
G_o	房间与室外的通风换气量
$G_{adjacent}$	房间与邻室的通风换气量

18.6.2.2　厂房降温热过程数学模型

1. 厂房降温热过程合理简化

对上一节中物理模型进行如下六个简化：

（1）将通过外窗的太阳直射得热作为内热源加入内热源产热中；

（2）通过对围护结构外表面对流换热系数进行修正来考虑外部辐射，具体处理方法见式（18-6-9）；

（3）计算厂房内墙、楼板及其他蓄热体的蓄热能力；

（4）忽略各围护结构内表面之间的长波辐射换热；

（5）将通过外窗产生热负荷作为稳态热流加入空气热平衡方程中，见式（18-6-10）；

（6）将冷风渗透产生热负荷作为稳态热流加入空气热平衡方程中，见式（18-6-11）。

$$h_{out,z}=h_{out}+h_{sun}+h_{longwave} \tag{18-6-9}$$

式中　h_{out}——围护结构外表面与空气对流换热系数，W/(m^2·℃)；

h_{sun}——考虑太阳辐射对围护结构外表面对流换热系数的影响，W/（m^2·℃）；

$h_{longwave}$——考虑长波辐射对围护结构外表面对流换热系数的影响，W/（m^2·℃）。

$$Q_c=\sum_{i=1}^{n}k_{w,i}f_{w,i}(t_a-t_o) \tag{18-6-10}$$

$$Q_w=c_{p,o}\rho_o nV_a(t_a-t_o) \tag{18-6-11}$$

式中　t_a——室内空气的温度,℃；

t_o——室外空气的温度,℃；

V_a——室内空气体积，m^3；

$k_{w,i}$——外窗 i 传热系数，W/(m^2·K)；

$f_{w,i}$——外窗 i 面积，m^2；

$c_{p,o}$——室外空气的比热容，J/(kg·℃)；

ρ_o——室外空气的密度，kg/m^3；

n——房间换气次数，h^{-1}。

根据上述简化，可分别建立围护结构和室内空气热平衡方程。

2. 外墙和屋面热平衡方程

对于外墙和屋面，对其离散后建立各节点的热平衡方程。图 18-6-2 是墙体或屋面温度离散节点示意图。用 $n+1$ 个温度节点将外墙和屋面划分为 n 层，其内外表面温度节点是 t_1 和 t_{n+1}。

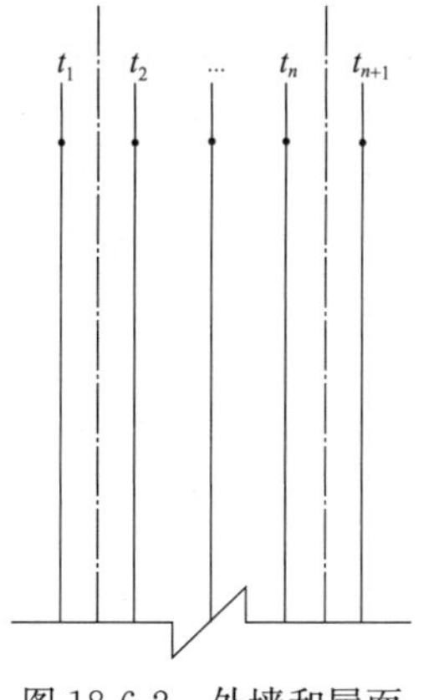

图 18-6-2　外墙和屋面温度离散示意图

对于相应的离散节点，可建立其热平衡方程。

$$\frac{1}{2}c_{p1}\rho_1\Delta x_1\frac{dt_1}{d\tau}=h_{in}(t_a-t_1)+\frac{\lambda_1}{\Delta x_1}(t_2-t_1) \tag{18-6-12}$$

$$\left(\frac{1}{2}c_{pi-1}\rho_{i-1}\Delta x_{i-1}+\frac{1}{2}c_{pi}\rho_i\Delta x_i\right)\frac{dt_i}{d\tau}=\frac{\lambda_{i-1}}{\Delta x_{i-1}}(t_{i-1}-t_i)+\frac{\lambda_i}{\Delta x_i}(t_{i+1}-t_i) \tag{18-6-13}$$

$$\frac{1}{2}c_{pn}\rho_1\Delta x_n\frac{dt_n}{d\tau}=h_{out}(t_o-t_{n+1})+\frac{\lambda_n}{\Delta x_n}(t_n-t_{n+1}) \tag{18-6-14}$$

式中　c_{pi}——第 i 个差分层的比热容，J/(kg·℃)；

ρ_i——第 i 个差分层的密度，kg/m^3；

λ_i——第 i 个差分层的导热系数，W/(m·℃)；

Δx_i——第 i 个差分层的厚度，m；

t_1、t_i、t_n——温度节点，℃；

t_a、t_o——室内外空气温度，℃；

h_{in}、h_{out}——内外表面与空气对流换热系数，W/(m^2·℃)。

3. 地面热平衡方程

将地面与室内传热过程简化为一维传热，考虑到室内热量通过靠近外墙地面传到室外的路程较短，热阻较小；而通过远离外墙地面传到室外的路程较长，热阻较大。因此，室内地面的热阻随着离外墙的远近而有变化。采用地带法将地面沿外墙平行方向分成四个计算地带，如图 18-6-3 所示。墙角阴影部分面积应计算两次。各地带传热系数及热阻见表 18-6-2，可直接对四个地带离散后建立各个节点的热平衡方程。

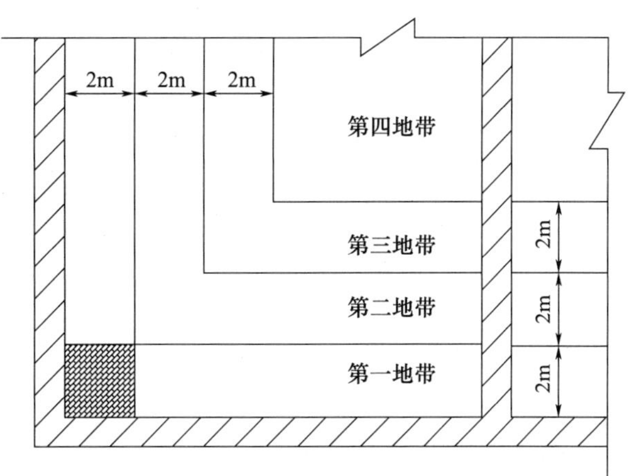

图 18-6-3　地面传热地带的划分

表 18-6-2　各地带热阻和传热系数

地带	R_o（m^2·℃/W）	K_o［W/(m^2·℃)］
第一地带	2.15	0.47

续表

地带	R_o (m²·℃/W)	K_o [W/(m²·℃)]
第二地带	4.3	0.23
第三地带	8.60	0.12
第四地带	14.2	0.07

但是考虑到地面深层有泥土，计算时应该考虑其蓄热能力，所以应该将地下泥土部分作为地面结构。地面结构如图 18-6-4 所示。

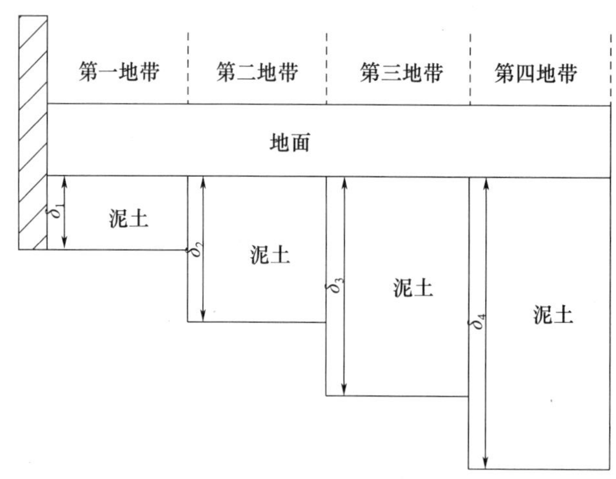

图 18-6-4　地面结构示意图

因此对于地面建立热平衡方程的关键是求得图 18-6-4 中 δ_1、δ_2、δ_3、δ_4。

根据传热阻公式，可求得各地带泥土层厚度。

$$R_{总} = \frac{1}{h_{in}} + \sum_{i=1}^{n} \frac{\delta_i}{\lambda_i} + \frac{1}{h_{out}} \tag{18-6-15}$$

式中　h_{in}——地面与房间空气对流换热系数，W/(m²·℃)；

λ_i——第 i 层材料的导热系数，W/(m·℃)；

δ_i——第 i 层材料的厚度，m。

在地面构造已知的条件下，可以根据式（18-6-15）求得各地带的泥土厚度，当求得各地带泥土厚度后，可分别对四个地带离散后建立各节点热平衡方程，如（18-6-12）～（18-6-14）三式，只是将相应的墙体参数改为地面参数，在此不再赘述。

4. 空气热平衡方程

将通过外窗的热负荷作为稳态热流直接加入空气热平衡方程中，同时将通过外窗太阳直射得热加入内热源产热中。将空气作为单一节点，空气节点获得的热量包括：1）与外墙、屋面、地面内表面之间的对流换热；2）通过外窗的冷风渗透产生热负荷；3）通过外窗热负荷；4）内热源产热。

$$c_{p,a}\rho_a V_a \frac{dt_a}{d\tau} = \sum_{i=1}^{n} h_i f_i (t_i - t_a) + \sum_{i=1}^{n} k_{w,i} f_{w,i} (t_o - t_a) + c_{p,o}\rho_o n V_a (t_o - t_a) + q_{in} \tag{18-6-16}$$

式中　$c_{p,a}$——室内空气的比热容，J/(kg·℃)；

ρ_a——室内空气的密度，kg/m³；

V_a——房间体积，m³；

h_i——围护结构 i 内表面与空气的对流换热系数，W/(m²·℃)；

f_i——围护结构 i 面积，m²；

$k_{w,i}$——外窗 i 传热系数，W/(m²·K)；

$f_{w,i}$——外窗 i 面积，m²；

$c_{p,o}$——室外空气比热容，J/(kg·K)；

ρ_o——室外空气密度，kg/m^3；

n——房间换气次数，h^{-1}；

t_a——室内空气温度，℃；

t_i——围护结构内表面温度，℃；

t_o——室外空气温度，℃；

q_{in}——内热源产热，W。

5. 单一房间热平衡方程

假设该房间外墙、屋面及地面分别有一种结构。联立外墙、屋面、地面、空气热平衡方程并写出其状态空间表达式，见式（18-6-17）。

$$\boldsymbol{C}\boldsymbol{T}'=\boldsymbol{A}\boldsymbol{T}+\boldsymbol{B}\boldsymbol{u} \tag{18-6-17}$$

其中

$$\boldsymbol{C}=\begin{bmatrix} C_{wall} & & & & & & \\ & C_{roof} & & & & & \\ & & C_{gro\_1} & & & & \\ & & & C_{gro\_2} & & & \\ & & & & C_{gro\_3} & & \\ & & & & & C_{gro\_4} & \\ & & & & & & C_{air} \end{bmatrix} \tag{18-6-18}$$

$$\boldsymbol{A}=\begin{bmatrix} \boldsymbol{A}_{wall} & & & & & & \boldsymbol{A}_{wall,air} \\ & \boldsymbol{A}_{roof} & & & & & \boldsymbol{A}_{roof,air} \\ & & \boldsymbol{A}_{gro\_1} & & & & \boldsymbol{A}_{gro\_1,air} \\ & & & \boldsymbol{A}_{gro\_2} & & & \boldsymbol{A}_{gro\_2,air} \\ & & & & \boldsymbol{A}_{gro\_3} & & \boldsymbol{A}_{gro\_3,air} \\ & & & & & \boldsymbol{A}_{gro\_4} & \boldsymbol{A}_{gro\_4,air} \\ \boldsymbol{A}_{air,wall} & \boldsymbol{A}_{air,roof} & \boldsymbol{A}_{air,gro\_1} & \boldsymbol{A}_{air,gro\_2} & \boldsymbol{A}_{air,gro\_3} & \boldsymbol{A}_{air,gro\_4} & \boldsymbol{A}_{air} \end{bmatrix} \tag{18-6-19}$$

$$\boldsymbol{B}=(\boldsymbol{B}_{wall}\quad \boldsymbol{B}_{roof}\quad \boldsymbol{B}_{gro\_1}\quad \boldsymbol{B}_{gro\_2}\quad \boldsymbol{B}_{gro\_3}\quad \boldsymbol{B}_{gro\_4}\quad B_{air})^{T} \tag{18-6-20}$$

式中　$\boldsymbol{C}_{wall}$、$\boldsymbol{A}_{wall}$、$\boldsymbol{B}_{wall}$——外墙的 $\boldsymbol{C}$ 矩阵、$\boldsymbol{A}$ 矩阵、$\boldsymbol{B}$ 矩阵；

$\boldsymbol{C}_{roof}$、$\boldsymbol{A}_{roof}$、$\boldsymbol{B}_{roof}$——屋面的 $\boldsymbol{C}$ 矩阵、$\boldsymbol{A}$ 矩阵、$\boldsymbol{B}$ 矩阵；

$\boldsymbol{C}_{gro\_1}$、$\boldsymbol{A}_{gro\_1}$、$\boldsymbol{B}_{gro\_1}$——第一地带的 $\boldsymbol{C}$ 矩阵、$\boldsymbol{A}$ 矩阵、$\boldsymbol{B}$ 矩阵；

$\boldsymbol{C}_{gro\_2}$、$\boldsymbol{A}_{gro\_2}$、$\boldsymbol{B}_{gro\_2}$——第二地带的 $\boldsymbol{C}$ 矩阵、$\boldsymbol{A}$ 矩阵、$\boldsymbol{B}$ 矩阵；

$\boldsymbol{C}_{gro\_3}$、$\boldsymbol{A}_{gro\_3}$、$\boldsymbol{B}_{gro\_3}$——第三地带的 $\boldsymbol{C}$ 矩阵、$\boldsymbol{A}$ 矩阵、$\boldsymbol{B}$ 矩阵；

$\boldsymbol{C}_{gro\_4}$、$\boldsymbol{A}_{gro\_4}$、$\boldsymbol{B}_{gro\_4}$——第四地带的 $\boldsymbol{C}$ 矩阵、$\boldsymbol{A}$ 矩阵、$\boldsymbol{B}$ 矩阵；

$\boldsymbol{C}_{air}$、$\boldsymbol{A}_{air}$、$\boldsymbol{B}_{air}$——空气的 $\boldsymbol{C}$ 矩阵、$\boldsymbol{A}$ 矩阵、$\boldsymbol{B}$ 矩阵；

$\boldsymbol{A}_{wall,air}$、$\boldsymbol{A}_{roof,air}$、$\boldsymbol{A}_{gro,air}$——相应围护结构表面与空气的对流换热矩阵；

$\boldsymbol{A}_{air,wall}$、$\boldsymbol{A}_{air,roof}$、$\boldsymbol{A}_{air,gro}$——空气与相应围护结构表面的对流换热矩阵；

N——家具系数。

$$\boldsymbol{u}=(t_{out}\quad q_{in})^{T} \tag{18-6-21}$$

式中　t_{out}——室外空气温度，℃；

q_{in}——内热源产热，W。

$$\boldsymbol{T}=(\boldsymbol{T}_{wall}\quad \boldsymbol{T}_{roof}\quad \boldsymbol{T}_{gro\_1}\quad \boldsymbol{T}_{gro\_2}\quad \boldsymbol{T}_{gro\_3}\quad \boldsymbol{T}_{gro\_4}\quad \boldsymbol{T}_{air})^{T} \tag{18-6-22}$$

其中

$$
\boldsymbol{C}_{\text{wall}}=\begin{bmatrix}
\frac{1}{2}c_{\text{w\_1}}\rho_{\text{w\_1}}\Delta x_{\text{w\_1}}f_{\text{w\_1}} & & & & \\
 & \frac{1}{2}c_{\text{w\_1}}\rho_{\text{w\_1}}\Delta x_{\text{w\_1}}f_{\text{w\_1}}+\frac{1}{2}c_{\text{w\_2}}\rho_{\text{w\_2}}\Delta x_{\text{w\_2}}f_{\text{w\_2}} & & & \\
 & & \cdots & & \\
 & & & \frac{1}{2}c_{\text{w\_}n-1}\rho_{\text{w\_}n-1}\Delta x_{\text{w\_}n-1}f_{\text{w\_}n-1}+\frac{1}{2}c_{\text{w\_}n}\rho_{\text{w\_}n}\Delta x_{\text{w\_}n}f_{\text{w\_}n} & \\
 & & & & \frac{1}{2}c_{\text{w\_}n}\rho_{\text{w\_}n}\Delta x_{\text{w\_}n}f_{\text{w\_}n}
\end{bmatrix}
\tag{18-6-23}
$$

$$
\boldsymbol{A}_{\text{wall}}=\begin{bmatrix}
-h_{\text{in}}f_{\text{wall}}-\frac{\lambda_1}{\Delta x_1}f_{\text{wall}} & \frac{\lambda_1}{\Delta x_1}f_{\text{wall}} & & & \\
\frac{\lambda_1}{\Delta x_1}f_{\text{wall}} & -\left(\frac{\lambda_1}{\Delta x_1}+\frac{\lambda_2}{\Delta x_2}\right)f_{\text{wall}} & \frac{\lambda_2}{\Delta x_2}f_{\text{wall}} & & \\
 & \cdots & \cdots & \cdots & \\
 & & \frac{\lambda_{n-1}}{\Delta x_{n-1}}f_{\text{wall}} & -\left(\frac{\lambda_{n-1}}{\Delta x_{n-1}}+\frac{\lambda_n}{\Delta x_n}\right)f_{\text{wall}} & \frac{\lambda_n}{\Delta x_n}f_{\text{wall}} \\
 & & & \frac{\lambda_n}{\Delta x_n}f_{\text{wall}} & -h_{\text{out}}f_{\text{wall}}-\frac{\lambda_n}{\Delta x_n}f_{\text{wall}}
\end{bmatrix}
\tag{18-6-24}
$$

$$
\boldsymbol{B}_{\text{wall}}=\begin{bmatrix} 0 & 0 \\ 0 & 0 \\ \vdots & 0 \\ h_{\text{w\_out}}f_{\text{w}} & 0 \end{bmatrix}
\tag{18-6-25}
$$

$$
\boldsymbol{T}_{\text{wall}}=(t_{\text{w\_1}}\quad t_{\text{w\_2}}\quad \cdots \quad t_{\text{w\_}n}\quad t_{\text{w\_}n+1})^{\text{T}}
\tag{18-6-26}
$$

式（18-6-23）、(18-6-24）列出了墙体的 $\boldsymbol{C}$ 矩阵、$\boldsymbol{A}$ 矩阵、$\boldsymbol{B}$ 矩阵及 $\boldsymbol{T}$ 矩阵，而对于屋面及地面来说，其 $\boldsymbol{C}$ 矩阵、$\boldsymbol{A}$ 矩阵、$\boldsymbol{B}$ 矩阵及 $\boldsymbol{T}$ 矩阵与墙体相应矩阵结构相同，只是相应参数改变，故不赘述。

对于空气而言，其 $\boldsymbol{C}$ 矩阵、$\boldsymbol{A}$ 矩阵及 $\boldsymbol{B}$ 矩阵见式（18-6-27）～（18-6-29）。

$$
\boldsymbol{C}_{\text{air}}=c_{\text{a}}\rho_{\text{a}}V
\tag{18-6-27}
$$

$$
\begin{aligned}
\boldsymbol{A}_{\text{air}}=&-(n\rho_{\text{o}}c_{p,\text{o}}V+k_{\text{w},i}f_{\text{w},i}+h_{\text{w\_1}}f_{\text{w}}+h_{\text{r\_1}}f_{\text{r}}+h_{\text{gro\_1\_1}}f_{\text{gro\_1}}+h_{\text{gro\_2\_1}}f_{\text{gro\_2}}+\\
&h_{\text{gro\_3\_1}}f_{\text{gro\_3}}+h_{\text{gro\_4\_1}}f_{\text{gro\_4}})
\end{aligned}
\tag{18-6-28}
$$

$$
\boldsymbol{B}_{\text{air}}=[(n\rho_{\text{o}}c_{p,\text{o}}V+k_{\text{w},i}f_{\text{w},i})\quad 1]
\tag{18-6-29}
$$

$\boldsymbol{A}$ 矩阵中其他部分矩阵见式（18-6-30）、(18-6-31）。

$$
\boldsymbol{A}_{\text{wall,air}}=(h_{\text{w\_1}}f_{\text{w}}\quad 0\quad \cdots\quad 0)^{\text{T}}
\tag{18-6-30}
$$

$$
\boldsymbol{A}_{\text{air,wall}}=(h_{\text{w\_1}}f_{\text{w}}\quad 0\quad \cdots\quad 0)
\tag{18-6-31}
$$

$\boldsymbol{A}$ 矩阵中 $\boldsymbol{A}_{\text{roof,air}}$、$\boldsymbol{A}_{\text{gro\_1,air}}$、$\boldsymbol{A}_{\text{gro\_2,air}}$、$\boldsymbol{A}_{\text{gro\_3,air}}$、$\boldsymbol{A}_{\text{gro\_4,air}}$、$\boldsymbol{A}_{\text{air,roof}}$、$\boldsymbol{A}_{\text{air,gro\_1}}$、$\boldsymbol{A}_{\text{air,gro\_2}}$、$\boldsymbol{A}_{\text{air,gro\_3}}$、$\boldsymbol{A}_{\text{air,gro\_4}}$ 矩阵与 $\boldsymbol{A}_{\text{wall,air}}$、$\boldsymbol{A}_{\text{air,wall}}$ 矩阵结构相同，只是相应参数为屋面地面参数，故不赘述。

式中 $c_{\text{a}}\rho_{\text{a}}V$ 是空气热容，$h_{\text{w\_1}}$、f_{w} 分别是外墙与空气对流换热系数和外墙面积，$h_{\text{r\_1}}$、f_{r} 分别是屋面与空气对流换热系数和屋面面积，$h_{\text{gro\_1\_1}}$、$f_{\text{gro\_1}}$ 分别是地面第一地带与空气对流换热系数和地面第一地带面积，$h_{\text{gro\_2\_1}}$、$h_{\text{gro\_3\_1}}$、$h_{\text{gro\_4\_1}}$ 分别是第二地带、第三地带、第四地带与空气对流换热系数，$f_{\text{gro\_2}}$、$f_{\text{gro\_3}}$、$f_{\text{gro\_4}}$ 分别是第二地带、第三地带、第四地带面积。

18.6.2.3 数学模型求解方法

1. 求解迭代公式

根据上一节中建立的单一房间热平衡方程组。对式 $\frac{\mathrm{d}y}{\mathrm{d}x}=Ay$ 两边同乘 C^{-1}，得：

$$
\boldsymbol{X}'=\boldsymbol{C}^{-1}\boldsymbol{A}\boldsymbol{T}+\boldsymbol{C}^{-1}\boldsymbol{B}\boldsymbol{u}
\tag{18-6-32}
$$

求解此一阶线性微分方程组，得到：

$$X(t) = e^{C^{-1}At}X(0) + e^{C^{-1}At}\int_0^t e^{-C^{-1}A\tau}C^{-1}Bu(\tau)d\tau \tag{18-6-33}$$

为了使用计算机计算 $X(t)$，需要将连续状态方程转化为离散状态方程，即需要将矩阵微分方程转化为矩阵差分方程。假设控制函数只在采样时刻上发生变化，而在两次采样时刻之间保持不变，即 $kT<t<(k+1)T$ 时，$u(kT)$ ＝常量。

令
$$t = kT, X(kT) = e^{C^{-1}AkT}X(0) + e^{C^{-1}AkT}\int_0^{kT} e^{-C^{-1}A\tau}C^{-1}Bu(\tau)d\tau \tag{18-6-34}$$

令
$$t = (k+1)T, X[(k+1)T] = e^{C^{-1}A(k+1)T}X(0) + e^{C^{-1}A(k+1)T}\int_0^{(k+1)T} e^{-C^{-1}A\tau}C^{-1}Bu(\tau)d\tau \tag{18-6-35}$$

将式（18-6-34）两边同乘 $e^{C^{-1}AT}$，得到

$$e^{C^{-1}AT}X(kT) = e^{C^{-1}A(k+1)T}X(0) + e^{C^{-1}A(k+1)T}\int_0^{kT} e^{-C^{-1}A\tau}C^{-1}Bu(\tau)d\tau \tag{18-6-36}$$

用式（18-6-35）减（18-6-36），得到

$$X[(k+1)T] - e^{C^{-1}AT}X(kT) = e^{C^{-1}A(k+1)T}\left[\int_0^{(k+1)T} e^{-C^{-1}A\tau}C^{-1}Bu(\tau)d\tau - \int_0^{kT} e^{-C^{-1}A\tau}C^{-1}Bu(\tau)d\tau\right] \tag{18-6-37}$$

改写式（18-6-37），得到

$$X[(k+1)T] = e^{C^{-1}AT}X(kT) + e^{C^{-1}A(k+1)T}\left[\int_0^{(k+1)T} e^{-C^{-1}A\tau}C^{-1}Bu(\tau)d\tau - \int_0^{kT} e^{-C^{-1}A\tau}C^{-1}Bu(\tau)d\tau\right]$$
$$= e^{C^{-1}AT}X(kT) + e^{C^{-1}AT}\int_{kT}^{(k+1)T} e^{-C^{-1}A(\tau-kT)}C^{-1}Bu(\tau)d\tau \tag{18-6-38}$$

令 $\tau - kT = \xi$，$0<\xi<T$

式（18-6-38）变为

$$X[(k+1)T] = e^{C^{-1}AT}X(kT) + e^{C^{-1}AT}\int_0^{T} e^{-C^{-1}A\xi}C^{-1}Bu(kT+\xi)d\xi \tag{18-6-39}$$

根据假设，有 $u(kT+\xi) = u(kT)$

因此，式（18-6-39）可写为

$$X[(k+1)T] = e^{C^{-1}AT}X(kT) + \int_0^{T} e^{C^{-1}A(T-\xi)}C^{-1}Bd\xi u(kT)$$
$$= e^{C^{-1}AT}X(kT) + \int_0^{T} e^{C^{-1}A\xi}C^{-1}Bd\xi u(kT) \tag{18-6-40}$$

由矩阵指数的定义可得

$$\int_0^{T} e^{C^{-1}A\zeta}d\zeta = (C^{-1}A)^{-1}(e^{C^{-1}AT} - \boldsymbol{I}) \tag{18-6-41}$$

所以：

$$X[(k+1)T] = A^{*}X(kT) + B^{*}u(kT) \tag{18-6-42}$$

式中 $A^{*} = e^{C^{-1}AT}$，$B^{*} = (C^{-1}A)^{-1}(A^{*} - I)C^{-1}B$（$\boldsymbol{I}$ 为对角线全为 1 的对角矩阵）。

2. 计算迭代初值

参考《实用供热空调设计手册》，当室内温度为初始温度时，计算围护结构内部各节点温度作为迭代初值。图 18-6-5 为围护结构纵向示意图。

围护结构内部温度可根据下式进行计算：

$$t_1 = t_{in} - \frac{t_{in} - t_{out}}{R_0}R_{in} \tag{18-6-43}$$

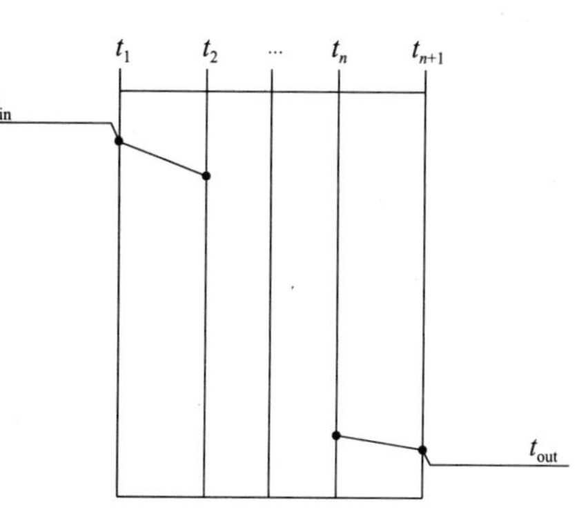

图 18-6-5　围护结构示意图

$$t_n = t_{in} - \frac{t_{in} - t_{out}}{R_0}\left(R_{in} + \sum_{i=1}^{n-1} R_i\right) \tag{18-6-44}$$

式中 t_1——围护结构内表面温度,℃；

t_n——围护结构内部第 n 层表面温度,℃；

t_{in}、t_{out}——分别为室内外空气温度,℃；

R_0——围护结构传热热阻，$m^2 \cdot K/W$；

R_{in}——内表面对流传热热阻，$m^2 \cdot K/W$；

R_i——围护结构内部第 i 层热阻，$m^2 \cdot K/W$。

图 18-6-6 为数值计算流程。

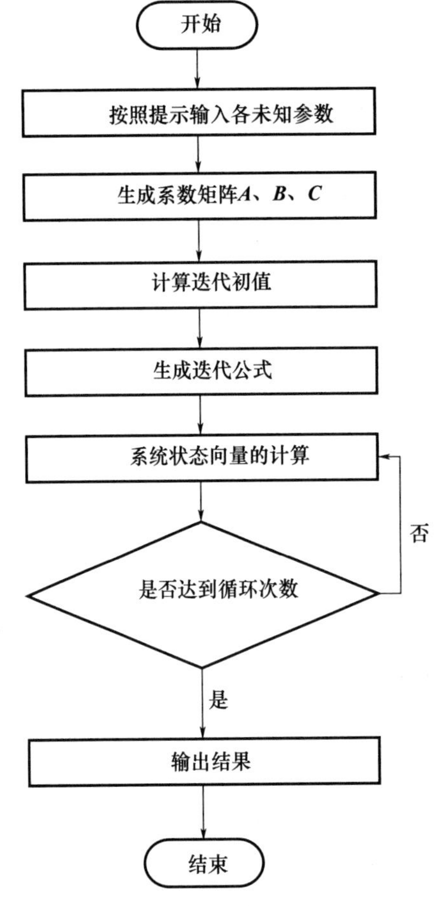

图 18-6-6　数值计算流程

参考文献

[1] 威尔蒂 J R. 工程传热学 [M]. 任泽霈，罗棣庵，译. 北京：人民教育出版社，1982.
[2] KARLEKA B V，DESMOND R M. Engineering Heat Transfer [M]. West Pub. Co，1977.
[3] HOLMAN J P. Heat Transfer [M]. 10th ed. New York：McGraw-Hill Book Co，2011.
[4] 李荣华. 偏微分方程数值解法 [M]. 北京：高等教育出版社，2010.
[5] 费斯泰赫. 计算流体力学导论：有限体积法 [M]. 2 版. 北京：世界图书出版公司，2010.
[6] 陶文铨. 传热学 [M]. 西安：西北工业大学出版社，2006.
[7] 帕坦卡 S V. 传热与流体流动的数值计算 [M]. 张政，译. 北京：科学出版社，1980.
[8] 帕坦卡 S V. 传热和流体流动的数值方法 [M]. 郭宽良，译. 合肥：安徽科学技术出版社，1984.
[9] 陶文铨. 数值传热学 [M]. 西安：西安交通大学出版社，1988.

附　录

附录 11-1　饱和水的热物理性质

t (℃)	$p\times10^{-5}$ (Pa)	ρ (kg/m³)	H' (kJ/kg)	c_p [kJ/(kg·K)]	$\lambda\times10^{2}$ [W/(m·K)]	$a\times10^{8}$ (m²/s)	$\mu\times10^{6}$ (N·s/m²)	$\nu\times10^{6}$ (m²/s)	$\alpha\times10^{4}$ (K⁻¹)	$\sigma\times10^{4}$ (N/m)	Pr
0	0.00611	999.9	0	4.212	55.1	13.1	1788	1.789	−0.81	756.4	13.67
10	0.012270	999.7	42.04	4.191	57.4	13.7	1306	1.306	0.87	741.6	9.52
20	0.02338	998.2	83.91	4.183	59.9	14.3	1004	1.006	2.09	726.9	7.02
30	0.04241	995.7	125.7	4.174	61.8	14.9	801.5	0.805	3.05	712.2	5.42
40	0.07375	992.2	167.5	4.174	63.5	15.3	653.3	0.659	3.86	696.5	4.31
50	0.12335	988.1	209.3	4.174	64.8	15.7	549.4	0.556	4.57	676.9	3.54
60	0.19920	983.1	251.1	4.179	65.9	16.0	469.9	0.478	5.22	662.2	2.99
70	0.3116	977.8	293.0	4.187	66.8	16.3	406.1	0.415	5.83	643.5	2.55
80	0.4736	971.8	355.0	4.195	67.4	16.6	355.1	0.365	6.40	625.9	2.21
90	0.7011	965.3	377.0	4.208	68.0	16.8	314.9	0.326	6.96	607.2	1.95
100	1.013	958.4	419.1	4.220	68.3	16.9	282.5	0.295	7.50	588.6	1.75
110	1.43	951.0	461.4	4.233	68.5	17.0	259.0	0.272	8.04	569.0	1.60
120	1.98	943.1	503.7	4.250	68.6	17.1	237.4	0.252	8.58	548.4	1.47
130	2.70	934.8	546.4	4.266	68.6	17.2	217.8	0.233	9.12	528.8	1.36
140	3.61	926.1	589.1	4.287	68.5	17.2	201.1	0.217	9.68	507.2	1.26
150	4.76	917.0	632.2	4.313	68.4	17.3	186.4	0.203	10.26	486.6	1.17
160	6.18	907.0	675.4	4.346	68.3	17.3	173.6	0.191	10.87	466.0	1.10
170	7.92	897.3	719.3	4.380	67.9	17.3	162.8	0.181	11.52	443.4	1.05
180	10.03	886.9	763.3	4.417	67.4	17.2	153.0	0.173	12.21	422.8	1.00
190	12.55	876.0	807.8	4.459	67.0	17.1	144.2	0.165	12.96	400.2	0.96
200	15.55	863.0	852.8	4.505	66.3	17.0	136.4	0.158	13.77	376.7	0.93
210	19.08	852.3	897.7	4.555	65.5	16.9	130.5	0.153	14.67	354.1	0.91
220	23.20	840.3	943.7	4.614	64.5	16.6	124.6	0.148	15.67	331.6	0.89
230	27.98	827.3	990.2	4.681	63.7	16.4	119.7	0.145	16.80	310.0	0.88
240	33.48	813.6	1037.5	4.756	62.8	16.2	114.8	0.141	18.08	285.5	0.87
250	39.78	799.0	1085.7	4.844	61.8	15.9	109.9	0.137	19.55	261.9	0.86
260	46.94	784.0	1135.7	4.949	60.5	15.6	105.9	0.135	21.27	237.4	0.87
270	55.05	767.9	1185.7	5.070	59.0	15.1	102.0	0.133	23.31	214.8	0.88
280	64.19	750.7	1236.8	5.230	57.4	14.6	98.1	0.131	25.79	191.3	0.90
290	74.45	732.3	1290.0	5.485	55.8	13.9	94.2	0.129	28.84	168.7	0.93
300	85.92	712.5	1344.9	5.736	54.0	13.2	91.2	0.128	32.73	144.2	0.97
310	98.70	691.1	1402.2	6.071	52.3	12.5	88.3	0.128	37.85	120.7	1.03
320	112.90	667.1	1462.1	6.574	50.6	11.5	85.3	0.128	44.91	98.10	1.11
330	128.65	640.2	1526.2	7.244	48.4	10.4	81.4	0.127	55.31	76.71	1.22
340	146.08	610.1	1594.8	8.165	45.7	9.17	77.5	0.127	72.10	56.70	1.39
350	165.37	574.4	1671.4	9.504	43.0	7.88	72.6	0.126	103.7	38.16	1.60
360	186.74	528.0	1761.5	13.984	39.5	5.36	66.7	0.126	182.9	20.21	2.35
370	210.53	450.5	1892.5	40.321	33.7	1.86	56.9	0.126	676.7	4.709	6.79

附录 11-2 干饱和水蒸气的热物理性质

t (℃)	$p\times10^{-5}$ (Pa)	ρ'' (kg/m^3)	H'' (kJ/kg)	r (kJ/kg)	c_p [kJ/(kg·K)]	$\lambda\times10^2$ [W/(m·K)]	$a\times10^3$ (m^2/s)	$\mu\times10^6$ ($N\cdot s/m^2$)	$\nu\times10^6$ (m^2/s)	Pr
0	0.00611	0.004847	2501.6	2501.6	1.8543	1.83	7313.0	8.022	1655.01	0.815
10	0.01227	0.009396	2520.0	2477.7	1.8594	1.88	3881.3	8.424	896.54	0.831
20	0.02338	0.01729	2538.0	2454.3	1.8661	1.94	2167.2	8.84	509.90	0.847
30	0.04241	0.03037	2556.5	2430.9	1.8744	2.00	1265.1	9.218	303.53	0.863
40	0.07375	0.05116	2574.5	2407.0	1.8853	2.06	768.45	9.620	188.04	0.883
50	0.12335	0.08302	2592.0	2382.7	1.8987	2.12	483.59	10.022	120.72	0.896
60	0.19920	0.1302	2609.6	2358.4	1.9155	2.19	315.55	10.424	80.07	0.913
70	0.3116	0.1982	2626.8	2334.1	1.9364	2.25	210.57	10.817	54.57	0.930
80	0.4736	0.2933	2643.5	2309.0	1.9615	2.33	145.53	11.219	38.25	0.947
90	0.7011	0.4235	2660.3	2283.1	1.9921	2.40	102.22	11.621	27.44	0.966
100	1.0130	0.5977	2676.2	2257.1	2.0281	2.48	73.57	12.023	20.12	0.984
110	1.4327	0.8265	2691.3	2229.9	2.0704	2.56	53.83	12.425	15.03	1.00
120	1.9854	1.122	2705.9	2202.3	2.1198	2.65	40.15	12.798	11.41	1.02
130	2.7013	1.497	2719.7	2173.8	2.1763	2.76	30.46	13.170	8.80	1.04
140	3.614	1.967	2733.1	2144.1	2.2408	2.85	23.28	13.543	6.89	1.06
150	4.760	2.548	2745.3	2113.1	2.3145	2.97	18.10	13.896	5.45	1.08
160	6.181	3.260	2756.6	2081.3	2.3974	3.08	14.20	14.249	4.37	1.11
170	7.920	4.123	2767.1	2047.8	2.4911	3.21	11.25	14.612	3.54	1.13
180	10.027	5.160	2776.3	2013.0	2.5958	3.36	9.03	14.965	2.90	1.15
190	12.551	6.397	2784.2	1976.6	2.7126	3.51	7.29	15.298	2.39	1.18
200	15.549	7.864	2790.9	1938.5	2.8428	3.68	5.92	15.651	1.99	1.21
210	19.077	9.593	2796.4	1898.3	2.9877	3.87	4.86	15.995	1.67	1.24
220	23.198	11.62	2799.7	1856.4	3.1497	4.07	4.00	16.338	1.41	1.26
230	27.976	14.00	2801.8	1811.6	3.3310	4.30	3.32	16.701	1.19	1.29
240	33.478	16.76	2802.2	1764.7	3.5366	4.54	2.76	17.073	1.02	1.33
250	39.776	19.99	2800.6	1714.4	3.7723	4.84	2.31	17.446	0.873	1.36
260	46.943	23.73	2796.4	1661.3	4.0470	5.18	1.94	17.848	0.752	1.40
270	55.058	28.10	2789.7	1604.8	4.3735	5.55	1.63	18.280	0.651	1.44
280	64.202	33.19	2780.5	1543.7	4.7675	6.00	1.37	18.750	0.565	1.49
290	74.461	39.16	2767.5	1477.5	5.2528	6.55	1.15	19.270	0.492	1.54
300	85.927	46.19	2751.1	1405.9	5.8632	7.22	0.96	19.839	0.430	1.61
310	98.700	54.54	2730.2	1327.6	6.6503	8.06	0.80	20.691	0.380	1.71
320	112.89	64.60	2703.8	1241.0	7.7217	8.65	0.62	21.691	0.336	1.94
330	128.63	76.99	2670.3	1143.8	9.3613	9.61	0.48	23.093	0.300	2.24
340	146.05	92.76	2626.0	1030.8	12.2108	10.70	0.34	24.692	0.266	2.82
350	165.35	113.6	2567.8	895.6	17.1504	11.90	0.22	26.594	0.234	3.83
360	186.75	144.1	2485.3	721.4	25.1162	13.70	0.14	29.193	0.203	5.34
370	210.54	201.1	2342.9	452.6	76.9157	16.60	0.04	33.989	0.169	15.7
374.15	221.20	315.5	2107.2	0.0	∞	23.79	0.0	44.992	0.143	∞

附录 11-3　几种饱和液体的热物理性质

流体名称	t (℃)	$p\times10^{-5}$ (Pa)	ρ (kg/m^3)	r (kJ/kg)	c_p [kJ/(kg·K)]	λ [W/(m·K)]	$a\times10^7$ (m^2/s)	$\nu\times10^6$ (m^2/s)	$\alpha\times10^4$ (K^{-1})	Pr
氟利昂-22 (CHF_2Cl)	−40	1.0552	1411	233.8	1.0467	0.1116	0.753	0.249	19.84	3.31
	−30	1.6466	1382	227.6	1.0802	0.1081	0.722	0.232	20.82	3.20
	−20	2.4616	1350	220.9	1.1137	0.1035	0.689	0.218	23.74	3.17
	−10	3.5599	1318	214.4	1.1472	0.10	0.661	0.210	24.52	3.18
	0	5.0016	1285	207.0	1.1807	0.0953	0.628	0.204	29.72	3.25
	10	6.8551	1249	198.3	1.2142	0.0907	0.608	0.199	29.53	3.32
	20	9.1695	1213	188.4	1.2477	0.0872	0.578	0.197	30.51	3.41
	30	12.0233	1176	177.3	1.2770	0.0826	0.550	0.196	33.70	3.55
	40	15.4852	1132	164.8	1.3105	0.0791	0.531	0.196	39.95	3.67
R32	−60	0.6496	1235.7	390.73	1.5758	0.19421	0.997	0.2486	21.9	2.492
	−40	1.7741	1180.2	368.79	1.6077	0.17779	0.937	0.2022	24.4	2.158
	−20	4.0575	1120.6	344.03	1.6607	0.16135	0.867	0.1682	28.1	1.940
	0	8.1310	1055.3	315.30	1.7450	0.14525	0.789	0.1426	33.6	1.808
	20	14.7457	981.4	280.78	1.8859	0.12970	0.701	0.1226	43.0	1.750
	40	24.7831	893.0	237.09	2.1629	0.11458	0.593	0.1064	62.6	1.793
	60	39.3323	773.3	175.51	3.0007	0.09938	0.428	0.0923	128.6	2.155
R152a	−50	0.2808	1063.3	351.69	1.560			0.3822	16.25	
	−30	0.7799	1023.3	335.01	1.617			0.3007	18.30	
	−10	1.821	981.1	316.63	1.674	0.1213	0.739	0.2449	21.23	3.314
	0	2.642	958.9	306.66	1.707	0.1155	0.706	0.2235	23.17	3.166
	10	3.726	935.9	296.04	1.743	0.1097	0.673	0.2052	25.50	3.049
	30	6.890	886.3	272.77	1.834	0.0982	0.604	0.1756	31.94	2.907
	50	11.770	830.6	244.58	1.963	0.0872	0.535	0.1528	42.21	2.856
R134a	−50	0.2990	1443.1	231.62	1.229	0.1165	0.657	0.4118	18.81	6.268
	−30	0.8474	1385.9	219.35	1.260	0.1073	0.164	0.3106	20.94	5.059
	−10	2.0073	1325.6	205.97	1.306	0.0980	0.566	0.2462	24.14	4.350
	0	2.9282	1293.7	198.68	1.335	0.0934	0.541	0.2222	26.33	4.107
	10	4.1455	1260.2	190.87	1.367	0.0888	0.515	0.2018	29.05	3.918
	30	7.7006	1187.2	173.29	1.447	0.0796	0.463	0.1691	36.98	3.652
	50	13.176	1102.0	152.04	1.569	0.0704	0.407	0.1431	50.93	3.516

附录 11-4　几种油的热物理性质

油类名称	温度 (℃)	ρ (kg/m³)	c [kJ/(kg·K)]	λ [W/(m·K)]	$a\times10^7$ (m²/s)	$\nu\times10^6$ (m²/s)	Pr
汽油	0	900	1.80	0.145	0.897		
	50		1.842	0.137	0.667		
柴油	20	908.4	1.838	0.128	0.947	620	8000
	40	895.5	1.909	0.126	1.094	135	1840
	60	882.4	1.980	0.124	1.236	45	630
	80	870.0	2.052	0.123	1.367	20	290
	100	857.0	2.123	0.122	1.506	10.8	162
润滑油	0	899	1.796	0.148	0.894	4280	47100
	40	876	1.955	0.144	0.861	242	2870
	80	852	2.131	0.138	0.806	37.5	490
	120	829	2.307	0.135	0.750	12.4	175
锭子油	20	871	1.851	0.144	0.894	15.0	168
	40	858	1.934	0.143	0.861	7.93	92.0
	80	832	2.102	0.141	0.806	3.40	42.1
	120	807	2.269	0.138	0.750	1.91	25.5
变压器油	20	866	1.892	0.124	0.758	36.5	481
	40	852	1.993	0.123	0.725	16.7	230
	60	842	2.093	0.122	0.692	8.7	126
	80	830	2.198	0.120	0.656	5.2	79.4
	100	818	2.294	0.119	0.633	3.8	60.3

附录 11-5　各种材料的热物理性质

材料名称	温度 t (℃)	密度 ρ (kg/m³)	热导率 λ [W/(m·K)]	比热容 c [kJ/(kg·K)]	蓄热系数 s (24h) [W/(m²·K)]	导温系数 $a\times10^7$ (m²/s)
金属						
钢 0.5%C	20	7833	54	0.465	120	148.26
1.5%C	20	7753	36	0.486	99	95.54
铸钢	20	7830	50.7	0.469	116	138.06
镍铬钢 18%Cr8%Ni	20	7817	16.3	0.46	65.3	45.33
铸铁 0.4%C	20	7272	52	0.42	107	170.26
纯铜	20	8954	398	0.384	315	1157.54
黄铜 30%Zn	20	8522	109	0.385	161	332.22
青铜 25%Sn	20	8666	26	0.343	75.0	87.47
康铜 40%Ni	20	8922	22	0.41	76.5	60.14
纯铝	27	2702	237	0.903	205	971.35
铸铝 4.5%Cu	27	2790	168	0.883	173	681.94
硬铝 4.5%Cu，1.5Mg，0.6%Mn	27	2770	177	0.875	177	730.27
硅	27	2330	148	0.712	134	892.13
金	20	19320	315	0.129	239	1263.90

续表

材料名称	温度 t (℃)	密度 ρ (kg/m^3)	热导率 λ [W/(m·K)]	比热容 c [kJ/(kg·K)]	蓄热系数 s (24h) [$W/(m^2 \cdot K)$]	导温系数 $a\times10^7$ (m^2/s)
银 99.9%	20	10524	411	0.236	272	1654.81
建材						
泡沫混凝土	20	232	0.077	0.88	1.07	3.77
泡沫混凝土	20	627	0.29	1.59	4.59	2.91
钢筋混凝土	20	2400	1.54	0.84	15.03	7.64
碎石混凝土	20	2344	1.84	0.75	15.34	10.47
普通黏土砖墙	20	1800	0.81	0.88	9.66	5.11
红黏土砖	20	1668	0.43	0.75	6.25	3.44
铬砖	900	3000	1.99	0.84	19.10	7.90
耐火黏土砖	800	2000	1.07	0.96	12.22	5.57
水泥砂浆	20	1800	0.93	0.84	10.11	6.15
石灰砂浆	20	1600	0.81	0.84	8.90	6.03
黄土	20	880	0.94	1.17	8.39	9.13
菱苦土	20	1374	0.63	1.38	9.32	3.32
砂土	12	1420	0.59	1.51	9.59	2.75
黏土	10	1850	1.41	1.84	18.68	4.14
微孔硅酸钙	50	182	0.049	0.867	0.75	3.11
次超轻硅酸钙	25	158	0.0465			
岩棉板	50	118	0.0355	0.787	0.49	3.82
珍珠岩粉料	20	44	0.042	1.59	0.46	6.00
珍珠岩粉料	20	288	0.078	1.17	1.38	2.31
水玻璃珍珠岩制品	20	200	0.058	0.92	0.88	3.15
防水珍珠岩制品	25	229	0.0639			
水泥珍珠岩制品	20	1023	0.35	1.38	5.99	2.48
玻璃棉	20	100	0.058	0.75	0.56	7.73
石棉水泥板	20	300	0.093	0.34	0.83	9.12
石膏板	20	1100	0.41	0.84	5.25	4.44
有机玻璃	20	1188	0.2	1.46		
玻璃钢	20	1780	0.5			
平板玻璃	20	2500	0.76	0.84	10.77	3.62
塑料						
聚苯乙烯塑料	20	1040	0.1～0.16	1.35	3.2～4.04	0.71～1.14
高密度聚乙烯塑料	常温	960	0.33	2.26	7.22	1.52
低密度聚乙烯塑料	常温	920	0.33	2.1	6.81	1.71
聚四氟乙烯塑料	20	2200	0.25	1.05	6.48	1.08
聚氯乙烯塑料（PVC）	25	1300～1600	0.16	0.9	7.0～7.7	1.36～1.11
聚苯乙烯硬质泡沫塑料	20	50	0.02～0.035	2.1	0.39～0.52	1.90～3.33
聚乙烯泡沫塑料	常温	80～120	0.035～0.038	2.26	0.68～0.87	1.94～1.40

续表

材料名称	温度 t (℃)	密度 ρ (kg/m^3)	热导率 λ [W/(m・K)]	比热容 c [kJ/(kg・K)]	蓄热系数 s (24h) [W/(m^2・K)]	导温系数 $a\times10^7$ (m^2/s)
聚氨酯硬质泡沫塑料	20	45	0.02～0.035	1.72	0.34～0.44	2.58～4.52
其他						
红松（热流垂直木纹）	20	377	0.11	1.93	2.41	1.51
刨花（压实）	20	300	0.12	2.5	2.56	1.60
软木	20	230	0.057	1.84	1.32	1.35
硬橡胶	0	1200	0.15	2.01	5.13	0.62
棉花	20	50	0.027～0.064	0.88～1.84	0.29～0.65	6.14～6.96
松散稻壳	常温	127	0.12	0.75	0.91	12.60
松散锯末	常温	304	0.148	0.75	1.57	6.49
冰		920	2.26	2.26	18.49	10.87
新降雪		200	0.11	2.1	1.83	2.62
厚纸板		700	0.17	1.47	3.57	1.65
油毛毡	20	600	0.17	1.47	3.30	1.93

附录 11-6　几种保温、耐火材料的热导率与温度的关系

材料名称	材料最高允许温度（℃）	密度 ρ (kg/m^3)	热导率 λ [W/(m・K)]
超细玻璃棉毡、管	400	18～20	$0.033+0.00023t$
矿渣棉	550～600	350	$0.0674+0.000215t$
水泥蛭石制品	800	420～450	$0.103+0.000198t$
水泥珍珠岩制品	600	300～400	$0.0651+0.000105t$
膨胀珍珠岩	1000	55	$0.0424+0.000137t$
岩棉保温板	560	118	$0.027+0.00017t$
岩棉玻璃布缝板	600	100	$0.0314+0.000198t$
A级硅藻土制品	900	500	$0.0395+0.00019t$
B级硅藻土制品	900	550	$0.0477+0.0002t$
粉煤灰泡沫砖	300	300	$0.099+0.0002t$
微孔硅酸钙	560	182	$0.044+0.0001t$
微孔硅酸钙制品	650	≤250	$0.041+0.0002t$
耐火黏土砖	1350～1450	1800～2040	$(0.7\sim0.84)+0.00058t$
轻质耐火黏土砖	1250～1300	800～1300	$(0.29\sim0.41)+0.00026t$
超轻质耐火黏土砖	1150～1300	540～610	$0.093+0.00016t$
超轻质耐火黏土砖	1100	270～330	$0.058+0.00017t$
硅砖	1700	1900～1950	$0.93+0.0007t$
镁砖	1600～1700	2300～2600	$2.1+0.00019t$
铬砖	1600～1700	2600～2800	$4.7+0.00017t$

附录 11-7　常用材料表面的法向发射率 ε_n

材料名称及表面状况	温度（℃）	ε_n	材料名称及表面状况	温度（℃）	ε_n
铝：高度抛光，纯度 98%	50～500	0.04～0.06	砖：粗糙红砖	40	0.88～0.93
工业用铝板	100	0.09	耐火黏土砖	500～1000	0.80～0.90
严重氧化的	100～150	0.2～0.31	木材	40	0.80～0.90
黄铜：高度抛光的	260	0.03	石棉板	40	0.96
无光泽的	40～260	0.22	石棉水泥	40	0.96
氧化的	40～260	0.46～0.56	石棉瓦	40	0.97
铬：抛光板	40～550	0.08～0.27	碳：灯黑	40	0.95～0.97
铜：高度抛光的电解铜	100	0.02	石灰砂浆：白色、粗糙	40～260	0.87～0.92
轻微抛光的	40	0.12	黏土：耐火黏土	100	0.91
氧化变黑的	40	0.76	土壤（干）	20	0.92
金：高度抛光的纯金	100～600	0.02～0.035	土壤（湿）	20	0.95
钢铁：铜，抛光的	40～260	0.07～0.1	混凝土：粗糙表面	40	0.94
钢板，轧制的	40	0.65	玻璃：平板玻璃	40	0.94
钢板，严重氧化的	40	0.80	派力克斯铅玻璃	260～540	0.95～0.85
铸铁，抛光的	200	0.21	瓷：上釉的	40	0.93
铸铁，新车削的	40	0.44	石膏	40	0.80～0.90
铸铁，氧化的	40～260	0.57～0.68	大理石：浅色，磨光的	40	0.93
不锈钢，抛光的	40	0.07～0.17	油漆：各种油漆	40	0.92～0.96
银：抛光的或蒸镀的	40～540	0.01～0.03	白色喷漆	40	0.80～0.95
锡：光亮的镀锡铁皮	40	0.04～0.06	光亮黑漆	40	0.90
锌：镀锌，灰色的	40	0.28	纸：白纸	40	0.95
铂：抛光的	230～600	0.05～0.1	粗糙屋面焦油纸毡	40	0.90
铂带	950～1600	0.12～0.17	橡胶：硬质的	40	0.94
铂丝	30～1200	0.036～0.19	雪	−12～7	0.82
水银	0～100	0.09～0.12	水：厚度 0.1mm 以上人体皮肤	0～100 32	0.96 0.98

附录 12-1　双曲函数表

x	sh$x$	ch$x$	th$x$	x	sh$x$	ch$x$	th$x$	x	sh$x$	ch$x$	th$x$
0	0.0000	1.000	0.0000	0.17	0.1708	1.014	0.1684	0.34	0.3466	1.058	0.3275
0.01	0.0100	1.000	0.0100	0.18	0.1810	1.016	0.1781	0.35	0.3572	1.062	0.3364
0.02	0.0200	1.000	0.0200	0.19	0.1911	1.018	0.1878	0.36	0.3678	1.066	0.3452
0.03	0.0300	1.000	0.0300	0.20	0.2013	1.020	0.1974	0.37	0.3785	1.069	0.3540
0.04	0.0400	1.001	0.0400	0.21	0.2115	1.022	0.2070	0.38	0.3892	1.073	0.3627

续表

x	sh$x$	ch$x$	th$x$	x	sh$x$	ch$x$	th$x$	x	sh$x$	ch$x$	th$x$
0.05	0.0500	1.001	0.0500	0.22	0.2218	1.024	0.2165	0.39	0.4000	1.077	0.3714
0.06	0.0600	1.002	0.0599	0.23	0.2320	1.027	0.2260	0.40	0.4108	1.081	0.3800
0.07	0.0701	1.002	0.0699	0.24	0.2423	1.029	0.2355	0.41	0.4216	1.085	0.3885
0.08	0.0801	1.003	0.0798	0.25	0.2526	1.031	0.2449	0.42	0.4325	1.090	0.3969
0.09	0.0901	1.004	0.0898	0.26	0.2629	1.034	0.2543	0.43	0.4434	1.094	0.4053
0.10	0.1002	1.005	0.0997	0.27	0.2733	1.037	0.2636	0.44	0.4543	1.098	0.4136
0.11	0.1102	1.006	0.1096	0.28	0.2837	1.039	0.2729	0.45	0.4653	1.103	0.4219
0.12	0.1203	1.007	0.1194	0.29	0.2941	1.042	0.2821	0.46	0.4764	1.108	0.4301
0.13	0.1304	1.008	0.1298	0.30	0.3045	1.045	0.2913	0.47	0.4875	1.112	0.4382
0.14	0.1405	1.010	0.1391	0.31	0.3150	1.048	0.3004	0.48	0.4986	1.117	0.4462
0.15	0.1506	1.011	0.1489	0.32	0.3255	1.052	0.3095	0.49	0.5098	1.122	0.4542
0.16	0.1607	1.013	0.1587	0.33	0.3360	1.055	0.3185	0.50	0.5211	1.128	0.4621
0.51	0.5324	1.133	0.4700	0.68	0.7336	1.240	0.5915	0.85	0.9561	1.384	0.6911
0.52	0.5438	1.138	0.4777	0.69	0.7461	1.248	0.5980	0.86	0.9700	1.393	0.6963
0.53	0.5552	1.144	0.4854	0.70	0.7586	1.255	0.6044	0.87	0.9840	1.403	0.7014
0.54	0.5666	1.149	0.4930	0.71	0.7712	1.263	0.6107	0.88	0.9981	1.413	0.7064
0.55	0.5782	1.155	0.5005	0.72	0.7838	1.271	0.6169	0.89	1.012	1.423	0.7114
0.56	0.5897	1.161	0.5080	0.73	0.7966	1.278	0.6231	0.90	1.027	1.433	0.7163
0.57	0.6014	1.167	0.5154	0.74	0.8094	1.287	0.6291	0.91	1.041	1.443	0.7211
0.58	0.6131	1.173	0.5227	0.75	0.8223	1.295	0.6352	0.92	1.055	1.454	0.7259
0.59	0.6248	1.179	0.5299	0.76	0.8353	1.303	0.6411	0.93	1.070	1.465	0.7306
0.60	0.6367	1.185	0.5370	0.77	0.8484	1.311	0.6469	0.94	1.085	1.475	0.7352
0.61	0.6485	1.192	0.5441	0.78	0.8615	1.320	0.6527	0.95	1.099	1.486	0.7398
0.62	0.6605	1.198	0.5511	0.79	0.8748	1.329	0.6584	0.96	1.114	1.497	0.7443
0.63	0.6725	1.205	0.5581	0.80	0.8881	1.337	0.6640	0.97	1.129	1.509	0.7487
0.64	0.6846	1.212	0.5649	0.81	0.9015	1.346	0.6696	0.98	1.145	1.520	0.7531
0.65	0.6967	1.219	0.5717	0.82	0.9150	1.355	0.6751	0.99	1.160	1.531	0.7574
0.66	0.7090	1.226	0.5784	0.83	0.9286	1.365	0.6805	1.00	1.175	1.543	0.7616
0.67	0.7213	1.233	0.5850	0.84	0.9423	1.374	0.6858				

注：表中 $\mathrm{sh}x=\frac{1}{2}(e^{x}-e^{-x})$；$\mathrm{ch}x=\frac{1}{2}(e^{x}+e^{-x})$；$\mathrm{th}x=\frac{\mathrm{sh}x}{\mathrm{ch}x}$。

它们的导数：

$\frac{d}{dx}(\mathrm{sh}u)=(\mathrm{ch}u)\frac{du}{dx}$；$\frac{d}{dx}(\mathrm{ch}u)=(\mathrm{sh}u)\frac{du}{dx}$；$\frac{d}{dx}(\mathrm{th}u)=\left(\frac{1}{\mathrm{ch}^2u}\right)\frac{du}{dx}$。

附录 12-2　高斯误差补函数的一次积分值

x	ierfc (x)	x	ierfc (x)	x	ierfc (x)	x	ierfc (x)	x	ierfc (x)
0	0.5642	0.18	0.4024	0.36	0.2758	0.58	0.1640	0.94	0.0605
0.01	0.5542	0.19	0.3944	0.37	0.2722	0.60	0.1559	0.96	0.0569
0.02	0.5444	0.20	0.3866	0.38	0.2637	0.62	0.1482	0.98	0.0535
0.03	0.5350	0.21	0.3789	0.39	0.2579	0.64	0.1407	1.00	0.0503
0.04	0.5251	0.22	0.3713	0.40	0.2521	0.66	0.1335	1.10	0.0365
0.05	0.5156	0.23	0.3638	0.41	0.2465	0.68	0.1267	1.20	0.0260
0.06	0.5062	0.24	0.3564	0.42	0.2409	0.70	0.1201	1.30	0.0183
0.07	0.4969	0.25	0.3491	0.43	0.2354	0.72	0.1138	1.40	0.0127
0.08	0.4878	0.26	0.3419	0.44	0.2300	0.74	0.1077	1.50	0.0086
0.09	0.4787	0.27	0.3348	0.45	0.2247	0.76	0.1020	1.60	0.0058
0.10	0.4698	0.28	0.3278	0.46	0.2195	0.78	0.0965	1.70	0.0038
0.11	0.4610	0.29	0.3210	0.47	0.2144	0.80	0.0912	1.80	0.0025
0.12	0.4523	0.30	0.3142	0.48	0.2094	0.82	0.0861	1.90	0.0016
0.13	0.4437	0.31	0.3075	0.49	0.2045	0.84	0.0813	2.00	0.0010
0.14	0.4352	0.32	0.3010	0.50	0.1996	0.86	0.0767		
0.15	0.4268	0.33	0.2945	0.52	0.1902	0.88	0.0724		
0.16	0.4186	0.34	0.2882	0.54	0.1811	0.90	0.0682		
0.17	0.4104	0.35	0.2819	0.56	0.1724	0.92	0.0642		

注：表中 $\mathrm{ierfc}(x)=\int_x^{\infty}\mathrm{erfc}(x)\mathrm{d}x=\frac{1}{\sqrt{\pi}}\mathrm{e}^{-x^2}-x\,\mathrm{erfc}(x)$。

$\mathrm{erfc}(x)=1-\mathrm{erf}(x)=1-\frac{2}{\sqrt{\pi}}\int_0^x\mathrm{e}^{-x^2}\mathrm{d}x$。

附录 13-1　层流传热边界层方程的精确解

当常物性流体外掠平板层流时，传热微分方程组为

$$u\frac{\partial u}{\partial x}+v\frac{\partial u}{\partial y}=\nu\frac{\partial^2 u}{\partial y^2} \tag{1}$$

$$\frac{\partial u}{\partial x}+\frac{\partial v}{\partial y}=0 \tag{2}$$

$$u\frac{\partial t}{\partial x}+v\frac{\partial t}{\partial y}=a\frac{\partial^2 t}{\partial y^2} \tag{3}$$

$$h_x\Delta t=-\lambda\left(\frac{\partial t}{\partial y}\right)_{\mathrm{w},x} \tag{4}$$

引用 3 个无量纲量使动量和能量微分方程转变为常微分形式。

（1）无量纲离壁距离 η

它表示 y 与边界层厚度 δ 之比

$$\eta\propto\frac{y}{\delta}$$

由式（2）的数量级关系

$$\frac{u_\infty}{x}+\frac{v}{\delta}\approx 0$$

即
$$v\sim\frac{u_\infty\delta}{x}$$

则式（1）的数量级关系

$$u_\infty\frac{u_\infty}{x}+\frac{u_\infty\delta u_\infty}{x\ \delta}\approx\nu\frac{u_\infty}{\delta^2}$$

化简后得到

$$\delta\propto\sqrt{\frac{\nu X}{u_\infty}} \tag{5}$$

求解中采用

$$\eta=y\sqrt{\frac{u_\infty}{\nu X}} \tag{6}$$

在边界层内，u、v 均是 η 的函数，设

$$\frac{u}{u_\infty}=g(\eta),\frac{v}{u_\infty}=k(\eta) \tag{7}$$

（2）无量纲流函数 f

由流函数 ψ 的定义式知：

$$u=\frac{\partial\psi}{\partial y} \tag{8a}$$

$$v=-\frac{\partial\psi}{\partial x} \tag{8b}$$

即
$$\psi=\int_0^y u\mathrm{d}y=u_\infty\int_0^\eta g(\eta)\mathrm{d}y$$

用 η 置换 y，并令 $f(\eta)=\int g(\eta)\mathrm{d}\eta$，则

$$\psi=\sqrt{\nu X u_\infty}f(\eta) \tag{9}$$

或
$$f(\eta)=\psi/\sqrt{\nu X u_\infty}$$

将式（9）代入式（8），得到式（7）的函数式

$$u=\frac{\partial\psi}{\partial y}u_\infty f'(\eta)$$

$$v=\frac{\partial\psi}{\partial x}=\frac{1}{2}\sqrt{\frac{\nu u_\infty}{x}}[f(\eta)-\eta f'(\eta)]$$

从而得：
$$\frac{\partial u}{\partial y}=\frac{\partial^2\psi}{\partial y^2}=\frac{u_\infty^{3/2}}{\sqrt{\nu x}}f''(\eta)$$

$$\frac{\partial^2 u}{\partial y^2}=\frac{\partial^3\psi}{\partial y^3}=\frac{u_\infty^2}{\nu x}f'''(\eta)$$

$$\frac{\partial u}{\partial x}=\frac{\partial\psi}{\partial x\partial y}=-\frac{1}{2}y\left(\frac{u_\infty}{x}\right)^{3/2}\frac{1}{\sqrt{\nu}}f''(\eta)$$

将上列各式代入式（1），整理得动量微分方程：

$$f'''(\eta)+\frac{1}{2}f(\eta)f''(\eta)=0 \tag{10}$$

式（10）为三阶变系数非线性常微分方程。是布拉西乌斯（Blasius）1908 年导得，称布拉西乌斯方程。用分离变量求解时令

$$Z=\frac{\mathrm{d}^2 f(\eta)}{\mathrm{d}\eta^2}$$

则式（10）写成

$$\frac{\mathrm{d}Z}{\mathrm{d}\eta}+\frac{1}{2}f(\eta)Z=0$$

积分上式

$$\ln Z=-\frac{1}{2}\int_0^\eta f(\eta)\mathrm{d}\eta+\ln C_1$$

即
$$Z=C_1\mathrm{e}^{-\frac{1}{2}\int_0^\eta f(\eta)\mathrm{d}\eta}$$

代入 Z 值，再积分

$$\frac{\mathrm{d}f(\eta)}{\mathrm{d}\eta}=C_1\int_0^\eta \mathrm{e}^{-\frac{1}{2}\int_0^\eta f(\eta)\mathrm{d}\eta}\mathrm{d}\eta+C_2$$

由速度边界条件：

$$y=0,u=0,\text{即 }\eta=0,\frac{\mathrm{d}f}{\mathrm{d}\eta}=0$$

$$y\Rightarrow\infty,u\Rightarrow u_\infty,\text{即 }\eta\Rightarrow\infty,\frac{\mathrm{d}f}{\mathrm{d}\eta}\Rightarrow 1$$

得积分常数 C_2 和 C_1 分别为

$$C_2=0$$

$$C_1=\frac{1}{\int_0^\infty \mathrm{e}^{-\frac{1}{2}\int_0^\eta f(\eta)\mathrm{d}\eta}\mathrm{d}\eta}$$

故
$$\frac{u}{u_\infty}=f'(\eta)=\frac{\int_0^\eta \mathrm{e}^{-\frac{1}{2}\int_0^\eta f(\eta)\mathrm{d}\eta}\mathrm{d}\eta}{\int_0^\infty \mathrm{e}^{-\frac{1}{2}\int_0^\eta f(\eta)\mathrm{d}\eta}\mathrm{d}\eta}\tag{11}$$

式（11）为隐函数，可采用迭代法逐次逼近求解，结果如附表 13-1 所示。它是豪沃思（L. Howarth）1938 年由数值积分得到的结果。

附表 13-1　式（11）的积分结果

η	$f(\eta)$	$f'(\eta)$	$f''(\eta)$	η	$f(\eta)$	$f'(\eta)$	$f''(\eta)$
0	0	0	0.33206	4.0	2.30576	0.95552	0.06424
0.4	0.02656	0.13277	0.33147	5.0	3.28329	0.99155	0.01591
0.8	0.10611	0.26471	0.32739	6.0	4.27964	0.99898	0.00240
1.2	0.23795	0.39378	0.31659	7.0	5.27926	0.99992	0.00022
1.6	0.42032	0.51676	0.29667	8.0	6.27923	1.00000	0.00001
2.0	0.65003	0.62977	0.26675	8.8	7.07923	1.00000	0.00000
3.0	1.39682	0.84605	0.16136				

本书第 13 章中图 13-3-7 的曲线即由上述结果标绘的，称为边界层内无量纲速度分布曲线。当 $\eta=5$ 时，$f'(\eta)=\frac{u}{u_\infty}=0.99$ 以上，因此由式（6）得

$$5.0=\delta\sqrt{\frac{u_\infty}{\nu x}}$$

即
$$\delta=5.0\sqrt{\frac{\nu x}{u_\infty}}\tag{12}$$

或
$$\frac{\delta}{x}=5.0Re_x^{-1/2}\tag{13}$$

由牛顿黏性定律 $\tau_{W,X}=\mu\dfrac{\partial u}{\partial y}$，将 η 置换 y，并将 u 表示成 $u_\infty f'(\eta)$，则

$$\tau_{W,X}=\mu\frac{u_\infty^{3/2}}{\sqrt{\nu x}}f''(\eta)_w$$

对于壁表面 $y=0$，$\eta=0$，此时 $f''(\eta)_w=f''(0)=0.332$，故

$$\tau_{W,X}=0.332\frac{\mu u_\infty^{3/2}}{\sqrt{\nu x}}$$

再由摩擦系数 $C_{f,x}$ 与 $\tau_{W,X}$ 的关系

$$\tau_{W,X}=C_{f,x}\frac{\rho u_\infty^2}{2}$$

得
$$\frac{C_{f,x}}{2}=0.332Re_x^{-1/2} \tag{14}$$

由速度场进一步求解温度场。

(3) 无量纲温度 θ

当流体温度为 t_f，壁温为 t_w 时：

$$\theta=\frac{t(\eta)-t_w}{t_f-t_w} \tag{15}$$

代入式 (3)，无因次化得能量微分方程的常微分形式

$$\theta''(\eta)+\frac{1}{2}Prf(\eta)\theta'(\eta)=0 \tag{16}$$

式中，$Pr=\dfrac{\nu}{a}$ 称普朗特准则。当 $Pr=1$ 时，可以看出 $\theta=f'(\eta)=\dfrac{u}{u_\infty}$

则
$$\left(\frac{\partial\theta}{\partial y}\right)_w=\frac{1}{u_\infty}\left(\frac{\partial u}{\partial y}\right)_w=\frac{1}{u_\infty}\frac{u_\infty^{3/2}}{\sqrt{\nu x}}f''(\eta)_w \tag{17}$$

当 $\eta=0$，$f''(0)=0.332$。将式 (17) 代入式 (4)，得

$$h_x=0.332\lambda\sqrt{\frac{u_\infty}{\nu x}} \tag{18a}$$

写成准则关联式形式为

$$Nu_x=0.332Re_x^{1/2} \tag{18b}$$

对于 $Pr\neq1$ 的流体，用分离变量法解式 (16)，其边界条件是：

$$y=0 \quad \eta=0, \quad \theta=0$$
$$y\to\infty \quad \eta\to\infty, \quad \theta\to1$$

得到 $\theta=p(\eta)$ 的关系为

$$\theta=\frac{\int_0^\eta e^{-\frac{Pr}{2}\int_0^\eta f(\eta)d\eta}d\eta}{\int_0^\infty e^{-\frac{Pr}{2}\int_0^\eta f(\eta)d\eta}d\eta} \tag{19}$$

壁面温度梯度为

$$\left(\frac{\partial\theta}{\partial\eta}\right)_{\eta=0}=\frac{1}{\int_0^\infty e^{-\frac{Pr}{2}\int_0^\eta f(\eta)d\eta}d\eta} \tag{20}$$

波尔豪森 (E. Pohlhausen1921) 在 $Pr=0.6\sim15$ 范围内积分求解式 (20)，得到的结果如附表 13-2，整理后得到的关系式是：

$$\left(\frac{\partial\theta}{\partial\eta}\right)_{\eta=0}=0.332Pr^{1/3} \quad (0.6<Pr<10) \tag{21}$$

附表 13-2　式（20）求解结果

Pr	0.6	0.7	0.8	1.0	1.1	7.0	10.0	15.0
$\left(\frac{\partial\theta}{\partial\eta}\right)_{\eta=0}$	0.276	0.293	0.307	0.332	0.344	0.645	0.730	0.835

本书第 13 章图 13-3-8 描绘了不同 Pr 下边界层温度场的解。将式（21）代入式（4），得：

$$Nu_x = 0.332Re_x^{1/2}Pr^{1/3} \tag{22}$$

附录 14-1　干空气的热物理性质（$p=1.013\times10^5$ Pa）

t (℃)	ρ (kg/m³)	c_p [kJ/(kg·K)]	$\lambda\times10^2$ [W/(m·K)]	$a\times10^6$ (m²/s)	$\mu\times10^6$ (N·s/m²)	$\nu\times10^6$ (m²/s)	Pr
−50	1.584	1.013	2.04	12.7	14.6	9.23	0.728
−40	1.515	1.013	2.12	13.8	15.2	10.04	0.728
−30	1.453	1.013	2.20	14.9	15.7	10.80	0.723
−20	1.395	1.009	2.28	16.2	16.2	11.61	0.716
−10	1.342	1.009	2.36	17.4	16.7	12.43	0.712
0	1.293	1.005	2.44	18.8	17.2	13.28	0.707
10	1.247	1.005	2.51	20.0	17.6	14.16	0.705
20	1.205	1.005	2.59	21.4	18.1	15.06	0.703
30	1.165	1.005	2.67	22.9	18.6	16.00	0.701
40	1.128	1.005	2.76	24.3	19.1	16.96	0.699
50	1.093	1.005	2.83	25.7	19.6	17.95	0.698
60	1.060	1.005	2.90	27.2	20.1	18.97	0.696
70	1.029	1.009	2.96	28.6	20.6	20.02	0.694
80	1.000	1.009	3.05	30.2	21.1	21.09	0.692
90	0.972	1.009	3.13	31.9	21.5	22.10	0.690
100	0.946	1.009	3.21	33.6	21.9	23.13	0.688
120	0.898	1.009	3.34	36.8	22.8	25.45	0.686
140	0.854	1.013	3.49	40.3	23.7	27.80	0.684
160	0.815	1.017	3.64	43.9	24.5	30.09	0.682
180	0.779	1.022	3.78	47.5	25.3	32.49	0.681
200	0.746	1.026	3.93	51.4	26.0	34.85	0.680
250	0.674	1.038	4.27	61.0	27.4	40.61	0.677
300	0.615	1.047	4.60	71.6	29.7	48.33	0.674
350	0.566	1.059	4.91	81.9	31.4	55.46	0.676
400	0.524	1.068	5.21	93.1	33.0	63.09	0.678
500	0.456	1.093	5.74	115.3	36.2	79.38	0.687
600	0.404	1.114	6.22	138.3	39.1	96.89	0.699
700	0.362	1.135	6.71	163.4	41.8	115.4	0.706
800	0.329	1.156	7.18	138.8	44.3	134.8	0.713
900	0.301	1.172	7.63	216.2	46.7	155.1	0.717
1000	0.277	1.185	8.07	245.9	49.0	177.1	0.719
1100	0.257	1.197	8.50	276.2	51.2	199.3	0.722
1200	0.239	1.210	9.15	316.5	53.5	233.7	0.724

附录 14-2　不同材料表面的绝对粗糙度 k_s

材料	管子内壁状态	k_s（mm）
黄铜、铜、铝、塑料、玻璃	新的、光滑的	0.0015～0.01
钢	新的冷拔无缝钢管	0.01～0.03
	新的热拉无缝钢管	0.05～0.10
	新的轧制无缝钢管	0.05～0.10
	新的纵缝焊接钢管	0.05～0.10
	新的螺旋焊接钢管	0.10
	轻微锈蚀的	0.10～0.20
	锈蚀的	0.20～0.30
	长硬皮的	0.50～2.0
	严重起皮的	>2
	新的涂沥青的	0.03～0.05
	一般的涂沥青的	0.10～0.20
	镀锌的	0.12～0.15
铸铁	新的	0.25
	锈蚀的	1.0～1.5
	起皮的	1.5～3.0
	新的涂沥青的	0.10～0.15
木材	光滑	0.2～1.0
混凝土	新的抹光的	<0.15
	新的不抹光的	0.2～0.8

附录 14-3　扩散系数

1. 气体扩散系数

系统	温度（K）	扩散系数×10^4（m^2/s）	系统	温度（K）	扩散系数×10^4（m^2/s）
空气—氨	273	0.198	氢—氩	295.4	0.83
空气—水	273	0.220	氢—氨	298	0.783
	298	0.260	氢—二氧化硫	323	0.61
	315	0.288	氢—乙醇	340	0.586
空气—二氧化碳	276	0.142	氦—氩	298	0.729
	317	0.177	氦—正丁醇	423	0.587
空气—氢	273	0.661	氦—空气	317	0.765
空气—乙醇	298	0.135	氦—甲烷	298	0.675
	315	0.145	氦—氮	298	0.687
空气—乙酸	273	0.106	氦—氧	298	0.729
空气—正己烷	294	0.080	氩—甲烷	298	0.202
空气—苯	298	0.0962	二氧化碳—氮	298	0.167
空气—甲苯	298.9	0.086	二氧化碳—氧	293	0.153
空气—正丁醇	273	00703	氮—正丁烷	298	0.0960

续表

系统	温度（K）	扩散系数×10⁴（m²/s）	系统	温度（K）	扩散系数×10⁴（m²/s）
	298.9	0.087	水—二氧化碳	307.3	0.202
氢—甲烷	298	0.726	一氧化碳—氮	373	0.318
氢—氮	298	0.784	一氯甲烷—二氧化硫	303	0.0693
	358	1.052	乙醇—氨	299.5	0.1078
氢—苯	311.1	0.404			

2. 液体扩散系数

溶质（A）	溶剂（B）	温度（K）	浓度（kmol/m³）	扩散系数×10⁹（m²/s）
Cl_2	H_2O	289	0.12	1.26
HCl	H_2O	273	9	2.7
		273	2	1.8
		283	9	3.3
		283	2.5	2.5
		289	0.5	2.44
NH_3	H_2O	278	3.5	1.24
		288	1.0	1.77
CO_2	H_2O	283	0	1.46
		293	0	1.77
NaCl	H_2O	291	0.05	1.26
		291	0.2	1.21
		291	1.0	1.24
		291	3.0	1.36
		291	5.4	1.54
甲醇	H_2O	288	0	1.28
醋酸	H_2O	288.5	1.0	0.82
		288.5	0.01	0.91
		291	1.0	0.96
乙醇	H_2O	283	3.75	0.50
		283	0.05	0.83
		289	2.0	0.90
正丁醇	H_2O	288	0	0.77
CO_2	乙醇	290	0	3.2
氯仿	乙醇	293	2.0	1.25

3. 固体扩散系数

溶质（A）	溶剂（B）	温度（K）	扩散系数（m²/s）
H_2	硫化橡胶	298	0.85×10^{-9}
O_2	硫化橡胶	298	0.21×10^{-9}
N_2	硫化橡胶	298	0.15×10^{-9}
CO_2	硫化橡胶	298	0.11×10^{-9}

续表

溶质（A）	溶剂（B）	温度（K）	扩散系数（m^2/s）
H_2	硫化氯丁橡胶	290	0.103×10^{-9}
		300	0.180×10^{-9}
He	SiO_2	293	$(2.4\sim5.5)\times10^{-14}$
H_2	Fe	293	2.59×10^{-13}
Al	Cu	293	1.30×10^{-34}
Bi	Pb	293	1.10×10^{-20}
Hg	Pb	293	2.50×10^{-19}
Sb	Ag	293	3.51×10^{-25}
Cd	Cu	293	2.71×10^{-19}

附录 16-1　有代表性流体的污垢热阻 R_f

（$m^2\cdot K/W$）

流体	流速（m/s）	
	≤1	>1
海水	1.0×10^{-4}	1.0×10^{-4}
澄清的河水	3.5×10^{-4}	1.8×10^{-4}
污浊的河水	5.0×10^{-4}	3.5×10^{-4}
硬度不大的井水、自来水	1.8×10^{-4}	1.8×10^{-4}
冷却塔或喷淋室循环水（经处理）	1.8×10^{-4}	1.8×10^{-4}
冷却塔或喷淋室循环水（未经处理）	5.0×10^{-4}	5.0×10^{-4}
处理过的锅炉给水（50℃）以下	1.0×10^{-4}	1.0×10^{-4}
处理过的锅炉给水（50℃）以上	2.0×10^{-4}	2.0×10^{-4}
硬水（>257g/cm³）	5.0×10^{-4}	5.0×10^{-4}
燃料油	9.0×10^{-4}	9.0×10^{-4}
制冷液	2.0×10^{-4}	2.0×10^{-4}

附录 16-2　总传热系数的有代表性的数值

流体组合	K [$W/(m^2\cdot K)$]
水—水	8500～1700
水—油	110～350
水蒸气冷凝器（水在管内）	1000～6000
氨冷凝器（水在管内）	800～1400
酒精冷凝器（水在管内）	250～700
肋片管换热器（水在管内，空气为叉流）	25～50

附录 16-3　污垢系数的参考值

1. 水的污垢系数

（$m^2\cdot K/W$）

热流体温度（℃）	<115		115～205	
水温（℃）	<50		>50	
水速（m/s）	<1	>1	<1	>1
海水	0.0001	0.0001	0.0002	0.0002
硬度不高的自来水和井水	0.0002	0.0002	0.0004	0.0004

续表

河水	0.0006	0.0004	0.0008	0.0006
硬水（>257g/m³）	0.0006	0.0006	0.001	0.001
锅炉给水	0.0002	0.0001	0.0002	0.0002
蒸馏水	0.0001	0.0001	0.0001	0.0001
冷却塔或喷水池				
水经过处理	0.0002	0.0002	0.0004	0.0004
未经过处理	0.0006	0.0006	0.001	0.0008
多泥沙的水	0.0006	0.0004	0.0008	0.0006

2. 几种流体的污垢系数　　　　　　　　　　　　　　　　　　　　　　　　　　　（$m^2 \cdot K/W$）

油		蒸气和气体		液体	
燃料油	0.001	有机蒸气	0.0002	有机物	0.0002
润滑油，变压器油	0.0002	水蒸气（不含油）	0.0001	制冷剂液	0.0002
		废水蒸气（含油）	0.0002	盐水	0.0004
		制冷剂蒸气（含油）	0.0004		
		压缩空气	0.0004		
		燃气、焦炉气	0.002		
		天然气	0.002		

附录 16-4　部分水冷式表面冷却器的传热系数和阻力实验公式

型号	排数	作为冷却用之传热系数 K [$W/(m^2 \cdot ℃)$]	干冷时空气阻力 ΔH_g 和湿冷时空气阻力 ΔH_s（Pa）	水阻力（kPa）	作为热水加热用之传热系数 K [$W/(m^2 \cdot ℃)$]	试验时用的型号
B或U-Ⅱ型	2	$K=\left(\frac{1}{34.3V_y^{0.781}\xi^{1.03}}+\frac{1}{207w^{0.8}}\right)^{-1}$	$\Delta H_s=20.97V_y^{1.39}$			B-2B-6-27
B或U-Ⅱ型	6	$K=\left(\frac{1}{31.4V_y^{0.857}\xi^{0.87}}+\frac{1}{281.7w^{0.8}}\right)^{-1}$	$\Delta H_g=29.75V_y^{1.98}$ $\Delta H_s=38.93V_y^{1.84}$	$\Delta h=64.68w^{1.854}$		B-6R-8-24
GL或GL-Ⅱ型	6	$K=\left(\frac{1}{21.1V_y^{0.845}\xi^{1.15}}+\frac{1}{216.6w^{0.8}}\right)^{-1}$	$\Delta H_g=19.99V_y^{1.862}$ $\Delta H_s=32.05V_y^{1.695}$	$\Delta h=64.68w^{1.854}$		GL-6R-8-24
W	2	$K=\left(\frac{1}{42.1V_y^{0.52}\xi^{1.03}}+\frac{1}{332.6w^{0.8}}\right)^{-1}$	$\Delta H_g=5.68V_y^{1.89}$ $\Delta H_s=25.28V_y^{0.895}$	$\Delta h=8.18w^{1.93}$	$K=34.77V_y^{0.4}w^{0.079}$	小型实验品
JW	4	$K=\left(\frac{1}{39.7V_y^{0.52}\xi^{1.03}}+\frac{1}{332.6w^{0.8}}\right)^{-1}$	$\Delta H_g=11.96V_y^{1.72}$ $\Delta H_s=42.8V_y^{0.992}$	$\Delta h=12.54w^{1.93}$	$K=31.87V_y^{0.48}w^{0.08}$	小型实验品
JW	6	$K=\left(\frac{1}{41.5V_y^{0.52}\xi^{1.02}}+\frac{1}{325.6w^{0.8}}\right)^{-1}$	$\Delta H_g=16.66V_y^{1.75}$ $\Delta H_s=62.23V_y^{1.11}$	$\Delta h=14.5w^{1.93}$	$K=30.7V_y^{0.485}w^{0.08}$	小型实验品
JW	8	$K=\left(\frac{1}{35.5V_y^{0.58}\xi^{1.0}}+\frac{1}{353.6w^{0.8}}\right)^{-1}$	$\Delta H_g=23.8V_y^{1.74}$ $\Delta H_s=70.56V_y^{1.21}$	$\Delta h=20.19w^{1.93}$	$K=27.3V_y^{0.58}w^{0.075}$	小型实验品
SXL-B	2	$K=\left(\frac{1}{27V_y^{0.425}\xi^{0.74}}+\frac{1}{157w^{0.8}}\right)^{-1}$	$\Delta H_g=17.35V_y^{1.54}$ $\Delta H_s=35.28V_y^{1.4}\xi^{0.183}$	$\Delta h=15.48w^{1.97}$	$K=\left(\frac{1}{21.5V_y^{0.526}}+\frac{1}{319.8w^{0.8}}\right)^{-1}$	

续表

型号	排数	作为冷却用之传热系数 K [W/(m²·℃)]	干冷时空气阻力 ΔH_g 和湿冷时空气阻力 ΔH_s (Pa)	水阻力 (kPa)	作为热水加热用之传热系数 K [W/(m²·℃)]	试验时用的型号
KL-1	4	$K=\left(\frac{1}{32.6V_y^{0.57}\xi^{0.987}}+\frac{1}{350.1w^{0.8}}\right)^{-1}$	$\Delta H_g=24.21V_y^{1.823}$ $\Delta H_s=24.01V_y^{1.913}$	$\Delta h=18.03w^{2.1}$	$K=\left(\frac{1}{28.6V_y^{0.656}}+\frac{1}{286.1w^{0.8}}\right)^{-1}$	
KL-2	4	$K=\left(\frac{1}{29V_y^{0.622}\xi^{0.758}}+\frac{1}{385w^{0.8}}\right)^{-1}$	$\Delta H_g=27V_y^{1.43}$ $\Delta H_s=42.2V_y^{1.2}\xi^{0.18}$	$\Delta h=22.5w^{1.8}$	$K=11.16V_y+15.54w^{0.276}$	KL-2-4-10/600
KL-3	6	$K=\left(\frac{1}{27.5v_y^{0.778}\xi^{0.843}}+\frac{1}{460.5w^{0.8}}\right)^{-1}$	$\Delta H_g=26.3V_y^{1.75}$ $\Delta H_s=63.3V_y^{1.2}\xi^{0.15}$	$\Delta h=27.9w^{1.81}$	$K=12.97V_y+15.08w^{0.13}$	KL-3-6-10/600

附录 16-5　水冷式表面冷却器的 ε_2 值

冷却器型号	排数	迎面风速 V_y (m/s)			
		1.5	2.0	2.5	3.0
B或U-Ⅱ型 GL或GL-Ⅱ型	2	0.543	0.518	0.499	0.484
	4	0.791	0.767	0.748	0.733
	6	0.905	0.887	0.875	0.863
	8	0.957	0.946	0.937	0.930
JW 型	2*	0.590	0.545	0.515	0.490
	4*	0.841	0.797	0.768	0.740
	6*	0.940	0.911	0.888	0.872
	8*	0.977	0.964	0.954	0.945
SXL-B 型	2	0.826	0.440	0.423	0.408
	4*	0.97	0.686	0.665	0.649
	6	0.995	0.800	0.806	0.792
	8	0.999	0.824	0.887	0.877
KL-1 型	2	0.466	0.440	0.423	0.408
	4*	0.715	0.686	0.665	0.649
	6	0.848	0.800	0.806	0.792
	8	0.917	0.824	0.887	0.877
KL-2 型	2	0.553	0.530	0.511	0.493
	4*	0.800	0.780	0.762	0.743
	6	0.909	0.896	0.886	0.870
KL-3 型	2	0.450	0.439	0.429	0.416
	4	0.700	0.685	0.672	0.660
	6*	0.834	0.823	0.813	0.802

注：表中有 * 号为试验数据，无 * 号的是根据理论公式计算出来的。

附录 16-6　JW 型表面冷却器技术数据

型号	风量（m^3/h）	每排散热面积 A_d（m^2）	迎风面积 A_y（m^2）	通水断面积 A_w（m^2）	备注
JW10-4	5000～8350	12.15	0.944	0.00407	共有 4、6、8、10 排四种产品
JW20-4	8350～16700	24.05	1.87	0.00407	
JW30-4	16700～25000	33.40	2.57	0.00553	
JW40-4	25000～33400	44.50	3.43	0.00553	

附录 16-7　部分空气加热器的传热系数和阻力计算公式

加热器型号		传热系数 K [W/(m²·℃)]		空气阻力 ΔH（Pa）	热水阻力（kPa）
		蒸汽	热水		
5、6、10D		$13.6(v\rho)^{0.49}$		$1.76(v\rho)^{1.998}$	D 型：$15.2w^{1.96}$ Z、X 型：$19.3w^{1.88}$
5、6、10Z		$13.6(v\rho)^{0.49}$		$1.47(v\rho)^{1.98}$	
SRZ 型 5、6、10X		$14.5(v\rho)^{0.532}$		$0.88(v\rho)^{2.12}$	
7D		$14.3(v\rho)^{0.51}$		$2.06(v\rho)^{1.17}$	
7Z		$14.3(v\rho)^{0.51}$		$2.94(v\rho)^{1.52}$	
7X		$15.1(v\rho)^{0.571}$		$1.37(v\rho)^{1.917}$	
SRL 型	B×A/2	$15.2(v\rho)^{0.40}$	$16.5(v\rho)^{0.24}$ *	$1.71(v\rho)^{1.67}$	
	B×A/3	$15.1(v\rho)^{0.43}$	$14.5(vp)^{0.29}$ *	$3.03(v\rho)^{1.62}$	
SYA 型	D	$15.4(v\rho)^{0.297}$	$16.6(v\rho)^{0.36}w^{0.226}$	$0.86(vp)^{1.96}$	
	Z	$15.4(v\rho)^{0.297}$	$16.6(v\rho)^{0.36}w^{0.226}$	$0.82(v\rho)^{1.94}$	
	X	$15.4(v\rho)^{0.297}$	$16.6(v\rho)^{0.36}w^{0.226}$	$0.78(v\rho)^{1.87}$	
I 型	2C	$25.7(v\rho)^{0.375}$		$0.80(v\rho)^{1.985}$	
	1C	$26.3(v\rho)^{0.423}$		$0.40(v\rho)^{1.985}$	
GL 或 GL-Ⅱ型		$19.8(v\rho)^{0.608}$	$31.9(v\rho)^{0.46}w^{0.5}$	$0.84(v\rho)^{1.862}\times N$	$10.8w^{1.854}\times N$
B、U 或 U-Ⅱ型		$19.8(v\rho)^{0.608}$	$25.5(v\rho)^{0.556}w^{0.011}$	$0.84(v\rho)^{1.862}\times N$	$10.8w^{1.854}\times N$

注：1. $v\rho$—空气质量流速，kg（m²·s）；w—水流速，m/s；N—排数。

2. 用 130℃过热水，w=0.023～0.037m/s。

附录 16-8　部分空气加热器的技术数据

规格	散热面积（m^2）	通风有效截面积（m^2）	热媒流通面积（m^2）	管排数	管根数	连接管径（in）	质量（kg）
5×5D	10.13	0.154	0.0043	3	23	$1\frac{1}{4}$	54
5×5Z	8.78	0.155					48
5×5X	6.23	0.158					45
10×5D	19.92	0.302					93
10×5Z	17.26	0.306					84
10×5X	12.22	0.312					76
12×5D	24.86	0.378					113

续表

规格	散热面积（m²）	通风有效截面积（m²）	热媒流通面积（m²）	管排数	管根数	连接管径（in）	质量（kg）
6×6D	15.33	0.231	0.0055	3	29	$1\frac{1}{2}$	77
6×6Z	13.29	0.234					69
6×6X	9.43	0.239					63
10×6D	25.13	0.381					115
10×6Z	21.77	0.385					103
10×6X	15.42	0.393					93
12×6D	31.35	0.475					139
15×6D	37.73	0.572					164
15×6Z	32.67	0.579					146
15×6X	23.13	0.591					139
7×7D	20.31	0.320	0.0063	3	33	2	97
7×7Z	17.60	0.324					89
7×7X	12.48	0.329					79
10×7D	28.59	0.450					129
10×7Z	24.77	0.456					115
10×7X	17.55	0.464					104
12×7D	35.67	0.563					156
15×7D	42.93	0.678					183
15×7Z	37.18	0.685					164
15×7X	26.32	0.698					145
17×7D	49.90	0.788					210
17×7Z	43.21	0.797					187
17×7X	30.58	0.812					169
22×7D	62.75	0.991					260
15×10D	61.14	0.921	0.0089	3	47	$2\frac{1}{2}$	255
15×10Z	52.95	0.932					227
15×10X	37.48	0.951					203
17×10D	71.06	1.072					293
17×10Z	61.54	1.085					260
17×10X	43.66	1.106					232
20×10D	81.27	1.226					331

附录 16-9　喷淋室热交换效率实验公式的系数和指数

实验条件：离心喷嘴；喷嘴密度 $n=13$ 个/(m^2 · 排)；$v\rho=1.5\sim3.0$kg/（m^2 · s)；喷嘴前水压 $p_0=1.0\sim2.5$atm（工作压力）

喷嘴排数	喷孔直径	喷水方向	热交换效率	冷却干燥			减焓冷却加湿			绝热加湿			等温加湿			增焓加湿			加热加湿			逆流双级喷水室的冷却干燥		
				A 或 A'	m 或 m'	n 或 n'	A 或 A'	m 或 m'	n 或 n'	A 或 A'	m 或 m'	n 或 n'	A 或 A'	m 或 m'	n 或 n'	A 或 A'	m 或 m'	n 或 n'	A 或 A'	m 或 m'	n 或 n'	A 或 A'	m 或 m'	n 或 n'
1	5	顺喷	η_1	0.635	0.245	0.42	—	—	—	—	—	—	0.87	0	0.05	0.885	0	0.61	0.86	0	0.09	—	—	—
			η_2	0.662	0.23	0.67	—	—	—	0.8	0.25	0.4	0.89	0.06	0.29	0.8	0.13	0.42	1.05	0	0.25	—	—	—
		逆喷	η_1	0.73	0	0.35	—	—	—	—	—	—	—	—	—	—	—	—	—	—	—	—	—	—
			η_2	0.88	0	0.38	—	—	—	0.8	0.25	0.4	—	—	—	—	—	—	—	—	—	—	—	—
	3.5	顺喷	η_1	—	—	—	—	—	—	—	—	—	—	—	—	—	—	—	0.875	0.06	0.07	—	—	—
			η_2	—	—	—	—	—	—	—	—	—	—	—	—	—	—	—	1.01	0.06	0.15	—	—	—
		逆喷	η_1	—	—	—	—	—	—	—	—	—	—	—	—	—	—	—	0.923	0	0.06	—	—	—
			η_2	—	—	—	—	—	—	1.05	0.1	0.4	—	—	—	—	—	—	1.24	0	0.27	—	—	—
2	5	一顺	η_1	0.745	0.07	0.265	0.76	0.124	0.234	—	—	—	0.81	0.1	0.135	0.82	0.09	0.11	—	—	—	0.945	0.1	0.36
		一逆	η_2	0.755	0.12	0.27	0.835	0.04	0.23	0.75	0.15	0.29	0.88	0.03	0.15	0.84	0.05	0.21	—	—	—	1	0	0
		两逆	η_1	0.56	0.29	0.46	0.54	0.35	0.41	—	—	—	—	—	—	—	—	—	—	—	—	—	—	—
			η_2	0.73	0.15	0.25	0.62	0.3	0.41	—	—	—	—	—	—	—	—	—	—	—	—	—	—	—
	3.5	一顺	η_1	—	—	—	—	—	—	—	—	—	—	—	—	—	—	—	0.931	0	0.13	—	—	—
		一逆	η_2	—	—	—	—	—	—	0.783	0.1	0.3	—	—	—	—	—	—	0.89	0.95	0.125	—	—	—
		两逆	η_1	—	—	—	0.655	0.33	0.33	—	—	—	—	—	—	—	—	—	—	—	—	—	—	—
			η_2	—	—	—	0.783	0.18	0.38	—	—	—	—	—	—	—	—	—	—	—	—	—	—	—

注：$\eta_1=A(v\rho)^m\mu^n$；$\eta_2=A'(v\rho)^{m'}\mu^{n'}$。

附录 16-10　湿空气的密度、水蒸气压力、含湿量和焓

（大气压 B=1013mbar）

空气温度 t（℃）	干空气密度 ρ（kg/m³）	饱和空气密度 ρ_b（kg/m³）	饱和空气的水蒸气分压力 $P_{q\cdot b}$（mbar）	饱和空气含湿量 d_b（g/kg 干空气）	饱和空气焓 i_b（kJ/kg 干空气）
−20	1.396	1.395	1.02	0.63	−18.55
−19	1.394	1.393	1.13	0.70	−17.39
−18	1.385	1.384	1.25	0.77	−16.20
−17	1.379	1.378	1.37	0.85	−14.99
−16	1.374	1.373	1.50	0.93	−13.77
−15	1.368	1.367	1.65	1.01	−12.60
−14	1.363	1.362	1.81	1.11	−11.35
−13	1.358	1.357	1.98	1.22	−10.05
−12	1.353	1.352	2.17	1.34	−8.75
−11	1.348	1.347	2.37	1.46	−7.45
−10	1.342	1.341	2.59	1.60	−6.07
−9	1.337	1.336	2.83	1.75	−4.73
−8	1.332	1.331	3.09	1.91	−3.31
−7	1.327	1.325	3.36	2.08	−1.88
−6	1.322	1.320	3.67	2.27	−0.42
−5	1.317	1.315	4.00	2.47	1.09
−4	1.312	1.310	4.36	2.69	2.68
−3	1.308	1.306	4.75	2.94	4.31
−2	1.303	1.301	5.16	3.19	5.90
−1	1.298	1.295	5.61	3.47	7.62
0	1.293	1.290	6.09	3.78	9.42
1	1.288	1.285	6.56	4.07	11.14
2	1.284	1.281	7.04	4.37	12.89
3	1.279	1.275	7.57	4.70	14.74
4	1.275	1.271	8.11	5.03	16.58
5	1.270	1.266	8.70	5.40	18.51
6	1.265	1.261	9.32	5.79	20.51
7	1.261	1.256	9.99	6.21	22.61
8	1.256	1.251	10.70	6.65	24.70
9	1.252	1.247	11.46	7.13	26.92
10	1.248	1.242	12.25	7.63	29.18
11	1.243	1.237	13.09	8.15	31.52
12	1.239	1.232	13.99	8.75	34.08
13	1.235	1.228	14.94	9.35	36.59
14	1.230	1.223	15.95	9.97	39.19
15	1.226	1.218	17.01	10.6	41.78
16	1.222	1.214	18.13	11.4	44.80
17	1.217	1.208	19.32	12.1	47.73